MATHEMATICS FOR MACHINE LEARNING

機械学習のための数学

著
Marc Peter Deisenroth／
A. Aldo Faisal／Cheng Soon Ong
監訳
木下慶紀
訳
仲村 智／吉永尊洸

共立出版

Mathematics for Machine Learning by Marc Peter Deisenroth, A. Aldo Faisal, Cheng Soon Ong

This translation of Mathematics for Machine Learning is published by arrangement with Cambridge University Press.

Japanese language edition is published by KYORITSU SHUPPAN CO., LTD.

目　次

記号表

記号	典型的な意味
$a, b, c, \alpha, \beta, \gamma$	スカラー（小文字で表す）
$\boldsymbol{x}, \boldsymbol{y}, \boldsymbol{z}$	ベクトル（太字の小文字で表す）
$\boldsymbol{A}, \boldsymbol{B}, \boldsymbol{C}$	行列（太字の大文字で表す）
$\boldsymbol{x}^\top, \boldsymbol{A}^\top$	ベクトルおよび行列の転置
$\boldsymbol{A}^{-1}$	行列の逆行列
$\langle \boldsymbol{x}, \boldsymbol{y} \rangle$	ベクトル $\boldsymbol{x}, \boldsymbol{y}$ の内積
$\boldsymbol{x}^\top \boldsymbol{y}$	ベクトル $\boldsymbol{x}, \boldsymbol{y}$ のドット積
$B = (\boldsymbol{b}_1, \boldsymbol{b}_2, \boldsymbol{b}_3)$	ベクトルの（順序付き）組
$\boldsymbol{B} = [\boldsymbol{b}_1, \boldsymbol{b}_2, \boldsymbol{b}_3]$	列ベクトルを並べて得られる行列
$\mathcal{B} = \{\boldsymbol{b}_1, \boldsymbol{b}_2, \boldsymbol{b}_3\}$	ベクトルの集合（順序なし）
$\mathbb{Z}, \mathbb{N}$	それぞれ整数全体の集合，自然数全体の集合
$\mathbb{R}, \mathbb{C}$	それぞれ実数全体の集合，複素数全体の集合
$\mathbb{R}^n$	n 個の実数の組からなる n 次元ベクトル空間
$\forall x$	全称記号，「任意の x について……」
$\exists x$	存在記号，「ある x が存在して……」
$a := b$	a を b と定義する
$a =: b$	b を a と定義する
$a \propto b$	a は b に比例する（$a = (\text{定数}) \cdot b$）
$g \circ f$	写像の合成，f のあとに g を適用する
$\Longleftrightarrow$	同値である
$\Longrightarrow$	（左辺）ならば（右辺）
$\mathcal{A}, \mathcal{C}$	集合
$a \in \mathcal{A}$	a は集合 $\mathcal{A}$ の要素である
$\emptyset$	空集合
D	次元，$d = 1, \ldots, D$ のように各次元に番号を振る
N	データの個数，$n = 1, \ldots, N$ のように各データに番号を振る

記号	典型的な意味
$\boldsymbol{I}_m$	サイズ $m \times m$ の単位行列
$\boldsymbol{0}_{m,n}$	サイズ $m \times n$ の各要素が 0 の行列
$\boldsymbol{1}_{m,n}$	サイズ $m \times n$ の各要素が 1 の行列
$\boldsymbol{e}_i$	標準基底ベクトル（第 i 要素の値が 1 でその他が 0 のベクトル）
$\dim(V)$	ベクトル空間 V の次元
$\mathrm{rk}(\boldsymbol{A})$	行列 $\boldsymbol{A}$ のランク
$\mathrm{Im}(\Phi)$	線形写像 Φ の像
$\ker(\Phi)$	線形写像 Φ の核
$\mathrm{span}[\boldsymbol{b}_1]$	$\boldsymbol{b}_1$ の張る空間（生成する空間）
$\mathrm{tr}(\boldsymbol{A})$	正方行列 $\boldsymbol{A}$ のトレース
$\det(\boldsymbol{A})$	正方行列 $\boldsymbol{A}$ の行列式
$\lvert \cdot \rvert$	絶対値または行列式（文脈から判断）
$\lVert \cdot \rVert$	ノルム，特に断りがなければユークリッドノルム
λ	固有値またはラグランジュの未定乗数
E_λ	固有値 λ に関する固有空間
$\boldsymbol{\theta}$	パラメータベクトル
$\frac{\partial f}{\partial x}$	関数 f の x に関する偏微分
$\frac{\mathrm{d}f}{\mathrm{d}x}$	関数 f の x に関する全微分
∇	勾配
$\mathfrak{L}$	ラグランジアン
$\mathcal{L}$	負の対数尤度
$\binom{n}{k}$	二項係数（n 個のものから k 個選ぶ場合の数）
$\mathbb{V}_X[\boldsymbol{x}]$	確率変数 X に関する $\boldsymbol{x}$ の分散
$\mathbb{E}_X[\boldsymbol{x}]$	確率変数 X に関する $\boldsymbol{x}$ の期待値
$\mathrm{Cov}_{X,Y}[\boldsymbol{x}, \boldsymbol{y}]$	$\boldsymbol{x}$ と $\boldsymbol{y}$ の共分散
$X \perp\!\!\!\perp Y \mid Z$	確率変数 Z の下で確率変数 X, Y が条件付き独立である
$X \sim p$	確率変数 X が分布 p に従う
$\mathcal{N}(\boldsymbol{\mu}, \boldsymbol{\Sigma})$	平均 $\boldsymbol{\mu}$ と共分散 $\boldsymbol{\Sigma}$ をもつガウス分布
$\mathrm{Ber}(\mu)$	パラメータ μ をもつベルヌーイ分布
$\mathrm{Bin}(N, \mu)$	パラメータ N, μ をもつ二項分布
$\mathrm{Beta}(\alpha, \beta)$	パラメータ α, β をもつベータ分布

略語および頭字語

略称	意味
e.g.	例えば（Exempli gratia）
GMM	混合ガウスモデル（Gaussian mixture model）
i.e.	つまり（Id est）
i.i.d.	独立同分布（Independent, identically distributed）
MAP	最大事後確率推定（Maximum a posteriori）
MLE	最尤推定（Maximum likelihood estimation/estimator）
ONB	正規直交基底（Orthonormal basis）
PCA	主成分分析（Principal component analysis）
PPCA	確率的主成分分析（Probabilistic principal component analysis）
REF	行階段形（Row-echelon form）
SPD	正定値対称（Symmetric, positive definite）
SVM	サポートベクターマシン（Support vector machine）

まえがき

機械学習は，人のもつ知識や推論のエッセンスを汲み取り，機械やシステムに適した形に再構築しようとする長年の取り組みから生まれた最先端の学問である．機械学習が多くの領域に応用され，ソフトウェアとして利用することがより簡単になる一方，技術的な詳細は抽象化され裏側に隠れて見えにくくなっている．詳細を覆い隠した機能提供はソフトウェアとしては自然で望ましいが，利用者が無頓着に設計判断を行い，機械学習アルゴリズムの限界に気づかないリスクがある．

熱意のある者が機械学習アルゴリズムが機能する理由を知ろうとすると，非常に多くの前提知識が要求され，

- プログラミング言語とデータ解析ツール
- 大規模計算と関連するフレームワーク
- 数学と統計学，およびこれら学問に基づく機械学習

が必要となる．前提知識のいくつかは大学での機械学習の入門コースの序盤で教えられているようである．ただ歴史的な理由から，機械学習はコンピュータサイエンス学科で教えられることが多く，そこでは学生ははじめの二点を重点的に鍛えられ，数学と統計学はそこまで教育されないことが多い．

最近の機械学習の書籍は，主に機械学習のアルゴリズムとその方法論に焦点を当てている．読者はすでに数学と統計学の知識があるとしており，数学に関する説明は最初の数章か補遺に少しあるのみである．そのため，機械学習を学ぼうとする多くの学生が，その前提の数学で躓く場面が多く見受けられる．大学の学部や大学院で学生に教えてきた実感として，多くの学生にとっては，高校数学と機械学習の基本的な教科書で求められる数学との間のギャップが大きすぎるようである．

本書の目的はそのギャップを狭めてなくすことにある．基本的な機械学習の諸概念に関する数学的基礎に注目し，必要な数学の知識を一つの本の中にまとめている．

なぜ機械学習の新たな本が必要なのか？

機械学習は数学に基づいており，直感的には当たり前だが定式化が非常に困難な概念を数学の言葉で表現して，解こうとしている問題への深い理解を得ている．ただ，数学を学ぶ学生の多くは，数学の内容と実際の問題との関連が見えないという不満を抱えがちであり，機械学習との関連を示すことはその明白かつ直接的な学習動機となるだろう．

「数学は世間一般では恐怖や不安と結びつけられています．蜘蛛について議論しているのかと思うほどです．」[Str14]

本書は，現代の機械学習の基礎となる様々な数学へのガイドブックとなるよう書かれており，数学の概念を機械学習の文脈と絡めて学習できるよう工夫している．コンパクトにまとめる事情から，詳細や高度な概念の説明は省略している．本書で紹介する基本的な概念と機械学習における位置づけを理解したあとに，読者は章末の多くの関連図書から発展的な内容を学ぶことができるだろう．もし数学の知見をすでにもっているのであれば，本書は簡潔だが的確な形での機械学習への入門書となるだろう．

機械学習の手法とモデルに焦点を当てた文献 [Mac03, Bis06, Alp10, Mur12, Bar12, SSBD14, RG16] やプログラミングに焦点を当てた文献 [MG16, RM17, CA18] と比較すると，本書で扱う機械学習アルゴリズムは四つの代表例のみである．代わりに本書はそれらのアルゴリズムの数学的な側面に焦点を当てている．本書によって，読者が機械学習の基本的な疑問への理解を深め，機械学習を利用する場面で生じる疑問を数理モデルの基本的な選択につなげられることを期待している．

本書の目的は典型的な機械学習の本とは異なっている．本書の狙いは，四つの基本的な機械学習アルゴリズムに適用される数学的な背景について説明を与え，他の書籍を読む際の助けとなることである．

対象読者

機械学習は社会の幅広い領域に応用されているため，すべての人が機械学習の基本原理をある程度理解する必要があるだろう．本書は数学的なスタイルで書かれており，機械学習の概念を正確に理解することができる．この一見簡潔な文体には馴染みのない読者がいるかもしれないが，目標がどこにあるかを意識しながら粘り強く読み進めてほしい．大局的な観点からのよい指針となるよう，本文中にはコメントや注を散りばめている．

本書が前提とする知識は，高校の数学や物理で学ぶ基本的な数学である．読者は例えば，微分や積分に触れたことがあり，二次元平面や三次元空間中のベクトルに馴染みがあるとしている．本書では，これらの知識をもとにその概念の一般化を行う．したがって，対象読者には大学の学部生，夜間学生，オンラインの機械学習コースに参加する学生が含まれる．

機械学習との関わり方には三つのタイプがある．それぞれのタイプを音楽との対比で述べると以下のようになる．

鋭いリスナータイプ　オープンソースソフトウェア，オンライン上のチュートリアル，クラウドベースのツールにより機械学習のハードルが下がり，ユーザは機械学習のパイプラインの詳細に悩まされることが減り，既存のツールを使ってデータから本質的な情報を抽出することに集中できるようになった．そのため，技術に精通していない他の領域の専門家も機械学習の恩恵が得られるようになっている．音楽を聴くときと同様に，ユーザは異なるタイプの機械学習の中から適切なものを選び，利益を得ている．経験豊富なユーザは音楽評論家のように，機械学習を社会に適用することに関する重要な問い，例えば倫理，公平性，個人のプライバシーなどに関する疑念を投げかける．本書が，機械学習システムの認証やリスク管理について考える土台となり，自らの専門性を活かしたよりよいシステムの構築につながれば幸いである．

経験豊富なアーティストタイプ　機械学習の熟練者は，様々なツールやライブラリをつないで分析パイプラインを構築できる．その典型が，機械学習のインターフェースとその使用例を理解し，データから素晴らしい予測を行うことができるデータサイエンティストやエンジニアであろう．高度な技術をもつユーザは，手元の楽器に命を吹き込み，聴衆に楽しみをもたらす音楽を演奏する達人と似ている．本書で紹介する数学を入り口として，自分の好きな手法の利点と限界を理解し，既存の機械学習アルゴリズムを拡張・一般化できるだろう．本書がより厳密で原理的な機械学習手法を開発するきっかけとなることを期待している．

駆け出しの作曲者タイプ　機械学習が新しい領域に適用されるにつれて，機械学習の開発者は新しい手法を開発し，既存のアルゴリズムを拡張する必要がある．このような人々は研究者としての立場をもつことも多く，機械学習の数学的基礎を理解し，異なるタスク間の関係を明らかにする必要がある．これは，音楽理論の規則と構造の中から新しく素晴らしい作品を生み出す作曲家と似ている．機械学習の作曲家を目指す人にとって，本書が他の専門書への橋渡しとなれば幸いである．データの学習に伴う数多くの課題に対して新しいアプローチを提案し，探求する研究者が社会から強く求められている．

謝　辞

本書の初期の草稿を読み，概念の苦しい説明に耐え忍んだ多くの方々に感謝する．強く反対するものでない限り，彼らのアイデアを取り入れようとした．特に，Christfried Webers 氏には，本書の多くの部分を注意深く読んでいただき，構成や表現について詳細な示唆をいただいたことを感謝したい．また，多くの友人や同僚が各章の各段階における校正に時間と労力を割いてくれた．幸運なことに，寛大なオンライン・コミュニティーからも恩恵を受けることができた．github.com では改善点を提案していただき，それは本書の大きな改善につながった．

以下の方々は，github.com または個人的なコミュニケーションを通じてバグを発見し，説明方法を提案し，関連する文献を紹介してくれた．（並びはアルファベット順）

Abdul-Ganiy Usman
Adam Gaier
Adele Jackson
Aditya Menon
Alasdair Tran
Aleksandar Krnjaic
Alexander Makrigiorgos
Alfredo Canziani
Ali Shafti
Amr Khalifa
Andrew Tanggara
Angus Gruen
Antal A. Buss
Antoine Toisoul Le Cann
Areg Sarvazyan
Artem Artemev
Artyom Stepanov
Bill Kromydas
Bob Williamson
Boon Ping Lim
Chao Qu
Cheng Li
Chris Sherlock
Christopher Gray
Daniel McNamara
Daniel Wood

Darren Siegel
David Johnston
Dawei Chen
Ellen Broad
Fengkuangtian Zhu
Fiona Condon
Georgios Theodorou
He Xin
Irene Raissa Kameni
Jakub Nabaglo
James Hensman
Jamie Liu
Jean Kaddour
Jean-Paul Ebejer
Jerry Qiang
Jitesh Sindhare
John Lloyd
Jonas Ngnawe
Jon Martin
Justin Hsi
Kai Arulkumaran
Kamil Dreczkowski
Lily Wang
Lionel Tondji Ngoupeyou
Lydia Knüfing
Mahmoud Aslan
Mark Hartenstein
Mark van der Wilk
Markus Hegland
Martin Hewing
Matthew Alger
Matthew Lee
Maximus McCann
Mengyan Zhang
Michael Bennett
Michael Pedersen
Minjeong Shin
Mohammad Malekzadeh
Naveen Kumar
Nico Montali
Oscar Armas
Patrick Henriksen
Patrick Wieschollek
Pattarawat Chormai
Paul Kelly
Petros Christodoulou
Piotr Januszewski
Pranav Subramani
Quyu Kong
Ragib Zaman
Rui Zhang
Ryan-Rhys Griffiths
Salomon Kabongo
Samuel Ogunmola
Sandeep Mavadia
Sarvesh Nikumbh
Sebastian Raschka
Senanayak Sesh Kumar Karri
Seung-Heon Baek
Shahbaz Chaudhary
Shakir Mohamed
Shawn Berry
Sheikh Abdul Raheem Ali
Sheng Xue
Sridhar Thiagarajan
Syed Nouman Hasany
Szymon Brych
Thomas Bühler
Timur Sharapov
Tom Melamed

Vincent Adam	Yicheng Luo
Vincent Dutordoir	Young Lee
Vu Minh	Yu Lu
Wasim Aftab	Yun Cheng
Wen Zhi	Yuxiao Huang
Wojciech Stokowiec	Zac Cranko
Xiaonan Chong	Zijian Cao
Xiaowei Zhang	Zoe Nolan
Yazhou Hao	

実名がgithubのプロフィールに記載されていない以下の方々も貢献してくださった：

SamDataMad	insad	empet
bumptiousmonkey	HorizonP	victorBigand
idoamihai	cs-maillist	17SKYE
deepakiim	kudo23	jessjing1995

また，Parameswaran Raman氏とCambridge University Pressによって集められた多くの匿名査読者の方々には，初期段階の原稿を読んでいただき，多くの改良につながる建設的な批判を頂戴した．大変感謝している．Dinesh Singh Negi氏にLaTeX関連の問題について詳細かつ迅速な助言をいただいた点も特筆したい．最後に，本書の制作過程で辛抱強く指導してくださった編集者のLauren Cowles氏に大変感謝している．

第 I 部

基礎的な数学

第1章
導入と動機

機械学習では，データから価値のある情報を自動的に抽出するアルゴリズムの設計を行う．ここで強調することは，「自動的に」という点である．つまり，多くのデータセットに適用可能で，なおかつ価値が得られる汎用的な方法論に関心がある．機械学習の核となる概念としてデータ，モデル，学習の三つがある．

データ (data)

機械学習は本質的にデータ駆動であるため，**データ**が機械学習の中核をなす．機械学習の目的は，理想的にはドメイン固有の専門知識をあまり用いずに，データから価値あるパターンを抽出する汎用的な手法を設計することにある．例えば，大規模な文書のコーパス（多くの図書館の本など）から共有のトピックを機械学習によって自動的に見つけることができる [HBB10]．抽出にあたっては，与えられたデータセットの生成過程に関する**モデル**を設計する．例えば回帰問題では，モデルは入力を実数値の出力へ対応させる関数を表現する．[Mit97] によると，データを考慮することで性能が向上する場合，モデルはデータから学習するといわれる．学習の目的は，将来重要になるかもしれない未知のデータに適合する汎化性能が高いモデルを得ることである．そのため**学習**とは，モデルのパラメータを最適化することで，パターンやデータの構造を自動的に見つけ出す方法といえる．

モデル (model)

学習 (learning)

機械学習には多くの成功例があり，豊富で柔軟な機械学習システムを設計，学習するソフトウェアが容易に利用できる．しかし，さらに複雑な機械学習システムを構築する原理を知るには，機械学習の数学的基礎が重要となるだろう．これらの原理の理解により，新しい機械学習ソリューションの作成，既存のアプローチの理解とデバッグ，そして取り組んでいる手法に内在する仮定と限界の学習が促進される．

1.1 直感の言語化

機械学習で定期的に直面する課題は，概念や言葉の意味がはっきりせず，機械学習システムの特定の構成要素が異なる数学的概念に抽象化されることである．例えば，機械学習の文脈では，「アルゴリズム」という言葉が少なくとも二つの意味で使われている．一方では，「機械学習アルゴリズム」は入力データに基づいて予測を行うシステムを意味し，**予測器**に対応する．他方では，「機械学習アルゴリズム」という全く同じ言葉は，将来の未知の入力データに対してよい性能を発揮するように，予測器の内部パラメータを適合させるシステムを意味し，**訓練**に対応する．

予測器 (predictor)

訓練 (training)

本書にもこのような曖昧さは残っており，文脈によって同じ表現が異なる意味をもつことをあらかじめ強調しておく．ただ，曖昧さのレベルを下げるために文脈ができるだけ明確になるよう心がけている．

本書の第I部では，機械学習システムの三つの主要な構成要素である「データ」,「モデル」,「学習」を議論するために必要な数学的概念と基礎を紹介する．これらの構成要素は本章でも簡単に紹介するが，数学的概念の説明が一通り終わった第8章で再考することになる．

すべてのデータが数値であるわけではないが，データを数値形式で考えることはしばしば有用である．本書では，データがコンピュータのプログラムに読み込めるような数値表現にすでに適切に変換されていることを前提とする．すなわち，データはすべてベクトルであるとみなす．言葉の曖昧さを表す別の例として，ベクトルについて少なくとも三つの異なる見方がある．数の配列としてのベクトル（コンピュータサイエンス的観点），方向と大きさをもつ矢印としてのベクトル（物理学的観点），足し算と定数倍ができる対象としてのベクトル（数学的観点）である．

ベクトルとしてのデータ (data as vectors)

モデルは一般的に，手元のデータセットと同様のデータを生成するプロセスの説明に用いられる．したがって，データの構造と背後のパターンの本質を捉え，現実の（未知の）データ生成過程を単純に表すモデルがよいモデルである．このようなモデルは，実際の実験を行わずに実世界で何が起こるかを予測できる．

モデル (model)

ここで問題の核心である，機械学習における**学習**の説明に移ろう．データセットと適切なモデルが与えられたとき，モデルの**訓練**とは，訓練データに関して予測性能を評価する関数をもとに，利用可能なデータからモデルのいくつかのパラメータを最適化することを意味する．ほとんどの訓練手法は，丘を登って頂上に到達するアプローチとみなせて，丘の頂上が評価指標の最大値と

学習 (learning)

対応する．ただ実際には，機械学習システムが未知の状況に遭遇することがあるため，未知のデータでもうまく動作するモデルに興味がある．既知のデータ（訓練データ）でうまく動作したのは，データの覚え方が良かっただけかもしれず，未知のデータにうまく汎化できない可能性がある．実際に応用するときには，しばしば機械学習システムを，これまでに遭遇したことのない状況にさらす必要がある．

本書で扱う機械学習の主な概念をまとめよう．

- データをベクトルで表現する．
- 確率論，最適化の観点から，適切なモデルを選択する．
- 訓練に使われていないデータでもモデルが十分な性能を発揮することを目的とし，数値最適化を用いて利用可能なデータから学習を行う．

1.2　本書を読む二つの方法

機械学習のための数学を理解するために，二つの戦略を考えることができる．

- ボトムアップ：基礎的な内容から，より高度な内容へ概念を積み上げていく．数学のようなより技巧的な分野では，この方法が好まれることが多い．この戦略は，読者がいつでも既習の概念を頼りにできるという利点がある．残念ながら，実務に携わる人にとって，基礎的な概念の多くはそれ自身では特に興味を引くものではないため，モチベーションの低下により定義の多くがすぐに忘れられてしまう．
- トップダウン：実用的なニーズから基礎的な要件へと掘り下げる．このような目標設定型のアプローチは，読者がなぜその概念に取り組む必要があるのかについて理由を常に知ることができ，必要な知識の道筋が明確になるという利点がある．この戦略の欠点は，知識が潜在的に不安定な基盤の上に構築されることであり，どう理解すればよいかわからない一連の単語を読者は記憶しておく必要がある．

本書では，内容をモジュール方式で書くことで基本的な（数学的な）概念を応用から分離し，ボトムアップでもトップダウンでも読むことができるようにした．本書は二部構成になっており，第 I 部では数学的な基礎を学び，第 II 部では第 I 部の概念を図 1.1 の四つの柱である回帰，次元削減，密度推定，分類という基礎的な機械学習の問題へ適用する．第 I 部の各章は，ほとんどが以前の章をもとに構成されているが，必要に応じて特定の章を飛ばして先に進むこ

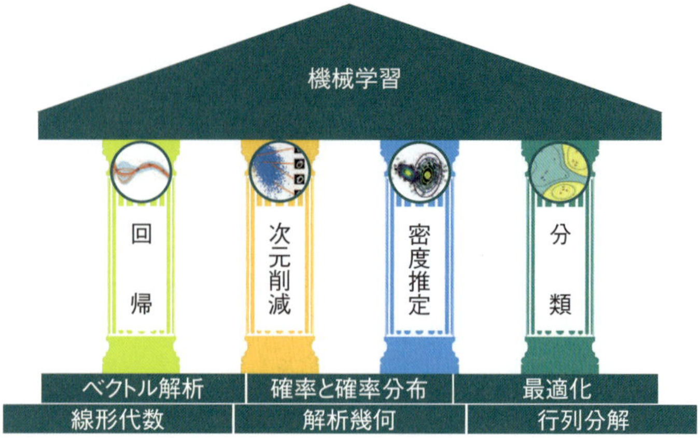

図 1.1　機械学習の基礎と四つの柱.

とも可能である．第II部の章はそれぞれ独立しているため，どのような順序でも読み進めることができる．数学的概念と機械学習アルゴリズムを結びつける目的から，部を跨いだ参照が双方向に数多く登場する．

もちろん，本書の読み方は二通りだけではない．ほとんどの読者は，トップダウンとボトムアップのアプローチを組み合わせて学習し，ときには基本的な数学のスキルを身につけてから複雑な概念に挑戦したり，機械学習の応用に基づいてトピックを選択するであろう．

第I部では数学を扱う

本書で扱う機械学習の四つの柱（図 1.1 参照）に関して，第I部で学ぶ強固な数学的基礎が必要である．

数値データをベクトルで表し，そのようなデータの表を行列で表す．ベクトルや行列を扱う学問は**線形代数**と呼ばれ，第2章で紹介する．ベクトルを集めて行列とみなすことについても説明を行う．

線形代数 (linear algebra)

実世界の二つの対象に対応する二つのベクトルに対して，その類似性を表現したい．類似したベクトルに対する予測が類似するように機械学習アルゴリズム（予測器）を設計したいからである．ベクトル間の類似性という考え方を定式化するためには，二つのベクトルを入力とし，その類似性を表す数値を返す演算を導入する必要がある．類似性と距離の構築は**解析幾何**の話題であり第3章で説明する．

解析幾何 (analytic geometry)

第4章では，行列と**行列分解**に関する基本的な概念を紹介する．機械学習では，行列に関するいくつかの演算が非常に有用であり，データを直感的に解釈し，より効率的な学習を可能にする．

行列分解 (matrix decomposition)

得られたデータは内在する真の信号にノイズが乗った観測結果である，と考えることが多い．そこで，機械学習によってノイズを除去して信号を識別できるようにしたい．そのためには，「ノイズ」が何を意味するのかを定量化するための言語が必要になる．ある種の不確実性を表現できる予測器があれば，テストデータでの予測値に対する信頼度を定量化することもできるだろう．不確実性の定量化は**確率論**の領域であり，第6章で説明する．

確率論 (probability theory)

機械学習モデルを訓練するためには，通常何らかの性能評価指標を最大化するパラメータを求める．多くの最適化手法では，解を求める方向を指し示す「勾配」という概念が必要になる．第5章で**ベクトル解析**と勾配の概念について詳しく説明し，第7章では勾配を利用して関数の最大値／最小値を求める**最適化**について説明する．

ベクトル解析 (vector calculus)

最適化 (optimization)

第II部では機械学習を扱う

本書の第II部では，図1.1に示した**機械学習の四つの柱**を紹介する．図の内容は，本書の第I部で導入した数学的概念がどのようにそれぞれの柱の基礎となるかを説明している．大まかに言うと，難易度の順（昇順）に章が並んでいる．

第8章では，機械学習を構成する三つの要素（データ，モデル，パラメータ推定）を数学の言葉で言い換える．未知のデータに対してもうまく機能する予測器を構築することが目的であるため，機械学習システムの過度に楽観的な評価を防ぐ実験方法のガイドラインをいくつか提供する．

第9章では**線形回帰**について検討を行う．目的は，入力 $\boldsymbol{x} \in \mathbb{R}^D$ を，ラベルである観測値 $y \in \mathbb{R}$ に対応させる関数を見つけることである．最尤推定と最大事後推定による古典的なモデル適合（パラメータ推定）と，パラメータを最適化するのではなく積分消去するベイズ線形回帰について説明する．

線形回帰 (linear regression)

第10章では二番目の柱である主成分分析を用いた**次元削減**に焦点を当てる．次元削減の主な目的は，高次元データ $\boldsymbol{x} \in \mathbb{R}^D$ のコンパクトな低次元表現を求めることである．圧縮後のデータはもとのデータよりも分析が簡単であることが多い．回帰とは異なり，次元削減はデータのモデル化にのみ関心があり，データ点 $\boldsymbol{x}$ に関連するラベルはない．

次元削減 (dimensionality reduction)

第11章では三つ目の柱である**密度推定**を扱う．密度推定の目的は，与えられたデータセットを記述する確率分布を求めることである．混合ガウスモデルに焦点を当て，このモデルのパラメータを求めるための反復的な手法について説明する．次元削減の場合と同様に，データ点 $\boldsymbol{x} \in \mathbb{R}$ にはラベルがない．デー

密度推定 (density estimation)

タの低次元表現を求めているわけではなく，データの生成を確率分布でモデル化することに興味がある．

分類 (classification)

最後の第12章では，四つ目の柱である分類について詳しく説明する．ここでは，サポートベクターマシンを用いた分類について説明する．回帰（第9章）と同様に，入力 $\boldsymbol{x}$ と対応するラベル y がある．ラベルが実数値であった回帰とは違い，分類のラベルは整数であるため，特別な注意が必要である．

1.3　演習問題とフィードバック

第I部では，ほとんど紙とペンでできる演習問題を用意した．第II部に対しては，本書で扱う機械学習アルゴリズムの特性を見るためのプログラミングチュートリアル (jupyter notebook) を提供している．

ケンブリッジ大学出版局が，本書†を

https://mml-book.com

にて無料でダウンロードできるようにすることで，教育と学習を民主化するという我々の目標を強く支持してくれたことに感謝している．ここでは，チュートリアル，正誤表，および追加資料を見ることができる．誤りの報告やフィードバックは，上記のURLから行うことができる．

† 訳注：原著（英語）のこと．

第2章

線形代数

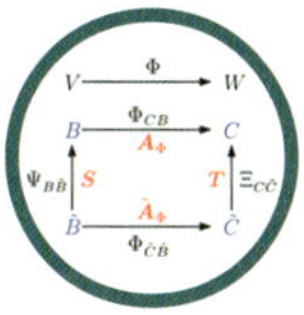

直感的な概念を定式化するため，対象（記号）の集合とそれを操作する規則，すなわち代数を考えることがある．ベクトルとその演算を扱う代数が線形代数である．高校ではベクトルを「幾何ベクトル」として学び，$\vec{x}, \vec{y}$ のように表した．本書ではより抽象的にベクトルを扱い，$\boldsymbol{x}, \boldsymbol{y}$ のような太字で一般のベクトルを表すことにする．

代数 (algebra)

ベクトルは，抽象数学の観点では和とスカラー倍を行える対象のことであり，その例として以下が挙げられる：

1. 幾何ベクトルは高校数学や物理でお馴染みのベクトルである．この有向線分は（二次元の場合なら）図 2.1 (a) のように図示できる．幾何ベクトル $\vec{x}, \vec{y}$ を合成すると幾何ベクトル $\vec{z} = \vec{x} + \vec{y}$ が得られ，スカラー $\lambda (\in \mathbb{R})$ で引き伸ばせば幾何ベクトル $\lambda\vec{x}$ が得られる．したがって，幾何ベクトルは先ほど抽象的に定めたベクトルの一例である．大きさと方向に関する直感が働くため，ベクトルの数学的な操作を幾何ベクトルで解釈すると理解しやすい．

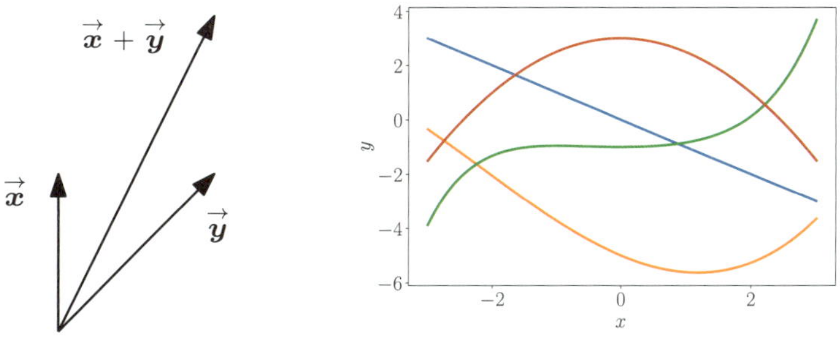

(a) 幾何ベクトル　　(b) 多項式

図 2.1　ベクトルの例．(a) 幾何ベクトル，(b) 多項式が含まれ，意外な対象がベクトルとなることもある．

2. 多項式もベクトルの一例である（図 2.1 (b)）．多項式の和は多項式となり，多項式の定数倍もまた多項式となる．したがって多項式は（ちょっと変わった）ベクトルである．多項式は幾何ベクトルとはかなり異なっている．「お絵描きできる」具体的な幾何ベクトルとは違い，多項式は抽象的なベクトルである．しかし先述の観点からはどちらもベクトルである．
3. 音声信号はベクトルである．音声信号は数値の時系列データとして表すことができ，二つの信号の合成やスカラー倍による増幅は新たな音声信号を与える．したがって，音声信号はベクトルの一種といえる．
4. 集合 $\mathbb{R}^n$ の要素（n 個の実数を並べた配列）はベクトルである．これは多項式よりも抽象的な対象であり，本書で扱うベクトルは主にこのベクトルである．例えば，
$$\boldsymbol{a} = \begin{bmatrix} 1 \\ 2 \\ 3 \end{bmatrix} \in \mathbb{R}^3 \tag{2.1}$$
のように実数を三つ並べた配列はベクトルである．二つのベクトル $\boldsymbol{a}, \boldsymbol{b} \in \mathbb{R}^n$ の要素ごとの和が，ベクトルの和 $\boldsymbol{a} + \boldsymbol{b} = \boldsymbol{c} \in \mathbb{R}^n$ となり，ベクトル $\boldsymbol{a}$ の各要素にスカラー $\lambda \in \mathbb{R}$ を掛けることでスカラー倍 $\lambda\boldsymbol{a} \in \mathbb{R}^n$ が得られる．ベクトルを $\mathbb{R}^n$ の要素とみなすと，計算機上で配列として扱える利点がある．多くのプログラミング言語は配列を扱うことができ，ベクトルを扱うアルゴリズムの実装に都合がよい．

実装した配列操作が期待するベクトル操作となっているかは注意深くテストしよう．

線形代数ではベクトルに共通する性質に焦点を当てる．ベクトル同士で和をとったり，スカラーを掛けることができる性質のことである．線形代数のアルゴリズムは $\mathbb{R}^n$ 上で定式化されることが多いため，今後は主に $\mathbb{R}^n$ のベクトルを扱う．特に第 8 章では，データをたびたび $\mathbb{R}^n$ のベクトルとして扱うことになる．本書では $\mathbb{R}^n$ との一対一対応がある有限次元ベクトル空間を主に扱い，状況に応じて幾何ベクトルにおける直感を持ち出したり，配列に関するアルゴリズムを考える．

数学の基本的な考えとして「閉包」がある．これは演算を適用した結果をすべて集めた集合であり，線形代数では和とスカラー倍によって生成されるベクトル全体の空間を意味する．この空間は**ベクトル空間**（2.4 節）と呼ばれ，機械学習の根底となる概念である．本章で登場する概念をまとめると図 2.2 のようになる．

ベクトル空間 (vector space)

この章の内容は主に，講義ノートや書籍に基づく [DW01, Str03, Hog13, LM15, Gri15]．Gilbert Strang が MIT で行った線形代数の講義 [Str10] や

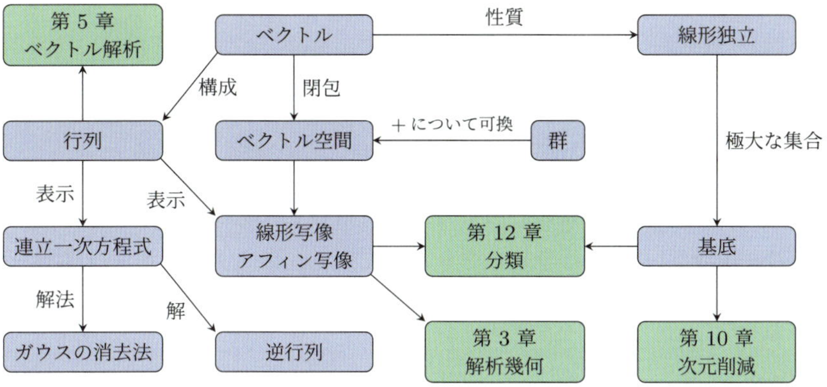

図 2.2 本章で登場する概念と他の章との関係を表すマインドマップ.

3Blue1Brown による線形代数シリーズ [3Bl16] も素晴らしい教材である.

線形代数は機械学習や数学全般で重要となる. 第 3 章では本章で学ぶ内容に幾何学的なアイデアを追加する. ベクトル解析を学ぶ第 5 章では行列計算の知識が必要となる. 第 10 章の主成分分析による次元削減では 3.8 節で述べる射影を用いる. 線形回帰を扱う第 9 章では最小二乗問題を解く際に線形代数が重要となる.

2.1 連立一次方程式

連立一次方程式は線形代数の重要な対象である. 連立一次方程式として定式化できる問題は幅広く, 線形代数はその方程式を解く道具を与える.

例 2.1 ある会社は n 種類の製品 $N_1, \ldots, N_n$ を扱っており, その生産には m 種類の資源 $R_1, \ldots, R_m$ を利用する. 製品 $N_j (j = 1, \ldots, n)$ 一単位の生産には, 資源 $R_i (i = 1, \ldots, m)$ が a_{ij} 単位必要である.

最適な生産計画を求めたいとする. つまり, 各資源 R_i をそれぞれ b_i 単位保有しているとして, 資源を (理想的に) 使い切るように製品 N_j の生産量 x_j を調整したい.

各製品をそれぞれ $x_1, \ldots, x_n$ 単位生産すると, 資源 R_i の消費量は合計で

$$a_{i1}x_1 + \cdots + a_{in}x_n \tag{2.2}$$

となる. したがって最適な生産計画 $(x_1, \ldots, x_n) \in \mathbb{R}^n$ は

$$\begin{aligned} a_{11}x_1 + \cdots + a_{1n}x_n &= b_1 \\ &\vdots \\ a_{m1}x_1 + \cdots + a_{mn}x_n &= b_m \end{aligned} \tag{2.3}$$

をみたすことになる ($a_{ij} \in \mathbb{R},\ b_i \in \mathbb{R}$).

連立一次方程式 (system of linear equations)

未知数 (unknowns)

解 (solution)

(2.3) は**連立一次方程式**の一般形である．登場する変数 $x_1, \ldots, x_n$ をこの方程式の**未知数**といい，x 各等式をみたす配列 $(x_1, \ldots, x_n) \in \mathbb{R}^n$ を連立一次方程式の**解**という．

例 2.2　連立一次方程式

$$\begin{array}{ccccccccl} x_1 & + & x_2 & + & x_3 & = & 3 & (1) \\ x_1 & - & x_2 & + & 2x_3 & = & 2 & (2) \\ 2x_1 & & & + & 3x_3 & = & 1 & (3) \end{array} \tag{2.4}$$

は解なしである．最初の二つの式を足すと $2x_1 + 3x_3 = 5$ となるが，これは最後の式と矛盾している．

別の連立一次方程式

$$\begin{array}{ccccccccl} x_1 & + & x_2 & + & x_3 & = & 3 & (1) \\ x_1 & - & x_2 & + & 2x_3 & = & 2 & (2) \\ & & x_2 & + & x_3 & = & 2 & (3) \end{array} \tag{2.5}$$

を考えよう．最初と最後の式から $x_1 = 1$ が従う．(1) + (2) より $2x_1 + 3x_3 = 5$ となるため，$x_3 = 1$ が得られる．最後に，(3) から $x_2 = 1$ が得られる．したがって，解の候補が $(1, 1, 1)$ に絞られ，さらに（$(1, 1, 1)$ を連立一次方程式に代入することで）唯一の解であることがわかる．

三つ目の例として，

$$\begin{array}{ccccccccl} x_1 & + & x_2 & + & x_3 & = & 3 & (1) \\ x_1 & - & x_2 & + & 2x_3 & = & 2 & (2) \\ 2x_1 & & & + & 3x_3 & = & 5 & (3) \end{array} \tag{2.6}$$

を考えよう．(1) + (2) = (3) であるため，最後の式は無視してよい（つまり，冗長である）．(1) と (2) から $2x_1 = 5 - 3x_3$, $2x_2 = 1 + x_3$ が得られる．そこで，$x_3 = a \in \mathbb{R}$ を自由変数とした三つ組

$$\left(\frac{5}{2} - \frac{3}{2}a, \frac{1}{2} + \frac{1}{2}a, a\right), \quad a \in \mathbb{R} \tag{2.7}$$

は連立一次方程式の解となり，解が無数に存在することがわかる．

実係数の連立一次方程式は一般に，解なし，唯一の解をもつ，無限に多くの

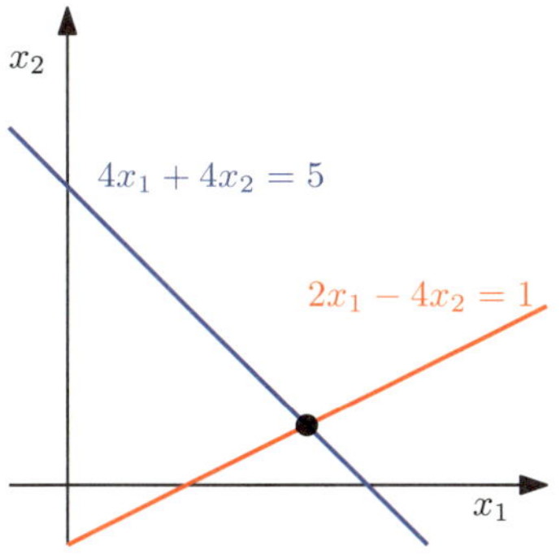

図 2.3 二つの式と二つの変数からなる連立一次方程式の解は，幾何学的には二つの直線の交点として解釈できる．各式がそれぞれ一つの直線に対応する．

解をもつ，のいずれかとなる．第 9 章の線形回帰では，例 2.1 の連立一次方程式が解けない場合を扱う．

注（連立一次方程式の幾何学的解釈） 二つの変数 x_1, x_2 の連立一次方程式について，一つの方程式は x_1x_2-平面内の一つの直線を定める．連立一次方程式の解はすべての方程式を同時に満たさなくてはならないため，解の集合はこれらの直線が交わる点に他ならない．この交点の集合は，（どの方程式も同じ直線を表すなら）直線，一点，または（平行な直線が並ぶ場合に）空となる．図 2.3 は連立一次方程式

$$\begin{aligned} 4x_1 + 4x_2 &= 5 \\ 2x_1 - 4x_2 &= 1 \end{aligned} \tag{2.8}$$

を表しており，解は交点 $(x_1, x_2) = (1, \frac{1}{4})$ である．同様に，三変数の連立一次方程式では各方程式は三次元空間内の平面を定めている．これらの平面が交わる，すなわち，すべての方程式を同時にみたすとき，平面の共通部分が解の集合であり，図形としては平面，直線，一点，もしくは（共通部分がなければ）空となる．

連立一次方程式を体系的に扱うための便利な記法を導入しよう．係数 a_{ij} をまずベクトルにまとめ，そのベクトルをさらにまとめて行列とすると，(2.3) を以下のように表すことができる：

$$x_1 \begin{bmatrix} a_{11} \\ \vdots \\ a_{m1} \end{bmatrix} + x_2 \begin{bmatrix} a_{12} \\ \vdots \\ a_{m2} \end{bmatrix} + \cdots + x_n \begin{bmatrix} a_{1n} \\ \vdots \\ a_{mn} \end{bmatrix} = \begin{bmatrix} b_1 \\ \vdots \\ b_m \end{bmatrix} \tag{2.9}$$

$$\iff \begin{bmatrix} a_{11} & \cdots & a_{1n} \\ \vdots & & \vdots \\ a_{m1} & \cdots & a_{mn} \end{bmatrix} \begin{bmatrix} x_1 \\ \vdots \\ x_m \end{bmatrix} = \begin{bmatrix} b_1 \\ \vdots \\ b_m \end{bmatrix}. \tag{2.10}$$

以下，この行列に注目してその演算の定義を行い，その後の 2.3 節で連立一次方程式の解法を学ぶ．

2.2　行列

線形代数において行列は中心的な役割を果たす．行列は連立一次方程式の簡潔な表示を与えるだけでなく，2.7 節で述べる線形な関数（線形写像）を表してもいる．この興味深い話題の前に，まず行列とその演算を定義しよう．行列のその他の性質については第 4 章で扱う．

行列 (matrix)

定義 2.1（行列）　$m, n \in \mathbb{N}$ を自然数とする．実 (m, n)-行列 $\boldsymbol{A}$ とは縦 m 個，横 n 個の長方形の表に mn 個の実数 a_{ij} $(i = 1, \ldots, m,\ j = 1, \ldots, n)$ を並べたものである：

$$\boldsymbol{A} = \begin{bmatrix} a_{11} & a_{12} & \cdots & a_{1n} \\ a_{21} & a_{22} & \cdots & a_{2n} \\ \vdots & \vdots & & \vdots \\ a_{m1} & a_{m2} & \cdots & a_{mn} \end{bmatrix}, \quad a_{ij} \in \mathbb{R} . \tag{2.11}$$

■

行ベクトル (row vector)
列ベクトル (column vector)

特に，$(1, n)$-行列のことを行ベクトルといい，また $(m, 1)$-行列のことを列ベクトルという．

実 (m, n)-行列全体の集合を $\mathbb{R}^{m \times n}$ で表す．行列 $\boldsymbol{A} \in \mathbb{R}^{m \times n}$ は n 個の列を積み上げた長いベクトル $\boldsymbol{a} \in \mathbb{R}^{mn}$ で表すことができる（図 2.4）．

図 2.4　列を積み重ねることで行列 $\boldsymbol{A}$ を長いベクトル $\boldsymbol{a}$ で表すことができる．

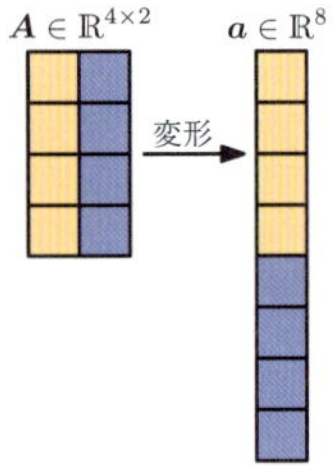

2.2.1　行列の和と積

二つの行列 $\boldsymbol{A} \in \mathbb{R}^{m \times n}, \boldsymbol{B} \in \mathbb{R}^{m \times n}$ の和は，要素ごとの和で定義される：

$$\boldsymbol{A} + \boldsymbol{B} := \begin{bmatrix} a_{11} + b_{11} & \cdots & a_{1n} + b_{1n} \\ a_{21} + b_{21} & \cdots & a_{2n} + b_{2n} \\ \vdots & & \vdots \\ a_{m1} + b_{m1} & \cdots & a_{mn} + b_{mn} \end{bmatrix} \in \mathbb{R}^{m \times n} . \tag{2.12}$$

登場する行列のサイズに気を付けること．
`C = np.einsum('il,lj', A, B)`

行列 $\boldsymbol{A} \in \mathbb{R}^{m \times n}$ と行列 $\boldsymbol{B} \in \mathbb{R}^{n \times k}$ に対して，積 $\boldsymbol{C} = \boldsymbol{AB} \in \mathbb{R}^{m \times k}$ を

$$c_{ij} = \sum_{l=1}^{n} a_{il} b_{lj}, \quad i = 1, \ldots, m,\ j = 1, \ldots, k \tag{2.13}$$

$\boldsymbol{A}$ が n 個の列，$\boldsymbol{B}$ が n 個の行をもつため $a_{il}b_{lj}$, $l = 1, \ldots, n$ が計算できる．
二つのベクトル $\boldsymbol{a}, \boldsymbol{b}$ のドット積を通常 $\boldsymbol{a}^\top \boldsymbol{b}$ や $\langle \boldsymbol{a}, \boldsymbol{b} \rangle$ で表す．

と定義する．つまり c_{ij} は，$\boldsymbol{A}$ の第 i 行と $\boldsymbol{B}$ の第 j 列を成分ごとに掛けて足し合わせたものである．後に，この演算を行ベクトルと列ベクトルのドット積と呼ぶ（3.2 節）．積を明示したい場合は，$\boldsymbol{A} \cdot \boldsymbol{B}$ と（“·”を明記した形で）表す．

注 行列の積は「隣り合った」次元が一致した場合にのみ定義可能である．例えば，(n, k)-行列 $\boldsymbol{A}$ を (k, m)-行列 $\boldsymbol{B}$ に左から掛けることができる．

$$\underbrace{\boldsymbol{A}}_{n\times k}\underbrace{\boldsymbol{B}}_{k\times m} = \underbrace{\boldsymbol{C}}_{n\times m} . \tag{2.14}$$

$m \neq n$ の場合，積 $\boldsymbol{BA}$ は次元が合わないため定義されない．

注 行列の積は（$\boldsymbol{A}, \boldsymbol{B}$ の行数と列数が同一であっても）成分ごとの積ではない．つまり，一般には $c_{ij} \neq a_{ij}b_{ij}$ である．プログラミング言語によっては成分ごとの積をとる（多次元）配列の演算が登場するが，この演算は**アダマール積**と呼ばれる．

アダマール積 (Hadamard product)

例 2.3 $\boldsymbol{A} = \begin{bmatrix} 1 & 2 & 3 \\ 3 & 2 & 1 \end{bmatrix} \in \mathbb{R}^{2\times 3}, \boldsymbol{B} = \begin{bmatrix} 0 & 2 \\ 1 & -1 \\ 0 & 1 \end{bmatrix} \in \mathbb{R}^{3\times 2}$ について，

$$\boldsymbol{AB} = \begin{bmatrix} 1 & 2 & 3 \\ 3 & 2 & 1 \end{bmatrix} \begin{bmatrix} 0 & 2 \\ 1 & -1 \\ 0 & 1 \end{bmatrix} = \begin{bmatrix} 2 & 3 \\ 2 & 5 \end{bmatrix} \in \mathbb{R}^{2\times 2}, \tag{2.15}$$

$$\boldsymbol{BA} = \begin{bmatrix} 0 & 2 \\ 1 & -1 \\ 0 & 1 \end{bmatrix} \begin{bmatrix} 1 & 2 & 3 \\ 3 & 2 & 1 \end{bmatrix} = \begin{bmatrix} 6 & 4 & 2 \\ -2 & 0 & 2 \\ 3 & 2 & 1 \end{bmatrix} \in \mathbb{R}^{3\times 3} \tag{2.16}$$

である．

例からわかる通り，行列の積は一般には可換でない ($\boldsymbol{AB} \neq \boldsymbol{BA}$)．例えば図 2.5 のようになる．

図 2.5 もし $\boldsymbol{AB}$ と $\boldsymbol{BA}$ が行列の積として定まったとしても，そのサイズは一致するとは限らない．

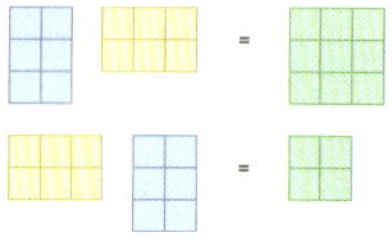

定義 2.2 （単位行列） 対角成分が 1，その他の成分が 0 である (n, n)-行列

$$\boldsymbol{I}_n := \begin{bmatrix} 1 & 0 & \cdots & 0 & \cdots & 0 \\ 0 & 1 & \cdots & 0 & \cdots & 0 \\ \vdots & \vdots & \ddots & \vdots & \ddots & \vdots \\ 0 & 0 & \cdots & 1 & \cdots & 0 \\ \vdots & \vdots & \ddots & \vdots & \ddots & \vdots \\ 0 & 0 & \cdots & 0 & \cdots & 1 \end{bmatrix} \in \mathbb{R}^{n\times n} \tag{2.17}$$

を $\mathbb{R}^{n\times n}$ の**単位行列**という． ■

単位行列 (identity matrix)

行列の積，和，単位行列は以下の性質をみたす：

- **結合則**：

結合則 (associativity)

$$\forall \boldsymbol{A} \in \mathbb{R}^{m\times n}, \boldsymbol{B} \in \mathbb{R}^{n\times p}, \boldsymbol{C} \in \mathbb{R}^{p\times q} : (\boldsymbol{AB})\boldsymbol{C} = \boldsymbol{A}(\boldsymbol{BC}) . \tag{2.18}$$

分配則 (distributivity)

- 分配則：

$$\forall \boldsymbol{A}, \boldsymbol{B} \in \mathbb{R}^{m\times n}, \boldsymbol{C}, \boldsymbol{D} \in \mathbb{R}^{n\times p} : (\boldsymbol{A}+\boldsymbol{B})\boldsymbol{C} = \boldsymbol{AC}+\boldsymbol{BC} \ , \tag{2.19a}$$

$$\boldsymbol{A}(\boldsymbol{C}+\boldsymbol{D}) = \boldsymbol{AC}+\boldsymbol{AD} \ . \tag{2.19b}$$

- 単位行列との積：

$$\forall \boldsymbol{A} \in \mathbb{R}^{m\times n} : \boldsymbol{I}_m\boldsymbol{A} = \boldsymbol{A}\boldsymbol{I}_n = \boldsymbol{A} \ . \tag{2.20}$$

なお，$m \neq n$ のときは $\boldsymbol{I}_m \neq \boldsymbol{I}_n$ である．

2.2.2　逆行列と転置行列

行数と列数とが等しい行列を正方行列という．

逆行列 (inverse)

定義 2.3（逆行列）　$\boldsymbol{A} \in \mathbb{R}^{n\times n}$ を正方行列とする．行列 $\boldsymbol{B} \in \mathbb{R}^{n\times n}$ が条件 $\boldsymbol{AB} = \boldsymbol{I}_n = \boldsymbol{BA}$ をみたすとき，$\boldsymbol{B}$ を $\boldsymbol{A}$ の逆行列といい，$\boldsymbol{A}^{-1}$ と表す．■

正則 (regular)
可逆 (invertible)
非特異 (nonsingular)
特異 (singular)
非可逆 (noninvertible)

すべての正方行列 $\boldsymbol{A}$ が逆行列 $\boldsymbol{A}^{-1}$ をもつわけではない．逆行列が存在する場合，$\boldsymbol{A}$ は正則（可逆，非特異）であるといい，存在しない場合は特異（非可逆）であるという．逆行列は存在すればただ一つである．2.3 節で，連立一次方程式を解くことで逆行列を計算する一般的な方法について説明する．

注（2×2 行列の逆行列）　行列

$$\boldsymbol{A} = \begin{bmatrix} a_{11} & a_{12} \\ a_{21} & a_{22} \end{bmatrix} \in \mathbb{R}^{2\times 2} \tag{2.21}$$

に対し，行列 $\boldsymbol{B}$ を

$$\boldsymbol{B} = \begin{bmatrix} a_{22} & -a_{12} \\ -a_{21} & a_{11} \end{bmatrix} \tag{2.22}$$

とすると，

$$\boldsymbol{AB} = \begin{bmatrix} a_{11}a_{22}-a_{12}a_{21} & 0 \\ 0 & a_{11}a_{22}-a_{12}a_{21} \end{bmatrix} = (a_{11}a_{22}-a_{12}a_{21})\boldsymbol{I}_2 \tag{2.23}$$

となる†．したがって，$a_{11}a_{22}-a_{12}a_{21} \neq 0$ のとき

† 訳注：$\boldsymbol{BA}$ も同様.

$$\boldsymbol{A}^{-1} = \frac{1}{a_{11}a_{22}-a_{12}a_{21}} \begin{bmatrix} a_{22} & -a_{12} \\ -a_{21} & a_{11} \end{bmatrix} \tag{2.24}$$

が成立する．4.1 節で学ぶことだが $a_{11}a_{22}-a_{12}a_{21}$ は 2×2 行列の行列式である．行列式は一般の正方行列の可逆性の判定に利用できる．

例 2.4（逆行列）　二つの行列

$$\boldsymbol{A} = \begin{bmatrix} 1 & 2 & 1 \\ 4 & 4 & 5 \\ 6 & 7 & 7 \end{bmatrix}, \quad \boldsymbol{B} = \begin{bmatrix} -7 & -7 & 6 \\ 2 & 1 & -1 \\ 4 & 5 & -4 \end{bmatrix} \tag{2.25}$$

は $\boldsymbol{AB} = \boldsymbol{I} = \boldsymbol{BA}$ を満たし，互いに逆行列である．

定義 2.4 （転置行列） 行列 $\boldsymbol{A} \in \mathbb{R}^{m\times n}$ の行と列を交換した行列 $\boldsymbol{B} \in \mathbb{R}^{n\times m}$ を $\boldsymbol{A}$ の転置行列という．転置行列を $\boldsymbol{B} = \boldsymbol{A}^\top$ で表す． ■

転置行列 (transpose)

なお，行列 $\boldsymbol{A}$ の対角成分 A_{ii} を主対角線という．

行列 $\boldsymbol{A}$ の行と列の役割を入れ替えることで転置行列 $\boldsymbol{A}^\top$ が得られる．逆行列と転置行列に関して以下の重要な性質が成り立つ†．

$$\boldsymbol{AA}^{-1} = \boldsymbol{I} = \boldsymbol{A}^{-1}\boldsymbol{A}\ , \tag{2.26}$$

$$(\boldsymbol{AB})^{-1} = \boldsymbol{B}^{-1}\boldsymbol{A}^{-1}\ , \tag{2.27}$$

$$(\boldsymbol{A}+\boldsymbol{B})^{-1} \neq \boldsymbol{A}^{-1} + \boldsymbol{B}^{-1}\ , \tag{2.28}$$

$$(\boldsymbol{A}^\top)^\top = \boldsymbol{A}\ , \tag{2.29}$$

$$(\boldsymbol{A}+\boldsymbol{B})^\top = \boldsymbol{A}^\top + \boldsymbol{B}^\top\ , \tag{2.30}$$

$$(\boldsymbol{AB})^\top = \boldsymbol{B}^\top\boldsymbol{A}^\top\ . \tag{2.31}$$

† 訳注：(2.28) は一般には等号が成立しないことを意味する．例えばスカラーの場合でも，

$$\frac{1}{2+4} = \frac{1}{6} \neq \frac{1}{2} + \frac{1}{4}$$

である．

定義 2.5 （対称行列） 正方行列 $\boldsymbol{A} \in \mathbb{R}^{n\times n}$ について，条件 $\boldsymbol{A} = \boldsymbol{A}^\top$ をみたすとき $\boldsymbol{A}$ は対称であるという． ■

対称 (symmetric)

行数と列数が等しい正方行列のみが対称となり得ることに注意しよう．$\boldsymbol{A}$ が可逆であれば $\boldsymbol{A}^\top$ も可逆であり，その逆行列は $(\boldsymbol{A}^\top)^{-1} = (\boldsymbol{A}^{-1})^\top =: \boldsymbol{A}^{-\top}$ で与えられる．

正方行列 (square matrix)

注（対称行列の和と積） 二つの対称行列 $\boldsymbol{A}, \boldsymbol{B} \in \mathbb{R}^{n\times n}$ の和はまた対称行列となる．しかし，一般的に積は対称とは限らない：

$$\begin{bmatrix} 1 & 0 \\ 0 & 0 \end{bmatrix} \begin{bmatrix} 1 & 1 \\ 1 & 1 \end{bmatrix} = \begin{bmatrix} 1 & 1 \\ 0 & 0 \end{bmatrix}\ . \tag{2.32}$$

2.2.3 スカラー倍

スカラー $\lambda \in \mathbb{R}$ による行列 $\boldsymbol{A}$ のスカラー倍 $\lambda\boldsymbol{A} = K$ を $K_{ij} = \lambda a_{ij}$ と定義する．つまり $\boldsymbol{A}$ の各成分を λ 倍したものである．$\lambda, \psi \in \mathbb{R}$ として，スカラー倍について以下の性質が成り立つ：

- 結合則：$(\lambda\psi)\boldsymbol{C} = \lambda(\psi\boldsymbol{C}),\quad \boldsymbol{C} \in \mathbb{R}^{m\times n}$.
- $\lambda(\boldsymbol{BC}) = (\lambda\boldsymbol{B})\boldsymbol{C} = \boldsymbol{B}(\lambda\boldsymbol{C}),\quad \boldsymbol{B} \in \mathbb{R}^{m\times n}, \boldsymbol{C} \in \mathbb{R}^{n\times k}$．したがって，スカラーの位置は自由に動かしてよい．
- $\lambda \in \mathbb{R}$ について $(\lambda\boldsymbol{C})^\top = \lambda\boldsymbol{C}^\top$.
- 分配則：

$$(\lambda+\psi)\boldsymbol{C} = \lambda\boldsymbol{C} + \psi\boldsymbol{C},\quad \boldsymbol{C} \in \mathbb{R}^{m\times n}\ ,$$

$$\lambda(\boldsymbol{B}+\boldsymbol{C}) = \lambda\boldsymbol{B} + \lambda\boldsymbol{C},\quad \boldsymbol{B}, \boldsymbol{C} \in \mathbb{R}^{m\times n}\ .$$

結合則 (associativity)

分配則 (distributivity)

例 2.5（分配則） 行列

$$\boldsymbol{C} = \begin{bmatrix} 1 & 2 \\ 3 & 4 \end{bmatrix} \tag{2.33}$$

とスカラー $\lambda, \psi \in \mathbb{R}$ について

$$(\lambda+\psi)\boldsymbol{C} = \begin{bmatrix} (\lambda+\psi)1 & (\lambda+\psi)2 \\ (\lambda+\psi)3 & (\lambda+\psi)4 \end{bmatrix} = \begin{bmatrix} \lambda+\psi & 2\lambda+2\psi \\ 3\lambda+3\psi & 4\lambda+4\psi \end{bmatrix} \tag{2.34a}$$

$$= \begin{bmatrix} \lambda & 2\lambda \\ 3\lambda & 4\lambda \end{bmatrix} + \begin{bmatrix} \psi & 2\psi \\ 3\psi & 4\psi \end{bmatrix} = \lambda\boldsymbol{C} + \psi\boldsymbol{C} \tag{2.34b}$$

となることから分配則が確認できる．

2.2.4　連立一次方程式の行列表示

連立一次方程式

$$\begin{aligned} 2x_1 + 3x_2 + 5x_3 &= 1 \\ 4x_1 - 2x_2 - 7x_3 &= 8 \\ 9x_1 + 5x_2 - 3x_3 &= 2 \end{aligned} \tag{2.35}$$

は行列の積を利用して

$$\begin{bmatrix} 2 & 3 & 5 \\ 4 & -2 & -7 \\ 9 & 5 & -3 \end{bmatrix} \begin{bmatrix} x_1 \\ x_2 \\ x_3 \end{bmatrix} = \begin{bmatrix} 1 \\ 8 \\ 2 \end{bmatrix} \tag{2.36}$$

と簡潔な形に書ける．未知数 x_1 は行列の第1列を，x_2 は第2列を，x_3 は第3列をそれぞれスカラー倍する．

係数行列 (coefficient matrix)

(2.3) で見たように，連立一次方程式の一般形は $\boldsymbol{Ax} = \boldsymbol{b}$ のように行列形式で簡潔に表現できる．積 $\boldsymbol{Ax}$ は係数行列 $\boldsymbol{A}$ の列ベクトルを（線形）結合したものである．線形結合については，2.5 節で詳しく説明する．

2.3　連立一次方程式の解法

連立一次方程式の一般形 (2.3) を改めて書くと

$$\begin{aligned} a_{11}x_1 + \cdots + a_{1n}x_n &= b_1 \\ &\vdots \\ a_{m1}x_1 + \cdots + a_{mn}x_n &= b_m \end{aligned} \tag{2.37}$$

となる．$a_{ij} \in \mathbb{R}$, $b_i \in \mathbb{R}$ は既知の定数，x_j は未知数であり，$i = 1, \ldots, m$, $j = 1, \ldots, n$ である．前節では，連立一次方程式が (2.10) のように $\boldsymbol{Ax} = \boldsymbol{b}$ という

行列の形に書き直せることを学び，和と積といった基本的な行列の演算を定義した．本節では連立一次方程式の解法に着目し，逆行列を求めるアルゴリズムを紹介する．

2.3.1 特殊解と一般解

連立一次方程式の一般的な解法を扱う前に，具体例をまず確認しよう．連立一次方程式

$$\begin{bmatrix} 1 & 0 & 8 & -4 \\ 0 & 1 & 2 & 12 \end{bmatrix} \begin{bmatrix} x_1 \\ x_2 \\ x_3 \\ x_4 \end{bmatrix} = \begin{bmatrix} 42 \\ 8 \end{bmatrix} \tag{2.38}$$

は二つの方程式と四つの未知数からなり，未知数の個数の方が多いため解が無数にあると期待される．この方程式は特に簡単な形をしており，最初の二列は 1 と 0 を成分にもつ．$\boldsymbol{c}_i$ を係数行列の第 i 列の列ベクトル，$\boldsymbol{b}$ を (2.38) 右辺の列ベクトルとして，方程式は $\sum_{i=1}^{4} x_i \boldsymbol{c}_i = \boldsymbol{b}$ をみたすスカラー $x_1, \ldots, x_4$ を求めたい．

$$\boldsymbol{b} = \begin{bmatrix} 42 \\ 8 \end{bmatrix} = 42 \begin{bmatrix} 1 \\ 0 \end{bmatrix} + 8 \begin{bmatrix} 0 \\ 1 \end{bmatrix} \tag{2.39}$$

であることから，一つの解 $[42, 8, 0, 0]^\top$ が得られる．このような具体的な解を**特殊解**または**特解**という．ただし連立一次方程式の解はこの特殊解以外にも存在している．一般解を得るには，行列 $\boldsymbol{A}$ の列をどのように足し上げると各成分が 0 のベクトル $\boldsymbol{0}$ となるかを考える必要がある[†]．まず第 3 列は第 1 列と第 2 列を用いて

特殊解 (particular solution)
特解 (special solution)
[†] 訳注：このベクトルを特解に足したベクトルも方程式の解となるため．

$$\begin{bmatrix} 8 \\ 2 \end{bmatrix} = 8 \begin{bmatrix} 1 \\ 0 \end{bmatrix} + 2 \begin{bmatrix} 0 \\ 1 \end{bmatrix} \tag{2.40}$$

と表すことができる．$\boldsymbol{0} = 8\boldsymbol{c}_1 + 2\boldsymbol{c}_2 - 1\boldsymbol{c}_3 + 0\boldsymbol{c}_4$ であるから $(x_1, x_2, x_3, x_4) = (8, 2, -1, 0)$ に対応している．また，$\lambda_1 \in \mathbb{R}$ でスカラー倍したベクトルも $\boldsymbol{0}$ を与える：

$$\begin{bmatrix} 1 & 0 & 8 & -4 \\ 0 & 1 & 2 & 12 \end{bmatrix} \left(\lambda_1 \begin{bmatrix} 8 \\ 2 \\ -1 \\ 0 \end{bmatrix} \right) = \lambda_1 (8\boldsymbol{c}_1 + 2\boldsymbol{c}_2 - \boldsymbol{c}_3) = \boldsymbol{0}. \tag{2.41}$$

第 4 列についても同様で，$\lambda_2 \in \mathbb{R}$ をスカラーとして

$$\begin{bmatrix} 1 & 0 & 8 & -4 \\ 0 & 1 & 2 & 12 \end{bmatrix} \left(\lambda_2 \begin{bmatrix} -4 \\ 12 \\ 0 \\ -1 \end{bmatrix} \right) = \lambda_2 (-4\boldsymbol{c}_1 + 12\boldsymbol{c}_2 - \boldsymbol{c}_4) = \boldsymbol{0} \tag{2.42}$$

一般解 (general solution)

となる．こうして (2.38) の連立一次方程式のすべての解（**一般解**）が得られ，解全体の集合は

$$\left\{ \boldsymbol{x} \in \mathbb{R}^4 : \boldsymbol{x} = \begin{bmatrix} 42 \\ 8 \\ 0 \\ 0 \end{bmatrix} + \lambda_1 \begin{bmatrix} 8 \\ 2 \\ -1 \\ 0 \end{bmatrix} + \lambda_2 \begin{bmatrix} -4 \\ 12 \\ 0 \\ -1 \end{bmatrix}, \quad \lambda_1, \lambda_2 \in \mathbb{R} \right\} \tag{2.43}$$

となる．

注　上記の手続きをまとめると次のようになる：

1. $\boldsymbol{Ax} = \boldsymbol{b}$ の特殊解を見つける．
2. $\boldsymbol{Ax} = \boldsymbol{0}$ のすべての解を求める．
3. 両者を結合して一般解を得る．

なお，特殊解や一般解を表す方法は一通りとは限らない．

(2.38) の係数行列が都合のよい形であったため，連立一次方程式の特殊解と一般解を探索的に構成することができた．一般の連立一次方程式はこれほど単純ではない．しかし，ガウスの消去法というアルゴリズムによって係数行列を都合のよい形に帰着させることができる．ガウスの消去法の鍵は行列の基本変形であり，連立一次方程式を単純な形に変形することができる．すると，(2.38) で行った手続きから連立一次方程式の解が得られる．

2.3.2　基本変形

基本変形 (elementary transformation)

連立一次方程式を解く鍵は，**基本変形**によって解の集合を維持しながら方程式をより単純な形へと変形していくことである．基本変形は以下の 3 種類の変形からなる：

- 二つの方程式の順序を入れ替える（係数行列の行を入れ替える）．
- ある方程式（行）に定数 $\lambda \in \mathbb{R} \setminus \{0\}$ を掛ける．
- 二つの方程式（行）の和をとる．

例 2.6　定数 $a \in \mathbb{R}$ に対して，以下の連立一次方程式を解いてみよう：

$$\begin{array}{rcrcrcrcrcr} -2x_1 & + & 4x_2 & - & 2x_3 & - & x_4 & + & 4x_5 & = & -3 \\ 4x_1 & - & 8x_2 & + & 3x_3 & - & 3x_4 & + & x_5 & = & 2 \\ x_1 & - & 2x_2 & + & x_3 & - & x_4 & + & x_5 & = & 0 \\ x_1 & - & 2x_2 & & & - & 3x_4 & + & 4x_5 & = & a \end{array}. \tag{2.44}$$

まずは $\boldsymbol{Ax} = \boldsymbol{b}$ のように行列の形に書き直すことから始めよう．$\boldsymbol{x}$ は明記せず，（$[\boldsymbol{A} \mid \boldsymbol{b}]$ という形の）**拡大係数行列**で連立一次方程式を表すと，

拡大係数行列 (augmented coefficient matrix)

$$\left[\begin{array}{rrrrr|r} -2 & 4 & -2 & -1 & 4 & -3 \\ 4 & -8 & 3 & -3 & 1 & 2 \\ 1 & -2 & 1 & -1 & 1 & 0 \\ 1 & -2 & 0 & -3 & 4 & a \end{array}\right] \begin{array}{l} \text{行 } R_3 \text{ と交換} \\ \\ \text{行 } R_1 \text{ と交換} \\ \\ \end{array}$$

となる．ただし，(2.44) の左辺と右辺を区別するため，縦棒を配置している．

第 1 行と第 3 行を入れ替える基本変形から

$$\left[\begin{array}{rrrrr|r} 1 & -2 & 1 & -1 & 1 & 0 \\ 4 & -8 & 3 & -3 & 1 & 2 \\ -2 & 4 & -2 & -1 & 4 & -3 \\ 1 & -2 & 0 & -3 & 4 & a \end{array}\right] \begin{array}{l} \\ -4R_1 \\ +2R_1 \\ -R_1 \end{array}$$

が得られる．次に，拡大係数行列の横に示した基本変形（例えば，第 2 行から第 1 行を 4 回引く変形）を行うと，以下のように変形される．

$$\begin{aligned} &\left[\begin{array}{rrrrr|r} 1 & -2 & 1 & -1 & 1 & 0 \\ 0 & 0 & -1 & 1 & -3 & 2 \\ 0 & 0 & 0 & -3 & 6 & -3 \\ 0 & 0 & -1 & -2 & 3 & a \end{array}\right] \begin{array}{l} \\ \\ \\ -R_2 - R_3 \end{array} \\ \rightsquigarrow &\left[\begin{array}{rrrrr|r} 1 & -2 & 1 & -1 & 1 & 0 \\ 0 & 0 & -1 & 1 & -3 & 2 \\ 0 & 0 & 0 & -3 & 6 & -3 \\ 0 & 0 & 0 & 0 & 0 & a+1 \end{array}\right] \begin{array}{l} \\ \cdot(-1) \\ \cdot(-\frac{1}{3}) \\ \\ \end{array} \\ \rightsquigarrow &\left[\begin{array}{rrrrr|r} 1 & -2 & 1 & -1 & 1 & 0 \\ 0 & 0 & 1 & -1 & 3 & -2 \\ 0 & 0 & 0 & 1 & -2 & 1 \\ 0 & 0 & 0 & 0 & 0 & a+1 \end{array}\right]. \end{aligned}$$

ここで，拡大係数行列の基本変形を $\rightsquigarrow$ と表している．この（拡大）係数行列は都合のよい形となっており，**行階段形** (REF) と呼ばれる．未知数を戻すと，

行階段形 (row-echelon form)

$$\begin{array}{ccccccccccc} x_1 & - & 2x_2 & + & x_3 & - & x_4 & + & x_5 & = & 0 \\ & & & & x_3 & - & x_4 & + & 3x_5 & = & -2 \\ & & & & & & x_4 & - & 2x_5 & = & 1 \\ & & & & & & & & 0 & = & a+1 \end{array} \tag{2.45}$$

が得られる．この連立一次方程式は $a = -1$ のときのみ解をもち，**特殊解**として

特殊解 (particular solution)

$$\begin{bmatrix} x_1 \\ x_2 \\ x_3 \\ x_4 \\ x_5 \end{bmatrix} = \begin{bmatrix} 2 \\ 0 \\ -1 \\ 1 \\ 0 \end{bmatrix} \tag{2.46}$$

一般解 (general solution)

があり，一般解は

$$\left\{ \boldsymbol{x} \in \mathbb{R}^5 : \boldsymbol{x} = \begin{bmatrix} 2 \\ 0 \\ -1 \\ 1 \\ 0 \end{bmatrix} + \lambda_1 \begin{bmatrix} 2 \\ 1 \\ 0 \\ 0 \\ 0 \end{bmatrix} + \lambda_2 \begin{bmatrix} 2 \\ 0 \\ -1 \\ 2 \\ 1 \end{bmatrix}, \quad \lambda_1, \lambda_2 \in \mathbb{R} \right\} \tag{2.47}$$

となる．

後に特殊解と一般解の構成法について述べる．

主成分 (principal component)
ピボット (pivot)

注（ピボットと階段形） 行の最も左にあるゼロでない係数を主成分（ピボット）と呼ぶ．行列が後述の行階段形であるとき，各行のピボットが一つ上の行のピボットより右側にあるため「階段」状になっている．

行階段形 (row-echelon form)

定義 2.6 （行階段形） 以下の二つの条件を満たす行列は行階段形であるという：

- 各成分が 0 の行があるなら，その行は行列の最下部に位置する．つまり，0 以外の成分をもつ行は，0 のみの行より常に上にある．
- 0 以外の成分をもつ行について，そのピボットは上の行のピボットより真に右の列に位置する．

ピボットの値は 1 であるとする教科書もある．

■

基底変数 (basic variable)
自由変数 (free variable)

注（基底変数と自由変数） 行階段形の行列について，ピボットの存在する列（ピボット列）に対応する未知数を基底変数，それ以外の未知数を自由変数という．例えば (2.45) では，x_1, x_3, x_4 が基底変数であり，x_2, x_5 が自由変数である．

注（特殊解の構成について） 行階段形を利用すると特殊解を簡単に構成できる．ピボット列 $\boldsymbol{p}_i (i = 1, \ldots, P)$ を抜き出して得られる連立一次方程式 $\boldsymbol{b} = \sum_{i=1}^{P} \lambda_i \boldsymbol{p}_i$ について，右のピボット列から順に基底変数 λ_i の値が求まる．そして残りの自由変数をゼロとすることで特殊解が得られる．

先ほどの例であれば，基底変数について

$$\lambda_1 \begin{bmatrix} 1 \\ 0 \\ 0 \\ 0 \end{bmatrix} + \lambda_2 \begin{bmatrix} 1 \\ 1 \\ 0 \\ 0 \end{bmatrix} + \lambda_3 \begin{bmatrix} -1 \\ -1 \\ 1 \\ 0 \end{bmatrix} = \begin{bmatrix} 0 \\ -2 \\ 1 \\ 0 \end{bmatrix} \tag{2.48}$$

となり，$\lambda_3 = 1, \lambda_2 = -1, \lambda_1 = 2$ が得られる．したがって $\boldsymbol{x} = [2, 0, -1, 1, 0]^\top$ が特殊解となる．

注（行簡約階段形） 行列が以下の条件を満たすとき，行簡約階段形（行標準形）であるという：

行簡約階段形 (row-reduced-echelon form)

行標準形 (row canonical form)

- 行階段形である．
- どのピボットの値も 1 である．
- ピボットがその列でただ一つの非ゼロ要素である．

行簡約階段形は，連立一次方程式の一般解を簡単に求めることができることから，後の 2.3.3 項で重要な役割を果たすことになる．

注（ガウスの消去法） ガウスの消去法とは，基本変形により行簡約階段形まで行列を変換するアルゴリズムである[†]．

ガウスの消去法 (Gaussian elimination)

† 訳注：（原著を含め）アルゴリズムの詳細な説明を省いている．気になる読者は他の文献をあたるか，ガウスの消去法の適用例となっている例 2.6 を参考にしてほしい．

例 2.7（行簡約階段形） 以下の行列は行簡約階段形となっている（ピボットを太字で示す）：

$$\boldsymbol{A} = \begin{bmatrix} \mathbf{1} & 3 & 0 & 0 & 3 \\ 0 & 0 & \mathbf{1} & 0 & 9 \\ 0 & 0 & 0 & \mathbf{1} & -4 \end{bmatrix}. \tag{2.49}$$

連立一次方程式 $\boldsymbol{Ax} = \boldsymbol{0}$ を解くには，非ピボット列をピボット列の（線形）結合で表すことを考えればよい．行簡約階段形の場合は比較的簡単で，非ピボット列をそれより左のピボット列を用いて表せばよい．最初の非ピボット列（第 2 列）は第 1 列 × 3 である．$\boldsymbol{0}$ を得るためには，第 1 列 × 3 から第 2 列を引けばよい．次の非ピボット列（第 5 列）は第 1 列 × 3 + 第 3 列 × 9 + 第 4 列 × (-4) となり，1 列 × 3 + 第 3 列 × 9 + 第 4 列 × (-4) から第 5 列）を引けば $\boldsymbol{0}$ が得られる．

以上から，$\boldsymbol{Ax} = \boldsymbol{0}$, $\boldsymbol{x} \in \mathbb{R}^5$ のすべての解は

$$\left\{ \boldsymbol{x} \in \mathbb{R}^5 : \boldsymbol{x} = \lambda_1 \begin{bmatrix} 3 \\ -1 \\ 0 \\ 0 \\ 0 \end{bmatrix} + \lambda_2 \begin{bmatrix} 3 \\ 0 \\ 9 \\ -4 \\ -1 \end{bmatrix}, \quad \lambda_1, \lambda_2 \in \mathbb{R} \right\} \tag{2.50}$$

となる．

2.3.3 マイナス 1・トリック

同次連立一次方程式 $\boldsymbol{Ax} = \boldsymbol{0}$ $(\boldsymbol{A} \in \mathbb{R}^{k \times n}, \boldsymbol{x} \in \mathbb{R}^n)$ の解を得る実用的なトリックを紹介しよう[‡]．

‡ 訳注：以下では $k < n$ とする．なお，右辺が $\boldsymbol{0}$ となる，つまり $\boldsymbol{x} = \boldsymbol{0}$ を解にもつ連立一次方程式を同次連立一次方程式という．

まず，係数行列は $\boldsymbol{A}$ は行簡約階段形であると仮定し，（方程式に影響しない）ゼロのみを要素とする行はないとしよう．つまり，係数行列は

$$\boldsymbol{A}=\begin{bmatrix} 0 & \cdots & 0 & \mathbf{1} & * & \cdots & * & 0 & * & \cdots & * & 0 & * & \cdots & * \\ \vdots & & \vdots & 0 & 0 & \cdots & 0 & \mathbf{1} & * & \cdots & * & \vdots & \vdots & & \vdots \\ \vdots & & \vdots & \vdots & \vdots & & \vdots & 0 & \vdots & & \vdots & \vdots & \vdots & & \vdots \\ \vdots & & \vdots & \vdots & \vdots & & \vdots & \vdots & \vdots & & \vdots & 0 & \vdots & & \vdots \\ 0 & \cdots & 0 & 0 & 0 & \cdots & 0 & 0 & 0 & \cdots & 0 & \mathbf{1} & * & \cdots & * \end{bmatrix} \tag{2.51}$$

という形であり，$*$ はそれぞれ任意の実数が入る．（太字で表される）ピボットをもつ第 $j_1,\ldots,j_k$ 列ベクトルは $\mathbb{R}^k$ の標準的な単位ベクトル $\boldsymbol{e}_1,\ldots,\boldsymbol{e}_k\in\mathbb{R}^k$ である．この行列に

$$\begin{bmatrix} 0 & \cdots & 0 & -1 & 0 & \cdots & 0 \end{bmatrix} \tag{2.52}$$

という形の行を $(n-k)$ 個挿入することで，対角成分が 1 または -1 である $n\times n$ 行列 $\tilde{\boldsymbol{A}}$ を構成できる．すると，$\tilde{\boldsymbol{A}}$ の -1 をピボットとする列ベクトルが $\boldsymbol{Ax}=\boldsymbol{0}$ の解となっている．より正確には，これら列ベクトルは $\boldsymbol{Ax}=\boldsymbol{0}$ の解のなす空間の基底（2.6.1 項）をなしており，この空間は核または零空間（2.7.3 項）と呼ばれる．

基底 (basis)
核 (kernel)
零空間 (null space)

例 2.8（マイナス 1・トリック） (2.49) の行簡約階段形行列

$$\boldsymbol{A}=\begin{bmatrix} \mathbf{1} & 3 & 0 & 0 & 3 \\ 0 & 0 & \mathbf{1} & 0 & 9 \\ 0 & 0 & 0 & \mathbf{1} & -4 \end{bmatrix} \tag{2.53}$$

に対して，マイナス 1・トリックを適用してみよう．対角要素が ± 1 となるよう (2.52) の行を挿入すると，

$$\tilde{\boldsymbol{A}}=\begin{bmatrix} \mathbf{1} & 3 & 0 & 0 & 3 \\ 0 & -1 & 0 & 0 & 0 \\ 0 & 0 & \mathbf{1} & 0 & 9 \\ 0 & 0 & 0 & \mathbf{1} & -4 \\ 0 & 0 & 0 & 0 & -1 \end{bmatrix} \tag{2.54}$$

となる．対角成分が (-1) である列を抜き出すと，連立一次方程式 $\boldsymbol{Ax}=\boldsymbol{0}$ の解として

$$\left\{ \boldsymbol{x} \in \mathbb{R}^5 : \boldsymbol{x} = \lambda_1 \begin{bmatrix} 3 \\ -1 \\ 0 \\ 0 \\ 0 \end{bmatrix} + \lambda_2 \begin{bmatrix} 3 \\ 0 \\ 9 \\ -4 \\ -1 \end{bmatrix}, \quad \lambda_1, \lambda_2 \in \mathbb{R} \right\} \tag{2.55}$$

が得られる．これは洞察から求めた結果 (2.50) と一致している．

逆行列の計算方法

正方行列 $\boldsymbol{A} \in \mathbb{R}^{n \times n}$ の逆行列 $\boldsymbol{A}^{-1}$ は，$\boldsymbol{AX} = \boldsymbol{I}_n$ を満たす行列 $\boldsymbol{X}$ に他ならない．さて，式 $\boldsymbol{AX} = \boldsymbol{I}_n$ は $\boldsymbol{X}$ の各列 $\boldsymbol{X} = [\boldsymbol{x}_1|\cdots|\boldsymbol{x}_n]$ に対する複数の連立一次方程式と思うことができる．この複数の連立一次方程式に関する拡大係数行列 $[\boldsymbol{A}|\boldsymbol{I}_n]$ について，$\boldsymbol{A}$ が逆行列をもつ場合

$$[\boldsymbol{A}|\boldsymbol{I}_n] \rightsquigarrow \cdots \rightsquigarrow [\boldsymbol{I}_n|\boldsymbol{A}^{-1}] \tag{2.56}$$

と基本変形できる．つまり，行列を行簡約階段形に基本変形することで，右辺から逆行列が読み取れる．そのため，連立一次方程式を解くことと逆行列を求めることは同等な問題であるといえる．

例 2.9（ガウスの消去法を用いた逆行列の計算） 正方行列

$$\boldsymbol{A} = \begin{bmatrix} 1 & 0 & 2 & 0 \\ 1 & 1 & 0 & 0 \\ 1 & 2 & 0 & 1 \\ 1 & 1 & 1 & 1 \end{bmatrix} \tag{2.57}$$

の逆行列を求めよう．拡大係数行列は

$$\left[\begin{array}{cccc|cccc} 1 & 0 & 2 & 0 & 1 & 0 & 0 & 0 \\ 1 & 1 & 0 & 0 & 0 & 1 & 0 & 0 \\ 1 & 2 & 0 & 1 & 0 & 0 & 1 & 0 \\ 1 & 1 & 1 & 1 & 0 & 0 & 0 & 1 \end{array}\right]$$

であり，ガウスの消去法を適用すると行簡約階段形

$$\left[\begin{array}{cccc|cccc} 1 & 0 & 0 & 0 & -1 & 2 & -2 & 2 \\ 0 & 1 & 0 & 0 & 1 & -1 & 2 & -2 \\ 0 & 0 & 1 & 0 & 1 & -1 & 1 & -1 \\ 0 & 0 & 0 & 1 & -1 & 0 & -1 & 2 \end{array}\right]$$

が得られる．右辺の正方行列

$$A^{-1} = \begin{bmatrix} -1 & 2 & -2 & 2 \\ 1 & -1 & 2 & -2 \\ 1 & -1 & 1 & -1 \\ -1 & 0 & -1 & 2 \end{bmatrix} \tag{2.58}$$

が求める逆行列であり，積 $\boldsymbol{A}\boldsymbol{A}^{-1}$ が $\boldsymbol{I}_4$ となることが直接の計算により確かめられる．

2.3.4 連立一次方程式の求解アルゴリズム

本節の最後に連立一次方程式 $\boldsymbol{A}\boldsymbol{x} = \boldsymbol{b}$ を解くための様々なアプローチを一望しておこう．なおここでは，解が存在するとして話を進める．解が存在しない場合は近似解を与える必要が生じるが，その一つの方法である線形回帰については第9章で詳しく学ぶことになる．

$\boldsymbol{A}$ の逆行列 $\boldsymbol{A}^{-1}$ が計算できる場合は，解は $\boldsymbol{x} = \boldsymbol{A}^{-1}\boldsymbol{b}$ と表せる．しかし，そのためには $\boldsymbol{A}$ が可逆な正方行列でないといけないが，一般にはそうとは限らない．（$\boldsymbol{A}$ の列が線形独立という）より緩い条件を満たすのであれば

$$\boldsymbol{A}\boldsymbol{x} = \boldsymbol{b} \Longleftrightarrow \boldsymbol{A}^\top\boldsymbol{A}\boldsymbol{x} = \boldsymbol{A}^\top\boldsymbol{b} \Longleftrightarrow \boldsymbol{x} = (\boldsymbol{A}^\top\boldsymbol{A})^{-1}\boldsymbol{A}^\top\boldsymbol{b} \tag{2.59}$$

ムーア・ペンローズ疑似逆行列 (Moore–Penrose pseudo-inverse)

という変形が可能となり，ムーア・ペンローズ疑似逆行列 $(\boldsymbol{A}^\top\boldsymbol{A})^{-1}\boldsymbol{A}^\top$ が $\boldsymbol{A}\boldsymbol{x} = \boldsymbol{b}$ の解を与える．これは線形回帰の最小二乗法におけるノルムを最小とする解に対応している．このアプローチの欠陥は計算量が大きいことであり，行列積の計算と $\boldsymbol{A}^\top\boldsymbol{A}$ の逆行列の計算が必要となる．数値計算の精度の面からも（疑似）逆行列の計算は一般に推奨されない．

ガウスの消去法は，行列式の計算（4.1節），線形独立性の確認（2.5節），逆行列の計算（2.2.2項），行列のランクの計算（2.6.2項），ベクトル空間の基底の決定（2.6.2項）といった様々な場面で重要となる．数千個の未知数であれば，この直感的かつ直接的な手法で問題なく連立一次方程式を解くことができる．演算回数は方程式の個数の三乗で増大するため，未知数が数百万になると実用的ではなくなる．

連立一次方程式の多くの求解には（直接的ではない）反復法が利用される．例えば，リチャードソン法，ヤコビ法，ガウス・ザイデル法，SOR法といった定常反復法や，共役勾配法，GMRES法，双共役勾配法といったクリロフ部分空間反復法が挙げられる．各手法については，[SB02, Str03, LM15] が参考になる．

反復法は基本的に，適切な $\boldsymbol{C}, \boldsymbol{d}$ のもと

$$\boldsymbol{x}^{(k+1)} = \boldsymbol{C}\boldsymbol{x}^{(k)} + \boldsymbol{d} \tag{2.60}$$

という反復を行い，真の解 $\boldsymbol{x}_*$ との誤差 $\|\boldsymbol{x}^{(k+1)} - \boldsymbol{x}_*\|$ を減らすことで，近似解 $\boldsymbol{x}^{(k)}$ を $\boldsymbol{x}_*$ へと収束させる．二つのベクトルの近さを測るノルム $\|\cdot\|$ については3.1節で導入する．

2.4 ベクトル空間

これまでは連立一次方程式に焦点を当て，その解法（2.3節）や，行列とベクトルの積 (2.10) で方程式を表すことについて学んだ．この節では，ベクトルが所属する空間であるベクトル空間に目を向けよう．

本章のはじめでベクトルは和とスカラー倍の演算をもつ対象であると曖昧に述べたが，これまでの内容で準備は十分であるため，群を定義したあとにベクトルをきちんと定義することにしよう．

2.4.1 群

群はコンピュータ科学で重要な概念である．集合上の演算を考える基本的なフレームワークであり，暗号理論や符号理論，グラフィクスにおいて頻繁に利用される．

定義 2.7（群） 集合 $\mathcal{G}$ と $\mathcal{G}$ 上の二項演算の写像 $\star : \mathcal{G} \times \mathcal{G} \to \mathcal{G}$ が以下の性質を満たすとき，組 $G := (\mathcal{G}, \star)$ は群であるという：

群 (group)

1. 演算が閉じている：$\forall x, y \in \mathcal{G} : x \star y \in \mathcal{G}$.
2. 結合則：$\forall x, y, z \in \mathcal{G} : (x \star y) \star z = x \star (y \star z)$.
3. 単位元の存在：$\exists e \in \mathcal{G}\ \forall x \in \mathcal{G} : x \star e = e \star x = x$.
4. 逆元の存在：$\forall x \in \mathcal{G}\ \exists y \in \mathcal{G} : x \star y = y \star x = e$．この逆元 y を x^{-1} で表す．

閉じている (close)

結合則 (associativity)

単位元 (neutral element)

逆元 (inverse element)

■

注 逆元は，考えている演算 $\star$ に関するものであり，必ずしも掛け算に関する逆元 $\frac{1}{x}$ を表すわけではないことに注意しよう．

上記の条件に加えてさらに $\forall x, y \in \mathcal{G} : x \star y = y \star x$ をみたすとき，群 $G = (\mathcal{G}, \star)$ はアーベル群（可換群）であるという．

アーベル群 (Abelian group)

例 2.10（群） 集合と二項演算のいくつかの例について，群となるか確認してみよう．

$\mathbb{N}_0 := \mathbb{N} \cup \{0\}$

- $(\mathbb{Z}, +)$ は群である．
- $(\mathbb{N}_0, +)$ は群ではない．単位元 0 をもつ一方，逆元が一般に存在しない．
- $(\mathbb{Z}, \cdot)$ は群ではない．単位元 1 をもつ一方，$z \in \mathbb{Z}, z \neq \pm 1$ の逆元が存在しない．
- $(\mathbb{R}, \cdot)$ は群ではない．0 が逆元をもたない．
- $(\mathbb{R} \setminus \{0\}, \cdot)$ はアーベル群である．
- $(\mathbb{R}^n, +), (\mathbb{Z}^n, +)$ は + を成分ごとの和

$$(x_1, \ldots, x_n) + (y_1, \ldots, y_n) = (x_1 + y_1, \ldots, x_n + y_n) \tag{2.61}$$

　で定めるとアーベル群となる．このとき，$(x_1, \ldots, x_n)^{-1} := (-x_1, \ldots, -x_n)$ が逆元であり，単位元は $(0, \ldots, 0)$ である．
- $(\mathbb{R}^{m \times n}, +)$ はアーベル群である．（演算は成分ごとの和 (2.61) である．）
- 正方行列と行列の積 (2.13) による $(\mathbb{R}^{n \times n}, \cdot)$ について考えてみよう．
  - 積が閉じていることと結合則は，積の定義から直ちに従う．
  - 単位元：単位行列 $\boldsymbol{I}_n$ が行列の積に関する単位元となる．
  - 逆元：もし行列が可逆（$\boldsymbol{A}$ が正則）であれば逆行列 $\boldsymbol{A}^{-1}$ が $\boldsymbol{A} \in \mathbb{R}^{n \times n}$ の逆元となる．

　よって $\mathbb{R}^{n \times n}$ のうち正則行列全体は行列の積に関して群をなし，**一般線形群**と呼ばれる．

一般線形群 (general linear group)

定義 2.8（一般線形群）$\mathbb{R}^{n \times n}$ の正則行列全体の集合は行列積 (2.13) に関して群となる．この群を**一般線形群**といい，$\mathrm{GL}(n, \mathbb{R})$ で表す．$n > 1$ なら行列積は可換でないため，一般線形群はアーベル群ではない．■

2.4.2　ベクトル空間

群の説明で閉じた演算 $\mathcal{G} \times \mathcal{G} \to \mathcal{G}$ が登場した．ベクトル空間では閉じた演算 + とスカラー $\lambda \in \mathbb{R}$ をベクトル $x \in \mathcal{G}$ に掛ける外部からの演算 $\cdot$ が登場する．閉じた演算 + は加法であり，外部からの演算 $\cdot$ がスカラー倍である．

定義 2.9（ベクトル空間）集合 $\mathcal{V}$ と二つの演算

$$+ : \mathcal{V} \times \mathcal{V} \to \mathcal{V}, \tag{2.62}$$

$$\cdot : \mathbb{R} \times \mathcal{V} \to \mathcal{V} \tag{2.63}$$

ベクトル空間 (vector space)

の三つ組 $V = (\mathcal{V}, +, \cdot)$ が以下の条件をみたすとき，実**ベクトル空間**であるという：

1. $(\mathcal{V}, +)$ はアーベル群．
2. 分配則：
   (a) $\forall \lambda \in \mathbb{R},\ \boldsymbol{x}, \boldsymbol{y} \in \mathcal{V} : \lambda \cdot (\boldsymbol{x} + \boldsymbol{y}) = \lambda \cdot \boldsymbol{x} + \lambda \cdot \boldsymbol{y}$.

(b) $\forall \lambda, \psi \in \mathbb{R},\ \boldsymbol{x} \in \mathcal{V} : (\lambda + \psi) \cdot \boldsymbol{x} = \lambda \cdot \boldsymbol{x} + \psi \cdot \boldsymbol{x}$.

3. （スカラー倍に関する）結合則：$\forall \lambda, \psi \in \mathbb{R},\ \boldsymbol{x} \in \mathcal{V} : \lambda \cdot (\psi \cdot \boldsymbol{x}) = (\lambda\psi) \cdot \boldsymbol{x}$.

4. 単位元1によるスカラー倍：$\forall \boldsymbol{x} \in \mathcal{V} : 1 \cdot \boldsymbol{x} = \boldsymbol{x}$.

■

ベクトル空間の要素 $\boldsymbol{x} \in \mathcal{V}$ を改めて**ベクトル**という．群 $(\mathcal{V}, +)$ に関する単位元はゼロベクトル $\boldsymbol{0}$ $(= [0, \ldots, 0]^\top)$ であり，演算 $+$ をベクトルの**加法**と呼ぶ．登場した実数 $\lambda \in \mathbb{R}$ のことを**スカラー**といい，演算 $\cdot$ を**スカラー倍**と呼ぶ．（なおスカラー倍は，3.2 節で説明するスカラー積とは異なる．）

ベクトル (vector)
加法 (addition)
スカラー (scalar)
スカラー倍 (multiplication by scalars)

注 ベクトル $\boldsymbol{a}, \boldsymbol{b} \in \mathbb{R}^n$ の「ベクトル積」$\boldsymbol{ab} \in \mathbb{R}^n$ は定義しない．形式的に，成分ごとの積 $c_j = a_j b_j$ を積 $\boldsymbol{c} = \boldsymbol{ab}$ とすることはできる．この「配列」スタイルの積はプログラミングで一般的ではあるが，行列積の観点からは数学的な意味が乏しいのである．ベクトルを（通常そうするように）$n \times 1$ 行列と思えば行列積 (2.13) が利用でき，$\boldsymbol{ab}^\top \in \mathbb{R}^{n \times n}$ （**外積**）や $\boldsymbol{a}^\top \boldsymbol{b} \in \mathbb{R}$ （内積，スカラー積，ドット積）が定まる．

外積 (outer product)

例 2.11（ベクトル空間） 実ベクトル空間の重要な例をいくつか確認しておこう：

- $\mathcal{V} = \mathbb{R}^n$ は以下の演算によりベクトル空間となる：
  - 加法：$\boldsymbol{x}+\boldsymbol{y} = (x_1, \ldots, x_n)+(y_1, \ldots, y_n) = (x_1+y_1, \ldots, x_n+y_n),\ \boldsymbol{x}, \boldsymbol{y} \in \mathbb{R}^n$.
  - スカラー倍：$\lambda\boldsymbol{x} = \lambda(x_1, \ldots, x_n) = (\lambda x_1, \ldots, \lambda x_n),\ \lambda \in \mathbb{R},\ \boldsymbol{x} \in \mathbb{R}^n$.
- $\mathcal{V} = \mathbb{R}^{m \times n}$ も 2.2 節で定めた演算でベクトル空間となる：
  - 加法：$\boldsymbol{A} + \boldsymbol{B} = \begin{bmatrix} a_{11} + b_{11} & \cdots & a_{1n} + b_{1n} \\ \vdots & & \vdots \\ a_{m1} + b_{m1} & \cdots & a_{mn} + b_{mn} \end{bmatrix},\ \boldsymbol{A}, \boldsymbol{B} \in \mathbb{R}^{m \times n}$ （成分ごとの和）．
  - スカラー倍：$\lambda\boldsymbol{A} = \begin{bmatrix} \lambda a_{11} & \cdots & \lambda a_{1n} \\ \vdots & & \vdots \\ \lambda a_{m1} & \cdots & \lambda a_{mn} \end{bmatrix}$.

  行列の集合 $\mathbb{R}^{m \times n}$ はベクトル空間としては $\mathbb{R}^{mn}$ と同じである．
- 複素数全体の集合 $\mathcal{V} = \mathbb{C}$ は自然な演算で実ベクトル空間となる．

注 ベクトル空間 $V = (\mathcal{V}, +, \cdot)$ について，加法 $+$ とスカラー倍 $\cdot$ が文脈から明らかな場合は，単に V と表す．ベクトルが $\mathcal{V}$ に属することも，簡単のため $\boldsymbol{x} \in V$ と書く．

注 三つのベクトル空間 $\mathbb{R}^n, \mathbb{R}^{n \times 1}, \mathbb{R}^{1 \times n}$ は n 個の実数をどのように並べるか（配列，列ベクトル，行ベクトル）という点で異なる．今後は $\mathbb{R}^n$ を $\mathbb{R}^{n \times 1}$ と同一視し，n

列ベクトル (column vector)

要素の配列を列ベクトル

$$x = \begin{bmatrix} x_1 \\ \vdots \\ x_n \end{bmatrix} \tag{2.64}$$

とみなす．この同一視によりベクトル空間の操作の記述が単純となる．なお，もう一つのベクトル空間である $\mathbb{R}^{1\times n}$ は行列の掛け算に違いがあるため $\mathbb{R}^{n\times 1}$ とは区別が必要である．$\boldsymbol{x}$ と書いた場合，基本的には列ベクトルを表すこととし，行ベクトルについては $\boldsymbol{x}^\top$ という転置で表すことにする．

転置 (transpose)

2.4.3　部分ベクトル空間

部分ベクトル空間の概念を導入しよう．直感的には，部分ベクトル空間はベクトル空間の加法やスカラー倍で「閉じた」部分集合を意味する．部分ベクトル空間の概念は機械学習で有用となり，例えば第10章の次元削減で部分ベクトル空間を利用する．

定義 2.10（部分ベクトル空間）$V = (\mathcal{V}, +, \cdot)$ をベクトル空間，$\mathcal{U} \subseteq \mathcal{V}$ を空でない部分集合とする．V の加法，スカラー倍の定義域をそれぞれ $\mathcal{U}\times\mathcal{U}$, $\mathbb{R}\times\mathcal{U}$ に制限した三つ組 $U = (\mathcal{U}, +, \cdot)$ がベクトル空間であるとき，U は V の**部分ベクトル空間**であるといい，$U \subseteq V$ と表す．■

部分ベクトル空間 (vector subspace)

U の多くの性質は V から引き継ぐことになる．引き継がれる性質としては，加法の可換性や，分配則，結合則，単位元が含まれる．したがって，$U = (\mathcal{U}, +, \cdot)$ が部分ベクトル空間であるためには，以下を確認すれば十分である：

1. $\mathcal{U} \neq \emptyset$，特に $\boldsymbol{0} \in \mathcal{U}$.
2. 演算が U で閉じていること：
   (a) $\forall\lambda \in \mathbb{R}, \forall\boldsymbol{x} \in \mathcal{U} : \lambda\boldsymbol{x} \in \mathcal{U}$.
   (b) $\forall\boldsymbol{x}, \boldsymbol{y} \in \mathcal{U} : \boldsymbol{x} + \boldsymbol{y} \in \mathcal{U}$.

例 2.12（部分ベクトル空間） いくつか例を確認しておこう．

- 任意のベクトル空間 V に対し，自明な部分ベクトル空間として V 自身と $\{\boldsymbol{0}\}$ が存在する．
- 図 2.6 の中で $\mathbb{R}^2$ の部分ベクトル空間となるものは D のみである．A と C は演算が閉じておらず，B はそもそも $\boldsymbol{0}$ を含んでいない．
- n 個の未知数 $\boldsymbol{x} = [x_1, \ldots, x_n]^\top$ に関する同次連立一次方程式 $\boldsymbol{Ax} = \boldsymbol{0}$ の解全体の集合は，$\mathbb{R}^n$ の部分ベクトル空間となる．
- 同次でない連立一次方程式 $\boldsymbol{Ax} = \boldsymbol{b}$, $\boldsymbol{b} \neq \boldsymbol{0}$ の解全体の集合は，$\mathbb{R}^n$ の部分

ベクトル空間ではない.

- 任意個の部分ベクトル空間の共通部分集合は部分ベクトル空間となる.

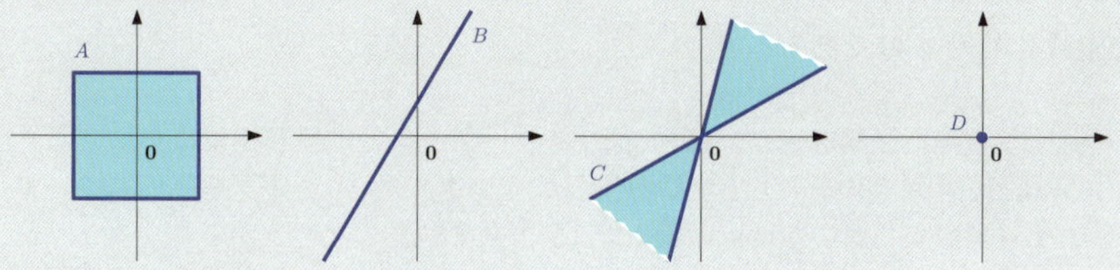

図 2.6　$\mathbb{R}^2$ のすべての部分集合が部分ベクトル空間となるわけではない. A, C は演算が閉じておらず, B は $\mathbf{0}$ を含んでいない. この中では D のみが部分ベクトル空間である.

注　$(\mathbb{R}^n, +, \cdot)$ の部分ベクトル空間 U は, ある同次連立一次方程式 $\boldsymbol{A}\boldsymbol{x} = \mathbf{0}, \boldsymbol{x} \in \mathbb{R}^n$ の解全体の集合と表せる.

2.5　線形独立性

あるベクトル空間の（複数の）ベクトル $\boldsymbol{x}_1, \ldots, \boldsymbol{x}_k \in V$ に対して行える操作に目を向けよう. 各要素をスカラー倍して和をとることができ, 演算は閉じているため得られるベクトルはもとのベクトル空間に含まれている. この部分集合 $\boldsymbol{x}_1, \ldots, \boldsymbol{x}_k$ を上手に選べば, V のすべての要素を和とスカラー倍で（一意に）表すことができる. このような部分集合は**基底**と呼ばれる（2.6.1 項）. 基底を説明する前に, 線形結合と線形独立の概念から始めることにしよう.

基底 (basis)

定義 2.11　（線形結合）　V をベクトル空間, $\boldsymbol{x}_1, \ldots, \boldsymbol{x}_k \in V$ を有限個のベクトルとする. スカラー $\lambda_1, \ldots, \lambda_k \in \mathbb{R}$ を用いた和

$$\boldsymbol{v} = \lambda_1 \boldsymbol{x}_1 + \cdots + \lambda_k \boldsymbol{x}_k = \sum_{i=1}^{k} \lambda_i \boldsymbol{x}_i \in V \tag{2.65}$$

を $\boldsymbol{x}_1, \ldots, \boldsymbol{x}_k$ の**線形結合**という. ■

線形結合 (linear combination)

$\mathbf{0} = \sum_{i=1}^{k} 0 \boldsymbol{x}_i$ であるため, ゼロベクトル $\mathbf{0}$ を $\boldsymbol{x}_1, \ldots, \boldsymbol{x}_k \in V$ の線形結合として表すことは常に可能である. 興味があることはむしろ, 非自明な線形結合（いくつかの λ_i が非ゼロ）によって $\mathbf{0}$ を表すことが可能かという点にある.

定義 2.12　（線形独立・線形従属）　ベクトル空間 V のベクトル $\boldsymbol{x}_1, \ldots, \boldsymbol{x}_k \in V$ について, 少なくとも一つのスカラー λ_i が 0 でない非自明な線形結合によって $\sum_{i=1}^{k} \lambda_i \boldsymbol{x}_i = \mathbf{0}$ となるとき, $\boldsymbol{x}_1, \ldots, \boldsymbol{x}_k$ は**線形従属**であるという. $\sum_{i=1}^{k} \lambda_i \boldsymbol{x}_i = \mathbf{0}$ となる線形結合が $\lambda_1 = \cdots = \lambda_k = 0$ という自明なものに限られるとき, $\boldsymbol{x}_1, \ldots, \boldsymbol{x}_k$ は**線形独立**であるという. ■

線形従属 (linearly dependent)

線形独立 (linearly independent)

線形独立性は線形代数で最も重要な概念の一つである．線形独立であることは直感的にはベクトル同士に冗長性がないことを意味しており，どれか一つでも除くと線形結合で表せないベクトルが生じる．次節に述べる基底はこの直感を定式化したものである．

例 2.13（線形従属なベクトル）　図 2.7 の地図をもとに線形従属について考えてみよう．（ケニアの）ナイロビの住人が（ルワンダの）キガリの場所について「ナイロビから北西に 506 km 進むと（ウガンダの）カンパラがあり，カンパラから南西に 374 km 進むとキガリに着く」と述べたとする．位置情報は（高度と地球の丸みを無視すれば）二次元のベクトル空間で表されるので，発言内容に沿って地図をなぞるとキガリの場所がわかる．もしその住人が「（キガリは）およそ 751 km 西にある」と追加で述べたとしても，すでにキガリの位置は判明済みのため冗長な情報である．

この例では「506 km 北西」を表す（青い）ベクトルと「374 km 南西」を表す（紫の）ベクトルの組が線形独立である．つまり，これら二つのベクトルについて，一方を他方を用いて表すことはできない．しかし，「751 km 西」を表す（黒い）ベクトルは既存の二つのベクトルの和で書き表すことができるため，三つのベクトルは線形従属となる．なお，「506 km 北西」のベクトルを「751 km 西」と「374 km 南西」の線形結合で表すことも可能である．

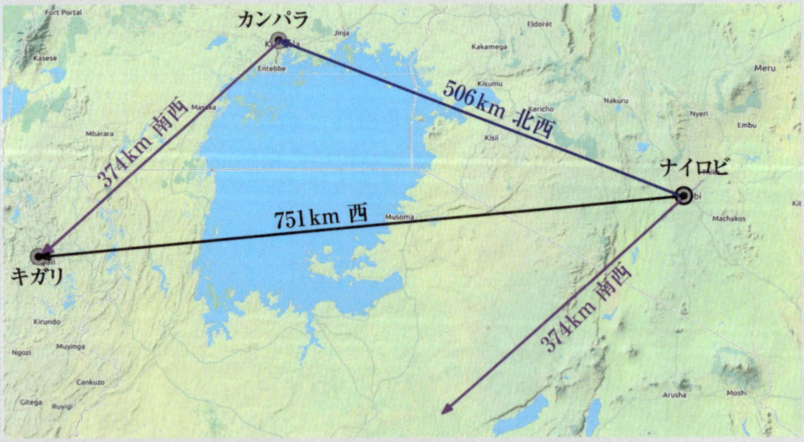

図 2.7　二次元空間（平面）における線形従属なベクトルの地図による例（基線方向への粗近似を含む）．

注　以下の性質は線形独立か否かの判定に有用となる．

- k 個のベクトルは線形従属であるか線形独立であるかのどちらかである．
- ベクトル $\boldsymbol{x}_1, \ldots, \boldsymbol{x}_k$ のどれか一つが $\mathbf{0}$ であれば線形従属である．二つのベクトルが一致する場合も線形従属である．
- $\boldsymbol{x}_1, \ldots, \boldsymbol{x}_k$ が線形従属であることと（少なくとも一つの）$\boldsymbol{x}_i$ が残りの $\boldsymbol{x}_j$ たちの線形結合で表せることは同値である．例えば，$\boldsymbol{x}_i = \lambda \boldsymbol{x}_j$, $\lambda \in \mathbb{R}$, $i \neq j$ であれば線形従属となる．

- $\boldsymbol{x}_1, \ldots, \boldsymbol{x}_k \in V$ の線形独立性の判定にガウスの消去法が利用できる：各ベクトルを列ベクトルとして並べた行列 $\boldsymbol{A}$ にガウスの消去法を適用して行階段形に変形する．（行簡約階段形はここでは必要ない．）
  - ピボットの登場する列に対応するベクトル全体は線形独立となる．$\boldsymbol{A}$ を作る際のベクトルの並べ方によって選ばれるベクトルは異なり得る．
  - ピボットがない列に対応するベクトルは，それより左の列に対応するベクトルの線形結合で表すことができる．例えば以下の行階段形

$$\begin{bmatrix} 1 & 3 & 0 \\ 0 & 0 & 2 \end{bmatrix} \tag{2.66}$$

  について，ピボット列は第 1 列と第 3 列であり，第 2 列の列ベクトルは，第 1 列の 3 倍となっている．

列ベクトル全体が線形独立となるための必要十分条件は，各列がピボット列となることである．非ピボット列が一つでも存在すれば線形従属である．

例 2.14 ベクトル空間 $\mathbb{R}^4$ 中のベクトル

$$\boldsymbol{x}_1 = \begin{bmatrix} 1 \\ 2 \\ -3 \\ 4 \end{bmatrix}, \quad \boldsymbol{x}_2 = \begin{bmatrix} 1 \\ 1 \\ 0 \\ 2 \end{bmatrix}, \quad \boldsymbol{x}_3 = \begin{bmatrix} -1 \\ -2 \\ 1 \\ 1 \end{bmatrix} \tag{2.67}$$

の独立性を確認するため，$\lambda_1, \lambda_2, \lambda_3 \in \mathbb{R}$ に関する連立一次方程式

$$\lambda_1 \boldsymbol{x}_1 + \lambda_2 \boldsymbol{x}_2 + \lambda_3 \boldsymbol{x}_3 = \lambda_1 \begin{bmatrix} 1 \\ 2 \\ -3 \\ 4 \end{bmatrix} + \lambda_2 \begin{bmatrix} 1 \\ 1 \\ 0 \\ 2 \end{bmatrix} + \lambda_3 \begin{bmatrix} -1 \\ -2 \\ 1 \\ 1 \end{bmatrix} = \boldsymbol{0} \tag{2.68}$$

を解くことにしよう．x_i を列ベクトルとして並べた行列を（行）基本変形すると

$$\begin{bmatrix} 1 & 1 & -1 \\ 2 & 1 & -2 \\ -3 & 0 & 1 \\ 4 & 2 & 1 \end{bmatrix} \rightsquigarrow \cdots \rightsquigarrow \begin{bmatrix} 1 & 1 & -1 \\ 0 & 1 & 0 \\ 0 & 0 & 1 \\ 0 & 0 & 0 \end{bmatrix} \tag{2.69}$$

となる．すべての列がピボット列であり，連立一次方程式の解は自明な $\lambda_1 = \lambda_2 = \lambda_3 = 0$ に限られる．したがって $\boldsymbol{x}_1, \boldsymbol{x}_2, \boldsymbol{x}_3$ は線形独立であるとわかる．

注　ベクトル空間 V に属する線形独立な k 個のベクトル $\boldsymbol{b}_1, \ldots, \boldsymbol{b}_k$ について，m 個の線形結合

$$\begin{aligned} \boldsymbol{x}_1 &= \sum_{i=1}^{k} \lambda_{i1} \boldsymbol{b}_i \\ &\vdots \\ \boldsymbol{x}_m &= \sum_{i=1}^{k} \lambda_{im} \boldsymbol{b}_i \end{aligned} \tag{2.70}$$

が線形独立であるかどうか考えよう．$\boldsymbol{b}_i$ を列ベクトルとする行列 $\boldsymbol{B} = [\boldsymbol{b}_1, \ldots, \boldsymbol{b}_k]$ を用いて，これらの線形結合は

$$\boldsymbol{x}_j = \boldsymbol{B}\boldsymbol{\lambda}_j, \quad \boldsymbol{\lambda}_j = \begin{bmatrix} \lambda_{1j} \\ \vdots \\ \lambda_{kj} \end{bmatrix}, \quad j = 1, \ldots, m \tag{2.71}$$

と端的に表せる．

$\boldsymbol{x}_1, \ldots, \boldsymbol{x}_m$ の線形結合が

$$\sum_{j=1}^{m} \psi_j \boldsymbol{x}_j = \sum_{j=1}^{m} \psi_j \boldsymbol{B}\boldsymbol{\lambda}_j = \boldsymbol{B} \sum_{j=1}^{m} \psi_j \boldsymbol{\lambda}_j \tag{2.72}$$

と変形できること，$\boldsymbol{B}$ は線形独立なベクトルを並べた行列であることから，$\{\boldsymbol{x}_1, \ldots, \boldsymbol{x}_m\}$ が線形独立であることと $\{\boldsymbol{\lambda}_1, \ldots, \boldsymbol{\lambda}_m\}$ が線形独立であることは同値となる．

注　ベクトル空間 V の k 個のベクトル $\boldsymbol{x}_1, \ldots, \boldsymbol{x}_k$ に関する $m\,(> k)$ 個の線形結合は必ず線形従属となる．

例 2.15　$\mathbb{R}^n$ の線形独立なベクトル $\boldsymbol{b}_1, \boldsymbol{b}_2, \boldsymbol{b}_3, \boldsymbol{b}_4$ について，線形結合

$$\begin{array}{rcrcrcrcr} \boldsymbol{x}_1 &=& \boldsymbol{b}_1 &-& 2\boldsymbol{b}_2 &+& \boldsymbol{b}_3 &-& \boldsymbol{b}_4 \\ \boldsymbol{x}_2 &=& -4\boldsymbol{b}_1 &-& 2\boldsymbol{b}_2 && &+& 4\boldsymbol{b}_4 \\ \boldsymbol{x}_3 &=& 2\boldsymbol{b}_1 &+& 3\boldsymbol{b}_2 &-& \boldsymbol{b}_3 &-& 3\boldsymbol{b}_4 \\ \boldsymbol{x}_4 &=& 17\boldsymbol{b}_1 &-& 10\boldsymbol{b}_2 &+& 11\boldsymbol{b}_3 &+& \boldsymbol{b}_4 \end{array} \tag{2.73}$$

は線形独立だろうか？　それを確認するには係数を列ベクトルにまとめた

$$\left\{ \begin{bmatrix} 1 \\ -2 \\ 1 \\ -1 \end{bmatrix}, \begin{bmatrix} -4 \\ -2 \\ 0 \\ 4 \end{bmatrix}, \begin{bmatrix} 2 \\ 3 \\ -1 \\ -3 \end{bmatrix}, \begin{bmatrix} 17 \\ -10 \\ 11 \\ 1 \end{bmatrix} \right\} \tag{2.74}$$

が線形独立であるかどうかを確認すればよい．係数行列

$$
\boldsymbol{A} = \begin{bmatrix} 1 & -4 & 2 & 17 \\ -2 & -2 & 3 & -10 \\ 1 & 0 & -1 & 11 \\ -1 & 4 & -3 & 1 \end{bmatrix} \tag{2.75}
$$

の行簡約階段形は

$$
\begin{bmatrix} 1 & 0 & 0 & -7 \\ 0 & 1 & 0 & -15 \\ 0 & 0 & 1 & -18 \\ 0 & 0 & 0 & 0 \end{bmatrix} \tag{2.76}
$$

であり，最後の列がピボット列ではない．つまり，ベクトル間に非自明な関係式 $\boldsymbol{x}_4 = -7\boldsymbol{x}_1 - 15\boldsymbol{x}_2 - 18\boldsymbol{x}_3$ があるとわかる．したがって $\boldsymbol{x}_1, \boldsymbol{x}_2, \boldsymbol{x}_3, \boldsymbol{x}_4$ は線形従属であり，$\boldsymbol{x}_4$ は残り三つのベクトルの線形結合で表すことができる．

2.6 基底とランク

ベクトル空間 V の部分集合 $\mathcal{A}$ で，任意のベクトル $\boldsymbol{v} \in V$ が $\mathcal{A}$ の線形結合で表せるものが特に重要となる．この節では，そのような特別な部分集合の特徴付けを行う．

2.6.1 生成系と基底

定義 2.13 （生成系） $V = (\mathcal{V}, +, \cdot)$ をベクトル空間，$\mathcal{A} = \{\boldsymbol{x}_1, \ldots, \boldsymbol{x}_k\} \subseteq \mathcal{V}$ をその（有限）部分集合とする．任意のベクトル $\boldsymbol{v} \in \mathcal{V}$ が $\boldsymbol{x}_1, \ldots, \boldsymbol{x}_k$ の線形結合として表せるとき，$\mathcal{A}$ は V の**生成系**であるという．$\mathcal{A}$ の要素の線形結合全体の集合を $\mathcal{A}$ の**張る**部分ベクトル空間という．もし $\mathcal{A}$ が V を張るとき，$V = \mathrm{span}[\mathcal{A}]$ や $V = \mathrm{span}[\boldsymbol{x}_1, \ldots, \boldsymbol{x}_k]$ と表す． ■

生成系 (generating set)

張る (span)

生成系は（部分）ベクトル空間を張るベクトルの集合である．つまり，任意のベクトルは生成系のベクトルの線形結合で表すことができる．ここで，生成系の中でも特に，最小の生成系について考えることにしよう．

定義 2.14 （基底） ベクトル空間 V の生成系 $\mathcal{A}$ が**極小**であるとは，どの真部分集合 $\tilde{\mathcal{A}} \subsetneq \mathcal{A}$ も V を生成しないことをいう．V の線形独立な生成系は極小となるが，このような生成系を**基底**と呼ぶ． ■

極小 (minimal)

基底 (basis)

$V = (\mathcal{V}, +, \cdot)$ をベクトル空間として，$\mathcal{B} \subseteq \mathcal{V}$ を空でない部分集合とする．次の条件は互いに同値である：

基底は極小な生成系であり，線形独立となる極大な部分集合である．

- $\mathcal{B}$ は V の基底である．

- $\mathcal{B}$ は V の極小な生成系である．
- $\mathcal{B}$ は V の極大な線形独立となる部分集合である．すなわち，V のどのベクトルを追加しても線形従属となる．
- 任意のベクトル $\boldsymbol{x} \in V$ は，$\mathcal{B}$ の線形結合として表すことができ，またその表示はただ一つに定まる．すなわち

$$\boldsymbol{x} = \sum_{i=1}^{k} \lambda_i \boldsymbol{b}_i = \sum_{i=1}^{k} \psi_i \boldsymbol{b}_i, \quad \lambda_i, \psi_i \in \mathbb{R}, \quad \boldsymbol{b}_i \in \mathcal{B} \tag{2.77}$$

という二つの線形結合があれば，各 $i = 1, \ldots, k$ について $\lambda_i = \psi_i$ となる．

例 2.16

- $\mathbb{R}^3$ において，基底

$$\mathcal{B} = \left\{ \begin{bmatrix} 1 \\ 0 \\ 0 \end{bmatrix}, \begin{bmatrix} 0 \\ 1 \\ 0 \end{bmatrix}, \begin{bmatrix} 0 \\ 0 \\ 1 \end{bmatrix} \right\} \tag{2.78}$$

標準基底 (canonical/standard basis)

を $\mathbb{R}^3$ の**標準基底**という．

- $\mathbb{R}^3$ の別の基底の例として

$$\mathcal{B}_1 = \left\{ \begin{bmatrix} 1 \\ 0 \\ 0 \end{bmatrix}, \begin{bmatrix} 1 \\ 1 \\ 0 \end{bmatrix}, \begin{bmatrix} 1 \\ 1 \\ 1 \end{bmatrix} \right\}, \; \mathcal{B}_2 = \left\{ \begin{bmatrix} 0.5 \\ 0.8 \\ 0.4 \end{bmatrix}, \begin{bmatrix} 1.8 \\ 0.3 \\ 0.3 \end{bmatrix}, \begin{bmatrix} -2.2 \\ -1.3 \\ 3.5 \end{bmatrix} \right\} \tag{2.79}$$

がある．

- ベクトルの集合

$$\mathcal{A} = \left\{ \begin{bmatrix} 1 \\ 2 \\ 3 \\ 4 \end{bmatrix}, \begin{bmatrix} 2 \\ -1 \\ 0 \\ 2 \end{bmatrix}, \begin{bmatrix} 1 \\ 1 \\ 0 \\ -4 \end{bmatrix} \right\} \tag{2.80}$$

は線形独立であるが，$\mathbb{R}^4$ の生成系でない．（したがって $\mathbb{R}^4$ の基底でもない．）実際，ベクトル $[1, 0, 0, 0]^\top$ は $\mathcal{A}$ の線形結合では表せない．

基底ベクトル (basis vector)

注　任意のベクトル空間 V は基底をもつ．先ほどの例からもわかるように，ベクトル空間 V の基底は多数存在し，ただ一つの基底があるわけではない．しかし，基底のベクトル（**基底ベクトル**）の個数は基底の取り方によらない．

次元 (dimension)

私たちは有限次元ベクトル空間 V のみを考察の対象としている．この場合，**次元**は基底ベクトルの個数である．ベクトル空間の次元を $\dim(V)$ で表す．もし $U \subseteq V$ が V の部分ベクトル空間ならば，$\dim(U) \leq \dim(V)$ であり，次元

が等しいこと（$\dim(U) = \dim(V)$）とベクトル空間が一致すること（$U = V$）は同値である．次元は直感的にはベクトル空間中の独立な方向の個数である．

ベクトル空間の次元は基底ベクトルの個数に対応する．

注 ベクトル空間の次元は必ずしも配列の成分数に一致しない．例えば，$V = \mathrm{span}[[0,1]^\top]$ は，2 成分のベクトルからなる 1 次元のベクトル空間である．

注 $\mathbb{R}^n$ の部分ベクトル空間 $U = \mathrm{span}[\boldsymbol{x}_1, \ldots, \boldsymbol{x}_m] \subseteq \mathbb{R}^n$ の基底は，以下の手順で構成できる：

1. U を生成している上記のベクトルを列とする行列を $\boldsymbol{A}$ とする．
2. $\boldsymbol{A}$ の行階段形を求める．
3. ピボットの登場する列ベクトル $\boldsymbol{x}_i$ が U の基底をなす．

例 2.17（基底の選定） $U \subset \mathbb{R}^5$ を

$$\boldsymbol{x}_1 = \begin{bmatrix} 1 \\ 2 \\ -1 \\ -1 \\ -1 \end{bmatrix}, \ \boldsymbol{x}_2 = \begin{bmatrix} 2 \\ -1 \\ 1 \\ 2 \\ -2 \end{bmatrix}, \ \boldsymbol{x}_3 = \begin{bmatrix} 3 \\ -4 \\ 3 \\ 5 \\ -3 \end{bmatrix}, \ \boldsymbol{x}_4 = \begin{bmatrix} -1 \\ 8 \\ -5 \\ -6 \\ 1 \end{bmatrix} \in \mathbb{R}^5 \tag{2.81}$$

から生成される $\mathbb{R}^5$ の部分ベクトル空間とし，U の基底を $\boldsymbol{x}_1, \ldots, \boldsymbol{x}_4$ から選びたい．そのためには，$\boldsymbol{x}_1, \ldots, \boldsymbol{x}_4$ の線形独立性を考えればよく，

$$\sum_{i=1}^{4} \lambda_i \boldsymbol{x}_i = \boldsymbol{0} \tag{2.82}$$

を解けばよい．これは

$$[\boldsymbol{x}_1, \boldsymbol{x}_2, \boldsymbol{x}_3, \boldsymbol{x}_4] = \begin{bmatrix} 1 & 2 & 3 & -1 \\ 2 & -1 & -4 & 8 \\ -1 & 1 & 3 & -5 \\ -1 & 2 & 5 & -6 \\ -1 & -2 & -3 & 1 \end{bmatrix} \tag{2.83}$$

を係数行列とする連立一次方程式に対応し，基本変形によって行階段形

$$\begin{bmatrix} 1 & 2 & 3 & -1 \\ 2 & -1 & -4 & 8 \\ -1 & 1 & 3 & -5 \\ -1 & 2 & 5 & -6 \\ -1 & -2 & -3 & 1 \end{bmatrix} \rightsquigarrow \cdots \rightsquigarrow \begin{bmatrix} 1 & 2 & 3 & -1 \\ 0 & 1 & 2 & -2 \\ 0 & 0 & 0 & 1 \\ 0 & 0 & 0 & 0 \\ 0 & 0 & 0 & 0 \end{bmatrix}$$

へと変形される．ピボット列はどのベクトルが線形独立となるかを示唆することから，行階段形から $\boldsymbol{x}_1, \boldsymbol{x}_2, \boldsymbol{x}_4$ が線形独立とわかる（連立一次方程式 $\lambda_1\boldsymbol{x}_1 + \lambda_2\boldsymbol{x}_2 + \lambda_4\boldsymbol{x}_4 = \boldsymbol{0}$ の解は $\lambda_1 = \lambda_2 = \lambda_4 = 0$ である）．

したがって $\{\boldsymbol{x}_1, \boldsymbol{x}_2, \boldsymbol{x}_4\}$ が U の基底となる．

2.6.2　ランク

行列 $\boldsymbol{A} \in \mathbb{R}^{m\times n}$ について，線形独立な列ベクトルの個数は線形独立な行ベクトルの個数と一致する．この個数を $\boldsymbol{A}$ のランクといい，$\mathrm{rk}(\boldsymbol{A})$ で表す．

ランク (rank)

注　行列のランクは以下の重要な性質をもつ：

- $\mathrm{rk}(\boldsymbol{A}) = \mathrm{rk}(\boldsymbol{A}^\top)$．つまり列ランクと行ランクは等しい．
- $\boldsymbol{A} \in \mathbb{R}^{m\times n}$ の列ベクトルが張る部分ベクトル空間 $U \subseteq \mathbb{R}^m$ について，その次元はランクと一致する：$\dim U = \mathrm{rk}(\boldsymbol{A})$．後にこの部分空間を像と定義する．ガウスの消去法によりピボットが登場する $\boldsymbol{A}$ の列ベクトルは，U の基底を与える．

像 (image)

- $\boldsymbol{A} \in \mathbb{R}^{m\times n}$ の行ベクトルは部分ベクトル空間 $W \subseteq \mathbb{R}^n$ を生成し，次元はランクに一致する：$\dim W = \mathrm{rk}(\boldsymbol{A})$．$\boldsymbol{A}^\top$ に対するガウスの消去法によって W の基底を得ることができる．
- 正方行列 $\boldsymbol{A} \in \mathbb{R}^{n\times n}$ が正則（可逆）であることと，$\mathrm{rk}(\boldsymbol{A}) = n$ であることは同値となる．
- $\boldsymbol{A} \in \mathbb{R}^{m\times n}$，$\boldsymbol{b} \in \mathbb{R}^m$ について，連立一次方程式 $\boldsymbol{A}\boldsymbol{x} = \boldsymbol{b}$ が解をもつことと $\mathrm{rk}(\boldsymbol{A}) = \mathrm{rk}(\boldsymbol{A}|\boldsymbol{b})$ であることは同値である．（$\boldsymbol{A}|\boldsymbol{b}$ は拡大係数行列である．）
- $\boldsymbol{A} \in \mathbb{R}^{m\times n}$ について，連立一次方程式 $\boldsymbol{A}\boldsymbol{x} = \boldsymbol{0}$ の解全体は次元が $n - \mathrm{rk}(\boldsymbol{A})$ の部分ベクトル空間となる．後にこの部分空間を核と定義する．

核 (kernel)

- $\boldsymbol{A} \in \mathbb{R}^{m\times n}$ のランクが $\mathbb{R}^{m\times n}$ で可能な最大のランクであるときフルランクであるという．つまり $\mathrm{rk}(\boldsymbol{A}) = \min(m, n)$ である．行列がフルランクでない場合はランク落ちであるという．

フルランク (full rank)
ランク落ち (rank deficient)

例 2.18（ランク）

- $\boldsymbol{A} = \begin{bmatrix} 1 & 0 & 1 \\ 0 & 1 & 1 \\ 0 & 0 & 0 \end{bmatrix}$．線形独立な行・列が二つであるため $\mathrm{rk}(\boldsymbol{A}) = 2$ である．
- $\boldsymbol{A} = \begin{bmatrix} 1 & 2 & 1 \\ -2 & 3 & 1 \\ 3 & 5 & 0 \end{bmatrix}$．ガウスの消去法から

$$\begin{bmatrix} 1 & 2 & 1 \\ -2 & 3 & 1 \\ 3 & 5 & 0 \end{bmatrix} \rightsquigarrow \cdots \rightsquigarrow \begin{bmatrix} 1 & 2 & 1 \\ 0 & 1 & 3 \\ 0 & 0 & 0 \end{bmatrix} \tag{2.84}$$

と変形でき，線形独立な行・列が二つであるため $\mathrm{rk}(\boldsymbol{A}) = 2$ である．

2.7 線形写像

この節では，ベクトル空間の構造を保つ写像である線形写像を紹介する．この写像によって，ベクトルの座標の概念を定義することができる．ベクトルの演算は和とスカラー倍であると本章のはじめで述べた．この演算の性質を保つような写像を考えたい．つまり，二つの実ベクトル空間 V, W の間の写像 $\Phi : V \to W$ で，任意の $\boldsymbol{x}, \boldsymbol{y} \in V$，$\lambda \in \mathbb{R}$ について

$$\Phi(\boldsymbol{x}+\boldsymbol{y}) = \Phi(\boldsymbol{x}) + \Phi(\boldsymbol{y}), \tag{2.85}$$

$$\Phi(\lambda\boldsymbol{x}) = \lambda\Phi(\boldsymbol{x}) \tag{2.86}$$

が成り立つものである．定義としてまとめると以下のようになる．

定義 2.15 （線形写像） 二つのベクトル空間 V, W とその間の写像 $\Phi : V \to W$ について

$$\forall \boldsymbol{x}, \boldsymbol{y} \in V,\ \forall \lambda, \psi \in \mathbb{R} : \Phi(\lambda\boldsymbol{x} + \psi\boldsymbol{y}) = \lambda\Phi(\boldsymbol{x}) + \psi\Phi(\boldsymbol{y}) \tag{2.87}$$

となるとき，Φ を**線形写像**（ベクトル空間の**準同型写像**，**線形変換**）という． ■

線形写像 (linear mapping)

準同型写像 (homomorphism)

線形変換 (linear transformation)

2.7.1 項で見るように，線形写像は行列で表示できる．ただ，行列はベクトルを各列に並べたものともみなせるため，行列を扱う場合は，線形写像とベクトルの集まりのどちらを指しているのか注意が必要である．第 4 章で線形写像についてさらに学ぶことになる．線形写像の話を進める前に，写像に関する用語を用意しておこう．

定義 2.16 （単射・全射・全単射） 二つの集合 $\mathcal{V}, \mathcal{W}$ の間の写像 †$\Phi : \mathcal{V} \to \mathcal{W}$ について

- $\mathcal{V}$ の要素 $\boldsymbol{x}, \boldsymbol{y}$ が $\Phi(\boldsymbol{x}) = \Phi(\boldsymbol{y})$ を満たすならば $\boldsymbol{x} = \boldsymbol{y}$ となるとき，Φ は**単射**であるという：$\forall \boldsymbol{x}, \boldsymbol{y} \in \mathcal{V} : \Phi(\boldsymbol{x}) = \Phi(\boldsymbol{y}) \Longrightarrow \boldsymbol{x} = \boldsymbol{y}$.
- $\Phi(\boldsymbol{x})(\boldsymbol{x} \in \mathcal{V})$ 全体の集合が $\mathcal{W}$ と一致するとき，Φ は**全射**であるという：$\Phi(\mathcal{V}) = \mathcal{W}$.
- Φ が単射かつ全射であるとき，**全単射**であるという．

■

† 訳注：写像 $\Phi : \mathcal{V} \to \mathcal{W}$ とは，集合 $\mathcal{V}$ の各要素 $\boldsymbol{x}$ に対し，集合 $\mathcal{W}$ のある要素 $\Phi(\boldsymbol{x})$ を割り当てる対応のことをいう．

単射 (injective)

全射 (surjective)

全単射 (bijective)

Φ が全射であるとき，$\mathcal{W}$ の任意の要素は $\mathcal{V}$ から「到達する」ことができる．全単射であるときは，写す操作を「取り消す」ことができる．つまり，写像 $\Psi : \mathcal{W} \to \mathcal{V}$ が存在して，$\Psi \circ \Phi(\boldsymbol{x}) = \boldsymbol{x}$，$\Phi \circ \Psi(\boldsymbol{y}) = \boldsymbol{y}$ となる．この写像 Ψ のことを Φ の**逆写像**といい，Φ^{-1} と表す．

以上の定義を用いて，線形写像に関して以下のように用語を定める．

同型写像 (isomorphism)
自己準同型 (endomorphism)
自己同型 (automorphism)
恒等写像 (identity mapping)
恒等変換 (identity automorphism)

- 全単射な線形写像 $\Phi : \mathcal{V} \to \mathcal{W}$ を**同型写像**という．
- 自身への線形写像 $\Phi : \mathcal{V} \to \mathcal{V}$ を**自己準同型**という．
- 全単射な自己準同型 $\Phi : \mathcal{V} \to \mathcal{V}$ を**自己同型**という．
- $\mathrm{id}_V : V \to V,\ \boldsymbol{x} \mapsto \boldsymbol{x}$ を**恒等写像**や**恒等変換**という．

例 2.19（準同型写像） 写像 $\Phi : \mathbb{R}^2 \to \mathbb{C},\ \Phi(\boldsymbol{x}) = x_1 + ix_2$ は準同型写像である：

$$\begin{aligned}\Phi\left(\begin{bmatrix}x_1\\x_2\end{bmatrix} + \begin{bmatrix}y_1\\y_2\end{bmatrix}\right) &= (x_1+y_1) + i(x_2+y_2) = x_1 + ix_2 + y_1 + iy_2\\ &= \Phi\left(\begin{bmatrix}x_1\\x_2\end{bmatrix}\right) + \Phi\left(\begin{bmatrix}y_1\\y_2\end{bmatrix}\right),\\ \Phi\left(\lambda\begin{bmatrix}x_1\\x_2\end{bmatrix}\right) &= \lambda x_1 + \lambda i x_2 = \lambda(x_1 + ix_2) = \lambda\Phi\left(\begin{bmatrix}x_1\\x_2\end{bmatrix}\right).\end{aligned} \tag{2.88}$$

この $\mathbb{R}^2$ の成分ごとの和を複素数の和に変換する線形写像は全単射であり，複素数を二つの実数の組として表すことを正当化している．なお，上の式では線形性のみ示しており，全単射であることは示していないことに注意しよう．

定理 2.17　(**[Axl15, 定理 3.59]**)　二つの有限次元ベクトル空間 V, W について，V と W が**同型**[†]であることと，$\dim V = \dim W$ は同値である．■

同型 (isomorphic)
[†] 訳注：V から W への同型写像が存在するとき，V と W は同型であるという．

定理 2.17 は，同じ次元の二つのベクトル空間の間に全単射な線形写像が存在することを主張している．直感的には，同じ次元のベクトル空間は同一視することが可能で，情報の損失なく相互の変換が行えることを意味している．

定理 2.17 はまた，$\mathbb{R}^{m\times n}$（m 行 n 列の行列全体のベクトル空間）を $\mathbb{R}^{mn}$（長さ mn の列ベクトル全体のなすベクトル空間）とみなすことを正当化している．二つは同じ次元をもち，全単射な線形写像によって相互に変換することが可能である．

注

- 線形写像 $\Phi : V \to W,\ \Psi : W \to X$ の合成 $\Psi \circ \Phi : V \to X$ も線形写像である．
- 線形写像 $\Phi : V \to W$ が同型写像であれば，逆写像 $\Phi^{-1} : W \to V$ もまた同型写像である．
- 線形写像 $\Phi : V \to W,\ \Psi : V \to W$ の和 $\Phi + \Psi$ とスカラー倍 $\lambda\Phi,\ \lambda \in \mathbb{R}$ も線形写像である．

2.7.1 線形写像の行列表示

任意の n 次元ベクトル空間 V は $\mathbb{R}^n$ と同型である（定理 2.17）．V の基底 $\{\boldsymbol{b}_1, \ldots, \boldsymbol{b}_n\}$ について，その順序を考慮した列

$$B = (\boldsymbol{b}_1, \ldots, \boldsymbol{b}_n) \tag{2.89}$$

を V の順序付き基底という．この基底に関する順序は今後重要となる．

順序付き基底 (ordered basis)

注（記法について） 読者が混乱しないように一度表記をまとめておこう．順序付き基底は $B = (\boldsymbol{b}_1, \ldots, \boldsymbol{b}_n)$ で表す．$\mathcal{B} = \{\boldsymbol{b}_1, \ldots, \boldsymbol{b}_n\}$ は（順序のない）基底，$\boldsymbol{B} = [\boldsymbol{b}_1, \ldots, \boldsymbol{b}_n]$ は列ベクトル $\boldsymbol{b}_1, \ldots, \boldsymbol{b}_n$ を並べた行列である．

定義 2.18 （座標） $B = (\boldsymbol{b}_1, \ldots, \boldsymbol{b}_n)$ をベクトル空間 V の順序付き基底とする．任意のベクトル $\boldsymbol{x} \in V$ は，B に関してただ一つの表示（線形結合）

$$\boldsymbol{x} = \alpha_1 \boldsymbol{b}_1 + \cdots + \alpha_n \boldsymbol{b}_n \tag{2.90}$$

をもつ．この $\alpha_1, \ldots, \alpha_n$ を $\boldsymbol{x}$ の B に関する座標といい，ベクトル

座標 (coordinates)

座標ベクトル (coordinate vector)

$$\boldsymbol{\alpha} = \begin{bmatrix} \alpha_1 \\ \vdots \\ \alpha_n \end{bmatrix} \in \mathbb{R}^n \tag{2.91}$$

座標表示 (coordinate representation)

を $\boldsymbol{x}$ の B に関する座標ベクトルもしくは座標表示という． ■

基底は実質的には座標系を定めている．馴染み深い例を挙げると，2 次元空間のデカルト座標系は標準基底 $\boldsymbol{e}_1, \boldsymbol{e}_2$ に関する座標系であり，ベクトル $\boldsymbol{x} \in \mathbb{R}^2$ の座標表示は，$\boldsymbol{x}$ を $\boldsymbol{e}_1$ と $\boldsymbol{e}_2$ の線形結合で表す方法を示している．標準基底以外の基底は別の座標系を定めるため，同じベクトル $\boldsymbol{x}$ であっても別の基底 $(\boldsymbol{b}_1, \boldsymbol{b}_2)$ に関する座標は異なる．図 2.8 においてベクトル $\boldsymbol{x}$ の標準基底

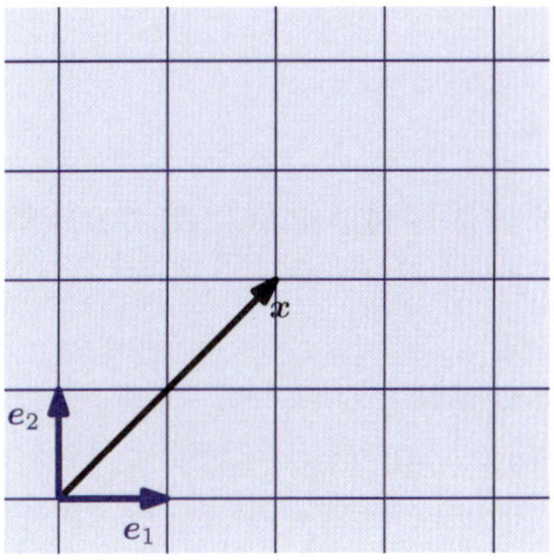

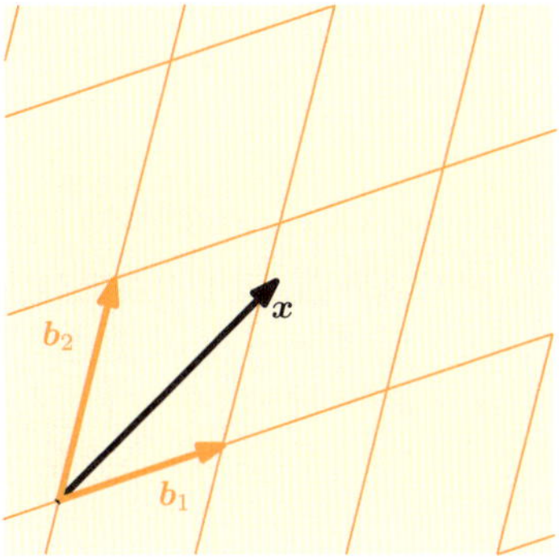

図 2.8 二つの基底による二つの異なる座標系．ベクトル $\boldsymbol{x}$ の座標はどの座標系を選ぶかによって異なる．

に関する座標表示は $[2,2]^\top$ である．一方で，基底 $(\boldsymbol{b}_1, \boldsymbol{b}_2)$ に関する座標表示は $[1.09, 0.72]^\top$ となる（$\boldsymbol{x} = 1.09\boldsymbol{b}_1 + 0.72\boldsymbol{b}_2$）．座標表示を得る方法を以降の節で与える．

図 2.9　ベクトル $\boldsymbol{x}$ の座標表示は基底に応じて異なる．

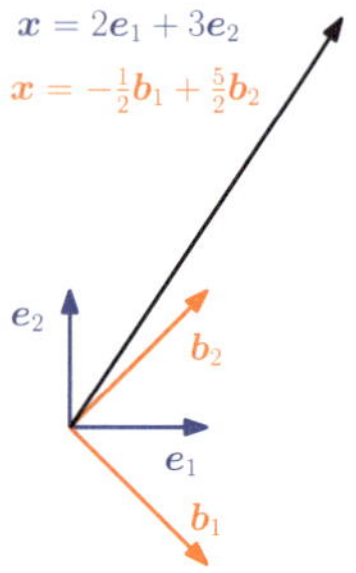

例 2.20　図 2.9 の幾何ベクトル $\boldsymbol{x} \in \mathbb{R}^2$ について，標準基底 $(\boldsymbol{e}_1, \boldsymbol{e}_2)$ に関する座標表示は $[2,3]^\top$ である．つまり，$\boldsymbol{x} = 2\boldsymbol{e}_1 + 3\boldsymbol{e}_2$ である．しかし標準基底にこだわる必要はなく，別の基底として $\boldsymbol{b}_1 = [1,-1]^\top, \boldsymbol{b}_2 = [1,1]^\top$ を選ぶと，$\boldsymbol{x}$ の座標表示は $\frac{1}{2}[-1,5]^\top$ となる．

注　n 次元ベクトル空間 V とその順序付き基底 $B = (\boldsymbol{b}_1, \ldots, \boldsymbol{b}_n)$ に対して，線形写像 $\Phi : \mathbb{R}^n \to V$ が，$\Phi(\boldsymbol{e}_i) = \boldsymbol{b}_i$，$i = 1, \ldots, n$ により一意に定まる．ここで，$(\boldsymbol{e}_1, \ldots, \boldsymbol{e}_n)$ は $\mathbb{R}^n$ の標準基底である．定理 2.17 により，この線形写像は同型写像である．

準備が整ったので，行列と有限次元ベクトル空間の線形写像の関係を明らかにしよう．

定義 2.19（変換行列）　$\Phi : V \to W$ を線形写像とする．$B = (\boldsymbol{b}_1, \ldots, \boldsymbol{b}_n)$，$C = (\boldsymbol{c}_1, \ldots, \boldsymbol{c}_m)$ をそれぞれ V, W の（順序付き）基底とすれば各 $\Phi(\boldsymbol{b}_j)$ $(1 \leq j \leq n)$ の C に関する座標表示

$$\Phi(\boldsymbol{b}_j) = \alpha_{1j}\boldsymbol{c}_1 + \cdots + \alpha_{mj}\boldsymbol{c}_m = \sum_{i=1}^{m} \alpha_{ij}\boldsymbol{c}_i \tag{2.92}$$

は (m,n)-行列

$$\boldsymbol{A}_\Phi(i,j) = \alpha_{ij} \tag{2.93}$$

変換行列 (transformation matrix)

を定める．この行列 $\boldsymbol{A}_\Phi$ を（順序付き基底 B, C に関する）Φ の**変換行列**という．■

順序付き基底 C に関する $\Phi(\boldsymbol{b}_j)$ の座標表示は変換行列 $\boldsymbol{A}_\Phi$ の第 j 列ベクトルである．ベクトル $\boldsymbol{x} \in V$ の B に関する座標表示を $\hat{\boldsymbol{x}}$，ベクトル $\boldsymbol{y} = \Phi(\boldsymbol{x}) \in W$ の C に関する座標表示を $\hat{\boldsymbol{y}}$ とすると

$$\hat{\boldsymbol{y}} = \boldsymbol{A}_\Phi \hat{\boldsymbol{x}} \tag{2.94}$$

が成立する．つまり，変換行列を用いて V の順序付き基底に関する座標から W の順序付き基底に関する座標へ変換できる．

例 2.21（変換行列）　$\Phi : V \to W$ を線形写像，$B = (\boldsymbol{b}_1, \boldsymbol{b}_2, \boldsymbol{b}_3)$，$C = (\boldsymbol{c}_1, \ldots, \boldsymbol{c}_4)$ をそれぞれ V, W の順序付き基底とする．

$$\Phi(\boldsymbol{b}_1) = \boldsymbol{c}_1 - \boldsymbol{c}_2 + 3\boldsymbol{c}_3 - \boldsymbol{c}_4$$
$$\Phi(\boldsymbol{b}_2) = 2\boldsymbol{c}_1 + \boldsymbol{c}_2 + 7\boldsymbol{c}_3 + 2\boldsymbol{c}_4 \tag{2.95}$$
$$\Phi(\boldsymbol{b}_3) = 3\boldsymbol{c}_2 + \boldsymbol{c}_3 + 4\boldsymbol{c}_4$$

の場合，B, C に関する変換行列 $\boldsymbol{A}_\Phi$ は

$$\boldsymbol{A}_\Phi = [\boldsymbol{\alpha}_1, \boldsymbol{\alpha}_2, \boldsymbol{\alpha}_3] = \begin{bmatrix} 1 & 2 & 0 \\ -1 & 1 & 3 \\ 3 & 7 & 1 \\ -1 & 2 & 4 \end{bmatrix} \tag{2.96}$$

で与えられる．$\boldsymbol{\alpha}_j$ $(j = 1, 2, 3)$ は $\Phi(\boldsymbol{b}_j)$ の C に関する座標ベクトルとなる．

例 2.22（ベクトルの線形変換） 三つの変換行列

$$\boldsymbol{A}_1 = \begin{bmatrix} \cos\frac{\pi}{4} & -\sin\frac{\pi}{4} \\ \sin\frac{\pi}{4} & \cos\frac{\pi}{4} \end{bmatrix}, \ \boldsymbol{A}_2 = \begin{bmatrix} 2 & 0 \\ 0 & 1 \end{bmatrix}, \ \boldsymbol{A}_3 = \frac{1}{2}\begin{bmatrix} 3 & -1 \\ 1 & -1 \end{bmatrix} \tag{2.97}$$

の定める $\mathbb{R}^2$ の線形変換を考えよう．これらの線形変換を図示すると図 2.10 のようになる．図 2.10 (a) は $\mathbb{R}^2$ の 400 個のベクトルを表す．x_1, x_2 座標系で正方形状に配置された各点が一つのベクトルに対応する．(2.97) の行列 $\boldsymbol{A}_1$ による変換は，回転した正方形を与える（図 2.10 (b)）．$\boldsymbol{A}_2$ による変換は x_1 方向に 2 倍引き延ばした長方形を与える（図 2.10 (c)）．$\boldsymbol{A}_3$ による変換は図 2.10 (d) のようになり，反転，回転そして伸長を組み合わせたものとなっている．

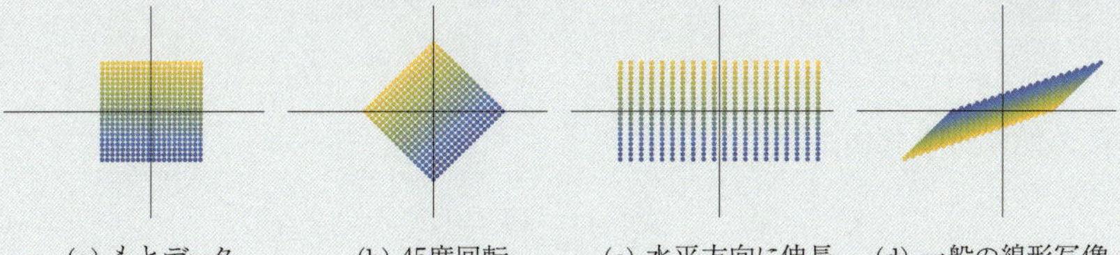

図 2.10 三つの線形変換の例．(a) 各点はベクトルを表す．(b) 45 度回転させたもの，(c) 水平方向に 2 倍伸長させたもの，(d) 反転，回転および伸長を組み合わせたもの．

2.7.2 基底の変換

線形写像 $\Phi : V \to W$ の変換行列が基底の変換に応じてどのように変化するか確認しよう．つまり，V の二つの順序付き基底

$$B = (\boldsymbol{b}_1, \ldots, \boldsymbol{b}_n), \ \tilde{B} = (\tilde{\boldsymbol{b}}_1, \ldots, \tilde{\boldsymbol{b}}_n) \tag{2.98}$$

と W の二つの順序付き基底

$$C = (\boldsymbol{c}_1, \ldots, \boldsymbol{c}_m), \ \tilde{C} = (\tilde{\boldsymbol{c}}_1, \ldots, \tilde{\boldsymbol{c}}_m) \tag{2.99}$$

を考え，線形写像 Φ の B, C に関する変換行列 $\boldsymbol{A}_\Phi \in \mathbb{R}^{m\times n}$ と $\tilde{B}, \tilde{C}$ に関する変換行列 $\tilde{\boldsymbol{A}}_\Phi$ の関係を調べよう．

注　ベクトルの座標は基底に応じて変化し，その変換規則は恒等写像 id_V の変換行列によって与えられる．図2.9では，座標表示に用いる基底を $\boldsymbol{e}_1, \boldsymbol{e}_2$ から $\boldsymbol{b}_1, \boldsymbol{b}_2$ に変換することで，座標を別の座標へ写している．この際，ベクトル $\boldsymbol{x}$ は変化しない．基底を変換して座標表示を変えることで，線形写像の変換行列を計算が容易となるような単純な形にすることができる．

例 2.23（基底の変換）　$\mathbb{R}^2$ の標準基底における変換行列

$$\boldsymbol{A} = \begin{bmatrix} 2 & 1 \\ 1 & 2 \end{bmatrix} \tag{2.100}$$

は，新しい基底

$$B = \left(\begin{bmatrix} 1 \\ 1 \end{bmatrix}, \begin{bmatrix} 1 \\ -1 \end{bmatrix} \right) \tag{2.101}$$

では

$$\tilde{\boldsymbol{A}} = \begin{bmatrix} 3 & 0 \\ 0 & 1 \end{bmatrix} \tag{2.102}$$

と対角行列になり，もとの $\boldsymbol{A}$ より扱いが容易となる．

以下では，ある基底に関する座標ベクトルを，別の基底に関する座標ベクトルに変換する写像について見ていく．主要な結果をまず述べてから，説明を行うことにしよう．

定理 2.20（基底変換）　$\Phi : V \to W$ を線形写像，

$$B = (\boldsymbol{b}_1, \ldots, \boldsymbol{b}_n), \quad \tilde{B} = (\tilde{\boldsymbol{b}}_1, \ldots, \tilde{\boldsymbol{b}}_n) \tag{2.103}$$

を V の順序付き基底，

$$C = (\boldsymbol{c}_1, \ldots, \boldsymbol{c}_m), \quad \tilde{C} = (\tilde{\boldsymbol{c}}_1, \ldots, \tilde{\boldsymbol{c}}_m) \tag{2.104}$$

を W の順序付き基底とする．Φ の順序付き基底 B, C に関する変換行列を $\boldsymbol{A}_\Phi \in \mathbb{R}^{m\times n}$ とし，$\tilde{B}, \tilde{C}$ に関する変換行列を $\tilde{\boldsymbol{A}}_\Phi \in \mathbb{R}^{m\times n}$ とする．このとき

$$\tilde{\boldsymbol{A}}_\Phi = \boldsymbol{T}^{-1} \boldsymbol{A}_\Phi \boldsymbol{S} \tag{2.105}$$

が成立する．ここで，$\boldsymbol{S} \in \mathbb{R}^{n\times n}$ は恒等写像 id_V の $\tilde{B}, B$ に関する変換行列であり，$\boldsymbol{T} \in \mathbb{R}^{m\times m}$ は恒等写像 id_W の $\tilde{C}, C$ に関する変換行列である．■

Proof.（[DW01]）　$\tilde{B}$ の各要素の B に関する座標表示を

$$\tilde{\boldsymbol{b}}_j = s_{1j}\boldsymbol{b}_1 + \cdots + s_{nj}\boldsymbol{b}_n = \sum_{i=1}^{n} s_{ij}\boldsymbol{b}_i, \quad j = 1, \ldots, n \tag{2.106}$$

とし，$\tilde{C}$ の各要素の C に関する座標表示を

$$\tilde{\boldsymbol{c}}_k = t_{1k}\boldsymbol{c}_1 + \cdots + t_{mk}\boldsymbol{c}_m = \sum_{i=1}^{m} t_{lk}\boldsymbol{c}_l, \quad k = 1, \ldots, m \tag{2.107}$$

とする．(2.106) に登場する係数をまとめた行列を $\boldsymbol{S} = (s_{ij}) \in \mathbb{R}^{n\times n}$ で定めると，$\boldsymbol{S}$ の第 j 列ベクトルは，$\tilde{\boldsymbol{b}}_j$ の B に関する座標表示となっている．(2.107) についても同様の行列を考え，$\boldsymbol{T} = (t_{lk}) \in \mathbb{R}^{m\times m}$ とする．$\boldsymbol{S}, \boldsymbol{T}$ はいずれも正則行列である．

さて，$\Phi(\tilde{\boldsymbol{b}}_j)$ を二つの方法で評価してみよう．まず Φ をそのまま適用した場合は，各 $j = 1, \ldots, n$ について

$$\Phi(\tilde{\boldsymbol{b}}_j) = \sum_{k=1}^{m} \underbrace{\tilde{a}_{kj}\tilde{\boldsymbol{c}}_k}_{\in W} \overset{(2.107)}{=} \sum_{k=1}^{m} \tilde{a}_{kj} \sum_{l=1}^{m} t_{lk}\boldsymbol{c}_l = \sum_{l=1}^{m} \left(\sum_{k=1}^{m} t_{lk}\tilde{a}_{kj} \right) \boldsymbol{c}_l \tag{2.108}$$

となる．この変形において，新しい基底ベクトル $\tilde{\boldsymbol{c}}_k \in W$ をもとの基底ベクトル $\boldsymbol{c}_l \in W$ で座標表示し，和の順序の入れ替えを行った．

$\tilde{\boldsymbol{b}}_j \in V$ を $\boldsymbol{b}_i \in V$ で座標表示してから Φ を適用する場合，Φ の線形性から

$$\Phi(\tilde{\boldsymbol{b}}_j) \overset{(2.106)}{=} \Phi\left(\sum_{i=1}^{n} s_{ij}\boldsymbol{b}_i \right) = \sum_{i=1}^{n} s_{ij}\Phi(\boldsymbol{b}_i) = \sum_{i=1}^{n} s_{ij} \sum_{l=1}^{m} a_{li}\boldsymbol{c}_l \tag{2.109a}$$

$$= \sum_{l=1}^{m} \left(\sum_{i=1}^{n} a_{li}s_{ij} \right) \boldsymbol{c}_l, \quad j = 1, \ldots, n \tag{2.109b}$$

となる．(2.108) と (2.109b) を比較すると，任意の $j = 1, \ldots, n$ と $l = 1, \ldots, m$ について

$$\sum_{k=1}^{m} t_{lk}\tilde{a}_{kj} = \sum_{i=1}^{n} a_{li}s_{ij} \tag{2.110}$$

が得られ，これは

$$\boldsymbol{T}\tilde{\boldsymbol{A}}_\Phi = \boldsymbol{A}_\Phi\boldsymbol{S} \in \mathbb{R}^{m\times n} \tag{2.111}$$

に他ならない．したがって

$$\tilde{\boldsymbol{A}}_\Phi = \boldsymbol{T}^{-1}\boldsymbol{A}_\Phi\boldsymbol{S} \tag{2.112}$$

となる．□

定理 2.20 より，V の基底を B から $\tilde{B}$，W の基底を C から $\tilde{C}$ に変換すると，線形写像 $\Phi : V \to W$ の変換行列 $\boldsymbol{A}_\Phi$ は

$$\tilde{\boldsymbol{A}}_\Phi = \boldsymbol{T}^{-1}\boldsymbol{A}_\Phi\boldsymbol{S} \tag{2.113}$$

のように変換される．

この関係は図 2.11 のように表される．$\Phi : V \to W$ を線形写像，$B, \tilde{B}$ と $C, \tilde{C}$ をそれぞれ V, W の順序付き基底とする．基底 $\tilde{B}, \tilde{C}$ に関する変換行列 $\boldsymbol{A}_\Phi$ を既知としたとき，基底 $\tilde{B}, \tilde{C}$ に関する変換行列 $\tilde{\boldsymbol{A}}_\Phi$ は，$\tilde{B}$ に関する座標

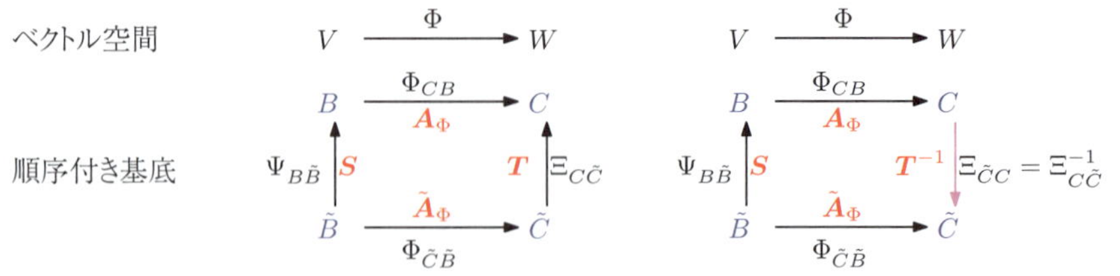

図 2.11　線形写像 $\Phi : V \to W$ と V の順序付き基底 $B, \tilde{B}$ と W の順序付き基底 $C, \tilde{C}$（青色）．$\tilde{B}, \tilde{C}$ に関する写像 $\Phi_{\tilde{C}\tilde{B}}$ は別の写像の合成 $\Phi_{\tilde{C}\tilde{B}} = \Xi_{\tilde{C}C} \circ \Phi_{CB} \circ \Psi_{B\tilde{B}}$ と等しい．ここで添字は基底に対応し，変換行列は赤色で表示している．

ベクトルをいったん「古い」基底 B に関する座標ベクトルに（$\Psi_{B\tilde{B}}$ で）変換し，A_Φ で C に関する座標ベクトルに写してから「新しい」$\tilde{C}$ に関する座標ベクトルに復元することで得られる．つまり，

$$\Phi_{\tilde{C}\tilde{B}} = \Xi_{\tilde{C}C} \circ \Phi_{CB} \circ \Psi_{B\tilde{B}} = \Xi_{C\tilde{C}}^{-1} \circ \Phi_{CB} \circ \Psi_{B\tilde{B}} \tag{2.114}$$

と「古い」基底による変換を通して，「新しい」基底での変換 $\Phi_{\tilde{C}\tilde{B}}$ が得られる．ここで $\Phi_{CB}, \Phi_{\tilde{C}\tilde{B}}$ は線形写像としては Φ であり，$\Psi_{B\tilde{B}}, \Xi_{C\tilde{C}}$ は線形写像としては恒等写像 $\mathrm{id}_V, \mathrm{id}_W$ である．恒等写像でベクトル自体は変わらないが，座標ベクトルは変換される．

同値 (equivalent)

定義 2.21（行列の同値）　二つの行列 $\boldsymbol{A}, \tilde{\boldsymbol{A}} \in \mathbb{R}^{m \times n}$ は，二つの正則行列 $\boldsymbol{S} \in \mathbb{R}^{n \times n}$ と $\boldsymbol{T} \in \mathbb{R}^{n \times n}$ を用いて $\tilde{\boldsymbol{A}} = \boldsymbol{T}^{-1}\boldsymbol{A}\boldsymbol{S}$ となるとき，同値であるという．■

相似 (similar)

定義 2.22（行列の相似）　二つの正方行列 $\boldsymbol{A}, \tilde{\boldsymbol{A}} \in \mathbb{R}^{n \times n}$ は，正則行列 $\boldsymbol{S} \in \mathbb{R}^{n \times n}$ を用いて $\tilde{\boldsymbol{A}} = \boldsymbol{S}^{-1}\boldsymbol{A}\boldsymbol{S}$ となるとき，相似であるという．■

注　相似な行列は同値である．しかし，同値であっても相似とは限らない．

注　V, W, X をベクトル空間とする．定理 2.17 の後の注で述べたように，線形写像 $\Phi : V \to W$, $\Psi : W \to X$ の合成写像 $\Psi \circ \Phi : V \to X$ は線形写像である．各ベクトル空間の基底をそれぞれ一つ固定し，Φ, Ψ の変換行列をそれぞれ $\boldsymbol{A}_\Phi, \boldsymbol{A}_\Psi$ とすると，$\Psi \circ \Phi$ の変換行列は $\boldsymbol{A}_{\Psi \circ \Phi} = \boldsymbol{A}_\Psi \boldsymbol{A}_\Phi$ で与えられる．

上記の注より，基底の変換を線形写像の合成と考えることができる：

- $\boldsymbol{A}_\Phi$ は線形写像 $\Phi_{CB} : V \to W$ の基底 B, C に関する変換行列．
- $\tilde{\boldsymbol{A}}_\Phi$ は同じ線形写像 $\Phi_{\tilde{C}\tilde{B}} : V \to W$ の基底 $\tilde{B}, \tilde{C}$ に関する変換行列．
- $\boldsymbol{S}$ は $\tilde{B}$ に関する座標ベクトルを B に関する座標ベクトルに写す変換 $\Psi_{B\tilde{B}} : V \to V$ の変換行列．線形写像としては恒等写像 id_V に他ならない．
- $\boldsymbol{T}$ は $\tilde{C}$ に関する座標ベクトルを C に関する座標ベクトルに写す変換 $\Psi_{B\tilde{B}} : V \to V$ の変換行列．線形写像としては恒等写像 id_W に他ならない．

もし，これらの座標ベクトルの変換を（一般的な書き方ではないが）$\boldsymbol{A}_\Phi : B \to C$，$\tilde{\boldsymbol{A}}_\Phi : \tilde{B} \to \tilde{C}$，$\boldsymbol{S} : \tilde{B} \to B$，$\boldsymbol{T} : \tilde{C} \to C$，$\boldsymbol{T}^{-1} : C \to \tilde{C}$ と書けば，変換規則は

$$\tilde{B} \to \tilde{C} = \tilde{B} \to B \to C \to \tilde{C} \tag{2.115}$$

$$\tilde{\boldsymbol{A}}_\Phi = \boldsymbol{T}^{-1}\boldsymbol{A}_\Phi\boldsymbol{S} \tag{2.116}$$

となる．(2.116) の順序が右から左となるのはベクトルが右からかかるためである：$\boldsymbol{x} \mapsto \boldsymbol{S}\boldsymbol{x} \mapsto \boldsymbol{A}_\Phi(\boldsymbol{S}\boldsymbol{x}) \mapsto \boldsymbol{T}^{-1}(\boldsymbol{A}_\Phi(\boldsymbol{S}\boldsymbol{x})) = \tilde{A}_\Phi\boldsymbol{x}$.

例 2.24（基底の変換） 線形写像 $\Phi : \mathbb{R}^3 \to \mathbb{R}^4$ について，標準基底に関する変換行列が

$$\boldsymbol{A}_\Phi = \begin{bmatrix} 1 & 2 & 0 \\ -1 & 2 & 3 \\ 3 & 7 & 1 \\ -1 & 2 & 4 \end{bmatrix} \tag{2.117}$$

で与えられるとする．標準基底

$$B = \left(\begin{bmatrix} 1 \\ 0 \\ 0 \end{bmatrix}, \begin{bmatrix} 0 \\ 1 \\ 0 \end{bmatrix}, \begin{bmatrix} 0 \\ 0 \\ 1 \end{bmatrix} \right), \quad C = \left(\begin{bmatrix} 1 \\ 0 \\ 0 \\ 0 \end{bmatrix}, \begin{bmatrix} 0 \\ 1 \\ 0 \\ 0 \end{bmatrix}, \begin{bmatrix} 0 \\ 0 \\ 1 \\ 0 \end{bmatrix}, \begin{bmatrix} 0 \\ 0 \\ 0 \\ 1 \end{bmatrix} \right) \tag{2.118}$$

をそれぞれ基底

$$\tilde{B} = \left(\begin{bmatrix} 1 \\ 1 \\ 0 \end{bmatrix}, \begin{bmatrix} 0 \\ 1 \\ 1 \end{bmatrix}, \begin{bmatrix} 1 \\ 0 \\ 1 \end{bmatrix} \right), \quad \tilde{C} = \left(\begin{bmatrix} 1 \\ 1 \\ 0 \\ 0 \end{bmatrix}, \begin{bmatrix} 1 \\ 0 \\ 1 \\ 0 \end{bmatrix}, \begin{bmatrix} 0 \\ 1 \\ 1 \\ 0 \end{bmatrix}, \begin{bmatrix} 1 \\ 0 \\ 0 \\ 1 \end{bmatrix} \right) \tag{2.119}$$

に変換した場合の変換行列 $\tilde{\boldsymbol{A}}_\Phi$ を求めよう．

もとの基底による座標表示から

$$\boldsymbol{S} = \begin{bmatrix} 1 & 0 & 1 \\ 1 & 1 & 0 \\ 0 & 1 & 1 \end{bmatrix}, \quad \boldsymbol{T} = \begin{bmatrix} 1 & 1 & 0 & 1 \\ 1 & 0 & 1 & 0 \\ 0 & 1 & 1 & 0 \\ 0 & 0 & 0 & 1 \end{bmatrix} \tag{2.120}$$

が得られる．つまり，$\boldsymbol{S}$ の第 i 列ベクトルは $\tilde{B}$ の第 i 要素 $\tilde{\boldsymbol{b}}_i$ の B に関する座標ベクトルである．もとの基底 B が標準基底であるため $\boldsymbol{S}$ は簡単に求まる．一般の基底の場合は，連立一次方程式 $\sum_{i=1}^{3} \lambda_i \boldsymbol{b}_i = \tilde{\boldsymbol{b}}_j$，$j = 1, 2, 3$ を解く必要がある．

そして変換行列は

$$\tilde{\boldsymbol{A}}_\Phi = \boldsymbol{T}^{-1}\boldsymbol{A}_\Phi \boldsymbol{S} = \frac{1}{2}\begin{bmatrix} 1 & 1 & -1 & -1 \\ 1 & -1 & 1 & -1 \\ -1 & 1 & 1 & 1 \\ 0 & 0 & 0 & 2 \end{bmatrix}\begin{bmatrix} 3 & 2 & 1 \\ 0 & 4 & 2 \\ 10 & 8 & 4 \\ 1 & 6 & 3 \end{bmatrix} \tag{2.121a}$$

$$= \begin{bmatrix} -4 & -4 & -2 \\ 6 & 0 & 0 \\ 4 & 8 & 4 \\ 1 & 6 & 3 \end{bmatrix} \tag{2.121b}$$

となる．

第4章では，自己準同型の変換行列が比較的単純（例えば対角行列）となる基底を見つける際に，基底の変換を用いる．また第10章では，データの圧縮問題を扱い，情報損失が最小となるようデータを射影する際に都合のよい基底を求めることになる．

2.7.3　核と像

線形写像は核と像という二つの部分ベクトル空間を定める．これらの部分ベクトル空間を詳しく見ておこう．

定義 2.23　（核と像）　線形写像 $\Phi : V \to W$ に対し，V の部分ベクトル空間

$$\ker(\Phi) := \Phi^{-1}(\boldsymbol{0}_W) = \{\boldsymbol{v} \in V \mid \Phi(\boldsymbol{v}) = \boldsymbol{0}_W\} \tag{2.122}$$

核 (kernel)

を Φ の**核**といい，W の部分ベクトル空間

$$\mathrm{Im}(\Phi) := \Phi(V) = \{\boldsymbol{w} \in W \mid \exists \boldsymbol{v} \in V : \Phi(\boldsymbol{v}) = \boldsymbol{w}\} \tag{2.123}$$

像 (image)
定義域 (domain)
値域 (codomain)

を Φ の**像**という．また，V を Φ の**定義域**，W を Φ の**値域**という．■

つまり核とは Φ で写る先がゼロベクトル $\boldsymbol{0}_W \in W$ となる $\boldsymbol{v} \in V$ の集合であり，V から Φ によって到達できる W のベクトル全体の集合が像である．これは図 2.12 のように図示される．

注　$\Phi : V \to W$ を線形写像とする．

- $\Phi(\boldsymbol{0}_V) = \boldsymbol{0}_W$ であるから，$\boldsymbol{0}_V \in \ker(\Phi)$ である．特に，核は空集合ではない．
- $\mathrm{Im}(\Phi) \subseteq W$ は W の部分ベクトル空間であり，$\ker(\Phi) \subseteq V$ は V の部分ベクトル空間である．
- Φ が単射であることと $\ker(\Phi) = \{\boldsymbol{0}\}$ であることは同値である．

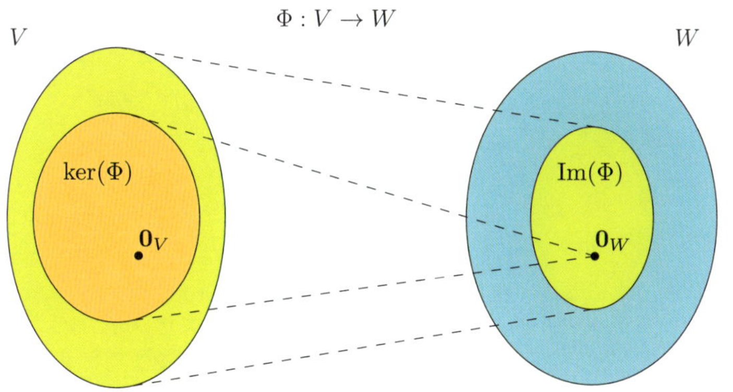

図 2.12 線形写像 $\Phi : V \to W$ の核と像.

注（核と列空間） 行列 $\boldsymbol{A} \in \mathbb{R}^{m \times n}$ の定める線形写像を $\Phi : \mathbb{R}^n \to \mathbb{R}^m$ とする.

- 列ベクトルへの分解を $\boldsymbol{A} = [\boldsymbol{a}_1, \ldots, \boldsymbol{a}_n]$ とすると,

$$\mathrm{Im}(\Phi) = \{\boldsymbol{Ax} \mid \boldsymbol{x} \in \mathbb{R}^n\} = \left\{ \sum_{i=1}^{n} x_i \boldsymbol{a}_i \;\middle|\; x_1, \ldots, x_n \in \mathbb{R} \right\} \tag{2.124a}$$

$$= \mathrm{span}[\boldsymbol{a}_1, \ldots, \boldsymbol{a}_n] \subseteq \mathbb{R}^m \tag{2.124b}$$

となる．つまり像は $\boldsymbol{A}$ の列ベクトルが張る空間と等しい．このことから，像を列空間と呼ぶこともある．m は行列の「高さ」に対応し，列空間（像）は $\mathbb{R}^m$ の部分空間となる.

列空間 (column space)

- $\mathrm{rk}(\boldsymbol{A}) = \dim(\mathrm{Im}(\Phi))$.
- 核 $\ker(\Phi)$ は連立一次方程式 $\boldsymbol{Ax} = \mathbf{0}$ の一般解であり，$\mathbb{R}^n$ の要素の線形結合で $\mathbf{0} \in \mathbb{R}^m$ に写るベクトル全体を表している.
- 核は $\mathbb{R}^n$ の部分空間となる．ここで n は行列の「幅」に対応する.
- 核は $\boldsymbol{A}$ の列ベクトル同士の関係を表しており，ある列ベクトルを他の列ベクトルの線形結合で表す方法を示している.

例 2.25（線形写像の核と像）

$$\Phi : \mathbb{R}^4 \to \mathbb{R}^2, \quad \begin{bmatrix} x_1 \\ x_2 \\ x_3 \\ x_4 \end{bmatrix} \mapsto \begin{bmatrix} 1 & 2 & -1 & 0 \\ 1 & 0 & 0 & 1 \end{bmatrix} \begin{bmatrix} x_1 \\ x_2 \\ x_3 \\ x_4 \end{bmatrix} = \begin{bmatrix} x_1 + 2x_2 - x_3 \\ x_1 + x_4 \end{bmatrix} \tag{2.125a}$$

$$= x_1 \begin{bmatrix} 1 \\ 1 \end{bmatrix} + x_2 \begin{bmatrix} 2 \\ 0 \end{bmatrix} + x_3 \begin{bmatrix} -1 \\ 0 \end{bmatrix} + x_4 \begin{bmatrix} 0 \\ 1 \end{bmatrix} \tag{2.125b}$$

は線形写像である．Im(Φ) は変換行列の張る空間であり,

$$\mathrm{Im}(\Phi) = \mathrm{span}\left[\begin{bmatrix}1\\1\end{bmatrix}, \begin{bmatrix}2\\0\end{bmatrix}, \begin{bmatrix}-1\\0\end{bmatrix}, \begin{bmatrix}0\\1\end{bmatrix}\right] \tag{2.126}$$

である．Φ の核を求めるには，$\boldsymbol{A}\boldsymbol{x} = \boldsymbol{0}$ を解く必要がある．ガウスの消去法から行簡約標準系として

$$\begin{bmatrix}1 & 2 & -1 & 0\\1 & 0 & 0 & 1\end{bmatrix} \rightsquigarrow \cdots \rightsquigarrow \begin{bmatrix}1 & 0 & 0 & 1\\0 & 1 & -\frac{1}{2} & -\frac{1}{2}\end{bmatrix} \tag{2.127}$$

が得られる．するとマイナス1・トリック（2.3.3項）から核の基底を得ることができる．また，非ピボット列（第3列・第4列）のピボット列（第1列・第2列）による表示方法から核を求めることができる．第3列ベクトル $\boldsymbol{a}_3$ は $\boldsymbol{0} = \boldsymbol{a}_3 + \frac{1}{2}\boldsymbol{a}_2$ と表せて，$\boldsymbol{a}_4$ についても $\boldsymbol{0} = \boldsymbol{a}_1 + \frac{1}{2}\boldsymbol{a}_2 - \boldsymbol{a}_4$ とわかる．以上から，核は

$$\ker(\Phi) = \mathrm{span}\left[\begin{bmatrix}0\\\frac{1}{2}\\1\\0\end{bmatrix}, \begin{bmatrix}-1\\\frac{1}{2}\\0\\1\end{bmatrix}\right] \tag{2.128}$$

となる．

定理 2.24（階数・退化次数の定理）　線形写像 $\Phi : V \to W$ に対し，

$$\dim(\ker(\Phi)) + \dim(\mathrm{Im}(\Phi)) = \dim(V). \tag{2.129}$$

■

線形写像の基本定理 (fundamental theorem of linear mappings)

階数・退化次数の定理は，**線形写像の基本定理**とも呼ばれる（[Axl15, 定理 3.22]）．以下は定理 2.24 の帰結である：

- $\dim(\mathrm{Im}(\Phi)) < \dim(V)$ ならば核 $\ker(\Phi)$ には $\boldsymbol{0}_V$ 以外のベクトルが存在し，$\dim(\ker(\Phi)) \geq 1$ となる．
- $\boldsymbol{A}_\Phi$ を線形写像 Φ の変換行列として，$\dim(\mathrm{Im}(\Phi)) < \dim(V)$ とする．このとき連立一次方程式 $\boldsymbol{A}_\Phi \boldsymbol{x} = \boldsymbol{0}$ の解は無数に存在する．
- もし $\dim(V) = \dim(W)$ であれば，以下の3条件は同値である：
  - Φ は単射
  - Φ は全射
  - Φ は全単射

2.8 アフィン空間

この節では，原点から外れた位置にあるアフィン空間を扱う．（特に，一般には部分ベクトル空間ではない．）また，アフィン空間間の写像の線形写像に類似した性質についても大まかに議論する．

注 機械学習の文脈では，線形空間とアフィン空間の区別が不明瞭な場合があり，文献によってはアフィン空間とその写像のこともベクトル空間・線形写像と呼ぶことがある．

2.8.1 アフィン部分空間

定義 2.25（アフィン部分空間） V をベクトル空間，$\boldsymbol{x}_0 \in V$ をベクトル，$U \subseteq V$ を部分ベクトル空間とする．このとき部分集合

$$L = \boldsymbol{x}_0 + U := \{\boldsymbol{x}_0 + \boldsymbol{u} \mid \boldsymbol{u} \in U\} \tag{2.130a}$$

$$= \{\boldsymbol{v} \in V \mid \exists \boldsymbol{u} \in U : \boldsymbol{v} = \boldsymbol{x}_0 + \boldsymbol{u}\} \tag{2.130b}$$

を V のアフィン部分空間もしくは**線形多様体**という．このとき，U を**方向**もしくは**方向空間**といい，$\boldsymbol{x}_0$ を**支持点**という．第 12 章ではこの部分空間のことを**超平面**と呼ぶ． ■

アフィン部分空間 (affine subspace)
線形多様体 (linear manifold)
方向 (direction)
方向空間 (direction space)
支持点 (support point)
超平面 (hyperplane)

$\boldsymbol{x}_0 \notin U$ であればアフィン部分空間は $\boldsymbol{0}$ を含まない．そのため，$\boldsymbol{x}_0 \notin U$ であればアフィン部分空間は V の部分ベクトル空間とはならない．

アフィン部分空間の例としては，$\mathbb{R}^3$ の点，直線，平面があり，必ずしも原点を通る必要はない．

注 ベクトル空間 V の二つのアフィン部分空間 $L = \boldsymbol{x}_0 + U$, $\tilde{L} = \tilde{\boldsymbol{x}}_0 + \tilde{U}$ について，$L \subseteq \tilde{L}$ であることは $U \subseteq \tilde{U}$ かつ $\boldsymbol{x}_0 - \tilde{\boldsymbol{x}}_0 \in \tilde{U}$ であることと同値である．

アフィン部分空間をパラメータ表示することも多い．例えば k 次元†のアフィン部分空間 $L = \boldsymbol{x}_0 + U \subseteq V$ について，U の基底 $\boldsymbol{b}_1, \ldots, \boldsymbol{b}_k$ が与えられると，任意の要素 $\boldsymbol{x} \in L$ は

$$\boldsymbol{x} = \boldsymbol{x}_0 + \lambda_1 \boldsymbol{b}_1 + \cdots + \lambda_k \boldsymbol{b}_k \tag{2.131}$$

と $\lambda_1, \ldots, \lambda_k \in \mathbb{R}$ による唯一の表示をもつ．この表示は，方向ベクトル $\boldsymbol{b}_1, \ldots, \boldsymbol{b}_k$ とパラメータ $\lambda_1, \ldots, \lambda_k$ による L の**パラメトリック方程式**と呼ばれる．

† 訳注：アフィン部分空間の次元は，その方向空間の次元のことである．

パラメータ (parameter)

パラメトリック方程式 (parametric equation)

例 2.26（アフィン部分空間）

- 1 次元アフィン部分空間は**直線**と呼ばれ，$\boldsymbol{y} = \boldsymbol{x}_0 + \lambda \boldsymbol{x}_1$, $\lambda \in \mathbb{R}$ とパラメータ表示される．方向空間 $U = \mathrm{span}[\boldsymbol{x}_1] \subseteq \mathbb{R}^n$ は 1 次元ベクトル空間である．つまり，直線は支持点 $\boldsymbol{x}_0$ と方向ベクトル $\boldsymbol{x}_1$ で定義され，図 2.13 のように

直線 (line)

表される．

平面 (plane)

- 2次元アフィン部分空間は**平面**と呼ばれ，パラメトリック方程式は $\boldsymbol{y} = \boldsymbol{x}_0 + \lambda_1\boldsymbol{x}_1 + \lambda_2\boldsymbol{x}_2$，$\lambda_1, \lambda_2 \in \mathbb{R}$ となり，方向空間は $U = \mathrm{span}[\boldsymbol{x}_1, \boldsymbol{x}_2] \subseteq \mathbb{R}^n$ である．つまり，支持点 $\boldsymbol{x}_0$ と二つの線形独立な方向ベクトル $\boldsymbol{x}_1, \boldsymbol{x}_2$ が平面を定める．

超平面 (hyperplane)

- $\mathbb{R}^n$ において，$(n-1)$ 次元アフィン部分空間は**超平面**と呼ばれる．対応するパラメトリック方程式は $\boldsymbol{y} = \boldsymbol{x}_0 + \sum_{i=1}^{n-1} \lambda_i \boldsymbol{x}_i$ であり，$\boldsymbol{x}_1, \ldots, \boldsymbol{x}_{n-1}$ は $(n-1)$ 部分ベクトル空間 $U \subseteq \mathbb{R}^n$ の基底である．つまり，超平面は支持点 $\boldsymbol{x}_0$ と線形独立な $(n-1)$ 個のベクトル $\boldsymbol{x}_1, \ldots, \boldsymbol{x}_{n-1}$ によって与えられる．$\mathbb{R}^2$ の超平面は直線であり，$\mathbb{R}^3$ の超平面は平面である．

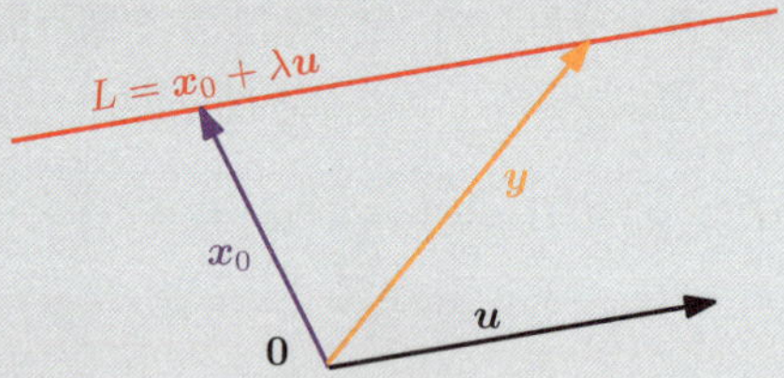

図 2.13　支持点 $\boldsymbol{x}_0$，方向 $\boldsymbol{u}$ のアフィン部分空間上のベクトル $\boldsymbol{y}$．

注（非同次連立一次方程式とアフィン部分空間）　$\boldsymbol{A} \in \mathbb{R}^{m\times n}, \boldsymbol{b} \in \mathbb{R}^m$ に対し，連立一次方程式 $\boldsymbol{A}\boldsymbol{x} = \boldsymbol{b}$ の解空間は空集合か，$(n - \mathrm{rk}(\boldsymbol{A}))$ 次元のアフィン部分空間である．特に，一次方程式 $\lambda_1 x_1 + \cdots + \lambda_n x_n = b$ の解は $\mathbb{R}^n$ の超平面を定める．

$\mathbb{R}^n$ の任意の k 次元アフィン部分空間は，ある連立一次方程式 $\boldsymbol{A}\boldsymbol{x} = \boldsymbol{b}$ ($\boldsymbol{A} \in \mathbb{R}^{m\times n}$，$\boldsymbol{b} \in \mathbb{R}^m$，$\mathrm{rk}(\boldsymbol{A}) = n - k$) の解空間として与えられる．特に，同次連立一次方程式 $\boldsymbol{A}\boldsymbol{x} = \boldsymbol{0}$ の解空間は部分ベクトル空間であるが，これは $\boldsymbol{x}_0 = \boldsymbol{0}$ を支持点にもつアフィン部分空間と考えることもできる．

2.8.2　アフィン写像

ベクトル空間の線形写像（2.7 節）と同様に，アフィン空間のアフィン写像が定義できる．線形写像とアフィン写像はとても似た概念であり，多くの線形写像の性質がアフィン写像においても成立する．（例えばアフィン写像の合成はまたアフィン写像である．）

定義 2.26　（アフィン写像）　線形写像 $\Phi : V \to W$ とベクトル $\boldsymbol{a} \in W$ を用いた写像

アフィン写像 (affine mapping)

$$\phi : V \to W \tag{2.132}$$
$$\boldsymbol{x} \mapsto \boldsymbol{a} + \Phi(\boldsymbol{x}) \tag{2.133}$$

並進ベクトル (translation vector)

を，V から W への**アフィン写像**といい，ベクトル $\boldsymbol{a}$ を ϕ の**並進ベクトル**という．■

- アフィン写像 $\phi : V \to W$ は線形写像 $\Phi : V \to W$ と並進 $\tau : W \to W$ の合成 $\phi = \tau \circ \Phi$ としても表せる．この Φ, τ は ϕ から唯一に定まる．
- アフィン写像 $\phi : V \to W$, $\phi' : W \to X$ の合成 $\phi' \circ \phi$ はアフィン写像である．
- アフィン写像は幾何的な性質を保ち，次元と平行性を維持する．

2.9 関連図書

線形代数に関する文献は多く存在する [Str03, Gol07, Axl15, LM15]．また本章のはじめで述べたように，ウェブ上の資料も存在する．本章では，連立一次方程式の解法としてガウスの消去法を挙げたが，それ以外の解法も存在する [SB02, GVL12, HJ13]．

本書では，線形代数のトピック（ベクトル，行列，線形独立，基底）の章と，ベクトル空間の幾何的な性質の章を設けて両者を分けている．第 3 章でベクトル空間に内積とそれによるノルムを導入し，角度や長さ，距離といった概念を定義して，直交射影に利用する．射影は多くの機械学習アルゴリズム，例えば線形回帰や主成分分析の肝となる部分であり，第 9 章と第 10 章で扱うことになる．

演習問題

2.1　集合 $\mathbb{R} \setminus \{-1\}$ 上の二項演算 $\star$ を

$$a \star b := ab + a + b, \quad a, b \in \mathbb{R} \setminus \{-1\} \tag{2.134}$$

と定める．

a. $(\mathbb{R} \setminus \{-1\}, \star)$ がアーベル群となることを示せ．

b. 方程式 $3 \star x \star x = 15$ を解け．

2.2　$n \in \mathbb{N} \setminus \{0\}$ を正の自然数とする．整数 $k \in \mathbb{Z}$ に対し，n を法とする k の同値類 $\overline{k}$ を $\mathbb{Z}$ の部分集合

$$\begin{aligned}\overline{k} &= \{x \in \mathbb{Z} \mid x - k = 0 \pmod n\} \\ &= \{x \in \mathbb{Z} \mid \exists a \in \mathbb{Z},\ x - k = n \cdot a\}\end{aligned}$$

と定める．（n に関する）同値類全体のなす集合を $\mathbb{Z}/n\mathbb{Z}$（または $\mathbb{Z}_n$）で表す．整数に関する除法から，この集合は n 個の要素からなる有限集合である：

$$\mathbb{Z}_n = \{\overline{0}, \overline{1}, \ldots, \overline{n-1}\}. \tag{2.135}$$

$\overline{a}, \overline{b} \in \mathbb{Z}_n$ に対する演算を

$$\overline{a} \oplus \overline{b} := \overline{a+b} \tag{2.136}$$

と定める．

a. $(\mathbb{Z}_n, \oplus)$ は群となることを示せ．これはアーベル群になるか？

b. 別の演算 $\otimes$ を $\overline{a}, \overline{b} \in \mathbb{Z}_n$ に対して

$$\overline{a} \otimes \overline{b} := \overline{a \times b} \tag{2.137}$$

と定める．ここで右辺の $\times$ は整数の通常の積を表す．

$n = 5$ として，$\mathbb{Z}_5 \setminus \{0\}$ の演算表を書け．すなわち，すべての $\overline{a}, \overline{b} \in \mathbb{Z}_n \setminus \{0\}$ に対して積 $\overline{a} \otimes \overline{b}$ を求めよ．演算表から，$\mathbb{Z}_5 \setminus \{0\}$ は演算 $\otimes$ に関して閉じていること，また単位元をもつことを確認せよ．さらに，$\mathbb{Z}_5 \setminus \{0\}$ の各要素の $\otimes$ に関する逆元を求め，$(\mathbb{Z}_5 \setminus \{0\}, \otimes)$ がアーベル群であることを示せ．

c. $(\mathbb{Z}_8 \setminus \{0\}, \otimes)$ は群にならないことを示せ．

d. ベズーの補題は，二つの整数 a, b が互いに素（つまり最大公約数が1）であることと $au + bv = 1$ となる整数 u, v が存在することが同値であることを意味している．このことから，$(\mathbb{Z}_n \setminus \{0\}, \otimes)$ が群となることと $n \in \mathbb{N} \setminus \{0\}$ が素数であることが同値であることを示せ．

2.3　3×3 行列からなる集合 $\mathcal{G}$ を

$$\mathcal{G} := \left\{ \begin{bmatrix} 1 & x & z \\ 0 & 1 & y \\ 0 & 0 & 1 \end{bmatrix} \in \mathbb{R}^{3\times 3} \;\middle|\; x, y, z \in \mathbb{R} \right\} \tag{2.138}$$

と定める．$\cdot$ を通常の行列積として，$(\mathcal{G}, \cdot)$ は群になるだろうか？ もしそうだとしたら，アーベル群となるだろうか？

2.4　以下のうち，行列積が計算可能なものについて行列積を計算せよ．

a.

$$\begin{bmatrix} 1 & 2 \\ 4 & 5 \\ 7 & 8 \end{bmatrix} \begin{bmatrix} 1 & 1 & 0 \\ 0 & 1 & 1 \\ 1 & 0 & 1 \end{bmatrix}$$

b.

$$\begin{bmatrix} 1 & 2 & 3 \\ 4 & 5 & 6 \\ 7 & 8 & 9 \end{bmatrix} \begin{bmatrix} 1 & 1 & 0 \\ 0 & 1 & 1 \\ 1 & 0 & 1 \end{bmatrix}$$

c.

$$\begin{bmatrix} 1 & 1 & 0 \\ 0 & 1 & 1 \\ 1 & 0 & 1 \end{bmatrix} \begin{bmatrix} 1 & 2 & 3 \\ 4 & 5 & 6 \\ 7 & 8 & 9 \end{bmatrix}$$

d.

$$\begin{bmatrix} 1 & 2 & 1 & 2 \\ 4 & 1 & -1 & -4 \end{bmatrix} \begin{bmatrix} 0 & 3 \\ 1 & -1 \\ 2 & 1 \\ 5 & 2 \end{bmatrix}$$

e.

$$\begin{bmatrix} 0 & 3 \\ 1 & -1 \\ 2 & 1 \\ 5 & 2 \end{bmatrix} \begin{bmatrix} 1 & 2 & 1 & 2 \\ 4 & 1 & -1 & -4 \end{bmatrix}$$

2.5　以下の行列 $\boldsymbol{A}$ とベクトル $\boldsymbol{b}$ について，非同次連立一次方程式 $\boldsymbol{Ax} = \boldsymbol{b}$ の解空間 $\mathcal{S}$ をそれぞれ求めよ：

a.

$$\boldsymbol{A} = \begin{bmatrix} 1 & 1 & -1 & -1 \\ 2 & 5 & -7 & -5 \\ 2 & -1 & 1 & 3 \\ 5 & 2 & -4 & 2 \end{bmatrix}, \ \boldsymbol{b} = \begin{bmatrix} 1 \\ -2 \\ 4 \\ 6 \end{bmatrix}$$

b.

$$\boldsymbol{A} = \begin{bmatrix} 1 & -1 & 0 & 0 & 1 \\ 1 & 1 & 0 & -3 & 0 \\ 2 & -1 & 0 & 1 & -1 \\ -1 & 2 & 0 & -2 & -1 \end{bmatrix}, \ \boldsymbol{b} = \begin{bmatrix} 3 \\ 6 \\ 5 \\ -1 \end{bmatrix}$$

2.6

$$\boldsymbol{A} = \begin{bmatrix} 0 & 1 & 0 & 0 & 1 & 0 \\ 0 & 0 & 0 & 1 & 1 & 0 \\ 0 & 1 & 0 & 0 & 0 & 1 \end{bmatrix}, \ \boldsymbol{b} = \begin{bmatrix} 2 \\ -1 \\ 1 \end{bmatrix}$$

とするとき，非同次連立一次方程式 $\boldsymbol{Ax} = \boldsymbol{b}$ の解全体をガウスの消去法を用いて求めよ．

2.7　行列 $\boldsymbol{A}$ を

$$\boldsymbol{A} = \begin{bmatrix} 6 & 4 & 3 \\ 6 & 0 & 9 \\ 0 & 8 & 0 \end{bmatrix}$$

とする．$\boldsymbol{x} = \begin{bmatrix} x_1 \\ x_2 \\ x_3 \end{bmatrix} \in \mathbb{R}^3$ に関する方程式 $\boldsymbol{Ax} = 12\boldsymbol{x}$ の解で条件 $\sum_{i=1}^{3} x_i = 1$ を満たすものをすべて求めよ．

2.8　以下の行列について，逆行列が存在するならば求めよ．

a.

$$\boldsymbol{A} = \begin{bmatrix} 2 & 3 & 4 \\ 3 & 4 & 5 \\ 4 & 5 & 6 \end{bmatrix}$$

b.

$$\boldsymbol{A} = \begin{bmatrix} 1 & 0 & 1 & 0 \\ 0 & 1 & 1 & 0 \\ 1 & 1 & 0 & 1 \\ 1 & 1 & 1 & 0 \end{bmatrix}$$

2.9　以下の集合のうち，$\mathbb{R}^3$ の部分ベクトル空間であるものはどれか？

a. $A = \{(\lambda, \lambda + \mu^3, \lambda - \mu^3) \mid \lambda, \mu \in \mathbb{R}\}$

b. $B = \{(\lambda^2, -\lambda^2, 0) \mid \lambda \in \mathbb{R}\}$

c. $C = \{(\xi_1, \xi_2, \xi_3) \in \mathbb{R}^3 \mid \xi_1 - 2\xi_2 + 3\xi_3 = \gamma\}$　($\gamma \in \mathbb{R}$ は定数)

d. $D = \{(\xi_1, \xi_2, \xi_3) \in \mathbb{R}^3 \mid \xi_2 \in \mathbb{Z}\}$

2.10　以下のベクトルの集合は線形独立か？

a.

$$\boldsymbol{x}_1 = \begin{bmatrix} 2 \\ -1 \\ 3 \end{bmatrix}, \ \boldsymbol{x}_2 = \begin{bmatrix} 1 \\ 1 \\ -2 \end{bmatrix}, \ \boldsymbol{x}_3 = \begin{bmatrix} 3 \\ -3 \\ 8 \end{bmatrix}$$

b.

$$\boldsymbol{x}_1 = \begin{bmatrix} 1 \\ 2 \\ 1 \\ 0 \\ 0 \end{bmatrix}, \ \boldsymbol{x}_2 = \begin{bmatrix} 1 \\ 1 \\ 0 \\ 1 \\ 1 \end{bmatrix}, \ \boldsymbol{x}_3 = \begin{bmatrix} 1 \\ 0 \\ 0 \\ 1 \\ 1 \end{bmatrix}$$

2.11　ベクトル

$$\boldsymbol{y} = \begin{bmatrix} 1 \\ -2 \\ 5 \end{bmatrix}$$

を三つのベクトル

$$\boldsymbol{x}_1 = \begin{bmatrix} 1 \\ 1 \\ 1 \end{bmatrix}, \ \boldsymbol{x}_2 = \begin{bmatrix} 1 \\ 2 \\ 3 \end{bmatrix}, \ \boldsymbol{x}_3 = \begin{bmatrix} 2 \\ -1 \\ 1 \end{bmatrix}$$

の線形結合として表せ．

2.12　$\mathbb{R}^4$ の二つの部分ベクトル空間

$$U_1 = \mathrm{span}\left[\begin{bmatrix} 1 \\ 1 \\ -3 \\ 1 \end{bmatrix}, \begin{bmatrix} 2 \\ -1 \\ 0 \\ -1 \end{bmatrix}, \begin{bmatrix} -1 \\ 1 \\ -1 \\ 1 \end{bmatrix}\right], U_2 = \mathrm{span}\left[\begin{bmatrix} -1 \\ -2 \\ 2 \\ 1 \end{bmatrix}, \begin{bmatrix} 2 \\ -2 \\ 0 \\ 0 \end{bmatrix}, \begin{bmatrix} -3 \\ 6 \\ -2 \\ -1 \end{bmatrix}\right]$$

に関して，共通部分 $U_1 \cap U_2$ の基底を一つ求めよ．

2.13

$$\boldsymbol{A}_1 = \begin{bmatrix} 1 & 0 & 1 \\ 1 & -2 & -1 \\ 2 & 1 & 3 \\ 1 & 0 & 1 \end{bmatrix}, \ \boldsymbol{A}_2 = \begin{bmatrix} 3 & -3 & 0 \\ 1 & 2 & 3 \\ 7 & -5 & 2 \\ 3 & -1 & 2 \end{bmatrix}$$

とする．$\mathbb{R}^3$ の部分ベクトル空間 U_1, U_2 をそれぞれ連立一次方程式 $\boldsymbol{A}_1\boldsymbol{x} = \boldsymbol{0}$, $\boldsymbol{A}_2\boldsymbol{x} = \boldsymbol{0}$ の解空間とする．

a. U_1, U_2 の次元をそれぞれ求めよ．

b. U_1, U_2 の基底をそれぞれ一つ求めよ．

c. $U_1 \cap U_2$ の基底を一つ求めよ．

2.14

$$\boldsymbol{A}_1 = \begin{bmatrix} 1 & 0 & 1 \\ 1 & -2 & -1 \\ 2 & 1 & 3 \\ 1 & 0 & 1 \end{bmatrix}, \ \boldsymbol{A}_2 = \begin{bmatrix} 3 & -3 & 0 \\ 1 & 2 & 3 \\ 7 & -5 & 2 \\ 3 & -1 & 2 \end{bmatrix}$$

として，行列の列ベクトルの張る $\mathbb{R}^4$ の部分ベクトル空間をそれぞれ U_1, U_2 とする．

a. U_1, U_2 の次元をそれぞれ求めよ．

b. U_1, U_2 の基底をそれぞれ一つ求めよ．

c. $U_1 \cap U_2$ の基底を一つ求めよ．

2.15 二つの集合 $F = \{(x, y, z) \in \mathbb{R}^3 \mid x + y - z = 0\}$, $G = \{(a - b, a + b, a - 3b) \mid a, b \in \mathbb{R}\}$ を考える．

a. F, G がそれぞれ $\mathbb{R}^3$ の部分ベクトル空間であることを示せ．

b. $F \cap G$ はどのような集合か？ 基底に頼らず求めよ．

c. F, G の基底をそれぞれ一つ求め，それらの基底を用いて $F \cap G$ の基底を一つ与え，先ほどの結果と比較せよ．

2.16 以下の写像は線形写像か？

a.

$$\Phi : L^1([a, b]) \to \mathbb{R}$$
$$f \mapsto \Phi(f) = \int_a^b f(x)\mathrm{d}x \ .$$

ただし a, b は $a \leq b$ をみたす実数，$L^1([a, b])$ は区間 $[a, b]$ 上の可積分関数全体の集合である．

b.

$$\Phi : C^1 \to C^0$$
$$f \mapsto \Phi(f) = f' \ .$$

ただし C^0 は（$\mathbb{R}$ 上の）連続関数全体の集合，$C^k (k \leq 1)$ は k 階連続的微分可能な関数全体の集合である．

c.

$$\Phi : \mathbb{R} \to \mathbb{R}$$
$$x \mapsto \Phi(x) = \cos(x) \ .$$

d.

$$\Phi : \mathbb{R}^3 \to \mathbb{R}^2$$
$$\boldsymbol{x} \mapsto \begin{bmatrix} 1 & 2 & 3 \\ 1 & 4 & 3 \end{bmatrix} \boldsymbol{x} \ .$$

e.

$$\Phi : \mathbb{R}^2 \to \mathbb{R}^2$$
$$\boldsymbol{x} \mapsto \begin{bmatrix} \cos(\theta) & \sin(\theta) \\ -\sin(\theta) & \cos(\theta) \end{bmatrix} \boldsymbol{x} \ .$$

ただし $\theta \in [0, 2\pi)$.

2.17　線形写像 $\Phi : \mathbb{R}^3 \to \mathbb{R}^4$ を

$$\Phi\left(\begin{bmatrix} x_1 \\ x_2 \\ x_3 \end{bmatrix}\right) = \begin{bmatrix} 3x_1 + 2x_2 + x_3 \\ x_1 + x_2 + x_3 \\ x_1 - 3x_2 \\ 2x_1 + 3x_2 + x_3 \end{bmatrix}$$

と定める．

- Φ の変換行列 $\boldsymbol{A}_\Phi$ を求めよ．
- $\mathrm{rk}(\boldsymbol{A}_\Phi)$ を求めよ．
- Φ の核と像を求めよ．それらの次元はいくつとなるか？

2.18　E をベクトル空間として，E 上の二つの自己準同型写像 f, g が $f \circ g = \mathrm{id}_E$ を満たすとする．（つまり，合成写像が恒等写像 id_E であるとする．）このとき，$\ker(f) = \ker(g \circ f)$，$\mathrm{Im}(g) = \mathrm{Im}(g \circ f)$，$\ker(f) \cap \mathrm{Im}(g) = \{\boldsymbol{0}_E\}$ であることを示せ．

2.19　$\Phi : \mathbb{R}^3 \to \mathbb{R}^3$ を（標準基底に関する）変換行列が

$$\boldsymbol{A}_\Phi = \begin{bmatrix} 1 & 1 & 0 \\ 1 & -1 & 0 \\ 1 & 1 & 1 \end{bmatrix}$$

で与えられる線形写像とする．

a. $\ker(\Phi)$，$\mathrm{Im}(\Phi)$ を求めよ．

b. $\mathbb{R}^3$ の基底

$$B = \left(\begin{bmatrix} 1 \\ 1 \\ 1 \end{bmatrix}, \begin{bmatrix} 1 \\ 2 \\ 1 \end{bmatrix}, \begin{bmatrix} 1 \\ 0 \\ 0 \end{bmatrix}\right)$$

に関する Φ の変換行列 $\tilde{\boldsymbol{A}_\Phi}$ を求めよ．

2.20　$\mathbb{R}^2$ の標準基底に関して

$$\boldsymbol{b}_1 = \begin{bmatrix} 1 \\ 2 \end{bmatrix},\ \boldsymbol{b}_2 = \begin{bmatrix} -1 \\ -1 \end{bmatrix},\ \boldsymbol{b}'_1 = \begin{bmatrix} 2 \\ -2 \end{bmatrix},\ \boldsymbol{b}'_2 = \begin{bmatrix} 1 \\ 1 \end{bmatrix}$$

と表されるベクトル $\boldsymbol{b}_1, \boldsymbol{b}_2, \boldsymbol{b}'_1, \boldsymbol{b}'_2 \in \mathbb{R}^2$ と $\mathbb{R}^2$ の順序付き基底 $B = (\boldsymbol{b}_1, \boldsymbol{b}_2), B' = (\boldsymbol{b}'_1, \boldsymbol{b}'_2)$ を考える．

a.　B, B' がいずれも $\mathbb{R}^2$ の基底であることを示し，基底のベクトルを図に描け．

b.　基底 B, B' に関する（$\mathbb{R}^2$ の恒等写像の）変換行列 $\boldsymbol{P}_1$ を求めよ．

c.　$\mathbb{R}^3$ の標準基底に関して

$$\boldsymbol{c}_1 = \begin{bmatrix} 1 \\ 2 \\ -1 \end{bmatrix},\ \boldsymbol{c}_2 = \begin{bmatrix} 0 \\ -1 \\ 2 \end{bmatrix},\ \boldsymbol{c}_3 = \begin{bmatrix} 1 \\ 0 \\ -1 \end{bmatrix}$$

と表されるベクトル $\boldsymbol{c}_1, \boldsymbol{c}_2, \boldsymbol{c}_3 \in \mathbb{R}^3$ と順序付き基底 $C = (\boldsymbol{c}_1, \boldsymbol{c}_2, \boldsymbol{c}_3)$ を考える．

1. C が $\mathbb{R}^3$ の基底であることを行列式（4.1 節参照）を用いて確認せよ．
2. $\mathbb{R}^3$ の標準基底を $C' = (\boldsymbol{c}'_1, \boldsymbol{c}'_2, \boldsymbol{c}'_3)$ としたとき，基底 C, C' に関する（$\mathbb{R}^3$ の恒等写像の）変換行列 $\boldsymbol{P}_2$ を求めよ．

d. 線形写像 $\Phi : \mathbb{R}^2 \to \mathbb{R}^3$ が

$$\begin{aligned}\Phi(\boldsymbol{b}_1 + \boldsymbol{b}_2) &= \boldsymbol{c}_2 + \boldsymbol{c}_3 \\ \Phi(\boldsymbol{b}_1 - \boldsymbol{b}_2) &= 2\boldsymbol{c}_1 - \boldsymbol{c}_2 + 3\boldsymbol{c}_3\end{aligned}$$

をみたすとする．このとき，順序付き基底 B, C に関する Φ の変換行列 $\boldsymbol{A}_\Phi$ を求めよ．

e. 基底 B', C' に関する Φ の変換行列 $\boldsymbol{A}'$ を求めよ．

f. B' に関する座標表示が $[2, 3]^\top$ で与えられる $\mathbb{R}^2$ のベクトルを $\boldsymbol{x} = 2\boldsymbol{b}'_1 + 3\boldsymbol{b}'_2$ とする．
   1. $\boldsymbol{x}$ の B に関する座標表示を求めよ．
   2. $\Phi(\boldsymbol{x})$ の C に関する座標表示を求めよ．
   3. $\Phi(\boldsymbol{x})$ を $\boldsymbol{c}'_1, \boldsymbol{c}'_2, \boldsymbol{c}'_3$ の線形結合で表せ．
   4. この線形結合を，$\boldsymbol{x}$ の B' に関する座標表示と変換行列 $\boldsymbol{A}'$ を用いて直接導出せよ．

第3章

解析幾何

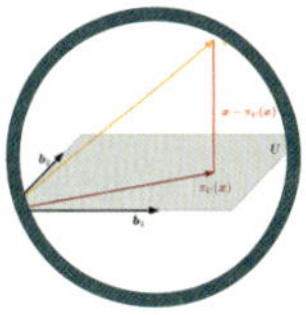

第2章ではベクトル，ベクトル空間，線形写像について学んだが，内容は抽象的であった．この章では，これらの概念に幾何学的な解釈と直感を肉付けしていく．具体的には，幾何ベクトルの長さや二つのベクトルの間の距離と角度を考えるために内積の概念を導入し，ベクトル空間の幾何学的な構造を与える．内積とそれに対応するノルム，距離関数は直感的には類似性や距離を表しており，第12章でのサポートベクターマシンの導出に利用される．また，ベクトルの長さと角度の概念を利用して，直交射影の定義を行う．この射影は第9章の最尤推定による回帰や第10章の主成分分析で中心的な役割を担うことになる．図3.1はこの章で登場する様々な概念の関係性や，本書の他の章との関連性の概念図である．

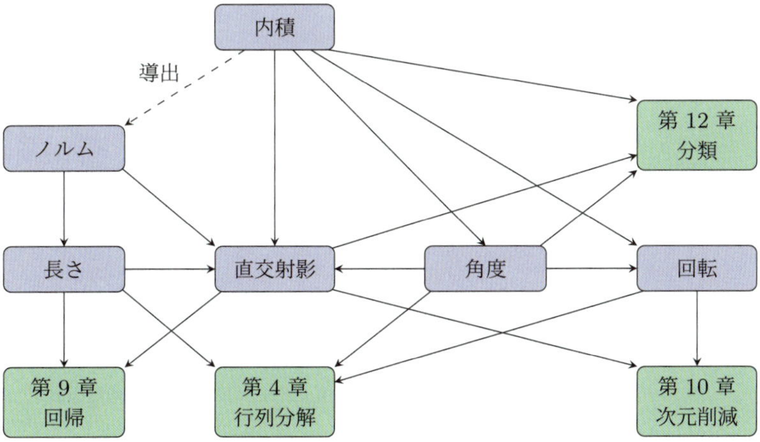

図3.1 本章で導入される概念および他の章との関連のマインドマップ．

3.1　ノルム

幾何ベクトル——つまり原点から伸びる有向線分——の長さは直感的には両端の距離である．この節ではノルムの概念を定義してベクトルの長さについて論じる．

定義 3.1（ノルム）　V をベクトル空間とする．V 上の関数

$$\|\cdot\|: V \to \mathbb{R} \tag{3.1}$$

$$\boldsymbol{x} \mapsto \|\boldsymbol{x}\| \tag{3.2}$$

ノルム (norm)

で以下の性質を満たすものを V のノルムという．

絶対斉次性 (absolutely homogeneous)

三角不等式 (triangle inequality)

正定値性 (positive definite)

- （絶対斉次性）$\|\lambda\boldsymbol{x}\| = |\lambda|\|\boldsymbol{x}\|$.
- （三角不等式）$\|\boldsymbol{x}+\boldsymbol{y}\| \leq \|\boldsymbol{x}\| + \|\boldsymbol{y}\|$.
- （正定値性）つねに $\|\boldsymbol{x}\| \geq 0$ である．また $\|\boldsymbol{x}\| = 0 \Leftrightarrow \boldsymbol{x} = \boldsymbol{0}$ となる．

長さ (length)

ここで，$\lambda \in \mathbb{R}$ は任意の実数，$\boldsymbol{x}, \boldsymbol{y} \in V$ は任意のベクトルである．また $\|\boldsymbol{x}\|$ をベクトル $\boldsymbol{x}$ の長さと呼ぶ．■

図 3.2　三角不等式.

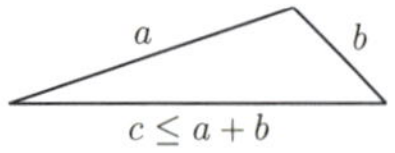

三角不等式は，任意の三角形の二辺の長さの和は残りの辺の長さ以上であることを主張している．図 3.2 にその様子を図示している．定義 3.1 では，一般的なベクトル空間 V（2.4 節）のノルムを述べているが，以降は有限次元ベクトル空間 $\mathbb{R}^n$ の場合のみを考えることにし，ベクトル $\boldsymbol{x} \in \mathbb{R}^n$ の第 i 成分を x_i で表すこととする．

例 3.1（マンハッタンノルム）　$\boldsymbol{x} \in \mathbb{R}^n$ の長さを

$$\|\boldsymbol{x}\|_1 := \sum_{i=1}^{n} |x_i| \tag{3.3}$$

マンハッタンノルム (Manhattan norm)

ℓ_1 ノルム (ℓ_1 norm)

とするノルムをマンハッタンノルムという．右辺の $|\cdot|$ は絶対値を表す．図 3.3 の左図に $\|\boldsymbol{x}\|_1 = 1$ となる $\boldsymbol{x} \in \mathbb{R}^2$ の様子を示している．マンハッタンノルムは ℓ_1 ノルムとも呼ばれる．

例 3.2（ユークリッドノルム）　$\boldsymbol{x} \in \mathbb{R}^n$ の長さを

$$\|\boldsymbol{x}\|_2 := \sqrt{\sum_{i=1}^{n} |x_i|^2} = \sqrt{\boldsymbol{x}^\top \boldsymbol{x}} \tag{3.4}$$

ユークリッドノルム (Euclidean norm)

ユークリッド距離 (Euclidean distance)

とするノルムをユークリッドノルムという．これは原点からのユークリッド距

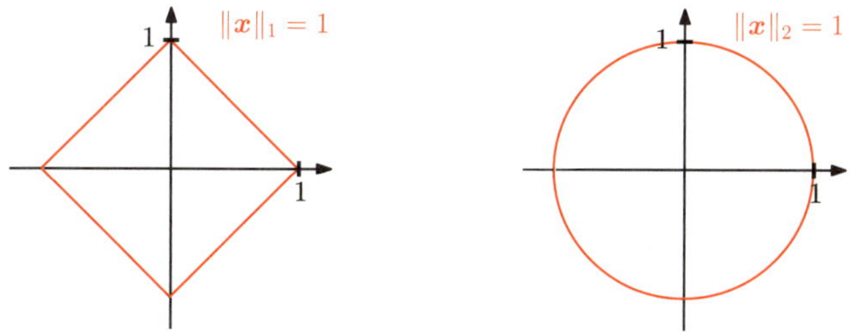

図 3.3 赤線はノルムが 1 となるベクトルの集合を示す．（左）マンハッタンノルム．（右）ユークリッド距離．

離に他ならない．図 3.3 の右図に $\|\boldsymbol{x}\|_2 = 1$ となる $\boldsymbol{x} \in \mathbb{R}^2$ の様子を示している．ユークリッドノルムは ℓ_2 ノルムとも呼ばれる．

ℓ_2 ノルム (ℓ_2 norm)

注 本書では特に断りのない限り，ノルムはユークリッドノルム (3.4) を指すものとする．

3.2 内積

内積を定義することで，ベクトルの長さや二つのベクトルの角度，距離といった直感的な幾何学的概念を定式化できる．内積は主に，ベクトルが互いに直交するかどうかの判定に利用される．

3.2.1 ドット積

スカラー積と呼ばれる $\mathbb{R}^n$ の特別な内積

スカラー積 (scalar product)

$$\boldsymbol{x}^\top \boldsymbol{y} = \sum_{i=1}^{n} x_i y_i \tag{3.5}$$

にすでに馴染みのある読者も多いかもしれない．本書では，この特定の内積のことをドット積と呼ぶ．ただし，この節で導入するように，内積はより一般的な概念を指している．

ドット積 (dot product)

3.2.2 一般的な内積

線形写像（2.7 節）は和とスカラー倍を保つ写像であった．同様に，**双線形写像** Ω は二つの引数をとり，各引数に関して線形となる写像を指す．すなわち，ベクトル空間 V の任意のベクトル $\boldsymbol{x}, \boldsymbol{y}, \boldsymbol{z} \in V$ とスカラー $\lambda, \psi \in \mathbb{R}$ について，

双線形写像 (bilinear mapping)

$$\Omega(\lambda\boldsymbol{x} + \psi\boldsymbol{y}, \boldsymbol{z}) = \lambda\Omega(\boldsymbol{x}, \boldsymbol{z}) + \psi\Omega(\boldsymbol{y}, \boldsymbol{z}), \tag{3.6}$$

$$\Omega(\boldsymbol{x}, \lambda\boldsymbol{y} + \psi\boldsymbol{z}) = \lambda\Omega(\boldsymbol{x}, \boldsymbol{y}) + \psi\Omega(\boldsymbol{x}, \boldsymbol{z}) \tag{3.7}$$

となる写像 $\Omega : V \times V \to \mathbb{R}$ のことである．(3.6) は Ω が最初の引数に関して線形であること，(3.7) は二番目の引数に関して線形であることを表している．（線形性については (2.87) も参照のこと．）

定義 3.2　V をベクトル空間，$\Omega : V \times V \to \mathbb{R}$ を双線形写像とする．

対称 (symmetric)

正定値 (positive definite)

- 任意の $\boldsymbol{x}, \boldsymbol{y} \in V$ に対して $\Omega(\boldsymbol{x}, \boldsymbol{y}) = \Omega(\boldsymbol{y}, \boldsymbol{x})$ となるとき（すなわち引数の順序が影響しないとき），Ω は**対称**であるという．
- 次をみたすとき，Ω は**正定値**であるという：

$$\forall \boldsymbol{x} \in V \setminus \{\boldsymbol{0}\} : \Omega(\boldsymbol{x}, \boldsymbol{x}) > 0, \quad \Omega(\boldsymbol{0}, \boldsymbol{0}) = 0. \tag{3.8}$$

■

定義 3.3　V をベクトル空間，$\Omega : V \times V \to \mathbb{R}$ を双線形写像とする．

内積 (inner product)

内積空間 (inner product space)

内積をもつベクトル空間 (vector space with inner product)

ユークリッド空間 (Euclidean vector space)

- 正定値で対称な双線形写像 $\Omega : V \times V \to \mathbb{R}$ を V 上の**内積**という．このとき $\Omega(\boldsymbol{x}, \boldsymbol{y})$ のことを $\langle \boldsymbol{x}, \boldsymbol{y} \rangle$ と書く．
- ベクトル空間とその内積の組 $(V, \langle \cdot, \cdot \rangle)$ を**内積空間**または**内積をもつベクトル空間**という．内積がドット積 (3.5) であるときは $(V, \langle \cdot, \cdot \rangle)$ を**ユークリッド空間**という．

■

本書では内積空間という用語を用いる．

例 3.3（ドット積以外の内積空間）　$V = \mathbb{R}^2$ について

$$\langle \boldsymbol{x}, \boldsymbol{y} \rangle := x_1 y_1 - (x_1 y_2 + x_2 y_1) + 2 x_2 y_2 \tag{3.9}$$

とすると，$\langle \cdot, \cdot \rangle$ はドット積とは異なる内積となる．証明は読者の演習問題とする．

3.2.3　正定値対称行列

機械学習では正定値対称行列が重要であり，その定義は内積と関連している．4.3 節ではこの行列の行列分解を扱う．また，半正定値対称行列は 12.4 節のカーネルの定義で重要となる．

V を n 次元ベクトル空間，$\langle \cdot, \cdot \rangle : V \times V \to \mathbb{R}$ を内積（定義 3.3），$B = (\boldsymbol{b}_1, \ldots, \boldsymbol{b}_n)$ を V の順序付き基底とする．任意のベクトル $\boldsymbol{x}, \boldsymbol{y} \in V$ は基底の線形結合 $\boldsymbol{x} = \sum_{i=1}^{n} \psi_i \boldsymbol{b}_i$，$\boldsymbol{y} = \sum_{j=1}^{n} \lambda_j \boldsymbol{b}_j$ によって一意に表すことができ (2.6.1 項)，さらに内積の双線形性から

$$\langle \boldsymbol{x}, \boldsymbol{y} \rangle = \left\langle \sum_{i=1}^{n} \psi_i \boldsymbol{b}_i, \sum_{j=1}^{n} \lambda_j \boldsymbol{b}_j \right\rangle = \sum_{i=1}^{n} \sum_{j=1}^{n} \psi_i \langle \boldsymbol{b}_i, \boldsymbol{b}_j \rangle \lambda_j = \hat{\boldsymbol{x}}^\top \boldsymbol{A} \hat{\boldsymbol{y}} \tag{3.10}$$

となる．ここで $A_{ij} := \langle \boldsymbol{b}_i, \boldsymbol{b}_j \rangle$ であり，$\hat{\boldsymbol{x}}, \hat{\boldsymbol{y}}$ は B に関する $\boldsymbol{x}, \boldsymbol{y}$ の座標表示である．特に，内積 $\langle \cdot, \cdot \rangle$ は行列 $\boldsymbol{A}$ により決定される．内積の対称性は $\boldsymbol{A}$ が対称であることを意味し，正定値性は

$$\forall \boldsymbol{x} \in V \setminus \{\boldsymbol{0}\} : \boldsymbol{x}^\top \boldsymbol{A} \boldsymbol{x} > 0 \tag{3.11}$$

を意味する．

定義 3.4（正定値対称行列） 対称行列 $\boldsymbol{A} \in \mathbb{R}^{n \times n}$ が (3.11) を満たすとき，**正定値対称**または単に**正定値**であるという．また，$\boldsymbol{A}$ が (3.11) の不等号を $\geq$ とした条件をみたす場合は**半正定値対称**であるという． ■

正定値対称 (symmetric, positive definite)
正定値 (positive definite)
半正定値対称 (symmetric, positive semidefinite)

例 3.4（正定値対称行列）

$$\boldsymbol{A}_1 = \begin{bmatrix} 9 & 6 \\ 6 & 5 \end{bmatrix}, \quad \boldsymbol{A}_2 = \begin{bmatrix} 9 & 6 \\ 6 & 3 \end{bmatrix} \tag{3.12}$$

とする．$\boldsymbol{A}_1$ は対称であり，$\boldsymbol{x} \in V \setminus \{\boldsymbol{0}\}$ に対して

$$\boldsymbol{x}^\top \boldsymbol{A}_1 \boldsymbol{x} = \begin{bmatrix} x_1 & x_2 \end{bmatrix} \begin{bmatrix} 9 & 6 \\ 6 & 5 \end{bmatrix} \begin{bmatrix} x_1 \\ x_2 \end{bmatrix} \tag{3.13a}$$

$$= 9x_1^2 + 12x_1x_2 + 5x_2^2 = (3x_1 + 2x_2)^2 + x_2^2 > 0 \tag{3.13b}$$

であるから正定値でもある．$\boldsymbol{A}_2$ は対称だが，$\boldsymbol{x}^\top \boldsymbol{A}_2 \boldsymbol{x} = 9x_1^2 + 12x_1x_2 + 3x_2^2 = (3x_1 + 2x_2)^2 - x_2^2$ は負になり得るため正定値でない．例えば，$\boldsymbol{x} = [2, -3]^\top$ で負となる．

逆に，正定値対称行列 $\boldsymbol{A} \in \mathbb{R}^{n \times n}$ に対し，順序付き基底 B に関する座標表示を用いて

$$\langle \boldsymbol{x}, \boldsymbol{y} \rangle = \hat{\boldsymbol{x}}^\top \boldsymbol{A} \hat{\boldsymbol{y}} \tag{3.14}$$

とすると V の内積となる．

定理 3.5 V を有限次元実ベクトル空間，$\langle \cdot, \cdot \rangle : V \times V \to \mathbb{R}$ を写像，B を V の順序付き基底とする．$\langle \cdot, \cdot \rangle$ が内積であることと，ある正定値対称行列 $\boldsymbol{A} \in \mathbb{R}^{n \times n}$ を用いて $\langle \cdot, \cdot \rangle$ を

$$\langle \boldsymbol{x}, \boldsymbol{y} \rangle = \hat{\boldsymbol{x}}^\top \boldsymbol{A} \hat{\boldsymbol{y}} \tag{3.15}$$

と表せることは同値である． ■

正定値対称行列 $\boldsymbol{A} \in \mathbb{R}^{n \times n}$ について以下の性質が成り立つ：

- $\boldsymbol{A}$ のゼロ空間（核）は $\boldsymbol{0}$ のみからなる．$\boldsymbol{x} \neq \boldsymbol{0}$ に対して $\boldsymbol{x}^\top \boldsymbol{A} \boldsymbol{x} > 0$ であり，特に $\boldsymbol{A}\boldsymbol{x} \neq \boldsymbol{0}$ となるためである．

- $\boldsymbol{A}$ の対角要素 a_{ii} は正である．$\mathbb{R}^n$ の標準基底の第 i 要素 $\boldsymbol{e}_i$ を用いて $a_{ii} = \boldsymbol{e}_i^\top \boldsymbol{A}\boldsymbol{e}_i > 0$ となるためである．

3.3　長さと距離

ベクトルの長さを表すノルムについて 3.1 節で述べた．内積はノルムと密接に関連しており，内積からノルムが自然に

$$\|\boldsymbol{x}\| := \sqrt{\langle \boldsymbol{x}, \boldsymbol{x} \rangle} \tag{3.16}$$

と定まる．この内積を用いてベクトルの長さを計算できる．ただし，任意のノルムに対して対応する内積が存在するわけではない．マンハッタンノルム (3.3) がその例である．本節では内積とそのノルムを用いて長さ，距離，角度といった幾何学的な概念を定式化する．

コーシー・シュワルツ不等式 (Cauchy–Schwarz inequality)

注（コーシー・シュワルツ不等式） 内積空間 $(V, \langle \cdot, \cdot \rangle)$ について，誘導されるノルム $\| \cdot \|$ は以下のコーシー・シュワルツ不等式を満たす：

$$|\langle \boldsymbol{x}, \boldsymbol{y} \rangle| \leq \|\boldsymbol{x}\|\|\boldsymbol{y}\| \,. \tag{3.17}$$

例 3.5（内積とベクトルの長さ） 幾何学ではベクトルの長さに関心があることが多い．(3.16) を用いて内積の定める長さを計算してみよう．$\boldsymbol{x} = [1, 1]^\top \in \mathbb{R}^2$ について，ドット積による内積では $\boldsymbol{x}$ の長さは

$$\|\boldsymbol{x}\| = \sqrt{\boldsymbol{x}^\top \boldsymbol{x}} = \sqrt{1^2 + 1^2} = \sqrt{2} \tag{3.18}$$

となる．別の内積

$$\langle \boldsymbol{x}, \boldsymbol{y} \rangle := \boldsymbol{x}^\top \begin{bmatrix} 1 & -\frac{1}{2} \\ -\frac{1}{2} & 1 \end{bmatrix} \boldsymbol{y} = x_1 y_1 - \frac{1}{2}(x_1 y_2 + x_2 y_1) + x_2 y_2 \tag{3.19}$$

による $\boldsymbol{x}$ の長さは，ドット積の場合と比較して，x_1 と x_2 が同符号なら小さくなり，逆符号なら大きくなる．この内積では

$$\langle \boldsymbol{x}, \boldsymbol{x} \rangle = x_1^2 - x_1 x_2 + x_2^2 = 1 - 1 + 1 = 1 \Longrightarrow \|\boldsymbol{x}\| = \sqrt{1} = 1 \tag{3.20}$$

となり，ドット積のときと比べて $\boldsymbol{x}$ は「短く」なる．

定義 3.6（距離と距離関数）　$(V, \langle \cdot, \cdot \rangle)$ を内積空間とする．$\boldsymbol{x}, \boldsymbol{y} \in V$ に対して

距離 (distance)
ユークリッド距離 (Euclidean distance)

$$d(\boldsymbol{x}, \boldsymbol{y}) := \|\boldsymbol{x} - \boldsymbol{y}\| = \sqrt{\langle \boldsymbol{x} - \boldsymbol{y}, \boldsymbol{x} - \boldsymbol{y} \rangle} \tag{3.21}$$

を $\boldsymbol{x}$ と $\boldsymbol{y}$ の距離という．内積がドット積の場合，この距離をユークリッド距離

という．また写像

$$d : V \times V \to \mathbb{R} \tag{3.22}$$
$$(\boldsymbol{x}, \boldsymbol{y}) \mapsto d(\boldsymbol{x}, \boldsymbol{y}) \tag{3.23}$$

を**距離関数**という． ■

距離関数 (metric)

注 ベクトルの長さと同様，ベクトルの距離の定義には内積は必須ではなく，ノルムがあれば十分である．内積によるノルムを用いた場合，距離は内積に応じて変化する．

距離関数 d は以下の性質をもつ：

1. **正定値である**：任意の $\boldsymbol{x}, \boldsymbol{y} \in V$ について $d(\boldsymbol{x}, \boldsymbol{y}) \geq 0$ となり，$d(\boldsymbol{x}, \boldsymbol{y}) = 0$ と $\boldsymbol{x} = \boldsymbol{y}$ は同値である．
2. **対称である**：任意の $\boldsymbol{x}, \boldsymbol{y} \in V$ について $d(\boldsymbol{x}, \boldsymbol{y}) = d(\boldsymbol{y}, \boldsymbol{x})$ となる．
3. **三角不等式が成立する**：任意の $\boldsymbol{x}, \boldsymbol{y}, \boldsymbol{z} \in V$ について $d(\boldsymbol{x}, \boldsymbol{z}) \leq d(\boldsymbol{x}, \boldsymbol{y}) + d(\boldsymbol{y}, \boldsymbol{z})$ が成立する．

正定値 (positive definite)

対称 (symmetric)

三角不等式 (triangle inequality)

注 内積と距離関数の性質は一見すると似ているが，定義 3.3 と定義 3.6 を見比べると，$\langle \boldsymbol{x}, \boldsymbol{y} \rangle$ と $d(\boldsymbol{x}, \boldsymbol{y})$ の振る舞いは異なる．$\boldsymbol{x}$ と $\boldsymbol{y}$ が近いとき，内積は大きく，距離は小さくなる．

3.4 角度と直交性

ベクトルの長さや距離に加え，内積はベクトル間の角度 ω の情報も有している．そのため，$\mathbb{R}^2$ や $\mathbb{R}^3$ での角度を直感的に一般の内積空間に持ち込むことができる．二つのベクトル $\boldsymbol{x} \neq \boldsymbol{0}$，$\boldsymbol{y} \neq \boldsymbol{0}$ について，コーシー・シュワルツ不等式 (3.17) より

$$-1 \leq \frac{\langle \boldsymbol{x}, \boldsymbol{y} \rangle}{\|\boldsymbol{x}\|\|\boldsymbol{y}\|} \leq 1 \tag{3.24}$$

であり，図 3.4 に示すようにただ一つの $\omega \in [0, \pi]$ が存在して

$$\cos \omega = \frac{\langle \boldsymbol{x}, \boldsymbol{y} \rangle}{\|\boldsymbol{x}\|\|\boldsymbol{y}\|} \tag{3.25}$$

となる．この値 ω をベクトル $\boldsymbol{x}$ と $\boldsymbol{y}$ の**角度**と定める．直感的には，角度は二つのベクトルがどれだけ同じ方向を向いているかを表している．例えば，$\boldsymbol{x}$ とそのスカラー倍 $\boldsymbol{y} = 4\boldsymbol{x}$ の角度は 0 であり，両者の方向が揃っていることを意味している．

図 3.4 $f(\omega) = \cos(\omega)$ は定義域 $[0, \pi]$ と区間 $[-1, 1]$ の間の一対一対応を与える．

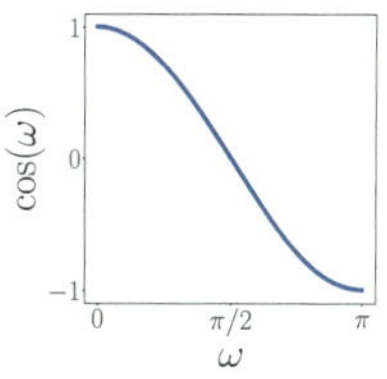

角度 (angle)

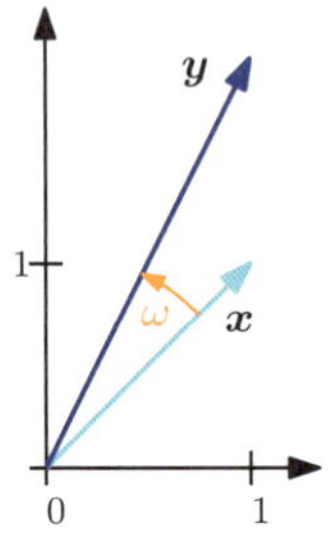

図 3.5　ベクトル $\boldsymbol{x}, \boldsymbol{y}$ の角度 ω.

例 3.6（ベクトルの角度）　図 3.5 に示した二つのベクトル $\boldsymbol{x} = [1,1]^\top \in \mathbb{R}^2$, $\boldsymbol{y} = [1,2]^\top \in \mathbb{R}^2$ の角度を計算してみよう．ドット積を内積とすると，

$$\cos\omega = \frac{\langle \boldsymbol{x}, \boldsymbol{y}\rangle}{\sqrt{\langle \boldsymbol{x}, \boldsymbol{x}\rangle\langle \boldsymbol{y}, \boldsymbol{y}\rangle}} = \frac{\boldsymbol{x}^\top \boldsymbol{y}}{\sqrt{\boldsymbol{x}^\top \boldsymbol{x}\boldsymbol{y}^\top \boldsymbol{y}}} = \frac{3}{\sqrt{10}} \tag{3.26}$$

となることから，角度は $\arccos\left(\frac{3}{\sqrt{10}}\right) \approx 0.32$ rad で，ほぼ 18° である．

特に，ベクトル同士が直交することを内積を用いて定式化できることが重要である．

直交 (orthogonal)

正規直交 (orthonormal)

定義 3.7（直交性）　二つのベクトル $\boldsymbol{x}, \boldsymbol{y}$ が $\langle \boldsymbol{x}, \boldsymbol{y}\rangle = 0$ となるとき，二つのベクトルは直交しているといい，$\boldsymbol{x} \perp \boldsymbol{y}$ と表す．さらに双方が単位ベクトル，つまり $\|\boldsymbol{x}\| = 1 = \|\boldsymbol{y}\|$ であるとき，ベクトルの組 $\{\boldsymbol{x}, \boldsymbol{y}\}$ は正規直交しているという†. ■

† 訳注：n 個のベクトル $\boldsymbol{x}_1, \ldots, \boldsymbol{x}_n$ についても，$\|\boldsymbol{x}_i\| = 1$ $(1 \le i \le n)$, $\langle \boldsymbol{x}_i, \boldsymbol{x}_j\rangle = 0$ $(i \ne j,\ 1 \le i, j \le n)$ であるとき正規直交しているという．

定義より，ゼロベクトル $\boldsymbol{0}$ は任意のベクトルと直交している．

注　直角の概念を（ドット積とは限らない）双線形写像の場合に一般化したものが直交性である．幾何学的には，直交するベクトルはその内積に関して直角の角度をもつと考えてよい．

例 3.7（直交ベクトル）

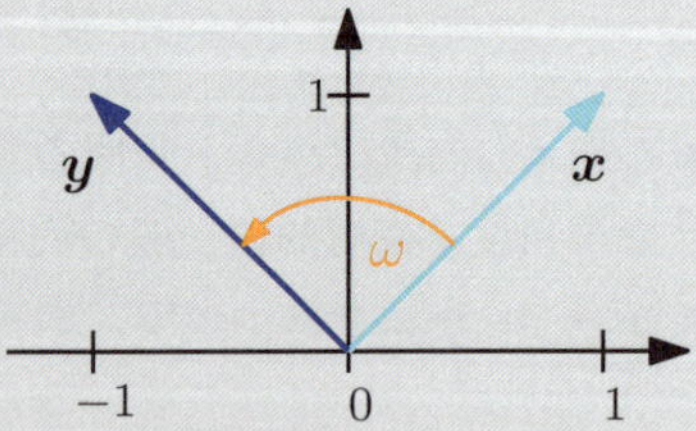

図 3.6　二つのベクトル $\boldsymbol{x}, \boldsymbol{y}$ の角度 ω は内積によって異なる．

図 3.6 のベクトル $\boldsymbol{x} = [1,1]^\top, \boldsymbol{y} = [-1,1]^\top \in \mathbb{R}^2$ の角度 ω を，いくつかの内積で求めてみよう．

ドット積の場合，角度は 90° であり，$\boldsymbol{x} \perp \boldsymbol{y}$ となる．別の内積

$$\langle \boldsymbol{x}, \boldsymbol{y}\rangle = \boldsymbol{x}^\top \begin{bmatrix} 2 & 0 \\ 0 & 1 \end{bmatrix} \boldsymbol{y} \tag{3.27}$$

の場合，角度は

$$\cos\omega = \frac{\langle \boldsymbol{x}, \boldsymbol{y}\rangle}{\|\boldsymbol{x}\|\|\boldsymbol{y}\|} = -\frac{1}{3} \Longrightarrow \omega \approx 1.91 \text{ rad} \approx 109.5^\circ \tag{3.28}$$

となり，$\boldsymbol{x}$ と $\boldsymbol{y}$ は直交しない．したがって，ある内積で直交したとしても別の内積では直交するとは限らない．

定義 3.8 (直交行列)　正方行列 $\boldsymbol{A} \in \mathbb{R}^{n\times n}$ が直交行列であるとは，その列ベクトルが正規直交，すなわち

直交行列 (orthogonal matrix)

$$\boldsymbol{A}\boldsymbol{A}^\top = \boldsymbol{I} = \boldsymbol{A}^\top\boldsymbol{A} \tag{3.29}$$

となることである．これは転置行列が逆行列であること

$$\boldsymbol{A}^{-1} = \boldsymbol{A}^\top \tag{3.30}$$

を意味する． ■

「直交 (orthogonal)」行列と呼ぶのが慣例だが，正確には「正規直交 (orthonormal)」行列と呼ぶべきかもしれない．

直交行列 $\boldsymbol{A}$ による線形変換はベクトルの長さを保つ特徴がある．実際，ドット積に関して

$$\|\boldsymbol{A}\boldsymbol{x}\|^2 = (\boldsymbol{A}\boldsymbol{x})^\top(\boldsymbol{A}\boldsymbol{x}) = \boldsymbol{x}^\top\boldsymbol{A}^\top\boldsymbol{A}\boldsymbol{x} = \boldsymbol{x}^\top\boldsymbol{I}\boldsymbol{x} = \boldsymbol{x}^\top\boldsymbol{x} = \|\boldsymbol{x}\|^2 \tag{3.31}$$

となる．さらにベクトル $\boldsymbol{x}, \boldsymbol{y}$ の角度も保たれる．実際，ドット積での $\boldsymbol{A}\boldsymbol{x}$ と $\boldsymbol{A}\boldsymbol{y}$ の角度を ω とすると

$$\cos\omega = \frac{(\boldsymbol{A}\boldsymbol{x})^\top(\boldsymbol{A}\boldsymbol{y})}{\|\boldsymbol{A}\boldsymbol{x}\|\|\boldsymbol{A}\boldsymbol{y}\|} = \frac{\boldsymbol{x}^\top\boldsymbol{A}^\top\boldsymbol{A}\boldsymbol{y}}{\sqrt{\boldsymbol{x}^\top\boldsymbol{A}^\top\boldsymbol{A}\boldsymbol{x}\boldsymbol{y}^\top\boldsymbol{A}^\top\boldsymbol{A}\boldsymbol{y}}} = \frac{\boldsymbol{x}^\top\boldsymbol{y}}{\|\boldsymbol{x}\|\|\boldsymbol{y}\|} \tag{3.32}$$

となり，$\boldsymbol{x}$ と $\boldsymbol{y}$ の角度と一致する．つまり，$\boldsymbol{A}^\top = \boldsymbol{A}^{-1}$ を満たす直交行列 $\boldsymbol{A}$ は角度と距離を保ち，ベクトルの回転（や反転）を表す変換を定めているとわかる．回転については，3.9 節でさらに掘り下げる．

直交行列は距離と角度を保つ．

3.5 正規直交基底

基底の性質について 2.6.1 項で論じ，n 次元ベクトル空間の線形独立な n 個のベクトルが基底であると述べた．内積による長さと角度の概念を基底に適用すると，正規直交な基底という概念に到達する．その定義は以下のようになる．

定義 3.9 (正規直交基底)　V を n 次元ベクトル空間，$\{\boldsymbol{b}_1, \ldots, \boldsymbol{b}_n\}$ を V の基底とする．$\{\boldsymbol{b}_1, \ldots, \boldsymbol{b}_n\}$ が正規直交基底 (ONB) であるとは，各 $i, j = 1, \ldots, n$ について

正規直交基底 (ONB: orthonormal basis)

$$\langle \boldsymbol{b}_i, \boldsymbol{b}_j\rangle = 0 \quad (i \neq j), \tag{3.33}$$

$$\langle \boldsymbol{b}_i, \boldsymbol{b}_i \rangle = 1 \tag{3.34}$$

直交基底 (orthogonal basis)

が成り立つことをいう．また，(3.33) を満たす場合は**直交基底**であるという．(3.34) は基底の各ベクトルの長さが 1 であることを意味する．■

あるベクトル空間の生成系にガウスの消去法を適用すると基底が得られるのであった（2.6.1 項）．求められた基底 $\{\tilde{\boldsymbol{b}}_1, \ldots, \tilde{\boldsymbol{b}}_n\}$ を行列 $\tilde{\boldsymbol{B}} = [\tilde{\boldsymbol{b}}_1, \ldots, \tilde{\boldsymbol{b}}_n]$ にまとめ，拡大係数行列 $[\tilde{\boldsymbol{B}}^\top \tilde{\boldsymbol{B}} \mid \tilde{\boldsymbol{B}}^\top]$（2.3.2 項）にガウスの消去法を適用すると，正規直交基底 $\{\boldsymbol{b}_1, \ldots, \boldsymbol{b}_n\}$ が構成される †．基底から正規直交基底を帰納的に構成するこの方法は**グラム・シュミットの手法**と呼ばれる [Str03].

† 訳注：ガウスの消去法を拡大係数行列 $[\tilde{\boldsymbol{B}}^\top \tilde{\boldsymbol{B}} \mid \tilde{\boldsymbol{B}}^\top]$ に適用すると，$\boldsymbol{U}\tilde{\boldsymbol{B}}^\top \tilde{\boldsymbol{B}}$ が上三角行列となるような正則行列 $\boldsymbol{U}$ が得られる．$\tilde{\boldsymbol{B}}^\top \tilde{\boldsymbol{B}}$ が正定値対称であるため $\boldsymbol{U}$ は下三角となる．すると，$\boldsymbol{U}\tilde{\boldsymbol{B}}^\top \tilde{\boldsymbol{B}} \cdot \boldsymbol{U}^\top$ は上三角かつ対称，つまり対角行列である．これは $\boldsymbol{U} \cdot \tilde{\boldsymbol{B}}^\top$ の行ベクトルが直交基底を成すことを意味する．詳細は [PT91] を参照のこと．

グラム・シュミットの手法 (Gram-Schmidt process)

例 3.8（正規直交基底） ユークリッド空間 $\mathbb{R}^n$ の標準基底はドット積に関して正規直交基底である．

$\mathbb{R}^2$ の二つのベクトル

$$\boldsymbol{b}_1 = \frac{1}{\sqrt{2}} \begin{bmatrix} 1 \\ 1 \end{bmatrix}, \ \boldsymbol{b}_2 = \frac{1}{\sqrt{2}} \begin{bmatrix} 1 \\ -1 \end{bmatrix} \tag{3.35}$$

は $\boldsymbol{b}_1^\top \boldsymbol{b}_2 = 0$ かつ $\|\boldsymbol{b}_1\| = 1 = \|\boldsymbol{b}_2\|$ であるため，正規直交基底である．

正規直交基底は第 10 章の主成分分析と第 12 章のサポートベクターマシンの場面で利用される．

3.6　直交補空間

ベクトルの直交性の概念を拡張して，ベクトル空間の直交性を考えることにしよう．この概念は第 10 章の次元削減を幾何学的に捉える際に重要となる．

V を D 次元ベクトル空間とし，$U \subseteq V$ を M 次元部分ベクトル空間とする．U の**直交補空間** $U^\perp \subseteq V$ を，U の任意の要素と直交するベクトル全体の集合と定める．$U^\perp$ は $(D-M)$ 次元部分ベクトル空間であり，$U \cap U^\perp = \{\boldsymbol{0}\}$ となる．よって，任意のベクトル $\boldsymbol{x} \in V$ は U の基底 $(\boldsymbol{b}_1, \ldots, \boldsymbol{b}_M)$ と $U^\perp$ の基底 $(\boldsymbol{b}_1^\perp, \ldots, \boldsymbol{b}_{D-M}^\perp)$ に関して一意な分解

直交補空間 (orthogonal complement)

$$\boldsymbol{x} = \sum_{m=1}^{M} \lambda_m \boldsymbol{b}_m + \sum_{j=1}^{D-M} \psi_j \boldsymbol{b}_j^\perp, \quad \lambda_m, \psi_j \in \mathbb{R} \tag{3.36}$$

をもつ．

三次元ベクトル空間中の平面 U（二次元ベクトル空間）とその直交補空間 $U^\perp$ について考える．U と直交する長さ 1 のベクトル $\boldsymbol{w}$ は $U^\perp$ の基底となる（図 3.7）．

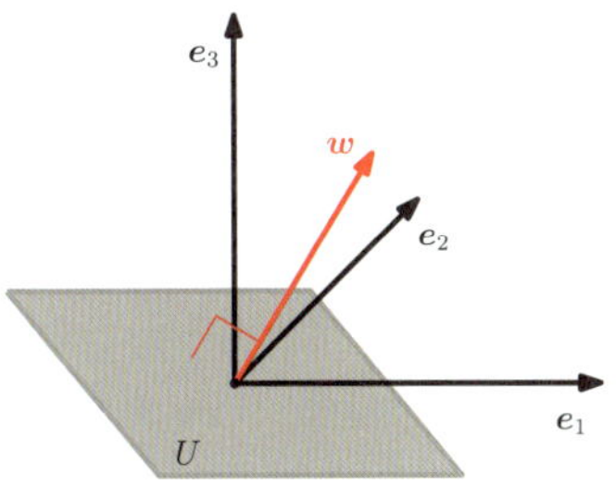

図 3.7 三次元空間における平面 U とその法線ベクトル．この法線ベクトルは直交補空間 $U^\perp$ を張る．

したがって $\boldsymbol{w}$ と直交するベクトルはすべて U に含まれる．このベクトル $\boldsymbol{w}$ を U の**法線ベクトル**という．

法線ベクトル (normal vector)

より一般に，n 次元ベクトル空間やアフィン空間の超平面を表す際にも直交補空間を利用することができる．

3.7 関数空間における内積

有限次元ベクトル空間の内積に注目し，ベクトルの長さ，角度，距離に関する内積の性質をこれまで確認してきた．関数に関する別の種類の内積についてこの節で述べておこう．

有限個の要素からなるベクトルの内積を考えてきたが，このベクトル $\boldsymbol{x} \in \mathbb{R}^n$ を n 点集合上の実関数と考えることもできる．この概念は，（可算）無限個の要素からなるベクトルや（非可算個の要素からなる）連続関数に一般化することができ，その場合は (3.5) の和が積分に置き換わる．

二つの関数 $u : \mathbb{R} \to \mathbb{R}$, $v : \mathbb{R} \to \mathbb{R}$ の内積として a から b までの定積分

$$\langle u, v \rangle := \int_a^b u(x)v(x)dx \tag{3.37}$$

が考えられる $(-\infty < a < b < \infty)$．ノルムと直交性についても同様に考えることができ，例えば，(3.37) が 0 であれば u と v は互いに直交していることになる．この内積を数学的にきちんと定義するためには，測度や積分をきちんと定義する必要があり，ヒルベルト空間の定義も必要となる．有限次元の内積と違い，この関数の内積は発散する（無限大になる）ことがあり得る．実解析や関数解析による慎重な取り扱いが必要となるが，本書ではその詳細には立ち入らないことにする．

図 3.8　$f(x) = \sin(x)\cos(x)$

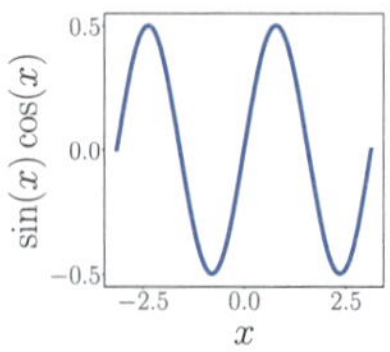

> **例 3.9 (関数の内積)**　$u = \sin(x)$, $v = \cos(x)$ としたとき, (3.37) の被積分関数 $f(x) = u(x)v(x)$ は図 3.8 のようになる. これは奇関数, つまり $f(-x) = -f(x)$ であり, $a = -\pi$, $b = \pi$ のとき積分は 0 となるため, $\sin(x)$ と $\cos(x)$ は直交している.

注　関数の集合

$$\{1, \cos(x), \cos(2x), \cos(3x), \ldots\} \tag{3.38}$$

は積分区間 $[-\pi, \pi]$ において直交している. つまり, どの組も互いに直交している. 区間 $[-\pi, \pi]$ 上の周期的な偶関数全体の中で (3.38) の関数たちは「大きい」部分空間を形成し, この部分空間に関数を射影することはフーリエ展開の基本的なアイデアとなる.

その他の内積としては, 6.4.6 項の確率変数の内積が挙げられる.

3.8　直交射影

射影は（回転や反射のように）特別な線形変換として定義され, グラフィックス・符号理論・統計学・機械学習において重要な役割を果たしている. 機械学習では高次元のデータを解析することが多く, そのままでは分析や可視化が難しい. 多くの場合, データの重要な情報は低次元空間に集中し, その他の次元はあまり重要ではない. 高次元データの圧縮や可視化は情報の損失を伴う. この情報損失を最小化すれば, 理想的には, データの中で多くの情報を含む次元を見つけ出すことができる. データをベクトルとして表すことを第 1 章で述べた. 本節ではそのようなベクトルとしてのデータを圧縮する基本的な道具について扱う. この場合, 圧縮とは高次元空間のデータを低次元の特徴量空間に射影することを意味しており, この低次元空間の中でデータの理解とパターン抽出を行うことになる. 例えば, 主成分分析 (PCA)[Pea01, Hot33] や深層ニューラルネットワーク（例えば深層オートエンコーダ [DSY$^+$10]）はこの次元削減のアイデアを非常によく利用している. 本節では直交射影に焦点を当てる. この手法は第 10 章の線形次元削減や第 12 章のクラス分類で利用される. 第 9 章の線形回帰も直交射影として解釈することが可能である. 直交射影は, 射影前後の差が最小となるように高次元空間中のデータを所与の低次元空間へ圧縮し, 情報をできるだけ保とうとする. その様子は図 3.9 のように表される. 直交射影の前に, そもそもの射影について定義しておこう.

「特徴」とはデータの表現を表す一般的な用語である.

定義 3.10 (射影)　V をベクトル空間, $U \subseteq V$ を部分ベクトル空間とする. 線形写像 $\pi : V \to U$ が $\pi^2 = \pi \circ \pi = \pi$ をみたすとき, π を**射影**という. ■

射影 (projection)

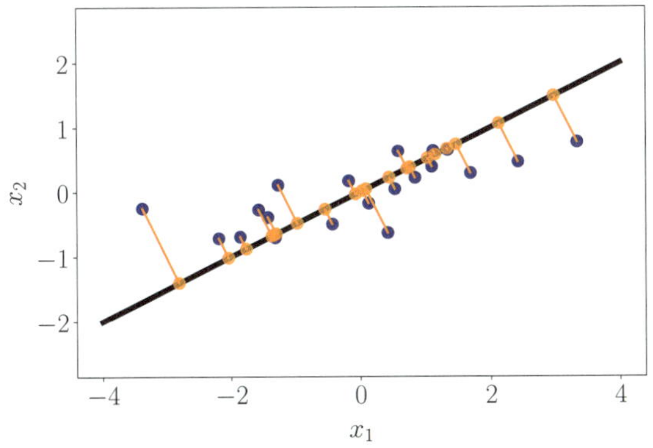

図 3.9 二次元データ（青色の点）を一次元部分ベクトル空間（直線）に直交射影する様子（オレンジ色の点）.

線形変換は変換行列として表すことができる（2.7 節）. 射影 π に対応する変換行列 $\boldsymbol{P}_\pi$ は射影行列と呼ばれ，上記の定義から $\boldsymbol{P}_\pi^2 = \boldsymbol{P}_\pi$ である.

射影行列 (projection matrix)

以下では，内積空間 $(\mathbb{R}^n, \langle\cdot,\cdot\rangle)$ における直交射影の導出を行う. まずは直線，つまり一次元ベクトル空間への直交射影から始めよう. なお，断らない限り，内積はドット積 $\langle \boldsymbol{x}, \boldsymbol{y}\rangle = \boldsymbol{x}^\top \boldsymbol{y}$ であるとする.

直線 (line)

3.8.1 一次元部分ベクトル空間（直線）への射影

原点を通り，ベクトル $\boldsymbol{b} \in \mathbb{R}^n$ を基底にもつ直線，つまり $\boldsymbol{b}$ の張る一次元部分ベクトル空間 $U \subseteq \mathbb{R}^n$ を考える. ベクトル $\boldsymbol{x} \in \mathbb{R}^n$ と $\pi_U(\boldsymbol{x}) \in U$ が最も近くなるような U への射影 π_U を求めたい（図 3.10 (a)）.

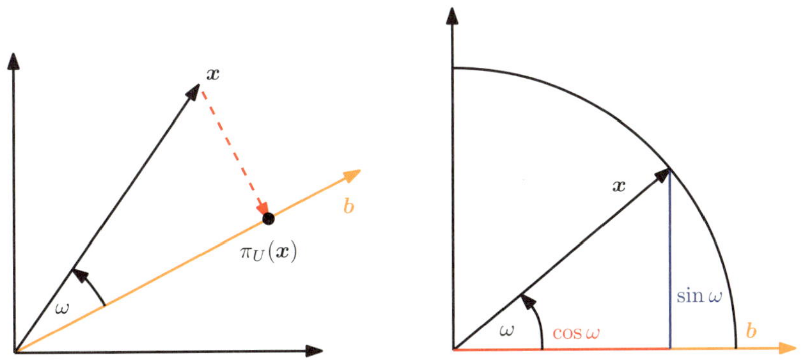

(a) $\boldsymbol{x} \in \mathbb{R}^2$ の $\boldsymbol{b}$ の張る部分ベクトル空間 U への射影.

(b) 二次元単位ベクトル $\boldsymbol{x} \in \mathbb{R}^2$ の $\boldsymbol{b}$ の張る一次元部分ベクトル空間 U への射影.

図 3.10 一次元部分ベクトル空間への射影の例.

直交射影 $\pi_U(\boldsymbol{x})$ がみたすべき性質を挙げよう：

- 直交射影 $\pi_U(\boldsymbol{x})$ は $\boldsymbol{x}$ と「最も近い」，つまり距離 $\|\boldsymbol{x} - \pi_U(\boldsymbol{x})\|$ が最小となるようにしたい．これはベクトル $\pi_U(\boldsymbol{x}) - \boldsymbol{x}$ が U と直交すること，特に $\boldsymbol{b}$ と直交することを意味する．内積と角度の関係から，その条件は $\langle \pi_U(\boldsymbol{x}) - \boldsymbol{x}, \boldsymbol{b} \rangle = 0$ と表される．
- $\pi_U(\boldsymbol{x})$ は U の要素である．すると $\pi_U(\boldsymbol{x})$ は $\boldsymbol{b}$ のスカラー倍で表せるため，$\lambda \in \mathbb{R}$ を用いて $\pi_U(\boldsymbol{x}) = \lambda \boldsymbol{b}$ となる．

つまり λ は $\pi_U(\boldsymbol{x})$ の $\boldsymbol{b}$ に関する座標である．

直交射影 $\pi_U(\boldsymbol{x})$ の座標 λ と $\mathbb{R}^n$ から U への射影行列 $\boldsymbol{P}_\pi$ を三段階に分けて求めよう．

1. まず座標 λ を求める．直交性から

$$\langle \pi_U(\boldsymbol{x}) - \boldsymbol{x}, \boldsymbol{b} \rangle = 0 \overset{\pi_U(\boldsymbol{x}) = \lambda \boldsymbol{b}}{\iff} \langle \boldsymbol{x} - \lambda \boldsymbol{b}, \boldsymbol{b} \rangle = 0 \tag{3.39}$$

となり，内積の双線形性から

$$\langle \boldsymbol{x}, \boldsymbol{b} \rangle - \lambda \langle \boldsymbol{b}, \boldsymbol{b} \rangle = 0 \iff \lambda = \frac{\langle \boldsymbol{x}, \boldsymbol{b} \rangle}{\langle \boldsymbol{b}, \boldsymbol{b} \rangle} = \frac{\langle \boldsymbol{b}, \boldsymbol{x} \rangle}{\|\boldsymbol{b}\|^2} \tag{3.40}$$

となる．最後の変形で内積が対称であることを用いている．内積 $\langle \cdot, \cdot \rangle$ がドット積の場合は

$$\lambda = \frac{\boldsymbol{b}^\top \boldsymbol{x}}{\boldsymbol{b}^\top \boldsymbol{b}} = \frac{\boldsymbol{b}^\top \boldsymbol{x}}{\|\boldsymbol{b}\|^2} \tag{3.41}$$

となる．さらに，$\|\boldsymbol{b}\| = 1$ であれば座標 λ は $\boldsymbol{b}^\top \boldsymbol{x}$ となる．

2. 次に $\pi_U(\boldsymbol{x}) \in U$ の位置を求める．$\pi_U(\boldsymbol{x}) = \lambda \boldsymbol{b}$ であることから，(3.40) より直ちに

$$\pi_U(\boldsymbol{x}) = \lambda \boldsymbol{b} = \frac{\langle \boldsymbol{b}, \boldsymbol{x} \rangle}{\|\boldsymbol{b}\|^2} \boldsymbol{b} = \frac{\boldsymbol{b}^\top \boldsymbol{x}}{\|\boldsymbol{b}\|^2} \boldsymbol{b} \tag{3.42}$$

となる．最後の変形はドット積の場合にのみ成立する．また，$\pi_U(\boldsymbol{x})$ の長さは定義 3.1 から

$$\|\pi_U(\boldsymbol{x})\| = \|\lambda \boldsymbol{b}\| = |\lambda| \|\boldsymbol{b}\| \tag{3.43}$$

と $\boldsymbol{b}$ の長さの $|\lambda|$ 倍となる．これは，λ が $\pi_U(\boldsymbol{x})$ の $\boldsymbol{b}$ に関する座標であることとも符合している．

もし内積がドット積であれば

$$\|\pi_U(\boldsymbol{x})\| \overset{(3.42)}{=} \frac{|\boldsymbol{b}^\top \boldsymbol{x}|}{\|\boldsymbol{b}\|^2} \|\boldsymbol{b}\| \overset{(3.25)}{=} |\cos \omega| \|\boldsymbol{x}\| \|\boldsymbol{b}\| \frac{\|\boldsymbol{b}\|}{\|\boldsymbol{b}\|^2} = |\cos \omega| \|\boldsymbol{x}\| \tag{3.44}$$

となる．ここでωは$\boldsymbol{x}$と$\boldsymbol{b}$の角度である．この式は三角法でよく見るものである．すなわち，$\|\boldsymbol{x}\| = 1$である単位円上のベクトル$\boldsymbol{x}$について，水平な$\boldsymbol{b}$軸上への射影は余弦をとる操作に他ならず，長さは$\|\pi_U(\boldsymbol{x})\| = |\cos\omega|$となる（図3.10 (b)）．

水平な軸は一次元部分ベクトル空間に対応している．

3. 最後に射影行列$\boldsymbol{P}_\pi$を求める．射影（定義3.10）は線形写像であるため，射影行列$\boldsymbol{P}_\pi$で$\pi_U(\boldsymbol{x}) = \boldsymbol{P}_\pi \boldsymbol{x}$となるものが存在する．ドット積の場合

$$\pi_U(\boldsymbol{x}) = \lambda \boldsymbol{b} = \boldsymbol{b}\lambda = \boldsymbol{b}\frac{\boldsymbol{b}^\top \boldsymbol{x}}{\|\boldsymbol{b}\|^2} = \frac{\boldsymbol{b}\boldsymbol{b}^\top}{\|\boldsymbol{b}\|^2}\boldsymbol{x} \tag{3.45}$$

であることから

$$\boldsymbol{P}_\pi = \frac{\boldsymbol{b}\boldsymbol{b}^\top}{\|\boldsymbol{b}\|^2} \tag{3.46}$$

とわかる．ここで，$\boldsymbol{b}\boldsymbol{b}^\top$（そして$\boldsymbol{P}_\pi$）は（ランク1の）対称行列であり，分母の$\|\boldsymbol{b}\|^2 = \langle \boldsymbol{b}, \boldsymbol{b} \rangle$はスカラーである．

直交射影の射影行列は常に対称である．

射影行列$\boldsymbol{P}_\pi$は，任意のベクトル$\boldsymbol{x} \in \mathbb{R}^n$を，原点を通り$\boldsymbol{b}$方向に伸びる直線（すなわち$\boldsymbol{b}$の張る部分ベクトル空間$U$）に射影する．

注 射影$\pi_U(\boldsymbol{x}) \in \mathbb{R}^n$は依然としてベクトルであり，スカラーではない．しかし，直線上に射影したあとはn個の座標は必要なく，基底$\boldsymbol{b}$に関する座標λがわかれば十分である．

例 3.10（直線上への射影） 原点を通り$\boldsymbol{b} = [1, 2, 2]^\top$方向に伸びる直線上への直交射影の射影行列$\boldsymbol{P}_\pi$を求めてみよう．

(3.46) より

$$\boldsymbol{P}_\pi = \frac{\boldsymbol{b}\boldsymbol{b}^\top}{\boldsymbol{b}^\top\boldsymbol{b}} = \frac{1}{9}\begin{bmatrix}1\\2\\2\end{bmatrix}\begin{bmatrix}1 & 2 & 2\end{bmatrix} = \frac{1}{9}\begin{bmatrix}1 & 2 & 2\\2 & 4 & 4\\2 & 4 & 4\end{bmatrix} \tag{3.47}$$

となる．あるベクトル$\boldsymbol{x}$をとって，実際に$\boldsymbol{b}$の張る部分ベクトル空間上に射影されているか確認してみよう．$\boldsymbol{x} = [1, 1, 1]^\top$に対し，射影は

$$\pi_U(\boldsymbol{x}) = \boldsymbol{P}_\pi(\boldsymbol{x}) = \frac{1}{9}\begin{bmatrix}1 & 2 & 2\\2 & 4 & 4\\2 & 4 & 4\end{bmatrix}\begin{bmatrix}1\\1\\1\end{bmatrix} = \frac{1}{9}\begin{bmatrix}5\\10\\10\end{bmatrix} \in \operatorname{span}\left(\begin{bmatrix}1\\2\\2\end{bmatrix}\right) \tag{3.48}$$

となる．なお，$\pi_U(\boldsymbol{x})$にさらに$\boldsymbol{P}_\pi$で射影しても$\pi_U(\boldsymbol{x})$のままである．すなわち$\boldsymbol{P}_\pi \pi_U(\boldsymbol{x}) = \pi_U(\boldsymbol{x})$である．これは定義3.10の$\boldsymbol{P}_\pi^2 \boldsymbol{x} = \boldsymbol{P}_\pi \boldsymbol{x}$から期待される性質である．

注　第4章の結果より，ベクトル $\pi_U(\boldsymbol{x}) \neq \boldsymbol{0}$ は $\boldsymbol{P}_\pi$ の固有ベクトルで，固有値は1であるとわかる．

3.8.2　一般の部分ベクトル空間への射影

今度はベクトル $\boldsymbol{x} \in \mathbb{R}^n$ を低次元部分ベクトル空間 $U \subseteq \mathbb{R}^n$ $(\dim U = m \geq 1)$ に直交射影することを考えよう（図3.11）．

$(\boldsymbol{b}_1, \ldots, \boldsymbol{b}_m)$ を U の順序付き基底とする．射影 $\pi_U(\boldsymbol{x})$ は U の要素であるため，基底の線形結合として $\pi_U(\boldsymbol{x}) = \sum_{i=1}^{m} \lambda_i \boldsymbol{b}_i$ と表せる．

先ほどと同様の手順で $\pi_U(\boldsymbol{x})$ と射影行列 $\boldsymbol{P}_\pi$ を決定することにしよう：

1. まず射影したベクトル

$$\pi_U(\boldsymbol{x}) = \sum_{i=1}^{m} \lambda_i \boldsymbol{b}_i = \boldsymbol{B\lambda} \tag{3.49}$$

$$\boldsymbol{B} = [\boldsymbol{b}_1, \ldots, \boldsymbol{b}_m] \in \mathbb{R}^{n \times m},\ \boldsymbol{\lambda} = [\lambda_1, \ldots, \lambda_m]^\top \in \mathbb{R}^m \tag{3.50}$$

の（U の基底に関する）座標 $\lambda_1, \ldots, \lambda_m$ を求めよう．$\pi_U(\boldsymbol{x}) \in U$ は $\boldsymbol{x} \in \mathbb{R}^n$ に「最も近い」，つまり射影前後の距離が最小であり，$\pi_U(\boldsymbol{x})$ と $\boldsymbol{x}$ を結ぶベクトルは U の各基底と直交する．したがって以下の m 個の条件が得られる．（ここで内積はドット積とする．）

$$\langle \boldsymbol{b}_1, \boldsymbol{x} - \pi_U(\boldsymbol{x}) \rangle = \boldsymbol{b}_1^\top (\boldsymbol{x} - \pi_U(\boldsymbol{x})) = 0 \tag{3.51}$$

$$\vdots$$

$$\langle \boldsymbol{b}_m, \boldsymbol{x} - \pi_U(\boldsymbol{x}) \rangle = \boldsymbol{b}_m^\top (\boldsymbol{x} - \pi_U(\boldsymbol{x})) = 0\,. \tag{3.52}$$

$\pi_U(\boldsymbol{x}) = \boldsymbol{B\lambda}$ であるため

$$\boldsymbol{b}_1^\top (\boldsymbol{x} - \boldsymbol{B\lambda}) = 0 \tag{3.53}$$

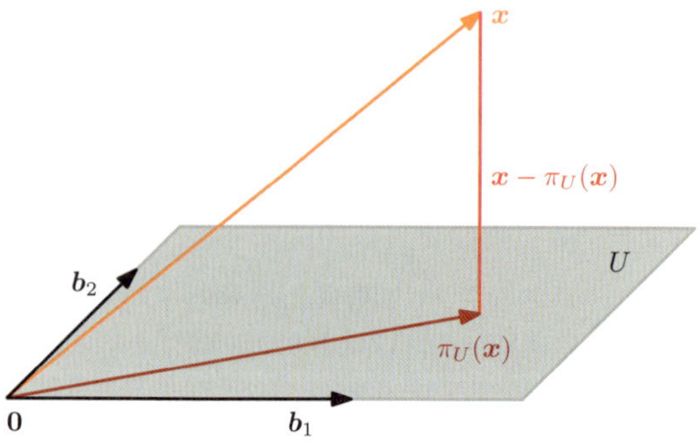

図3.11　$\boldsymbol{b}_1, \boldsymbol{b}_2$ の張る二次元部分ベクトル空間 U への $\boldsymbol{x} \in \mathbb{R}^3$ の射影．射影 $\pi_U(\boldsymbol{x})$ は $\boldsymbol{b}_1, \boldsymbol{b}_2$ の線形結合で表すことができ，差 $\boldsymbol{x} - \pi_U(\boldsymbol{x})$ は $\boldsymbol{b}_1, \boldsymbol{b}_2$ の双方と直交する．

$$\vdots$$

$$\boldsymbol{b}_m^\top(\boldsymbol{x} - \boldsymbol{B\lambda}) = 0 \tag{3.54}$$

と置き換えられ，連立一次方程式

$$\begin{bmatrix} \boldsymbol{b}_1^\top \\ \vdots \\ \boldsymbol{b}_m^\top \end{bmatrix} \begin{bmatrix} \boldsymbol{x} - \boldsymbol{B\lambda} \end{bmatrix} = \boldsymbol{0} \iff \boldsymbol{B}^\top(\boldsymbol{x} - \boldsymbol{B\lambda}) = \boldsymbol{0} \tag{3.55}$$

$$\iff \boldsymbol{B}^\top\boldsymbol{B\lambda} = \boldsymbol{B}^\top\boldsymbol{x} \tag{3.56}$$

を得る．最後の表式は**正規方程式**と呼ばれる．U の基底であることから $\boldsymbol{b}_1, \ldots, \boldsymbol{b}_m$ は線形独立であり，$\boldsymbol{B}^\top\boldsymbol{B} \in \mathbb{R}^{m\times m}$ は可逆である．よって座標が

正規方程式 (normal equation)

$$\boldsymbol{\lambda} = (\boldsymbol{B}^\top\boldsymbol{B})^{-1}\boldsymbol{B}^\top\boldsymbol{x} \tag{3.57}$$

と求まる．最後の行列 $(\boldsymbol{B}^\top\boldsymbol{B})^{-1}\boldsymbol{B}^\top$ は行列 $\boldsymbol{B}$ の**疑似逆行列**と呼ばれ，正方とは限らない行列に対しても定義できる．$\boldsymbol{B}^\top\boldsymbol{B}$ が正定値であることが前提条件となるが，B の列数が行数以下でフルランクであればよい．実際には（例えば線形回帰において）$\boldsymbol{B}^\top\boldsymbol{B}$ に「正則化項」$\epsilon\boldsymbol{I}$ を加えて数値的に計算を安定化させたり，正定値性を保証することも多い．この「リッジ†」はベイズ推定による厳密な導出が可能である．その詳細は第 9 章で扱う．

疑似逆行列 (pseudo-inverse)

† 訳注：正則化項を含む回帰をリッジ回帰という．

2. 次に $\pi_U(\boldsymbol{x}) \in U$ を求める．$\pi_U(\boldsymbol{x}) = \boldsymbol{B\lambda}$ と (3.57) より

$$\pi_U(\boldsymbol{x}) = \boldsymbol{B}(\boldsymbol{B}^\top\boldsymbol{B})^{-1}\boldsymbol{B}^\top\boldsymbol{x} \tag{3.58}$$

となる．

3. 最後に射影行列 $\boldsymbol{P}_\pi$ を求める．$\boldsymbol{P}_\pi\boldsymbol{x} = \pi_U(\boldsymbol{x})$ と (3.58) から直ちに

$$\boldsymbol{P}_\pi = \boldsymbol{B}(\boldsymbol{B}^\top\boldsymbol{B})^{-1}\boldsymbol{B}^\top \tag{3.59}$$

とわかる．

注 一次元の場合はこの解の特別な場合である．$\dim U = 1$ のとき，$\boldsymbol{B}^\top\boldsymbol{B} \in \mathbb{R}$ はスカラーで射影行列を $\boldsymbol{P}_\pi = \frac{\boldsymbol{BB}^\top}{\boldsymbol{B}^\top\boldsymbol{B}}$ と書き換えることができ，(3.46) と一致する．

例 3.11（二次元部分ベクトル空間への射影） $\mathbb{R}^3$ の部分ベクトル空間 $U = \mathrm{span}\left[\begin{bmatrix}1\\1\\1\end{bmatrix}, \begin{bmatrix}0\\1\\2\end{bmatrix}\right] \subseteq \mathbb{R}^3$ にベクトル $\boldsymbol{x} = \begin{bmatrix}6\\0\\0\end{bmatrix}$ を直交射影したときの

座標 $\boldsymbol{\lambda}$，ベクトル $\pi_U(\boldsymbol{x})$，射影行列 $\boldsymbol{P}_\pi$ を求めよう．

まず，上記の U の生成系は（線形独立であるため）基底であり，$\boldsymbol{B} = \begin{bmatrix} 1 & 0 \\ 1 & 1 \\ 1 & 2 \end{bmatrix}$ となる．行列 $\boldsymbol{B}^\top \boldsymbol{B}$ とベクトル $\boldsymbol{B}^\top \boldsymbol{x}$ は

$$\boldsymbol{B}^\top \boldsymbol{B} = \begin{bmatrix} 1 & 1 & 1 \\ 0 & 1 & 2 \end{bmatrix} \begin{bmatrix} 1 & 0 \\ 1 & 1 \\ 1 & 2 \end{bmatrix} = \begin{bmatrix} 3 & 3 \\ 3 & 5 \end{bmatrix}, \quad \boldsymbol{B}^\top \boldsymbol{x} = \begin{bmatrix} 1 & 1 & 1 \\ 0 & 1 & 2 \end{bmatrix} \begin{bmatrix} 6 \\ 0 \\ 0 \end{bmatrix} = \begin{bmatrix} 6 \\ 0 \end{bmatrix} \tag{3.60}$$

となり，正規方程式 $\boldsymbol{B}^\top \boldsymbol{B} \boldsymbol{\lambda} = \boldsymbol{B}^\top \boldsymbol{x}$ より

$$\begin{bmatrix} 3 & 3 \\ 3 & 5 \end{bmatrix} \begin{bmatrix} \lambda_1 \\ \lambda_2 \end{bmatrix} = \begin{bmatrix} 6 \\ 0 \end{bmatrix} \iff \boldsymbol{\lambda} = \begin{bmatrix} 5 \\ -3 \end{bmatrix} \tag{3.61}$$

と座標 $\boldsymbol{\lambda}$ が定まる．

射影 $\pi_U(\boldsymbol{x}) \in U$ は

$$\pi_U(\boldsymbol{x}) = \boldsymbol{B}\boldsymbol{\lambda} = \begin{bmatrix} 5 \\ 2 \\ -1 \end{bmatrix} \tag{3.62}$$

射影誤差 (projection error)

となる．射影前後のベクトルの距離（射影誤差）は

$$\|\boldsymbol{x} - \pi_U(\boldsymbol{x})\| = \left\| \begin{bmatrix} 1 & -2 & 1 \end{bmatrix}^\top \right\| = \sqrt{6} \tag{3.63}$$

である．

最後に，射影行列は

$$\boldsymbol{P}_\pi = \boldsymbol{B}(\boldsymbol{B}^\top \boldsymbol{B})^{-1} \boldsymbol{B}^\top = \frac{1}{6} \begin{bmatrix} 5 & 2 & -1 \\ 2 & 2 & 2 \\ -1 & 2 & 5 \end{bmatrix} \tag{3.64}$$

となる．

結果が正しいことを確認する際は，差分 $\pi_U(\boldsymbol{x}) - \boldsymbol{x}$ が U の任意のベクトルと直交することや定義 3.10 の $\boldsymbol{P}_\pi = \boldsymbol{P}_\pi^2$ を確認するとよい．

注　射影 $\pi_U(\boldsymbol{x})$ は m 次元部分ベクトル空間 $U \subseteq \mathbb{R}^n$ に属するが，依然として $\mathbb{R}^n$ のベクトルでもある．しかし，必要な座標は U の基底 $\boldsymbol{b}_1, \ldots, \boldsymbol{b}_m$ に関する m 個のスカラー $\lambda_1, \ldots, \lambda_m$ である．

注　一般の内積をもつベクトル空間では，角度と距離をドット積ではなく内積を用いて計算することに注意が必要である．

解をもたない連立一次方程式に対しては，直交射影による近似解を得ることができる．

連立一次方程式 $\boldsymbol{A}\boldsymbol{x} = \boldsymbol{b}$ に解がない状況を，射影の枠組みで捉えることができる．解がないため，$\boldsymbol{b}$ は $\boldsymbol{A}$ の張る空間，つまり $\boldsymbol{A}$ の列ベクトルが張る部分

ベクトル空間に属さない．厳密解は存在しないが近似解を得ることは可能で，$\boldsymbol{A}$ の張る空間への $\boldsymbol{b}$ の直交射影が $\boldsymbol{b}$ に最も近いベクトルを与える．このような問題は実務でしばしば登場し，（内積がドット積の場合の）近似解は過剰決定系の**最小二乗解**と呼ばれる．詳細については 9.4 節で論じる．なお，射影誤差 (3.63) の観点から，主成分分析を導くこともできる（10.4 節）．

最小二乗解 (least-squares solution)

注　部分ベクトル空間 U への直交射影について，$\boldsymbol{b}_1, \ldots, \boldsymbol{b}_k$ が U の正規直交基底，つまり (3.33) と (3.34) がみたされるのであれば，$\boldsymbol{B}^\top \boldsymbol{B} = \boldsymbol{I}$ より式 (3.58) は

$$\pi_U(\boldsymbol{x}) = \boldsymbol{B}\boldsymbol{B}^\top \boldsymbol{x} \tag{3.65}$$

というように，より簡単な形となり，座標は

$$\boldsymbol{\lambda} = \boldsymbol{B}^\top \boldsymbol{x} \tag{3.66}$$

となる．特に (3.58) の逆行列を求める必要がなくなり，計算時間が節約できる．

3.8.3 グラム・シュミットの直交化

n 次元ベクトル空間 V の基底 $(\boldsymbol{b}_1, \ldots, \boldsymbol{b}_n)$ から（正規）直交基底 $(\boldsymbol{u}_1, \ldots, \boldsymbol{u}_n)$ を構成するグラム・シュミットの手法において，射影が中心的な役割を果たす．この手法は常に利用でき [LM15]，双方の基底の張る空間は同じである $(\mathrm{span}[\boldsymbol{b}_1, \ldots, \boldsymbol{b}_n] = \mathrm{span}[\boldsymbol{u}_1, \ldots, \boldsymbol{u}_n])$．

グラム・シュミットの直交化法では，V の基底 $(\boldsymbol{b}_1, \ldots, \boldsymbol{b}_n)$ から次のように帰納的に直交基底 $(\boldsymbol{u}_1, \ldots, \boldsymbol{u}_n)$ を構成する：

グラム・シュミットの直交化法 (Gram-Schmidt orthogonalization method)

$$\boldsymbol{u}_1 := \boldsymbol{b}_1, \tag{3.67}$$

$$\boldsymbol{u}_k := \boldsymbol{b}_k - \pi_{\mathrm{span}[\boldsymbol{u}_1, \ldots, \boldsymbol{u}_{k-1}]}(\boldsymbol{b}_k), \quad k = 2, \ldots, n\,. \tag{3.68}$$

(3.68) では，k 番目の基底ベクトル $\boldsymbol{b}_k$ を，すでに得られた直交ベクトル $\boldsymbol{u}_1, \ldots, \boldsymbol{u}_{k-1}$ の張る空間に直交射影して，もとのベクトルから差し引くことで $\boldsymbol{u}_1, \ldots, \boldsymbol{u}_{k-1}$ と直交させている（3.8.2 項）．この手続きを繰り返すと，V の直交基底 $(\boldsymbol{u}_1, \ldots, \boldsymbol{u}_n)$ が得られ，さらに各 $\boldsymbol{u}_k$ を正規化すると正規直交基底となる．

例 3.12（グラム・シュミットの直交化）　図 3.12 (a) のベクトル

$$\boldsymbol{b}_1 = \begin{bmatrix} 2 \\ 0 \end{bmatrix}, \quad \boldsymbol{b}_2 = \begin{bmatrix} 1 \\ 1 \end{bmatrix} \tag{3.69}$$

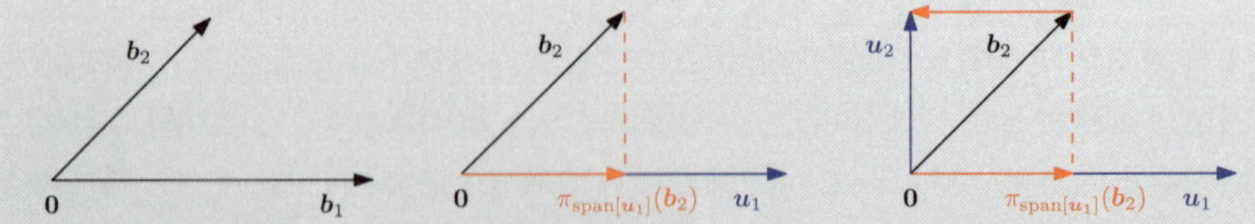

(a) 直交していない基底 $\boldsymbol{b}_1, \boldsymbol{b}_2$.

(b) 最初のベクトルを $\boldsymbol{u}_1$ とし，$\boldsymbol{b}_2$ を $\boldsymbol{u}_1$ の張る部分空間へ射影する.

(c) 直交基底 $\boldsymbol{u}_1, \boldsymbol{u}_2 = \boldsymbol{b}_2 - \pi_{\mathrm{span}[\boldsymbol{u}_1]}(\boldsymbol{b}_2)$.

図 3.12　グラム・シュミットの直交化.

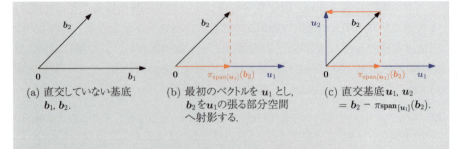

は $\mathbb{R}^2$ の基底となる.（内積はドット積であるとして）グラム・シュミットの方法を適用すると,

$$\boldsymbol{u}_1 := \boldsymbol{b}_1 = \begin{bmatrix} 2 \\ 0 \end{bmatrix}, \tag{3.70}$$

$$\boldsymbol{u}_2 := \boldsymbol{b}_2 - \pi_{\mathrm{span}[\boldsymbol{u}_1]}(\boldsymbol{b}_2) \overset{(3.45)}{=} \boldsymbol{b}_2 - \frac{\boldsymbol{u}_1 \boldsymbol{u}_1^\top}{\|\boldsymbol{u}_1\|^2} \boldsymbol{b}_2 = \begin{bmatrix} 1 \\ 1 \end{bmatrix} - \begin{bmatrix} 1 & 0 \\ 0 & 0 \end{bmatrix} \begin{bmatrix} 1 \\ 1 \end{bmatrix} = \begin{bmatrix} 0 \\ 1 \end{bmatrix} \tag{3.71}$$

となる（図 3.12 (b)(c)）. 直交性 $\boldsymbol{u}_1^\top \boldsymbol{u}_2 = 0$ は直ちにわかる.

3.8.4　アフィン空間への射影

低次元部分ベクトル空間 U への射影をこれまで考えてきた. 節の最後にアフィン部分空間への射影についても述べておこう.

図 3.13 (a) の L はアフィン空間 $L = \boldsymbol{x}_0 + U$ であり，$\boldsymbol{b}_1, \boldsymbol{b}_2$ を方向空間 U の基底とする. ベクトル $\boldsymbol{x}$ の L への直交射影 $\pi_L(\boldsymbol{x})$ を，既知の部分ベクトル空間の射影の問題に帰着させることで定義することにしよう.

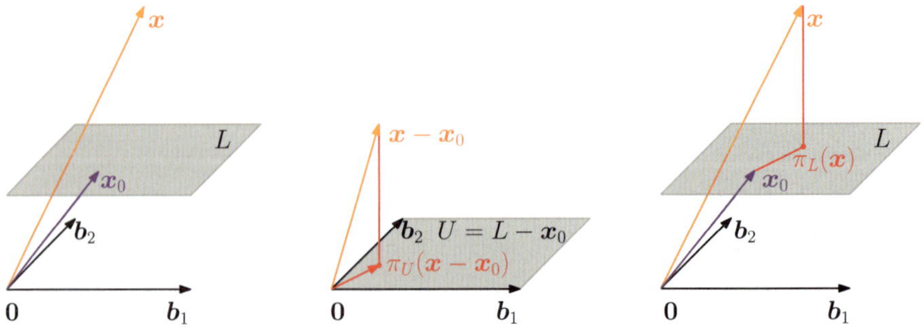

(a) 考えている状況.

(b) 部分ベクトル空間への射影に帰着させる.

(c) 支持点を戻して射影 π_L を得る.

図 3.13　アフィン空間への射影.

まず，支持点 $\boldsymbol{x}_0$ が原点となるよう，$\boldsymbol{x}$ と L の双方から $\boldsymbol{x}_0$ を差し引いて平行移動する．$L - \boldsymbol{x}_0 = U$ は部分ベクトル空間であり，図 3.13 (b) のように $\boldsymbol{x} - \boldsymbol{x}_0$ の U への直交射影 $\pi_U(\boldsymbol{x} - \boldsymbol{x}_0)$ が定まる（3.8.2 項）．その後 $\boldsymbol{x}_0$ を足して平行移動した分を戻すと L の要素となる．こうしてアフィン空間 L への直交射影

$$\pi_L(\boldsymbol{x}) = \boldsymbol{x}_0 + \pi_U(\boldsymbol{x} - \boldsymbol{x}_0) \tag{3.72}$$

が得られる（図 3.13 (c)）．

図 3.13 からもわかるように，$\boldsymbol{x}$ と L の距離は $\boldsymbol{x} - \boldsymbol{x}_0$ と U の距離と等しく

$$d(\boldsymbol{x}, L) = \|\boldsymbol{x} - \pi_L(\boldsymbol{x})\| = \|\boldsymbol{x} - (\boldsymbol{x}_0 + \pi_U(\boldsymbol{x} - \boldsymbol{x}_0))\| \tag{3.73a}$$

$$= d(\boldsymbol{x} - \boldsymbol{x}_0, \pi_U(\boldsymbol{x} - \boldsymbol{x}_0)) \tag{3.73b}$$

である．

アフィン部分空間への射影は，12.1 節の分離超平面の場面で登場する．

3.9 回転

長さと角度の保存は，直交行列による線形写像を特徴づける性質であった（3.4 節）．この節では，回転というさらに特殊な直交行列を詳しく見ることにする．

回転とは，原点を中心にある平面を角度 θ で回転させて得られる線形写像（特にユークリッド空間の自己同型）を指す．慣例に従い，正の角度 $\theta > 0$ に対する回転方向は反時計回りとする．回転を図示すると，図 3.14 のようにな

回転 (rotation)

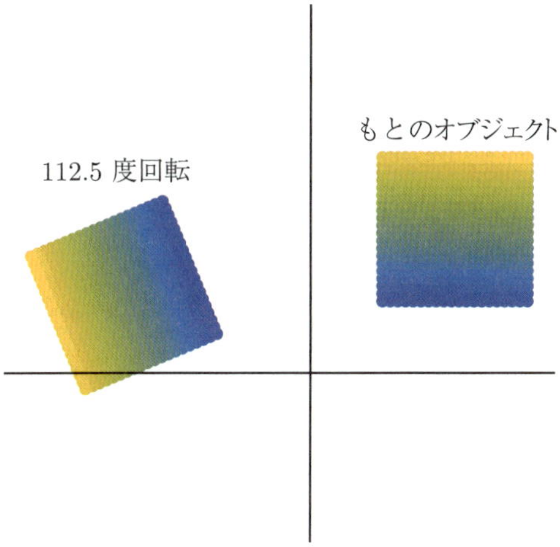

図 3.14 平面上の対象を原点中心に回転させた様子．回転角が正のときは，反時計回りに回転させる．

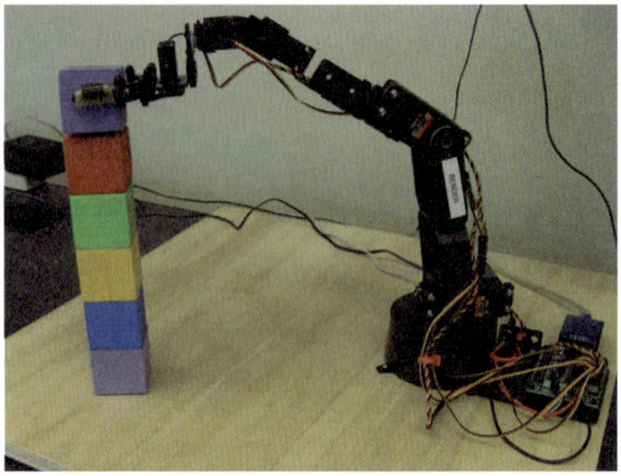

図 3.15　ロボットアームは物を拾ったり，正しい位置に配置するために関節を回転させる必要がある．（画像は[KD18] より引用．）

り，この場合の変換行列は（近似的には）

$$\boldsymbol{R} = \begin{bmatrix} -0.38 & -0.92 \\ 0.92 & -0.38 \end{bmatrix} \tag{3.74}$$

である．コンピュータグラフィックスやロボティクスで回転は特に重要であり，例えばロボットアームの関節をどのように回転させて物を拾うかがロボティクスでしばしば重要となる（図 3.15）．

3.9.1　$\mathbb{R}^2$ における回転

$\mathbb{R}^2$ の標準基底を $\boldsymbol{e}_1 = \begin{bmatrix} 1 \\ 0 \end{bmatrix}$，$\boldsymbol{e}_2 = \begin{bmatrix} 0 \\ 1 \end{bmatrix}$ とする．これらのベクトルを図 3.16 のように角度 θ で回転させる．回転後のベクトルは依然として線形独立であるから基底となる．つまり，回転は基底変換となる．

回転行列 (rotation matrix)

回転 Φ は線形写像であるため，**回転行列** $\boldsymbol{R}(\theta)$ によって表現することができる．図 3.16 の三角法から回転後の座標は

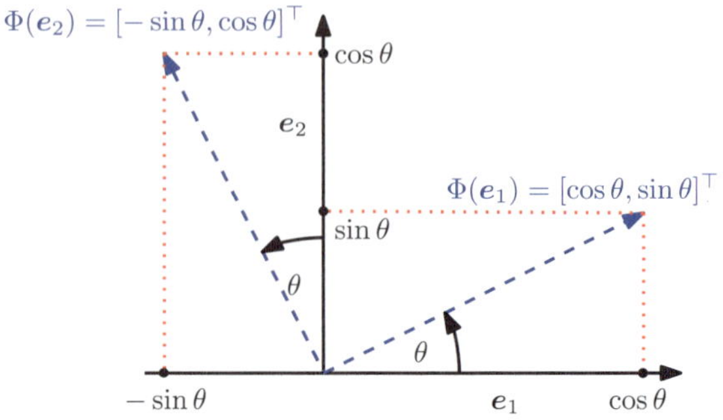

図 3.16　$\mathbb{R}^2$ の標準基底における角度 θ の回転．

$$\Phi(\boldsymbol{e}_1) = \begin{bmatrix} \cos\theta \\ \sin\theta \end{bmatrix}, \quad \Phi(\boldsymbol{e}_2) = \begin{bmatrix} -\sin\theta \\ \cos\theta \end{bmatrix} \tag{3.75}$$

となる．したがって $\boldsymbol{R}(\theta)$ は

$$\boldsymbol{R}(\theta) = [\Phi(\boldsymbol{e}_1)\ \Phi(\boldsymbol{e}_2)] = \begin{bmatrix} \cos\theta & -\sin\theta \\ \sin\theta & \cos\theta \end{bmatrix} \tag{3.76}$$

となる．

3.9.2 $\mathbb{R}^3$ における回転

$\mathbb{R}^3$ の場合は $\mathbb{R}^2$ と違い，ある一次元の軸を固定して残りの二次元平面を回転させることになる．回転行列を特定する最も簡単な方法は，標準基底 $\boldsymbol{e}_1, \boldsymbol{e}_2, \boldsymbol{e}_3$ がどのように回転するかを見ることである．像 $\boldsymbol{R}\boldsymbol{e}_1, \boldsymbol{R}\boldsymbol{e}_2, \boldsymbol{R}\boldsymbol{e}_3$ が正規直交であることを確認し，それらの像を並べることで回転行列 $\boldsymbol{R}$ が得られる．

回転角をきちんと定めるには，まず二次元以上の場合に「反時計回り」の意味を決める必要がある．そこで，ある軸に関して「反時計回り」の回転といったとき，「その軸先が私たちに向いている」ときの反時計回りの回転を指すものとする．$\mathbb{R}^3$ の場合は図 3.17 のような回転となり，三つの軸に応じて三つの（平面の）回転がある：

- $\boldsymbol{e}_1$ 軸に関する回転は

$$\boldsymbol{R}_1(\theta) = \begin{bmatrix}\Phi(\boldsymbol{e}_1) & \Phi(\boldsymbol{e}_2) & \Phi(\boldsymbol{e}_3)\end{bmatrix} = \begin{bmatrix} 1 & 0 & 0 \\ 0 & \cos\theta & -\sin\theta \\ 0 & \sin\theta & \cos\theta \end{bmatrix} \tag{3.77}$$

  であり，$\boldsymbol{e}_1$ に関する座標が固定され，$\boldsymbol{e}_2\boldsymbol{e}_3$ 平面に関して反時計回りの回転となる．

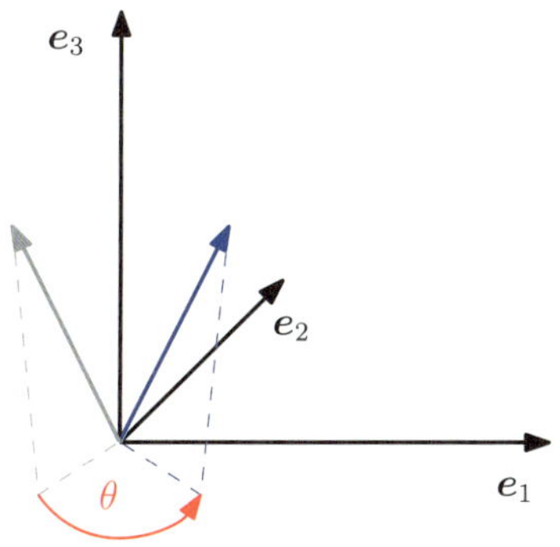

図 3.17 $\mathbb{R}^3$ の灰色のベクトルを $\boldsymbol{e}_3$ 軸に関して角度 θ だけ回転させた様子．青矢印が回転後のベクトルである．

- $\boldsymbol{e}_2$ 軸に関する回転は

$$\boldsymbol{R}_2(\theta) = \begin{bmatrix} \cos\theta & 0 & \sin\theta \\ 0 & 1 & 0 \\ -\sin\theta & 0 & \cos\theta \end{bmatrix} \tag{3.78}$$

である．$\boldsymbol{e}_3\boldsymbol{e}_1$ 平面を回転させる際は，目線が $\boldsymbol{e}_2$ の頂点から原点に向かうように見て反時計回りに回すことになる．

- $\boldsymbol{e}_3$ 軸に関する回転は

$$\boldsymbol{R}_3(\theta) = \begin{bmatrix} \cos\theta & -\sin\theta & 0 \\ \sin\theta & \cos\theta & 0 \\ 0 & 0 & 1 \end{bmatrix} \tag{3.79}$$

となる（図 3.17）．

3.9.3　n 次元での回転

n 次元ユークリッド空間での回転は，$(n-2)$ 次元を固定して残りの二次元平面を回転させることで得られる．三次元の場合と同様，任意の平面（$\mathbb{R}^n$ の二次元部分ベクトル空間）を回転させることができる．

ギブンス回転 (Givens rotation)

定義 3.11（ギブンス回転）　V を n 次元ユークリッド空間とする．自己準同型 $\Phi: V \to V$ がギブンス回転であるとは，その変換行列が

$$\boldsymbol{R}_{ij}(\theta) := \begin{bmatrix} \boldsymbol{I}_{i-1} & \boldsymbol{0} & \cdots & \cdots & \boldsymbol{0} \\ \boldsymbol{0} & \cos\theta & \boldsymbol{0} & -\sin\theta & \boldsymbol{0} \\ \boldsymbol{0} & \boldsymbol{0} & \boldsymbol{I}_{j-i-1} & \boldsymbol{0} & \boldsymbol{0} \\ \boldsymbol{0} & \sin\theta & \boldsymbol{0} & \cos\theta & \boldsymbol{0} \\ \boldsymbol{0} & \cdots & \cdots & \boldsymbol{0} & \boldsymbol{I}_{n-j} \end{bmatrix} \in \mathbb{R}^{n\times n} \tag{3.80}$$

となることをいう．ここで $1 \leq i < j \leq n$, $\theta \in \mathbb{R}$ である．■

本質的には，$\boldsymbol{R}_{ij}(\theta)$ は恒等行列 $\boldsymbol{I}_{n-2}$ に

$$r_{ii} = \cos\theta,\ r_{ij} = -\sin\theta,\ r_{ji} = \sin\theta,\ r_{jj} = \cos\theta \tag{3.81}$$

を付加した行列である．二次元の場合に制限すると (3.76) が得られる．

3.9.4　回転の性質

回転は直交行列（定義 3.8）であることから，多くの有用な性質をもつ：

- 回転は距離を保つ．つまり，$\|\boldsymbol{x}-\boldsymbol{y}\| = \|\boldsymbol{R}_\theta(\boldsymbol{x}) - \boldsymbol{R}_\theta(\boldsymbol{y})\|$ である．（任意の二点間の距離は回転後も変わらない．）

- 回転は角度を保つ．つまり $\boldsymbol{R}_\theta(\boldsymbol{x})$ と $\boldsymbol{R}_\theta(\boldsymbol{y})$ の角度は $\boldsymbol{x}$ と $\boldsymbol{y}$ の角度と一致する．
- 三次元以上の回転は一般に可換でない．そのため回転を行う順序が重要となる．一方，二次元の場合は回転は可換であり，任意の $\phi, \theta \in [0, 2\pi)$ について $\boldsymbol{R}(\phi)\boldsymbol{R}(\theta) = \boldsymbol{R}(\theta)\boldsymbol{R}(\phi)$ となる．これはアーベル群をなす．（もちろん同じ点（例えば原点）を基点とする回転に限る．）

3.10 関連図書

本章では，解析幾何の重要な概念のうち，以降の章で利用する内容を概観した．紹介した内容の詳細については，[Axl15, BV04] といった文献がよい参考になるだろう．

内積が定義されると，グラム・シュミットの方法によって各ベクトルが互いに直交するような基底（直交基底）を構成することができる．この基底は最適化や連立一次方程式の数値解法において重要となる．例えば，共役勾配法やGMRES 法といったクリロフ部分空間法においては，互いに直交する残差の最小化を行う [SB02]．

機械学習において，内積はカーネル法の文脈で重要となる [SS02]．カーネル法は多くの線形モデルが内積の形で表される事実を利用し，「カーネルトリック」を利用することで，（無限次元になり得る）特徴量空間の内積を，その空間自身を知ることなく計算する．カーネル法によって機械学習で利用されている多くのアルゴリズムを「非線形化」することができ，例えばカーネル主成分分析 [SSM97] による次元削減で利用される．ガウス過程 [RW06] もカーネル法の一種であり，回帰分析において重要な手法となっている．カーネルについては第 12 章で論じる．

射影はコンピュータグラフィックスで頻繁に利用される（例えば，影の生成）．最適化において，直交射影は（反復的に）残差平方和を最小化する際に利用される．機械学習においても射影は利用される．例えば，線形回帰では残差平方和が最小となるような（線形）関数を見つける必要があるが，このときの残差平方和は，データと線形関数に対して直交射影した点ともとのデータとの距離の和に対応している [Bis06]．この点に関しては第 9 章で詳しく述べる．主成分分析 [Pea01, Hot33] も高次元のデータを低次元に圧縮する際に射影を利用している．その詳細は第 10 章で論じる．

演習問題

3.1　$\boldsymbol{x} = [x_1, x_2]^\top \in \mathbb{R}^2$, $\boldsymbol{y} = [y_1, y_2]^\top \in \mathbb{R}^2$ に対して

$$\langle \boldsymbol{x}, \boldsymbol{y} \rangle := x_1 y_1 - (x_1 y_2 + x_2 y_1) + 2 x_2 y_2$$

としたとき，$\langle \cdot, \cdot \rangle$ が内積であることを示せ．

3.2　$\boldsymbol{x}, \boldsymbol{y} \in \mathbb{R}^2$ に対して

$$\langle \boldsymbol{x}, \boldsymbol{y} \rangle := \boldsymbol{x}^\top \underbrace{\begin{bmatrix} 2 & 0 \\ 1 & 2 \end{bmatrix}}_{=:\boldsymbol{A}} \boldsymbol{y}$$

としたとき，$\langle \cdot, \cdot \rangle$ は内積となるか？

3.3　二つのベクトル

$$\boldsymbol{x} = \begin{bmatrix} 1 \\ 2 \\ 3 \end{bmatrix}, \ \boldsymbol{y} = \begin{bmatrix} -1 \\ -1 \\ 0 \end{bmatrix}$$

の距離を以下の内積それぞれに対して求めよ：

a. $\langle \boldsymbol{x}, \boldsymbol{y} \rangle := \boldsymbol{x}^\top \boldsymbol{y}$,

b. $\langle \boldsymbol{x}, \boldsymbol{y} \rangle := \boldsymbol{x}^\top \boldsymbol{A} \boldsymbol{y}, \ \boldsymbol{A} = \begin{bmatrix} 2 & 2 & 0 \\ 1 & 3 & 1 \\ 0 & -1 & 2 \end{bmatrix}$.

3.4　二つのベクトル

$$\boldsymbol{x} = \begin{bmatrix} 1 \\ 2 \end{bmatrix}, \ \boldsymbol{y} = \begin{bmatrix} -1 \\ -1 \end{bmatrix}$$

の角度を以下の内積それぞれに対して求めよ：

a. $\langle \boldsymbol{x}, \boldsymbol{y} \rangle := \boldsymbol{x}^\top \boldsymbol{y}$,

b. $\langle \boldsymbol{x}, \boldsymbol{y} \rangle := \boldsymbol{x}^\top \boldsymbol{B} \boldsymbol{y}, \ \boldsymbol{B} = \begin{bmatrix} 2 & 1 \\ 1 & 3 \end{bmatrix}$.

3.5　ドット積によるユークリッド空間 $\mathbb{R}^5$ の部分空間 $U \subset \mathbb{R}^5$ とベクトル $\boldsymbol{x} \in \mathbb{R}^5$ を

$$U = \mathrm{span}\left[\begin{bmatrix} 0 \\ -1 \\ 2 \\ 0 \\ 2 \end{bmatrix}, \begin{bmatrix} 1 \\ -3 \\ 1 \\ -1 \\ 2 \end{bmatrix}, \begin{bmatrix} -3 \\ 4 \\ 1 \\ 2 \\ 1 \end{bmatrix}, \begin{bmatrix} -1 \\ -3 \\ 5 \\ 0 \\ 7 \end{bmatrix}\right], \ \boldsymbol{x} = \begin{bmatrix} -1 \\ -9 \\ -1 \\ 4 \\ 1 \end{bmatrix}$$

とする．

a. $\boldsymbol{x}$ の U への直交射影 $\pi_U(\boldsymbol{x})$ を求めよ．

b. $\boldsymbol{x}$ と U の距離 $d(\boldsymbol{x}, U)$ を求めよ．

3.6　$\mathbb{R}^3$ の内積を

$$\langle \boldsymbol{x}, \boldsymbol{y} \rangle := \boldsymbol{x}^\top \begin{bmatrix} 2 & 1 & 0 \\ 1 & 2 & -1 \\ 0 & -1 & 2 \end{bmatrix} \boldsymbol{y}$$

で定め，$\boldsymbol{e}_1, \boldsymbol{e}_2, \boldsymbol{e}_3$ を $\mathbb{R}^3$ の標準基底とする．

a. $U = \mathrm{span}[\boldsymbol{e}_1, \boldsymbol{e}_3]$ への $\boldsymbol{e}_2$ の直交射影 $\pi_U(\boldsymbol{e}_2)$ を求めよ．（直交性は内積に基づいて定まることに注意せよ．）

b. $\boldsymbol{e}_2$ と U の距離 $d(\boldsymbol{e}_2, U)$ を求めよ．

c. 標準基底と $\pi_U(\boldsymbol{e}_2)$ を図示せよ．

3.7　V をベクトル空間，π を V 上の自己準同型とする．

a. π が射影であることと $\mathrm{id}_V - \pi$ が射影であることは同値であることを示せ．（id_V は V の恒等変換．）

b. π が射影であるとき，$\mathrm{Im}(\mathrm{id}_V - \pi)$ と $\ker(\mathrm{id}_V - \pi)$ を $\mathrm{Im}\,\pi, \ker\pi$ を用いて表せ．

3.8　$\mathbb{R}^3$ の二つのベクトル

$$\boldsymbol{b}_1 := \begin{bmatrix}1\\1\\1\end{bmatrix},\ \boldsymbol{b}_2 := \begin{bmatrix}-1\\2\\0\end{bmatrix}$$

の張る部分空間を $U \subset \mathbb{R}^3$ とする．U の基底 $B = (\boldsymbol{b}_1, \boldsymbol{b}_2)$ にグラム・シュミットの直交化法を適用して，U の正規直交基底 $C = (\boldsymbol{c}_1, \boldsymbol{c}_2)$ を構成せよ．

3.9　n を正の自然数，$x_1, \ldots, x_n$ を $x_1 + \cdots + x_n = 1$ をみたす n 個の正の実数とする．コーシー・シュワルツ不等式を用いて以下の不等式を示せ．

a. $\displaystyle\sum_{i=1}^{n} x_i^2 \geq \frac{1}{n}$.

b. $\displaystyle\sum_{i=1}^{n} \frac{1}{x_i} \geq n^2$.

（ヒント：$\mathbb{R}^n$ にドット積を入れて，適当なベクトル $\boldsymbol{x}, \boldsymbol{y} \in \mathbb{R}^n$ に対してコーシー・シュワルツ不等式を適用せよ．）

3.10　二次元平面中のベクトル

$$\boldsymbol{x}_1 := \begin{bmatrix}2\\3\end{bmatrix},\ \boldsymbol{x}_2 := \begin{bmatrix}0\\-1\end{bmatrix}$$

を 30° 回転させて得られるベクトルを求めよ．

第4章

行列分解

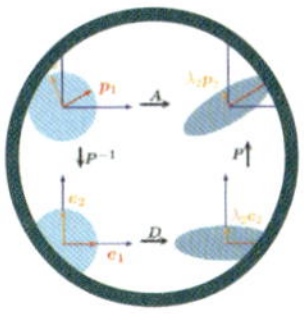

第２章と第３章で，ベクトルの操作や射影，線形写像について学んだ．特に行列が重要であり，ベクトルの変換は行列演算という便利な形で表せるのであった．また，行列形式で表されるデータが多いという点からも行列は重要である．そのようなデータとしては例えば，各行は人を表し，各列は体重，身長，社会経済的状況といったその人の特徴を表すデータが挙げられる．本章では，行列の要約，行列の分解，分解による行列の近似という行列に関する三つの側面を取り上げる．

まず，正方行列を特徴づける特に重要な値である行列式（4.1 節）と固有値（4.2 節）について学ぶ．これらの量は行列の重要な数学的性質と関連しており，行列の性質を素早く判断できる．続いて**行列分解**に話を進める．行列分解は，$21 = 7 \cdot 3$ といった自然数の素因数分解のように行列をいくつかの因子の積に分解する手法で，理解しやすい因子の積として行列を表す際に利用される．

行列分解 (matrix decomposition)

コレスキー分解という正定値対称行列の平方根をとるような操作を学んだあと（4.3 節），行列を標準的な形に分解する二つの関連手法に目を向ける．一つ目は行列の対角化であり，線形写像の行列表示が対角行列となるように基底を選ぶ手法である（4.4 節）．二つ目は，行列分解を非正方行列の場合に拡張した特異値分解である（4.5 節）．特異値分解は線形代数の最も重要な概念の一つと考えられている．数値データを表す行列は非常に大規模で解析が難しいことが多いため，これらの分解手法は有用である．本章の最後に行列の分類とその性質について，系統的に概説する（4.7 節）．

本章の手法は以降の章で重要となり，第６章の確率論，第 10 章の次元削減，第 11 章の密度推定で用いられる．図 4.1 が本章で学ぶ内容のマインドマップである．

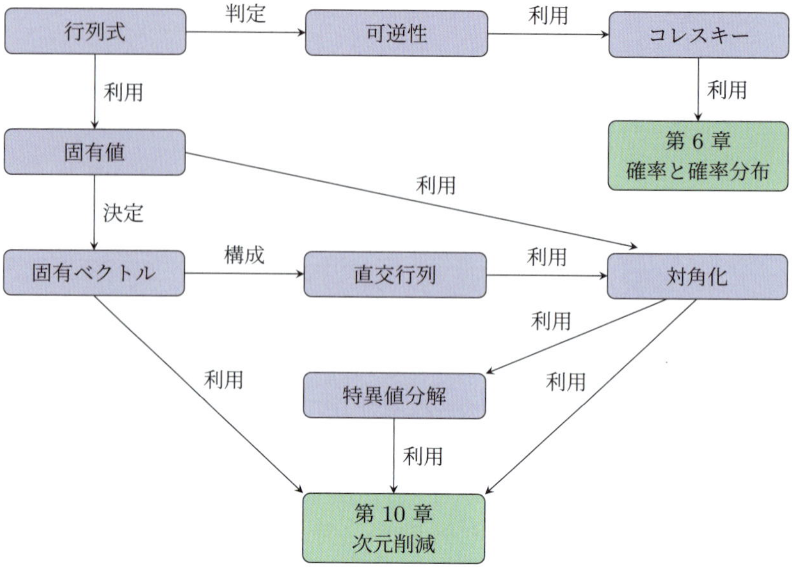

図 4.1　本章で導入される概念および他の章との関連のマインドマップ.

4.1　行列式とトレース

行列式 (determinant)

行列式は線形代数において重要な概念であり，連立一次方程式の解析と解法に登場する数学的な対象である．行列式は行と列の数が等しい正方行列に対して定義され，$\boldsymbol{A} \in \mathbb{R}^{n\times n}$ を実数に写す関数である．本書では行列式のことを $\det(\boldsymbol{A})$ や $|\boldsymbol{A}|$ と表す．行列の成分を陽に書けば

$$\det(\boldsymbol{A}) = \begin{vmatrix} a_{11} & a_{12} & \cdots & a_{1n} \\ a_{21} & a_{22} & \cdots & a_{2n} \\ \vdots & & \ddots & \vdots \\ a_{n1} & a_{n2} & \cdots & a_{nn} \end{vmatrix} \tag{4.1}$$

行列式の記法 $|\boldsymbol{A}|$ を絶対値と混同してはならない.

である．一般の $n \times n$ 行列の行列式を考える前に，いくつかの例から行列式の役割を確認することにしよう．

例 4.1（行列の可逆性の判定）　正方行列 $\boldsymbol{A}$ の可逆性（2.2.2 項）について考えてみよう．次元が最も小さい場合は容易で，$\boldsymbol{A}$ を 1×1 行列，すなわちスカラーとすれば $\boldsymbol{A} = a \Longrightarrow \boldsymbol{A}^{-1} = \frac{1}{a}$ となる．つまり，可逆であることと $a \neq 0$ は同値である．

2×2 行列では，逆行列の定義（定義 2.3）より $\boldsymbol{A}\boldsymbol{A}^{-1} = \boldsymbol{I}$ であり，(2.24) から

$$A^{-1} = \frac{1}{a_{11}a_{22} - a_{12}a_{21}} \begin{bmatrix} a_{22} & -a_{12} \\ -a_{21} & a_{11} \end{bmatrix} \tag{4.2}$$

である．$\boldsymbol{A}$ が可逆であることと

$$a_{11}a_{22} - a_{12}a_{21} \neq 0 \tag{4.3}$$

は同値である．この値を $\boldsymbol{A} \in \mathbb{R}^{2\times 2}$ の行列式と定める：

$$\det(\boldsymbol{A}) = \begin{vmatrix} a_{11} & a_{12} \\ a_{21} & a_{22} \end{vmatrix} = a_{11}a_{22} - a_{12}a_{21}. \tag{4.4}$$

例 4.1 は行列式と逆行列の存在の関係を示している．次の定理はその関係が $n \times n$ 行列に拡張されることを主張するものである．

定理 4.1　任意の正方行列 $\boldsymbol{A} \in \mathbb{R}^{n\times n}$ について，$\boldsymbol{A}$ が可逆であることと $\det(\boldsymbol{A}) \neq 0$ は同値である．■

次元の小さな行列に対しては，行列式を行列の要素で陽に表す公式があり，$n = 1$ の場合は

$$\det(\boldsymbol{A}) = \det(a_{11}) = a_{11} \tag{4.5}$$

で，$n = 2$ の場合は

$$\det(\boldsymbol{A}) = \begin{vmatrix} a_{11} & a_{12} \\ a_{21} & a_{22} \end{vmatrix} = a_{11}a_{22} - a_{12}a_{21} \tag{4.6}$$

である．これらは先ほどの例で見たものである．

$n = 3$ の場合の公式はサラスの方法として知られる：

$$\begin{vmatrix} a_{11} & a_{12} & a_{13} \\ a_{21} & a_{22} & a_{23} \\ a_{31} & a_{32} & a_{33} \end{vmatrix} = a_{11}a_{22}a_{33} + a_{21}a_{32}a_{13} + a_{31}a_{12}a_{23} \\ - a_{31}a_{22}a_{13} - a_{11}a_{32}a_{23} - a_{21}a_{12}a_{33}. \tag{4.7}$$

サラスの方法を覚えるためには，積の 3 要素の並びを追跡してみるとよい†.

† 訳注：一般の行列式については定理 4.2 を参照のこと．

正方行列 $\boldsymbol{T}$ について，$i > j$ ならば $T_{ij} = 0$ となるとき，すなわち対角要素より下部が 0 のとき，**上三角行列**であるという．同様に，対角要素より上部が 0 となる正方行列は**下三角行列**であるという．これらの三角行列 $\boldsymbol{T} \in \mathbb{R}^{n\times n}$ に対する行列式は対角要素の積となる：

上三角行列
(upper-triangular matrix)

下三角行列
(lower-triangular matrix)

$$\det(\boldsymbol{T}) = \prod_{i=1}^{n} T_{ii}. \tag{4.8}$$

図4.2 ベクトル $\boldsymbol{b}, \boldsymbol{g}$ の張る平行四辺形の面積（網掛け部分）は $|\det([\boldsymbol{b}, \boldsymbol{g}])|$ である.

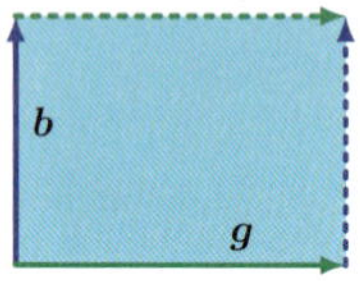

行列式は行列の列ベクトルから形成される平行多面体の符号付き体積である.

行列式の符号は，多面体を張るベクトルの向き付けを意味する.

図4.3 ベクトル $\boldsymbol{r}, \boldsymbol{b}, \boldsymbol{g}$ の張る平行六面体の体積（網掛け部分）は $|\det([\boldsymbol{r}, \boldsymbol{g}, \boldsymbol{b}])|$ である.

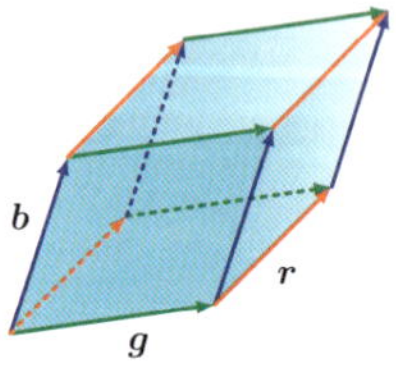

例 4.2（行列式は体積を測る） 行列式を $\mathbb{R}^n$ の n 個のベクトルからの写像と捉えるとわかりやすい．実際，正方行列 $\boldsymbol{A}$ の行列式 $\det(\boldsymbol{A})$ は，$\boldsymbol{A}$ の列ベクトルの形成する n 次元平行多面体の符号付きの体積である.

$n = 2$ の場合，列ベクトルは平行四辺形を張る（図 4.2）．ベクトル同士の角度が小さくなるほどその面積は小さくなる．$\boldsymbol{b}, \boldsymbol{g}$ を列ベクトルにもつ行列 $\boldsymbol{A} = [\boldsymbol{b}, \boldsymbol{g}]$ の行列式の絶対値は $\boldsymbol{0}, \boldsymbol{b}, \boldsymbol{g}, \boldsymbol{b} + \boldsymbol{g}$ からなる平行四辺形の面積と一致する．特に，$\boldsymbol{b}, \boldsymbol{g}$ が線形従属である場合，面積は0となる．もし，線形独立であってさらに標準基底 $\boldsymbol{e}_1, \boldsymbol{e}_2$ のスカラー倍であれば，$\boldsymbol{b} = \begin{bmatrix} b \\ 0 \end{bmatrix}$，$\boldsymbol{g} = \begin{bmatrix} 0 \\ g \end{bmatrix}$ で行列式は $\begin{vmatrix} b & 0 \\ 0 & g \end{vmatrix} = bg - 0 = bg$ となる．こうして有名な公式 (面積) = (底辺) × (高さ) が得られる.

行列式の符号は平行四辺形を張るベクトル $\boldsymbol{b}, \boldsymbol{g}$ の標準基底 $(\boldsymbol{e}_1, \boldsymbol{e}_2)$ に対する向き付けを意味している．$\boldsymbol{b}, \boldsymbol{g}$ の順序を入れ替えると $\boldsymbol{A}$ の列が入れ替わり，図中の網掛け部分の向きが反転する．この行列式の直感的な理解は高次元においても成立する．$\mathbb{R}^3$ の平行六面体を張る三つのベクトル $\boldsymbol{r}, \boldsymbol{g}, \boldsymbol{b} \in \mathbb{R}^3$ を考える（図 4.3）．3×3 行列 $[\boldsymbol{r}, \boldsymbol{g}, \boldsymbol{b}]$ の行列式の絶対値はこの六面体の体積となる．このように，行列式は列ベクトルの形成する多面体の符号付き体積を測る関数として振る舞う.

ベクトル $\boldsymbol{r}, \boldsymbol{g}, \boldsymbol{b} \in \mathbb{R}^3$ を線形独立な

$$\boldsymbol{r} = \begin{bmatrix} 2 \\ 0 \\ -8 \end{bmatrix}, \quad \boldsymbol{g} = \begin{bmatrix} 6 \\ 1 \\ 0 \end{bmatrix}, \quad \boldsymbol{b} = \begin{bmatrix} 1 \\ 4 \\ -1 \end{bmatrix} \tag{4.9}$$

とした場合，行列

$$\boldsymbol{A} = [\boldsymbol{r}, \boldsymbol{g}, \boldsymbol{b}] = \begin{bmatrix} 2 & 6 & 1 \\ 0 & 1 & 4 \\ -8 & 0 & -1 \end{bmatrix} \tag{4.10}$$

の行列式から平行多面体の体積が

$$V = |\det(\boldsymbol{A})| = 186 \tag{4.11}$$

とわかる.

ラプラス展開 (Laplace expansion)

$n > 3$ の場合の $n \times n$ 行列の行列式の計算には以下に述べるような汎用的なアルゴリズムが必要となる．定理 4.2 は $n \times n$ 行列の行列式の計算を $(n-1) \times (n-1)$ 行列の行列式に帰着させるものである．この**ラプラス展開**（定理 4.2）を繰り返し適用することで 2×2 行列の場合の計算により求めることができる.

定理 4.2（ラプラス展開，余因子展開）　$\boldsymbol{A} \in \mathbb{R}^{n\times n}$ を正方行列とする．任意の $j = 1, \ldots, n$ について以下が成立する：

1. 第 j 列での展開に関する等式

$$\det(\boldsymbol{A}) = \sum_{k=1}^{n} (-1)^{k+j} a_{kj} \det(\boldsymbol{A}_{k,j}) \tag{4.12}$$

が成立する．

2. 第 j 行での展開に関する等式

$$\det(\boldsymbol{A}) = \sum_{k=1}^{n} (-1)^{k+j} a_{jk} \det(\boldsymbol{A}_{j,k}) \tag{4.13}$$

が成立する．

ここで，$\boldsymbol{A}_{k,j} \in \mathbb{R}^{(n-1)\times(n-1)}$ は $\boldsymbol{A}$ の第 k 行と第 j 列を除いて得られる部分行列である．■

$\det(\boldsymbol{A}_{k,j})$ は小行列式，$(-1)^{k+j}\det(\boldsymbol{A}_{k,j})$ は余因子と呼ばれる．

小行列式 (minor)

余因子 (cofactor)

例 4.3（ラプラス展開）　行列

$$\boldsymbol{A} = \begin{bmatrix} 1 & 2 & 3 \\ 3 & 1 & 2 \\ 0 & 0 & 1 \end{bmatrix} \tag{4.14}$$

の行列式を最初の行に関するラプラス展開で求めてみよう．(4.13) から

$$\begin{aligned} \begin{vmatrix} 1 & 2 & 3 \\ 3 & 1 & 2 \\ 0 & 0 & 1 \end{vmatrix} &= (-1)^{1+1} \cdot 1 \begin{vmatrix} 1 & 2 \\ 0 & 1 \end{vmatrix} \\ &\quad + (-1)^{1+2} \cdot 2 \begin{vmatrix} 3 & 2 \\ 0 & 1 \end{vmatrix} + (-1)^{1+3} \cdot 3 \begin{vmatrix} 3 & 1 \\ 0 & 0 \end{vmatrix} \end{aligned} \tag{4.15}$$

となり，2×2 行列の行列式の公式 (4.6) から

$$\det(\boldsymbol{A}) = 1(1-0) - 2(3-0) + 3(0-0) = -5 \tag{4.16}$$

となる．

念のため，サラスの方法 (4.7) で求めてみると

$$\det(\boldsymbol{A}) = 1{\cdot}1{\cdot}1 + 3{\cdot}0{\cdot}3 + 0{\cdot}2{\cdot}2 - 0{\cdot}1{\cdot}3 - 1{\cdot}0{\cdot}2 - 3{\cdot}2{\cdot}1 = 1-6 = -5 \tag{4.17}$$

となり，同じ結果になることがわかる．

正方行列 $\boldsymbol{A} \in \mathbb{R}^{n\times n}$ の行列式は以下の性質をもつ：

- 行列の積の行列式は各行列式の積となる：$\det(\boldsymbol{AB}) = \det(\boldsymbol{A})\det(\boldsymbol{B})$.
- 転置で行列式は変化しない：$\det(\boldsymbol{A}) = \det(\boldsymbol{A}^\top)$.
- $\boldsymbol{A}$ が正則（可逆）ならば，$\det(\boldsymbol{A}^{-1}) = \frac{1}{\det(\boldsymbol{A})}$.
- 相似な行列（定義2.22）の行列式は等しい．そのため，線形写像 $\Phi : V \to V$ の任意の行列表示 $\boldsymbol{A}_\Phi$ は同じ行列式をもち，基底の取り方によらない．
- 行ベクトルのスカラー倍を別の行に加えても，$\det(\boldsymbol{A})$ は不変である．列ベクトルについても同様である．
- ある行ベクトルを $\lambda \in \mathbb{R}$ でスカラー倍すると，$\det(\boldsymbol{A})$ は λ 倍となる．（列ベクトルの場合も同様．）特に $\det(\lambda \boldsymbol{A}) = \lambda^n \det(\boldsymbol{A})$ である．
- 二つの行ベクトルの位置を交換すると $\det(\boldsymbol{A})$ の符号が反転する．（列ベクトルの場合も同様．）

最後の三つの性質から，行列式 $\det(\boldsymbol{A})$ の計算にガウスの消去法（2.1節）が利用できるとわかる．ガウスの消去法で $\boldsymbol{A}$ を行階段形に変形し，三角行列の行列式が対角要素の積であること (4.8) を利用すればよい．また，変形中に $\boldsymbol{A}$ が上三角行列となった時点でガウスの消去法の適用を停止して行列式を求めることもできる．

定理 4.3 正方行列 $\boldsymbol{A} \in \mathbb{R}^{n\times n}$ について，$\det(\boldsymbol{A}) \neq 0$ であることと $\text{rk}(\boldsymbol{A}) = n$ であることとは同値である．つまり，正方行列が可逆であることとフルランクであることは同値である． ■

数学が主に手計算で行われていた時代，行列の可逆性の判定に行列式の計算は必須と考えられていた．しかし現代の機械学習においては，行列式を明示的に求めることのない直接的な数値計算が利用される．例えば，行列式を計算しなくてもガウスの消去法から逆行列が得られる（第2章）．

行列式は以降の節の理論的な側面で重要な役割を果たす．例えば，特性多項式の観点で固有値と固有ベクトル（4.2節）を学ぶ際に登場する．

定義 4.4 正方行列 $\boldsymbol{A} \in \mathbb{R}^{n\times n}$ について，対角要素の和

$$\text{tr}(\boldsymbol{A}) := \sum_{i=1}^{n} a_{ii} \tag{4.18}$$

トレース (trace) を $\boldsymbol{A}$ のトレースという． ■

トレースは以下の性質をもつ：

- 正方行列 $\boldsymbol{A}, \boldsymbol{B} \in \mathbb{R}^{n\times n}$ に対し，$\text{tr}(\boldsymbol{A} + \boldsymbol{B}) = \text{tr}(\boldsymbol{A}) + \text{tr}(\boldsymbol{B})$.
- 正方行列 $\boldsymbol{A} \in \mathbb{R}^{n\times n}$ とスカラー $\alpha \in \mathbb{R}$ に対し，$\text{tr}(\alpha \boldsymbol{A}) = \alpha \text{tr}(\boldsymbol{A})$.

- $\mathrm{tr}(\boldsymbol{I}_n) = n$.
- 行列 $\boldsymbol{A} \in \mathbb{R}^{n\times k}, \boldsymbol{B} \in \mathbb{R}^{k\times n}$ に対し，$\mathrm{tr}(\boldsymbol{AB}) = \mathrm{tr}(\boldsymbol{BA})$.

実は，上記の四つの性質を同時にみたす関数はトレースのみである [GGK12].

トレースと行列積の関係は，巡回的な置換に関する不変性に一般化される．例えば，$\boldsymbol{A} \in \mathbb{R}^{a\times k}, \boldsymbol{K} \in \mathbb{R}^{k\times l}, \boldsymbol{L} \in \mathbb{R}^{l\times a}$ に対し

$$\mathrm{tr}(\boldsymbol{AKL}) = \mathrm{tr}(\boldsymbol{KLA}) \tag{4.19}$$

であり，行列が四個以上の場合も同様である．(4.19) の特別な例として，二つのベクトル $\boldsymbol{x}, \boldsymbol{y} \in \mathbb{R}^n$ について

トレースは巡回置換で不変である．

$$\mathrm{tr}(\boldsymbol{x}\boldsymbol{y}^\top) = \mathrm{tr}(\boldsymbol{y}^\top \boldsymbol{x}) = \boldsymbol{y}^\top \boldsymbol{x} \in \mathbb{R} \tag{4.20}$$

が成り立つ．

線形写像 $\Phi : V \to V$ のトレースを，その行列表示 $\boldsymbol{A}$ のトレースと定義することができる．ベクトル空間の基底を取り換えると Φ の別の行列表示 $\boldsymbol{B}$ が得られるが，2.7.2 項より適当な行列 $\boldsymbol{S}$ を用いて $\boldsymbol{B} = \boldsymbol{S}^{-1}\boldsymbol{AS}$ であり，

$$\mathrm{tr}(\boldsymbol{B}) = \mathrm{tr}(\boldsymbol{S}^{-1}\boldsymbol{AS}) \overset{(4.19)}{=} \mathrm{tr}(\boldsymbol{ASS}^{-1}) = \mathrm{tr}(\boldsymbol{A}) \tag{4.21}$$

となる．つまり，線形写像 Φ の行列表示は基底に依存するが，トレースは基底によらないのである．

これまで，正方行列の特徴として行列式とトレースを扱ったが，双方の概念が登場する重要な多項式として特性多項式があり，後続の節で何度も利用することになる．

定義 4.5 （特性多項式） 正方行列 $\boldsymbol{A} \in \mathbb{R}^{n\times n}$ に対して，変数 λ の多項式

$$p_{\boldsymbol{A}}(\lambda) := \det(\boldsymbol{A} - \lambda \boldsymbol{I}) \tag{4.22a}$$

$$= c_0 + c_1\lambda + c_2\lambda^2 + \cdots + c_{n-1}\lambda^{n-1} + (-1)^n\lambda^n \tag{4.22b}$$

を $\boldsymbol{A}$ の特性多項式という（$c_0, \ldots, c_{n-1} \in \mathbb{R}$）†．特に

特性多項式 (characteristic polynomial)

† 訳注：特性多項式を $\det(\lambda\boldsymbol{I} - \boldsymbol{A})$ と定義し，最高次係数を 1 とすることも多い．

$$c_0 = \det(\boldsymbol{A}), \tag{4.23}$$

$$c_{n-1} = (-1)^{n-1}\mathrm{tr}(\boldsymbol{A}) \tag{4.24}$$

となる． ■

特性多項式 (4.22a) は，次節の固有値と固有ベクトルを求める際に利用される．

4.2 固有値と固有ベクトル

本節で，行列とそれに関連する線形写像を特徴づける新しい方法を学ぶことにしよう．順序付き基底を固定すると，線形写像は行列と同一視できるのであった（2.7.1 項）．線形写像の「固有」性に注目すると，線形写像と行列の新たな特徴を得ることができる．後にわかるように，線形写像の固有値は，固有ベクトルという特別なベクトルが線形写像によってどのように変換されるかを教えてくれる[†]．

[†] 訳注：固有値，固有ベクトルに対応する英単語はそれぞれ eigenvalue，eigenvector であり，eigen という接頭辞をもつ．

eigen はドイツ語の単語で「特性」,「自身」,「固有」といった意味をもつ．

定義 4.6 $\boldsymbol{A} \in \mathbb{R}^{n\times n}$ を正方行列とする．スカラー $\lambda \in \mathbb{R}$ とベクトル $\boldsymbol{x} \in \mathbb{R}^n \setminus \{\boldsymbol{0}\}$ が

$$\boldsymbol{A}\boldsymbol{x} = \lambda\boldsymbol{x} \tag{4.25}$$

をみたすとき，λ を $\boldsymbol{A}$ の**固有値**，$\boldsymbol{x}$ をその固有値に対応する**固有ベクトル**という[‡]．また，(4.25) を**固有値方程式**という． ■

固有値 (eigenvalue)
固有ベクトル (eigenvector)
固有値方程式 (eigenvalue equation)

[‡] 訳注：本書では，実数であることを強調する場合に実数の固有値 $\lambda \in \mathbb{R}$ を実固有値，各要素が実数の固有ベクトル $\boldsymbol{x} \in \mathbb{R}^n$ を実固有ベクトルと呼ぶこととする．

注 線形代数に関する文献やソフトウェアでは，固有値を降順に並べることが多く，値の大きい順に第一固有値，第二固有値などと呼ぶことがある．しかし，文献によって順序が逆であったり，順序自体設けないこともある．本書では固有値の順序は設けず，必要な際は明記することとする．

スカラー $\lambda \in \mathbb{R}$ と正方行列 $\boldsymbol{A} \in \mathbb{R}^{n\times n}$ について，以下の条件は同値である：

- λ は $\boldsymbol{A}$ の実固有値である．
- ベクトル $\boldsymbol{x} \in \mathbb{R}^n \setminus \{\boldsymbol{0}\}$ が存在して $\boldsymbol{A}\boldsymbol{x} = \lambda\boldsymbol{x}$ となる．または同値だが，$\boldsymbol{x} \in \mathbb{R}^n \setminus \{\boldsymbol{0}\}$ が存在して，$(\boldsymbol{A} - \lambda\boldsymbol{I}_n)\boldsymbol{x} = \boldsymbol{0}$ となる．
- $\mathrm{rk}(\boldsymbol{A} - \lambda\boldsymbol{I}_n) < n$．
- $\det(\boldsymbol{A} - \lambda\boldsymbol{I}_n) = 0$．

定義 4.7（共線性と共方向性） 二つのベクトル $\boldsymbol{x}, \boldsymbol{y} \in \mathbb{R}^n$ に対し，両ベクトルが同じ方向，すなわち $\boldsymbol{y} = \lambda\boldsymbol{x}$ $(\lambda > 0)$ であるとき，**共方向**であるという．同じ方向もしくは逆方向，すなわち $\boldsymbol{y} = \lambda\boldsymbol{x}$ $(\lambda \in \mathbb{R} \setminus \{0\})$ であるとき $\boldsymbol{x}, \boldsymbol{y}$ は**共線**であるという． ■

共方向 (codirected)
共線 (collinear)

注（固有ベクトルの非一意性） 正方行列 $\boldsymbol{A} \in \mathbb{R}^{n\times n}$ の固有ベクトル $\boldsymbol{x} \in \mathbb{R}^n$ に対して，スカラー倍 $c\boldsymbol{x}$ $(c \in \mathbb{R} \setminus \{0\})$ も同じ固有値をもつ固有ベクトルとなる．実際，固有値を $\lambda \in \mathbb{R}$ とすると

$$\boldsymbol{A}(c\boldsymbol{x}) = c\boldsymbol{A}\boldsymbol{x} = c\lambda\boldsymbol{x} = \lambda(c\boldsymbol{x}) \tag{4.26}$$

である．そのため，$\boldsymbol{x}$ と共線なベクトルもまた $\boldsymbol{A}$ の固有ベクトルである．

定理 4.8 スカラー $\lambda \in \mathbb{R}$ と正方行列 $\boldsymbol{A} \in \mathbb{R}^{n \times n}$ に対し，λ が $\boldsymbol{A}$ の固有値であることと λ が $\boldsymbol{A}$ の特性多項式 $p_{\boldsymbol{A}}(\lambda)$ の根であることは同値である． ■

定義 4.9 正方行列 $\boldsymbol{A} \in \mathbb{R}^{n \times n}$ の固有値 $\lambda_i \in \mathbb{R}$ について，特性多項式の因数 $\lambda - \lambda_i$ の個数を λ_i の**代数的重複度**という． ■

代数的重複度 (algebraic multiplicity)

定義 4.10（固有空間と固有スペクトル） 正方行列 $\boldsymbol{A} \in \mathbb{R}^{n \times n}$ の実固有値 $\lambda \in \mathbb{R}$ について，λ の実固有ベクトル全体とゼロベクトルからなる集合は $\mathbb{R}^n$ の部分ベクトル空間をなす．この部分ベクトル空間を $\boldsymbol{A}$ の固有値 λ に関する**固有空間**といい，E_λ で表す．$\boldsymbol{A}$ の実固有値全体の集合を $\boldsymbol{A}$ の**固有スペクトル**，または単に**スペクトル**という． ■

固有空間 (eigenspace)
固有スペクトル (eigenspectrum)
スペクトル (spectrum)

正方行列 $\boldsymbol{A} \in \mathbb{R}^{n \times n}$ の固有値 $\lambda \in \mathbb{R}$ に対し，対応する固有空間 E_λ は同次連立一次方程式 $(\boldsymbol{A} - \lambda \boldsymbol{I})\boldsymbol{x} = \boldsymbol{0}$ の解空間である．幾何学的には，固有ベクトルは線形変換によって引き伸ばされる方向を指し，固有値は引き伸ばすスケールを表す．固有値が負であれば引き伸ばす方向は反転する．

例 4.4（単位行列の場合） 単位行列 $\boldsymbol{I} \in \mathbb{R}^{n \times n}$ の特性多項式は $p_{\boldsymbol{I}}(\lambda) = \det(\boldsymbol{I} - \lambda \boldsymbol{I}) = (1 - \lambda)^n$ となり，代数的重複度が n の，ただ一つの固有値 $\lambda = 1$ をもつ．任意のベクトル $\boldsymbol{x} \in \mathbb{R}^n \setminus \{\boldsymbol{0}\}$ について $\boldsymbol{I}\boldsymbol{x} = \lambda \boldsymbol{x} = 1\boldsymbol{x}$ が成立し，n 個の標準基底ベクトルが固有ベクトルとなる．したがって，単位行列は次元が n のただ一つの固有空間 E_1 をもつ．

固有値と固有ベクトルに関する有用な性質をいくつか挙げておこう：

- 正方行列 $\boldsymbol{A} \in \mathbb{R}^{n \times n}$ に対し，$\boldsymbol{A}$ とその転置 $\boldsymbol{A}^\top$ は同じ固有値をもつ．ただし，固有ベクトルは一致するとは限らない．
- $\boldsymbol{A} \in \mathbb{R}^{n \times n}$ と $\lambda \in \mathbb{R}$ に対し，固有空間 E_λ は $\boldsymbol{A} - \lambda \boldsymbol{I}$ の零空間である．実際

$$\boldsymbol{A}\boldsymbol{x} = \lambda \boldsymbol{x} \iff \boldsymbol{A}\boldsymbol{x} - \lambda \boldsymbol{x} = \boldsymbol{0} \tag{4.27a}$$

$$\iff (\boldsymbol{A} - \lambda \boldsymbol{I})\boldsymbol{x} = \boldsymbol{0} \iff \boldsymbol{x} \in \ker(\boldsymbol{A} - \lambda \boldsymbol{I}) \tag{4.27b}$$

  である．
- 相似な行列（定義 2.22）は同じ固有値をもつ．そのため，線形写像 Φ の固有値はその変換行列の基底の取り方によらない．したがって固有値は，行列式やトレースのように，線形写像の基底によらない重要な特徴量となる．
- 正定値対称行列の固有値は常に正の実数である．

例 4.5（固有値，固有ベクトル，固有空間の計算例） 2×2 行列

$$\boldsymbol{A} = \begin{bmatrix} 4 & 2 \\ 1 & 3 \end{bmatrix} \tag{4.28}$$

の固有値と固有ベクトルを求めてみよう．

ステップ1：特性多項式．固有ベクトル $\boldsymbol{x} \neq \boldsymbol{0}$ と固有値 λ は，定義より $\boldsymbol{A}\boldsymbol{x} = \lambda\boldsymbol{x}$，すなわち $(\boldsymbol{A} - \lambda\boldsymbol{I})\boldsymbol{x} = \boldsymbol{0}$ をみたす．$\boldsymbol{x} \neq \boldsymbol{0}$ であるため $\boldsymbol{A} - \lambda\boldsymbol{I}$ の核は $\boldsymbol{0}$ 以外の要素をもたなければならない．そのため，$\boldsymbol{A} - \lambda\boldsymbol{I}$ は可逆でなく $\det(\boldsymbol{A} - \lambda\boldsymbol{I}) = 0$ である．したがって，固有値を見つけるには特性多項式 (4.22a) の根を求めればよい．

ステップ2：固有値．特性多項式は

$$\begin{aligned} p_{\boldsymbol{A}}(\lambda) &= \det(\boldsymbol{A} - \lambda\boldsymbol{I}) && (4.29\text{a}) \\ &= \det\left(\begin{bmatrix} 4 & 2 \\ 1 & 3 \end{bmatrix} - \begin{bmatrix} \lambda & 0 \\ 0 & \lambda \end{bmatrix}\right) = \begin{vmatrix} 4-\lambda & 2 \\ 1 & 3-\lambda \end{vmatrix} && (4.29\text{b}) \\ &= (4-\lambda)(3-\lambda) - 2 \cdot 1 && (4.29\text{c}) \end{aligned}$$

となる．因数分解すると

$$p_{\boldsymbol{A}}(\lambda) = (4-\lambda)(3-\lambda) - 2 \cdot 1 = 10 - 7\lambda + \lambda^2 = (2-\lambda)(5-\lambda) \tag{4.30}$$

であり，根は $\lambda_1 = 2$ と $\lambda_2 = 5$ であるとわかる．

ステップ3：固有ベクトルと固有空間．各固有値に対応する固有ベクトル $\boldsymbol{x}$ を方程式

$$\begin{bmatrix} 4-\lambda & 2 \\ 1 & 3-\lambda \end{bmatrix} \boldsymbol{x} = \boldsymbol{0} \tag{4.31}$$

を解くことで求めよう．$\lambda = 5$ のときは

$$\begin{bmatrix} 4-5 & 2 \\ 1 & 3-5 \end{bmatrix} \begin{bmatrix} x_1 \\ x_2 \end{bmatrix} = \begin{bmatrix} -1 & 2 \\ 1 & -2 \end{bmatrix} \begin{bmatrix} x_1 \\ x_2 \end{bmatrix} = \boldsymbol{0} \tag{4.32}$$

であり，これを解くと固有空間が

$$E_5 = \operatorname{span}\left[\begin{bmatrix} 2 \\ 1 \end{bmatrix}\right] \tag{4.33}$$

であるとわかる．この固有空間は一つの基底ベクトルから生成されており，その次元は1である．

同様に $\lambda = 2$ の場合は

$$\begin{bmatrix} 4-2 & 2 \\ 1 & 3-2 \end{bmatrix} \boldsymbol{x} = \begin{bmatrix} 2 & 2 \\ 1 & 1 \end{bmatrix} \boldsymbol{x} = \boldsymbol{0} \tag{4.34}$$

であり，$\begin{bmatrix} 1 \\ -1 \end{bmatrix}$ といった $x_2 = -x_1 \neq 0$ となる任意の非ゼロベクトル $\boldsymbol{x} = \begin{bmatrix} x_1 \\ x_2 \end{bmatrix}$ は固有値 2 の固有ベクトルである．対応する固有空間は

$$E_2 = \mathrm{span}\left[\begin{bmatrix} 1 \\ -1 \end{bmatrix}\right] \tag{4.35}$$

である．

例 4.5 の二つの固有空間の次元は共に一次元である．しかし（定義 4.9 で定義したように），固有値が縮退することがあり，固有空間の次元は 1 より大きくなり得る．

定義 4.11 $\lambda_i \in \mathbb{R}$ を正方行列 $\boldsymbol{A} \in \mathbb{R}^{n\times n}$ の実固有値とする．その実固有ベクトルで線形独立に選ぶことができる最大の個数，すなわち，λ_i の固有空間の次元を λ_i の**幾何的重複度**という． ■

幾何的重複度 (geometric multiplicity)

注 各実固有値に対して，実固有ベクトルが少なくとも一つは存在するため，幾何的重複度は 1 以上である．幾何的重複度は常に代数的重複度以下であり，一致しないこともある．

例 4.6 $\boldsymbol{A} = \begin{bmatrix} 2 & 1 \\ 0 & 2 \end{bmatrix}$ は重複した固有値 $\lambda_1 = \lambda_2 = 2$ をもち，代数的重複度は 2 である．しかし固有ベクトルは $\boldsymbol{x}_1 = \begin{bmatrix} 1 \\ 0 \end{bmatrix}$ のスカラー倍に限られ，幾何的重複度は 1 となる．

4.2.1 二次元での図による直感

線形写像の例から，行列式，固有ベクトル，固有値に対する直感を養おう．図 4.4 は五つの変換行列 $\boldsymbol{A}_1, \ldots, \boldsymbol{A}_5$ が原点中心の正方形状のグリッドに与える影響を示している：

- $\boldsymbol{A}_1 = \begin{bmatrix} \frac{1}{2} & 0 \\ 0 & 2 \end{bmatrix}$．二つの固有ベクトルは $\mathbb{R}^2$ の標準基底と同じ方向（軸方向）を向いている．垂直方向には 2 倍され（固有値 $\lambda_1 = 2$），水平方向には $\frac{1}{2}$ 倍される（固有値 $\lambda_2 = \frac{1}{2}$）．そのため，面積が保存される（$\det(\boldsymbol{A}_1) = 1 = 2 \cdot \frac{1}{2}$）．
- $\boldsymbol{A}_2 = \begin{bmatrix} 1 & \frac{1}{2} \\ 0 & 1 \end{bmatrix}$ は剪断の変換に対応する．つまり，$\mathbb{R}^2$ の上半平面を右方向に動かし，下半平面を左方向に動かす．この写像は面積を保存する（$\det(\boldsymbol{A}_2) = 1$）．固有値は $\lambda_1 = 1 = \lambda_2$ と重複し，固有ベクトルは共線で

このように軸に平行な剪断が面積を保存することは，幾何学ではカヴァリエリの原理として知られている [Kat04].

図 4.4　行列式と固有空間．400 個の色付けした点 $\boldsymbol{x} \in \mathbb{R}^2$（左列）と五つの変換行列 $\boldsymbol{A}_i \in \mathbb{R}^{2\times 2}$ による変換結果 $\boldsymbol{A}_i\boldsymbol{x}$（右列）．第一固有ベクトルと第一固有値 λ_1，第二固有ベクトルと第二固有値 λ_2 を中央に記載している．

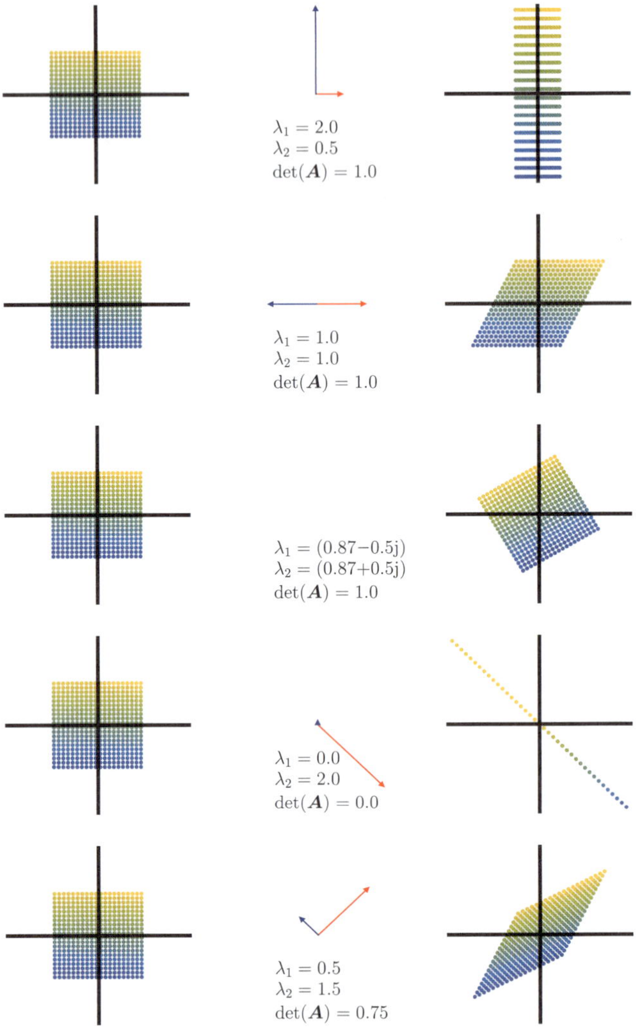

ある（図では逆方向に伸びるベクトルを載せている）．そのため，この写像はベクトルを一方向（水平方向）にずらすように作用する．

- $\boldsymbol{A}_3 = \begin{bmatrix} \cos\frac{\pi}{6} & -\sin\frac{\pi}{6} \\ \sin\frac{\pi}{6} & \cos\frac{\pi}{6} \end{bmatrix} = \frac{1}{2}\begin{bmatrix} \sqrt{3} & -1 \\ 1 & \sqrt{3} \end{bmatrix}$．この行列は $\frac{\pi}{6}$ rad $= 30^\circ$ の反時計回りの回転を表す．固有値はいずれも複素数で，写像が回転であることを反映している（そのため固有ベクトルを図に描いていない）．回転は体積を保ち，行列式は 1 となる．回転については 3.9 節を参照のこと．
- $\boldsymbol{A}_4 = \begin{bmatrix} 1 & -1 \\ -1 & 1 \end{bmatrix}$ は二次元平面を一次元につぶす変換である．固有値

$\lambda_1 = 0$ に対応する（青色の）固有ベクトルはつぶれてしまう．（赤色の）直交する固有ベクトルは固有値 $\lambda_2 = 2$ だけ引き伸ばされる．変換後の面積は0となる．

- $\boldsymbol{A}_5 = \begin{bmatrix} 1 & \frac{1}{2} \\ \frac{1}{2} & 1 \end{bmatrix}$ はベクトルを伸縮させる．$|\det(\boldsymbol{A}_5)| = \frac{3}{4}$ であるため，面積は75％に圧縮される．（赤色の）固有ベクトルは $\lambda_2 = 1.5$ 倍され，（青色の）固有ベクトルは0.5倍される．

例 4.7（生物学的ニューラルネットワークの固有スペクトル） ネットワークに関するデータの分析および学習は，機械学習の重要なテーマである．ネットワークの理解の鍵はノードの連結性にあり，特に二つのノードが直接つながっているかどうかが重要である．この接続を表す行列の研究が，データサイエンスの場面で有用となることが多い．

線虫 *C. elegans* の神経ネットワークの接続／隣接行列 $\boldsymbol{A} = (a_{ij}) \in \mathbb{R}^{277\times277}$ について考えよう．線虫の脳内の277個のニューロンについて，i 番目のニューロンから j 番目のニューロンへシナプスを介する情報伝達があるとき $a_{ij} = 1$ とし，そうでないとき0とする．接続行列は対称でないため固有値が実数とは限らない．そこで対称化した $\boldsymbol{A}_{\mathrm{sym}} := \boldsymbol{A} + \boldsymbol{A}^\top$ を考える．この新しい行列 $\boldsymbol{A}_{\mathrm{sym}}$ を図示したものが図4.5 (a) であり，白いピクセルは二つのニューロンが（向きを問わず）接続していることを表す．図4.5 (b) は $\boldsymbol{A}_{\mathrm{sym}}$ の固有スペクトルである．横軸は固有値を降順に並べたときのインデックスで，縦軸は対応する固有値となっている．このS字状の固有スペクトルは，多くの生物の神経ネットワークでよく現れるものである．その背後の原理に関しては，神経科学の一つの活発な研究分野となっている．

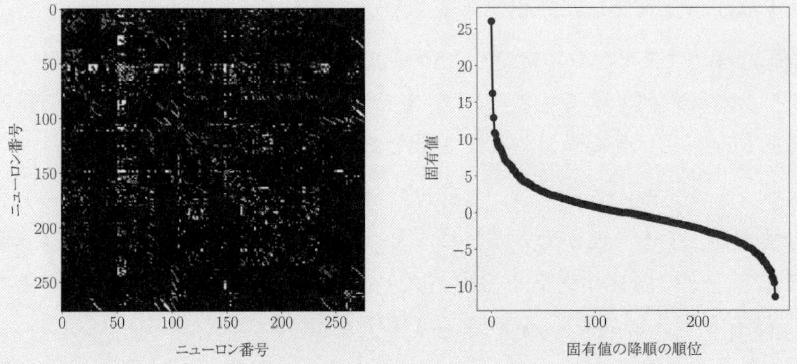

(a) 対称化された接続行列　(b) 固有スペクトル

図 4.5 Caenorhabditis elegans の神経ネットワーク [KH06].

定理 4.12 正方行列 $\boldsymbol{A} \in \mathbb{R}^{n\times n}$ が相異なる n 個の固有値 $\lambda_1, \ldots, \lambda_n \in \mathbb{R}$ をもつとき，対応する n 個の固有ベクトル $\boldsymbol{x}_1, \ldots, \boldsymbol{x}_n \in \mathbb{R}^n$ は線形独立である．

この定理は，n 個の相異なる実固有値をもつ $n \times n$ 行列について固有ベクトルが $\mathbb{R}^n$ の基底をなすことを意味する．

欠陥がある (defective)

定義 4.13　正方行列 $\boldsymbol{A} \in \mathbb{R}^{n \times n}$ は，n 個の線形独立な実固有ベクトルをもたないとき**欠陥がある**という． ■

欠陥のない行列 $\boldsymbol{A} \in \mathbb{R}^{n \times n}$ は n 個の相異なる固有値をもつとは限らないが，実固有ベクトルからなる（$\mathbb{R}^n$ の）基底をもつ．欠陥のある行列について，実固有値に関する固有空間の次元の和は n 未満となり，もし固有値がすべて実なら幾何的重複度が代数的重複度を下回る実固有値 λ_i が存在する．

注　定理 4.12 より，欠陥のある $n \times n$ 行列は n 個の相異なる実固有値をもたない．

定理 4.14　任意の行列 $\boldsymbol{A} \in \mathbb{R}^{m \times n}$ について，

$$\boldsymbol{S} := \boldsymbol{A}^\top \boldsymbol{A} \tag{4.36}$$

とすると，行列 $\boldsymbol{S} \in \mathbb{R}^{n \times n}$ は半正定値対称行列である． ■

注　さらに，$\mathrm{rk}(\boldsymbol{A}) = n$ なら $\boldsymbol{S} := \boldsymbol{A}^\top \boldsymbol{A}$ は正定値対称行列である．

定理 4.14 が成り立つ理由がわかると対称化した行列を利用する際に役立つため，ここで確認しておこう．(4.36) より $\boldsymbol{S} = \boldsymbol{A}^\top \boldsymbol{A} = \boldsymbol{A}^\top (\boldsymbol{A}^\top)^\top = (\boldsymbol{A}^\top \boldsymbol{A})^\top = \boldsymbol{S}^\top$ となるため，対称性 $\boldsymbol{S} = \boldsymbol{S}^\top$ が成り立つ．半正定値性（3.2.3 項）については $\boldsymbol{x}^\top \boldsymbol{S} \boldsymbol{x} \geq 0$ を確認すればよいが，(4.36) より $\boldsymbol{x}^\top \boldsymbol{S} \boldsymbol{x} = \boldsymbol{x}^\top \boldsymbol{A}^\top \boldsymbol{A} \boldsymbol{x} = (\boldsymbol{x}^\top \boldsymbol{A}^\top)(\boldsymbol{A} \boldsymbol{x}) = (\boldsymbol{A} \boldsymbol{x})^\top (\boldsymbol{A} \boldsymbol{x}) \geq 0$ である．この最後の不等式はドット積が（非負な）二乗和であることから従う．

定理 4.15　**（スペクトル定理）**　$V = \mathbb{R}^n$ を n 次元実ベクトル空間，$\boldsymbol{A} \in \mathbb{R}^{n \times n}$ を対称行列とする．このとき $\boldsymbol{A}$ の実固有ベクトルからなる V の正規直交基底が存在し，固有値はすべて実数である． ■

スペクトル定理から直ちに，対称行列 $\boldsymbol{A} \in \mathbb{R}^{n \times n}$ の（実固有値による）固有値分解が存在することがわかる．つまり，固有ベクトルによる正規直交基底が存在して，その固有ベクトルを列ベクトルにもつ直交行列 $\boldsymbol{P} \in \mathbb{R}^{n \times n}$ と対角行列 $\boldsymbol{D} \in \mathbb{R}^{n \times n}$ によって $\boldsymbol{A}$ を $\boldsymbol{A} = \boldsymbol{P} \boldsymbol{D} \boldsymbol{P}^\top$ と分解できる．

例 4.8 行列

$$A = \begin{bmatrix} 3 & 2 & 2 \\ 2 & 3 & 2 \\ 2 & 2 & 3 \end{bmatrix} \tag{4.37}$$

の特性多項式は

$$p_A(\lambda) = -(\lambda - 1)^2(\lambda - 7) \tag{4.38}$$

であり，固有値は $\lambda_1 = 1, \lambda_2 = 7$ となる．λ_1 については代数的に重複している．固有ベクトルを標準的な手法で求めると，固有空間は

$$E_1 = \mathrm{span}\left[\underbrace{\begin{bmatrix} -1 \\ 1 \\ 0 \end{bmatrix}}_{:=x_1}, \underbrace{\begin{bmatrix} -1 \\ 0 \\ 1 \end{bmatrix}}_{:=x_2}\right], \; E_7 = \mathrm{span}\left[\underbrace{\begin{bmatrix} 1 \\ 1 \\ 1 \end{bmatrix}}_{:=x_3}\right] \tag{4.39}$$

となる．x_3 は x_1, x_2 の双方と直交しているが，$x_1^\top x_2 = 1 \neq 0$ より x_1 と x_2 は直交しておらず，この基底は直交基底ではない．スペクトル定理（定理 4.15）より固有ベクトルからなる直交基底が存在するが，次のように構成することができる．

まず同じ固有値 λ をもつ固有ベクトル x_1, x_2 の線形結合は（ゼロベクトルでなければ）同じ固有値 λ をもつ固有ベクトルである．実際，任意の $\alpha, \beta \in \mathbb{R}$ に対し

$$A(\alpha x_1 + \beta x_2) = Ax_1\alpha + Ax_2\beta = \lambda(\alpha x_1 + \beta x_2) \tag{4.40}$$

となる．そのため，基底の線形結合を用いて反復的に（正規）直交基底を構成するグラム・シュミットの直交化法（3.8.3 項）を x_1, x_2 に適用すれば，固有値 $\lambda_1 = 1$ をもつ互いに直交する固有ベクトルが得られ，x_3 とも直交する．今回の例では

$$x_1' = \begin{bmatrix} -1 \\ 1 \\ 0 \end{bmatrix}, \; x_2' = \frac{1}{2}\begin{bmatrix} -1 \\ -1 \\ 2 \end{bmatrix} \tag{4.41}$$

となる．

固有値と固有ベクトルの，行列式やトレースとの関係を最後に述べておこう．

定理 4.16 $A \in \mathbb{R}^{n \times n}$ の行列式は，固有値の（代数的重複度込みの）積と一致する：

$$\det(A) = \prod_{i=1}^{n} \lambda_i. \tag{4.42}$$

ここで λ_i は A の固有値であり，実数以外の固有値の場合も許容する． ■

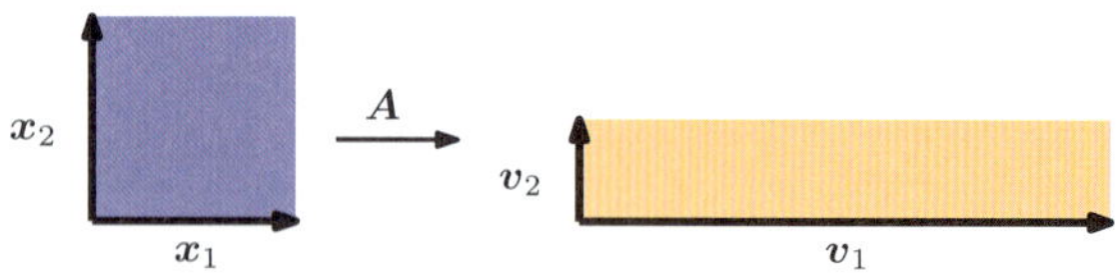

図 4.6　固有値の幾何学的な解釈．$\boldsymbol{A}$ の固有ベクトルは対応する固有値に応じて引き伸ばされる．もとの単位正方形は面積が $|\lambda_1\lambda_2|$ 倍となり，周長は $2(|\lambda_1|+|\lambda_2|)$ 倍になる．

定理 4.17　$\boldsymbol{A} \in \mathbb{R}^{n\times n}$ のトレースは，固有値の（重複度込みの）和と一致する：

$$\mathrm{tr}(\boldsymbol{A}) = \sum_{i=1}^{n} \lambda_i. \tag{4.43}$$

ここで λ_i は（重複度込みでの）$\boldsymbol{A}$ の固有値であり，実数以外の固有値の場合も許容する．■

上記の二つの定理について，幾何学的な直感を与えてみよう．線形独立な固有ベクトル $\boldsymbol{x}_1, \boldsymbol{x}_2$ をもつ行列 $\boldsymbol{A} \in \mathbb{R}^{2\times 2}$ を考える．ここで，$\boldsymbol{x}_1, \boldsymbol{x}_2$ が $\mathbb{R}^2$ の正規直交基底をなすと仮定する．それらのなす正方形の面積は 1 となる（図 4.6）．4.1 節で述べたように，両ベクトルの張る単位正方形を $\boldsymbol{A}$ で写した四辺形の面積は，行列式で与えられるのであった．$\boldsymbol{x}_1, \boldsymbol{x}_2$ が固有ベクトルであることから面積の変化率を直接求めることもできる．実際，ベクトル $\boldsymbol{v}_1 = \boldsymbol{A}\boldsymbol{x}_1 = \lambda_1\boldsymbol{x}_1, \boldsymbol{v}_2 = \boldsymbol{A}\boldsymbol{x}_2 = \lambda_2\boldsymbol{x}_2$ は互いに直交し，それぞれもとの固有ベクトルの固有値 λ_i によるスカラー倍であることから，長方形の面積は $|\lambda_1\lambda_2|$ となる．

$\boldsymbol{x}_1, \boldsymbol{x}_2$ のなす正方形の周長は $2(1+1)$ である一方，固有ベクトルを $\boldsymbol{A}$ で写した長方形の周長は $2(|\lambda_1|+|\lambda_2|)$ となり，固有値の絶対値の和は周長の変化を表している．

例 4.9（Google の PageRank — 固有ベクトルとしてのウェブページ）
Google は，検索結果のランキングを決定する際にある行列 $\boldsymbol{A}$ の固有値が最大の固有ベクトルを利用する．

1996 年に Larry Page と Sergey Brin がスタンフォード大学で開発した PageRank アルゴリズムは，あるウェブページの重要度はリンクするページの重要度で近似できるというアイデアに基づいている．すべてのウェブサイトをリンクでつながった大規模な有向グラフであると考え，ウェブサイト a_i のウェイト（重要度）$x_i \geq 0$ を a_i へリンクするウェブページの数を数えて求める．このときリンク元の重要度も考慮に入れ，ユーザの遷移活動を（クリック）確率を表す遷移行列 $\boldsymbol{A}$ を用いてモデリングする．遷移行列 $\boldsymbol{A}$ の性質により，重要度の初期値 $\boldsymbol{x}$ に対して $\boldsymbol{x}, \boldsymbol{A}\boldsymbol{x}, \boldsymbol{A}^2\boldsymbol{x}, \ldots$ は常に収束する．収束先のベクトル $\boldsymbol{x}^*$ は PageRank と呼ばれ，$\boldsymbol{A}\boldsymbol{x}^* = \boldsymbol{x}^*$ をみたす $\boldsymbol{A}$ の（固有値 1 の）固有ベクトルである．$\boldsymbol{x}^*$ を正規化すると，各要素を確率と考えることができる．PageRank

PageRank

のさらなる詳細や別の観点については，もとのテクニカルレポート [PBMW99] が参考になる．

4.3 コレスキー分解

機械学習の場面でよく登場する行列に対し，因子に分解する方法は数多く存在する．正の実数の場合（$9 = 3 \cdot 3$ のように）平方根によって同一の二つの要素に分解できるが，行列で同様の操作を行う際は注意が必要となる．正定値対称行列（3.2.3 項）の平方根を求める手法は数多く存在しており，状況に応じた選択が可能である．その中の実用的な手法が**コレスキー分解**である．

コレスキー分解 (Cholesky decomposition)

定理 4.18（コレスキー分解） 任意の正定値対称行列 $\boldsymbol{A} \in \mathbb{R}^{n \times n}$ に対して，対角要素が正の下三角行列 $\boldsymbol{L} \in \mathbb{R}^{n \times n}$ が存在して，$\boldsymbol{A} = \boldsymbol{L}\boldsymbol{L}^\top$ と分解できる．

$$\begin{bmatrix} a_{11} & \cdots & a_{1n} \\ \vdots & \ddots & \vdots \\ a_{n1} & \cdots & a_{nn} \end{bmatrix} = \begin{bmatrix} l_{11} & \cdots & 0 \\ \vdots & \ddots & \vdots \\ l_{n1} & \cdots & l_{nn} \end{bmatrix} \begin{bmatrix} l_{11} & \cdots & l_{n1} \\ \vdots & \ddots & \vdots \\ 0 & \cdots & l_{nn} \end{bmatrix} \tag{4.44}$$

対角成分を正の実数とすると $\boldsymbol{L}$ はただ一つに定まり，$\boldsymbol{A}$ の**コレスキー因子**と呼ばれる． ■

コレスキー因子 (Cholesky factor)

例 4.10（コレスキー分解） $\boldsymbol{A} \in \mathbb{R}^{3 \times 3}$ を正定値対称行列として，そのコレスキー分解 $\boldsymbol{A} = \boldsymbol{L}\boldsymbol{L}^\top$ すなわち

$$\boldsymbol{A} = \begin{bmatrix} a_{11} & a_{12} & a_{13} \\ a_{21} & a_{22} & a_{23} \\ a_{31} & a_{32} & a_{33} \end{bmatrix} = \boldsymbol{L}\boldsymbol{L}^\top = \begin{bmatrix} l_{11} & 0 & 0 \\ l_{21} & l_{22} & 0 \\ l_{31} & l_{32} & l_{33} \end{bmatrix} \begin{bmatrix} l_{11} & l_{21} & l_{31} \\ 0 & l_{22} & l_{32} \\ 0 & 0 & l_{33} \end{bmatrix} \tag{4.45}$$

を考えよう．右辺の行列積は

$$\boldsymbol{A} = \begin{bmatrix} l_{11}^2 & l_{21}l_{11} & l_{31}l_{11} \\ l_{21}l_{11} & l_{21}^2 + l_{22}^2 & l_{31}l_{21} + l_{32}l_{22} \\ l_{31}l_{11} & l_{31}l_{21} + l_{32}l_{22} & l_{31}^2 + l_{32}^2 + l_{33}^2 \end{bmatrix} \tag{4.46}$$

となり，(4.45) と (4.46) を比較すると対角要素 l_{ii} に関して単純なパターン

$$l_{11} = \sqrt{a_{11}}, \quad l_{22} = \sqrt{a_{22} - l_{21}^2}, \quad l_{33} = \sqrt{a_{33} - (l_{31}^2 + l_{32}^2)} \tag{4.47}$$

が見て取れる．対角以外の要素（l_{ij}, $i > j$）についても

$$l_{21} = \frac{1}{l_{11}} a_{21},\ l_{31} = \frac{1}{l_{11}} a_{31},\ l_{32} = \frac{1}{l_{22}} (a_{32} - l_{31} l_{21}) \tag{4.48}$$

という帰納的なパターンが得られる．こうして任意の 3×3 正定値対称行列に対するコレスキー分解が得られる．ここで重要なのは，$\boldsymbol{L}$ の要素 l_{ij} の計算を，$\boldsymbol{A}$ の要素 a_{ij} と計算済みの $\boldsymbol{L}$ の要素から逆算できるということである．

コレスキー分解は，機械学習の数値計算で重要となる手法で，正定値対称行列に対して頻繁に行う操作を効率化する．例えば，多変量ガウス分布（6.5節）の共分散行列は正定値対称であり，コレスキー分解を利用すれば，そのガウス分布からのサンプリングが可能となる．また，確率変数の線形変換を可能とし，変分オートエンコーダといった深層確率モデルの勾配計算に多用される [JRM15, KB14]．コレスキー分解は行列式の計算も容易にする．コレスキー分解 $\boldsymbol{A} = \boldsymbol{L}\boldsymbol{L}^\top$ に対して，$\det(\boldsymbol{A}) = \det(\boldsymbol{L}) \det(\boldsymbol{L}^\top) = \det(\boldsymbol{L})^2$ であり，$\boldsymbol{L}$ は三角行列であるため行列式は対角要素の積となる．したがって，$\det(\boldsymbol{A}) = \prod_i l_{ii}^2$ となる．このようなことから，多くの数値計算パッケージは効率のよいコレスキー分解を利用している．

4.4　固有値分解と対角化

対角行列 (diagonal matrix)

対角以外の要素が0である正方行列を**対角行列**という．つまり，対角行列は

$$\boldsymbol{D} = \begin{bmatrix} c_1 & \cdots & 0 \\ \vdots & \ddots & \vdots \\ 0 & \cdots & c_n \end{bmatrix} \tag{4.49}$$

という形をしている．対角行列の行列式，積，逆行列は高速に計算できる．行列式は各対角要素の積であるし，行列積 $\boldsymbol{D}^k$ は各対角要素の k 乗で与えられ，各対角要素が0でない場合，逆行列 $\boldsymbol{D}^{-1}$ はそれぞれ逆数をとることで与えられる．

本節では行列の対角化を考える．行列の対角化は，2.7.2項の基底変換と4.2節の固有ベクトルの重要な応用例である．

二つの行列 $\boldsymbol{A}, \boldsymbol{D}$ が相似であるとは，ある可逆な行列 $\boldsymbol{P}$ を用いて $\boldsymbol{D} = \boldsymbol{P}^{-1}\boldsymbol{A}\boldsymbol{P}$ となることであった（定義2.22）．対角行列 $\boldsymbol{D}$ と相似になるような正方行列 $\boldsymbol{A}$ を考えることにしよう．

対角化可能 (diagonalizable)

定義 4.19（対角化可能）　正方行列 $\boldsymbol{A} \in \mathbb{R}^{n \times n}$ が**対角化可能**であるとは，ある対角行列と相似になることをいう．すなわち，ある対角行列 $\boldsymbol{D}$ と可逆な行列 $\boldsymbol{P} \in \mathbb{R}^{n \times n}$ が存在して，$\boldsymbol{D} = \boldsymbol{P}^{-1}\boldsymbol{A}\boldsymbol{P}$ となることをいう．■

行列 $\boldsymbol{A} \in \mathbb{R}^{n\times n}$ の対角化は同じ線形写像の別の基底による行列表示（2.6.1 項）である．その基底が $\boldsymbol{A}$ の固有ベクトルであることを確認しよう．

$\boldsymbol{A} \in \mathbb{R}^{n\times n}$ を正方行列，$\lambda_1,\ldots,\lambda_n \in \mathbb{R}$ を n 個のスカラー，$\boldsymbol{p}_1,\ldots,\boldsymbol{p}_n$ を $\mathbb{R}^n$ の n 個のベクトルとする．$\boldsymbol{P} := [\boldsymbol{p}_1,\ldots,\boldsymbol{p}_n]$ をベクトルを並べた正方行列，$\boldsymbol{D} \in \mathbb{R}^{n\times n}$ を $\lambda_1,\ldots,\lambda_n$ を対角に並べた対角行列として，等式

$$\boldsymbol{AP} = \boldsymbol{PD} \tag{4.50}$$

は各ベクトル $\boldsymbol{p}_i$ が $\boldsymbol{A}$ の固有値 λ_i の固有ベクトルであることを意味する．実際

$$\boldsymbol{AP} = \boldsymbol{A}[\boldsymbol{p}_1,\ldots,\boldsymbol{p}_n] = [\boldsymbol{Ap}_1,\ldots,\boldsymbol{Ap}_n]\,, \tag{4.51}$$

$$\boldsymbol{PD} = [\boldsymbol{p}_1,\ldots,\boldsymbol{p}_n]\begin{bmatrix}\lambda_1 & \cdots & 0\\ \vdots & \ddots & \vdots\\ 0 & \cdots & \lambda_n\end{bmatrix} = [\lambda_1\boldsymbol{p}_1,\ldots,\lambda_n\boldsymbol{p}_n] \tag{4.52}$$

であり，

$$\boldsymbol{Ap}_1 = \lambda_1\boldsymbol{p}_1 \tag{4.53}$$

$$\vdots$$

$$\boldsymbol{Ap}_n = \lambda_1\boldsymbol{p}_n \tag{4.54}$$

を意味する．そのため，$\boldsymbol{P}$ の各列は $\boldsymbol{A}$ の固有ベクトルとなる．

$\boldsymbol{P}$ が可逆であれば，$\boldsymbol{A}$ は対角化可能となる．つまり，（定理 4.3 より）$\boldsymbol{P}$ がフルランクであればよく，これは n 個の固有ベクトルが線形独立であること，すなわち $\boldsymbol{p}_1,\ldots,\boldsymbol{p}_n$ が $\mathbb{R}^n$ の基底であることを意味する．

定理 4.20（固有値分解） $\boldsymbol{A} \in \mathbb{R}^{n\times n}$ を正方行列とする．このとき，$\boldsymbol{A}$ の実固有ベクトルからなる $\mathbb{R}^n$ の基底が存在することと，行列 $\boldsymbol{P} \in \mathbb{R}^{n\times n}$ と $\boldsymbol{A}$ の固有値を対角要素にもつ対角行列 $\boldsymbol{D} \in \mathbb{R}^{n\times n}$ が存在して

$$\boldsymbol{A} = \boldsymbol{PDP}^{-1} \tag{4.55}$$

と表示できることは同値である． ■

定理 4.20 は欠陥のない行列が対角化可能であり，行列 $\boldsymbol{P}$ の各列が $\boldsymbol{A}$ の実固有ベクトルであることを意味する．対称行列の場合，固有値分解に関してより強い主張が成り立つ．

定理 4.21 任意の対称行列 $\boldsymbol{S} \in \mathbb{R}^{n\times n}$ は対角化可能である． ■

定理 4.21 はスペクトル定理（定理 4.15）の直接の帰結である．スペクトル定理はさらに，固有ベクトルからなる $\mathbb{R}^n$ の正規直交基底の存在を主張する．つまり，対角化に用いる行列 $\boldsymbol{P}$ は直交行列であり，$\boldsymbol{D} = \boldsymbol{P}^\top\boldsymbol{AP}$ となる．

注　ジョルダン標準形 [Lan87] は欠陥のある行列でも機能する行列分解の一つであるが，本書の内容を超えたものとなる．

4.4.1　固有値分解の幾何学的直感

固有値分解を次のように解釈することができる（図 4.7）．$\mathbb{R}^n$ 上のある線形写像を考え，標準基底に関する変換行列を $\boldsymbol{A} \in \mathbb{R}^{n \times n}$ とする．$\boldsymbol{P}^{-1} \in \mathbb{R}^{n \times n}$ は変換行列の基底を，標準基底から固有ベクトルのなす基底に変換する．これにより固有ベクトル $\boldsymbol{p}_i$ が標準的な単位ベクトル $\boldsymbol{e}_i$ に写される（図 4.7 の赤色とオレンジ色の有向線分）．次に，対角行列 $\boldsymbol{D} \in \mathbb{R}^{n \times n}$ は各軸を固有値 λ_i でスケール変換する．最後に，$\boldsymbol{P} \in \mathbb{R}^{n \times n}$ でベクトルをもとの座標系に戻す．この変換の合成は，$\boldsymbol{p}_i$ から $\lambda_i \boldsymbol{p}_i$ を与える線形写像となる．

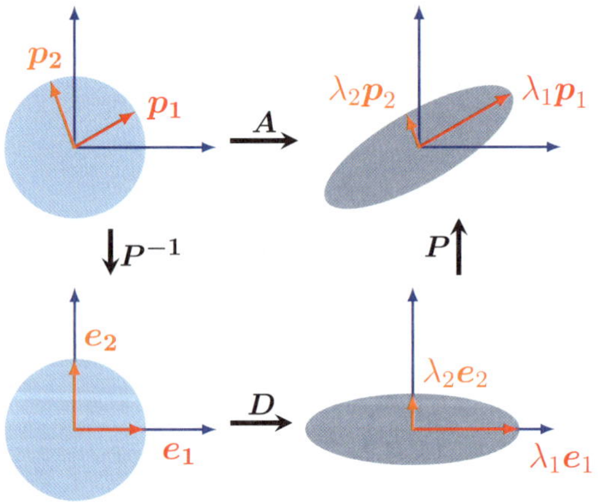

図 4.7　固有値分解の，変換の合成による直感的な理解．左上から左下：$\boldsymbol{P}^{-1}$ による基底変換で固有ベクトルを標準基底に移す（図では $\mathbb{R}^2$ の回転を行っている）．左下から右下：$\boldsymbol{D}$ の変換で直交している各固有ベクトルをそれぞれスケール変換する（円が楕円となる）．右下から右上：変換した基底を戻してもとの座標系に復帰する（図では最初とは逆方向の回転を行っている）．

例 4.11（固有値分解）　行列 $\boldsymbol{A} = \begin{bmatrix} 2 & 1 \\ 1 & 2 \end{bmatrix}$ を固有値分解してみよう．

ステップ **1**：固有値と固有ベクトルを求める．$\boldsymbol{A}$ の特性多項式は

$$\det(\boldsymbol{A} - \lambda \boldsymbol{I}) = \det\left(\begin{bmatrix} 2-\lambda & 1 \\ 1 & 2-\lambda \end{bmatrix}\right) \tag{4.56a}$$

$$= (2-\lambda)^2 - 1 = \lambda^2 - 4\lambda + 3 = (\lambda - 3)(\lambda - 1) \tag{4.56b}$$

となるため，$\boldsymbol{A}$ の固有値は $\lambda_1 = 1$ と $\lambda_2 = 3$ である．対応する固有ベクトルはそれぞれ

$$\begin{bmatrix} 2 & 1 \\ 1 & 2 \end{bmatrix} \boldsymbol{p}_1 = 1\boldsymbol{p}_1, \quad \begin{bmatrix} 2 & 1 \\ 1 & 2 \end{bmatrix} \boldsymbol{p}_2 = 3\boldsymbol{p}_2 \tag{4.57}$$

をみたし，これを解くと（正規化された）固有ベクトルとして

$$\boldsymbol{p}_1 = \frac{1}{\sqrt{2}}\begin{bmatrix}1\\-1\end{bmatrix},\ \boldsymbol{p}_2 = \frac{1}{\sqrt{2}}\begin{bmatrix}1\\1\end{bmatrix} \tag{4.58}$$

が得られる．

ステップ 2：対角化可能であるかの確認． 固有ベクトル $\boldsymbol{p}_1, \boldsymbol{p}_2$ は $\mathbb{R}^2$ の基底をなす．そのため $\boldsymbol{A}$ は対角化可能とわかる．

ステップ 3：$\boldsymbol{A}$ を対角化する行列 $\boldsymbol{P}$ の構成． 固有ベクトルを並べて

$$\boldsymbol{P} = [\boldsymbol{p}_1, \boldsymbol{p}_2] = \frac{1}{\sqrt{2}}\begin{bmatrix}1 & 1\\-1 & 1\end{bmatrix} \tag{4.59}$$

となる．こうして

$$\boldsymbol{P}^{-1}\boldsymbol{A}\boldsymbol{P} = \begin{bmatrix}1 & 0\\0 & 3\end{bmatrix} = \boldsymbol{D} \tag{4.60}$$

となる．陽に書くと（$\boldsymbol{p}_1, \boldsymbol{p}_2$ が正規直交基底であるため $\boldsymbol{P}^{-1} = \boldsymbol{P}^\top$ なので）

$$\underbrace{\begin{bmatrix}2 & 1\\1 & 2\end{bmatrix}}_{\boldsymbol{A}} = \underbrace{\frac{1}{\sqrt{2}}\begin{bmatrix}1 & 1\\-1 & 1\end{bmatrix}}_{\boldsymbol{P}}\underbrace{\begin{bmatrix}1 & 0\\0 & 3\end{bmatrix}}_{\boldsymbol{D}}\underbrace{\frac{1}{\sqrt{2}}\begin{bmatrix}1 & -1\\1 & 1\end{bmatrix}}_{\boldsymbol{P}^\top} \tag{4.61}$$

となる．

- 対角行列 $\boldsymbol{D}$ のべき乗は容易に求められる．したがって，対角化可能な行列 $\boldsymbol{A} \in \mathbb{R}^{n\times n}$ のべき乗についても，固有値分解を利用して

$$\boldsymbol{A}^k = (\boldsymbol{P}\boldsymbol{D}\boldsymbol{P}^{-1})^k = \boldsymbol{P}\boldsymbol{D}^k\boldsymbol{P}^{-1} \tag{4.62}$$

  となる．$\boldsymbol{D}^k$ の計算は，各対角要素の計算を個別に行えばよいため効率的に行うことができる．
- 固有値分解 $\boldsymbol{A} = \boldsymbol{P}\boldsymbol{D}\boldsymbol{P}^{-1}$ に対して

$$\det(\boldsymbol{A}) = \det(\boldsymbol{P}\boldsymbol{D}\boldsymbol{P}^{-1}) = \det(\boldsymbol{P})\det(\boldsymbol{D})\det(\boldsymbol{P}^{-1}) \tag{4.63a}$$

$$= \det(\boldsymbol{D}) = \prod_i d_{ii} \tag{4.63b}$$

  となるため，固有値分解がわかれば行列式の計算は容易である．

固有値分解は正方行列以外には利用できない．より一般の行列に対しても同様の分解ができると便利である．次節では，より一般の行列分解の手法である特異値分解を紹介する．

4.5 特異値分解

　線形代数において，特異値分解（SVD）は行列を分解する代表的な手法である．この手法は正方行列に限らない一般の行列に常に適用可能な手法であることから，「線形代数学の基本定理」と呼ばれてきた [Str03]．さらに後述するように，線形写像 $\Phi: V \to W$ の変換行列 A の特異値分解は，二つのベクトル空間の幾何学的な変化を定量化している．特異値分解の数学的な詳細について知りたい場合は，[Kal96] や [RB14] を読むことを薦める．

定義 4.22　（特異値分解）　$A \in \mathbb{R}^{m \times n}$ を行列とする．このとき分解

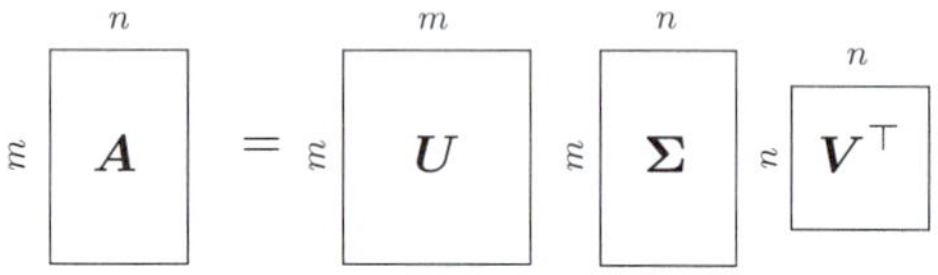

$$\underset{m}{\underset{n}{A}} = \underset{m}{\underset{m}{U}} \; \underset{m}{\underset{n}{\Sigma}} \; \underset{n}{\underset{n}{V^\top}} \tag{4.64}$$

を A の**特異値分解**という．ただし，$U \in \mathbb{R}^{m \times m}, V \in \mathbb{R}^{n \times n}$ は直交行列であり，$\Sigma \in \mathbb{R}^{m \times n}$ は条件 $\Sigma_{ii} = \sigma_i \geq 0$ と $\Sigma_{ij} = 0, i \neq j$ をみたす $m \times n$ 行列である[†]．■

> 特異値分解 (SVD: singular value decomposition)
> [†] 訳注：定義 4.22 は原著では定理とされていたが，内容は特異値分解の定義であることから，本書では定義として扱う．
> 特異値 (singular value)
> 左特異ベクトル (left-singular vector)
> 右特異ベクトル (right-singular vector)
> 特異値行列 (singular value matrix)

　行列 Σ のランクを $r\ (\leq \min(m,n))$ として，正の対角要素 $\sigma_i\ (i=1,\ldots,r)$ を**特異値**という．また，U の列ベクトル u_i を**左特異ベクトル**，V の列ベクトル v_j を**右特異ベクトル**という．必要なら並び替えを行い，対角要素は $\sigma_1 \geq \sigma_2 \geq \cdots \geq \sigma_{\min(m,n)} \geq 0$ をみたすとしてよい．

　特異値行列 Σ は一意であるが，その形状に注意が必要である．特異値行列 $\Sigma \in \mathbb{R}^{m \times n}$ はもとの行列 A と同じサイズであり，特異値を対角要素にもつ部分対角行列とそれ以外のゼロからなる．具体的には，$m > n$ のとき Σ は第 n 行までは対角行列であり，残りの第 $(n+1)$ 行から第 m 行までは $\mathbf{0}^\top$ となる：

$$\Sigma = \begin{bmatrix} \sigma_1 & 0 & 0 \\ 0 & \ddots & 0 \\ 0 & 0 & \sigma_n \\ 0 & \ldots & 0 \\ \vdots & & \vdots \\ 0 & \ldots & 0 \end{bmatrix}. \tag{4.65}$$

$m < n$ のときは Σ は第 m 列までは対角行列であり，第 $(m+1)$ 列から第 n 列は $\mathbf{0}$ である：

$$\boldsymbol{\Sigma} = \begin{bmatrix} \sigma_1 & 0 & 0 & 0 & \dots & 0 \\ 0 & \ddots & 0 & 0 & & 0 \\ 0 & 0 & \sigma_m & 0 & \dots & 0 \end{bmatrix}. \tag{4.66}$$

注 特異値分解は任意の行列 $\boldsymbol{A} \in \mathbb{R}^{m\times n}$ に対して存在する.

4.5.1 特異値分解の幾何学的直感

特異値分解は変換行列 $\boldsymbol{A} \in \mathbb{R}^{m\times n}$ の幾何学的な直感を与える．特異値分解を一連の線形変換の合成として議論したあと，例 4.12 で特異値分解の変換行列が $\mathbb{R}^2$ のベクトルに適用される様子を図示することにしよう.

行列の特異値分解は，線形写像 $\Phi : \mathbb{R}^n \to \mathbb{R}^m$（2.7.1 項）の三つの操作への分解と解釈できる（図 4.8）．見た目は固有値分解（図 4.7）と似ており，大雑把に言うなら，まず $\boldsymbol{V}$ で基底を変換し，特異値行列 $\boldsymbol{\Sigma}$ でスケール変換と次元の追加（削除）を行い，最後に $\boldsymbol{U}$ で二度目の基底変換を行っている．ただ，特異値行列はいくつか重要なポイントがあるため詳細に立ち入ることにしよう.

線形写像 $\Phi : \mathbb{R}^n \to \mathbb{R}^m$ の標準基底 B, C に関する変換行列が与えられているとして，それぞれ別の基底 $\tilde{B}, \tilde{C}$ に変換することを考える.

基底変換（2.7.2 項），直交行列（定義 3.8），直交基底（3.5 節）を見直すとよい.

1. 行列 $\boldsymbol{V}$ は $\mathbb{R}^n$ の基底 $\tilde{B}$（図 4.8 左上の赤色とオレンジ色のベクトル $\boldsymbol{v}_1, \boldsymbol{v}_2$ に対応）を標準基底 B に変換する．$\boldsymbol{V}^\top = \boldsymbol{V}^{-1}$ は逆に B を $\tilde{B}$ に変換し，図 4.8 左下では赤色とオレンジ色のベクトルが標準的な位置に配置される.

2. 基底 $\tilde{B}$ の座標系において，$\boldsymbol{\Sigma}$ は特異値 σ_i によるスケーリング（と次元の

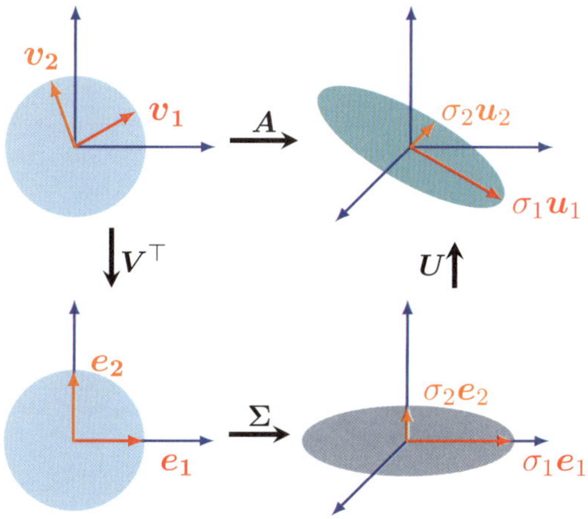

図 4.8 行列 $\boldsymbol{A} \in \mathbb{R}^{3\times 2}$ の特異値行列の直感的な理解．左上から左下：$\boldsymbol{V}^\top$ による $\mathbb{R}^2$ の基底変換．左下から右下：$\boldsymbol{\Sigma}$ によるスケーリングと $\mathbb{R}^2$ から $\mathbb{R}^3$ への写像．右下の楕円は $\mathbb{R}^3$ に含まれており，第 3 軸とは直交している．右下から右上：$\boldsymbol{U}$ による $\mathbb{R}^3$ の基底変換.

追加もしくは削除）を行う．$\boldsymbol{\Sigma}$ は $\tilde{B}, \tilde{C}$ に関する Φ の変換行列であり，図4.8右下のように赤色とオレンジ色のベクトルを $\boldsymbol{e}_1\boldsymbol{e}_2$ 平面内で引き伸ばし，3次元中に配置する．

3. $\boldsymbol{U}$ は $\mathbb{R}^m$ の基底を $\tilde{C}$ から標準基底に変換する．図4.8右上では，赤色とオレンジ色のベクトルが回転して $\boldsymbol{e}_1\boldsymbol{e}_2$ 平面をはみ出している．

特異値分解は定義域と値域の双方での基底の変換を表している．これは固有値分解とは対照的である．固有値分解では定義域と値域は同じベクトル空間であり，最初に適用した基底変換を用いて最後に逆変換を行う．特異値分解では，二つの異なる基底を特異値行列で結びつけている．

† 訳注：見やすさのため，小数点第三位を四捨五入した近似値を用いている．

例 4.12（ベクトルと特異値分解） 原点中心の長さ2の正方形内にベクトルをグリッド状に並べ，線形写像で写すことを考えよう．変換行列 $\boldsymbol{A}$ は以下のように特異値分解されるとする†：

$$\boldsymbol{A} = \begin{bmatrix} 1 & -0.8 \\ 0 & 1 \\ 1 & 0 \end{bmatrix} = \boldsymbol{U\Sigma V}^\top \tag{4.67a}$$

$$= \begin{bmatrix} -0.79 & 0 & -0.62 \\ 0.38 & -0.78 & -0.49 \\ -0.48 & -0.62 & 0.62 \end{bmatrix} \begin{bmatrix} 1.62 & 0 \\ 0 & 1.0 \\ 0 & 0 \end{bmatrix} \begin{bmatrix} -0.78 & 0.62 \\ -0.62 & -0.78 \end{bmatrix}. \tag{4.67b}$$

グリッド状のベクトルの集合 $\mathcal{X}$（図4.9左上）に $\boldsymbol{V}^\top \in \mathbb{R}^{2\times 2}$ を適用すると $\mathcal{X}$ は回転して図4.9の左下のようになる．次に特異値行列 Σ により $\mathbb{R}^3$ に写される（図4.9右下）．この像は x_1x_2 平面の中にあり，第3成分はいずれも0となる．x_1x_2 平面中の各ベクトルが特異値によって引き伸ばされている．

$\mathcal{X}$ を $\boldsymbol{A}$ で直接変換することと $\boldsymbol{U\Sigma V}^\top$ で変換することは同じである．最後の $\boldsymbol{U}$ は $\mathbb{R}^3$ 中での回転であり，もはや x_1x_2 平面に制限された変換とはならないが，図4.9の右上のように，$\mathcal{X}$ は $\mathbb{R}^3$ 内のある平面上に写される．

4.5.2　特異値分解の構成

特異値分解の存在と計算方法の詳細に話を移そう．一般の行列に対する特異値分解は，正方行列における固有値分解と共通の特徴をもつ．

注　半正定値対称行列の固有値分解

$$\boldsymbol{S} = \boldsymbol{S}^\top = \boldsymbol{PDP}^\top \tag{4.68}$$

と特異値分解

$$\boldsymbol{S} = \boldsymbol{U\Sigma V}^\top \tag{4.69}$$

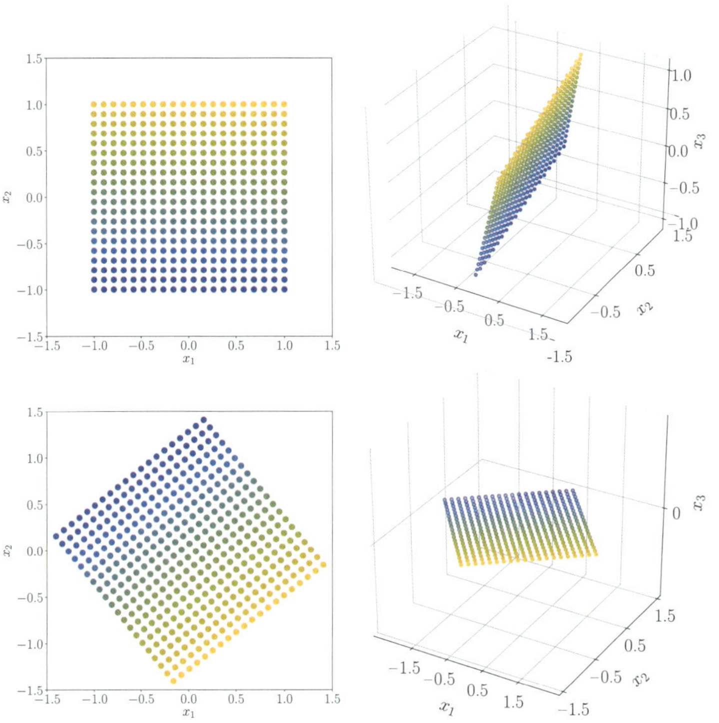

図 4.9 特異値分解とベクトルの変換．各パネルの配置は図 4.8 と同じである．

について，

$$U = P = V,\ D = \Sigma \tag{4.70}$$

とすれば，半正定値対称行列の特異値分解が固有値分解で与えられることがわかる．

特異値分解（定義 4.22）が存在することの証明と構成方法について述べよう．行列 $\boldsymbol{A} \in \mathbb{R}^{m\times n}$ の特異値分解を求めることは，$\mathbb{R}^m$ の正規直交基底 $U = (\boldsymbol{u}_1, \ldots, \boldsymbol{u}_m)$ と $\mathbb{R}^n$ の正規直交基底 $V = (\boldsymbol{v}_1, \ldots, \boldsymbol{v}_n)$ を見つけることと等価である．これらの順序付き基底から行列 $\boldsymbol{U}, \boldsymbol{V}$ が構成される．

そこで証明の手順として，まず右特異ベクトル $\boldsymbol{v}_1, \ldots, \boldsymbol{v}_n \in \mathbb{R}^n$ を構成し，次に，左特異ベクトル $\boldsymbol{u}_1, \ldots, \boldsymbol{u}_m \in \mathbb{R}^m$ を構成する．そして両者を関係づけるが，この際に $\boldsymbol{A}$ によって $\boldsymbol{v}_i$ の直交性が保たれることを確認する．この条件の確認は，像 $\boldsymbol{A}v_i$ が互いに直交するベクトルをなすとわかっているので重要である．次に像 $\boldsymbol{A}\boldsymbol{v}_i$ の正規化を行い，そのスカラー因子が特異値であるとわかる．

ではまず，右特異ベクトルの構成から始めよう．スペクトル定理（定理 4.15）から，任意の実対称行列に対して固有ベクトルからなる直交基底が存在し，その直交行列によって対角化される．また定理4.14から，任意の$\boldsymbol{A} \in \mathbb{R}^{m\times n}$に対して$\boldsymbol{A}^\top \boldsymbol{A} \in \mathbb{R}^{n\times n}$は半正定値対称行列である．したがって，$\boldsymbol{A}^\top \boldsymbol{A}$は常に対角化可能で，ある正規直交基底を並べた直交行列$\boldsymbol{P}$によって

$$\boldsymbol{A}^\top \boldsymbol{A} = \boldsymbol{P}\boldsymbol{D}\boldsymbol{P}^\top = \boldsymbol{P}\begin{bmatrix}\lambda_1 & \cdots & 0\\ \vdots & \ddots & \vdots\\ 0 & \cdots & \lambda_n\end{bmatrix}\boldsymbol{P}^\top \tag{4.71}$$

と固有値分解される．ここで$\lambda_i \geq 0$は$\boldsymbol{A}^\top \boldsymbol{A}$の固有値である．さて，もし$\boldsymbol{A}$の特異値分解が存在するなら，(4.64)を(4.71)に挿入することで

$$\boldsymbol{A}^\top \boldsymbol{A} = (\boldsymbol{U}\boldsymbol{\Sigma}\boldsymbol{V}^\top)^\top(\boldsymbol{U}\boldsymbol{\Sigma}\boldsymbol{V}^\top) = \boldsymbol{V}\boldsymbol{\Sigma}^\top\boldsymbol{U}^\top\boldsymbol{U}\boldsymbol{\Sigma}\boldsymbol{V}^\top \tag{4.72}$$

となり，$\boldsymbol{U}, \boldsymbol{V}$は直交行列であるため特に$\boldsymbol{U}^\top\boldsymbol{U} = \boldsymbol{I}$であり

$$\boldsymbol{A}^\top \boldsymbol{A} = \boldsymbol{V}\boldsymbol{\Sigma}^\top\boldsymbol{\Sigma}\boldsymbol{V}^\top = \boldsymbol{V}\begin{bmatrix}\sigma_1^2 & 0 & 0\\ 0 & \ddots & 0\\ 0 & 0 & \sigma_n^2\end{bmatrix}\boldsymbol{V}^\top \tag{4.73}$$

となる．そこで，(4.71)と(4.73)を比較して，

$$\boldsymbol{V}^\top = \boldsymbol{P}^\top, \tag{4.74}$$

$$\sigma_i^2 = \lambda_i \tag{4.75}$$

とおく．すなわち，$\boldsymbol{A}^\top \boldsymbol{A}$の固有ベクトルが$\boldsymbol{A}$の右特異ベクトルであり（(4.74)参照），$\boldsymbol{A}^\top \boldsymbol{A}$の固有値が$\boldsymbol{\Sigma}$の特異値の平方である（(4.75)参照）[†]．

[†] 訳注：必要なら基底の順序を並び替えて$\sigma_1 \geq \cdots \geq \sigma_r > \sigma_{r+1} = \cdots = \sigma_n = 0$とする（$r = \mathrm{rk}(\boldsymbol{A})$）．

左特異ベクトルのなす行列$\boldsymbol{U}$の構成から始める場合も同様となる．（$\boldsymbol{A}^\top \boldsymbol{A} \in \mathbb{R}^{n\times n}$の代わりに）対称行列$\boldsymbol{A}\boldsymbol{A}^\top \in \mathbb{R}^{m\times m}$の特異値を計算しよう．$\boldsymbol{A}$の特異値分解の存在を仮定すると

$$\boldsymbol{A}\boldsymbol{A}^\top = (\boldsymbol{U}\boldsymbol{\Sigma}\boldsymbol{V}^\top)(\boldsymbol{U}\boldsymbol{\Sigma}\boldsymbol{V}^\top)^\top = \boldsymbol{U}\boldsymbol{\Sigma}\boldsymbol{V}^\top\boldsymbol{V}\boldsymbol{\Sigma}^\top\boldsymbol{U}^\top \tag{4.76a}$$

$$= \boldsymbol{U}\begin{bmatrix}\sigma_1^2 & 0 & 0\\ 0 & \ddots & 0\\ 0 & 0 & \sigma_m^2\end{bmatrix}\boldsymbol{U}^\top \tag{4.76b}$$

となる．スペクトル定理より，$\boldsymbol{A}\boldsymbol{A}^\top = \boldsymbol{S}\boldsymbol{D}\boldsymbol{S}^\top$と対角化でき，直交行列$\boldsymbol{S}$から対称行列$\boldsymbol{A}\boldsymbol{A}^\top \in \mathbb{R}^{m\times m}$の固有ベクトルのなす正規直交基底が，直交行列$\boldsymbol{S}$から読み取れる．行列$\boldsymbol{A}\boldsymbol{A}^\top$の正規直交する固有ベクトルが$\boldsymbol{A}$の左特異ベクトルのなす行列$\boldsymbol{U}$を与え，特異値分解の値域側での正規直交基底となる．

ただし，行列$\boldsymbol{\Sigma}$の構造の問題が残っている．$\boldsymbol{A}\boldsymbol{A}^\top$と$\boldsymbol{A}^\top \boldsymbol{A}$は同じ非ゼロ固有値をもっており[‡]，両構成に登場した$\boldsymbol{\Sigma}$の非ゼロ要素が一致しなくてはならない．

[‡] 訳注：$\boldsymbol{v}$を$\boldsymbol{A}^\top \boldsymbol{A}$の固有値$\lambda \neq 0$の固有ベクトルとする．$\boldsymbol{A}^\top \boldsymbol{A}\boldsymbol{v} = \lambda\boldsymbol{v}$であり，特に$\boldsymbol{A}\boldsymbol{v} \neq \boldsymbol{0}$である．$(\boldsymbol{A}\boldsymbol{A}^\top)\boldsymbol{A}\boldsymbol{v} = \lambda\boldsymbol{A}\boldsymbol{v}$となるので，$\boldsymbol{A}\boldsymbol{v}$は$\boldsymbol{A}\boldsymbol{A}^\top$の固有値$\lambda$の固有ベクトルである．したがって，$\boldsymbol{A}^\top \boldsymbol{A}$の非ゼロ固有値は$\boldsymbol{A}\boldsymbol{A}^\top$の固有値でもある．逆も同様である．

これまでの内容をつなぎ合わせることが最後のステップである．正規直交な右特異ベクトルからなる行列 $\boldsymbol{V}$ を既に得ていた．特異値分解の構成を完了するため，それを正規直交な左特異ベクトルからなる行列 $\boldsymbol{U}$ に結びつけよう．まず，$\boldsymbol{v}_i$ の $\boldsymbol{A}$ による像は直交性を保つことに注目する．すなわち，$i \neq j$ について $\boldsymbol{A}\boldsymbol{v}_i$ と $\boldsymbol{A}\boldsymbol{v}_j$ の内積は 0 となる．実際

$$(\boldsymbol{A}\boldsymbol{v}_i)^\top(\boldsymbol{A}\boldsymbol{v}_j) = \boldsymbol{v}_i^\top(\boldsymbol{A}^\top\boldsymbol{A})\boldsymbol{v}_j = \boldsymbol{v}_i^\top(\lambda_j\boldsymbol{v}_j) = \lambda_j(\boldsymbol{v}_i\top\boldsymbol{v}_j) = 0 \tag{4.77}$$

となる．特に，$r = \mathrm{rk}(\boldsymbol{A})$ として $\{\boldsymbol{A}\boldsymbol{v}_1, \ldots, \boldsymbol{A}\boldsymbol{v}_r\}$ は $\mathbb{R}^m$ の r 次元部分ベクトル空間の基底となる†．

正規直交な左特異ベクトルは，非ゼロな $\boldsymbol{A}\boldsymbol{v}_i$ を正規化することで得られるので，

$$\boldsymbol{u}_i := \frac{\boldsymbol{A}\boldsymbol{v}_i}{\|\boldsymbol{A}\boldsymbol{v}_i\|} = \frac{1}{\sqrt{\lambda_i}}\boldsymbol{A}\boldsymbol{v}_i = \frac{1}{\sigma_i}\boldsymbol{A}\boldsymbol{v}_i \tag{4.78}$$

とすればよい‡．ここで (4.75) と (4.76b) の $\sigma_i^2 = \lambda_i$ を用いた．

こうして右特異ベクトル $\boldsymbol{v}_i$ を $\boldsymbol{A}^\top\boldsymbol{A}$ の固有ベクトルとし，$\boldsymbol{A}$ で写して正規直交化（および延長）したベクトルを左特異ベクトル $\boldsymbol{u}_i$ とすることで，特異値行列 $\boldsymbol{\Sigma}$ でつながる二つの正規直交基底 $\{\boldsymbol{v}_i\}, \{\boldsymbol{u}_i\}$ が得られる．

(4.78) を書き換えると**特異値方程式**

$$\boldsymbol{A}\boldsymbol{v}_i = \sigma_i\boldsymbol{u}_i, \quad i = 1, \ldots, r \tag{4.79}$$

が得られる．これは固有値方程式 (4.25) ととても似ているが，左辺と右辺のベクトルは同一でない．

$n > m$ であるとき，$r < i \leq m$ に関する $\boldsymbol{u}_i$ について (4.79) は何も言及しない．しかし，基底の構成から $\{\boldsymbol{u}_i\}$ は正規直交となる．(4.79) の範囲外の $r < i \leq n$ では $\boldsymbol{A}\boldsymbol{v}_i = \boldsymbol{0}$ となり，特異値分解が $\boldsymbol{A}$ の核（$\boldsymbol{A}\boldsymbol{x} = \boldsymbol{0}$ をみたすベクトル $\boldsymbol{x}$ 全体の空間（2.7.3 項））の正規直交基底をも与えている．

$\boldsymbol{v}_i, \boldsymbol{u}_i$ を列ベクトルとして並べた行列をそれぞれ $\boldsymbol{V}, \boldsymbol{U}$ とすれば，

$$\boldsymbol{A}\boldsymbol{V} = \boldsymbol{U}\boldsymbol{\Sigma} \tag{4.80}$$

が成立する．$\boldsymbol{\Sigma}$ は $\boldsymbol{A}$ と同じ次元をもち，第 i 列（$1 \leq i \leq r$）の対角要素に σ_i が並び，他の要素は 0 となる対角構造をもつ．右辺に $\boldsymbol{V}^\top$ を掛けると $\boldsymbol{A}$ の特異値分解 $\boldsymbol{A} = \boldsymbol{U}\boldsymbol{\Sigma}\boldsymbol{V}^\top$ となる．

† 訳注：$\sigma_1 \geq \cdots \geq \sigma_r > \sigma_{r+1} = \cdots = \sigma_n = 0$ としており，$i \leq r$ について $\boldsymbol{A}^\top(\boldsymbol{A}\boldsymbol{v}_i) = \sigma_i\boldsymbol{v}_i \neq \boldsymbol{0}$ となるため $\boldsymbol{A}\boldsymbol{v}_i \neq \boldsymbol{0}$ が従う．

‡ 訳注：$r < i \leq m$ に対する $\boldsymbol{u}_i$ は，$\ker \boldsymbol{A}^\top$ の基底を正規直交化することで得られる．これにより $\mathbb{R}^m$ の正規直交基底 $\boldsymbol{u}_1, \ldots, \boldsymbol{u}_m$ が得られる．

特異値方程式 (singular value equation)

例 4.13（特異値分解の計算） 次の行列

$$\boldsymbol{A} = \begin{bmatrix} 1 & 0 & 1 \\ -2 & 1 & 0 \end{bmatrix} \tag{4.81}$$

の特異値分解を求めよう．必要なことは右特異ベクトル $\boldsymbol{v}_j$，特異値 σ_k，左特異ベクトル $\boldsymbol{u}_i$ を求めることである．

ステップ **1**：$\boldsymbol{A}^\top\boldsymbol{A}$ の固有ベクトルとして右特異ベクトルを求める．

$$\boldsymbol{A}^\top\boldsymbol{A} = \begin{bmatrix}1 & -2\\0 & 1\\1 & 0\end{bmatrix}\begin{bmatrix}1 & 0 & 1\\-2 & 1 & 0\end{bmatrix} = \begin{bmatrix}5 & -2 & 1\\-2 & 1 & 0\\1 & 0 & 1\end{bmatrix} \tag{4.82}$$

であり，固有値分解は

$$\boldsymbol{A}^\top\boldsymbol{A} = \begin{bmatrix}\frac{5}{\sqrt{30}} & 0 & \frac{-1}{\sqrt{6}}\\ \frac{-2}{\sqrt{30}} & \frac{1}{\sqrt{5}} & \frac{-2}{\sqrt{6}}\\ \frac{1}{\sqrt{30}} & \frac{2}{\sqrt{5}} & \frac{1}{\sqrt{6}}\end{bmatrix}\begin{bmatrix}6 & 0 & 0\\0 & 1 & 0\\0 & 0 & 0\end{bmatrix}\begin{bmatrix}\frac{5}{\sqrt{30}} & \frac{-2}{\sqrt{30}} & \frac{1}{\sqrt{30}}\\ 0 & \frac{1}{\sqrt{5}} & \frac{2}{\sqrt{5}}\\ \frac{-1}{\sqrt{6}} & \frac{-2}{\sqrt{6}} & \frac{1}{\sqrt{6}}\end{bmatrix} = \boldsymbol{PDP}^\top \tag{4.83}$$

となる．$\boldsymbol{P}$ の列ベクトルを右特異ベクトルとして

$$\boldsymbol{V} = \boldsymbol{P} = \begin{bmatrix}\frac{5}{\sqrt{30}} & 0 & \frac{-1}{\sqrt{6}}\\ \frac{-2}{\sqrt{30}} & \frac{1}{\sqrt{5}} & \frac{-2}{\sqrt{6}}\\ \frac{1}{\sqrt{30}} & \frac{2}{\sqrt{5}} & \frac{1}{\sqrt{6}}\end{bmatrix} \tag{4.84}$$

となる．

ステップ **2**：特異値行列

特異値 σ_i は $\boldsymbol{A}^\top\boldsymbol{A}$ の固有値の平方根であるため，$\boldsymbol{D}$ から直ちに読み取れる．$\mathrm{rk}(\boldsymbol{A}) = 2$ より非ゼロの特異値は二つ存在し，$\sigma_1 = \sqrt{6}$, $\sigma_2 = 1$ である．特異値行列は $\boldsymbol{A}$ と同じサイズであるため

$$\boldsymbol{\Sigma} = \begin{bmatrix}\sqrt{6} & 0 & 0\\0 & 1 & 0\end{bmatrix} \tag{4.85}$$

となる．

ステップ **3**：左特異ベクトルを求める．

右特異ベクトルの $\boldsymbol{A}$ による像を特異値で割ると左特異ベクトルとなる．こうして

$$\boldsymbol{u}_1 = \frac{1}{\sigma_1}\boldsymbol{A}\boldsymbol{v}_1 = \frac{1}{\sqrt{6}}\begin{bmatrix}1 & 0 & 1\\-2 & 1 & 0\end{bmatrix}\begin{bmatrix}\frac{5}{\sqrt{30}}\\ \frac{-2}{\sqrt{30}}\\ \frac{1}{\sqrt{30}}\end{bmatrix} = \begin{bmatrix}\frac{1}{\sqrt{5}}\\ -\frac{2}{\sqrt{5}}\end{bmatrix}, \tag{4.86}$$

$$\boldsymbol{u}_2 = \frac{1}{\sigma_1}\boldsymbol{A}\boldsymbol{v}_1 = \frac{1}{1}\begin{bmatrix} 1 & 0 & 1 \\ -2 & 1 & 0 \end{bmatrix}\begin{bmatrix} 0 \\ \frac{1}{\sqrt{5}} \\ \frac{2}{\sqrt{5}} \end{bmatrix} = \begin{bmatrix} \frac{2}{\sqrt{5}} \\ \frac{1}{\sqrt{5}} \end{bmatrix}, \tag{4.87}$$

$$\boldsymbol{U} = [\boldsymbol{u}_1, \boldsymbol{u}_2] = \frac{1}{\sqrt{5}}\begin{bmatrix} 1 & 2 \\ -2 & 1 \end{bmatrix} \tag{4.88}$$

となる.

上記の方法は数値計算上の振る舞いがよくないため，特異値分解は $\boldsymbol{A}^\top\boldsymbol{A}$ の固有値分解を経由せずに行われることが多い.

4.5.3 固有値分解と特異値分解の比較

固有値分解 $\boldsymbol{A} = \boldsymbol{P}\boldsymbol{D}\boldsymbol{P}^{-1}$ と特異値分解 $\boldsymbol{A} = \boldsymbol{U}\boldsymbol{\Sigma}\boldsymbol{V}^\top$ について重要な部分をおさらいしておこう.

- 任意の形状の行列 $\boldsymbol{A} \in \mathbb{R}^{m\times n}$ を特異値分解できる．固有値分解は正方行列 $\boldsymbol{A} \in \mathbb{R}^{n\times n}$ に対して定義され，固有ベクトルからなる $\mathbb{R}^n$ の基底が存在する場合に行える.

- 固有値分解の行列 $\boldsymbol{P} \in \mathbb{R}^{n\times n}$ の列ベクトル同士は必ずしも直交するわけではない．すなわち，その行列による基底の変換は単純な回転やスケール変換とは限らない．他方，特異値分解の行列 $\boldsymbol{U} \in \mathbb{R}^{m\times m}, \boldsymbol{V} \in \mathbb{R}^{n\times n}$ の列ベクトルはそれぞれ正規直交であり，そのため基底の回転を表している.

- 固有値分解と特異値分解はどちらも三つの線形写像の合成と考えることができる：
  1. 定義域の基底を変換する.
  2. 新しい基底の各ベクトルをスケール変換する.
  3. 値域の基底を変換する.

  定義域と値域のベクトル空間の次元が異なり得るかどうかは，固有値分解と特異値分解の重要な違いである.

- 一般に，特異値分解の左特異ベクトルの行列 $\boldsymbol{U}$ と右特異ベクトルの行列 $\boldsymbol{V}$ は互いの逆行列とはならない．（それぞれ異なるベクトル空間の基底変換を行っている.）固有値分解では基底変換行列 $\boldsymbol{P}, \boldsymbol{P}^{-1}$ は逆行列の関係にある.

- 特異値分解の対角行列 $\boldsymbol{\Sigma}$ の対角要素は常に実で非負となる．固有値分解の場合は負となり得る.

- 次の対応によって，$\boldsymbol{A}$ の特異値分解と $\boldsymbol{A}\boldsymbol{A}^\top$（および $\boldsymbol{A}^\top\boldsymbol{A}$）の固有値分解は密に関連する：
  - $\boldsymbol{A}$ の左特異ベクトルは $\boldsymbol{A}\boldsymbol{A}^\top$ の固有ベクトルである.
  - $\boldsymbol{A}$ の右特異ベクトルは $\boldsymbol{A}^\top\boldsymbol{A}$ の固有ベクトルである.
  - $\boldsymbol{A}$ の非ゼロの特異値は $\boldsymbol{A}\boldsymbol{A}^\top$ の非ゼロの固有値の平方根であり，$\boldsymbol{A}^\top\boldsymbol{A}$ の非ゼロの固有値の平方根でもある.
- 半正定値対称行列 $\boldsymbol{A} \in \mathbb{R}^{n\times n}$ の場合，固有値分解が特異値分解を与える.これはスペクトル定理（定理4.15）からの帰結である.

例 4.14（映画の評価と消費者に関する構造の探求） 映画の評価データから，特異値分解の実践的な解釈を与えることにしよう．3人の視聴者（Ali, Beatrix, Chandra）が4本の異なる映画（*Star Wars*, *Blade Runner*, *Amelie*, *Delicatessen*）に対して0（最も悪い）から5（最もよい）までの評価を付ける.評価をデータ行列 $\boldsymbol{A} \in \mathbb{R}^{4\times 3}$ にまとめると図4.10のようになる．各行は映画，各列は視聴者を表し，列ベクトルはある視聴者の映画評価を表している.

$\boldsymbol{A}$ の特異値分解は，視聴者の映画の好みにパターンがあるかといった，視聴者と映画評価の関係の把握に利用できる．データ行列 $\boldsymbol{A}$ に特異値分解を適用する際は，以下の仮定をおいている：

1. すべての視聴者は同じ線形写像を利用して映画の評価を行う.
2. 映画の評価の誤りやノイズはない.
3. 左特異ベクトル $\boldsymbol{u}_i$ は映画のパターン，右特異ベクトル $\boldsymbol{v}_j$ は視聴者のパターンと解釈する.

図 4.10　3人の4本の映画に対する評価とその特異値分解.

	Ali	Beatrix	Chandra
Star Wars	5	4	1
Blade Runner	5	5	0
Amelie	0	0	5
Delicatessen	1	0	4

$$
\begin{bmatrix} 5 & 4 & 1 \\ 5 & 5 & 0 \\ 0 & 0 & 5 \\ 1 & 0 & 4 \end{bmatrix}
=
\begin{bmatrix} -0.6710 & 0.0236 & 0.4647 & -0.5774 \\ -0.7197 & 0.2054 & -0.4759 & 0.4619 \\ -0.0939 & -0.7705 & -0.5268 & -0.3464 \\ -0.1515 & -0.6030 & 0.5293 & -0.5774 \end{bmatrix}
\begin{bmatrix} 9.6438 & 0 & 0 \\ 0 & 6.3639 & 0 \\ 0 & 0 & 0.7056 \\ 0 & 0 & 0 \end{bmatrix}
\begin{bmatrix} -0.7367 & -0.6515 & -0.1811 \\ 0.0852 & 0.1762 & -0.9807 \\ 0.6708 & -0.7379 & -0.0743 \end{bmatrix}
$$

視聴者の映画の嗜好は $\boldsymbol{v}_j$ の線形結合で表され，映画の特性についても $\boldsymbol{u}_i$ の線形結合で表されると仮定する．特異値分解の定義域側のベクトルは，視聴者をその類型がなす「空間」内で表したものと解釈でき，値域側のベクトルは映画をその類型の「空間」内で表したものとみなすことができる．今回の映画-視聴者の行列の特異値分解の結果を見てみよう．左特異ベクトル $\boldsymbol{u}_1$ は 2 本の SF 映画について大きな絶対値をもち，特異値も最も大きい（図 4.10 の赤網掛け部分）．つまりこのベクトルは映画をテーマで類型化したものである（SF のテーマ）．同様に最初の右特異ベクトル $\boldsymbol{v}_1$ は，（図 4.10 の緑網掛け部のように）SF 映画に高い評価を付けた Ali と Beatrix に関して大きな絶対値をもつことから SF 映画愛好者を反映していると考えられる．

これらの二つの「空間」は視聴者と映画のデータが十分な多様性をもつ場合に意味のあるものとなる．

同様にして，$\boldsymbol{u}_2$ はフランスのアートハウス映画の特徴を捉えていると考えられ，実際 $\boldsymbol{v}_2$ を見ると Chandra がそのテーマのみを好む理想化された愛好者 $\boldsymbol{v}_2$ に近い．理想化された SF 映画愛好者 $\boldsymbol{v}_1$ は純粋主義者で SF 映画のみを好み，SF のテーマ以外に 0 点を付けるだろう．これは特異値行列 $\boldsymbol{\Sigma}$ の対角的な構造の結果である．こうして，映画がそのパターンで（線形に）分解され，各パターンへの好みから，視聴者のパターンも（線形に）分解される．

特異値分解に関する用語や記法は文献によって異なる．数学的な内容が変化することはないが，混乱を招く恐れがあるため，差異を整理しておこう．

- 表記や抽象化の便宜上，本書では二つの左右の特異ベクトルのなす正方行列と一つの正方とは限らない特異値行列，という形で特異値分解を記述している（(4.64) 参照）．この形式の特異値分解はしばしば**フルな特異値分解**と呼ばれる．

フルな特異値分解 (full SVD)

- 文献によっては，正方な特異値行列という別の形式を利用する．つまり $\boldsymbol{A} \in \mathbb{R}^{m\times n}$，$m \geq n$ の場合に

$$\underset{m\times n}{\boldsymbol{A}} = \underset{m\times n}{\boldsymbol{U}}\ \underset{n\times n}{\boldsymbol{\Sigma}}\ \underset{n\times n}{\boldsymbol{V}^{\top}} \tag{4.89}$$

とするのである．この表式のことを**簡約な特異値分解**といったり，単に特異値分解ということもある [†]．この表記は行列の構成を変えるだけで，その特異値分解としての数学的な内容を失うわけではない．利点として，特異値行列 $\boldsymbol{\Sigma}$ が固有値分解のときのように正方となる類似性が挙げられる．

簡約な特異値分解 (reduced SVD)

[†] 例えば [Dat10] では前者，[PTVF07] では後者の用語が用いられている．

- 4.6 節において特異値分解を用いた行列の近似を学ぶが，これを**トランケートされた特異値分解**と呼ぶことがある．

トランケートされた特異値分解 (truncated SVD)

- 階数 r の行列 $\boldsymbol{A} \in \mathbb{R}^{m\times n}$ に対して，$\boldsymbol{U}, \boldsymbol{\Sigma}, \boldsymbol{V}$ のサイズをそれぞれ $m \times r$，$r \times r$，$r \times n$ とした特異値分解の定義も可能である．この構成は私たちのものと非常に似ており，$\boldsymbol{\Sigma}$ が非ゼロな対角要素しかもたないようになっ

ている．この記法の主な利点として，固有値分解のように $\boldsymbol{\Sigma}$ が正方行列となることが挙げられる．

- $m \times n$ 行列の特異値分解において，$m > n$ と仮定したが，これは本質的な仮定ではない．$m < n$ の場合は $\boldsymbol{\Sigma}$ の対角要素のゼロ要素が増えるだけで，$\sigma_{m+1} = \cdots = \sigma_n = 0$ である．

機械学習において特異値分解は，曲線をフィットする最小二乗問題や連立一次方程式の解法などの様々な用途で用いられ，特異値分解の様々な重要な性質やランクとの関係，低ランクの行列による近似能力が利用される．行列を特異値分解で代用すると，数値的な丸め誤差に対して頑健になることが多い．次節で説明するように，特異値分解は行列を一定の原理に基づいて「より単純な」行列で近似するのに利用できるため，次元削減，トピックモデル，データ圧縮，クラスタリングなどに応用されている．

4.6 行列の近似

行列 $\boldsymbol{A} \in \mathbb{R}^{m \times n}$ の特異値分解 $\boldsymbol{A} = \boldsymbol{U\Sigma V}^\top$ を先ほど学んだ．この節では，$\boldsymbol{A}$ をより単純（低ランク）な行列 $\boldsymbol{A}_i$ の和として表すことを考えよう．これは完全な特異値分解を行うよりも計算量を抑えて行列近似を行う場合に適した方法となる．

ランク 1 の行列 $\boldsymbol{A}_i \in \mathbb{R}^{m \times n}$ として，$\boldsymbol{U}, \boldsymbol{V}$ の i 番目の列ベクトルを外積した

$$\boldsymbol{A}_i := \boldsymbol{u}_i \boldsymbol{v}_i^\top \tag{4.90}$$

を考える．

例えば，図 4.11 ではストーンヘンジの画像を行列 $\boldsymbol{A} \in \mathbb{R}^{1432 \times 1910}$ とみなして (4.90) のランク 1 の行列で近似している．

ランク r の行列 $\boldsymbol{A} \in \mathbb{R}^{m \times n}$ は

$$\boldsymbol{A} = \sum_{i=1}^{r} \sigma_i \boldsymbol{u}_i \boldsymbol{v}_i^\top = \sum_{i=1}^{r} \sigma_i \boldsymbol{A}_i \tag{4.91}$$

のようにランク 1 の行列 $\boldsymbol{A}_i$ の特異値 σ_i の重み付き和として表せる．実際，$\boldsymbol{\Sigma}$ の対角性から $\Sigma_{ij} \boldsymbol{u}_i \boldsymbol{v}_j^\top$ は $i \neq j$ で消えて $\boldsymbol{u}_i \boldsymbol{v}_i^\top$ の特異値 σ_i によるスケール倍が残り，$i > r$ なら $\sigma_i = 0$ となるため (4.91) が成立する．

ランク k 近似 (rank-k approximation)

(4.90) のランク 1 の行列 $\boldsymbol{A}_i$ を，(4.91) のように r 個足すと，もとのランク r の行列 $\boldsymbol{A}$ が得られる．途中の $k < r$ まで和をとると，$\boldsymbol{A}$ のランク k 近似

$$\hat{\boldsymbol{A}}(k) := \sum_{i=1}^{k} \sigma_i \boldsymbol{u}_i \boldsymbol{v}_i^\top = \sum_{i=1}^{k} \sigma_i \boldsymbol{A}_i \tag{4.92}$$

が得られる．ここで $\mathrm{rk}(\hat{\boldsymbol{A}}(k)) = k$ である．図 4.12 はストーンヘンジのもとの画像 $\boldsymbol{A}$ の低ランク近似 $\hat{\boldsymbol{A}}(k)$ である．ランクがあがるにつれて徐々に岩の形が見えるようになり，ランク 5 近似で輪郭がはっきりとする．もとの画像では $1{,}432 \times 1{,}910 = 2{,}735{,}120$ 個の数値が必要である一方，ランク 5 近似では五つの特異値と 5 組の左・右特異ベクトルのみ保持すればよく，$5 \times (1{,}432 + 1{,}910 + 1) = 16{,}715$ 個ともとの 0.6 % のサイズとなる．

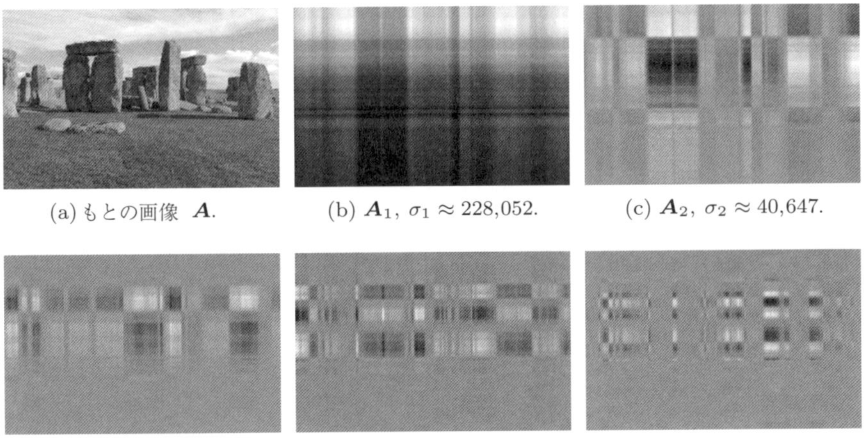

(a) もとの画像 $\boldsymbol{A}$.　(b) $\boldsymbol{A}_1$, $\sigma_1 \approx 228{,}052$.　(c) $\boldsymbol{A}_2$, $\sigma_2 \approx 40{,}647$.
(d) $\boldsymbol{A}_3$, $\sigma_3 \approx 26{,}125$.　(e) $\boldsymbol{A}_4$, $\sigma_4 \approx 20{,}232$.　(f) $\boldsymbol{A}_5$, $\sigma_5 \approx 15{,}436$.

図 4.11　特異値分解による画像処理．(a) もとの画像．1,432 × 1,910 行列で各要素は 0（黒）から 1（白）の値をもつ．(b)–(f) 特異値 $\sigma_1, \ldots, \sigma_5$ に対応するランク 1 の行列 $\boldsymbol{A}_1, \ldots, \boldsymbol{A}_5$．各行列がグリッド状になるのは，左特異ベクトルと右特異ベクトルの外積として行列を与えることによる．

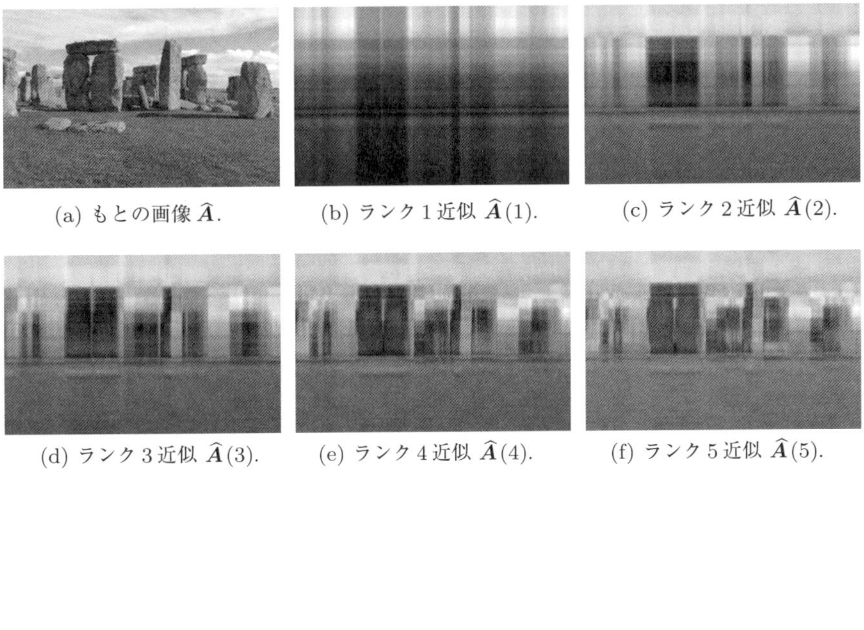

(a) もとの画像 $\widehat{\boldsymbol{A}}$.　(b) ランク 1 近似 $\widehat{\boldsymbol{A}}(1)$.　(c) ランク 2 近似 $\widehat{\boldsymbol{A}}(2)$.
(d) ランク 3 近似 $\widehat{\boldsymbol{A}}(3)$.　(e) ランク 4 近似 $\widehat{\boldsymbol{A}}(4)$.　(f) ランク 5 近似 $\widehat{\boldsymbol{A}}(5)$.

図 4.12　特異値分解による画像復元．(a) もとの画像．(b)–(f) 特異値分解の低ランク近似による画像復元．ここでランク k 近似は $\hat{\boldsymbol{A}}(k) = \sum_{i=1}^{k} \sigma_i \boldsymbol{A}_i$ である．

$\boldsymbol{A}$ とそのランク k 近似 $\hat{\boldsymbol{A}}(k)$ の差（誤差）の測定にはノルムを利用する．3.1 節ではベクトルの長さを測る際にノルムを利用したが，行列のノルムについても同様に定めることができる．

スペクトルノルム (spectral norm)

定義 4.23 （行列のスペクトルノルム）　行列 $\boldsymbol{A} \in \mathbb{R}^{m\times n}$ のスペクトルノルムを $\boldsymbol{x} \in \mathbb{R}^n \setminus \{\boldsymbol{0}\}$ に関する最大値

$$\|\boldsymbol{A}\|_2 := \max_{\boldsymbol{x}} \frac{\|\boldsymbol{A}\boldsymbol{x}\|_2}{\|\boldsymbol{x}\|_2} \tag{4.93}$$

で定める． ■

ここで（左辺の）行列のノルムの添字2は（右辺の）ベクトルのノルムがユークリッドノルムであることを意味している．スペクトルノルム (4.93) は各ベクトルが $\boldsymbol{A}$ によって最大でどれだけの長さが伸びるかを表している．

定理 4.24 　行列 $\boldsymbol{A}\,(\neq \boldsymbol{0})$ のスペクトルノルムは最大の特異値 σ_1 と一致する． ■

この定理の証明は章末問題とする．

エッカート・ヤングの定理 (Eckart-Young theorem)

定理 4.25 （エッカート・ヤングの定理 [EY36]）　$\boldsymbol{A} \in \mathbb{R}^{m\times n}$ をランク r の行列とする．任意の $k \leq r$ に対して以下が成立する：

$$\hat{\boldsymbol{A}}(k) = \underset{\mathrm{rk}(\boldsymbol{B})\leq k}{\operatorname{argmin}} \|\boldsymbol{A} - \boldsymbol{B}\|_2 \,, \tag{4.94}$$

$$\|\boldsymbol{A} - \hat{\boldsymbol{A}}(k)\|_2 = \sigma_{k+1} \,. \tag{4.95}$$

ここで $\hat{\boldsymbol{A}}(k) = \sum_{i=1}^{k} \sigma_i \boldsymbol{u}_i \boldsymbol{v}_i^\top$ であり，$\boldsymbol{B} \in \mathbb{R}^{m\times n}$ はランク k 以下の行列全体を走る． ■

エッカート・ヤングの定理は行列 $\boldsymbol{A}$ をランク k の行列で近似した場合にどれくらい誤差が発生するかを主張している．特異値分解のランク k 近似は，高々ランク k の行列のなす低次元空間へ $\boldsymbol{A}$ を射影する操作と解釈でき，（スペクトルノルムで見て）誤差を最も小さくする近似となる．

エッカート・ヤングの定理がなぜ成立するのかを理解するために，段階に分けて確認しよう．まず $\boldsymbol{A}$ と $\hat{\boldsymbol{A}}(k)$ の差は

$$\boldsymbol{A} - \hat{\boldsymbol{A}}(k) = \sum_{i=k+1}^{r} \sigma_i \boldsymbol{u}_i \boldsymbol{v}_i^\top \tag{4.96}$$

のように余りのランク1行列の和となる．そのスペクトルノルムは定理 4.24 より σ_{k+1} であり，したがって (4.95) を得る．次に (4.94) を背理法で示そう．

$\mathrm{rk}(\boldsymbol{B}) \leq k$ となる行列 $\boldsymbol{B}$ が

$$\|\boldsymbol{A} - \boldsymbol{B}\|_2 < \|\boldsymbol{A} - \hat{\boldsymbol{A}}(k)\|_2 \tag{4.97}$$

をみたすと仮定する．少なくとも $(n-k)$ 次元の部分ベクトル空間 $Z \subseteq \mathbb{R}^n$ が存在して，任意の $\boldsymbol{x} \in Z$ に対して $\boldsymbol{Bx} = 0$ となる．特に

$$\|\boldsymbol{Ax}\|_2 = \|(\boldsymbol{A} - \boldsymbol{B})\boldsymbol{x}\|_2 \tag{4.98}$$

であり，スペクトルノルムの定義から各 $\boldsymbol{x} \in Z \setminus \{\boldsymbol{0}\}$ に対し

$$\|\boldsymbol{Ax}\|_2 \leq \|\boldsymbol{A} - \boldsymbol{B}\|_2 \|\boldsymbol{x}\|_2 < \sigma_{k+1} \|\boldsymbol{x}\|_2 \tag{4.99}$$

となる．しかし，右特異ベクトル $\boldsymbol{v}_j$ $(j \leq k+1)$ の張る $(k+1)$ 次元部分空間は，$\|\boldsymbol{Ax}\|_2 \geq \sigma_{k+1}\|\boldsymbol{x}\|_2$ をみたし，双方の次元の和がもとのベクトル空間の次元 n を超えてしまうため矛盾する．そのため $\hat{\boldsymbol{A}}(k)$ が誤差を最小化する．

エッカート・ヤングの定理は，行列 $\boldsymbol{A}$ をランク k の行列 $\hat{\boldsymbol{A}}$ に還元する場合，特異値分解が原理的に（スペクトルノルムの意味で）最適な方法を与えることを意味している．$\boldsymbol{A}$ をランク k 行列で近似することは非可逆圧縮の一種と考えることができる．行列の低ランク近似は機械学習の様々な領域に利用され，例えば画像処理やノイズフィルタリング，不良問題の正則化に用いられる．さらに第 10 章の次元削減や主成分分析においても特異値分解は重要な役割を果たすことになる．

例 4.15（映画の評価と消費者に関する構造の探求（続き）） 映画の評価の例に戻って，もとのデータ行列を低ランク近似することにしよう．最初の特異ベクトルは，SF テーマと SF 愛好者を表していたことを思い出そう．この最初の特異ベクトルによるランク 1 の行列は

$$\boldsymbol{A}_1 = \boldsymbol{u}_1 \boldsymbol{v}_1^\top = \begin{bmatrix} -0.6710 \\ -0.7197 \\ -0.0939 \\ -0.1515 \end{bmatrix} \begin{bmatrix} -0.7367 & -0.6515 & -0.1811 \end{bmatrix} \tag{4.100a}$$

$$= \begin{bmatrix} 0.4943 & 0.4372 & 0.1215 \\ 0.5302 & 0.4689 & 0.1303 \\ 0.0692 & 0.0612 & 0.0170 \\ 0.1116 & 0.0987 & 0.0274 \end{bmatrix} \tag{4.100b}$$

となる．このランク 1 の行列 $\boldsymbol{A}_1$ は示唆的である．この行列は Ali と Beatrix が *Star Wars* や *Blade Runner* といった SF 映画が（スコアが 4 より大きいので）好きであることを教えてくれるが，一方で Chandra の他の映画への好みの情報を捉え損ねている．Chandra の好みが最初の特異ベクトルにはなかったため，

これは不思議なことではない．Chandra の嗜好に沿うランク 1 の行列は，2 番目の特異値から与えられ，

$$\boldsymbol{A}_2 = \boldsymbol{u}_2\boldsymbol{v}_2^\top = \begin{bmatrix} 0.0236 \\ 0.2054 \\ -0.7705 \\ -0.6030 \end{bmatrix} \begin{bmatrix} 0.0852 & 0.1762 & -0.9807 \end{bmatrix} \tag{4.101a}$$

$$= \begin{bmatrix} -0.0154 & 0.0042 & -0.0174 \\ -0.1338 & 0.0362 & -0.1516 \\ 0.5019 & -0.1358 & 0.5686 \\ 0.3928 & -0.1063 & 0.445 \end{bmatrix} \tag{4.101b}$$

となる．この $\boldsymbol{A}_2$ は Chandra の映画の評価の特徴を捉えている一方，SF 映画については捉え損ねている．以上より，ランク 2 近似 $\hat{\boldsymbol{A}}(2)$ は

$$\hat{\boldsymbol{A}}(2) = \sigma_1\boldsymbol{A}_1 + \sigma_2\boldsymbol{A}_2 = \begin{bmatrix} 4.7801 & 4.2419 & 1.0244 \\ 5.2252 & 4.7522 & -0.0250 \\ 0.2493 & -0.2743 & 4.9724 \\ 0.7495 & 0.2756 & 4.0278 \end{bmatrix} \tag{4.102}$$

となる．これはもとの評価表

$$\boldsymbol{A} = \begin{bmatrix} 5 & 4 & 1 \\ 5 & 5 & 0 \\ 0 & 0 & 5 \\ 1 & 0 & 4 \end{bmatrix} \tag{4.103}$$

と似たものとなり，$\boldsymbol{A}_3$ の寄与は無視できることを示唆している．このことは 3 番目の映画テーマやその愛好者のカテゴリーの証拠がデータテーブル上にないと解釈することができる．また，この例においては映画テーマ・愛好者の全空間は SF とフランスのアートハウス映画の張る二次元空間であることも示唆している．

4.7　行列の系統図

系統（phylogeny）という用語は個体や集団の関係の捉え方を表し，ギリシャ語の「種族（tribe）」と「源泉（source）」に由来する．

第 2 章と第 3 章で線形代数と解析幾何の基本を学び，本章では行列や線形写像の基本的な特性を確認した．図 4.13 は様々な種類の行列の関係（黒い有向線分による「部分集合」の関係）と適用可能な操作を（青字で）示した系統図である．勝手なサイズの実行列 $\boldsymbol{A} \in \mathbb{R}^{n\times m}$ が出発点となる．特異値分解は（$n \neq m$ と）正方でない場合でも利用できるのであった．正方行列（$n = m$）については，行列式によって逆行列をもつか否かを判断できる．もし $n \times n$ の

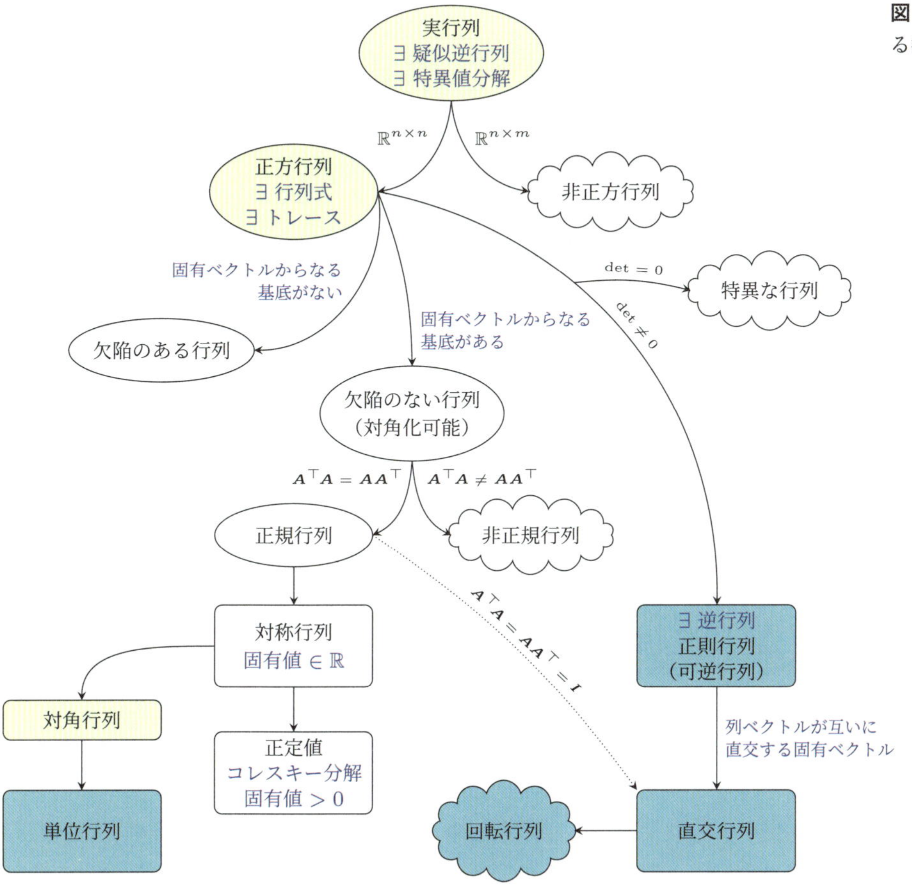

図 4.13　機械学習で登場する行列に関する性質系統図.

正方行列が n 個の線形独立な固有ベクトルをもつのであれば，その行列に欠陥はなく，**固有値分解**が存在する（定理 4.20）．固有値が重複した場合は行列に欠陥があり得て（実行列を用いた）対角化ができない可能性がある．

行列が正則であることと欠陥がないことは同値ではない．例えば回転行列は（行列式が非ゼロなので）可逆だが，（固有値が実数とは限らないので）実行列による対角化ができない可能性がある．

欠陥のない正方行列 $\boldsymbol{A} \in \mathbb{R}^{n\times n}$ の分枝をさらに細かく見てみよう．正方行列 $\boldsymbol{A}$ は条件 $\boldsymbol{A}^\top\boldsymbol{A} = \boldsymbol{A}\boldsymbol{A}^\top$ をみたすとき**正規**と呼ばれる．さらに $\boldsymbol{A}^\top\boldsymbol{A} = \boldsymbol{A}\boldsymbol{A}^\top = \boldsymbol{I}$ となるとき $\boldsymbol{A}$ は**直交行列**であるという（定義 3.8）．直交行列は正則行列（可逆行列）であり，$\boldsymbol{A}^\top = \boldsymbol{A}^{-1}$ となる．

正規 (normal)

正規行列の中に，これまでよく出てきた対称行列 $\boldsymbol{S} \in \mathbb{R}^{n\times n}, \boldsymbol{S} = \boldsymbol{S}^\top$ が含まれる．対称行列の固有値は実数に限られる．その部分集合として正定値対称

行列 $\boldsymbol{P} \in \mathbb{R}^{n\times n}$ 全体の集合があるが，これは任意の $\boldsymbol{x} \in \mathbb{R}^n \setminus \{\boldsymbol{0}\}$ に対して条件 $\boldsymbol{x}^\top \boldsymbol{P}\boldsymbol{x} > 0$ をみたす対称行列のことであった．この場合はコレスキー分解がただ一つに定まる（定理 4.18）．正定値対称行列の固有値は常に正であり，（行列式が非ゼロなので）常に可逆である．

対称行列の中に含まれる別の部分として，**対角行列** $\boldsymbol{D}$ が挙げられる．対角行列は積や和で閉じているが群とはならない．（すべての対角要素が非ゼロのときにのみ逆行列が存在する．）特別な対角行列として単位行列 $\boldsymbol{I}$ がある．

4.8　関連図書

本章の大半の内容は，写像の性質を分析する方法とその数学的な基礎部分の説明であった．本章で学んだ内容の多くは，基盤ソフトウェアのレベルで機械学習の中核に位置し，ほとんどすべての機械学習理論の構成要素となっている．行列を分類・分析するための基本的な特徴と条件が，行列式や固有スペクトル，固有空間による行列の特徴付けにより与えられる．データの表現や変換全般に活用され，行列に対する数値計算の安定性の判断に利用することもある [PTVF07]．行列式は「手で」逆行列と固有値を求める場合に基本的な道具となる．サイズの小さい場合以外はガウスの消去法による数値計算の方が高速だが [PTVF07]，依然として行列式は有用な概念であり，例えば行列式の符号から基底の向きの直感が得られる．固有ベクトルはデータを意味のある軸に変換し，直交する特徴量を得る際に利用できる．また，コレスキー分解といった行列分解の手法は，確率的なイベントの計算やシミュレーションの場面でよく登場する [RK16]．例えば変分オートエンコーダ（VAE）では，確率変数に関する微分を再パラメータ化トリックを用いて計算する際にコレスキー分解した行列を利用する [JRM15, KB14]．

固有値分解は線形写像の本質部分を抽出する基本的な方法である．この手法は正定値カーネルの固有値分解を行う**スペクトル法**という形で，広い領域の機械学習アルゴリズムの基盤を与えている．このようなスペクトル分解は，以下のような統計的データ解析の古典的なアプローチを包含している：

主成分分析 (principal component analysis)

- データの主要な差異を説明する低次元部分ベクトル空間を求める**主成分分析**（PCA [Pea01]．第 10 章も参照のこと）．

- フィッシャー判別分析による，分類を行う分離超平面の決定 [MRW$^+$99].
- 多次元尺度法 [CC70].

フィッシャー判別分析 (Fisher discriminant analysis)

これらの手法の計算効率は，特に半正定値対称行列の最良のランク k 近似に依拠している．スペクトル法のより現代的な例としては，*Isomap* [TDSL00], *Laplacian eigenmaps* [BN03], *Hessian eigenmaps* [DG03], *spectral clustering* [SM00] がある．これらの起源はそれぞれ異なるが，いずれも正定値カーネルの固有ベクトルと固有値計算を必要としており，その主な計算は特異値分解で述べたような低ランク行列による近似技術に支えられている [BW09].

多次元尺度法 (multidimensional scaling)
Isomap
Laplacian eigenmaps
Hessian eigenmaps
spectral clustering

特異値分解は固有値分解と同種の情報を得ることに利用でき，より一般の非正方行列やデータテーブルに適用可能である．この行列分解法は，$n \times m$ 個の値の代わりに $(n+m)k$ 個の値の格納で済ませる近似的なデータ圧縮や，予測変数から相関を除くように前処理する場面で有効となる (Ohmoneit et al., 2001). 特異値分解は，二つのインデックス（行と列）をもつ長方形の配列として解釈できる行列が対象となる．行列のような構造を高次元の配列に拡張したものをテンソルというが，テンソルを扱う一般的な分解手法の特殊例が特異値分解であることがわかっている [KB09]. テンソルに対する特異値分解のような演算や低ランク近似は，例えば，*Tucker* 分解 (Tucker, 1966) や *CP* 分解 [CC70] などがある．

Tucker 分解 (Tucker decomposition)

特異値分解による低ランク近似は計算効率を理由に機械学習で頻繁に利用される．非常に大きなデータの行列に対して必要となるメモリの量と非ゼロ乗算の計算量を減らすことが可能となる [TBI97]. さらに，低ランク近似は欠損値を含む行列の操作や非可逆圧縮，次元削減といった場面でも利用される [MDM95].

CP 分解 (CP decomposition)

演習問題

4.1　行列

$$\boldsymbol{A} = \begin{bmatrix} 1 & 3 & 5 \\ 2 & 4 & 6 \\ 0 & 2 & 4 \end{bmatrix}$$

の行列式を第 1 行に関するラプラス展開を用いて求めよ．また，サラスの方法による計算も行え．

4.2　以下の行列の行列式を工夫して求めよ：

$$\begin{bmatrix} 2 & 0 & 1 & 2 & 0 \\ 2 & -1 & 0 & 1 & 1 \\ 0 & 1 & 2 & 1 & 2 \\ -2 & 0 & 2 & -1 & 2 \\ 2 & 0 & 0 & 1 & 1 \end{bmatrix}.$$

4.3　正方行列 $\begin{bmatrix} 1 & 0 \\ 1 & 1 \end{bmatrix}$, $\begin{bmatrix} -1 & 2 \\ 2 & 1 \end{bmatrix}$ の固有空間をそれぞれ求めよ．

4.4　行列

$$\boldsymbol{A} = \begin{bmatrix} 0 & -1 & 1 & 1 \\ -1 & 1 & -2 & 3 \\ 2 & -1 & 0 & 0 \\ 1 & -1 & 1 & 0 \end{bmatrix}$$

の固有空間をすべて求めよ．

4.5　行列が対角化可能であることと逆行列をもつことは必要条件でも十分条件でもない．以下の四つの行列はそれぞれ対角化可能か？ また可逆か？

$$\begin{bmatrix} 1 & 0 \\ 0 & 1 \end{bmatrix}, \begin{bmatrix} 1 & 0 \\ 0 & 0 \end{bmatrix}, \begin{bmatrix} 1 & 1 \\ 0 & 1 \end{bmatrix}, \begin{bmatrix} 0 & 1 \\ 0 & 0 \end{bmatrix}.$$

4.6　以下の変換行列に関してそれぞれ固有空間を求めよ．また，これらの行列は対角化可能か？

a.

$$\boldsymbol{A} = \begin{bmatrix} 2 & 3 & 0 \\ 1 & 4 & 3 \\ 0 & 0 & 1 \end{bmatrix}.$$

b.

$$\boldsymbol{A} = \begin{bmatrix} 1 & 1 & 0 & 0 \\ 0 & 0 & 0 & 0 \\ 0 & 0 & 0 & 0 \\ 0 & 0 & 0 & 0 \end{bmatrix}.$$

4.7　以下の行列は対角化可能か？ もし対角化可能であれば対角化を行い，対応する基底を求めよ．もし対角化可能でないなら理由を述べよ．

a.

$$\boldsymbol{A} = \begin{bmatrix} 0 & 1 \\ -8 & 4 \end{bmatrix}.$$

b.

$$\boldsymbol{A} = \begin{bmatrix} 1 & 1 & 1 \\ 1 & 1 & 1 \\ 1 & 1 & 1 \end{bmatrix}.$$

c.

$$\boldsymbol{A} = \begin{bmatrix} 5 & 4 & 2 & 1 \\ 0 & 1 & -1 & -1 \\ -1 & -1 & 3 & 0 \\ 1 & 1 & -1 & 2 \end{bmatrix}.$$

d.

$$\boldsymbol{A} = \begin{bmatrix} 5 & -6 & -6 \\ -1 & 4 & 2 \\ 3 & -6 & -4 \end{bmatrix}.$$

4.8　行列 $\boldsymbol{A} = \begin{bmatrix} 3 & 2 & 2 \\ 2 & 3 & -2 \end{bmatrix}$ の特異値分解を求めよ．

4.9　行列 $\boldsymbol{A} = \begin{bmatrix} 2 & 2 \\ -1 & 1 \end{bmatrix}$ の特異値分解を求めよ．

4.10　行列 $\boldsymbol{A} = \begin{bmatrix} 3 & 2 & 2 \\ 2 & 3 & -2 \end{bmatrix}$ のランク 1 近似を求めよ．

4.11　任意の行列 $\boldsymbol{A} \in \mathbb{R}^{m \times n}$ について，$\boldsymbol{A}^\top \boldsymbol{A}$ と $\boldsymbol{A}\boldsymbol{A}^\top$ は同じ非ゼロ固有値をもつことを示せ．

4.12　定理 4.24 を示せ．つまり，$\boldsymbol{A} \in \mathbb{R}^{m \times n}$ の最大特異値を σ_1 として

$$\max_{\boldsymbol{x} \neq \boldsymbol{0}} \frac{\|\boldsymbol{A}\boldsymbol{x}\|_2}{\|\boldsymbol{x}\|_2} = \sigma_1$$

を示せ．

第5章

ベクトル解析

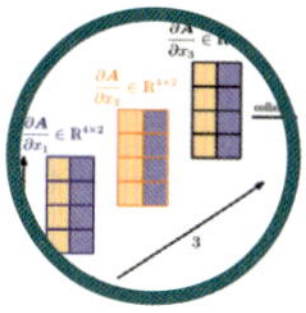

機械学習の多くのアルゴリズムは，目的関数が最適となるようにモデルのパラメータを調整し，その最適化は最適化問題（8.2 節，8.3 節）として定式化される．以下は最適化の例である：

1. 線形回帰（第 9 章）による曲線のフィッティングでは，尤度が最大となるように線形な重みパラメータを最適化する．
2. ニューラルネットワークのオートエンコーダを用いて次元削減やデータの圧縮を行う場合，復元のエラーが最小となるよう各層のバイアスや重みパラメータを反復的なチェインルールの適用により最適化する．
3. 混合ガウスモデル（第 11 章）による確率分布のモデリングでは，各ガウス分布の位置や形状のパラメータを最適化して，尤度を最大化する．

図 5.1 はこれらの最適化問題を図示したものである．これらの問題は勾配に基づく最適化アルゴリズム（7.1 節）を用いて解くことが多い．図 5.2 が本章で学ぶ内容と他の章との関連を示したマインドマップである．

関数が本章の主題である．関数 f は二つの量を対応させるものであり，本書では主にベクトル $\boldsymbol{x} \in \mathbb{R}^D$ を値 $f(\boldsymbol{x})$ に対応させる関数を扱う．特に言及がなければ $f(\boldsymbol{x})$ は実数とする．上記の $\mathbb{R}^D$ を f の**定義域**といい，出力側の集合 $\mathbb{R}$ を f の**値域**または**像**という．これらの用語は，線形写像の文脈では 2.7.2 項ですでに登場済みである．この関数をしばしば

定義域 (domain)
値域 (codomain)
像 (image)

$$f : \mathbb{R}^D \to \mathbb{R} \tag{5.1a}$$

$$\boldsymbol{x} \mapsto f(\boldsymbol{x}) \tag{5.1b}$$

のように表記する．(5.1a) は f が $\mathbb{R}^D$ から $\mathbb{R}$ への写像であることを表し，(5.1b) は $\boldsymbol{x}$ に対する関数値が $f(\boldsymbol{x})$ であることを陽に書いたものである．関数 f は一つの $\boldsymbol{x}$ に対して，一つの関数値 $f(\boldsymbol{x})$ を対応させる．

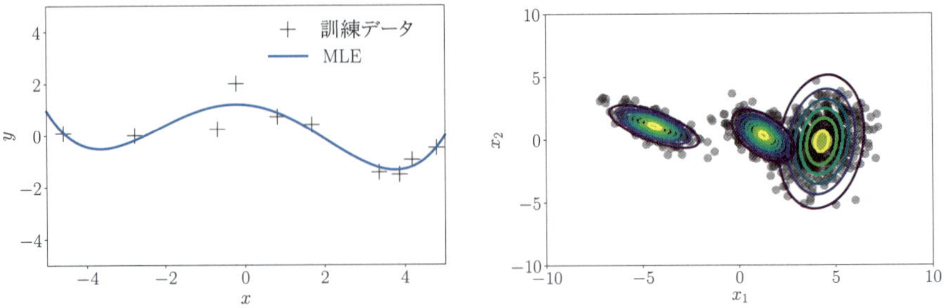

図 5.1　(a) 回帰（曲線フィッティング）や (b) 密度推定（データの生成に関するモデリング）の場面でベクトル解析は重要となる．

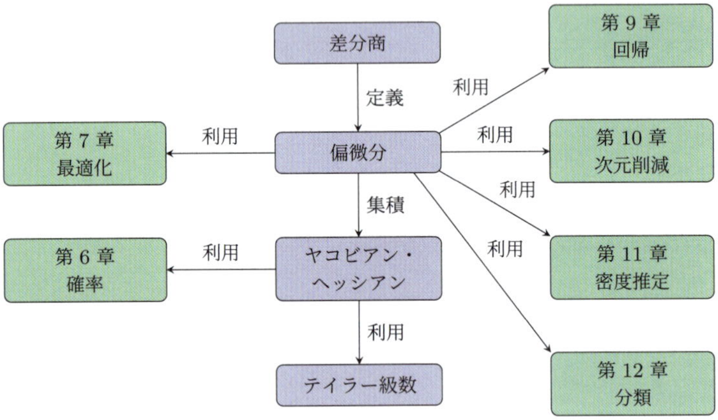

図 5.2　本章で導入される概念および他の章との関連のマインドマップ．

例 5.1　内積の一つであるドット積を思い出そう（3.2 節）．関数 $f(\boldsymbol{x}) = \boldsymbol{x}^\top \boldsymbol{x}$, $\boldsymbol{x} \in \mathbb{R}^2$ を上の表記を用いて表すと

$$f : \mathbb{R}^2 \to \mathbb{R} \tag{5.2a}$$

$$\boldsymbol{x} \mapsto x_1^2 + x_2^2 \tag{5.2b}$$

となる．

本章では関数の勾配の計算方法を説明する．勾配は関数の最も増大する方向を表しており，機械学習モデルの学習でしばしば必要となる．そのため，ベクトル解析は機械学習で用いられる基本的な数学の一つといえる．本書では，微分可能な関数のみを考えるが，示される性質の多くは（微分不可能な）連続関数の劣微分の性質に一般化できる．ただし，劣微分を説明するには数学的準備が追加で必要となるため本書では扱わない．制約条件付きの関数の場合については第 7 章で説明を行う．

5.1 一変数関数の微分

この節では，高校で学んだ一変数関数の微分を復習する．微分を定義する前に，一変数関数 $y=f(x)$ の差分商をまずは定義する．

定義 5.1 （差分商） 関数 $f:\mathbb{R}\to\mathbb{R}$ の二点 $x, x+\delta x\in\mathbb{R}$ の差分商を

差分商 (difference quotient)

$$\frac{\delta y}{\delta x} := \frac{f(x+\delta x)-f(x)}{\delta x} \tag{5.3}$$

と定める．つまり f をグラフに描いたときの二点間の傾きであり，図 5.3 のように図示される． ■

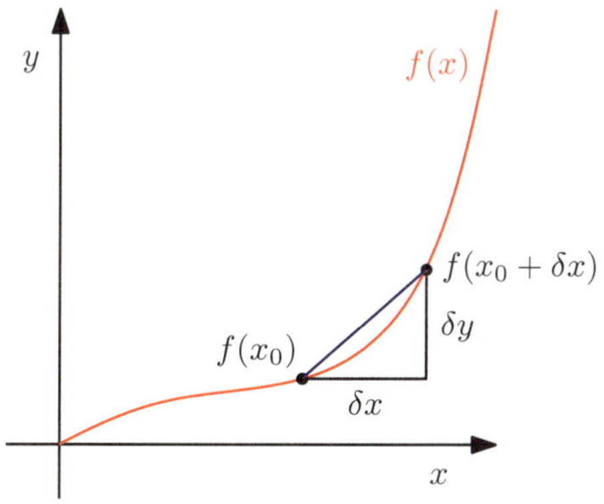

図 5.3 二点 $x_0, x_0+\delta x$ 間の関数 f の平均傾斜は，$f(x_0), f(x_0+\delta x)$ をつなぐ（青色の）線分の傾斜であり，$\frac{\delta y}{\delta x}$ で与えられる．

差分商を，x から $x+\delta x$ までの f の平均的な傾きと考えることもできる．極限 $\delta x\to 0$ によって，差分商は点 x での f の接線の傾きを与える†．この傾きを f の x における微分という．

† 訳注：この差分商の極限が存在するとき，f は点 x で微分可能であるという．

定義 5.2 （微分） 関数 f の x における微分を，$h\neq 0$ における差分商の極限

微分 (derivation)

$$\frac{\mathrm{d}f}{\mathrm{d}x} := \lim_{h\to 0}\frac{f(x+h)-f(x)}{h} \tag{5.4}$$

と定める‡．この極限によって，図 5.3 の割線は接線となる． ■

‡ 訳注：関数 $x\mapsto\frac{\mathrm{d}f}{\mathrm{d}x}(x)$ を f の**導関数** (derivative) という．

関数 f の微分は f の増大する方向を表している．

例 5.2（多項式の微分） 多項式関数 $f(x)=x^n$, $n\in\mathbb{N}$ の微分を考えよう．答えは nx^{n-1} と知っている人も多いだろうが，定義に基づいて改めて導出することにしよう．

微分の定義 (5.4) から

$$\frac{\mathrm{d}f}{\mathrm{d}x} = \lim_{h\to 0}\frac{f(x+h)-f(x)}{h} \tag{5.5a}$$

$$= \lim_{h\to 0}\frac{(x+h)^n - x^n}{h} \tag{5.5b}$$

$$= \lim_{h\to 0}\frac{\sum_{i=0}^{n}\binom{n}{i}x^{n-i}h^i - x^n}{h} \tag{5.5c}$$

となる．$x^n = \begin{pmatrix} n \\ 0 \end{pmatrix} x^{n-0}h^0$ であるので和の初項は消えて

$$\frac{\mathrm{d}f}{\mathrm{d}x} = \lim_{h\to 0}\frac{\sum_{i=1}^{n}\begin{pmatrix} n \\ i \end{pmatrix}x^{n-i}h^i}{h} \tag{5.6a}$$

$$= \lim_{h\to 0}\sum_{i=1}^{n}\begin{pmatrix} n \\ i \end{pmatrix}x^{n-i}h^{i-1} \tag{5.6b}$$

$$= \lim_{h\to 0}\begin{pmatrix} n \\ 1 \end{pmatrix}x^{n-1} + \underbrace{\sum_{i=2}^{n}\begin{pmatrix} n \\ i \end{pmatrix}x^{n-i}h^{i-1}}_{\to 0\ (h\to 0\ \text{のとき})} \tag{5.6c}$$

$$= \frac{n!}{1!(n-1)!}x^{n-1} = nx^{n-1} \tag{5.6d}$$

となる．

5.1.1　テイラー級数

テイラー級数は関数 f を無限個の項の和として表したものである．各項は f の点 x_0 における微分から決定される．

テイラー多項式 (Taylor polynomial)

定義 5.3　(テイラー多項式)　関数 f の点 x_0 における n 次のテイラー多項式を

$$T_n(x) := \sum_{k=0}^{n}\frac{f^{(k)}(x_0)}{k!}(x-x_0)^k \tag{5.7}$$

と定める．ここで $f^{(k)}(x_0)$ は f を x_0 で k 回微分した値である（微分可能性は仮定する）†． ■

† 訳注：$f^{(1)}, f^{(2)}$ はしばしば f', f'' とそれぞれ略記される．
ここで，任意の $t \in \mathbb{R}$ に対して $t^0 := 1$ と定める．

テイラー級数 (Taylor series)

$f \in \mathcal{C}^\infty$，つまり関数が滑らかであるとは，関数 f が任意回微分可能で各導関数 $f^{(k)}(x)$ が連続であることをいう．

定義 5.4　(テイラー級数)　滑らかな関数 $f \in \mathcal{C}^\infty, f : \mathbb{R} \to \mathbb{R}$ について，f の x_0 におけるテイラー級数を

$$T_\infty(x) := \sum_{k=0}^{\infty}\frac{f^{(k)}(x_0)}{k!}(x-x_0)^k \tag{5.8}$$

と定める．特に $x_0 = 0$ でのテイラー級数は**マクローリン級数**と呼ばれる．関数として $f(x) = T_\infty(x)$ となるとき，f は x_0 で**解析的**であるという． ■

マクローリン級数 (Maclaurin series)
解析的 (analytic)

注 一般に，テイラー多項式は（多項式とは限らない）関数の多項式近似を与え，点 x_0 の近傍で f と近い値をとる．次数 $k \le n$ の多項式関数 f に関しては，$i > k$ の導関数 $f^{(i)}$ が消失するため n 次のテイラー多項式はもとの関数 f と一致する．

例 5.3（テイラー多項式） 多項式関数

$$f(x) = x^4 \tag{5.9}$$

の $x_0 = 1$ におけるテイラー多項式 T_6 を求めてみよう．まず係数 $f^{(k)}(1)$，$0 \le k \le 6$ は

$$f(1) = 1 \tag{5.10}$$

$$f'(1) = 4 \tag{5.11}$$

$$f''(1) = 12 \tag{5.12}$$

$$f^{(3)}(1) = 24 \tag{5.13}$$

$$f^{(4)}(1) = 24 \tag{5.14}$$

$$f^{(5)}(1) = 0 \tag{5.15}$$

$$f^{(6)}(1) = 0 \tag{5.16}$$

となる．したがってテイラー多項式は

$$T_6(x) = \sum_{k=0}^{6} \frac{f^{(k)}(x_0)}{k!}(x - x_0)^k \tag{5.17a}$$

$$= 1 + 4(x-1) + 6(x-1)^2 + 4(x-1)^3 + (x-1)^4 + 0 \tag{5.17b}$$

となる．項を整理すると

$$T_6(x) = (1 - 4 + 6 - 4 + 1) + x(4 - 12 + 12 - 4)$$

$$+ x^2(6 - 12 + 6) + x^3(4 - 4) + x^4 \tag{5.18a}$$

$$= x^4 = f(x) \tag{5.18b}$$

となり，もとの関数に一致する．

例 5.4（テイラー級数）　図 5.4 に描いた関数

$$f(x) = \sin(x) + \cos(x) \in \mathcal{C}^{\infty} \tag{5.19}$$

の $x_0 = 0$ におけるテイラー級数（マクローリン級数）を考えよう．まず $f^{(k)}(0)$ は

$$f(0) = \sin(0) + \cos(0) = 1 \tag{5.20}$$

$$f'(0) = \cos(0) - \sin(0) = 1 \tag{5.21}$$

$$f''(0) = -\sin(0) - \cos(0) = -1 \tag{5.22}$$

$$f^{(3)}(0) = -\cos(0) + \sin(0) = -1 \tag{5.23}$$

$$f^{(4)}(0) = \sin(0) + \cos(0) = f(0) = 1 \tag{5.24}$$

$$\vdots$$

であり，± 1 が 2 回ずつ交互に登場するパターンに従うとわかる．特に $f^{(k+4)}(0) = f^{(k)}(0)$ である．したがってテイラー級数は

$$T_{\infty}(x) = \sum_{k=0}^{\infty} \frac{f^{(k)}(x_0)}{k!}(x - x_0)^k \tag{5.25a}$$

$$= 1 + x - \frac{1}{2!}x^2 - \frac{1}{3!}x^3 + \frac{1}{4!}x^4 + \frac{1}{5!}x^5 - \cdots \tag{5.25b}$$

$$= 1 - \frac{1}{2!}x^2 + \frac{1}{4!}x^4 \mp \cdots + x - \frac{1}{3!}x^3 + \frac{1}{5!}x^5 \mp \cdots \tag{5.25c}$$

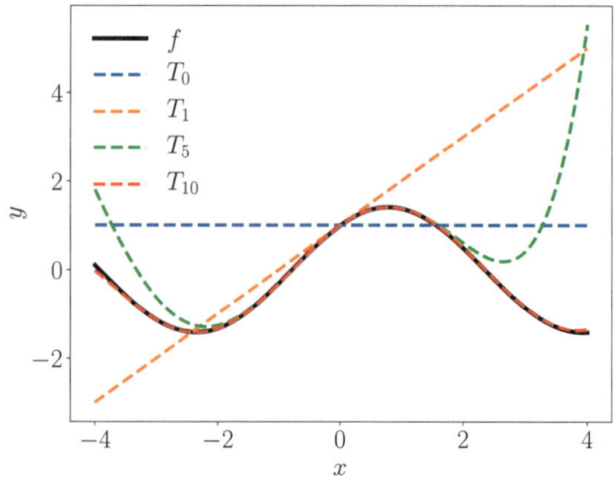

図 5.4　関数 $f(x) = \sin(x) + \cos(x)$（黒色の実線）を $x_0 = 0$ におけるテイラー多項式で近似する様子．高次のテイラー多項式になるほど，より広い範囲で f の良い近似を与える．区間 $[-4, 4]$ 上では，T_{10} の段階でほぼ f に等しい近似となる．

$$= \sum_{k=0}^{\infty}(-1)^k \frac{1}{(2k)!}x^{2k} + \sum_{k=0}^{\infty}(-1)^k \frac{1}{(2k+1)!}x^{2k+1} \tag{5.25d}$$

$$= \cos(x) + \sin(x) \tag{5.25e}$$

となる．最後の変形では三角関数のべき級数表示

べき級数表示 (power series representation)

$$\cos(x) = \sum_{k=0}^{\infty}(-1)^k \frac{1}{(2k)!}x^{2k}, \tag{5.26}$$

$$\sin(x) = \sum_{k=0}^{\infty}(-1)^k \frac{1}{(2k+1)!}x^{2k+1} \tag{5.27}$$

を用いている．図 5.4 にテイラー多項式 T_n，$n = 0, 1, 5, 10$ の様子を描いている．

注 テイラー級数はべき級数

$$f(x) = \sum_{k=0}^{\infty} a_k (x-c)^k \tag{5.28}$$

の一種である．テイラー級数では，係数 a_k と定数 c が定義 5.4 で与えられる．

5.1.2 微分の規則

微分の基本的な規則を端的にまとめると以下のようになる．ここで f' は関数 f の導関数を表すとする．

積のルール： $$(f(x)g(x))' = f'(x)g(x) + f(x)g'(x). \tag{5.29}$$

商のルール： $$\left(\frac{f(x)}{g(x)}\right)' = \frac{f'(x)g(x) - f(x)g'(x)}{(g(x))^2}. \tag{5.30}$$

和のルール： $$(f(x) + g(x))' = f'(x) + g'(x). \tag{5.31}$$

チェインルール： $$(g(f(x)))' = (g \circ f)'(x) = g'(f(x))f'(x). \tag{5.32}$$

ここで $g \circ f$ は合成関数 $x \mapsto f(x) \mapsto g(f(x))$ を表す．

例 5.5 (チェインルール) 関数 $h(x) = (2x+1)^4$ の導関数をチェインルールから求めてみよう．まず

$$h(x) = (2x+1)^4 = g(f(x)) \,, \tag{5.33}$$

$$f(x) = 2x + 1 \,, \tag{5.34}$$

$$g(f) = f^4 \tag{5.35}$$

であり，f, g の導関数は

$$f'(x) = 2\ , \tag{5.36}$$
$$g'(f) = 4f^3 \tag{5.37}$$

となる．したがって h の導関数は

$$h'(x) = g'(f)f'(x) = (4f^3)\cdot 2 \overset{(5.34)}{=} 4(2x+1)^3 \cdot 2 = 8(2x+1)^3 \tag{5.38}$$

となる．ここで，チェインルール (5.32) を適用してから，f の定義式 (5.34) による置き換えを行った．

5.2　偏微分と勾配

5.1 節では入力が $x \in \mathbb{R}$ である一変数関数 f の微分を扱った．この節ではより一般に，入力を $\boldsymbol{x} \in \mathbb{R}^n$ とする多変数関数（例えば $f(\boldsymbol{x}) = f(x_1, x_2)$）の微分を扱う．この一般化によって**勾配**の概念が得られる．

勾配 (gradient)

点 $\boldsymbol{x}$ において，他の変数を固定して「ある変数を動かす」という操作を考える．勾配とはこのような「偏微分」を各変数で実行して得られるベクトルである．

定義 5.5（偏微分）　n 変数 $x_1, \ldots, x_n$ の関数 $f : \mathbb{R}^n \to \mathbb{R}$, $\boldsymbol{x} \mapsto f(\boldsymbol{x})$, $\boldsymbol{x} \in \mathbb{R}^n$ について，$\boldsymbol{x} = (x_1, \ldots, x_n)^\top$ における f の（x_i 方向の）**偏微分**をそれぞれ

偏微分 (partial derivative)

$$\begin{aligned} \frac{\partial f}{\partial x_1} &= \lim_{h\to 0} \frac{f(x_1 + h, x_2, \ldots, x_n) - f(\boldsymbol{x})}{h} \\ &\vdots \\ \frac{\partial f}{\partial x_n} &= \lim_{h\to 0} \frac{f(x_1, x_2, \ldots, x_n + h) - f(\boldsymbol{x})}{h} \end{aligned} \tag{5.39}$$

と定める．そして，これらの偏微分をまとめた行ベクトル

$$\nabla_{\boldsymbol{x}} f = \mathrm{grad} f = \frac{\mathrm{d}f}{\mathrm{d}\boldsymbol{x}} = \begin{bmatrix} \frac{\partial f(\boldsymbol{x})}{\partial x_1} & \frac{\partial f(\boldsymbol{x})}{\partial x_2} & \cdots & \frac{\partial f(\boldsymbol{x})}{\partial x_n} \end{bmatrix} \in \mathbb{R}^{1\times n} \tag{5.40}$$

を f の（$\boldsymbol{x}$ における）**勾配**，**ヤコビ行列**という．■

勾配 (gradient)
ヤコビ行列 (Jacobian matrix)

注　5.3 節でヤコビ行列をベクトル値関数の場合に一般化する．

一変数関数の微分の結果が利用できる．各偏微分はある変数での微分となる．

例 5.6（チェインルールによる偏微分）　関数 $f(x) = (x + 2y^3)^2$ の偏微分はチェインルール (5.32) を用いて

$$\frac{\partial f(x,y)}{\partial x} = 2(x+2y^3)\frac{\partial}{\partial x}(x+2y^3) = 2(x+2y^3)\ , \tag{5.41}$$

$$\frac{\partial f(x,y)}{\partial y} = 2(x+2y^3)\frac{\partial}{\partial y}(x+2y^3) = 12(x+2y^3)y^2 \tag{5.42}$$

となる．

注（行ベクトルとしての勾配） ベクトルを列ベクトルとして定めることが一般的なことから，勾配についても列ベクトルとして定義する文献も珍しくない．本書で勾配を行ベクトルとして定める理由は二つあり，一つはベクトル値関数 $f : \mathbb{R}^n \to \mathbb{R}^m$ の勾配を含めた際の一貫性，もう一つはチェインルールによる勾配計算が容易になることである．この点は5.3節で再び取り上げる．

例 5.7（勾配） 関数 $f(x_1, x_2) = x_1^2 x_2 + x_1 x_2^3 \in \mathbb{R}$ の偏微分（つまり，x_1, x_2 の各変数での微分）は

$$\frac{\partial f(x_1,x_2)}{\partial x_1} = 2x_1x_2 + x_2^3, \tag{5.43}$$

$$\frac{\partial f(x_1,x_2)}{\partial x_2} = x_1^2 + 3x_1x_2^2 \tag{5.44}$$

である．そのため勾配は

$$\frac{\mathrm{d}f}{\mathrm{d}\boldsymbol{x}} = \begin{bmatrix} \dfrac{\partial f(x_1,x_2)}{\partial x_1} & \dfrac{\partial f(x_1,x_2)}{\partial x_2} \end{bmatrix} = \begin{bmatrix} 2x_1x_2 + x_2^3 & x_1^2 + 3x_1x_2^2 \end{bmatrix} \in \mathbb{R}^{1\times 2} \tag{5.45}$$

となる．

5.2.1 偏微分の基本的な規則

一変数関数の微分の規則（和のルール，積のルール，チェインルール．5.1.2項参照）は多変数関数の場合でも成立する．しかし，勾配はベクトルや行列となるため，行列の積が可換でない（2.2.1項）といった事情を考慮する必要がある．

多変数の場合の微分のルールは次のようになる†．

$$\text{積のルール：}\quad \frac{\mathrm{d}}{\mathrm{d}\boldsymbol{x}}(f(\boldsymbol{x})g(\boldsymbol{x})) = \frac{\mathrm{d}f}{\mathrm{d}\boldsymbol{x}}g(\boldsymbol{x}) + f(\boldsymbol{x})\frac{\mathrm{d}g}{\mathrm{d}\boldsymbol{x}}. \tag{5.46}$$

$$\text{和のルール：}\quad \frac{\mathrm{d}}{\mathrm{d}\boldsymbol{x}}(f(\boldsymbol{x}) + g(\boldsymbol{x})) = \frac{\mathrm{d}f}{\mathrm{d}\boldsymbol{x}} + \frac{\mathrm{d}g}{\mathrm{d}\boldsymbol{x}}. \tag{5.47}$$

$$\text{チェインルール：}\quad \frac{\mathrm{d}}{\mathrm{d}\boldsymbol{x}}(g\circ f)(\boldsymbol{x}) = \frac{\mathrm{d}}{\mathrm{d}\boldsymbol{x}}(g(f(\boldsymbol{x}))) = \frac{\mathrm{d}g}{\mathrm{d}f}\frac{\mathrm{d}f}{\mathrm{d}\boldsymbol{x}}. \tag{5.48}$$

チェインルールを注意深く見てみよう．チェインルール(5.48)はある意味，行列積の前後の次元が一致しなくてはならないというルール（2.2.1項）に似て

積のルール：
$(fg)' = f'g + fg'$
和のルール：
$(f+g)' = f' + g'$
チェインルール：
$(g(f))' = g'(f)f'$

† 訳注：なおチェインルール(5.48)は，f, g がベクトル値関数（5.3節）の場合も同様に成立する．すなわち，$\boldsymbol{f} : \mathbb{R}^n \to \mathbb{R}^m, \boldsymbol{g} : \mathbb{R}^m \to \mathbb{R}^l$ として，左辺の合成関数の勾配 $\frac{\mathrm{d}(\boldsymbol{g}\circ\boldsymbol{f})}{\mathrm{d}\boldsymbol{x}} \in \mathbb{R}^{l\times n}$ は，$\frac{\mathrm{d}\boldsymbol{g}}{\mathrm{d}\boldsymbol{f}} \in \mathbb{R}^{l\times m}$ と $\frac{\mathrm{d}\boldsymbol{f}}{\mathrm{d}\boldsymbol{x}} \in \mathbb{R}^{m\times n}$ の行列積となる．

これは単なる記憶法であり，数学的に正しいわけではない．実際，偏微分は分数ではない．

いる．右辺の初項の「分母」の $\mathrm{d}f$ は第二項では「分子」に存在する．そのため掛け算が可能で（つまり $\mathrm{d}f$ の次元が一致して），$\mathrm{d}f$ が「約分されて」$\frac{\mathrm{d}g}{\mathrm{d}\boldsymbol{x}}$ となる．

5.2.2　チェインルール

二変数関数 $f:\mathbb{R}^2 \to \mathbb{R}$ の変数 x_1, x_2 が，$x_1(t), x_2(t)$ のように変数 t の関数であるとする．f の t に関する微分はチェインルール (5.48) より

$$\frac{\mathrm{d}f}{\mathrm{d}t} = \begin{bmatrix} \frac{\partial f}{\partial x_1} & \frac{\partial f}{\partial x_2} \end{bmatrix} \begin{bmatrix} \frac{\partial x_1(t)}{\partial t} \\ \frac{\partial x_2(t)}{\partial t} \end{bmatrix} = \frac{\partial f}{\partial x_1}\frac{\partial x_1(t)}{\partial t} + \frac{\partial f}{\partial x_2}\frac{\partial x_2(t)}{\partial t} \tag{5.49}$$

となる．

例 5.8　$f(x_1, x_2) = x_1^2 + 2x_2$，$x_1 = \sin t$，$x_2 = \cos t$ として，f の t による導関数は

$$\frac{\mathrm{d}f}{\mathrm{d}t} = \frac{\partial f}{\partial x_1}\frac{\partial x_1}{\partial t} + \frac{\partial f}{\partial x_2}\frac{\partial x_2}{\partial t} \tag{5.50a}$$

$$= 2\sin t\frac{\partial \sin t}{\partial t} + 2\frac{\partial \cos t}{\partial t} \tag{5.50b}$$

$$= 2\sin t\cos t - 2\sin t = 2\sin t(\cos t - 1) \tag{5.50c}$$

となる．

二変数関数 $f:\mathbb{R}^2 \to \mathbb{R}$ の変数 x_1, x_2 が今度は変数 s, t の関数 $x_1(s,t), x_2(s,t)$ であるとする．するとチェインルールから s, t による偏微分は

$$\frac{\partial f}{\partial s} = \frac{\partial f}{\partial x_1}\frac{\partial x_1}{\partial s} + \frac{\partial f}{\partial x_2}\frac{\partial x_2}{\partial s}, \tag{5.51}$$

$$\frac{\partial f}{\partial t} = \frac{\partial f}{\partial x_1}\frac{\partial x_1}{\partial t} + \frac{\partial f}{\partial x_2}\frac{\partial x_2}{\partial t} \tag{5.52}$$

であり，そのため勾配は

$$\frac{\mathrm{d}f}{\mathrm{d}(s,t)} = \frac{\mathrm{d}f}{\mathrm{d}\boldsymbol{x}}\frac{\mathrm{d}\boldsymbol{x}}{\mathrm{d}(s,t)} = \underbrace{\begin{bmatrix} \frac{\partial f}{\partial x_1} & \frac{\partial f}{\partial x_2} \end{bmatrix}}_{\frac{\mathrm{d}f}{\mathrm{d}\boldsymbol{x}}} \underbrace{\begin{bmatrix} \frac{\partial x_1}{\partial s} & \frac{\partial x_1}{\partial t} \\ \frac{\partial x_2}{\partial s} & \frac{\partial x_2}{\partial t} \end{bmatrix}}_{\frac{\mathrm{d}\boldsymbol{x}}{\mathrm{d}(x,y)}} \tag{5.53}$$

チェインルールは行列式の形に書き下すことができる．

と行列積の形で与えられる．チェインルールを行列積を用いて端的に書き表せるのは，勾配を行ベクトルとして定義したからである．もし列ベクトルを定義に採用した場合は行列の転置が必要となる．勾配がベクトルや行列ならそれでもよいが（後述する）テンソルの場合は転置の扱いが自明ではなくなる．

注（実装した勾配の検証について） 実装した勾配の検証に，差分商の極限 (5.39) という偏微分の定義を利用できる．つまり，十分小さな値 h（例えば $h = 10^{-4}$）を用いて計算した差分商 (5.39) を，実装した（数値的な）勾配と比較し，実装内容が正しいかを数値的にテストする．誤差が小さければおそらく実装は正しい．ここで「小さい」とは例えば $\sqrt{\frac{\sum_i (dh_i - df_i)^2}{\sum_i (dh_i + df_i)^2}} < 10^{-6}$ をみたすことを意味する．dh_i は変数 x_i に関する差分商，df_i は実装した勾配によって求めた値である．

勾配の検証 (gradient checking)

5.3 ベクトル値関数の勾配

実数値関数 $f : \mathbb{R}^n \to \mathbb{R}$ に対して定めた偏微分と勾配を，より一般のベクトル値関数（ベクトル場）$\boldsymbol{f} : \mathbb{R}^n \to \mathbb{R}^m$，$n \geq 1$，$m > 1$ に対しても定義しよう．

関数 $\boldsymbol{f} : \mathbb{R}^n \to \mathbb{R}^m$ に $\boldsymbol{x} = [x_1, \ldots, x_n]^\top \in \mathbb{R}^n$ を入力して得られるベクトルは，成分ごとに書き下すと

$$\boldsymbol{f}(\boldsymbol{x}) = \begin{bmatrix} f_1(\boldsymbol{x}) \\ \vdots \\ f_m(\boldsymbol{x}) \end{bmatrix} \in \mathbb{R}^m \tag{5.54}$$

となる．そのため $\boldsymbol{f}$ は各実数値関数 $f_i : \mathbb{R}^n \to \mathbb{R}$ を並べたベクトル $\boldsymbol{f} = [f_1, \ldots, f_m]^\top$ とみなせ，各 f_i の微分は 5.2 節で述べたルールに従う．

そこで，ベクトル値関数 $\boldsymbol{f} : \mathbb{R}^n \to \mathbb{R}^m$ の変数 x_i，$i = 1, \ldots, n$ に関する偏微分を

$$\frac{\partial \boldsymbol{f}}{\partial x_i} = \begin{bmatrix} \frac{\partial f_1}{\partial x_i} \\ \vdots \\ \frac{\partial f_m}{\partial x_i} \end{bmatrix} = \begin{bmatrix} \lim_{h \to 0} \frac{f_1(x_1, \ldots, x_{i-1}, x_i + h, x_{i+1}, \ldots, x_n) - f_1(\boldsymbol{x})}{h} \\ \vdots \\ \lim_{h \to 0} \frac{f_m(x_1, \ldots, x_{i-1}, x_i + h, x_{i+1}, \ldots, x_n) - f_m(\boldsymbol{x})}{h} \end{bmatrix} \in \mathbb{R}^m \tag{5.55}$$

と定める．実数値関数 f の場合，勾配は各変数で偏微分した行ベクトル (5.40) であった．一方 (5.55) ではベクトル値関数の偏微分 $\frac{\partial \boldsymbol{f}}{\partial x_i}$ は列ベクトルとなる．そこで，$\boldsymbol{x} \in \mathbb{R}^n$ における $\boldsymbol{f} : \mathbb{R}^n \to \mathbb{R}^m$ の勾配を，列ベクトルをまとめた行列

$$\frac{\mathrm{d}\boldsymbol{f}(\boldsymbol{x})}{\mathrm{d}\boldsymbol{x}} = \begin{bmatrix} \boxed{\frac{\partial \boldsymbol{f}}{\partial x_1}} & \cdots & \boxed{\frac{\partial \boldsymbol{f}}{\partial x_n}} \end{bmatrix} \tag{5.56a}$$

$$= \begin{bmatrix} \boxed{\begin{matrix} \dfrac{\partial f_1}{\partial x_1} \\ \vdots \\ \dfrac{\partial f_m}{\partial x_1} \end{matrix}} & \cdots & \boxed{\begin{matrix} \dfrac{\partial f_1}{\partial x_n} \\ \vdots \\ \dfrac{\partial f_m}{\partial x_n} \end{matrix}} \end{bmatrix} \in \mathbb{R}^{m \times n} \tag{5.56b}$$

と定める．

ヤコビ行列 (Jacobian matrix)

$\boldsymbol{f} : \mathbb{R}^n \to \mathbb{R}^m$ のヤコビ行列は $m \times n$ 行列.

定義 5.6（ヤコビ行列）　関数 $\boldsymbol{f} : \mathbb{R}^n \to \mathbb{R}^m$ のヤコビ行列 $\boldsymbol{J}$ を，偏微分のなす以下の $m \times n$ 行列と定める：

$$\boldsymbol{J} = \nabla_{\boldsymbol{x}} \boldsymbol{f} = \frac{d\boldsymbol{f}(\boldsymbol{x})}{d\boldsymbol{x}} = \begin{bmatrix} \dfrac{\partial \boldsymbol{f}}{\partial x_1} & \cdots & \dfrac{\partial \boldsymbol{f}}{\partial x_n} \end{bmatrix} \tag{5.57}$$

$$= \begin{bmatrix} \dfrac{\partial f_1}{\partial x_1} & \cdots & \dfrac{\partial f_1}{\partial x_n} \\ \vdots & & \vdots \\ \dfrac{\partial f_m}{\partial x_1} & \cdots & \dfrac{\partial f_m}{\partial x_n} \end{bmatrix}, \tag{5.58}$$

$$\boldsymbol{x} = \begin{bmatrix} x_1 \\ \vdots \\ x_n \end{bmatrix}, \quad J(i,j) = \frac{\partial f_i}{\partial x_j}. \tag{5.59}$$

■

特に，ベクトル $\boldsymbol{x} \in \mathbb{R}^n$ を実数に写す実関数 $f : \mathbb{R}^n \to \mathbb{R}$ の場合（例えば $f(\boldsymbol{x}) = \sum_{i=1}^{n} x_i$），ヤコビ行列は行ベクトル（$1 \times n$ 行列）となって (5.40) の定義と一致する．

分子レイアウト (numerator layout)

分母レイアウト (denominator layout)

注　本書では関数の微分の記法として**分子レイアウト**を採用している．すなわち，関数 $\boldsymbol{f} \in \mathbb{R}^m$ の $\boldsymbol{x} \in \mathbb{R}^n$ による微分は $m \times n$ 行列となり，$\boldsymbol{f}$ の各成分がヤコビ行列の行方向，$\boldsymbol{x}$ の各成分が列方向に対応する（(5.58) 参照）．分子レイアウトを転置したものが**分母レイアウト**である．

6.7 節でヤコビ行列を確率密度関数の変数変換に利用する．ヤコビ行列の行列式が変数変換によるスケールの変化を表すことになる．

さて，平行四辺形の面積の計算に行列式が利用できることを 4.1 節で学んだ．二つのベクトル $\boldsymbol{b}_1 = [1, 0]^\top, \boldsymbol{b}_2 = [0, 1]^\top$ のなす単位正方形（図 5.5 の青色部）の面積は

$$\left| \det \left(\begin{bmatrix} 1 & 0 \\ 0 & 1 \end{bmatrix} \right) \right| = 1 \tag{5.60}$$

であり，ベクトル $\boldsymbol{c}_1 = [-2, 1]^\top, \boldsymbol{c}_2 = [1, 1]^\top$ のなす平行四辺形（図 5.5 のオレンジ色部）の面積は

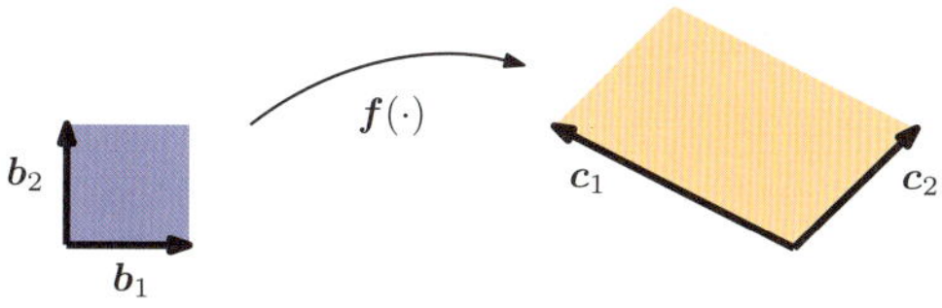

図 5.5 関数 $\boldsymbol{f}$ のヤコビ行列の行列式によって，青色とオレンジ色の領域の面積の変化する倍率が求められる．

$$\left|\det\left(\begin{bmatrix}-2 & 1\\ 1 & 1\end{bmatrix}\right)\right| = |-3| = 3 \tag{5.61}$$

と単位正方形の三倍となる．この倍率は，単位正方形を別の四辺形に変換する写像から求めることもできる．今回の場合，この写像は線形写像で与えられ，$(\boldsymbol{b}_1, \boldsymbol{b}_2)$ から $(\boldsymbol{c}_1, \boldsymbol{c}_2)$ への基底の変換となる．この写像の行列式の絶対値が正確な倍率を与えている．

この写像を二通りの手法で決定してみよう．一つ目は写像の線形性から第 2 章の内容を活かす方法，二つ目は本章の偏微分を用いる方法である．

手法 1 $\{\boldsymbol{b}_1, \boldsymbol{b}_2\}, \{\boldsymbol{c}_1, \boldsymbol{c}_2\}$ をそれぞれ $\mathbb{R}^2$ の基底として，線形代数の枠組みで考える（2.6.1 項参照）．写像は実質的に $(\boldsymbol{b}_1, \boldsymbol{b}_2)$ から $(\boldsymbol{c}_1, \boldsymbol{c}_2)$ への基底変換であり，そのため，その変換行列がわかればよい．2.7.2 項の結果から，$\boldsymbol{J}\boldsymbol{b}_1 = \boldsymbol{c}_1, \boldsymbol{J}\boldsymbol{b}_2 = \boldsymbol{c}_2$ となる変換行列は

$$\boldsymbol{J} = \begin{bmatrix}-2 & 1\\ 1 & 1\end{bmatrix} \tag{5.62}$$

であるとわかる．その行列式の絶対値 $|\det(\boldsymbol{J})| = 3$ が求める倍率であり，$(\boldsymbol{c}_1, \boldsymbol{c}_2)$ の張る四辺形の面積が $(\boldsymbol{b}_1, \boldsymbol{b}_2)$ の 3 倍とわかる．

手法 2 上記の方法は線形写像の場合に有効である．（6.7 節で見るような）非線形の場合に備えて，偏微分を用いたより一般のアプローチで求めることにする．

まず，変数変換を表す関数を $\boldsymbol{f} : \mathbb{R}^2 \to \mathbb{R}^2$ とする．今回の例では，$\boldsymbol{f}$ は基底 $(\boldsymbol{b}_1, \boldsymbol{b}_2)$ による $\mathbb{R}^2$ の座標表示 $\boldsymbol{x} \in \mathbb{R}^2$ を，$(\boldsymbol{c}_1, \boldsymbol{c}_2)$ による座標表示 $\boldsymbol{y} \in \mathbb{R}^2$ に写す写像である．いま知りたいことは，$\boldsymbol{f}$ によって面積（体積）がどのように変化するかである．そのため，$\boldsymbol{x}$ を少し動かしたときに $\boldsymbol{f}(\boldsymbol{x})$ がどの程度変化するかがわかればよい．その情報はヤコビ行列 $\frac{\mathrm{d}\boldsymbol{f}}{\mathrm{d}\boldsymbol{x}} \in \mathbb{R}^2$ がもっている．今回の場合，$\boldsymbol{x}$ と $\boldsymbol{y}$ の関係は

$$y_1 = -2x_1 + x_2, \tag{5.63}$$

$$y_2 = x_1 + x_2 \tag{5.64}$$

であるから，偏微分は

$$\frac{\partial y_1}{\partial x_1} = -2, \quad \frac{\partial y_1}{\partial x_2} = 1, \quad \frac{\partial y_2}{\partial x_1} = 1, \quad \frac{\partial y_2}{\partial x_2} = 1 \tag{5.65}$$

であり，ヤコビ行列は

$$\boldsymbol{J} = \begin{bmatrix} \frac{\partial y_1}{\partial x_1} & \frac{\partial y_1}{\partial x_2} \\ \frac{\partial y_2}{\partial x_1} & \frac{\partial y_2}{\partial x_2} \end{bmatrix} = \begin{bmatrix} -2 & 1 \\ 1 & 1 \end{bmatrix} \tag{5.66}$$

幾何学的にはヤコビアンは変換前後の面積や体積の変化率を表す．

ヤコビアン (Jacobian)

となる．このヤコビ行列がいま求めたい座標変換である．座標変換が（今回のように）線形であれば，ヤコビ行列と座標変換は厳密に一致し，(5.66) は基底変換の変換行列 (5.62) を与える．座標変換が非線形の場合は，ヤコビ行列はその非線形変換を局所的に線形近似したものとなる．ヤコビ行列の行列式（**ヤコビアン**）の絶対値 $|\det(\boldsymbol{J})|$ は座標変換による面積や体積の変化率となり，今回の場合は $|\det(\boldsymbol{J})| = 3$ となる．

再パラメータ化トリック (reparametrization trick)
無限小摂動解析 (infinite perturbation analysis)

ヤコビアンと変数変換は6.7節の確率変数と確率密度関数の変換の場面で登場する．この変換は深層ニューラルネットワークを訓練する際の**再パラメータ化トリック**（**無限小摂動解析**とも呼ばれる）で重要となる．

図 5.6　勾配の次元

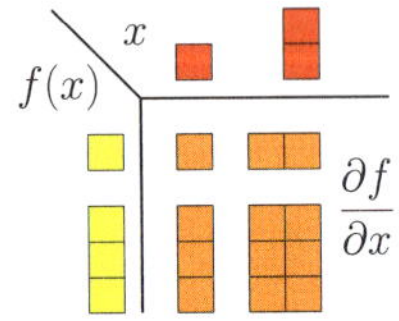

この章ではさまざまな勾配が登場した．それらの次元をまとめると図5.6のようになる．$f : \mathbb{R} \to \mathbb{R}$ の場合，勾配は単にスカラーとなる（左上）．$f : \mathbb{R}^D \to \mathbb{R}$ であれば勾配は $1 \times D$ の行ベクトルとなる（右上）．$f : \mathbb{R} \to \mathbb{R}^E$ なら $E \times 1$ の列ベクトルであり（左下），$f : \mathbb{R}^D \to \mathbb{R}^E$ なら $E \times D$ の行列となる（右下）．

例 5.9（ベクトル値関数の勾配）　ベクトル値関数 $\boldsymbol{f}(\boldsymbol{x}) = \boldsymbol{A}\boldsymbol{x}$, $\boldsymbol{f}(\boldsymbol{x}) \in \mathbb{R}^M$, $\boldsymbol{A} \in \mathbb{R}^{M\times N}$, $\boldsymbol{x} \in \mathbb{R}^N$ の勾配 $\frac{\mathrm{d}\boldsymbol{f}}{\mathrm{d}\boldsymbol{x}}$ を求めよう．まず，勾配の次元であるが，$\boldsymbol{f} : \mathbb{R}^N \to \mathbb{R}^M$ であるから $\frac{\mathrm{d}\boldsymbol{f}}{\mathrm{d}\boldsymbol{x}} \in \mathbb{R}^{M\times N}$ である．次に，成分 f_i の x_j による偏微分は

$$f_i(\boldsymbol{x}) = \sum_{j=1}^{N} A_{ij} x_j \Longrightarrow \frac{\partial f_i}{\partial x_j} = A_{ij} \tag{5.67}$$

となる．よって勾配，すなわちヤコビ行列は

$$\frac{\mathrm{d}\boldsymbol{f}}{\mathrm{d}\boldsymbol{x}} = \begin{bmatrix} \frac{\partial f_1}{\partial x_1} & \cdots & \frac{\partial f_1}{\partial x_N} \\ \vdots & & \vdots \\ \frac{\partial f_M}{\partial x_1} & \cdots & \frac{\partial f_M}{\partial x_N} \end{bmatrix} = \begin{bmatrix} A_{11} & \cdots & A_{1N} \\ \vdots & & \vdots \\ A_{M1} & \cdots & A_{MN} \end{bmatrix} = \boldsymbol{A} \in \mathbb{R}^{M\times N} \tag{5.68}$$

となる．

例 5.10（チェインルール） 合成関数 $h : \mathbb{R} \to \mathbb{R},\ h(t) = (f \circ g)(t)$

$$f : \mathbb{R}^2 \to \mathbb{R}, \tag{5.69}$$

$$g : \mathbb{R} \to \mathbb{R}^2, \tag{5.70}$$

$$f(\boldsymbol{x}) = \exp(x_1 x_2^2), \tag{5.71}$$

$$\boldsymbol{x} = \begin{bmatrix} x_1 \\ x_2 \end{bmatrix} = g(t) = \begin{bmatrix} t\cos t \\ t\sin t \end{bmatrix} \tag{5.72}$$

の t に関する勾配を求めてみよう．$f : \mathbb{R}^2 \to \mathbb{R}, g : \mathbb{R} \to \mathbb{R}^2$ であるため，各勾配は

$$\frac{\partial f}{\partial \boldsymbol{x}} \in \mathbb{R}^{1\times 2}, \quad \frac{\partial g}{\partial t} \in \mathbb{R}^{2\times 1} \tag{5.73}$$

という行列になる．

求める勾配はチェインルールから

$$\frac{\mathrm{d}h}{\mathrm{d}t} = \frac{\partial f}{\partial \boldsymbol{x}} \frac{\partial \boldsymbol{x}}{\partial t} = \begin{bmatrix} \frac{\partial f}{\partial x_1} & \frac{\partial f}{\partial x_2} \end{bmatrix} \begin{bmatrix} \frac{\partial x_1}{\partial t} \\ \frac{\partial x_2}{\partial t} \end{bmatrix} \tag{5.74a}$$

$$= \begin{bmatrix} \exp(x_1 x_2^2) x_2^2 & 2\exp(x_1 x_2^2) x_1 x_2 \end{bmatrix} \begin{bmatrix} \cos t - t\sin t \\ \sin t + t\cos t \end{bmatrix} \tag{5.74b}$$

$$= \exp(x_1 x_2^2)(x_2^2(\cos t - t\sin t) + 2x_1 x_2(\sin t + t\cos t)) \tag{5.74c}$$

となる．ここで (5.72) より $x_1 = t\cos t,\ x_2 = t\sin t$ である．

例 5.11（線形モデルの最小二乗損失関数の勾配） 線形モデル

$$\boldsymbol{y} = \boldsymbol{\Phi\theta} \tag{5.75}$$

を考えよう．ここで $\boldsymbol{\theta} \in \mathbb{R}^D$ はパラメータベクトル，$\boldsymbol{\Phi} \in \mathbb{R}^{N\times D}$ は入力特徴量であり，$\boldsymbol{y} \in \mathbb{R}^N$ は対応する観測値である．関数 L を

$$L(\boldsymbol{e}) := \|\boldsymbol{e}\|^2 \tag{5.76}$$

$$\boldsymbol{e}(\boldsymbol{\theta}) := \boldsymbol{y} - \boldsymbol{\Phi\theta} \tag{5.77}$$

と定め，勾配 $\frac{\mathrm{d}L}{\mathrm{d}\boldsymbol{\theta}}$ をチェインルールで求めよう．この関数 L は**最小二乗損失関数**と呼ばれるものである．

まず勾配の次元は

このモデルについては第 9 章でより詳細に議論する．その際，最小二乗損失 L のパラメータ $\boldsymbol{\theta}$ に関する勾配が必要となる．

最小二乗損失
(least-squares loss)

$$\frac{\mathrm{d}L}{\mathrm{d}\boldsymbol{\theta}} \in \mathbb{R}^{1\times D} \tag{5.78}$$

である．チェインルールから勾配は

$$\frac{\mathrm{d}L}{\mathrm{d}\boldsymbol{\theta}} = \frac{\mathrm{d}L}{\mathrm{d}\boldsymbol{e}}\frac{\mathrm{d}\boldsymbol{e}}{\mathrm{d}\boldsymbol{\theta}} \tag{5.79}$$

```
dLdtheta = np.einsum(
'n,nd',dLde,dedtheta)
```

と分解され，第 d 要素は

$$\frac{\mathrm{d}L}{\mathrm{d}\boldsymbol{\theta}}[1,d] = \sum_{n=1}^{N}\frac{\mathrm{d}L}{\mathrm{d}\boldsymbol{e}}[n]\frac{\mathrm{d}\boldsymbol{e}}{\mathrm{d}\boldsymbol{\theta}}[n,d] \tag{5.80}$$

となる．（3.2 節より）$\|\boldsymbol{e}\|^2 = \boldsymbol{e}^\top\boldsymbol{e}$ であるため

$$\frac{\mathrm{d}L}{\mathrm{d}\boldsymbol{e}} = 2\boldsymbol{e}^\top \in \mathbb{R}^{1\times N} \tag{5.81}$$

であり，また

$$\frac{\mathrm{d}\boldsymbol{e}}{\mathrm{d}\boldsymbol{\theta}} = -\Phi \in \mathbb{R}^{N\times D} \tag{5.82}$$

となる．したがって求める勾配は

$$\frac{\mathrm{d}L}{\mathrm{d}\boldsymbol{\theta}} = -2\boldsymbol{e}^\top\Phi \overset{(5.77)}{=} -\underbrace{2(\boldsymbol{y}^\top - \boldsymbol{\theta}^\top\Phi^\top)}_{1\times N}\underbrace{\Phi}_{N\times D} \in \mathbb{R}^{1\times D} \tag{5.83}$$

となる．

注　チェインルールを用いなくても直接

$$L_2(\boldsymbol{\theta}) = \|(\boldsymbol{y} - \Phi\boldsymbol{\theta})\|^2 = (\boldsymbol{y} - \Phi\boldsymbol{\theta})^\top(\boldsymbol{y} - \Phi\boldsymbol{\theta}) \tag{5.84}$$

によって勾配を計算することもできる．ただ，この直接的な方法は関数が L_2 のように単純な場合にのみ可能で，何層も関数を合成する場合は非現実的となる．

5.4　行列の勾配

テンソルを高次元の配列とみなせる．

行列のベクトルに関する勾配（もしくは他の行列に関する勾配）を考えることもあり，その場合は高次元のテンソルが得られることになる．このテンソルは高次元配列とみなせて，勾配の場合は各偏微分を集めたものとなる．例えば，$m \times n$ 行列 $\boldsymbol{A}$ を $p \times q$ 行列 $\boldsymbol{B}$ で偏微分して得られるヤコビ行列は $(m \times n) \times (p \times q)$ 個の要素からなる 4 次元のテンソル $\boldsymbol{J}$ であり，その要素は $J_{ijkl} = \frac{\partial A_{ij}}{\partial B_{kl}}$ である．

$m \times n$ 行列全体の空間 $\mathbb{R}^{m\times n}$ と mn 次元のベクトル全体の空間 $\mathbb{R}^{mn}$ はベクトル空間として同型である（つまり，可逆な線形写像がある）という事実が利

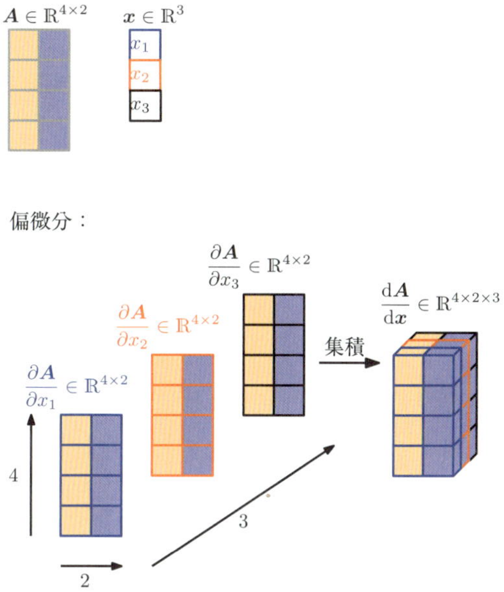

(a) 方法 1：偏微分 $\frac{\partial \boldsymbol{A}}{\partial x_1}, \frac{\partial \boldsymbol{A}}{\partial x_2}, \frac{\partial \boldsymbol{A}}{\partial x_3}$ を計算する．それぞれは 4×2 行列であり，合わせて $4 \times 2 \times 3$ 型テンソルとなる．

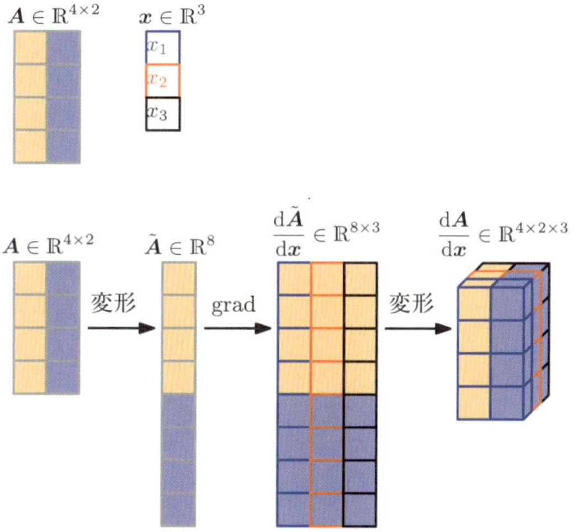

(b) 方法 2：行列 $\boldsymbol{A} \in \mathbb{R}^{4\times2}$ の形状を $\tilde{\boldsymbol{A}} \in \mathbb{R}^8$ に変換（平坦化）し，勾配 $\frac{\mathrm{d}\tilde{\boldsymbol{A}}}{\mathrm{d}\boldsymbol{x}} \in \mathbb{R}^{8\times3}$ を求める．この勾配の形状を図のように変換することで，勾配のテンソルを得る．

図 5.7 行列のベクトルによる勾配を図示したもの．行列 $\boldsymbol{A} \in \mathbb{R}^{4\times2}$ のベクトル $\boldsymbol{x} \in \mathbb{R}^3$ に関する勾配は $\frac{\mathrm{d}\boldsymbol{A}}{\mathrm{d}\boldsymbol{x}} \in \mathbb{R}^{4\times2\times3}$ となる．この勾配を理解する二通りの方法がある：(a) 各偏微分を集約してヤコビテンソルを得る．(b) 行列をベクトルへ平坦化してからそのヤコビ行列を考え，その後，形状を変換することでヤコビテンソルを得る．

用できる．つまり，各行列をそれぞれ長さ mn, pq のベクトルに書き換えることが可能で，勾配は $mn \times pq$ のサイズのヤコビ行列となる．両方の方法を図示したものが図5.7である．実用上，行列をベクトルに変換してヤコビ行列で作業することが望ましいことも多い．変換後では，チェインルール (5.48) は単純な行列積に帰着するが，テンソルを直接処理する場合はどの軸で和をとるか注意が必要となる．

行列は各列を並べることでベクトルとみなせる（「平坦化」）．

例 5.12（行列に関するベクトルの勾配）

$$\boldsymbol{f} = \boldsymbol{A}\boldsymbol{x},\ \boldsymbol{f} \in \mathbb{R}^M,\ \boldsymbol{A} \in \mathbb{R}^{M\times N},\ \boldsymbol{x} \in \mathbb{R}^N \tag{5.85}$$

について勾配 $\frac{\mathrm{d}\boldsymbol{f}}{\mathrm{d}\boldsymbol{A}}$ を考えよう．まずその次元は

$$\frac{\mathrm{d}\boldsymbol{f}}{\mathrm{d}\boldsymbol{A}} \in \mathbb{R}^{M\times(M\times N)} \tag{5.86}$$

となる．勾配は定義より各勾配を集めたもので

$$\frac{\mathrm{d}\boldsymbol{f}}{\mathrm{d}\boldsymbol{A}} = \begin{bmatrix} \frac{\partial f_1}{\partial \boldsymbol{A}} \\ \vdots \\ \frac{\partial f_M}{\partial \boldsymbol{A}} \end{bmatrix},\ \frac{\partial f_j}{\partial \boldsymbol{A}} \in \mathbb{R}^{1\times(M\times N)} \tag{5.87}$$

である．各成分の勾配を計算するために，まずは行列とベクトルの積を書き下してみると

$$f_i = \sum_{j=1}^{N} A_{ij}x_j,\ i = 1, \ldots, M \tag{5.88}$$

となる．そのため各偏微分は

$$\frac{\partial f_i}{\partial A_{iq}} = x_q \tag{5.89}$$

となる．よって f_i の $\boldsymbol{A}$ の行ベクトルに関する勾配は

$$\frac{\partial f_i}{\partial A_{i,:}} = \boldsymbol{x}^\top \in \mathbb{R}^{1\times1\times N}, \tag{5.90}$$

$$\frac{\partial f_i}{\partial A_{k\neq i,:}} = \boldsymbol{0}^\top \in \mathbb{R}^{1\times1\times N} \tag{5.91}$$

となる†．f_i は $\mathbb{R}$ への写像であり，$\boldsymbol{A}$ の行ベクトルのサイズは $1 \times N$ であることから，勾配のサイズは $1 \times 1 \times N$ となっている．

この勾配 (5.90), (5.91) を併せると最終的な勾配 (5.87) が得られ，その成分は

† 訳注：(5.90) の「$A_{i,:}$」は行列 $\boldsymbol{A}$ の第 i 行の行ベクトルを表す．((5.91) についても同様.)

$$\frac{\partial f_j}{\partial \boldsymbol{A}} = \begin{bmatrix} \boldsymbol{0}^\top \\ \vdots \\ \boldsymbol{0}^\top \\ \boldsymbol{x}^\top \\ \boldsymbol{0}^\top \\ \vdots \\ \boldsymbol{0}^\top \end{bmatrix} \in \mathbb{R}^{1\times(M\times N)} \tag{5.92}$$

となる．

例 5.13（行列に関する行列の勾配） 行列 $\boldsymbol{R} \in \mathbb{R}^{M\times N}$ を入力とする関数 $\boldsymbol{f} : \mathbb{R}^{M\times N} \to \mathbb{R}^{N\times N}$ を

$$\boldsymbol{f}(\boldsymbol{R}) = \boldsymbol{R}^\top \boldsymbol{R} =: \boldsymbol{K} \in \mathbb{R}^{N\times N} \tag{5.93}$$

とする．その勾配 $\frac{\mathrm{d}\boldsymbol{K}}{\mathrm{d}\boldsymbol{R}}$ を考えよう．

いきなり計算するのではなく，計算せずともわかることから始めよう．勾配はテンソルであり，その次元は

$$\frac{\mathrm{d}\boldsymbol{K}}{\mathrm{d}\boldsymbol{R}} \in \mathbb{R}^{(N\times N)\times(M\times N)} \tag{5.94}$$

となる．さらに，$p, q = 1, \ldots, N$ として，$\boldsymbol{K} = \boldsymbol{f}(\boldsymbol{R})$ の第 (p, q) 成分を K_{pq} としたとき

$$\frac{\mathrm{d}K_{pq}}{\mathrm{d}\boldsymbol{R}} \in \mathbb{R}^{1\times(M\times N)} \tag{5.95}$$

となる．$\boldsymbol{K}$ の各要素は $\boldsymbol{R}$ の列ベクトルのドット積で与えられることから，$\boldsymbol{R}$ の第 i 列ベクトルを $\boldsymbol{r}_i$ として

$$K_{pq} = \boldsymbol{r}_p^\top \boldsymbol{r}_q = \sum_{m=1}^{M} R_{mp} R_{mq} \tag{5.96}$$

とわかる．したがって偏微分 $\frac{\partial K_{pq}}{\partial R_{ij}}$ は

$$\frac{\partial K_{pq}}{\partial R_{ij}} = \sum_{m=1}^{M} \frac{\partial}{\partial R_{ij}} R_{mp} R_{mq} = \partial_{pqij}, \tag{5.97}$$

$$\partial_{pqij} = \begin{cases} R_{iq} & j = p,\ p \neq q \\ R_{ip} & j = q,\ p \neq q \\ 2R_{iq} & j = p,\ p = q \\ 0 & \text{それ以外のとき} \end{cases} \tag{5.98}$$

となる．よって，(5.94) から求める勾配の次元は $(N \times N) \times (M \times N)$ であり，そのテンソルの要素は (5.98) の ∂_{pqij} で与えられるとわかる．

5.5　勾配計算のための便利な恒等式

この節では機械学習で頻繁に登場する有用な勾配についてまとめよう [PP12]．ここで $\mathrm{tr}(\cdot)$ はトレース（定義4.4），$\det(\cdot)$ は行列式（4.1節），$\boldsymbol{f}(\boldsymbol{X})^{-1}$ は $\boldsymbol{f}(\boldsymbol{X})$ の逆行列を表すとする．

$$\frac{\mathrm{d}}{\mathrm{d}\boldsymbol{X}}\boldsymbol{f}(\boldsymbol{X})^\top = \left(\frac{\mathrm{d}\boldsymbol{f}(\boldsymbol{X})}{\mathrm{d}\boldsymbol{X}}\right)^\top, \tag{5.99}$$

$$\frac{\mathrm{d}}{\mathrm{d}\boldsymbol{X}}\mathrm{tr}(\boldsymbol{f}(\boldsymbol{X})) = \mathrm{tr}\left(\frac{\mathrm{d}\boldsymbol{f}(\boldsymbol{X})}{\mathrm{d}\boldsymbol{X}}\right), \tag{5.100}$$

$$\frac{\mathrm{d}}{\mathrm{d}\boldsymbol{X}}\det(\boldsymbol{f}(\boldsymbol{X})) = \det(\boldsymbol{f}(\boldsymbol{X}))\mathrm{tr}\left(\boldsymbol{f}(\boldsymbol{X})^{-1}\frac{\mathrm{d}\boldsymbol{f}(\boldsymbol{X})}{\mathrm{d}\boldsymbol{X}}\right), \tag{5.101}$$

$$\frac{\mathrm{d}}{\mathrm{d}\boldsymbol{X}}\boldsymbol{f}(\boldsymbol{X})^{-1} = -\boldsymbol{f}(\boldsymbol{X})^{-1}\frac{\mathrm{d}\boldsymbol{f}(\boldsymbol{X})}{\mathrm{d}\boldsymbol{X}}\boldsymbol{f}(\boldsymbol{X})^{-1}, \tag{5.102}$$

$$\frac{\mathrm{d}\boldsymbol{a}^\top\boldsymbol{X}^{-1}\boldsymbol{b}}{\mathrm{d}\boldsymbol{X}} = -(\boldsymbol{X}^{-1})^\top\boldsymbol{a}\boldsymbol{b}^\top(\boldsymbol{X}^{-1})^\top, \tag{5.103}$$

$$\frac{\mathrm{d}\boldsymbol{x}^\top\boldsymbol{a}}{\mathrm{d}\boldsymbol{x}} = \boldsymbol{a}^\top, \tag{5.104}$$

$$\frac{\mathrm{d}\boldsymbol{a}^\top\boldsymbol{x}}{\mathrm{d}\boldsymbol{x}} = \boldsymbol{a}^\top, \tag{5.105}$$

$$\frac{\mathrm{d}\boldsymbol{a}^\top\boldsymbol{X}\boldsymbol{b}}{\mathrm{d}\boldsymbol{X}} = \boldsymbol{a}\boldsymbol{b}^\top, \tag{5.106}$$

$$\frac{\mathrm{d}\boldsymbol{x}^\top\boldsymbol{B}\boldsymbol{x}}{\mathrm{d}\boldsymbol{x}} = \boldsymbol{x}^\top(\boldsymbol{B}+\boldsymbol{B}^\top), \tag{5.107}$$

$$\frac{\mathrm{d}}{\mathrm{d}\boldsymbol{s}}(\boldsymbol{x}-\boldsymbol{A}\boldsymbol{s})^\top\boldsymbol{W}(\boldsymbol{x}-\boldsymbol{A}\boldsymbol{s}) = -2(\boldsymbol{x}-\boldsymbol{A}\boldsymbol{s})^\top\boldsymbol{W}\boldsymbol{A} \quad (\boldsymbol{W}\ \text{は対称行列}). \tag{5.108}$$

注　本書では，トレースと転置の定義を行列に対してのみ行い，高次元のテンソルに対しては定義していない．先ほどの $D \times D \times E \times F$ テンソルのトレースは $E \times F$ 行列を与えるもので，テンソルの縮約の特別な例となる．同様に，テンソルの「転置」は最初の二つの次元の入れ替えを意味している．ベクトル値関数 $\boldsymbol{f}$ を行列で微分する（かつ5.4節のベクトル化を行わない）ような状況では，(5.99) から (5.102) の場面でテンソル特有の計算が必要となる．

5.6 誤差逆伝播法と自動微分

機械学習では，勾配降下法（7.1 節）を用いて良いモデルパラメータを探すことが多い．この手法は，学習する目的に対してパラメータに関する勾配を計算できることが前提となる．そこで，与えられた目的関数のパラメータに関する勾配をチェインルール（5.2.2 項）を用いて求めることになる．すでに 5.3 節では，線形回帰モデルの最小二乗損失の勾配をチェインルールで求めたのであった．

誤差逆伝播法とチェインルールに関して Tim Viera 氏のブログに良い解説がある．
`https://tinyurl.com/ycfm2yrw`

関数

$$f(x) = \sqrt{x^2 + \exp(x^2)} + \cos(x^2 + \exp(x^2)) \tag{5.109}$$

の微分は，チェインルールと微分が線形な演算子であることから

$$\begin{aligned} \frac{\mathrm{d}f}{\mathrm{d}x} &= \frac{2x + 2x\exp(x^2)}{2\sqrt{x^2 + \exp(x^2)}} - \sin(x^2 + \exp(x^2))(2x + 2x\exp(x^2)) \\ &= 2x\left(\frac{1}{2\sqrt{x^2 + \exp(x^2)}} - \sin(x^2 + \exp(x^2))\right)(1 + \exp(x^2)) \end{aligned} \tag{5.110}$$

となる．このように勾配を明示的に書き出すと式が非常に長くなり，実用的でないことが多い．実際，勾配の実装は慎重に行う必要があり，下手をすると不必要なオーバーヘッドによって多くの計算コストがかかってしまう．深層ニューラルネットワークの訓練では，誤差関数のモデルパラメータによる勾配を効率的に求める方法として**誤差逆伝播法**が利用できる [Kel60, Bry61, Dre62, RHW86].

誤差逆伝播法 (backpropagation)

5.6.1 深層ニューラルネットワークの勾配

チェインルールは深層学習の場面で非常によく利用される．これはモデルが多数の関数の合成

$$\boldsymbol{y} = (f_K \circ f_{K-1} \circ \cdots \circ f_1)(\boldsymbol{x}) = f_K(f_{K-1}(\cdots(f_1(\boldsymbol{x}))\cdots)) \tag{5.111}$$

で与えられるためである．ここで $\boldsymbol{x}$ は入力（例えば画像），$\boldsymbol{y}$ は観測値（例えばクラスのラベル）を表し，関数 f_i, $1 \leq i \leq K$ はそれぞれ固有のパラメータをもつ．多層ニューラルネットワークの場合，第 i 層の関数は $f_i(\boldsymbol{x}_{i-1}) = \sigma(\boldsymbol{A}_{i-1}\boldsymbol{x}_{i-1} + \boldsymbol{b}_{i-1})$ という形状である．$\boldsymbol{x}_{i-1}$ は直前の第 $(i-1)$ 層の出力であり，σ は活性化関数である．活性化関数としてはシグモイド関数 $\frac{1}{1+e^{-x}}$ や tanh，正規化線形関数（ReLU）などがある．モデルの訓練には損失関数 L のパラメータ $\boldsymbol{A}_j, \boldsymbol{b}_j$ に関する勾配が必要となり，その際 L の各層の入力に関す

図 5.8　多層ニューラルネットワークの順伝播によって，入力 $\boldsymbol{x}$ とパラメータ $\boldsymbol{A}_i, \boldsymbol{b}_i$ から損失 L を求める．

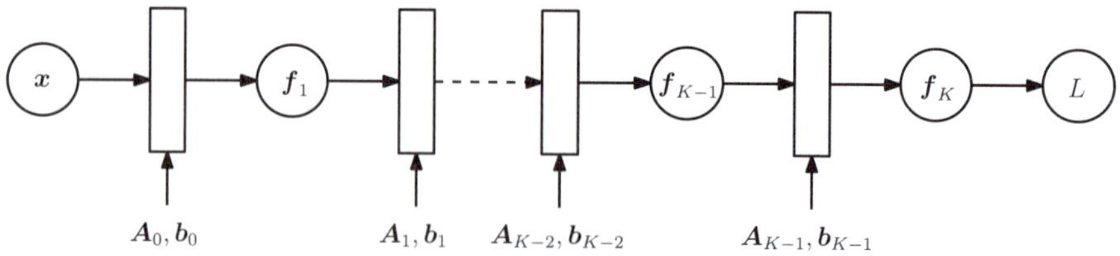

図 5.9　多層ニューラルネットワークの逆伝播によって，損失関数の勾配を求める．

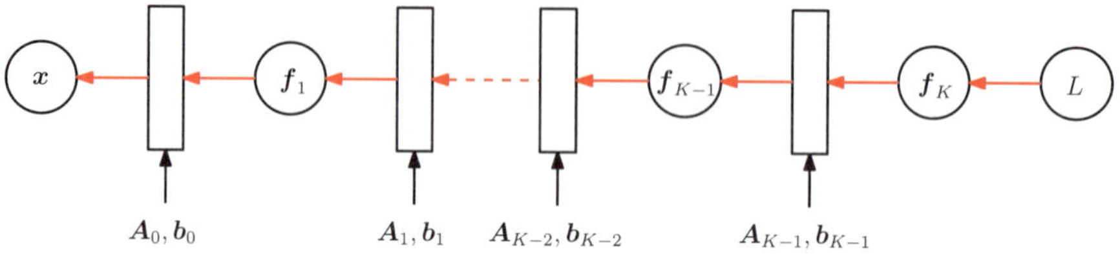

る微分を知る必要が生じる．例えば入力 $\boldsymbol{x}$ に対する観測値が $\boldsymbol{y}$ であるとして，モデルのネットワーク構造を

$$\boldsymbol{f}_0 := \boldsymbol{x}_0, \tag{5.112}$$

$$\boldsymbol{f}_i := \sigma_i(\boldsymbol{A}_{i-1}\boldsymbol{f}_{i-1} + \boldsymbol{b}_{i-1}), \quad i = 1, \ldots, K \tag{5.113}$$

とする（図 5.8 参照）．そして二乗損失

$$L(\boldsymbol{\theta}) = \|\boldsymbol{y} - \boldsymbol{f}_K(\boldsymbol{\theta}, \boldsymbol{x})\|^2 \tag{5.114}$$

を最小化するようなパラメータ $\boldsymbol{\theta} = \{\boldsymbol{A}_0, \boldsymbol{b}_0, \ldots, \boldsymbol{A}_{K-1}, \boldsymbol{b}_{K-1}\}$ を求めることを考えよう．

パラメータの集合 $\boldsymbol{\theta}$ に関する勾配を求めるには，各層のパラメータ $\boldsymbol{\theta}_j = \{\boldsymbol{A}_j, \boldsymbol{b}_j\}$ の勾配がわかればよい．チェインルールにより，この微分は

Justin Domke のレクチャーノートにニューラルネットワークの勾配のより詳細な解説がある．https://tinyurl.com/yalcxgtv

$$\frac{\mathrm{d}L}{\mathrm{d}\boldsymbol{\theta}_{K-1}} = \frac{\mathrm{d}L}{\mathrm{d}\boldsymbol{f}_K}\frac{\mathrm{d}\boldsymbol{f}_K}{\mathrm{d}\boldsymbol{\theta}_{K-1}}, \tag{5.115}$$

$$\frac{\mathrm{d}L}{\mathrm{d}\boldsymbol{\theta}_{K-2}} = \frac{\mathrm{d}L}{\mathrm{d}\boldsymbol{f}_K}\boxed{\frac{\mathrm{d}\boldsymbol{f}_K}{\mathrm{d}\boldsymbol{f}_{K-1}}\frac{\mathrm{d}\boldsymbol{f}_{K-1}}{\mathrm{d}\boldsymbol{\theta}_{K-2}}}, \tag{5.116}$$

$$\frac{\mathrm{d}L}{\mathrm{d}\boldsymbol{\theta}_{K-3}} = \frac{\mathrm{d}L}{\mathrm{d}\boldsymbol{f}_K}\frac{\mathrm{d}\boldsymbol{f}_K}{\mathrm{d}\boldsymbol{f}_{K-1}}\boxed{\frac{\mathrm{d}\boldsymbol{f}_{K-1}}{\mathrm{d}\boldsymbol{f}_{K-2}}\frac{\mathrm{d}\boldsymbol{f}_{K-2}}{\mathrm{d}\boldsymbol{\theta}_{K-3}}}, \tag{5.117}$$

$$\frac{\mathrm{d}L}{\mathrm{d}\boldsymbol{\theta}_i} = \frac{\mathrm{d}L}{\mathrm{d}\boldsymbol{f}_K}\frac{\mathrm{d}\boldsymbol{f}_K}{\mathrm{d}\boldsymbol{f}_{K-1}}\cdots\boxed{\frac{\mathrm{d}\boldsymbol{f}_{i+2}}{\mathrm{d}\boldsymbol{f}_{i+1}}\frac{\mathrm{d}\boldsymbol{f}_{i+1}}{\mathrm{d}\boldsymbol{\theta}_i}} \tag{5.118}$$

となる．オレンジ色の項は各層の出力の入力に関する勾配であり，青色の項は各層の出力のパラメータに関する勾配である．もし $\frac{\mathrm{d}L}{\mathrm{d}\boldsymbol{\theta}_{i+1}}$ が計算済みであれ

ば，$\frac{\mathrm{d}L}{\mathrm{d}\boldsymbol{\theta}_i}$ の計算の大部分に再利用でき，計算量を節約できる．追加で必要な計算は式中で囲んだ部分のみとなる．勾配がこのように逆方向に伝播していく様子は図 5.9 のようになる．

5.6.2　自動微分

自動微分という数値解析の一般的手法において，誤差逆伝播法は特殊なケースにあたる．自動微分とは，中間変数とチェインルールを用いて（解析的でなく）数値的に関数の勾配を（有効桁数の範囲で）精確に評価する一連の技術を指す．自動微分では，和や積などの基本的な算術演算や sin, cos, exp, log などの初等的な関数をもとに，チェインルールを繰り返し適用し，複雑な関数の勾配を自動的に求める．自動微分の手法は数値計算でよく利用されており，フォワードモードとリバースモードがある．機械学習における自動微分に関しては Baydin らによる素晴らしいレビュー [BPRS18] がある．

自動微分 (automatic differentiation)

自動微分は，記号操作による微分や，有限差分などを用いて近似的に勾配を求める方法とは異なる．

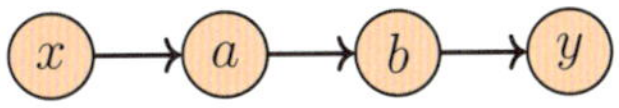

図 5.10　データフローを表す単純なグラフ．中間変数 a, b を媒介し，入力 x が出力 y に到達する．

図 5.10 は入力 x から出力 y までのデータの流れを表している．間には中間変数 a, b があり，勾配 $\frac{\mathrm{d}y}{\mathrm{d}x}$ の計算はチェインルールにより

$$\frac{\mathrm{d}y}{\mathrm{d}x} = \frac{\mathrm{d}y}{\mathrm{d}b}\frac{\mathrm{d}b}{\mathrm{d}a}\frac{\mathrm{d}a}{\mathrm{d}x} \tag{5.119}$$

と表すことができる．フォワードモードとリバースモードでは掛け算の順番が主に異なる．行列積は結合的であることから，掛け算の順序は

$$\frac{\mathrm{d}y}{\mathrm{d}x} = \left(\frac{\mathrm{d}y}{\mathrm{d}b}\frac{\mathrm{d}b}{\mathrm{d}a}\right)\frac{\mathrm{d}a}{\mathrm{d}x}, \tag{5.120}$$

$$\frac{\mathrm{d}y}{\mathrm{d}x} = \frac{\mathrm{d}y}{\mathrm{d}b}\left(\frac{\mathrm{d}b}{\mathrm{d}a}\frac{\mathrm{d}a}{\mathrm{d}x}\right) \tag{5.121}$$

のどちらでもよい．(5.120) の方法はグラフの逆方向に勾配を伝播させていくことから**リバースモード**と呼ばれる．(5.121) はグラフに沿って順方向に勾配を伝播させるため**フォワードモード**と呼ばれる．

リバースモード (reverse mode)
フォワードモード (forward mode)

ここでは誤差逆伝播法で利用されるリバースモードによる自動微分に注目しよう．ニューラルネットワークの場合，入力の次元が出力ラベルの次元より圧倒的に大きいことが普通で，計算効率はリバースモードの方が圧倒的によい．例を用いて，自動微分による誤差逆伝播法を確認してみよう．

中間変数 (intermediate variable)

例 5.14　(5.109) の関数

$$f(x) = \sqrt{x^2 + \exp(x^2)} + \cos(x^2 + \exp(x^2)) \tag{5.122}$$

をコンピュータ上で実装する場合，チェインルールを意識して以下の**中間変数**の計算結果も用意しておく：

$$a = x^2, \tag{5.123}$$
$$b = \exp(a), \tag{5.124}$$
$$c = a + b, \tag{5.125}$$
$$d = \sqrt{c}, \tag{5.126}$$
$$e = \cos(c), \tag{5.127}$$
$$f = d + e. \tag{5.128}$$

これらの式に登場する演算数はもとの関数 $f(x)$ の陽な定義 (5.109) よりも少ないことに注意しよう．この計算グラフは図 5.11 のように表され，関数の値 f を求める際のデータと計算の流れを示している．

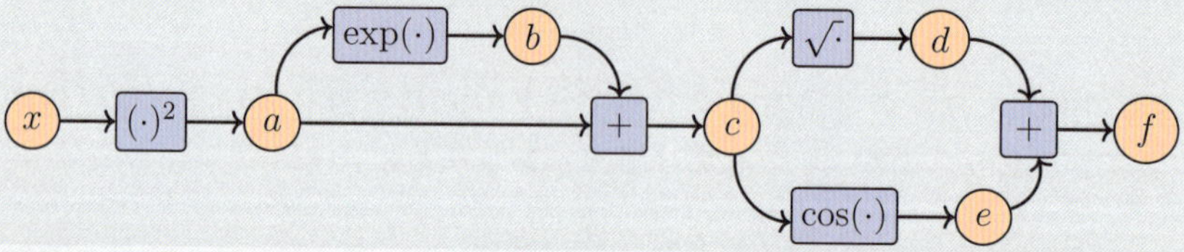

図 5.11　入力 x，関数値 f と中間変数 a, b, c, d, e からなる計算グラフ．

中間変数を含む一連の計算式は一つの計算グラフと考えることができる．計算をグラフで表す方法は多くの深層学習フレームワークの実装で利用されている．各中間変数について，その入力に対する勾配は初等的な演算の微分であることから

$$\frac{\partial a}{\partial x} = 2x, \tag{5.129}$$
$$\frac{\partial b}{\partial a} = \exp(a), \tag{5.130}$$
$$\frac{\partial c}{\partial a} = 1 = \frac{\partial c}{\partial b}, \tag{5.131}$$
$$\frac{\partial d}{\partial c} = \frac{1}{2\sqrt{c}}, \tag{5.132}$$
$$\frac{\partial e}{\partial c} = -\sin(c), \tag{5.133}$$

$$\frac{\partial f}{\partial d} = 1 = \frac{\partial f}{\partial e} \tag{5.134}$$

となる．図 5.11 の計算グラフをもとに $\frac{\partial f}{\partial x}$ を逆伝播させると

$$\frac{\partial f}{\partial c} = \frac{\partial f}{\partial d}\frac{\partial d}{\partial c} + \frac{\partial f}{\partial e}\frac{\partial e}{\partial c}, \tag{5.135}$$

$$\frac{\partial f}{\partial b} = \frac{\partial f}{\partial c}\frac{\partial c}{\partial b}, \tag{5.136}$$

$$\frac{\partial f}{\partial a} = \frac{\partial f}{\partial b}\frac{\partial b}{\partial a} + \frac{\partial f}{\partial c}\frac{\partial c}{\partial a}, \tag{5.137}$$

$$\frac{\partial f}{\partial x} = \frac{\partial f}{\partial a}\frac{\partial a}{\partial x} \tag{5.138}$$

となる．ここで暗にチェインルールが用いられている．基本的な演算の微分の結果で置き換えれば

$$\frac{\partial f}{\partial c} = 1 \cdot \frac{1}{2\sqrt{c}} + 1 \cdot (-\sin(c)), \tag{5.139}$$

$$\frac{\partial f}{\partial b} = \frac{\partial f}{\partial c} \cdot 1, \tag{5.140}$$

$$\frac{\partial f}{\partial a} = \frac{\partial f}{\partial b}\exp(a) + \frac{\partial f}{\partial c} \cdot 1, \tag{5.141}$$

$$\frac{\partial f}{\partial x} = \frac{\partial f}{\partial a} \cdot 2x \tag{5.142}$$

となる．各偏微分をそれぞれ一つの変数と思うと，勾配の計算の複雑度は関数自身の計算と同程度であるとわかる．$\frac{\partial f}{\partial x}$ の表式 (5.110) は $f(x)$ の表式 (5.109) よりもはるかに複雑に見えるが，これはその直感とは異なる結果である．

自動微分は例 5.14 の内容を形式化したものである．$x_1, \ldots, x_d$ を入力変数，$x_{d+1}, \ldots, x_{D-1}$ を中間変数，x_D を出力変数とするとき，その計算グラフは次のように表すことができる．

$$x_i = g_i(x_{\mathrm{Pa}(x_i)}), \quad i = d+1, \ldots, D \tag{5.143}$$

ここで $g_i(\cdot)$ は初等的な関数であり，$x_{\mathrm{Pa}(x_i)}$ は計算グラフにおいて変数 x_i の親ノード全体を表す．このように関数が定義されると，チェインルールにより勾配を段階ごとに計算することができる．まず $f = x_D$ であるので

$$\frac{\partial f}{\partial x_D} = 1 \tag{5.144}$$

であり，そのほかの変数については

$$\frac{\partial f}{\partial x_i} = \sum_{x_j : x_i \in \mathrm{Pa}(x_j)} \frac{\partial f}{\partial x_j}\frac{\partial x_j}{\partial x_i} = \sum_{x_j : x_i \in \mathrm{Pa}(x_j)} \frac{\partial f}{\partial x_j}\frac{\partial g_j}{\partial x_i} \tag{5.145}$$

リバースモードの自動微分では構文木が必要となる．

となる．ここで，$\mathrm{Pa}(x_j)$ は変数 x_j の親ノード全体の集合を表す．(5.143) が順伝播で関数値を求める方法であり，(5.145) が逆伝播で勾配を求める方法である．ニューラルネットワークの訓練においては，予測した値の誤差を逆伝播させることになる．

自動微分は，関数が微分可能な初等的関数の計算グラフで表される場合に有効である．実際には，その関数は数学的な関数ではなくプログラムの可能性がある．すべてのプログラムに対して自動微分できるわけではない．例えば，微分可能な初等関数で表せない場合や，関数内部に for ループや if 文などのプログラム構造がある場合に注意が必要となる．

5.7 高次の微分

勾配という一階の微分を扱ってきたが，より高次の微分を必要とすることもある．例えばニュートン法では二階の微分が必要となる [NW06]．また 5.1.1 項では，一変数関数のテイラー多項式による近似について述べたが，多変数の場合も同様のことが可能である．高次の微分に関する記法をこの節で整理しよう．

$f : \mathbb{R}^2 \to \mathbb{R}$ を二変数 x, y の関数として，高次の偏微分（そして高次の勾配）を以下のように表すことにする．

- $\frac{\partial^2 f}{\partial x^2}$ は f を x で二回偏微分した結果を表す．
- $\frac{\partial^n f}{\partial x^n}$ は f を x で n 回偏微分した結果を表す．
- $\frac{\partial^2 f}{\partial y \partial x} = \frac{\partial}{\partial y}\left(\frac{\partial f}{\partial x}\right)$ は f を x で偏微分したあとに y で偏微分した結果を表す．
- $\frac{\partial^2 f}{\partial x \partial y}$ はまず f を y で偏微分したあとに x で偏微分した結果を表す．

ヘッシアン (Hessian)

ヘッシアンはこのすべての二階の偏微分を集めたものである．

$f(x, y)$ が二階（連続）微分可能なら

$$\frac{\partial^2 f}{\partial x \partial y} = \frac{\partial^2 f}{\partial y \partial x} \tag{5.146}$$

ヘッセ行列 (Hessian matrix)

であり，偏微分を行う順序は無視できる．つまり，対応するヘッセ行列

$$\boldsymbol{H} = \begin{bmatrix} \frac{\partial^2 f}{\partial x^2} & \frac{\partial^2 f}{\partial x \partial y} \\ \frac{\partial^2 f}{\partial y \partial x} & \frac{\partial^2 f}{\partial y^2} \end{bmatrix} \tag{5.147}$$

は対称行列である．ヘッセ行列のことを $\nabla^2_{x,y} f(x,y)$ と表す．n 変数関数 $f : \mathbb{R}^n \to \mathbb{R}$ の場合，ヘッセ行列は $n \times n$ 行列となる．ヘッセ行列は点 (x,y) 付近の関数の曲がり具合を表している．

注（ベクトル値関数のヘッセ行列） ベクトル値関数 $f : \mathbb{R}^n \to \mathbb{R}^m$ の場合，ヘッセ行列は $m \times n \times n$ テンソルとなる．

5.8 線形化と多変数でのテイラー展開

関数 f の勾配 ∇f は，点 $\boldsymbol{x}_0$ 近傍での f の線形近似に利用されることが多い．

$$f(\boldsymbol{x}) \approx f(\boldsymbol{x}_0) + (\nabla_{\boldsymbol{x}} f)(\boldsymbol{x}_0)(\boldsymbol{x} - \boldsymbol{x}_0). \tag{5.148}$$

ここで，$(\nabla_{\boldsymbol{x}} f)(\boldsymbol{x}_0)$ は f の $\boldsymbol{x}_0$ における勾配ベクトルである．その様子は図5.12のようになり，もとの関数が直線で近似されている．この近似は局所的には十分正確だが，x_0 から離れると近似の精度が悪くなる．(5.148) は多変数関数 f を $\boldsymbol{x}_0$ でテイラー展開する例にもなっており，一次までの二項からなる多項式となっている．より高次まで展開すると近似の精度が向上することになる．

定義 5.7（多変数関数のテイラー級数） 関数

$$f : \mathbb{R}^D \to \mathbb{R} \tag{5.149}$$

$$\boldsymbol{x} \mapsto f(\boldsymbol{x}),\ \boldsymbol{x} \in \mathbb{R}^D \tag{5.150}$$

が点 $\boldsymbol{x}_0$ で滑らかであるとする．差分ベクトルを $\boldsymbol{\delta} := \boldsymbol{x} - \boldsymbol{x}_0$ とするとき，$\boldsymbol{x}_0$ における多変数関数のテイラー級数を

多変数関数のテイラー級数 (multivariate Taylor series)

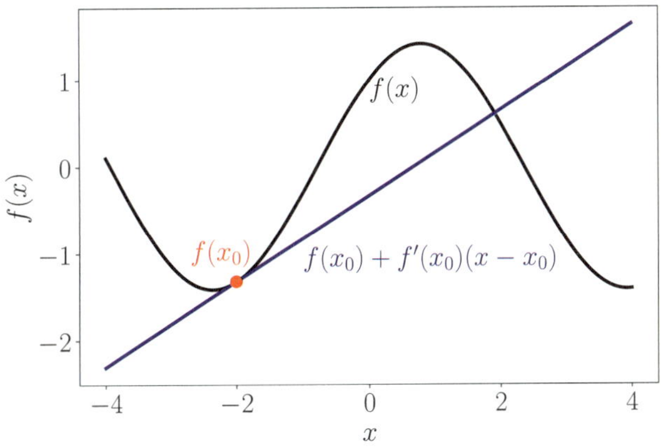

図 5.12 関数の線形近似．もとの関数 f に対して，点 $x_0 = -2$ でのテイラー展開の一次までを用いて線形化したもの．

$$f(\boldsymbol{x}) = \sum_{k=0}^{\infty} \frac{D_{\boldsymbol{x}}^k f(\boldsymbol{x}_0)}{k!} \boldsymbol{\delta}^k \tag{5.151}$$

と定める．ここで，$D_{\boldsymbol{x}}^k f(\boldsymbol{x}_0)$ は f の $\boldsymbol{x}$ に関する k 階微分の $\boldsymbol{x}_0$ における評価値である†. ■

† 訳注：$D_{\boldsymbol{x}}^k f(\boldsymbol{x}_0), \boldsymbol{\delta}^k$ の定義は以降の (5.155) を参考のこと.

テイラー多項式 (Taylor polynomial)

定義 5.8 （テイラー多項式） 関数 f の点 $\boldsymbol{x}_0$ における n 次のテイラー多項式をテイラー級数 (5.151) の最初の $n+1$ 項からなる多項式と定める.

$$T_n(\boldsymbol{x}) = \sum_{k=0}^{n} \frac{D_{\boldsymbol{x}}^k f(\boldsymbol{x}_0)}{k!} \boldsymbol{\delta}^k. \tag{5.152}$$

■

(5.151) と (5.152) では, $\boldsymbol{\delta}^k$ と安易に書いてしまっているが, ベクトル $\boldsymbol{\delta} \in \mathbb{R}^D$ のべき乗が表す内容は自明ではない．この式において，$D_{\boldsymbol{x}}^k f$ と $\boldsymbol{\delta}^k$ はいずれも k 階のテンソル (k 次元の配列) を表しており, k 階のテンソル $\boldsymbol{\delta}^k \in \mathbb{R}^{\overbrace{D \times D \times \cdots \times D}^{k\text{回}}}$ はベクトル $\boldsymbol{\delta} \in \mathbb{R}^D$ を k 回外積したものを指す．例えば，外積の記号を $\otimes$ としたとき

$$\boldsymbol{\delta}^2 := \boldsymbol{\delta} \otimes \boldsymbol{\delta} = \boldsymbol{\delta}\boldsymbol{\delta}^\top,\ \boldsymbol{\delta}^2[i,j] = \delta[i]\delta[j], \tag{5.153}$$

$$\boldsymbol{\delta}^3 := \boldsymbol{\delta} \otimes \boldsymbol{\delta} \otimes \boldsymbol{\delta},\ \boldsymbol{\delta}^3[i,j,k] = \delta[i]\delta[j]\delta[k] \tag{5.154}$$

図 5.13 外積の図示．外積されるベクトルごとに配列の次元が 1 ずつ増加する．(a) 二つのベクトルの外積は行列とみなせる．(b) 三つのベクトルの外積は三階のテンソルとなる．

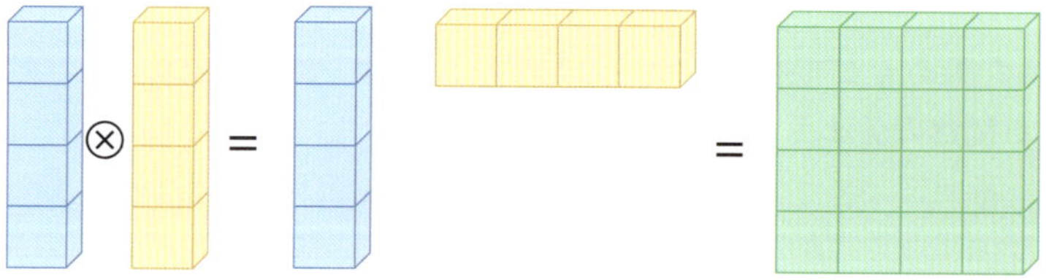

(a) ベクトル $\boldsymbol{\delta} \in \mathbb{R}^4$ に対し，外積 $\boldsymbol{\delta}^2 := \boldsymbol{\delta} \otimes \boldsymbol{\delta} = \boldsymbol{\delta}\boldsymbol{\delta}^\top \in \mathbb{R}^{4\times 4}$ は行列となる.

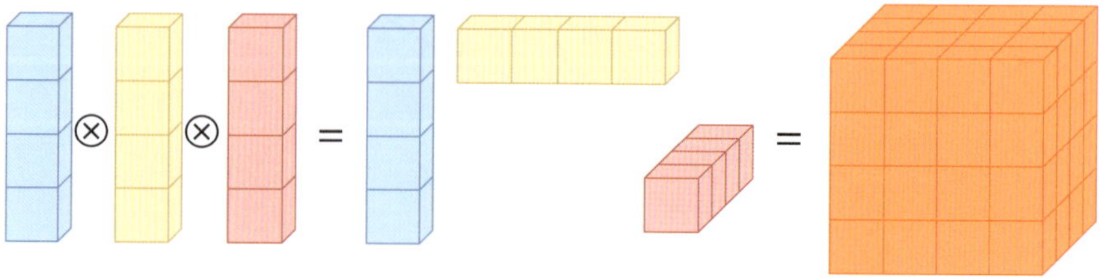

(b) 外積 $\boldsymbol{\delta}^3 := \boldsymbol{\delta} \otimes \boldsymbol{\delta} \otimes \boldsymbol{\delta} \in \mathbb{R}^{4\times 4\times 4}$ は三次のテンソル（「三次元行列」），つまり三つの添え字を持つ配列となる.

である．この外積を図示すると，図 5.13 のようになる．つまりテイラー級数の k 次の項 $D_{\boldsymbol{x}}^k f(\boldsymbol{x}_0)\boldsymbol{\delta}^k$ は

$$D_{\boldsymbol{x}}^k f(\boldsymbol{x}_0)\boldsymbol{\delta}^k = \sum_{i_1=1}^{D} \cdots \sum_{i_k=1}^{D} D_{\boldsymbol{x}}^k f(\boldsymbol{x}_0)[i_1, \ldots, i_k]\delta[i_1]\cdots\delta[i_k] \tag{5.155}$$

を意味している[†]．

† 訳注：$D_{\boldsymbol{x}}^k f(\boldsymbol{x}_0)[i_1, \ldots, i_k] = \frac{\partial^k f(\boldsymbol{x}_0)}{\partial x_{i_1}\cdots\partial x_{i_k}}$

これでテイラー級数を定義できたので，$0 \le k \le 3$ について $D_{\boldsymbol{x}}^k f(\boldsymbol{x}_0)\boldsymbol{\delta}^k$ を具体的に書いてみると以下のようになる．ここで $\boldsymbol{\delta} := \boldsymbol{x} - \boldsymbol{x}_0$ である．

$$k = 0 : D_{\boldsymbol{x}}^0 f(\boldsymbol{x}_0)\boldsymbol{\delta}^0 = f(\boldsymbol{x}_0) \in \mathbb{R}, \tag{5.156}$$

$$k = 1 : D_{\boldsymbol{x}}^1 f(\boldsymbol{x}_0)\boldsymbol{\delta}^1 = \underbrace{\nabla_{\boldsymbol{x}} f(\boldsymbol{x}_0)}_{1\times D} \underbrace{\boldsymbol{\delta}}_{D\times 1} = \sum_{i=1}^{D} \nabla_{\boldsymbol{x}} f(\boldsymbol{x}_0)[i]\delta[i] \in \mathbb{R}, \tag{5.157}$$

$$k = 2 : D_{\boldsymbol{x}}^2 f(\boldsymbol{x}_0)\boldsymbol{\delta}^2 = \mathrm{tr}(\underbrace{\boldsymbol{H}(\boldsymbol{x}_0)}_{D\times D} \underbrace{\boldsymbol{\delta}}_{D\times 1} \underbrace{\boldsymbol{\delta}^\top}_{1\times D}) = \boldsymbol{\delta}^\top \boldsymbol{H}(\boldsymbol{x}_0)\boldsymbol{\delta} \tag{5.158}$$

$$= \sum_{i=1}^{D}\sum_{j=1}^{D} H[i,j]\delta[i]\delta[j] \in \mathbb{R}, \tag{5.159}$$

$$k = 3 : D_{\boldsymbol{x}}^3 f(\boldsymbol{x}_0)\boldsymbol{\delta}^3 \sum_{i=1}^{D}\sum_{j=1}^{D}\sum_{k=1}^{D} D_{\boldsymbol{x}}^3 f(\boldsymbol{x}_0)[i,j,k]\delta[i]\delta[j]\delta[k] \in \mathbb{R}. \tag{5.160}$$

```
np.einsum(
'i,i',Df1,d)
np.einsum(
'ij,i,j',Df2,d,d)
np.einsum(
'ijk,i,j,k',
Df3,d,d,d)
```

ここで $\boldsymbol{H}(\boldsymbol{x}_0)$ は f の点 $\boldsymbol{x}_0$ でのヘッセ行列である．

例 5.15（2 変数関数のテイラー展開） 関数

$$f(x,y) = x^2 + 2xy + y^3 \tag{5.161}$$

の $(x_0, y_0) = (1, 2)$ でのテイラー級数を求めよう．まずはどのような展開となるかを想定しておこう．関数 (5.161) は三次の多項式である．そしてテイラー級数自体も多項式による展開である．したがって四次以上の展開項はないと予想がつく．つまり，級数を得るには (5.151) のはじめの 4 項を求めれば十分である．

まずは初項と一次の項を求めてみよう．これは

$$f(1,2) = 13, \tag{5.162}$$

$$\frac{\partial f}{\partial x} = 2x + 2y \Longrightarrow \frac{\partial f}{\partial x}(1,2) = 6, \tag{5.163}$$

$$\frac{\partial f}{\partial y} = 2x + 3y^2 \Longrightarrow \frac{\partial f}{\partial y}(1,2) = 14 \tag{5.164}$$

となる．したがって

$$D^1_{x,y} f(1,2) = \nabla_{x,y} f(1,2) = \begin{bmatrix} \frac{\partial f}{\partial x}(1,2) & \frac{\partial f}{\partial y}(1,2) \end{bmatrix} = \begin{bmatrix} 6 & 14 \end{bmatrix} \in \mathbb{R}^{1\times 2} \tag{5.165}$$

であり，

$$\frac{D^1_{x,y} f(1,2)}{1!} \boldsymbol{\delta} = \begin{bmatrix} 6 & 14 \end{bmatrix} \begin{bmatrix} x-1 \\ y-2 \end{bmatrix} = 6(x-1) + 14(y-2) \tag{5.166}$$

を得る．$D^1_{x,y} f(1,2)\boldsymbol{\delta}$ は線形な項のみをもち，一次の多項式となっている．

二次の偏微分は

$$\frac{\partial^2 f}{\partial x^2} = 2 \Longrightarrow \frac{\partial^2 f}{\partial x^2}(1,2) = 2, \tag{5.167}$$

$$\frac{\partial^2 f}{\partial y^2} = 6y \Longrightarrow \frac{\partial^2 f}{\partial y^2}(1,2) = 12, \tag{5.168}$$

$$\frac{\partial^2 f}{\partial y \partial x} = 2 \Longrightarrow \frac{\partial^2 f}{\partial y \partial x}(1,2) = 2, \tag{5.169}$$

$$\frac{\partial^2 f}{\partial x \partial y} = 2 \Longrightarrow \frac{\partial^2 f}{\partial x \partial y}(1,2) = 2 \tag{5.170}$$

となる．これをヘッセ行列にまとめると

$$\boldsymbol{H} = \begin{bmatrix} \frac{\partial^2 f}{\partial x^2} & \frac{\partial^2 f}{\partial x \partial y} \\ \frac{\partial^2 f}{\partial y \partial x} & \frac{\partial^2 f}{\partial y^2} \end{bmatrix} = \begin{bmatrix} 2 & 2 \\ 2 & 6y \end{bmatrix} \tag{5.171}$$

であり，

$$\boldsymbol{H}(1,2) = \begin{bmatrix} 2 & 2 \\ 2 & 12 \end{bmatrix} \in \mathbb{R}^{2\times 2} \tag{5.172}$$

となる．したがって，テイラー級数の二次の項は

$$\frac{D^2_{x,y} f(1,2)}{2!} \boldsymbol{\delta}^2 = \frac{1}{2} \boldsymbol{\delta}^\top \boldsymbol{H}(1,2) \boldsymbol{\delta} \tag{5.173a}$$

$$= \frac{1}{2} \begin{bmatrix} x-1 & y-2 \end{bmatrix} \begin{bmatrix} 2 & 2 \\ 2 & 12 \end{bmatrix} \begin{bmatrix} x-1 \\ y-2 \end{bmatrix} \tag{5.173b}$$

$$= (x-1)^2 + 2(x-1)(y-2) + 6(y-2)^2 \tag{5.173c}$$

となる．$D^2_{x,y} f(1,2)\boldsymbol{\delta}^2$ は二次の項のみからなり，二次の多項式となっている．

三次の偏微分は

$$D^3_{x,y} f = \begin{bmatrix} \frac{\partial \boldsymbol{H}}{\partial x} & \frac{\partial \boldsymbol{H}}{\partial y} \end{bmatrix} \in \mathbb{R}^{2\times 2\times 2}, \tag{5.174}$$

$$D^3_{x,y} f[:,:,1] = \frac{\partial \boldsymbol{H}}{\partial x} = \begin{bmatrix} \frac{\partial^3 f}{\partial x^3} & \frac{\partial^3 f}{\partial x^2 \partial y} \\ \frac{\partial^3 f}{\partial x \partial y \partial x} & \frac{\partial^3 f}{\partial x \partial y^2} \end{bmatrix}, \tag{5.175}$$

$$D^3_{x,y}f[:,:,2] = \frac{\partial \boldsymbol{H}}{\partial y} = \begin{bmatrix} \frac{\partial^3 f}{\partial y \partial x^2} & \frac{\partial^3 f}{\partial y \partial x \partial y} \\ \frac{\partial^3 f}{\partial y^2 \partial x} & \frac{\partial^3 f}{\partial y^3} \end{bmatrix} \tag{5.176}$$

となる．ヘッセ行列 (5.171) を見ると，二次の偏微分はほとんど定数であり，そのため三次の偏微分で残るのは

$$\frac{\partial^3 f}{\partial y^3} = 6 \Longrightarrow \frac{\partial^3 f}{\partial y^3}(1,2) = 6 \tag{5.177}$$

である．その他の（$\frac{\partial^3 f}{\partial x^2 \partial y}$ といった）三次の偏微分は消えて，

$$D^3_{x,y}f[:,:,1] = \begin{bmatrix} 0 & 0 \\ 0 & 0 \end{bmatrix}, \quad D^3_{x,y}f[:,:,2] = \begin{bmatrix} 0 & 0 \\ 0 & 6 \end{bmatrix} \tag{5.178}$$

となり，

$$\frac{D^3_{x,y}f(1,2)}{3!}\boldsymbol{\delta}^3 = (y-2)^3 \tag{5.179}$$

がテイラー級数の三次の項となる．以上をまとめると，f の $(x_0, y_0) = (1, 2)$ における（完全な）テイラー級数は

$$f(x) = f(1,2) + D^1_{x,y}f(1,2)\boldsymbol{\delta} + \frac{D^2_{x,y}f(1,2)}{2!}\boldsymbol{\delta}^2 + \frac{D^3_{x,y}f(1,2)}{3!}\boldsymbol{\delta}^3 \tag{5.180a}$$

$$\begin{aligned} &= f(1,2) + \frac{\partial f(1,2)}{\partial x}(x-1) + \frac{\partial f(1,2)}{\partial y}(y-2) \\ &\quad + \frac{1}{2!}\left(\frac{\partial^2 f(1,2)}{\partial x^2}(x-1)^2 + \frac{\partial^2 f(1,2)}{\partial y^2}(y-2)^2 \right. \\ &\quad \left. + 2\frac{\partial^2 f(1,2)}{\partial x \partial y}(x-1)(y-2)\right) \\ &\quad + \frac{1}{6}\frac{\partial^3 f(1,2)}{\partial y^3}(y-2)^3 \end{aligned} \tag{5.180b}$$

$$\begin{aligned} &= 13 + 6(x-1) + 14(y-2) \\ &\quad + (x-1)^2 + 6(y-2)^2 + 2(x-1)(y-2) + (y-2)^3 \end{aligned} \tag{5.180c}$$

となる．今回の場合，得られた完全なテイラー級数 (5.180c) はもとの多項式 (5.161) となる．もとの関数が多項式であるため特に驚くことではない．三次の多項式のテイラー級数は定数項と一次，二次，三次の項の線形結合 (5.180c) で表される．

5.9 関連図書

行列の微分については [MN07] に詳細に記されており，必要となる線形代数についても簡単な説明がある．自動微分の歴史は長く，[GW03, GW08, Ell09] やそれらが引用している文献が参考になる．

機械学習（やその他の分野）において期待値を計算することは多く，

$$\mathbb{E}_{\boldsymbol{x}}[f(\boldsymbol{x})] = \int f(\boldsymbol{x})p(\boldsymbol{x})d\boldsymbol{x} \tag{5.181}$$

という形の積分を求める必要がある．たとえ $p(\boldsymbol{x})$ が都合のよいもの（例えばガウス分布）であっても，このような積分を解析的に求めるのは通常不可能である．f のテイラー展開は近似的な結果を得る一つの方法である．例えば，$p(\boldsymbol{x}) = \mathcal{N}(\boldsymbol{\mu}, \boldsymbol{\Sigma})$ がガウス分布の場合，非線形関数 f を $\boldsymbol{\mu}$ の周りで一次近似することで，局所的な線形化が得られる．f が線形で，$p(\boldsymbol{x})$ がガウス分布ならば，平均（と分散）を求めることができる（6.5 節）．この性質は非線形力学系（「状態空間モデル」）における**拡張カルマンフィルタ** [May79] でのオンライン状態推定によく利用される．(5.181) の積分を近似する別の方法としては，勾配の情報が不要な ***unscented* 変換** [JU97] や，最頻値近傍での（ヘッセ行列を用いた）二次近似により $p(\boldsymbol{x})$ をガウス分布で近似する**ラプラス近似** [Mac03, Bis06, Mur12] が挙げられる．

拡張カルマンフィルタ (extended Kalman filter)

unscented 変換 (unscented transform)

ラプラス近似 (Laplace approximation)

演習問題

5.1　関数 $f(x) = \log(x^4)\sin(x^3)$ の導関数 $f'(x)$ を求めよ．

5.2　シグモイド関数 $f(x) = \frac{1}{1+\exp(-x)}$ の導関数 $f'(x)$ を求めよ．

5.3　関数 $f(x) = \exp(-\frac{1}{2\sigma^2}(x-\mu)^2)$ の導関数 $f'(x)$ を求めよ．ここで $\mu, \sigma \in \mathbb{R}$ は実数の定数とする．

5.4　関数 $f(x) = \sin(x) + \cos(x)$ の $x_0 = 0$ におけるテイラー多項式 T_n を $n = 0, \ldots, 5$ について求めよ．

5.5　以下の関数を考える：

$$f_1(\boldsymbol{x}) = \sin(x_1)\cos(x_2),\ \boldsymbol{x} = \begin{bmatrix} x_1 \\ x_2 \end{bmatrix} \in \mathbb{R}^2 ,$$

$$f_2(\boldsymbol{x}, \boldsymbol{y}) = \boldsymbol{x}^\top \boldsymbol{y},\ \boldsymbol{x}, \boldsymbol{y} \in \mathbb{R}^n ,$$

$$f_3(\boldsymbol{x}) = \boldsymbol{x}\boldsymbol{x}^\top,\ \boldsymbol{x} \in \mathbb{R}^n .$$

a. 勾配 $\frac{\partial f_i}{\partial \boldsymbol{x}}$ の行列（またはテンソル）としてのサイズはいくつか？
b. ヤコビ行列をそれぞれ計算せよ．

5.6　二つの関数 f, g を

$$f(\boldsymbol{t}) = \sin(\log(\boldsymbol{t}^\top \boldsymbol{t})),\ \boldsymbol{t} \in \mathbb{R}^D\ ,$$
$$g(\boldsymbol{X}) = \mathrm{tr}(\boldsymbol{AXB}),\ \boldsymbol{A} \in \mathbb{R}^{D\times E},\ \boldsymbol{X} \in \mathbb{R}^{E\times F},\ \boldsymbol{B} \in \mathbb{R}^{F\times D}$$

と定める．（ここで，tr は行列のトレースを表す.）f の $\boldsymbol{t}$ に関する勾配と，g の $\boldsymbol{X}$ に関する勾配を求めよ．

5.7　以下の関数について勾配 $\frac{\mathrm{d}f}{\mathrm{d}\boldsymbol{x}}$ をチェインルールを用いて求めよ．関数の合成に関する各段階での勾配の行列のサイズを求め，計算過程を詳しく記述せよ．

a. $f(z) = \log(1+z),\ z = \boldsymbol{x}^\top \boldsymbol{x},\ \boldsymbol{x} \in \mathbb{R}^D$.

b. $f(\boldsymbol{z}) = \sin(\boldsymbol{z}),\ \boldsymbol{z} = \boldsymbol{Ax} + \boldsymbol{b},\ \boldsymbol{A} \in \mathbb{R}^{E\times D},\ \boldsymbol{x} \in \mathbb{R}^D,\ \boldsymbol{b} \in \mathbb{R}^E$．ただし，$\sin(\cdot)$ は成分ごとに作用するとする．

5.8　以下の関数について勾配 $\frac{\mathrm{d}f}{\mathrm{d}\boldsymbol{x}}$ を求め，計算過程を詳しく記述せよ．

a.

$$f(z) = \exp\left(-\frac{1}{2}z\right)\ ,$$
$$z = g(\boldsymbol{y}) = \boldsymbol{y}^\top \boldsymbol{S}^{-1} \boldsymbol{y}\ ,$$
$$\boldsymbol{y} = h(\boldsymbol{x}) = \boldsymbol{x} - \boldsymbol{\mu}\ .$$

ここで，$\boldsymbol{x}, \boldsymbol{\mu} \in \mathbb{R}^D, \boldsymbol{S} \in \mathbb{R}^{D\times D}$．導出にはチェインルールを用い，関数の合成に関する各段階での勾配の行列のサイズも求めよ．

b.

$$f(\boldsymbol{x}) = \mathrm{tr}(\boldsymbol{x}\boldsymbol{x}^\top + \sigma^2 \boldsymbol{I}),\ \boldsymbol{x} \in \mathbb{R}^D\ .$$

（ヒント：ベクトルの外積を明示的に書き下せ.）

c.

$$f(z) = \tanh(\boldsymbol{z}) \in \mathbb{R}^M\ ,$$
$$z = \boldsymbol{Ax} + \boldsymbol{b},\ \boldsymbol{x} \in \mathbb{R}^N,\ \boldsymbol{A} \in \mathbb{R}^{M\times N},\ \boldsymbol{b} \in \mathbb{R}^M\ .$$

ただし，$\tanh(\cdot)$ は成分ごとに作用するとする．導出にはチェインルールを用い，関数の合成に関する各段階での勾配の行列のサイズも求めよ．ただし，勾配の行列の行列積を明示する必要はない．

5.9　p, q, t を微分可能な関数として

$$g(\boldsymbol{z}, \boldsymbol{\nu}) := \log p(\boldsymbol{x}, \boldsymbol{z}) - \log q(\boldsymbol{z}, \boldsymbol{\nu}),$$
$$\boldsymbol{z} := t(\boldsymbol{\epsilon}, \boldsymbol{\nu})$$

とする．チェインルールを用いて

$$\frac{\mathrm{d}}{\mathrm{d}\boldsymbol{\nu}} g(\boldsymbol{z}, \boldsymbol{\nu})$$

を求めよ．

第6章
確率と確率分布

確率論とは，大まかに言うと不確実性を扱う学問である．確率とは，ある事象の発生する割合，あるいは確信の度数と考えることができる．そこで，この確率論を使って，実験で何が起きるかを測定したい．第1章で述べたように，機械学習ではデータ，モデルの学習，モデルの予測結果に関する不確実性の定量化をよく行う．その際，ランダムな試行と関心のある性質を対応させる**確率変数**の概念が必要となる．確率変数にはある結果が発生する確率（またはある集合の要素が得られる確率）を表す関数が付随しており，**確率分布**と呼ばれる．

確率変数 (random variable)

確率分布 (probability distribution)

確率分布は幅広い領域で利用され，例えば，確率モデル（8.4節），グラフィカルモデル（8.5節），モデル選択（8.6節）の基礎となる．次節で，確率空間を定義する三つの概念（標本空間，事象，事象の確率）を述べ，それらが確率変数という四つ目の概念とどのように関係するかを説明する．なお，厳密な定式化は直感的な理解を阻む恐れがあるため，細かな詳細についてはあえて省くことにする．本章で学ぶ内容のマインドマップは図6.1のようになる．

6.1 確率空間の構成

確率論の目的は，ランダムな試行結果に関して成立する数学的な構造を見抜くことである．例えば，コインを投げたときに表と裏のどちらが出るかは事前に決定できないが，試行回数を増やすと平均的な結果には法則があるとわかる．機械学習の目的の一つは，確率の数学的な構造の下で自動推論を行うことである．この意味で，確率論は論理的推論の一般化であると考えることもできる [Jay03].

図 6.1　本章で導入される確率変数と確率分布に関する概念のマインドマップ.

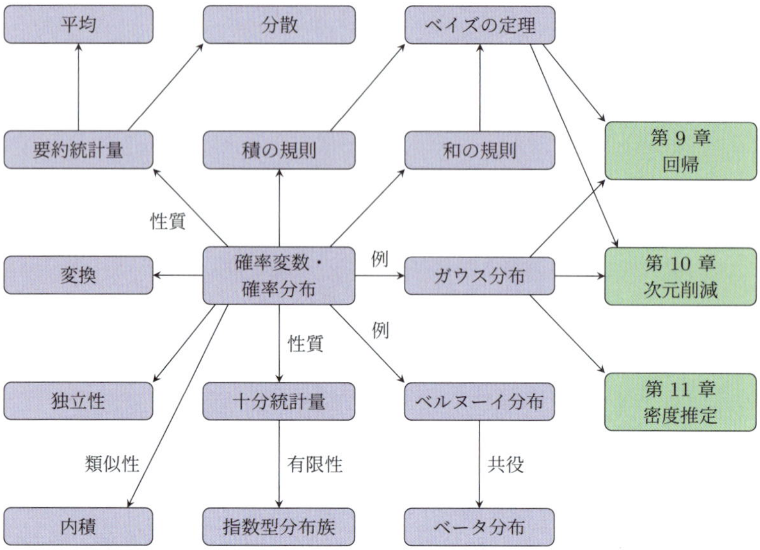

6.1.1　哲学的な問題

自動推論システムを構築する際，古典的なブール論理では尤もらしいある種の推論形式を表すことができない．例えば，事象 A が偽と観測したため，古典的な論理では導出できないけれども，事象 B が発生しないだろうとわかったり，逆に事象 B が真であったため，事象 A が発生しそうだと思うことがある．私たちは日常的にこの形式の推論を行っている．例えば友達と待ち合わせをしているとき，友達の状況としては (H1) 予定通りに移動中，(H2) 交通渋滞で遅れている，(H3) 宇宙人に誘拐されている，といった可能性がある．その後もし友人が遅刻した場合は (H1) が棄却され，（論理的な帰結ではないが）私たちは (H2) の可能性が高くなったと考える傾向にある．そして (H3) については，依然として起こり得ないだろうと考える．私たちは (H2) が最も妥当であると一体どのように判断しているのだろうか？ このように考えると，確率論はブール論理の拡張であるといえる．機械学習の分野では自動推論システムの設計の際に確率論がよく用いられる．確率論が推論システムの基礎となっていることに関しては [Pea88] に詳しく書かれている．

「妥当な推論のためには，真か偽かという離散的な値ではなく連続的な妥当性に拡張して考える必要がある．」[Jay03]

確率論の哲学的な基礎と私たちが妥当と判断する基準との関係について Cox の研究がある [Jay03]．この研究結果の一つの解釈は，私たちの判断基準を正確に表そうと思うと結局確率の概念が必要になる，というものである．E. T. Jaynes (1922–1998) は妥当性に対して，三つの数学的基準を要請している．

1. 妥当性の度合いは実数で表される.
2. この数は一定の常識的な規則に基づく.
3. 結果として得られる推論は以下の三つの「一貫性」をもたなくてはならない:
   (a) 一貫性あるいは無矛盾性:同じ命題について異なる方法で妥当性を計算したとき,得られる度合いは一致する.
   (b) 誠実性:利用可能なすべてのデータを考慮に入れる.
   (c) 再現性:二つの問題について私たちのもつ知識が同程度なら,同じ妥当性をもたなくてはならない.

Cox-Janes の定理は,これらの要請から妥当性 p の従う法則が単調関数程度の違いを除いてただ一つに定まることを証明している.この法則は確率論の法則と一致する.

注 機械学習や統計学では,確率の解釈に関してベイズ主義と頻度主義といった二つの流派がある [Bis06, EH16].ベイズ的な解釈では,事象に対する主観的な不確実性を表すことに確率を用いる.これは「主観的確率」とか「信念の度合い」と呼ばれることもある.頻度論的な解釈では,興味あるイベントのイベント総数に対する割合について考える.確率は,データ数が無限にある場合の極限値として定義される.

さて,機械学習の文献の中には確率モデルに関して曖昧な表記や専門用語を用いているものがあり,本書も例外ではない.複数の異なる概念が「確率分布」の一言で表され,文脈に応じて読者が見分ける必要がある.一つの見分けるコツは,カテゴリカルなもの(離散的な確率変数)と連続的なもの(連続的な確率変数)のどちらをモデル化しようとしているかを区別することである.モデルが離散か連続かという点は,機械学習で取り組む問題の種類と密接に関係している.

6.1.2 確率と確率変数

確率について考える際に三つの異なる概念を混同してしまうことが多い.一つ目は確率の概念を定式化するために用いる確率空間である.この空間を直接扱うことはあまりなく,代わりに二つ目の概念である確率変数を利用して,より便利な空間(多くの場合,実数空間や自然数の空間)で考えることが多い.三つ目の概念は,確率変数に付随する確率分布とその法則である.この節では最初の二つを説明し,確率分布については6.2節で説明する.

現代の確率論はコルモゴロフの公理系に基づいており,標本空間,事象空間,確率測度という三つの概念を利用する [GS97, Jay03]．確率空間は，ランダムな結果を伴う現実のプロセス（試行と呼ばれる）をモデル化したものである．

標本空間 Ω

標本空間 (sample space)

標本空間は試行で発生しうる結果全体の集合であり，通常 Ω で表される．例えばコインを連続して2回投げるとき，h を表，t を裏として標本空間は $\{\mathrm{hh}, \mathrm{tt}, \mathrm{ht}, \mathrm{th}\}$ となる．

事象空間 $\mathcal{A}$

事象空間 (event space)

事象空間 $\mathcal{A}$ は Ω の部分集合を集めたもので，試行で発生しうる事象全体を表す．標本空間 Ω の部分集合 A は，試行結果 $\omega \in \Omega$ が A に入っているか否か判断できるとき，事象空間 $\mathcal{A}$ の要素となる．事象空間 $\mathcal{A}$ は標本空間 Ω の部分集合の族であり，離散的な確率分布（6.2.1 項）では $\mathcal{A}$ は Ω の冪集合と一致する．

確率 P

確率 (probability)

各事象 $A \in \mathcal{A}$ に対し，発生確率や信頼度を表す数値 $P(A)$ が割り振られる．この $P(A)$ を A の**確率**という．

状態 (state)
ターゲット空間 (target space)
確率変数 (random variable)

「確率変数」は非常に誤解を招きやすい名前である．これは関数であり，確率的でも変数でもない．

各事象の確率は区間 $[0, 1]$ に属さなければならず，Ω 全体の確率は1でなければならない ($P(\Omega) = 1$)．確率空間 $(\Omega, \mathcal{A}, P)$ をもとに現実の現象をモデリングしたい．機械学習では確率空間の代わりに関心のある値の確率を考えることが多い．本書では，この値を**状態**と呼び，状態全体の空間 $\mathcal{T}$ を**ターゲット空間**と呼ぶことにする．そして，試行結果に対して特定の状態 $x \in \mathcal{T}$ を割り付ける関数 $X : \Omega \to \mathcal{T}$ を**確率変数**と呼ぶ．例えば表の回数に関心があるなら，$X(\mathrm{hh}) = 2$，$X(\mathrm{ht}) = 1$，$X(\mathrm{th}) = 1$，$X(\mathrm{tt}) = 0$ という確率変数 X を用いる．ターゲット空間は $\mathcal{T} = \{0, 1, 2\}$ であり，この状態に関する確率を考えることになる．もし，Ω と $\mathcal{T}$ の双方が有限集合なら，確率変数は本質的には割り当て表である．各部分集合 $S \subseteq \mathcal{T}$ に対し，確率変数 X の状態が S に属する確率を $P_X(S) \in [0, 1]$ で表す．確率変数の具体例を例 6.1 で与える．

注　標本空間 Ω を別の名前で呼ぶ文献もある．典型的な別名としては「状態空間」[JP04] があるが，この名前は力学系において別の概念を指す場合がある [HK03]．その他の名称としては「イベント空間」などがある．

歪んだコインの例

例 6.1　この例では，読者が和集合や共通部分に対する計算に慣れているものとする．[WMMY11, 第2章] では豊富な例を交えて確率について丁寧に紹介しているので，不慣れな読者への参考にしてほしい．

袋からコインを二枚取り出す試行を考えよう．袋の中にはアメリカの硬貨（\$で表す）とイギリスの硬貨（£で表す）が入っており，四種類の試行結果がある．つまり，標本空間 Ω は $\{(\$,\$),(\$,£),(£,\$),(£,£)\}$ となる．確率 0.3 で袋から \$ コインが取り出されるとして，\$ コインが取り出される回数を考えよう．

その回数を表す確率変数を X とする．すなわち X は Ω から $\mathcal{T}$ への関数であり，その値は \$ コインが取り出された回数を表す．値としては 0 回，1 回，2 回の三通りで，すなわち $\mathcal{T}=\{0,1,2\}$ である．確率変数 X は以下のような割り当て表として与えられる：

$$X((\$,\$))=2, \tag{6.1}$$

$$X((\$,£))=1, \tag{6.2}$$

$$X((£,\$))=1, \tag{6.3}$$

$$X((£,£))=0. \tag{6.4}$$

最初に取り出したコインを戻してから二枚目を取り出すことにすれば，一枚目と二枚目の取り出す操作は独立（6.4.5 項）と考えることができる．

\$ コインがちょうど一枚取り出される標本は二つあり，X の確率関数（6.2.1 項）は

$$\begin{aligned}P(X=2)&=P((\$,\$))\\&=P(\$)\cdot P(\$) \qquad (6.5)\\&=0.3\cdot 0.3=0.09,\\P(X=1)&=P((\$,£)\cup(£,\$))\\&=P((\$,£))+P((£,\$)) \qquad (6.6)\\&=0.3\cdot(1-0.3)+(1-0.3)\cdot 0.3=0.42,\\P(X=0)&=P((£,£))\\&=P(£)\cdot P(£) \qquad (6.7)\\&=(1-0.3)\cdot(1-0.3)=0.49\end{aligned}$$

となる．

上記の例では，X の値に関する確率を Ω の部分集合の確率で表しており，二つの異なる概念を同列に扱った．例えば，(6.7) では $P(X=0)=P((£,£))$ としている．確率変数 $X:\Omega\to\mathcal{T}$ および部分集合 $S\subseteq\mathcal{T}$（例えば，二枚のコインを投げて一枚表が出るという結果といった，$\mathcal{T}$ の一点集合）を考え，そして逆像 $X^{-1}(S)$ は，X によって S に写される Ω の部分集合 $\{\omega\in\Omega\mid X(\omega)\in S\}$ を表すとする．Ω の事象の確率が X の値に関する確率に確率変数 X を介してどのように変換されるかを理解する一つの方法は，逆像 $X^{-1}(S)$ の確率と関連付けることである [JP04]．部分集合 $S\subseteq\mathcal{T}$ に対し，

$$P_X(S) = P(X \in S) = P(X^{-1}(S)) = P(\{\omega \in \Omega \mid X(\omega) \in S\}) \tag{6.8}$$

となる．(6.8) の左辺は，関心のある結果（例えば，$\$ = \{1\}$ の回数）の確率である．(6.8) の右辺は，Ω の中でその性質をみたす標本（$(\$, £), (£, \$)$）の確率である．確率変数 X は確率の分布 P_X に従って分布しているといい，この分布が標本空間と X の値の間の確率を橋渡しするのである．別の言い方をすると，$P_X = P \circ X^{-1}$ を確率変数 X の**確率分布**という．

確率分布 (probability distribution)

注　ターゲット空間 $\mathcal{T}$ の種類に応じて確率変数 X の呼び方が異なる．$\mathcal{T}$ が有限または可算無限集合のときは離散型確率変数（6.2.1 項）という．連続型確率変数（6.2.2 項）について本書では $\mathcal{T} = \mathbb{R}$ や $\mathcal{T} = \mathbb{R}^D$ のみを考える．

6.1.3　統計学

確率論と統計学は一緒に紹介されることが多いが，両者は不確実性の異なる側面を扱っている．例えば関心を寄せる問題の種類が異なり，確率論ではあるプロセスのモデリングに用いた確率変数をもとに確率の法則から何が起こるかを導出するが，統計学では観測事実を説明するモデリング自体に関心がある．機械学習はデータの生成過程を表すモデルの構築を目的とする点で，統計学に近いものがある．確率の法則を用いてデータに「最もフィットする」モデルを得たいのである．

機械学習の別の側面としては汎化誤差（第 8 章）があり，学習に利用したデータとは異なる将来のデータに対する予測精度に興味がある．その精度の分析には確率と統計が必要だが，そのほとんどは本章で扱う範囲を超えている．興味のある読者は [BLM13] や [SSBD14] を読むことを勧める．統計学については第 8 章で再登場することになる．

6.2　離散型確率変数と連続型確率変数

6.1 節で導入した確率を表現する方法に着目しよう．その自然な方法は，ターゲット空間 $\mathcal{T}$ が離散的か連続的かに応じて異なる．$\mathcal{T}$ が離散的であれば，確率変数 X がある値 $x \in \mathcal{T}$ となる確率 $P(X = x)$ が考えられる．この $\mathcal{T}$ 上の関数 $P(X = x)$ のことを**確率質量関数** (pmf) という．$\mathcal{T}$ が（実直線 $\mathbb{R}$ のように）連続的であれば，確率変数 X が区間内に値をとる確率 $P(a \leq X \leq b)$, $a < b$ を考えるほうがより自然である．特に，X が x 以下となる確率 $P(X \leq x)$ は $\mathcal{T}$ 上の関数であり**累積分布関数**と呼ばれる．まずは離散型確率変数について考え，連続型確率変数については 6.2.2 項で扱うことにする．また 6.2.3 項で用語

確率質量関数 (pmf: probability mass function)

累積分布関数 (cumulative distribution function)

を整理し，離散型確率変数と連続型確率変数の比較を行う．

注　単一の確率変数の確率分布を**単変量**分布と呼ぶこととし，**多変量**分布といったときは，二つ以上の確率変数の確率分布を指すものとする．（前者の状態は太字でない記号 x で，後者の状態は太字 $\boldsymbol{x}$ で表す．）多変量分布の場合，複数の確率変数からなるベクトルを考えることが多い．

単変量 (univariate)
多変量 (multivariate)

6.2.1　離散型確率変数

ターゲット空間が離散的である場合，（複数の）確率変数の確率分布は図 6.2 のような（高次元の）配列と考えることができる．ターゲット空間は各々のターゲット空間の直積となる．**同時確率**を，各状態を引数とする

同時確率 (joint probability)

$$P(X = x_i, Y = y_j) = \frac{n_{ij}}{N} \tag{6.9}$$

と定める．ここで，n_{ij} は状態 x_i, y_j が同時に発生した件数であり，N はイベントの合計件数である．同時分布は，双方のイベントが発生する共通部分の確率であり，すなわち $P(X = x_i, Y = y_j) = P(X = x_i \cap Y = y_j)$ である．図 6.2 は離散確率分布の確率質量関数を表している．$X = x$ かつ $Y = y$ となる確率は，（単に）$p(x, y)$ と表され，同時確率と呼ばれる．確率 p は，状態 x と y を受け取り，実数を返す関数と考えることができ，このことは $p(x, y)$ と表す一つの理由である．**周辺確率** $P(X = x)$ は，Y の値にかかわらず，X が状態 x となる確率のことであり，（単に）$p(x)$ と表す．$X \sim p(x)$ によって，確率変数 X が分布 $p(x)$ に従うことを表す．状態 $X = x$ の条件下で $Y = y$ となる確率（**条件付き確率**）は（単に）$p(y|x)$ と表される．

周辺確率 (marginal probability)

条件付き確率 (conditional probability)

例 6.2　図 6.2 では二つの確率変数 X, Y が登場している．X は 5 種類，Y は 3 種類の状態をとり得る．状態 $X = x_i, Y = y_j$ が同時に観測された回数を n_{ij} とし，合計件数を N とする．便宜のため，第 i 列の合計を $c_i = \sum_{j=1}^{3} n_{ij}$，第 r 行の合計を $r_j = \sum_{i=1}^{5} n_{ij}$ とする．以上を用いて X, Y の確率質量関数を表し

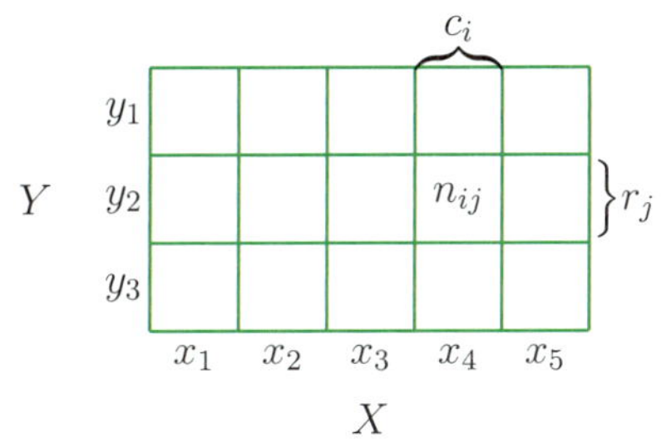

図 6.2　離散的な二つの確率変数 X, Y のなす確率関数の図示．[Bis06] からの引用である．

てみよう．

各変数の確率質量関数は周辺確率であり，行と列の合計を用いて

$$P(X = x_i) = \frac{c_i}{N} = \frac{\sum_{j=1}^{3} n_{ij}}{N} \tag{6.10}$$

$$P(Y = y_j) = \frac{r_j}{N} = \frac{\sum_{i=1}^{5} n_{ij}}{N} \tag{6.11}$$

となる．その合計は1となる：

$$\sum_{i=1}^{5} P(X = x_i) = 1 \,, \sum_{j=1}^{3} P(Y = y_j) = 1 \,. \tag{6.12}$$

条件付き確率は，特定の行または特定の列を抜き出した場合の比率となる．例えば与えられた X に対する Y の条件付き確率は

$$P(Y = y_j | X = x_i) = \frac{n_{ij}}{c_i} \tag{6.13}$$

であり，逆に Y に対する X の条件付き確率は

$$P(X = x_i | Y = y_j) = \frac{n_{ij}}{r_j} \tag{6.14}$$

となる．

カテゴリ変数 (categorical variable)

機械学習において離散型の確率分布は，値が有限種類で順序関係のないカテゴリ変数のモデル化に利用される．例えば，給与を予測する際に利用される大学の学位といったカテゴリ的な特徴量や，手書き文字の認識におけるアルファベットの文字といったカテゴリ的なラベルなどである．また連続的な確率分布を複数混合する際にも離散的な確率分布がよく利用される（第11章）．

6.2.2　連続型確率変数

連続的確率変数として特に，ターゲット空間が実直線 $\mathbb{R}$ の区間となる確率変数について考えることにしよう．本書では，正確性よりも確率論に慣れることを優先して，あたかも状態が有限個であるかのように実確率変数を取り扱う．この単純化は，無限に試行を繰り返す場面や区間内の一点の標本を得る場面では不正確となる．前者の場面は機械学習の汎化誤差を扱う際に登場し（第8章），後者の場面はガウス分布（6.5節）といった連続的な確率分布を議論する際に登場する．

注　連続的な空間では，直感と反する点が二点ある．第一に，（6.1節の事象空間 $\mathcal{A}$ の定義に利用した）標本空間の部分集合全体だと振る舞いがよくない．事象空間 $\mathcal{A}\Omega$ の

部分集合の一部に制限する必要があり，さらに補集合や（可算個の）和集合をとる操作で閉じていなければならない．第二に，集合のサイズに関する取り扱いが技巧的となる点である．（離散的な場合は要素の数え上げで済んだ．）このサイズは**測度**として定義される．例としては，離散集合の濃度や$\mathbb{R}$の区間の長さ，$\mathbb{R}^d$の領域の体積が挙げられる．標本空間が位相を持つ場合に，集合の操作に関して良く振る舞う集合族として，**ボレルσ-加法族**と呼ばれるものがある．Betancourtは，技術的な詳細に拘泥することなく確率空間の構成について説明している（`https://tinyurl.com/yb3t6mfd`）．正確な内容を知りたい場合は[Bil95]や[JP04]が参考になる．

測度 (measure)

ボレルσ-加法族 (Borel σ-algebra)

本書では，ボレルσ-加法族に関する実確率変数を扱う．$\mathbb{R}^D$に値をとる確率変数は，実確率変数のベクトルとみなす．

定義 6.1（確率密度関数）関数$f:\mathbb{R}^D \to \mathbb{R}$は条件

- $\forall \boldsymbol{x} \in \mathbb{R}^D : f(\boldsymbol{x}) \geq 0$
- 積分が存在して

$$\int_{\mathbb{R}^D} f(\boldsymbol{x})\mathrm{d}\boldsymbol{x} = 1 \tag{6.15}$$

をみたすとき，**確率密度関数** (pdf) であるという． ■

確率密度関数 (pdf: probability density function)

離散型確率変数の確率質量関数に関しては，(6.15) の積分を (6.12) の和で置き換えた条件が成立する．

確率密度関数fは非負かつ積分すると1になる関数である．この関数fから連続型確率変数Xが

$$P(a \leq X \leq b) = \int_a^b f(x)\mathrm{d}x \tag{6.16}$$

と定まる．ここで$a, b \in \mathbb{R}$, $a \leq b$であり，$x \in \mathbb{R}$が確率変数Xの値に対応する．この (6.16) は確率変数Xの確率分布を表している．$\boldsymbol{x} \in \mathbb{R}^D$の場合も同様に，確率密度関数から確率変数が定義される．

$P(X = x)$は測度0の集合の確率である．

注 離散型確率変数とは違い，上記の連続型確率変数の一点での確率$P(X = x)$は0となる．これは (6.16) の区間を$a = b$とした状況に相当する．

定義 6.2（累積分布関数）連続型確率変数Xの**累積分布関数** (cfd) を

累積分布関数 (cfd: cumulative distribution function)

$$F_X(\boldsymbol{x}) = P(X_1 \leq x_1, \ldots, X_D \leq x_D) \tag{6.17}$$

と定める．ここで$X = [X_1, \ldots, X_D]^\top, \boldsymbol{x} = [x_1, \ldots, x_D]^\top$であり，右辺は任意の$i$について各確率変数$X_i$が$x_i$以下である確率を表す． ■

確率密度関数fを用いると，累積分布関数は

累積分布関数は常に定まる一方，確率密度関数が存在しない確率変数もある．

$$F_X(\boldsymbol{x}) = \int_{-\infty}^{x_1} \cdots \int_{-\infty}^{x_D} f(z_1, \ldots, z_D)\mathrm{d}z_1 \cdots \mathrm{d}z_D \tag{6.18}$$

となる．

注　分布について話すとき，実際には 2 種類の異なる概念があることを再確認しておこう．一つ目は（$f(x)$ と書かれる）確率密度関数で，これは非負で足し上げると 1 となる関数であった．二つ目は確率変数 X の確率分布のことであり，(6.16) という確率の割り当てのことである．

本書では，離散型と連続型をあまり区別しないため，$f(x)$ や $F_X(x)$ といった記述はあまり登場しない．しかし 6.7 節ではその区別が重要となる．

6.2.3　離散型と連続型の比較

確率は非負で，合計すると 1 となるのであった（6.1.2 項）．そのため，離散型確率変数 (6.12) では，各状態の確率は区間 $[0, 1]$ の範囲内の値をとる．しかし連続型確率変数の規格化条件は (6.15) であるため，確率密度関数の値は 1 以下とは限らない．このことは，**一様分布**に関する図 6.3 を見るとわかる．

一様分布 (uniform distribution)

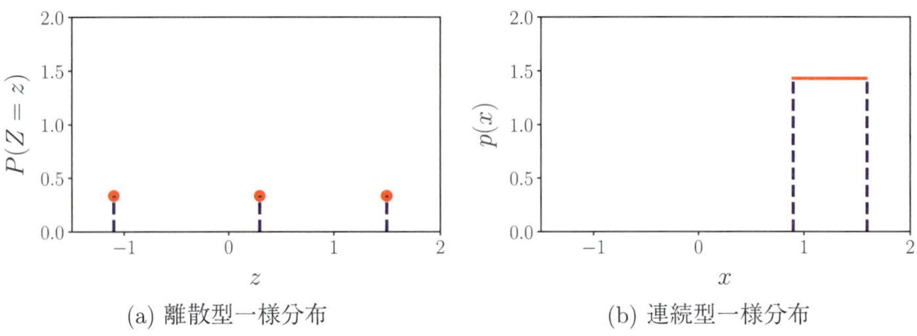

図 6.3　(a) 離散型一様分布，(b) 連続型一様分布．各分布の詳細は例 6.3 を参照すること．

例 6.3　一様分布はどの状態も同様に確からしく起きることを表す分布である．一様分布の二つの例から，離散型と連続型の違いについて考えてみることにしよう．

Z を，状態が 3 種類 $\{z = -1.1,\ z = 0.3,\ z = 1.5\}$ の一様な離散型確率変数とする．その確率質量関数は各状態の確率を並べた表となる：

ここでは状態の値に意味はない．順序に意味がないことがわかるよう適当に選んでいる．

z	-1.1	0.3	1.5
$P(Z = z)$	$\frac{1}{3}$	$\frac{1}{3}$	$\frac{1}{3}$

確率質量関数は図 6.3 (a) のグラフと考えることもできる．各状態を x 軸に配置し，y 軸はその確率を表している．連続型との比較のため，y 軸の範囲はわざと大きめにとっている．

X を $0.9 \leq X \leq 1.6$ に値をとる一様な連続型確率変数とする（図 6.3 (b)）．密度の高さは 1 を超えるが，条件

$$\int_{0.9}^{1.6} p(x)\mathrm{d}x = 1 \tag{6.19}$$

はみたされる．

注 離散型確率変数にはさらに微妙な点がある．状態 $z_1, \ldots, z_d$ の間の構造は一般には仮定されず，$z_1 =$ 赤，$z_2 =$ 緑，$z_3 =$ 青 のように状態間で比較する方法はない．しかし機械学習においては，$z_1 = -1.1$，$z_2 = 0.3$，$z_3 = 1.5$ のように状態が数値となることもあり，この場合は $z_1 < z_2 < z_3$ と大小比較が可能である．確率変数の期待値（6.4.1 項）を考えることが多いため，離散的な状態に数値を割り当てると便利である．

機械学習の文献では，標本空間 Ω，ターゲット空間 $\mathcal{T}$，確率変数 X の表記や命名規則が曖昧なことが多い．確率変数 X とその状態 x $(x \in \mathcal{T})$ について，X が x となる確率は $p(x)$ と表される．離散型確率変数ではこれは確率質量関数 $P(X = x)$ である．確率質量関数が「分布」と呼ばれることも多い．連続型確率変数では確率密度関数を $p(x)$ で表す（密度と呼ばれることも多い）．ややこしいことに累積分布関数 $P(X \leq x)$ もしばしば「分布」と呼ばれる．命名規則は表 6.1 のようにまとめられる．なお本章では，単変量と多変量のどちらの確率変数も X という記号を用いて表し，状態についてはそれぞれ x，$\boldsymbol{x}$ のように区別する．

確率 $p(x)$ で x が得られる．

型	「一点での確率」	「範囲の確率」
離散型	確率質量関数 $P(X = x)$	利用しない
連続型	確率密度関数 $p(x)$	累積分布関数 $P(X \leq x)$

表 6.1 確率分布の命名規則．

注 本書では「確率分布」と言ったときは確率質量関数だけでなく（用語としては不正確であるが）確率密度関数も指すものとする．機械学習の文献を読む際は，多くの場合，文脈から確率分布という用語の指す意味を判断する必要がある．

6.3 和の規則，積の規則，ベイズの定理

確率論を論理的な推論の一種の拡張と考えることができる．6.1.1 項で述べたように，私たちが普段行う推論はいくつかの要請のもとでは確率論で表さ

れ，確率モデル（8.4節）によって機械学習の手法の基本的な原則が与えられる [Jay03, 第2章]．データやタスクの不確実性を表す確率分布（6.2節）を与えると，その基本的な規則は和の規則と積の規則で与えられる．

これらの規則は 6.1.1 項で述べた要請から自然に従う [Jay03].

和の規則 (sum rule)

(6.9) と同様に，$p(\boldsymbol{x},\boldsymbol{y})$ を二つの確率変数 X, Y の同時（確率）分布，$p(\boldsymbol{x}), p(\boldsymbol{y})$ を各変数の周辺（確率）分布，$p(\boldsymbol{y}|\boldsymbol{x})$ を条件付き（確率）分布とする．これらを用いて二つの規則を表すことにしよう．**和の規則**は

$$p(\boldsymbol{x}) = \begin{cases} \displaystyle\sum_{\boldsymbol{y}\in\mathcal{Y}} p(\boldsymbol{x},\boldsymbol{y}) & (\boldsymbol{y}\text{ が離散型の場合}) \\ \displaystyle\int_{\mathcal{Y}} p(\boldsymbol{x},\boldsymbol{y})\mathrm{d}\boldsymbol{y} & (\boldsymbol{y}\text{ が連続型の場合}) \end{cases} \tag{6.20}$$

と表される．ここで $\mathcal{Y}$ は確率変数 Y のターゲット空間である．つまり，Y の状態 $\boldsymbol{y}$ を足し上げる（積分する）と X の周辺分布が得られる．和の規則は周辺化とも呼ばれ，同時分布と周辺分布の対応を与えている．一般に，二つ以上の確率変数に関する同時分布も考えられ，同様に和の規則が適用できる．すなわち複数個の変数で和をとれば（積分すれば），残りの（複数個の）変数の周辺分布が得られる．特に，$\boldsymbol{x} = [x_1, \ldots, x_D]^\top$ の x_i に関する周辺分布は残りの変数に和の規則を適用することで

周辺化 (marginalization)

$$p(x_i) = \int p(x_1, \ldots, x_D)\mathrm{d}\boldsymbol{x}_{\setminus i} \tag{6.21}$$

と与えられる．ここで $\setminus i$ は「i 以外」を表している．

注　確率モデルの計算量的な困難は主に和の規則から発生する．確率変数の個数が多かったり，ある確率変数のとり得る状態が多かったりする場合，和の規則は高次元の和や積分となってしまう．そのような計算は計算量的に厳しく，厳密な計算を多項式時間で行う方法は知られていない．

積の規則 (product rule)

積の規則は同時分布と条件付き分布を

$$p(\boldsymbol{x},\boldsymbol{y}) = p(\boldsymbol{y}|\boldsymbol{x})p(\boldsymbol{x}) \tag{6.22}$$

と結びつける．この規則は，同時確率分布が周辺分布 $p(\boldsymbol{x})$ と条件付き分布 $p(\boldsymbol{y}|\boldsymbol{x})$ に分解できることを意味する．確率変数の順序は任意であるため $p(\boldsymbol{x},\boldsymbol{y}) = p(\boldsymbol{x}|\boldsymbol{y})p(\boldsymbol{y})$ という分解も可能である．なお厳密には，(6.22) は離散型確率変数の場合は確率質量関数で，連続型確率変数の場合は確率密度関数で表されるものである（6.2.3 項）．

機械学習やベイズ統計学では，ある確率変数の観測値をもとに未観測の（潜在）確率変数について推論することが多い．ある潜在変数 $\boldsymbol{x}$ について，事前の

知識をもとに $p(\boldsymbol{x})$ で分布すると考え，条件付き確率 $p(\boldsymbol{y}|\boldsymbol{x})$ によって観測可能な確率変数 $\boldsymbol{y}$ と関係しているとする．観測結果が $\boldsymbol{y}$ であった場合，状態が $\boldsymbol{x}$ である確率は**ベイズの定理**（**ベイズの規則**，**ベイズの法則**）から次のように計算できる．

ベイズの定理 (Bayes' theorem)

ベイズの規則 (Bayes' rule)

ベイズの法則 (Bayes' law)

$$\underbrace{p(\boldsymbol{x}|\boldsymbol{y})}_{\text{事後分布}} = \frac{\overbrace{p(\boldsymbol{y}|\boldsymbol{x})}^{\text{尤度}}\ \overbrace{p(\boldsymbol{x})}^{\text{事前分布}}}{\underbrace{p(\boldsymbol{y})}_{\text{エビデンス}}} \ . \tag{6.23}$$

ベイズの定理は積の規則 (6.22) の帰結である．実際

$$p(\boldsymbol{x}, \boldsymbol{y}) = p(\boldsymbol{x}|\boldsymbol{y})p(\boldsymbol{y}) \tag{6.24}$$

かつ

$$p(\boldsymbol{x}, \boldsymbol{y}) = p(\boldsymbol{y}|\boldsymbol{x})p(\boldsymbol{x}) \tag{6.25}$$

であるため，

$$p(\boldsymbol{x}|\boldsymbol{y})p(\boldsymbol{y}) = p(\boldsymbol{y}|\boldsymbol{x})p(\boldsymbol{x}) \iff p(\boldsymbol{x}|\boldsymbol{y}) = \frac{p(\boldsymbol{y}|\boldsymbol{x})p(\boldsymbol{x})}{p(\boldsymbol{y})} \tag{6.26}$$

となる．

(6.23) の $p(\boldsymbol{x})$ は**事前分布**と呼ばれ，潜在変数 $\boldsymbol{x}$ に関する観測前の知識を反映したものである．事前分布は常識に照らし合わせて選ぶことになるが，すべての起こり得る $\boldsymbol{x}$ に対して，その発生がどんなに稀であっても確率密度（または確率質量）が正となる分布でなければならない．

事前分布 (prior)

尤度 $p(\boldsymbol{y}|\boldsymbol{x})$ は $\boldsymbol{x}$ と $\boldsymbol{y}$ の関係を表し，離散型であれば潜在変数の状態が $\boldsymbol{x}$ のときにデータ $\boldsymbol{y}$ が得られる確率を表す．尤度は $\boldsymbol{x}$ ではなく $\boldsymbol{y}$ に関する分布である．$p(\boldsymbol{y}|\boldsymbol{x})$ を「($\boldsymbol{y}$ が与えられたときの）$\boldsymbol{x}$ の尤度」とか「($\boldsymbol{x}$ が与えられたときの）$\boldsymbol{y}$ の確率」と呼ぶことはあるが，$\boldsymbol{y}$ の尤度とはいわない [Mac03].

尤度 (likelihood)

尤度は「定量モデル」と呼ばれることもある．

事後分布 $p(\boldsymbol{x}|\boldsymbol{y})$ はベイズ統計で注目する量であり，$\boldsymbol{y}$ を観測したあとでの $\boldsymbol{x}$ に関する知識を表している．

事後分布 (posterior)

分母の

$$p(\boldsymbol{y}) := \int p(\boldsymbol{y}|\boldsymbol{x})p(\boldsymbol{x})\mathrm{d}\boldsymbol{x} = \mathbb{E}_X[p(\boldsymbol{y}|\boldsymbol{x})] \tag{6.27}$$

は**周辺尤度**，**エビデンス**と呼ばれる．(6.27) の右辺は 6.4.1 項で定義する期待値の演算子を用いている．周辺尤度は (6.23) の分子を潜在変数 $\boldsymbol{x}$ に関して積分したものである．そのため $\boldsymbol{x}$ には依存せず，また事後分布 $p(\boldsymbol{x}|\boldsymbol{y})$ が規格化されることを保証する．周辺尤度はまた，事前分布が $p(\boldsymbol{x})$ のときに期待される $\boldsymbol{y}$ の確率を表している．周辺尤度は，事後分布を規格化する以外でも，ベイ

周辺尤度 (marginal likelihood)

エビデンス (evidence)

ジアンモデル選択で重要な役割を果たす（8.6節）．(8.44)の積分のため，周辺尤度の計算は非常に難しいものとなる．

ベイズの定理は“probabilistic inverse”とも呼ばれる．

ベイズの定理(6.23)は，尤度の $\boldsymbol{x}$ と $\boldsymbol{y}$ の順序の交換を可能とするため，“probabilistic inverse”と呼ばれることもある．ベイズの定理に関しては8.4節で深堀りする．

注　ベイズ統計学では，事後分布に事前情報とデータの情報が集約されている．事後分布自体ではなく事後分布の最頻値といった統計量のみに注目することがある（8.3節）．ただ，特定の統計量のみに注目すると情報が失われる．より全体を俯瞰した考えに立つと，事後分布は意思決定を行うシステムに利用することができる．事後分布全体の情報を持つことは極めて有用で，ロバストな意思決定を導くこともあり得る．例えば強化学習において，遷移確率関数の事後分布を利用すると（データやサンプル効率のよい）非常に高速な学習につながり，最頻値のみを使うと一貫して学習に失敗することをDeisenrothらは示している[DFR15]．そのため，事後分布全体を保持しておくことは，後続のタスクで重要となり得る．第9章の線形回帰でもう一度この話題を取り上げる．

6.4　統計量と独立性

確率変数の特徴を要約したり，二つの確率変数の関係を調べる場面は多い．確率変数の決定的な関数である統計量は，確率変数がどのように振る舞うかについて有用な視点を提供し，その名の通り確率分布を要約した数値や特徴を与える．この節では二つの代表的な統計量である平均と分散について説明したあと，確率変数同士の関係を表す独立性と内積について述べる．

6.4.1　平均と分散

平均と（共）分散は，確率分布の特徴（期待値や広がり）を表す重要な統計量である．6.6節で説明するように，統計量によって完全に決定される確率分布（指数型分布族）も存在する．

期待値は機械学習の基本的な概念であり，確率論自身で重要となる概念も期待値を通して導出される[Whi00]．

定義6.3（期待値）　$g : \mathbb{R} \to \mathbb{R}$ を関数，$X \sim p(x)$ を単変量な確率変数とする．

期待値 (expected value)

g の期待値を，X が連続型であるとき

$$\mathbb{E}_X[g(x)] = \int_{\mathcal{X}} g(x)p(x)\mathrm{d}x \tag{6.28}$$

とし，離散型のときは

$$\mathbb{E}_X[g(x)] = \sum_{x \in \mathcal{X}} g(x)p(x) \tag{6.29}$$

と定める．ここで $\mathcal{X}$ は確率変数 X のとり得る値全体（ターゲット空間）を表す． ■

確率変数の関数の期待値は "the law of the unconscious statistician"（「無意識に統計家が用いる法則」）とも呼ばれる [CB02, 2.2 節].

以降本節では，離散型確率変数の値は数値で表されるとし，関数 g には常に実数が入力されるとする．

注 多変量分布に従う確率変数 X を，単変量分布に従う確率変数のベクトル $[X_1, \ldots, X_n]^\top$ とみなして，g の期待値を要素ごとの期待値のベクトル

$$\mathbb{E}_X[g(\boldsymbol{X})] = \begin{bmatrix} \mathbb{E}_{X_1}[g(x_1)] \\ \vdots \\ \mathbb{E}_{X_D}[g(x_D)] \end{bmatrix} \in \mathbb{R}^D \tag{6.30}$$

として定める．ここで $\mathbb{E}_{X_d}$ は $\boldsymbol{x}$ の第 d 要素に関する期待値をとることを意味する．

定義 6.3 の $\mathbb{E}_X$ は，連続型なら確率分布の重みで積分する操作であり，離散型なら和をとる操作である．特に関数 g を恒等関数とした場合が平均（定義 6.4）である．

定義 6.4（平均） 確率変数 X の状態を $x \in \mathbb{R}^D$ として，

$$\mathbb{E}_X[\boldsymbol{x}] = \begin{bmatrix} \mathbb{E}_{X_1}[x_1] \\ \vdots \\ \mathbb{E}_{X_D}[x_D] \end{bmatrix} \in \mathbb{R}^D \tag{6.31}$$

を X の平均という．ここで $d = 1, \ldots, D$ について

平均 (mean)

$$\mathbb{E}_{X_d}[x_d] = \begin{cases} \displaystyle\int_{\mathcal{X}} x_d p(x_d) \mathrm{d}x_d & (X \text{ が連続型の場合}) \\ \displaystyle\sum_{x_i \in \mathcal{X}} x_i p(x_d = x_i) & (X \text{ が離散型の場合}) \end{cases} \tag{6.32}$$

であり，積分と和が X のターゲット空間 $\mathcal{X}$ 上で行われる． ■

一次元の場合，「平均」を表す別の直感的な概念として，中央値と最頻値がある．**中央値**は状態をソートしたときに中央となる値で，50 % の状態は中央値より大きな値をもち，50 % の状態は中央値より小さくなる．この考えは連続型の場合にも一般化でき，累積分布関数（6.2 節）が 0.5 となる点に対応する．非対称な分布や裾の重い分布に関しては平均よりも中央値の方が直感に近い値となる．ソートの明確な基準がないことから，中央値を高次元の場合に拡

中央値 (median)

最頻値 (mode)

張する自然な方法はない [HPŠ10, KM12]. **最頻値**は最も起きやすい状態を表す. 離散型の場合, 最頻値は最も確率の高い状態 $\boldsymbol{x}$ であり, 連続型の場合は確率密度関数 $p(\boldsymbol{x})$ が最大となる位置となる. 確率密度関数のピークが複数となることもあるため, 高次元の確率分布では (局所的な) 最頻値が多く発生することもある. そのため確率分布のすべての最頻値を求めることは計算量的に難しいことがある.

例 6.4　図6.4は二次元の確率分布

$$p(x) = 0.4\mathcal{N}\left(\boldsymbol{x} \,\middle|\, \begin{bmatrix}10\\2\end{bmatrix}, \begin{bmatrix}1 & 0\\0 & 1\end{bmatrix}\right) + 0.6\mathcal{N}\left(\boldsymbol{x} \,\middle|\, \begin{bmatrix}0\\0\end{bmatrix}, \begin{bmatrix}8.4 & 2.0\\2.0 & 1.7\end{bmatrix}\right) \tag{6.33}$$

と各次元の周辺分布を可視化したものである. (なお, ガウス分布 $\mathcal{N}(\mu, \sigma^2)$ の定義は6.5節で行う.) 周辺分布の一方は二峰で他方は単峰となっており, 水平方向の周辺分布では平均と中央値が大きく離れている.

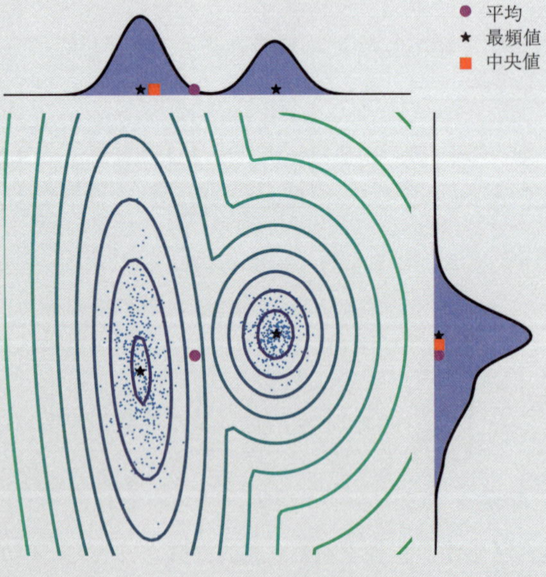

図 6.4　二次元データおよび周辺分布の平均, (局所的な) 最頻値, 中央値.

二次元分布の「中央値」を, 各次元の周辺分布の中央値を並べたベクトルとしたらよいと思うかもしれないが, 二次元のデータ点を比較する自然な順序がないため, そう単純な話ではない. ここで「自然な順序がない」というのは

$\begin{bmatrix}3\\0\end{bmatrix} < \begin{bmatrix}2\\3\end{bmatrix}$ といった関係 $<$ の候補が複数あり，自然な基準がないことを指している．

注 期待値（定義 6.3）は線形な演算である．つまり，実関数 $f(\boldsymbol{x}) = ag(\boldsymbol{x}) + bh(\boldsymbol{x})$ $(a, b \in \mathbb{R},\ \boldsymbol{x} \in \mathbb{R}^D)$ の期待値は

$$\mathbb{E}_X[f(\boldsymbol{x})] = \int f(\boldsymbol{x})p(\boldsymbol{x})\mathrm{d}\boldsymbol{x} \tag{6.34a}$$

$$= \int [ag(\boldsymbol{x}) + bh(\boldsymbol{x})]\, p(\boldsymbol{x})\mathrm{d}\boldsymbol{x} \tag{6.34b}$$

$$= a\int g(\boldsymbol{x})p(\boldsymbol{x})\mathrm{d}\boldsymbol{x} + b\int h(\boldsymbol{x})p(\boldsymbol{x})\mathrm{d}\boldsymbol{x} \tag{6.34c}$$

$$= a\mathbb{E}_X[g(\boldsymbol{x})] + b\mathbb{E}_X[h(\boldsymbol{x})] \tag{6.34d}$$

と分解できる．

二つの確率変数の関係を知りたい場合，共分散という直感的には相関関係を表す指標を利用できる．

定義 6.5 （共分散（単変量の場合）） 二つの単変量な確率変数 X, Y の共分散を

共分散 (covariance)

$$\mathrm{Cov}_{X,Y}[x, y] := \mathbb{E}_{X,Y}\left[(x - \mathbb{E}_X[x])(y - \mathbb{E}_Y[y])\right] \tag{6.35}$$

と定める．

■

注 文脈から明らかな場合，期待値や共分散を求める操作の添字を省略することにする．（例えば，$\mathbb{E}_X[x]$ を $\mathbb{E}[x]$ と書く．）

期待値の線形性から定義 6.5 の表式は

$$\mathrm{Cov}[x, y] = \mathbb{E}[xy] - \mathbb{E}[x]\mathbb{E}[y] \tag{6.36}$$

と変形でき，積の期待値と期待値の積の差となる．確率変数の自身との共分散 $\mathrm{Cov}[x, x]$ を**分散**といい，$\mathbb{V}_X[x]$ で表す．分散の平方根を**標準偏差**といい，$\sigma(x)$ と表すことが多い．多変量の確率変数の場合に共分散の概念を一般化できる．

分散 (variance)
標準偏差 (standard deviation)

定義 6.6 （共分散（多変量の場合）） 状態がそれぞれ $\boldsymbol{x} \in \mathbb{R}^D, \boldsymbol{y} \in \mathbb{R}^E$ である確率変数 X, Y について，その共分散を

用語：多変量の確率変数の共分散 $\mathrm{Cov}[x, y]$ を相互共分散と呼び，共分散は $\mathrm{Cov}[x, x]$ のことを指す文献もある．

$$\mathrm{Cov}[\boldsymbol{x}, \boldsymbol{y}] := \mathbb{E}[\boldsymbol{x}\boldsymbol{y}^\top] - \mathbb{E}[\boldsymbol{x}]\mathbb{E}[\boldsymbol{y}]^\top = \mathrm{Cov}[\boldsymbol{y}, \boldsymbol{x}]^\top \in \mathbb{R}^{D\times E} \tag{6.37}$$

と定める．

■

定義6.6は多変量確率変数の次元ごとの関係を表している．同一の確率変数に適用すると，その確率変数がどれくらい「広がっているか」という直感が得られる．

定義 6.7（分散）　状態 $\boldsymbol{x} \in \mathbb{D}$ をもつ確率変数 X について，その分散を

$$
\begin{aligned}
\mathbb{V}_X[\boldsymbol{x}] &= \mathrm{Cov}_X[\boldsymbol{x}, \boldsymbol{x}] && (6.38\mathrm{a})\\
&= \mathbb{E}_X[(\boldsymbol{x}-\boldsymbol{\mu})(\boldsymbol{x}-\boldsymbol{\mu})^\top] = \mathbb{E}_X[\boldsymbol{x}\boldsymbol{x}^\top] - \mathbb{E}_X[\boldsymbol{x}]\mathbb{E}_X[\boldsymbol{x}]^\top && (6.38\mathrm{b})\\
&= \begin{bmatrix} \mathrm{Cov}[x_1, x_1] & \mathrm{Cov}[x_1, x_2] & \cdots & \mathrm{Cov}[x_1, x_D] \\ \mathrm{Cov}[x_2, x_1] & \mathrm{Cov}[x_2, x_2] & \cdots & \mathrm{Cov}[x_2, x_D] \\ \vdots & \vdots & \ddots & \vdots \\ \mathrm{Cov}[x_D, x_1] & \cdots & \cdots & \mathrm{Cov}[x_D, x_D] \end{bmatrix} && (6.38\mathrm{c})
\end{aligned}
$$

と定める．ここで $\boldsymbol{\mu} \in \mathbb{R}^D$ は X の平均を表す．■

共分散行列 (covariance matrix)

(6.38c) の $D \times D$ 行列は多変量確率変数 X の**共分散行列**と呼ばれる．共分散行列は対称かつ半正定値であり，データの広がり方に関する情報をもつ．その対角要素は周辺分布

$$
p(x_i) = \int P(x_1, \ldots, x_D)\mathrm{d}x_{\backslash i} \tag{6.39}
$$

相互共分散 (cross-covariance)

の分散となる．なお $\backslash i$ は「i 以外のすべての変数」である．非対角要素は**相互共分散** $\mathrm{Cov}_X[x_i, x_j]$, $i \neq j$ となる．

注　本書ではわかりやすさを優先し，分散行列が正定値の場合のみ考える．つまり，半正定値な（低ランクの）共分散行列という特殊な場合は考えない．

共分散には各変数自身の分散も影響するため，共分散同士を比較する際には規格化が必要となる．その規格化された共分散は相関係数と呼ばれる．

相関係数 (correlation)

定義 6.8（相関係数）　二つの（単変量）確率変数 X, Y の**相関係数**を

$$
\mathrm{corr}[x, y] = \frac{\mathrm{Cov}[x, y]}{\sqrt{\mathbb{V}[x]\mathbb{V}[y]}} \in [-1, 1] \tag{6.40}
$$

と定める．■

相関係数を並べた行列は，標準化した確率変数 $x/\sigma(x)$ の共分散行列と一致する．つまり，共分散行列の各要素を標準偏差で割ることで相関係数を得ることができる．共分散（と相関係数）は二つの確率変数の関係を表している．

相関係数が正なら x の増加によって y も増加する傾向にあり，相関係数が負なら x の増加によって y が減少する傾向があることを意味する（図6.5）．

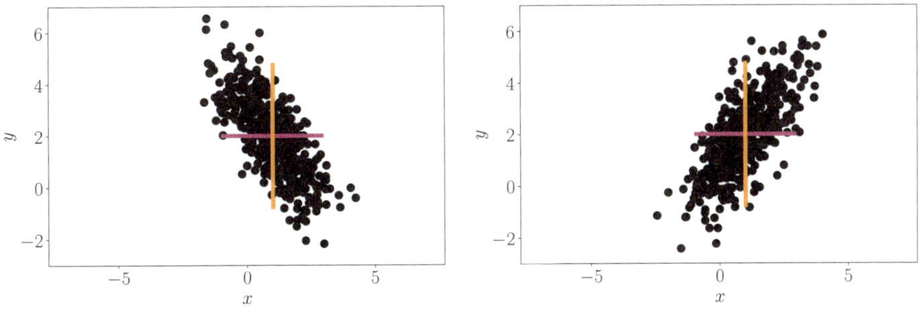

(a) x と y が負の相関をもつ.　(b) x と y が正の相関をもつ.

図 6.5　2 種類の二次元データ．平均と各軸の分散（色付けした線分）は等しいが，異なる共分散をもつ.

6.4.2　経験分布の平均と共分散

6.4.1 項で定義した平均と共分散は，真の確率分布をもとに計算されるためしばしば**母平均**，**母分散**とそれぞれ呼ばれる．機械学習では実際に観測されたデータから学習を行う必要がある．確率分布の統計量と観測データの統計量を結びつける際には，二つのことを行っている：(1) 有限個（N 個）のデータに対応して，N 個の確率変数 $X_1, \ldots, X_N$ からなる経験的な統計量を構成する．(2) データを観測，つまり各変数の観測値 $x_1, \ldots, x_N$ を得て，統計量を求める．

母平均 (population mean)
母分散 (population covariance)

例えば，定義 6.4 の平均を与えられたデータの**標本平均**と推定できる．**標本共分散**に関しても同様である†.

標本平均 (empirical mean)
標本共分散 (empirical covariance)

† 訳注：標本平均を表す用語として，empirical mean の代わりに sample mean が使われることがある．同様に，標本共分散の表す用語として empirical covariance の代わりに sample covariance が使われることがある．

定義 6.9（標本平均と標本共分散）　有限個（N 個）のデータからなるデータセットに対して，標本平均のベクトルをその算術平均

$$\bar{\boldsymbol{x}} := \frac{1}{N}\sum_{n=1}^{N} \boldsymbol{x}_n \tag{6.41}$$

と定める．ここで $\boldsymbol{x}_n \in \mathbb{R}^D$ は各データを表す．

同様に標本共分散行列を $D \times D$ 行列

$$\boldsymbol{\Sigma} := \frac{1}{N}\sum_{n=1}^{N} (\boldsymbol{x}_n - \bar{\boldsymbol{x}})(\boldsymbol{x}_n - \bar{\boldsymbol{x}})^\top \tag{6.42}$$

と定める．■

あるデータセットの統計量を計算する際には，各実現値（観測値）$\boldsymbol{x}_1, \ldots, \boldsymbol{x}_N$ に対して式 (6.41) と (6.42) を適用することになる．標本共分散行列は半正定値対称行列である（3.2.3 項）．

本書では主に標本分散を利用するが，分散の推定量としてはバイアスがある．分母を N の代わりに $N-1$ とすると不偏分散が得られる．

6.4.3 分散を表す3種の表式

母分散の場合の導出は章末問題とする.

単変量確率変数 X の分散を表す3種類の表式を与えることにしよう．なお標本分散を扱うが，母分散の場合も和が積分に変わる以外同様である．分散の標準的な定義は，共分散の定義6.5で述べたように，確率変数 X と平均 μ の差の二乗期待値である：

$$\mathbb{V}_X[x] := \mathbb{E}_X[(x-\mu)^2]. \tag{6.43}$$

この期待値と平均 $\mu = \mathbb{E}_X[x]$ は (6.32) を用いて計算され，確率変数が離散型か連続型かで計算方法が異なる．分散 (6.43) は新しい確率変数 $Z := (X-\mu)^2$ の平均と考えることもできる．

(6.43) による推定ではデータを二回走査する必要がある：はじめの走査で平均 μ を (6.41) により推定し，次の走査では平均の推定値 $\hat{\mu}$ を用いて分散を推定する．しかし二回走査する必要はなく，(6.43) を式変形をすれば，いわゆる**分散の** ***raw-score*** **公式**

分散の raw-score 公式 (raw-score formula for variance)

$$\mathbb{V}_X[x] = \mathbb{E}_X[x^2] - (\mathbb{E}_X[x])^2 \tag{6.44}$$

が得られる．この表式の覚え方は「二乗の平均と平均の二乗の差」となる．(6.44) を利用すれば，i 番目のデータ x_i を累計して平均を求めるのと同時に x_i^2 についても累計することで，分散を一回の走査で計算することができる．ただし，この方法で愚直に計算することは数値解析的に不安定である．この表式は機械学習で重要となり，例えばバイアス–バリアンス分解の導出に利用される [Bis06].

分散に関する三番目の表式は，データのすべての組の差分和で与えられる．確率変数 X の標本 $x_1,\ldots,x_N$ について各組 x_i, x_j の差の二乗を計算する．その N^2 個の組に関する和をとると

$$\frac{1}{N^2}\sum_{i,j=1}^{N}(x_i-x_j)^2 = 2\left[\frac{1}{N}\sum_{i=1}^{N}x_i^2 - \left(\frac{1}{N}\sum_{i=1}^{N}x_i\right)^2\right] \tag{6.45}$$

となり，(6.44) の二倍となる．つまり，各組（合計 N^2 個）の差に関する和が，データ（N 個）の平均からの差に関する和として表される．幾何学的には，各組の距離と中心からの距離との間に恒等式があることを意味している．計算の観点から見ると，平均の表式（N 個の項が和に含まれる）と分散の表式（同様に N 個の項が含まれる）を組み合わせると，((6.45) 左辺の) N^2 個の項による表式が得られることを意味している．

6.4.4 確率変数の和と（アフィン）変換

通常の教科書（や 6.5 節，6.6 節）で登場する分布では表すことのできない現象をモデル化したいこともあるため，一般の確率変数に対して単純な操作を行うことがある．（例えば，二つの確率変数の和．）

X, Y をそれぞれ状態 $\boldsymbol{x}, \boldsymbol{y} \in \mathbb{R}^D$ をもつ確率変数とすれば，平均と分散について

$$\mathbb{E}[\boldsymbol{x}+\boldsymbol{y}] = \mathbb{E}[\boldsymbol{x}] + \mathbb{E}[\boldsymbol{y}], \tag{6.46}$$

$$\mathbb{E}[\boldsymbol{x}-\boldsymbol{y}] = \mathbb{E}[\boldsymbol{x}] - \mathbb{E}[\boldsymbol{y}], \tag{6.47}$$

$$\mathbb{V}[\boldsymbol{x}+\boldsymbol{y}] = \mathbb{V}[\boldsymbol{x}] + \mathbb{V}[\boldsymbol{y}] + \mathrm{Cov}[\boldsymbol{x}, \boldsymbol{y}] + \mathrm{Cov}[\boldsymbol{y}, \boldsymbol{x}], \tag{6.48}$$

$$\mathbb{V}[\boldsymbol{x}-\boldsymbol{y}] = \mathbb{V}[\boldsymbol{x}] + \mathbb{V}[\boldsymbol{y}] - \mathrm{Cov}[\boldsymbol{x}, \boldsymbol{y}] - \mathrm{Cov}[\boldsymbol{y}, \boldsymbol{x}] \tag{6.49}$$

が成立する．

確率変数のアフィン変換に対して，平均・（共）分散は有用な性質をもつ．X を平均 $\boldsymbol{\mu}$，共分散行列 $\boldsymbol{\Sigma}$ をもつ確率変数とする．状態 $\boldsymbol{x}$ の（決定的な）アフィン変換 $\boldsymbol{y} = \boldsymbol{A}\boldsymbol{x} + \boldsymbol{b}$ は状態 $\boldsymbol{y}$ をもつ確率変数を定めるが，その平均と共分散行列は

$$\mathbb{E}_Y[\boldsymbol{y}] = \mathbb{E}_X[\boldsymbol{A}\boldsymbol{x}+\boldsymbol{b}] = \boldsymbol{A}\mathbb{E}_X[\boldsymbol{x}] + \boldsymbol{b} = \boldsymbol{A}\boldsymbol{\mu} + \boldsymbol{b}, \tag{6.50}$$

$$\mathbb{V}_Y[\boldsymbol{y}] = \mathbb{V}_X[\boldsymbol{A}\boldsymbol{x}+\boldsymbol{b}] = \mathbb{V}_X[\boldsymbol{A}\boldsymbol{x}] = \boldsymbol{A}\mathbb{V}_X[\boldsymbol{x}]\boldsymbol{A}^\top = \boldsymbol{A}\boldsymbol{\Sigma}\boldsymbol{A}^\top \tag{6.51}$$

となる．また，

このことは平均と分散の定義から直接示すことができる．

$$\begin{aligned}\mathrm{Cov}[\boldsymbol{x}, \boldsymbol{y}] &= \mathbb{E}[\boldsymbol{x}(\boldsymbol{A}\boldsymbol{x}+\boldsymbol{b})^\top] - \mathbb{E}[\boldsymbol{x}]\mathbb{E}[\boldsymbol{A}\boldsymbol{x}+\boldsymbol{b}]^\top && \text{(6.52a)}\\ &= \mathbb{E}[\boldsymbol{x}]\boldsymbol{b}^\top + \mathbb{E}[\boldsymbol{x}\boldsymbol{x}^\top]\boldsymbol{A}^\top - \boldsymbol{\mu}\boldsymbol{b}^\top - \boldsymbol{\mu}\boldsymbol{\mu}^\top\boldsymbol{A}^\top && \text{(6.52b)}\\ &= \boldsymbol{\mu}\boldsymbol{b}^\top - \boldsymbol{\mu}\boldsymbol{b}^\top + \left(\mathbb{E}[\boldsymbol{x}\boldsymbol{x}^\top] - \boldsymbol{\mu}\boldsymbol{\mu}^\top\right)\boldsymbol{A}^\top && \text{(6.52c)}\\ &\overset{(6.38b)}{=} \boldsymbol{\Sigma}\boldsymbol{A} && \text{(6.52d)}\end{aligned}$$

となる．なお最後の変形では，X の共分散行列 $\boldsymbol{\Sigma}$ が $\boldsymbol{\Sigma} = \mathbb{E}[\boldsymbol{x}\boldsymbol{x}^\top] - \boldsymbol{\mu}\boldsymbol{\mu}^\top$ であることを用いた．

6.4.5 統計的独立性

定義 6.10（独立性） 二つの確率変数 $\boldsymbol{X}, \boldsymbol{Y}$ が統計的に独立であるとは，確率分布に関して

統計的に独立 (statistical independent)

$$p(\boldsymbol{x}, \boldsymbol{y}) = p(\boldsymbol{x})p(\boldsymbol{y}) \tag{6.53}$$

が成立することを指す． ■

直感的には二つの確率変数 X, Y が独立であるとは，$\boldsymbol{y}$ の値が判明しても $\boldsymbol{x}$ の値に関して何も情報が増えず，逆に $\boldsymbol{x}$ の値が判明しても同様に $\boldsymbol{y}$ に関する情報が増えないことを意味する．もし X, Y が（統計的に）独立なら以下のことが成立する：

- $p(\boldsymbol{y}|\boldsymbol{x}) = p(\boldsymbol{y})$,
- $p(\boldsymbol{x}|\boldsymbol{y}) = p(\boldsymbol{x})$,
- $\mathbb{V}_{X,Y}[\boldsymbol{x}+\boldsymbol{y}] = \mathbb{V}_X[\boldsymbol{x}] + \mathbb{V}_Y[\boldsymbol{y}]$,
- $\mathrm{Cov}_{X,Y}[\boldsymbol{x}, \boldsymbol{y}] = \boldsymbol{0}$.

最後の性質に関する逆は成立しない．つまり共分散がゼロであっても独立とは限らない．なぜならば，共分散は線形な依存関係のみを測っており，非線形な依存関係のある確率変数について共分散はゼロとなり得るからである．

例 6.5　平均が 0（$\mathbb{E}_X[x] = 0$），さらに $\mathbb{E}_X[x^3] = 0$ となる確率変数 X を考える．$y = x^2$ としたとき（つまり Y は X に依存するとき），X, Y の共分散 (6.36) は

$$\mathrm{Cov}[x, y] = \mathbb{E}[xy] - \mathbb{E}[x]\mathbb{E}[y] = \mathbb{E}[x^3] = 0 \tag{6.54}$$

となる．

独立同分布 (independent and identiaclly distributed, i.i.d.)

機械学習では，**独立同分布** (i.i.d.) の確率変数 $X_1, \ldots, X_N$ によるモデルを考えることが多い．二つ以上の確率変数に関して「独立」（定義 6.10）であるとは，(6.53) を拡張した式 $p(\boldsymbol{x}_1, \ldots, \boldsymbol{x}_N) = \prod_{i=1}^{N} p(\boldsymbol{x}_i)$ が成立することを指す ([Pol02, 第 4 章] および [JP04, 第 3 章]) †．「同分布」であるとは，どの確率変数も同一の確率分布に従うことを意味する．

† 訳注：原著には二つ以上の確率変数に関する独立性の明確な定義がないため，ここでは数式を用いた具体的な定義を与えた．

独立性に加えて，条件付き独立性も機械学習で重要な概念である．

条件付き独立 (conditionally independent)

定義 6.11（条件付き独立性）　二つの確率変数 X, Y が確率変数 Z に関して**条件付き独立**であるとは，任意の $\boldsymbol{z} \in \mathcal{Z}$ について

$$p(\boldsymbol{x}, \boldsymbol{y}|\boldsymbol{z}) = p(\boldsymbol{x}|\boldsymbol{z})p(\boldsymbol{y}|\boldsymbol{z}) \tag{6.55}$$

が成立することをいい，$X \perp\!\!\!\perp Y|Z$ で表す．ここで $\mathcal{Z}$ は確率変数 Z の状態全体の集合である．■

定義 6.11 では (6.55) が Z の任意の状態 $\boldsymbol{z}$ で成り立つことを要請している．(6.55) は「$\boldsymbol{z}$ の情報を得たあとの $\boldsymbol{x}$ と $\boldsymbol{y}$ の分布は因子化する」と解釈できる．独立性は条件付き独立性の特殊な場合 $X \perp\!\!\!\perp Y|\emptyset$ とも考えられる．積の規則 (6.22) から (6.55) の左辺は

$$p(\boldsymbol{x}, \boldsymbol{y}|\boldsymbol{z}) = p(\boldsymbol{x}|\boldsymbol{y}, \boldsymbol{z})p(\boldsymbol{y}|\boldsymbol{z}) \tag{6.56}$$

であり，(6.55) と (6.56) の双方に $p(\boldsymbol{y}|\boldsymbol{z})$ が登場しているため，$p(\boldsymbol{y}|\boldsymbol{z}) \neq 0$ なら

$$p(\boldsymbol{x}|\boldsymbol{y}, \boldsymbol{z}) = p(\boldsymbol{x}|\boldsymbol{z}) \tag{6.57}$$

となる．この (6.57) は条件付き独立性の別の見方を与える．つまり「$\boldsymbol{z}$ が判明済みであるならば，$\boldsymbol{y}$ の情報を得ても $\boldsymbol{x}$ に関する情報は増えない」と解釈できる．

6.4.6　確率変数の内積

3.2 節の内積の定義を思い出そう．確率変数についても内積を定義することができる．二つの無相関な確率変数 X, Y について

$$\mathbb{V}[x + y] = \mathbb{V}[x] + \mathbb{V}[y] \tag{6.58}$$

が成り立つのであった．分散は二乗で与えられることから，この式はピタゴラスの定理 $c^2 = a^2 + b^2$ と非常に似ている．

そこで，独立な確率変数の関係 (6.58) を幾何学的に理解できないか考えてみる．確率変数はベクトルであり，幾何学的な性質を与えるために内積を定義することもできる [Eat07]．平均が 0 の確率変数 X, Y について

多変量の確率変数の内積の場合も同様である．

$$\langle X, Y \rangle := \mathrm{Cov}[x, y] \tag{6.59}$$

とするとこれは内積となる[†]．分散は正定値対称で，双線形である．この内積に関する確率変数の長さは

[†] 訳注：ただし，定義 3.3 の定義より，内積は正定値性をもつ必要がある．そのため厳密には，確率 0 で値が異なる二つの確率変数は同一視する必要がある．

$$\|X\| = \sqrt{\mathrm{Cov}[x, x]} = \sqrt{\mathbb{V}[x]} = \sigma[x] \tag{6.60}$$

である．つまり標準偏差であり，確率変数が「長い」ほど不確かとなる．長さ 0 の確率変数は確定した値をもつ．

$\mathrm{Cov}[x, x] = 0 \Leftrightarrow x = 0$,
$\mathrm{Cov}[\alpha x + z, y] = \alpha\mathrm{Cov}[x, y] + \mathrm{Cov}[z, y]$
$(\alpha \in \mathbb{R})$

二つの平均 0 の確率変数 X, Y の角度 θ は

$$\cos\theta = \frac{\langle X, Y \rangle}{\|X\|\|Y\|} = \frac{\mathrm{Cov}[x, y]}{\sqrt{\mathbb{V}[x]\mathbb{V}[y]}} \tag{6.61}$$

となるが，これは相関係数（定義 6.8）に他ならない．つまり相関係数は，幾何学的には確率変数のなす角度である．定義 3.7 より $X \perp Y \Leftrightarrow \langle X, Y \rangle = 0$ であり，今回の場合は $\mathrm{Cov}[x, y] = 0$ であること，すなわち相関がないことと同値である．

図 6.6 はこの関係を図示したものである．

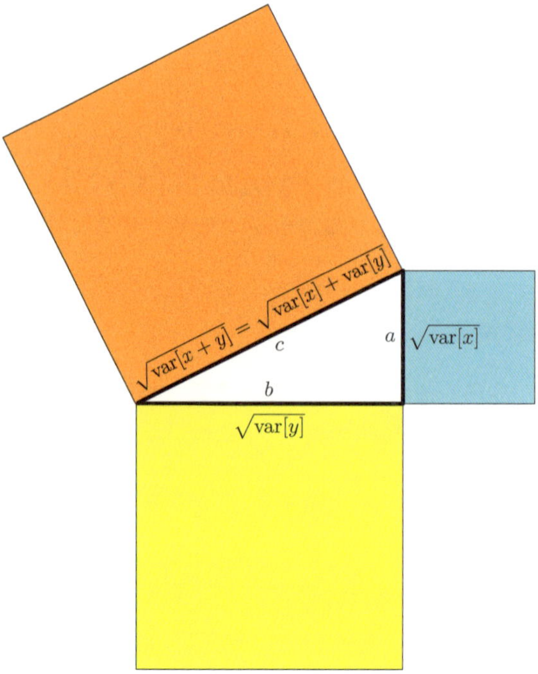

図 6.6　確率変数の幾何学．もし確率変数 X, Y が無相関ならば，ベクトル空間中では直交しており，ピタゴラスの定理が成立する．

注　確率分布の比較の際も（上記の内積から定まる）ユークリッド距離を使いたいと思うかもしれないが，残念ながらこれは最良な選択ではない．確率質量（および密度）は非負で合計が 1 となることを思い出そう．この制約条件は，確率分布はベクトル空間というよりはむしろ統計多様体という空間に属していることを意味する．この統計多様体の研究を行う学問は情報幾何と呼ばれる．確率分布の距離は Kullback-Leibler 情報量で測られることが多い．これは距離を一般化した概念であり，統計多様体の様々な性質がこの情報量により定まる．ユークリッド距離が距離関数（3.3 節）の特別な場合であったように，Kullback-Leibler 情報量もまた Bregman 情報量，f-情報量という 2 種類の情報量に関する特別な場合となっている．情報量については本書を超える内容となるので，詳細は情報幾何の開拓者の一人が近年出版した [Ama16] を参照のこと．

6.5　ガウス分布

正規分布 (normal distribution)

ガウス分布は独立同分布の確率変数の和を考える際に自然に登場する．これは中心極限定理として知られている [GS97].

ガウス分布は，最も研究されている連続型の確率分布である．**正規分布**とも呼ばれるこの重要な分布は，後述するように計算上都合のよい性質を数多くもっている．線形回帰（第 9 章）では尤度や事前分布にガウス分布を利用し，密度推定（第 11 章）ではガウス分布の混合を考えることになる．

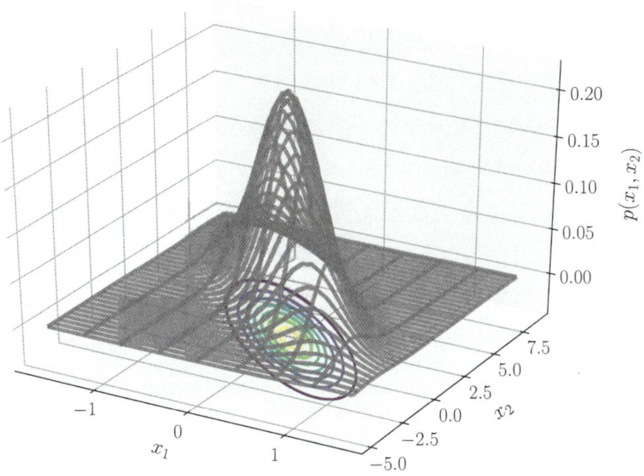

図 6.7 二次元ガウス分布.

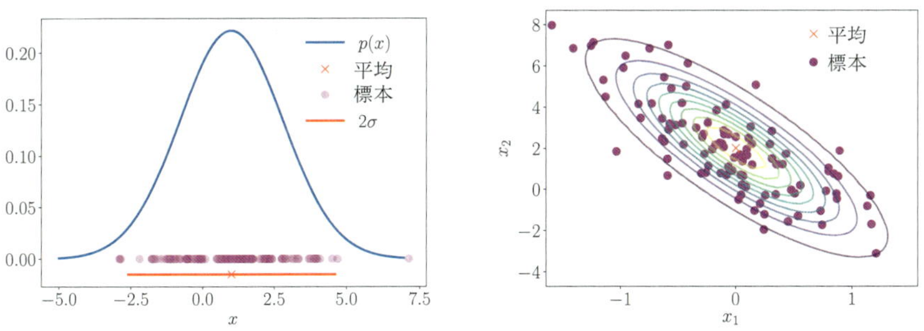

(a) 単変量（一次元）ガウス分布．赤のバツ印は平均を表し，赤線は分散の広がりを表す．

(b) 多変量（二次元）ガウス分布を上から見たもの．赤のバツ印は平均を表し，色を付けた線は密度の等高線を表す．

図 6.8 ガウス分布およびその 100 件の標本．(a) 一次元の場合，(b) 二次元の場合．

ガウス分布は，ガウス過程や変分推論，強化学習といった機械学習の幅広い場面で登場する．機械学習の他にも，信号処理（カルマンフィルタなど），制御（線形二次レギュレータなど），統計学（仮説検定など）においてもガウス分布は利用される．

単変量の場合，ガウス分布の確率密度関数は

$$p(x|\mu, \sigma^2) = \frac{1}{\sqrt{2\pi\sigma^2}} \exp\left(-\frac{(x-\mu)^2}{2\sigma^2}\right) \tag{6.62}$$

で与えられる．多変量の場合は平均ベクトル $\boldsymbol{\mu}$ と共分散行列 $\boldsymbol{\Sigma}$ によりガウス分布が定まり，確率密度関数は $\boldsymbol{x} \in \mathbb{R}^D$ に対して

平均ベクトル (mean vector)

共分散行列 (covariance matrix)

$$p(\boldsymbol{x}|\boldsymbol{\mu}, \boldsymbol{\Sigma}) = (2\pi)^{-\frac{D}{2}} |\boldsymbol{\Sigma}|^{-\frac{1}{2}} \exp\left(-\frac{1}{2}(\boldsymbol{x}-\boldsymbol{\mu})^\top \boldsymbol{\Sigma}^{-1}(\boldsymbol{x}-\boldsymbol{\mu})\right) \tag{6.63}$$

このガウス分布は多変量正規分布とも呼ばれる.

で与えられる. この分布を $p(\boldsymbol{x}) = \mathcal{N}(\boldsymbol{x}|\boldsymbol{\mu}, \boldsymbol{\Sigma})$ や $X \sim \mathcal{N}(\boldsymbol{\mu}, \boldsymbol{\Sigma})$ と表す. 二次元のガウス分布 (メッシュ部分) とその等高線を図 6.7 に, 一次元および二次元のガウス分布とその標本を図 6.8 に描いている. 平均が $\boldsymbol{\mu} = \mathbf{0}$ で共分散行列が単位行列 $\boldsymbol{\Sigma} = \boldsymbol{I}$ のガウス分布は, 特に**標準正規分布**と呼ばれる.

標準正規分布 (standard normal distribution)

ガウス分布は周辺分布と条件付き分布が再びガウス分布になるというよい性質があり, 統計学的な推定や機械学習でよく利用される. 第9章の線形回帰ではこの性質をよく利用することになる. ガウス分布によるモデリングの主な利点として, 確率変数の変数変換 (6.7 節) が不要となりやすい点が挙げられる. 平均と分散は変数変換後でも簡単にわかることが多く, 変換後の分布がガウス分布であれば, その分布を平均と共分散から求めることができる.

6.5.1　ガウス分布の周辺分布と条件付き分布はガウス分布

多変量確率変数の周辺分布と条件付き分布を一般次元で考えることにしよう. もし初読の際に混乱するようであれば, 二つの単変量確率変数に置き換えて考えてみるとよい. 条件付き確率や和の規則を考えるにあたって, ガウス分

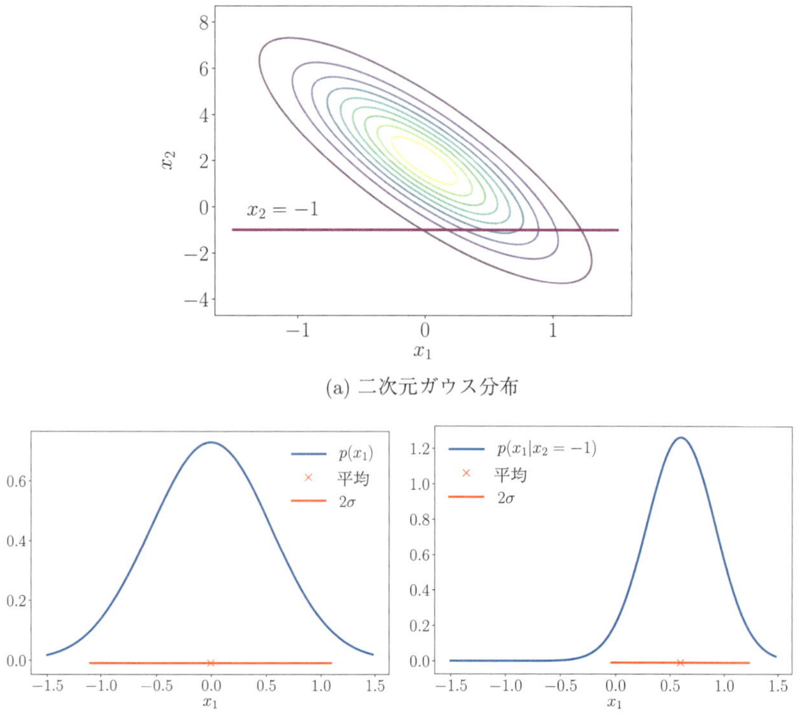

(a) 二次元ガウス分布

(b) 周辺分布

(c) 条件付き分布

図 6.9　(a) 二次元ガウス分布. (b) 周辺分布はガウス分布となる. (c) 条件付き分布もまたガウス分布となる.

布を二つの多変量確率変数 X, Y に分けて考え，その分布をそれぞれの確率変数の状態の組 $[\boldsymbol{x}, \boldsymbol{y}]^\top$ を用いて表記する．つまり分布を

$$p(\boldsymbol{x}, \boldsymbol{y}) = \mathcal{N}\left(\begin{bmatrix}\boldsymbol{\mu}_x \\ \boldsymbol{\mu}_y\end{bmatrix}, \begin{bmatrix}\boldsymbol{\Sigma}_{xx} & \boldsymbol{\Sigma}_{xy} \\ \boldsymbol{\Sigma}_{yx} & \boldsymbol{\Sigma}_{yy}\end{bmatrix}\right) \tag{6.64}$$

のように書く．ここで X, Y の次元は異なっていてもよい．また，$\boldsymbol{\Sigma}_{xx} = \mathrm{Cov}[\boldsymbol{x}, \boldsymbol{x}], \boldsymbol{\Sigma}_{yy} = \mathrm{Cov}[\boldsymbol{y}, \boldsymbol{y}]$ はそれぞれ $\boldsymbol{x}, \boldsymbol{y}$ の共分散行列であり，$\boldsymbol{\Sigma}_{xy}$ は $\boldsymbol{x}$ と $\boldsymbol{y}$ の共分散である．

条件付き分布 $p(\boldsymbol{x}|\boldsymbol{y})$ はまたガウス分布となる．その様子は図 6.9 のようになり，平均と共分散は

$$p(\boldsymbol{x}|\boldsymbol{y}) = \mathcal{N}(\boldsymbol{\mu}_{x|y}, \boldsymbol{\Sigma}_{x|y}), \tag{6.65}$$

$$\boldsymbol{\mu}_{x|y} = \boldsymbol{\mu}_x + \boldsymbol{\Sigma}_{xy}\boldsymbol{\Sigma}_{yy}^{-1}(\boldsymbol{y} - \boldsymbol{\mu}_y), \tag{6.66}$$

$$\boldsymbol{\Sigma}_{x|y} = \boldsymbol{\Sigma}_{xx} - \boldsymbol{\Sigma}_{xy}\boldsymbol{\Sigma}_{yy}^{-1}\boldsymbol{\Sigma}_{yx} \tag{6.67}$$

で与えられる [Bis06]．条件付きの状況を考えているため，(6.66) に登場する $\boldsymbol{y}$ は乱数ではなく観測値となる．

注 条件付きガウス分布は事後分布を考える場面でよく登場する．

- カルマンフィルタ [Kál60] は信号処理における状態推定の最も基本的なアルゴリズムであり，同時ガウス分布の条件付き分布を計算する [DO11, Sär13]．
- ガウス過程では関数に関する確率分布を考える [RW06]．確率変数の同時確率がガウス分布に従うことを仮定し，観測データをもとに条件付き（ガウス）分布を考えることで，関数の事後分布が決定できる．
- 潜在線形ガウスモデル [RG99, Mur12] では確率的主成分分析（PPCA）[TB99] が利用される．確率的主成分分析については 10.7 節で扱う．

同時ガウス分布 $p(\boldsymbol{x}, \boldsymbol{y})$ (6.64) の周辺分布 $p(\boldsymbol{x})$ もガウス分布となる．この分布は (6.64) の同時分布に和の規則 (6.20) を適用することで

$$p(\boldsymbol{x}) = \int p(\boldsymbol{x}, \boldsymbol{y})\mathrm{d}\boldsymbol{y} = \mathcal{N}(\boldsymbol{x}|\boldsymbol{\mu}_x, \boldsymbol{\Sigma}_{xx}) \tag{6.68}$$

となる．$p(\boldsymbol{y})$ についても $\boldsymbol{x}$ を周辺化すれば同様の結果が得られる．直感的には，周辺化は (6.64) の同時分布の興味のない部分を（積分により）無視しているとみることができる．その様子は図 6.9 (b) のようになる．

例 6.6 （図 6.9 の）二次元ガウス分布

$$p(x_1, x_2) = \mathcal{N}\left(\begin{bmatrix}0 \\ 2\end{bmatrix}, \begin{bmatrix}0.3 & -1 \\ -1 & 5\end{bmatrix}\right) \tag{6.69}$$

について，$x_2 = -1$ での条件付きガウス分布の平均と分散は (6.66) と (6.67) で与えられ，

$$\mu_{x_1|x_2=-1} = 0 + (-1) \cdot 0.2 \cdot (-1-2) = 0.6, \tag{6.70}$$
$$\sigma^2_{x_1|x_2=-1} = 0.3 - (-1) \cdot 0.2 \cdot (-1) = 0.1 \tag{6.71}$$

となり，条件付き分布は

$$p(x_1|x_2 = -1) = \mathcal{N}(0.6, 0.1) \tag{6.72}$$

となる．

周辺分布 $p(x_1)$ は (6.68) から求まる．単に x_1 に関する平均と分散をそのまま利用すればよく

$$p(x_1) = \mathcal{N}(0, 0.3) \tag{6.73}$$

となる．

6.5.2　ガウス分布の積

線形回帰（第 9 章）ではガウス分布の尤度が登場し，事前分布にもガウス分布を用いる（9.3 節）．すると，ベイズの定理による事後分布の計算で尤度と事前分布の積が登場し，ガウス分布の確率密度関数の積を計算することになる．この積 $\mathcal{N}(\boldsymbol{x}|\boldsymbol{a}, \boldsymbol{A})\mathcal{N}(\boldsymbol{x}|\boldsymbol{b}, \boldsymbol{B})$ はガウス分布の確率密度関数の定数倍 $c\mathcal{N}(\boldsymbol{x}|\boldsymbol{c}, \boldsymbol{C})$ $(c \in \mathbb{R})$ となり

$$\boldsymbol{C} = (\boldsymbol{A}^{-1} + \boldsymbol{B}^{-1})^{-1}, \tag{6.74}$$
$$\boldsymbol{c} = \boldsymbol{C}(\boldsymbol{A}^{-1}\boldsymbol{a} + \boldsymbol{B}^{-1}\boldsymbol{b}), \tag{6.75}$$
$$c = (2\pi)^{-\frac{D}{2}} |\boldsymbol{A} + \boldsymbol{B}|^{-\frac{1}{2}} \exp\left(-\frac{1}{2}(\boldsymbol{a} - \boldsymbol{b})^\top (\boldsymbol{A} + \boldsymbol{B})^{-1} (\boldsymbol{a} - \boldsymbol{b})\right) \tag{6.76}$$

導出は章末問題とする．

である．ここで定数 c は，「膨張した」共分散行列 $\boldsymbol{A}+\boldsymbol{B}$ をもつガウス分布の確率密度関数を $\boldsymbol{a}$（または $\boldsymbol{b}$）で評価した値となっている：$c = \mathcal{N}(\boldsymbol{a}|\boldsymbol{b}, \boldsymbol{A}+\boldsymbol{B}) = \mathcal{N}(\boldsymbol{b}|\boldsymbol{a}, \boldsymbol{A}+\boldsymbol{B})$.

注　簡単のため，ガウス分布の関数形の記法 $\mathcal{N}(\boldsymbol{x}|\boldsymbol{m}, \boldsymbol{S})$ を $\boldsymbol{x}$ を確率変数でない場合にも利用することにする．先ほどの場合は $\boldsymbol{a}, \boldsymbol{b}$ のいずれも確率変数ではないが，この記法により c を

$$c = \mathcal{N}(\boldsymbol{a}|\boldsymbol{b}, \boldsymbol{A}+\boldsymbol{B}) = \mathcal{N}(\boldsymbol{b}|\boldsymbol{a}, \boldsymbol{A}+\boldsymbol{B}) \tag{6.77}$$

と (6.76) よりも端的な形で表すことができる．

6.5.3　和と線形変換

X, Y をガウス分布に従う独立な確率変数として，$p(\boldsymbol{x}) = \mathcal{N}(\boldsymbol{x}|\boldsymbol{\mu}_x, \boldsymbol{\Sigma}_x)$，$p(\boldsymbol{y})$

$= \mathcal{N}(\boldsymbol{y} | \boldsymbol{\mu}_y, \boldsymbol{\Sigma}_y)$ とする．（同時分布は $p(\boldsymbol{x}, \boldsymbol{y}) = p(\boldsymbol{x})p(\boldsymbol{y})$ となる．）このとき，$\boldsymbol{x} + \boldsymbol{y}$ もガウス分布に従い，

$$p(\boldsymbol{x} + \boldsymbol{y}) = \mathcal{N}(\boldsymbol{\mu}_x + \boldsymbol{\mu}_y, \boldsymbol{\Sigma}_x + \boldsymbol{\Sigma}_y) \tag{6.78}$$

となる．ガウス分布 $p(\boldsymbol{x} + \boldsymbol{y})$ の平均と分散は (6.46) から (6.49) までを用いて容易に求められる．この公式は確率変数に独立同分布なガウス分布のノイズを足す状況で重要となり，線形回帰（第 9 章）で利用される．

例 6.7　期待値をとる操作は線形であるため，独立なガウス分布の重み付き和について

$$p(a\boldsymbol{x} + b\boldsymbol{y}) = \mathcal{N}(a\boldsymbol{\mu}_x + b\boldsymbol{\mu}_y, a^2\boldsymbol{\Sigma}_x + b^2\boldsymbol{\Sigma}_y) \tag{6.79}$$

となる．

注　ガウス分布の確率密度関数の重み付き和は第 11 章で重要となる（混合ガウス分布）．ただし，これは上記のようなガウス分布に従う確率変数の重み付き和とは異なる．

次の定理 6.12 では二つの単変量確率分布 $p_1(x), p_2(x)$ を重み α で混合した確率変数 x を考えている．期待値の線形性は多変量の場合にも成り立つことから定理の内容は多変量の場合に一般化できる．ただし変数の積を $\boldsymbol{x}\boldsymbol{x}^\top$ に置き換える必要がある．

定理 6.12　二つの単変量ガウス分布を混合した分布を

$$p(x) = \alpha p_1(x) + (1 - \alpha)p_2(x) \tag{6.80}$$

とする．ここで $0 < \alpha < 1$ で，$p_1(x), p_2(x)$ は平均と分散がそれぞれ (μ_1, σ_1^2), (μ_2, σ_2^2) の相異なるガウス分布 (6.62) である．

このとき，混合分布 $p(x)$ の平均は各ガウス分布の平均の重み付き和

$$\mathbb{E}[x] = \alpha\mu_1 + (1 - \alpha)\mu_2 \tag{6.81}$$

となり，分散は

$$\mathbb{V}[x] = \left[\alpha\sigma_1^2 + (1 - \alpha)\sigma_2^2\right] + \left(\left[\alpha\mu_1^2 + (1 - \alpha)\mu_2^2\right] - \left[\alpha\mu_1 + (1 - \alpha)\mu_2\right]^2\right) \tag{6.82}$$

となる．■

Proof.　平均については定義 6.4 を (6.80) に適用して

$$\mathbb{E}[x] = \int_{-\infty}^{\infty} xp(x)\mathrm{d}x \tag{6.83a}$$

$$= \int_{-\infty}^{\infty} \alpha x p_1(x) + (1-\alpha) x p_2(x) \mathrm{d}x \tag{6.83b}$$

$$= \alpha \int_{-\infty}^{\infty} x p_1(x) \mathrm{d}x + (1-\alpha) \int_{-\infty}^{\infty} x p_2(x) \mathrm{d}x \tag{6.83c}$$

$$= \alpha \mu_1 + (1-\alpha)\mu_2 \tag{6.83d}$$

となる．分散については (6.44) より確率変数の二乗の期待値がわかればよく，定義6.3から

$$\mathbb{E}[x^2] = \int_{-\infty}^{\infty} x^2 p(x) \mathrm{d}x \tag{6.84a}$$

$$= \int_{-\infty}^{\infty} \alpha x^2 p_1(x) + (1-\alpha) x^2 p_2(x) \mathrm{d}x \tag{6.84b}$$

$$= \alpha \int_{-\infty}^{\infty} x^2 p_1(x) \mathrm{d}x + (1-\alpha) \int_{-\infty}^{\infty} x^2 p_2(x) \mathrm{d}x \tag{6.84c}$$

$$= \alpha(\mu_1^2 + \sigma_1^2) + (1-\alpha)(\mu_2^2 + \sigma_2^2) \tag{6.84d}$$

となる．ここで最後の変形で $\sigma^2 = \mathbb{E}[x^2] - \mu^2$ であることを用いた．結局，確率変数の二乗の期待値は平均の二乗と分散の和で与えられ，分散は

$$\mathbb{V}[x] = \mathbb{E}[x^2] - (\mathbb{E}[x])^2 \tag{6.85a}$$

$$= \alpha(\mu_1^2 + \sigma_1^2) + (1-\alpha)(\mu_2^2 + \sigma_2^2) - (\alpha\mu_1 + (1-\alpha)\mu_2)^2 \tag{6.85b}$$

$$= \left[\alpha\sigma_1^2 + (1-\alpha)\sigma_2^2\right] + \left(\left[\alpha\mu_1^2 + (1-\alpha)\mu_2^2\right] - \left[\alpha\mu_1 + (1-\alpha)\mu_2\right]^2\right) \tag{6.85c}$$

となる．　□

注　上記の導出はガウス分布以外の一般の分布にも利用できる．

混合分布の各構成要素は，構成要素を選択する確率変数を導入することで（その変数で条件付けた）条件付き分布とみなすことができる．このとき (6.85c) は条件付き分布の分散の公式と考えることができる．すなわち，二つの確率変数 X, Y に関する $\mathbb{V}_X[x] = \mathbb{E}_Y[\mathbb{V}_X[x|y]] + \mathbb{V}_Y[\mathbb{E}_X[x|y]]$ という**全分散の法則**である．つまり，X の（全）分散は条件付き分散の期待値と条件付き平均の分散の和である．

全分散の法則 (law of total variance)

さて，例6.17では二次元標準ガウス分布に従う確率変数 X の線形変換を行う．線形変換後の確率変数 $\boldsymbol{Ax}$ はガウス分布に従い，平均は0，共分散は $\boldsymbol{AA}^\top$ となる．定数ベクトルを加える操作は平均だけを移動し，$\boldsymbol{x} + \boldsymbol{\mu}$ は平均 $\boldsymbol{\mu}$，共分散が単位行列のガウス分布に従う．よって，ガウス分布のアフィン変換はガウス分布を与える．

ガウス分布に従う確率変数は線形・アフィン変換後もガウス分布に従う．

ガウス分布に従う確率変数 $X \sim \mathcal{N}(\boldsymbol{\mu}, \boldsymbol{\Sigma})$ と行列 $\boldsymbol{A}$ に関して，確率変数を Y を $\boldsymbol{y} = \boldsymbol{A}\boldsymbol{x}$ で定めると，その平均は (6.50) の線形性から

$$\mathbb{E}[\boldsymbol{y}] = \mathbb{E}[\boldsymbol{A}\boldsymbol{x}] = \boldsymbol{A}\mathbb{E}[\boldsymbol{x}] = \boldsymbol{A}\boldsymbol{\mu} \tag{6.86}$$

となり，分散についても同様に (6.51) から

$$\mathbb{V}[\boldsymbol{y}] = \mathbb{V}[\boldsymbol{A}\boldsymbol{x}] = \boldsymbol{A}\mathbb{V}[\boldsymbol{x}]\boldsymbol{A}^\top = \boldsymbol{A}\boldsymbol{\Sigma}\boldsymbol{A}^\top \tag{6.87}$$

となる．よって $\boldsymbol{y}$ はガウス分布

$$p(\boldsymbol{y}) = \mathcal{N}(\boldsymbol{y} \mid \boldsymbol{A}\boldsymbol{\mu}, \boldsymbol{A}\boldsymbol{\Sigma}\boldsymbol{A}^\top) \tag{6.88}$$

に従うことになる．上記の逆を考えてみよう．すなわち，$\boldsymbol{y} \in \mathbb{R}^M$ が

$$p(\boldsymbol{y}) = \mathcal{N}(\boldsymbol{y} \mid \boldsymbol{\mu}, \boldsymbol{\Sigma}) \tag{6.89}$$

に従うとして，フルランクな行列 $\boldsymbol{A} \in \mathbb{R}^{M \times N}$，$M \geq N$ を用いて $\boldsymbol{y} = \boldsymbol{A}\boldsymbol{x}$ であるとする．このとき $p(\boldsymbol{x})$ はどのような分布だろうか？ もし $\boldsymbol{A}$ が可逆であれば，$\boldsymbol{x} = \boldsymbol{A}^{-1}\boldsymbol{y}$ として先ほどの手順で $p(\boldsymbol{x})$ を求めればよい．$\boldsymbol{A}$ が可逆でない場合は，疑似逆行列 (3.57) と同様の手順を踏むことになる．つまり，$\boldsymbol{A}^\top$ を作用させて，正定値対称行列 $\boldsymbol{A}^\top\boldsymbol{A}$ の逆行列を考えれば

$$\boldsymbol{y} = \boldsymbol{A}\boldsymbol{x} \iff (\boldsymbol{A}^\top\boldsymbol{A})^{-1}\boldsymbol{A}^\top\boldsymbol{y} = \boldsymbol{x} \tag{6.90}$$

という条件が得られる．そのため $\boldsymbol{x}$ を $\boldsymbol{y}$ の線形変換で表せることから

$$p(\boldsymbol{x}) = \mathcal{N}(\boldsymbol{x} \mid (\boldsymbol{A}^\top\boldsymbol{A})^{-1}\boldsymbol{A}^\top\boldsymbol{\mu}, (\boldsymbol{A}^\top\boldsymbol{A})^{-1}\boldsymbol{A}^\top\boldsymbol{\Sigma}\boldsymbol{A}(\boldsymbol{A}^\top\boldsymbol{A})^{-1}) \tag{6.91}$$

となる．

6.5.4　多変量ガウス分布の標本

以下では，計算機で標本を得る方法について説明する．ただし，細かな点の説明は省いているため，興味のある読者は [Gen04] を参考にしてほしい．多変量ガウス分布の場合，以下の手順で標本を得ることができる：第一に，区間 $[0, 1]$ の一様分布に関する疑似乱数を生成する．第二に，ボックス＝ミュラー変換 [Dev86] という非線形変換によって，単変量ガウス分布に関する乱数を得る．最後に，乱数をベクトルにまとめ，標準ガウス分布 $\mathcal{N}(\boldsymbol{0}, \boldsymbol{I})$ からの標本を得る．

平均が $\boldsymbol{0}$ 以外，共分散が単位行列でない一般のガウス分布からの標本を得るには，確率変数のアフィン変換を利用する．いま，平均 $\boldsymbol{\mu}$，共分散 $\boldsymbol{\Sigma}$ のガ

ウス分布からの標本 $\boldsymbol{y}_i$，$i = 1, \ldots, n$ が欲しいとする．多変量標準ガウス分布 $\mathcal{N}(\mathbf{0}, \boldsymbol{I})$ の標本を生成する乱数生成器を用いて，目的の標本を取得したい．

ガウス分布 $\mathcal{N}(\boldsymbol{\mu}, \boldsymbol{\Sigma})$ から標本を得るためには，ガウス分布に従う確率変数がみたす，アフィン変換の性質が利用できる．つまり，$\boldsymbol{x} \sim \mathcal{N}(\mathbf{0}, \boldsymbol{I})$ として，$\boldsymbol{A}\boldsymbol{A}^\top = \boldsymbol{\Sigma}$ となる行列 $\boldsymbol{A}$ を用いて，$\boldsymbol{y} = \boldsymbol{A}\boldsymbol{x} + \boldsymbol{\mu}$ とすれば目的の標本が得られるのである．$\boldsymbol{A}$ を得る便利な方法として，共分散行列 $\boldsymbol{\Sigma} = \boldsymbol{A}\boldsymbol{A}^\top$ のコレスキー分解（4.3節）が利用できる．コレスキー分解により $\boldsymbol{A}$ は三角行列となるため，その後の計算が効率的となる．

コレスキー分解を行うためには，行列は対称かつ正定値である必要がある（3.2.3項）．共分散行列はこの性質をみたす．

6.6　共役性と指数型分布族

統計学の教科書に登場する「名のある」確率分布の多くは，特定の現象をモデリングする過程で発見されたものである．6.5節のガウス分布もその一つである．これらの分布の間には複雑な関係があり [LM08]，初学者にとってはどの分布を用いればよいかの判断が難しいことがある．また，発見当時は紙と鉛筆で計算を行う時代であったことを鑑みると，計算機の観点で有用となる概念は何かと問うのは自然だろう [EH16]．前節において，ガウス分布の場合には，その便利な性質を利用して推論に伴う多くの計算が可能であることを確認した．機械学習において確率分布を計算する際に望ましい条件を挙げると以下のようになる．

「計算手（computers）」は当時，特定の職業を表していた．

- ベイズの定理といった確率論の規則を適用した際に「閉じている」こと．つまり，ある分布を操作しても同じ形式の確率分布に留まること．
- データ数が増大しても，確率分布を表すパラメータ数があまり増えないこと．
- データから学習によって，パラメータの推定を適切に行えること．

指数型分布族 (exponential family)

指数型分布族という確率分布のクラスは，一般性と計算や推論に関する望ましい性質を兼ね備えている．指数型分布族の一般的な定義の前に，その分布族に属する「名のある」確率分布であるベルヌーイ分布（例6.8），二項分布（例6.9），ベータ分布（例6.10）について先に触れておこう．

ベルヌーイ分布 (Bernoulli distribution)

例 6.8（ベルヌーイ分布）　ベルヌーイ分布は二つの値 $x \in \{0, 1\}$ をとる確率変数 X の確率分布であり，値が1となる確率を意味するパラメータ $\mu \in [0, 1]$ をもつ．ベルヌーイ分布 $\mathrm{Ber}(\mu)$ は

$$p(x|\mu) = \mu^x (1-\mu)^{1-x}, \ x \in \{0, 1\}, \tag{6.92}$$

$$\mathbb{E}[x] = \mu, \tag{6.93}$$

$$\mathbb{V}[x] = \mu(1-\mu) \tag{6.94}$$

で与えられる．$\mathbb{E}[x], \mathbb{V}[x]$ はそれぞれ X の平均と分散を表す．

ベルヌーイ分布が登場する例として，コインの表の出る確率がある．

注 例 6.8 では状態の真偽値を 0, 1 の数値で表し，分布を数式で表現している．この技法は機械学習で頻繁に用いられ，多項分布でも利用される．

例 6.9（二項分布） 二項分布 $\mathrm{Bin}(N, \mu)$ はベルヌーイ分布を一般化した自然数に値をとる確率分布である（図 6.10）．これは $p(X=1) = \mu$ のベルヌーイ分布からの独立な N 個の標本のうち，$X = 1$ となる個数が m である確率を表し，

$$p(m|N, \mu) = \binom{N}{m} \mu^m (1-\mu)^{N-m} , \tag{6.95}$$

$$\mathbb{E}[m] = N\mu , \tag{6.96}$$

$$\mathbb{V}[m] = N\mu(1-\mu) \tag{6.97}$$

で与えられる．$\mathbb{E}[m], \mathbb{V}[m]$ はそれぞれ個数 m の平均と分散を表す．

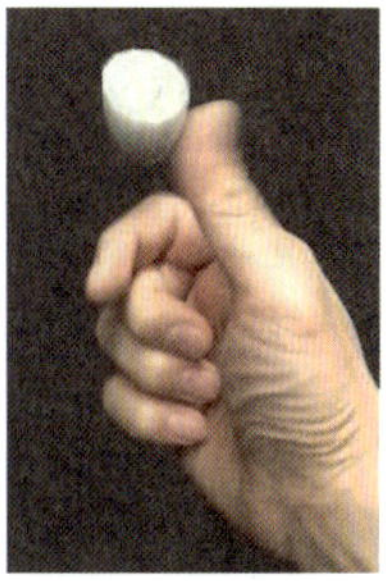

二項分布 (binomial distribution)

二項分布は，表の出る確率が μ である歪んだコインを N 回投げて m 回表が出る確率を表す際に利用される．

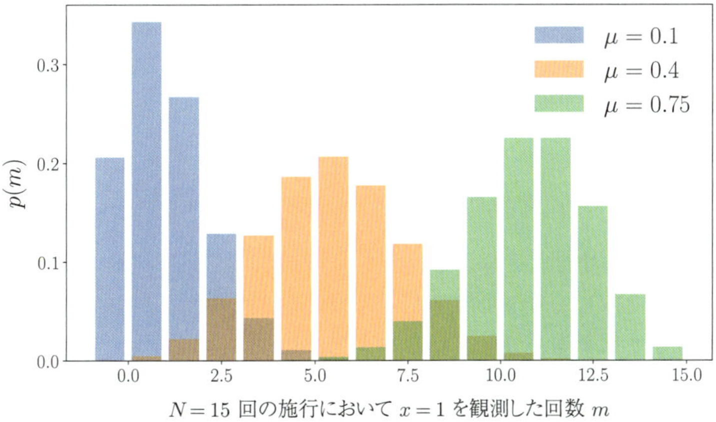

図 6.10 $\mu \in \{0.1, 0.4, 0.75\}$, $N = 15$ での二項分布．

ベータ分布 (beta distribution)

例 6.10（ベータ分布） 限られた区間上に値をとる確率分布が必要なことがある．ベータ分布は連続型確率分布の一つで $\mu \in [0,1]$ に値をとり，二値変数の確率（すなわち，ベルヌーイ分布のパラメータ）を表す際に利用されることが多い．ベータ分布 $\mathrm{Beta}(\alpha,\beta)$ は $\alpha,\beta>0$ という二つのパラメータで指定され，

$$p(\mu|\alpha,\beta) = \frac{\Gamma(\alpha+\beta)}{\Gamma(\alpha)\Gamma(\beta)}\mu^{\alpha-1}(1-\mu)^{\beta-1}\ , \tag{6.98}$$

$$\mathbb{E}[\mu] = \frac{\alpha}{\alpha+\beta},\quad \mathbb{V}[\mu] = \frac{\alpha\beta}{(\alpha+\beta)^2(\alpha+\beta+1)} \tag{6.99}$$

で与えられる（図 6.11）．なお，$\Gamma(\cdot)$ はガンマ関数であり

$$\Gamma(t) := \int_0^\infty x^{t-1}\exp(-x)\mathrm{d}x,\ t>0\ , \tag{6.100}$$

$$\Gamma(t+1) = t\Gamma(t) \tag{6.101}$$

という定義と性質をもつ．(6.98) において，ガンマ関数はベータ分布の規格化定数を与える．

図 6.11　ベータ分布の例.

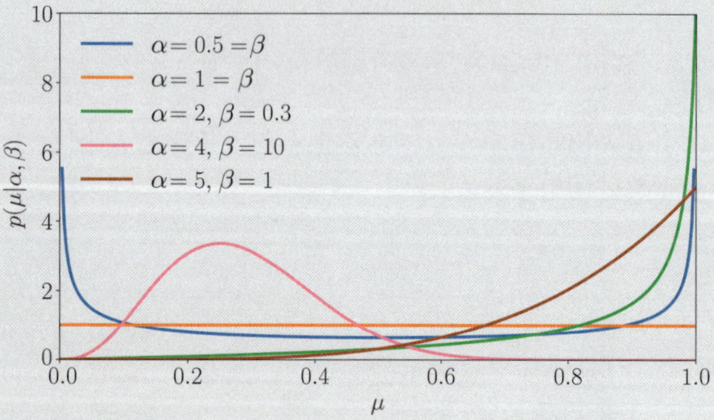

直感的には α が大きいほど μ の平均は 1 に近づき，β が大きいほど 0 に近づく．状況に応じてベータ分布は以下の性質をもつ [Mur12]：

- $\alpha=\beta=1$ の場合は一様分布 $\mathcal{U}[0,1]$ となる．
- $\alpha,\beta<1$ では $\mu=0,1$ で尖った二峰の分布となる．
- $\alpha,\beta>1$ では単峰の分布となる．
- $\alpha,\beta>1$ かつ $\alpha=\beta$ の場合，分布は単峰かつ対称となり，平均値と最頻値が $\frac{1}{2}$ となる．

注　名のある確率分布は数多くあり，その関係は様々である [LM08]．その各分布の

もともとの利用目的や，別の利用方法があり得る点に気を留めておくとよい．経緯がわかれば適切な場面で利用できる．上記三つの確率分布は以降の共役性（6.6.1 項）と指数型分布族（6.6.3 項）の説明に利用される．

6.6.1 共役性

ベイズの定理 (6.23) より，事後分布は事前分布と尤度に比例する．事前分布の特定は，観測する前の知見をうまく表現することが難しいことや，事後分布の解析的な計算が通常不可能であるため悩ましいものとなる．しかし，**共役事前分布**という事前分布を用いると計算が簡単になる．

共役事前分布 (conjugate prior)

定義 6.13（共役事前分布） 事前分布が尤度に関して共役であるとは，事後分布が事前分布と同じ形式の分布であることをいう． ■

共役 (conjugate)

事前分布のパラメータの更新により事後分布を代数的に求めることができるため，共役性はとても都合がよい性質である．

注 幾何学的には，共役事前分布は尤度と同じ距離構造をもつ [ADI10].

共役事前分布の具体例である（離散的な）二項分布と（連続的な）ベータ分布を例 6.11 で紹介することにしよう．

例 6.11（ベータ分布と二項分布の共役性） 二項分布 $x \sim \mathrm{Bin}(N, \mu)$ を

$$p(x|N,\mu) = \binom{N}{x}\mu^x(1-\mu)^{N-x},\ x = 0, 1, \ldots, N \tag{6.102}$$

とする．これは，「表」となる確率が μ のコインを N 回投げたときに，「表」が x 回出る確率である．このパラメータ μ の事前分布をベータ分布 $\mu \sim \mathrm{Beta}(\alpha, \beta)$

$$p(\mu|\alpha,\beta) = \frac{\Gamma(\alpha+\beta)}{\Gamma(\alpha)\Gamma(\beta)}\mu^{\alpha-1}(1-\mu)^{\beta-1} \tag{6.103}$$

とする．すると，$x = h$ を観測した際の μ の事後分布は

$$p(\mu|x=h,\alpha,\beta) \propto p(x=h|N,\mu)p(\mu|\alpha,\beta) \tag{6.104a}$$

$$\propto \mu^h(1-\mu)^{N-h}\mu^{\alpha-1}(1-\mu)^{\beta-1} \tag{6.104b}$$

$$= \mu^{h+\alpha-1}(1-\mu)^{(N-h)+\beta-1} \tag{6.104c}$$

$$\propto \mathrm{Beta}(h+\alpha, N-h+\beta) \tag{6.104d}$$

となり，事前分布と同様に事後分布もベータ分布で表される．つまり，二項分布の尤度関数のパラメータ μ に関してベータ分布は共役となる．

以下の例も同様で，今度はベータ分布がベルヌーイ分布の共役事前分布と

なる.

例 6.12（ベータ分布とベルヌーイ分布の共役性） $x \in \{0,1\}$ をベルヌーイ分布 $p(x|\theta), \theta \in [0,1]$ に従う確率変数とする.（特に, $p(x=1|\theta)=\theta$ である.）この分布は $p(x|\theta)=\theta^x(1-\theta)^{1-x}$ と表すこともできる. パラメータ θ がベータ分布に従うとして, 事前分布を $p(\theta|\alpha,\beta) \propto \theta^{\alpha-1}(1-\theta)^{\beta-1}$ とする. すると事後分布は

$$
\begin{aligned}
p(\theta|x,\alpha,\beta) &\propto p(x|\theta)p(\theta|\alpha,\beta) && (6.105\text{a})\\
&\propto \theta^x(1-\theta)^{1-x}\theta^{\alpha-1}(1-\theta)^{\beta-1} && (6.105\text{b})\\
&= \theta^{\alpha+x-1}(1-\theta)^{\beta+(1-x)-1} && (6.105\text{c})\\
&\propto p(\theta|\alpha+x,\beta+(1-x)) && (6.105\text{d})
\end{aligned}
$$

となる. 特に最後の式は, 事後分布がベータ分布 $\text{Beta}(\alpha+x,\beta+(1-x))$ であることを表している.

表 6.2 に, 確率モデルに利用される基本的な尤度関数と, そのパラメータに関する共役事前分布を挙げる. 多項分布, 逆ガンマ分布, 逆ウィシャート分布, ディリクレ分布は多くの統計学の教科書に登場する分布であり, 例えば [Bis06] に説明がある.

ベータ分布は二項分布とベルヌーイ分布のパラメータ μ に関する共役事前分布となる. ガウス分布が尤度関数となる場合, 平均値に関する共役事前分布にガウス分布自身が利用できる. 他方, 分散に関しては単変量（スカラー値）と多変量の場合で状況が異なり, 表中にガウス分布の尤度が二回登場するのはそのためである. 単変量の分散に関しては逆ガンマ分布が, 多変量の共分散行列に関しては逆ウィシャート分布が共役事前分布となる. ディリクレ分布は多項分布の共役事前分布となる. 詳細については [Bis06] を参考にすること.

ガンマ分布は単変量ガウス分布の精度（分散の逆数）に関する共役事前分布となる. ウィシャート分布は多変量ガウス分布の精度行列（共分散行列の逆行列）の共役事前分布となる.

表 6.2　有名な尤度関数に対する共役事前分布の例.

尤度	共役事前分布	事後分布
ベルヌーイ分布	ベータ分布	ベータ分布
二項分布	ベータ分布	ベータ分布
ガウス分布	ガウス分布・逆ガンマ分布	ガウス分布・逆ガンマ分布
ガウス分布	ガウス分布・逆ウィシャート分布	ガウス分布・逆ウィシャート分布
多項分布	ディリクレ分布	ディリクレ分布

6.6.2　十分統計量

確率変数の決定的な関数を統計量と呼ぶのであった. 例えば, 単変量ガウス分布に従う確率変数 $x_n \sim \mathcal{N}(\mu,\sigma^2)$ のベクトル $\boldsymbol{x}=[x_1,\ldots,x_N]^\top$ に関して,

標本平均 $\hat{\mu} = \frac{1}{N}(x_1 + \cdots + x_n)$ は統計量である．フィッシャーは**十分統計量**という概念を発見した．この統計量は確率分布についてデータから得られる情報をすべて含んでいる．言い換えると，確率分布を推定するために十分な統計量のことである．

十分統計量 (sufficient statistic)

ある確率分布の族が θ でパラメータ付けされているとして，確率変数 X が未知のパラメータ θ_0 による分布 $p(x|\theta_0)$ に従うとしよう．統計量のベクトル $\phi(x)$ は，θ_0 に関するすべての情報を含んでいるとき θ_0 の十分統計量と呼ばれる[†]．「すべての情報を含んでいる」ことをより形式的に述べると，確率分布 $p(x|\theta)$ が θ に依存しない x の分布と，x への依存が $\phi(x)$ の経由に限られる θ に依存する分布の積に分解できることである．フィッシャー・ネイマンの因子分解定理はこの内容を数学的にきちんと表したものであり，その主張を証明なしに述べると以下のようになる．

[†] 訳注：よりきちんというと，$p(x|\phi(X) = t, \theta) = p(x|\phi(X) = t)$ であるとき，$\phi(X)$ は十分統計量と呼ばれる．

定理 6.14 （フィッシャー・ネイマンの因子分解定理） 確率変数 X の分布を $p(x|\theta)$ とする．統計量 $\phi(x)$ が θ の十分統計量であることと，$p(x|\theta)$ が分解

$$p(x|\theta) = h(x)g_\theta(\phi(x)) \tag{6.106}$$

をもつことは同値である．ここで $h(x)$ は θ に依存しない関数で，g_θ は θ に依存する $\phi(x)$ の関数である．（証明は例えば [LC98, 定理 6.5] を参照のこと．） ■

フィッシャー・ネイマンの因子分解定理 (Fisher–Neyman theorem)

自明な例として，$p(x|\theta)$ が θ に依存しない場合，任意の統計量 $\phi(x)$ が θ の十分統計量である．より興味深い例としては，$p(x|\theta)$ が $\phi(x)$ にのみ依存し，x が陽に登場しない場合である．この場合，$\phi(x)$ は θ の十分統計量である．

機械学習を行う際は，ある確率分布から得られた有限個の標本を考えることになる．（例 6.8 のベルヌーイ分布のような）単純な分布に対しては，少数の標本でパラメータの推定を十分に行えると想像がつく．逆に，（未知の分布から）与えられたデータに対してどの分布が最もよく合うかという逆問題も考えられる．データ量の増加に合わせて確率分布のパラメータ θ の個数を増やす必要があるのではないかという疑念は一般には正しく，ノンパラメトリック統計の研究対象となっている [Was07]．むしろどのような確率分布族なら有限個の十分統計量で済むか，つまりパラメータ数が無制限に増大しないかが問題となるが，その答えは次項で説明する指数型分布族である．

6.6.3 指数型分布族

確率分布を考えるときの抽象化の度合いには三つのレベルがある．最初の（最も具体的な）レベルは，パラメータを指定した具体的な確率分布である．例えば，平均 0，分散 1 の単変量ガウス分布 $\mathcal{N}(0, 1)$ である．次のレベルは，パ

ラメータが不定の確率分布である．機械学習は主にこの段階を扱い，データからパラメータの推定を行う．例えば，平均 μ と分散 σ^2 のガウス分布 $\mathcal{N}(\mu, \sigma^2)$ について，最尤推定によって (μ, σ^2) を推定する状況であり，これは第9章の線形回帰で登場することになる．三番目は確率分布の族であり，指数型分布族がこれにあたる．単変量ガウス分布は指数型分布族の一例で，表6.2の「名のある」モデルや，広く利用されている統計モデルの多くが指数型分布族に属している．これらの分布を指数型分布族として統一的に扱うことが可能である [Bro86].

注　数学や科学でよくあるように，指数型分布族は同じ時期に異なる研究者によって独立に発見された．1935年から1936年にかけて，タスマニアのEdwin Pitman，パリのGeorges Darmois，ニューヨークのBernard Koopmanはそれぞれ独立に，指数型分布族は独立同分布の観測を繰り返しても十分統計量の次元が抑えられる唯一の分布族であることを示した [LC98].

指数型分布族 (exponential family)

指数型分布族は $\boldsymbol{\theta} \in \mathbb{R}^D$ でパラメータ付けされた，以下のような形式をもつ確率分布の族である：

$$p(\boldsymbol{x}|\boldsymbol{\theta}) = h(\boldsymbol{x}) \exp(\langle \boldsymbol{\theta}, \boldsymbol{\phi}(\boldsymbol{x}) \rangle - A(\boldsymbol{\theta})). \tag{6.107}$$

ここで $\boldsymbol{\phi}(\boldsymbol{x})$ は $\boldsymbol{\theta}$ の十分統計量を表すベクトルである．(6.107) の内積は一般の内積（3.2節）でよいが，以下では簡単のためドット積を指すものとする（$\langle \boldsymbol{\theta}, \boldsymbol{\phi}(\boldsymbol{x}) \rangle = \boldsymbol{\theta}^\top \boldsymbol{\phi}(\boldsymbol{x})$）．特に，指数型分布族はフィッシャー・ネイマンの因子分解定理（定理6.14）の $g_\theta(\phi(x))$ を特定の関数形に制限したものに他ならない．

因子 $h(\boldsymbol{x})$ は十分統計量 $\boldsymbol{\phi}(\boldsymbol{x})$ に吸収できる．つまり，$\boldsymbol{\phi}(\boldsymbol{x})$ に新たな成分 $\log(h(\boldsymbol{x}))$ を追加し，対応するパラメータが $\theta_0 = 1$ に制限されているとみなせる．また，$A(\theta)$ は分布の合計または積分が1となることを保証するための正規化定数であり，**対数分配関数**と呼ばれる．以上の二項を無視することで，指数型分布族を直感的に理解できるよい表式が得られる：

対数分配関数 (log-partition function)

$$p(\boldsymbol{x}|\boldsymbol{\theta}) \propto \exp(\boldsymbol{\theta}^\top \boldsymbol{\phi}(\boldsymbol{x})) \,. \tag{6.108}$$

自然パラメータ (natural parameter)

この表式のパラメータ $\boldsymbol{\theta}$ は**自然パラメータ**と呼ばれる．一見すると，指数型分布族は単にドット積の結果を指数の肩に乗せる平凡な変換をしているだけにすぎない．しかし，この分布族によって有用なモデリングや効率的な計算が可能となるため，表式は深遠な内容を含んでいる．もちろん，データの内容を $\boldsymbol{\phi}(\boldsymbol{x})$ で反映できることが前提となる．

例 6.13（指数型分布族としてのガウス分布） $\boldsymbol{\phi}(\boldsymbol{x}) = \begin{bmatrix} x \\ x^2 \end{bmatrix}$ とした指数型分布族

$$p(x|\boldsymbol{\theta}) \propto \exp(\theta_1 x + \theta_2 x^2) \tag{6.109}$$

は，パラメータを

$$\boldsymbol{\theta} = \left[\frac{\mu}{\sigma^2}, -\frac{1}{2\sigma^2}\right]^\top \tag{6.110}$$

とすれば，

$$p(x|\boldsymbol{\theta}) \propto \exp\left(\frac{\mu x}{\sigma^2} - \frac{x^2}{2\sigma^2}\right) \propto \exp\left(-\frac{1}{2\sigma^2}(x-\mu)^2\right) \tag{6.111}$$

となる．つまり，単変量ガウス分布 $\mathcal{N}(\mu, \sigma^2)$ は指数型分布族に属し，十分統計量は $\boldsymbol{\phi}(\boldsymbol{x}) = \begin{bmatrix} x \\ x^2 \end{bmatrix}$，自然パラメータは (6.110) で与えられる．

例 6.14（指数型分布族としてのベルヌーイ分布） ベルヌーイ分布は

$$p(x|\mu) = \mu^x (1-\mu)^{1-x},\ x \in \{0, 1\} \tag{6.112}$$

と表せるのであった（例 6.8）．この表式を指数型分布族の形に書き直すことができる：

$$\begin{aligned} p(x|\mu) &= \exp\left[\log(\mu^x (1-\mu)^{1-x})\right] && (6.113\text{a}) \\ &= \exp\left[x \log(\mu) + (1-x)\log(1-\mu)\right] && (6.113\text{b}) \\ &= \exp\left[x \log(\mu) - x\log(1-\mu) + \log(1-\mu)\right] && (6.113\text{c}) \\ &= \exp\left[x \log\left(\frac{\mu}{1-\mu}\right) + \log(1-\mu)\right]\ . && (6.113\text{d}) \end{aligned}$$

最後の表式 (6.113d) を指数型分布族 (6.107) と比較すると

$$h(x) = 1\ , \tag{6.114}$$

$$\theta = \log\left(\frac{\mu}{1-\mu}\right)\ , \tag{6.115}$$

$$\phi(x) = x\ , \tag{6.116}$$

$$A(\theta) = -\log(1-\mu) = \log(1+\exp(\theta)) \tag{6.117}$$

となる．二つのパラメータ θ, μ は可逆の関係

$$\mu = \frac{1}{1+\exp(-\theta)} \tag{6.118}$$

にあり，(6.117) の右辺で利用されている．

シグモイド関数 (sigmoid function)

注　もとのベルヌーイ分布のパラメータ μ と自然パラメータ θ の関係はシグモイド関数またはロジスティック関数として知られている．$\mu \in (0,1)$ である一方 $\theta \in \mathbb{R}$ であり，シグモイド関数は実数を区間 $(0,1)$ に収縮させる．この性質は機械学習で有用であり，ロジスティック回帰 [Bis06, 4.3.2 項] やニューラルネットワークの非線形な活性化関数 [GBC16, 第 6 章] に利用される．

（例えば表 6.2 の分布のような）共役事前分布は通常の場合，簡単には求まらないが，指数型分布族の場合は有用な公式がある．確率変数 X が指数型分布族

$$p(\boldsymbol{x}|\boldsymbol{\theta}) = h(\boldsymbol{x})\exp(\langle \boldsymbol{\theta}, \boldsymbol{\phi}(\boldsymbol{x})\rangle - A(\boldsymbol{\theta})) \tag{6.119}$$

に従うとして，その共役事前分布は

$$p(\boldsymbol{\theta}|\boldsymbol{\gamma}) = h_c(\boldsymbol{\theta})\exp\left(\left\langle \begin{bmatrix}\gamma_1\\ \gamma_2\end{bmatrix}, \begin{bmatrix}\boldsymbol{\theta}\\ -A(\boldsymbol{\theta})\end{bmatrix}\right\rangle - A_c(\boldsymbol{\gamma})\right) \tag{6.120}$$

で与えられる [Bro86]．ここで $\boldsymbol{\gamma} = \begin{bmatrix}\gamma_1\\ \gamma_2\end{bmatrix}$ の次元は $\dim(\theta)+1$ である．この共役事前分布の十分統計量は $\begin{bmatrix}\boldsymbol{\theta}\\ -A(\boldsymbol{\theta})\end{bmatrix}$ となる．この指数型分布族の共役事前分布の公式を用いると，特定の分布に関する共役事前分布を導出することができる．

例 6.15　ベルヌーイ分布を指数型分布族の形で書き下すと (6.113d) が得られる．改めて書くと

$$p(x|\mu) = \exp\left[x\log\left(\frac{\mu}{1-\mu}\right) + \log(1-\mu)\right] \tag{6.121}$$

である．したがって共役事前分布は

$$p(\mu|\alpha,\beta) = \frac{\mu}{1-\mu}\exp\left[\alpha\log\frac{\mu}{1-\mu} + (\beta+\alpha)\log(1-\mu) - A_c(\boldsymbol{\gamma})\right] \tag{6.122}$$

となる．ここで $\boldsymbol{\gamma} := [\alpha, \beta+\alpha]^\top, h_c(\mu) := \frac{\mu}{1-\mu}$ とした．(6.122) を変形すると

$$p(\mu|\alpha,\beta) = \exp\left[(\alpha-1)\log\mu + (\beta-1)\log(1-\mu) - A_c(\alpha,\beta)\right] \tag{6.123}$$

となり

$$p(\mu|\alpha,\beta) \propto \mu^{\alpha-1}(1-\mu)^{\beta-1} \tag{6.124}$$

というベータ分布 (6.98) が得られる．例 6.12 では，ベータ分布を天下り的に与え，実際にベルヌーイ分布の共役事前分布であることを確認した．今の例では，ベルヌーイ分布を指数型分布族の形に表し，指数型分布族の共役事前分布からベータ分布を導出している．

冒頭で述べたように，指数型分布族を導入する主な動機はそれが有限個の十分統計量をもつことである．指数型分布族の共役事前分布は簡単に書き下すことができ，その分布もまた指数型分布族に属している．推論の観点から見ると，十分統計量の経験分布による推定が最適となり，最尤推定がうまく機能する（ガウス分布の平均と分散の場合を思い出すこと）．最適化の観点からすると，対数尤度は凸関数となるため，効率的な最適化手法が適用可能となる（第 7 章）．

6.7　確率変数の変数変換と逆変換

既知の確率分布が数多くあるため，もはやほとんどの状況に対応可能と思うかもしれない．しかし，それらのみで対応できる領域は実際には非常に限られている．そのため，確率変数の変換で得られる確率分布を理解することがしばしば重要となる．例えば，X を単変量ガウス分布 $\mathcal{N}(0,1)$ に従う確率変数としたとき，X^2 はどのような確率分布に従うだろうか？ また，機械学習で非常によく遭遇する問いであるが，標準ガウス分布に従う確率変数 X_1, X_2 について，平均 $\frac{1}{2}(X_1+X_2)$ はどのような分布に従うだろうか？

$\frac{1}{2}(X_1+X_2)$ の分布について，X_1, X_2 の平均と分散の和から推し量るのも一つの方法である．確かにアフィン変換後の確率変数の平均と分散は求められるが（6.4.4 項），一般にこの方法では変換後の分布の関数形は得られない．さらには興味のある非線形変換の場合に対応できていない．

注（記法）　この節では確率変数とその値の違いを明確に分けて記載する．つまり，大文字 X, Y は確率変数を表し，小文字 x, y は確率変数が値をとるターゲット空間 $\mathcal{T}$ の要素である．X が離散型確率変数の場合，確率質量関数を $P(X=x)$ と書き，連続型確率変数（6.2.2 項）の場合は確率密度関数を $f(x)$，累積分布関数を $F_X(x)$ で表す．

変換後の確率分布を得る方法として，本節では二つの方法を取り上げる：累積分布関数の定義から直接求める方法と，チェインルール（5.2.2 項）による変数変換の方法である．変数変換による方法は，分布を計算するための「レシ

モーメント母関数の方法もある [CB02, 第 2 章].

ピ」を与えるため，広く利用されている．この節では主に単変量確率変数の場合を説明し，多変量の場合は一般的な結果を述べるに留める．

なお，離散型確率変数の場合は単純である．$P(X = x)$ を確率質量関数（6.2.1 項）とする離散型確率変数 X と可逆な変換 $U(x)$ によって得られる確率変数 $Y := U(X)$ について，その確率質量関数 $P(Y = y)$ は

$$P(Y = y) = P(U(X) = y) \qquad \text{確率変数の変換} \tag{6.125a}$$

$$= P(X = U^{-1}(y)) \qquad \text{逆変換} \tag{6.125b}$$

となり，これは X が $x = U^{-1}(y)$ となる確率に一致する．したがって，離散型確率変数の場合は，各イベントが（確率の適切な変換を含めて）直接変更される．

6.7.1　累積分布関数による方法

累積分布関数による方法では定義に立ち戻った計算を行い，累積分布関数の定義 $F_X(x) = P(X \leq x)$ とその微分が確率密度関数 $f(x)$ となる性質 [Was04, 第2章] を利用する．確率変数 X と変換関数 U を組み合わせて得られる新たな確率変数 $Y := U(X)$ の確率密度関数は次のように求められる：

1. 累積分布関数を求める：

$$F_Y(y) = P(Y \leq y). \tag{6.126}$$

2. $F_Y(y)$ を微分して確率密度関数 $f(y)$ を得る：

$$f(y) = \frac{\mathrm{d}}{\mathrm{d}y} F_Y(y). \tag{6.127}$$

この際，変換 U により確率変数の定義域が変わり得ることに注意する必要がある．

例 6.16　X を $0 \leq x \leq 1$ に値をとる連続型確率変数として，その確率密度関数が

$$f(x) = 3x^2 \tag{6.128}$$

で与えられるとする．このとき $Y = X^2$ の確率密度関数を考えよう．

$0 \leq x \leq 1$ において，$x \mapsto x^2$ という変換は x に関して単調増加であり，変換後の y も区間 $[0, 1]$ に値をとる．そのため

$$F_Y(y) = P(Y \leq y) \qquad \text{累積分布関数の定義} \tag{6.129a}$$

$$= P(X^2 \leq y) \qquad \text{変数の変換} \tag{6.129b}$$

$$= P(X \leq y^{\frac{1}{2}}) \qquad \text{逆変換} \tag{6.129c}$$

$$= F_X(y^{\frac{1}{2}}) \qquad \text{累積分布関数の定義} \tag{6.129d}$$

$$= \int_0^{y^{\frac{1}{2}}} 3t^2 \mathrm{d}t \qquad \text{累積分布関数の積分表示} \tag{6.129e}$$

$$= [t^3]_0^{y^{\frac{1}{2}}} \qquad \text{積分結果} \tag{6.129f}$$

$$= y^{\frac{3}{2}},\ 0 \leq y \leq 1 \tag{6.129g}$$

となり，Y の累積分布関数は

$$F_Y(y) = y^{\frac{3}{2}} \tag{6.130}$$

となる（$0 \leq y \leq 1$）．累積分布関数の微分から，確率密度関数が

$$f(y) = \frac{\mathrm{d}}{\mathrm{d}y} F_Y(y) = \frac{3}{2} y^{\frac{1}{2}} \tag{6.131}$$

であるとわかる（$0 \leq y \leq 1$）．

例 6.16 では，変換 $Y = X^2$ は区間 $0 \leq x \leq 1$ で狭義単調増加であった．これは逆変換が存在することを意味している．以下では，私たちの扱う変換 $y = U(x)$ には一般に逆変換 $x = U^{-1}(y)$ が存在するとする．確率変数 X の累積分布関数 $F_X(x)$ は変換 $U(x)$ に関して次の定理が成り立つ．

可逆な関数のことを全単射であるという（2.7 節）．

定理 6.15 （**[CB02, 定理 2.1.10]**） 連続型確率変数 X が狭義単調増加な累積分布関数 $F_X(x)$ をもつとする．このとき確率変数 Y を

$$Y := F_X(X) \tag{6.132}$$

と定めると，Y は一様分布に従う． ■

定理 6.15 は**確率積分変換**として知られ，一様分布からのサンプリングから欲しい分布の標本を得るアルゴリズムに利用される [Bis06]．つまり，まず一様分布から標本を生成し，累積分布関数の（利用可能な）逆関数によって欲しい分布の標本を得る方法である．確率積分変換はまた，標本が特定の分布から得られたことを仮説検定することにも利用される [LR05]．また，累積分布関数の出力が一様分布に従うというアイデアは，コピュラ†という関数の基本となる考えである [Nel06]．

確率積分変換 (probability integral transform)

† 訳注：コピュラとは，統計学において累積分布関数とその周辺分布関数の関係を示す関数のことである．

6.7.2 変数変換

6.7.1 項では，累積分布関数の定義と逆変換，そして微積分の性質から確率分布を第一原理的に導出する方法を述べた．この手法は二つの事実に依拠して

いた：

1. 確率変数 Y の累積分布関数を既知の確率変数 X の累積分布関数に帰着させられること.
2. 累積分布関数が微分可能であること.（確率密度関数を得る際に利用する.）

ここではその導出を改めて整理し，より一般の変数変換に関する定理 6.16 の要点を押さえておこう.

確率論での変数変換は解析学における変数変換の方法に由来するものである [Tan14].

注「変数変換」という名前は，直接解くことが難しい積分の変数を変換する操作に由来する．例えば一変数関数の場合，変数変換の規則は

$$\int f(g(x))g'(x)\mathrm{d}x = \int f(u)\mathrm{d}u,\ u = g(x) \tag{6.133}$$

となる．これはチェインルール (5.32) と解析学の基本定理から導かれる.（解析学の基本定理は積分と微分がある意味「逆操作」の関係にある事実を表す.）等式 (6.133) を直感的に理解するためには，積分範囲を微小な区分に分けて考えるとよい．まず右辺の被積分関数は $f(g(x))$ に他ならない．そして，$u = g(x)$ の微小変化（微分）$\Delta u = g'(x)\Delta x$ について，体積要素 $\mathrm{d}u$ が $\mathrm{d}u \approx \Delta u = g'(x)\Delta x$，$\mathrm{d}x \approx \Delta x$ と近似できると考えれば，(6.133) が得られる.

単変量確率変数 X と「可逆」な関数 U による新しい確率変数 $Y = U(X)$ を考えよう†．ここで X の状態としては，$x \in [a, b]$ と区間上に値をとるものとする．累積分布関数の定義から

† 訳注：つまり，U は狭義単調な関数である.

$$F_Y(y) = P(Y \leq y) \tag{6.134}$$

となり，変換 U を陽に書くと

$$P(Y \leq y) = P(U(X) \leq y) \tag{6.135}$$

となる．もし U が狭義単調増加であれば，逆変換 U^{-1} も狭義単調増加である．このとき

$$P(U(X) \leq y) = P(U^{-1}(U(X)) \leq U^{-1}(y)) = P(X \leq U^{-1}(y)) \tag{6.136}$$

となり，右辺は X に関する累積分布関数となる．確率密度関数の定義から

$$P(X \leq U^{-1}(y)) = \int_a^{U^{-1}(y)} f(x)\mathrm{d}x \tag{6.137}$$

であり，Y の累積分布関数が x に関する積分として得られる：

$$F_Y(y) = \int_a^{U^{-1}(y)} f(x)\mathrm{d}x. \tag{6.138}$$

両辺を y について微分すれば，確率密度関数

$$f(y) = \frac{\mathrm{d}}{\mathrm{d}y} F_Y(y) = \frac{\mathrm{d}}{\mathrm{d}y} \int_a^{U^{-1}(y)} f_x(x)\mathrm{d}x \tag{6.139}$$

が得られる．ここで右辺の確率密度関数について，X に関するものであることを明示するため添字 x を付した．y の微分を行うため，積分変数を x から y に変換する必要があるが，(6.133) から

$$\int f_x(U^{-1}(y)) {U^{-1}}'(y)\mathrm{d}y = \int f_x(x)\mathrm{d}x, \ x = U^{-1}(y) \tag{6.140}$$

となるため，

$$f(y) = \frac{\mathrm{d}}{\mathrm{d}y} \int_{U(a)}^{y} f_x(U^{-1}(y)) {U^{-1}}'(y)\mathrm{d}y \tag{6.141}$$

である．したがって解析学の基本定理から

$$f(y) = f_x(U^{-1}(y)) \cdot \left(\frac{\mathrm{d}}{\mathrm{d}y} U^{-1}(y) \right) \tag{6.142}$$

となる．いま U が狭義単調増加であることを仮定したが，狭義単調減少の場合も同様の手続きが適用でき，結果として (6.142) の右辺の符号を反転させた等式が得られる．したがって，絶対値を利用すれば双方の場合に成立する等式

$$f(y) = f_x(U^{-1}(y)) \cdot \left| \frac{\mathrm{d}}{\mathrm{d}y} U^{-1}(y) \right| \tag{6.143}$$

が得られる．(6.143) は**変数変換の公式**と呼ばれ，式中の項 $\left|\frac{\mathrm{d}}{\mathrm{d}y} U^{-1}(y)\right|$ は単位体積が U による変換でどれだけ変化するかを表す（5.3 節のヤコビアンの定義も見返すとよい）．

変数変換の公式
(change-of-variable technique)

注　離散型の場合の (6.125b) と比較すると，連続型の確率密度関数には新たに $\left|\frac{\mathrm{d}}{\mathrm{d}y} U^{-1}(y)\right|$ という因子が登場する．$P(Y = y) = 0$ となることから，連続型の扱いは離散型と比べてより注意が必要となる．確率密度関数 $f(y)$ を一点 y の事象が発生する確率と考えることは不適当となる．

これまで単変量の場合での変数変換について述べてきたが，多変量の場合も同様となる．ただし，絶対値の因子が多変数の場合にどうなるかという点が複雑となる．結論だけ言うと，結局ヤコビ行列の行列式の絶対値を用いればよい．ヤコビ行列 (5.58) は偏微分を要素とする行列式であり，行列式が非ゼロであるなら逆行列が存在する．4.1 節の議論からヤコビ行列は微小体積（単位立方体）を平行多面体に変換し，行列式がその体積の変化率を表すのであった．単変量での変数変換と併せて考えると，多変量の場合の変数変換の公式として以下の定理が得られる：

定理 6.16　([**Bil95, 定理 17.2**])　連続型の多変量確率変数 X の確率密度関数を $f_{\boldsymbol{x}}(\boldsymbol{x})$ とし，可逆な変数変換 $\boldsymbol{y} = U(\boldsymbol{x})$ が $\boldsymbol{x}$ の定義域の各点で微分可能であるとする．すると確率変数 $Y = U(X)$ の確率密度関数は

$$f(\boldsymbol{y}) = f_{\boldsymbol{x}}(U^{-1}(\boldsymbol{y})) \cdot \left|\det\left(\frac{\partial}{\partial \boldsymbol{y}} U^{-1}(\boldsymbol{y})\right)\right| \tag{6.144}$$

となる．■

定理の主張が一見難しく見えるかもしれないが，重要な点は，多変量の場合の変数変換も単変量の場合と同様であるということである．まず逆変換を求めて密度関数の引数を置き換え，ヤコビ行列の行列式を掛ければよい．以下は二変数の例である．

例 6.17　状態 $\boldsymbol{x} = \begin{bmatrix} x_1 \\ x_2 \end{bmatrix}$ をもつ二変量確率変数を考え，その確率密度関数が

$$f\left(\begin{bmatrix} x_1 \\ x_2 \end{bmatrix}\right) = \frac{1}{2\pi} \exp\left(-\frac{1}{2}\begin{bmatrix} x_1 \\ x_2 \end{bmatrix}^\top \begin{bmatrix} x_1 \\ x_2 \end{bmatrix}\right) \tag{6.145}$$

で与えられるとする．行列 $\boldsymbol{A} \in \mathbb{R}^{2\times 2}$ を

$$\boldsymbol{A} = \begin{bmatrix} a & b \\ c & d \end{bmatrix} \tag{6.146}$$

として，変換 $\boldsymbol{y} = \boldsymbol{A}\boldsymbol{x}$ の定める確率変数を Y とする．確率変数の線形変換（2.7節）によって確率密度関数がどう変換されるかについて，定理 6.16 の変数変換の公式を用いて確認してみよう．

変数変換を行うには逆変換を求める必要があり，線形変換の場合の逆変換は逆行列で与えられる（2.2.2 項）．なお，2×2 行列の場合の逆行列は書き下すことが容易で

$$\begin{bmatrix} x_1 \\ x_2 \end{bmatrix} = \boldsymbol{A}^{-1} \begin{bmatrix} y_1 & y_2 \end{bmatrix} = \frac{1}{ad - bc} \begin{bmatrix} d & -b \\ -c & a \end{bmatrix} \begin{bmatrix} y_1 \\ y_2 \end{bmatrix} \tag{6.147}$$

となる．分母の $ad - bc$ は $\boldsymbol{A}$ の行列式（4.1 節）である．確率密度関数の引数を $\boldsymbol{y}$ に置き換えると

$$f(\boldsymbol{x}) = f(\boldsymbol{A}^{-1}\boldsymbol{y}) = \frac{1}{2\pi} \exp\left(-\frac{1}{2}\boldsymbol{y}^\top \left(\boldsymbol{A}^{-1}\right)^\top \boldsymbol{A}^{-1}\boldsymbol{y}\right) \tag{6.148}$$

が得られる．また，線形変換のヤコビ行列は変換行列自身である（5.5 節）：

$$\frac{\partial}{\partial \boldsymbol{y}} \boldsymbol{A}^{-1}\boldsymbol{y} = \boldsymbol{A}^{-1}. \tag{6.149}$$

4.1 節より逆行列の行列式は，もとの行列の行列式の逆であることからヤコビ行列の行列式は

$$\det\left(\frac{\partial}{\partial \boldsymbol{y}}\boldsymbol{A}^{-1}\boldsymbol{y}\right) = \frac{1}{ad-bc} \tag{6.150}$$

となる．以上の (6.148) と (6.150) と定理 6.16 の変数変換の公式から，Y の確率密度関数は

$$f(\boldsymbol{y}) = f(\boldsymbol{x})\left|\det\left(\frac{\partial}{\partial \boldsymbol{y}}\boldsymbol{A}^{-1}\boldsymbol{y}\right)\right| \tag{6.151a}$$

$$= \frac{1}{2\pi}\exp\left(-\frac{1}{2}\boldsymbol{y}^\top\left(\boldsymbol{A}^{-1}\right)^\top\boldsymbol{A}^{-1}\boldsymbol{y}\right)|ad-bc|^{-1} \tag{6.151b}$$

となる．

例 6.17 は二変量の場合であり，逆行列の計算が容易である．手続き自体は一般の多変量の場合も同様となる．

注 6.5 節で見たように (6.148) の確率密度関数 $f(\boldsymbol{x})$ は標準ガウス分布であり，線形変換後の密度関数 $f(\boldsymbol{y})$ は共分散行列が $\boldsymbol{\Sigma} = \boldsymbol{A}\boldsymbol{A}^\top$ で与えられるガウス分布となる．

本章で述べた概念は，8.4 節の確率モデルや 8.5 節のグラフィカルモデルで利用される．また機械学習への直接の応用例を第 9 章と第 11 章で見ることになる．

6.8 関連図書

本章では確率論の内容を簡潔にまとめることを重視した．[GS97] や [WMMY11] にはより丁寧な説明があるため自習に適している．確率論の哲学的側面に興味のある読者には [Hac01] を薦める．またソフトウェアエンジニアリングの側面に関心がある場合は [Dow14] を読むとよい．指数型分布族については [BN14] にまとまっている．確率分布をどのように機械学習のモデリングに活かすかについては第 8 章で扱う内容となる．皮肉なことだが，最近のニューラルネットワークへの関心の高まりにより，確率モデルの活躍の場が広がる結果となっている．例えば，フローの正則化 [JRM15] は確率変数の変数変換に依拠している．ニューラルネットワークの変分推論への応用については [GBC16, 第 16 章〜第 20 章] にまとまっている．

本書では測度論的な問題 [Bil95, Pol02] を避け，実数の構成や部分集合のとり方，その測度（確率）については仮定し，連続型確率変数特有の難しさの大部分を回避した．その詳細が重要となる例としては，連続型確率変数 x, y に関する

条件付き確率 $p(y|x)$ の取り扱いが挙げられる [PP98]．本書では適当に済ませてしまったが，ここには $X = x$ となる（測度 0 の）集合上の y の確率密度関数の定式化という問題が背後に潜んでいる．より正確には $\mathbb{E}_y[f(y)|\sigma(x)]$ と書くべきで，x に依存する σ-加法族に関する f の条件付き期待値を考える必要がある．確率論の詳細に関する関連図書は多数あり [Jay03, Mac03, JP04, GW14]，技術的な側面を扱った文献も多い [Shi84, LC98, Dud02, BD06, Ç11]．確率論への別アプローチとしては，期待値の概念から「逆算」して確率空間の必要な特性を導く方法がある [Whi00]．機械学習は，より複雑なデータに対するより複雑な分布によるモデリングを可能とするため，確率モデルの開発者はこれらの技術的な側面を理解する必要があるかもしれない．確率モデルに焦点を当てた機械学習の文献としては [Mac03, Bis06, RW06, Bar12, Mur12] が挙げられる．

演習問題

6.1　二つの離散型確率変数 X, Y の確率分布 $p(x, y)$ が図のように表されるとする．

Y \ X	x_1	x_2	x_3	x_4	x_5
y_1	0.01	0.02	0.03	0.1	0.1
y_2	0.05	0.1	0.05	0.07	0.2
y_3	0.1	0.05	0.03	0.05	0.04

a. 周辺分布 $p(x), p(y)$ を求めよ．
b. 条件付き分布 $p(x|Y = y_1)$，$p(y|X = x_3)$ を求めよ．

6.2　二つのガウス分布を混合した分布

$$0.4\mathcal{N}\left(\begin{bmatrix}10\\2\end{bmatrix}, \begin{bmatrix}1 & 0\\0 & 1\end{bmatrix}\right) + 0.6\mathcal{N}\left(\begin{bmatrix}0\\0\end{bmatrix}, \begin{bmatrix}8.4 & 2.0\\2.0 & 1.7\end{bmatrix}\right)$$

を考える（図 6.4）．

a. 各次元に関する周辺分布を求めよ．
b. 求めた周辺分布の平均値，最頻値，中央値を求めよ．
c. もとの二次元分布の平均値と最頻値を求めよ．

6.3　あなたの書いたコンピュータプログラムが（コードは変更していないにもかかわらず）コンパイルに成功することもあれば失敗することもあるとする．あなたはこの現象の確率モデルを考えることとし，成功と失敗を表す変数 x がパラメータ μ のベルヌーイ分布に従うとした：

$$p(x|\mu) = \mu^x(1-\mu)^x,\ x \in \{0,1\}.$$

この場合の μ に関する共役事前分布を一つ与え，事後分布 $p(\mu|x_1,\ldots,x_N)$ を求めよ．

6.4　二つのバッグがあり，バッグ1には四つのマンゴーと二つのリンゴが，バッグ2には四つのマンゴーと四つのリンゴが入っているとする．

また歪んだコインもあり，表の出る確率が0.6，裏の出る確率が0.4であるとする．コインの表が出たらバッグ1を，裏が出たらバック2を選び，さらにその中の果物を等確率で一つ選ぶとする．

さて，友人がコインを投げ，（その結果はあなたに伏せて）果物を選び，あなたにマンゴーを見せたとする．

このマンゴーがバッグ2から選ばれた確率を求めよ．

（ヒント：ベイズの定理）

6.5　時系列モデル

$$\boldsymbol{x}_{t+1} = \boldsymbol{A}\boldsymbol{x}_t + \boldsymbol{w}_t,\ \boldsymbol{w}_t \sim \mathcal{N}(\boldsymbol{0},\boldsymbol{Q}),$$
$$\boldsymbol{y}_t = \boldsymbol{C}\boldsymbol{x}_t + \boldsymbol{v}_t,\ \boldsymbol{v}_t \sim \mathcal{N}(\boldsymbol{0},\boldsymbol{R})$$

を考える[†]．ここで $\boldsymbol{w}_t, \boldsymbol{v}_t$ は独立なガウスノイズである．また初期条件として $\boldsymbol{x}_0$ の分布が $p(\boldsymbol{x}_0) = \mathcal{N}(\boldsymbol{\mu}_0, \boldsymbol{\Sigma}_0)$ で与えられるとする．

a. 同時分布 $p(\boldsymbol{x}_0, \boldsymbol{x}_1, \ldots, \boldsymbol{x}_T)$ はどのような形状になるか？ その理由は？（同時分布の計算を実際に行わなくてもよい．）

b. $p(\boldsymbol{x}_t|\boldsymbol{y}_1,\ldots,\boldsymbol{y}_t) = \mathcal{N}(\boldsymbol{\mu}_t, \boldsymbol{\Sigma}_t)$ と仮定して以下の問いに答えよ．

1. $p(\boldsymbol{x}_{t+1}|\boldsymbol{y}_1,\ldots,\boldsymbol{y}_t)$ を求めよ．
2. $p(\boldsymbol{x}_{t+1},\boldsymbol{y}_{t+1}|\boldsymbol{y}_1,\ldots,\boldsymbol{y}_t)$ を求めよ．
3. 時刻 $t+1$ で $\boldsymbol{y}_{t+1} = \hat{\boldsymbol{y}}$ を観測したとき，$p(\boldsymbol{x}_{t+1}|\boldsymbol{y}_1,\ldots,\boldsymbol{y}_{t+1})$ を求めよ．

[†] 訳注：翻訳にあたって，各時点のノイズであることがわかるよう $\boldsymbol{w}_t, \boldsymbol{v}_t$ の添え字 t を明示した．

6.6　分散の標準的な定義をraw-scoreによる表示と関連付ける公式 (6.44) を示せ．

6.7　データセット中の各組の差をraw-scoreによる表示と関連付ける公式 (6.45) を示せ．

6.8　ベルヌーイ分布を指数型分布族 (6.107) として表せ．

6.9　二項分布とベータ分布を指数型分布族として表せ．これにより，ベータ分布と二項分布の積もまた指数型分布族に属することを示せ．

6.10　6.5.2 項のガウス分布の積の性質 (6.74), (6.75), (6.76) を以下の二つの方法でそれぞれ示せ．

a. 指数の肩を平方完成する．
b. ガウス分布を指数型分布族として表す．

ガウス分布の「積」$\mathcal{N}(\boldsymbol{x}|\boldsymbol{a},\boldsymbol{A})\mathcal{N}(\boldsymbol{x}|\boldsymbol{b},\boldsymbol{B})$ は正規化されていないガウス分布 $c\,\mathcal{N}(\boldsymbol{x}|\boldsymbol{c},\boldsymbol{C})$ となる．ここで，

$$\boldsymbol{C} = (\boldsymbol{A}^{-1} + \boldsymbol{B}^{-1})^{-1}, \tag{6.152}$$

$$\boldsymbol{c} = \boldsymbol{C}(\boldsymbol{A}^{-1}\boldsymbol{a} + \boldsymbol{B}^{-1}\boldsymbol{b}), \tag{6.153}$$

$$c = (2\pi)^{-\frac{D}{2}}|\boldsymbol{A}+\boldsymbol{B}|^{-\frac{1}{2}}\exp\left(-\frac{1}{2}(\boldsymbol{a}-\boldsymbol{b})^{\top}(\boldsymbol{A}+\boldsymbol{B})^{-1}(\boldsymbol{a}-\boldsymbol{b})\right) \tag{6.154}$$

である．

6.11　**期待値の繰り返し**．同時分布が $p(x,y)$ で与えられる二つの確率変数 x,y について

$$\mathbb{E}_X[x] = \mathbb{E}_Y[\mathbb{E}_X[x|y]]$$

を示せ．ここで $\mathbb{E}_X[x|y]$ は条件付き分布 $p(x|y)$ に関する x の期待値を表す．

6.12　**ガウス確率変数の積**．$\boldsymbol{x} \in \mathbb{R}^D$ をガウス分布に従う確率変数とする：$\boldsymbol{x} \sim \mathcal{N}(\boldsymbol{x}|\boldsymbol{\mu_x},\boldsymbol{\Sigma_x})$．また，$\boldsymbol{y} \in \mathbb{R}^E, \boldsymbol{A} \in \mathbb{R}^{E\times D}, \boldsymbol{b} \in \mathbb{R}^E$ に関して

$$\boldsymbol{y} = \boldsymbol{A}\boldsymbol{x} + \boldsymbol{b} + \boldsymbol{w}$$

という関係が成り立つとする．ここで $\boldsymbol{w} \sim \mathcal{N}(\boldsymbol{w}|\boldsymbol{0},\boldsymbol{Q})$ はガウスノイズを表す．またノイズは独立，つまり $\boldsymbol{w}$ は $\boldsymbol{x}$ と独立であり，$\boldsymbol{Q}$ は対角行列であるとする．

a. 尤度 $p(\boldsymbol{y}|\boldsymbol{x})$ を求めよ．
b. 分布 $p(\boldsymbol{y}) = \int p(\boldsymbol{y}|\boldsymbol{x})p(\boldsymbol{x})\mathrm{d}\boldsymbol{x}$ はガウス分布となる．その平均 $\boldsymbol{\mu_y}$ と共分散行列 $\boldsymbol{\Sigma_y}$ を計算過程を示しつつ導出せよ．
c. 確率変数 $\boldsymbol{y}$ が

$$\boldsymbol{z} = \boldsymbol{C}\boldsymbol{y} + \boldsymbol{v}$$

のように変換されるとする．ここで，$\boldsymbol{z} \in \mathbb{R}^F, \boldsymbol{C} \in \mathbb{R}^{F\times E}$ として，$\boldsymbol{v} \sim \mathcal{N}(\boldsymbol{v}|\boldsymbol{0},\boldsymbol{R})$ は独立なガウスノイズとする．
- 条件付き分布 $p(\boldsymbol{z}|\boldsymbol{y})$ を書き下せ．
- 分布 $p(\boldsymbol{z})$ を求めよ．すなわち，平均 $\boldsymbol{\mu_z}$ と共分散行列 $\boldsymbol{\Sigma_z}$ を計算過程を示しつつ導け．

d. $\boldsymbol{y} = \hat{\boldsymbol{y}}$ を観測したとして，事後分布 $p(\boldsymbol{x}|\hat{\boldsymbol{y}})$ を求めよ．
（ヒント：事後分布もまたガウス分布となるため，平均と共分散行列を求めればよい．そこで同時ガウス分布 $p(\boldsymbol{x},\boldsymbol{y})$ を求めてから条件付ければよく，共分散 $\mathrm{Cov}_{\boldsymbol{x},\boldsymbol{y}}[\boldsymbol{x},\boldsymbol{y}], \mathrm{Cov}_{\boldsymbol{y},\boldsymbol{x}}[\boldsymbol{y},\boldsymbol{x}]$ を求める必要がある．）

6.13　**確率積分変換**．連続型確率変数 x を考え，その累積分布関数を $F_x(x)$ とする．このとき確率変数 $y = F_x(x)$ が一様分布に従うことを示せ．

第7章
連続最適化

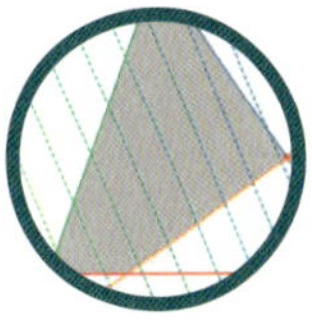

機械学習のアルゴリズムは計算機上で実行され，その数学的側面は数理最適化として表される．この章では，機械学習モデルを訓練するための基本的な数値計算手法を紹介する．機械学習モデルの訓練は，よいパラメータを発見する作業に帰着することが多い．その「良さ」を測るためには，目的関数や確率モデルの設定が必要で，本書の後半でその例を見ることになる．設定した目的関数のもと，最適化アルゴリズムに基づいて最適な値が探索される．

主に $\mathbb{R}^D$ に値をとるデータやモデルを考えることから，連続最適化に絞って話を進める．別の対照的な最適化問題として，離散変数による組合せ最適化が挙げられる．

本章では，連続最適化について無制約な場合と制約条件がある場合のそれぞれについて論じる（図 7.1）．なお，以降の目的関数は微分可能（第 5 章）であるとし，最適値を探索するための勾配情報が常に得られるものとする．機械学習では慣例的に，目的関数を（最大化ではなく）最小化するように探索を行うことが多い．つまり最小値が最適であり，最適値の探索は直感的には目的関数の谷を探し当てることである．関数の勾配は頂上へ向かう方向を指し示していることから，（勾配とは逆方向に）下り坂を下って最も深い点を目指すことが基本的な戦略となる．無制約の場合に必要な戦略はこれだけであるが，アルゴリズムの設計方法には複数の選択肢がある．その詳細を 7.1 節で述べる．制約条件付きの場合を 7.2 節で論じ，制約条件を扱う方法を議論する．最適化問題の特別なクラスである凸計画問題については 7.3 節で紹介する．凸計画問題では，探索で得られた局所解が大域的な最適解となることが保証される．

図 7.2 の目的関数について考えてみよう．**最小解**は $x = -4.5$ 付近であり，目的関数の最小値は概ね -47 となる．「滑らか」な目的関数の勾配を用いれば，現在位置からどちらの方向を探索するとよいかを判断できる．ただし前提として，現在地が最小解を含んだお椀の内側にあることが必要である．さもないと $x = 0.7$ といった別の**極小解**に引き寄せられてしまう．ある関数の停留点をすべて求めるには，その微分が 0 という方程式を解けばよい．例えば

最小解 (global minimum)

極小解 (local minimum)

$$l(x) = x^4 + 7x^3 + 5x^2 - 17x + 3 \tag{7.1}$$

の場合，勾配は

$$\frac{\mathrm{d}l(x)}{\mathrm{d}x} = 4x^3 + 21x^2 + 10x - 17 \tag{7.2}$$

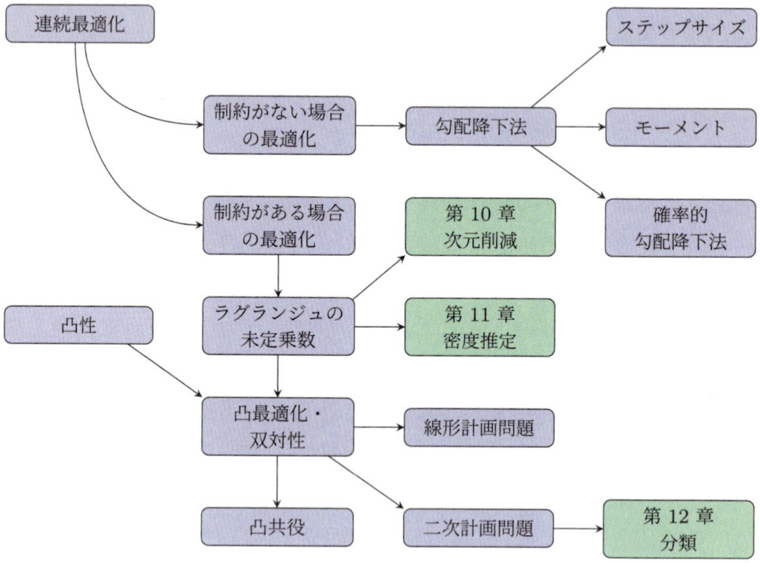

図 7.1　本章で導入される最適化に関する概念のマインドマップ．主要な二点は勾配降下法と凸最適化である．

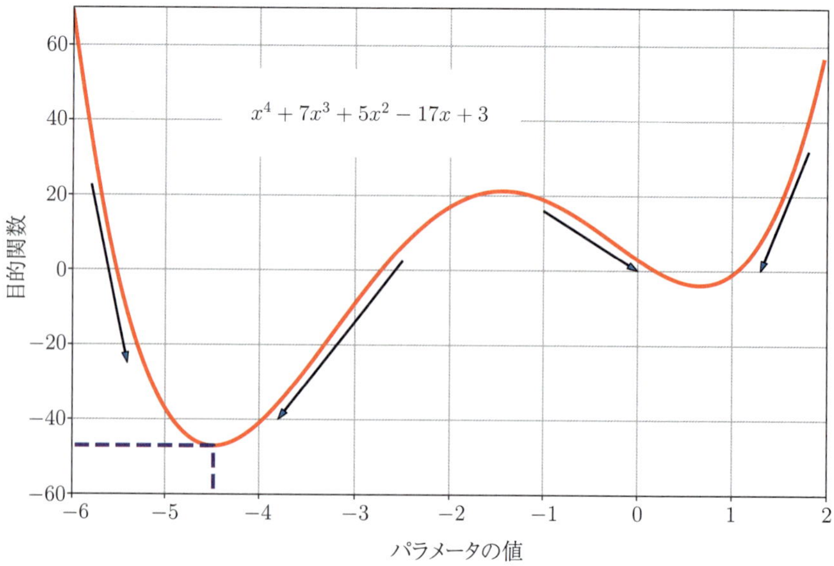

図 7.2　目的関数の一例．矢印は勾配を表し，最小値が青色の破線の位置となる．

となる．得られる方程式は三次方程式となり，今回の場合は解は三つとなる．うち二つはすでに述べた極小解で，残り一つは極大解に対応する（$x = -1.4$ 付近）．停留点が極大解，極小解のどちらであるかの判定には，二階微分の符号が利用できる．今回の場合は

$$\frac{\mathrm{d}^2 l(x)}{\mathrm{d}x^2} = 12x^2 + 42x + 10 \tag{7.3}$$

であり，三つの停留点は $-4.5, -1.4, 0.7$ 付近に値をとるが，二階微分の符号から中間の停留点が極大解 $\frac{\mathrm{d}^2 l(x)}{\mathrm{d}x^2} < 0$ であり，残りが極小解とわかる．

今回の例では最小解を解析的に求めることができるが，一般には困難である．適当な初期値（例えば $x_0 = -10$）から出発して勾配に基づいて最適な解を数値的に求める必要がある．勾配は進む方向が右であることを示唆するが，進む幅（ステップサイズ）については教えてはくれない．また初期値が（$x_0 = 0$ のように）右側だと誤った極小解に導かれてしまう．図 7.2 の矢印は，$x > -1$ の領域では勾配の降下方向が右側の極小解を向いていることを表している．

アーベル・ルフィニの定理から 5 次以上の代数方程式は代数的に解けないことが知られている [Abe26]．

7.3 節で登場する凸関数であれば，極小解が常に最小解となるため，先に述べたややこしい初期値依存の問題はない．目的関数を凸に設計できる機械学習のタスクも多く，その一例を第 12 章で見ることになる．

凸関数において，極小解であれば最小解である．

勾配と最適解の可視化がしやすいよう，これまで一次元の関数について議論してきた．以降では，高次元の場合に同様の手法を展開する．可視化は一次元の場合に限られるが，高次元特有の事情もあるため読み進める上で注意が必要である．

7.1　勾配降下法による最適化

機械学習のタスクが目的関数 $f : \mathbb{R}^d \to \mathbb{R}$ の最適化で捉えられるとして，この実関数を最小化する最適化問題

$$\min_{\boldsymbol{x}} f(\boldsymbol{x}) \tag{7.4}$$

を考えることにしよう．ここで関数 f は微分可能であり，解析的には最小解を求められないとする．

勾配降下法は一次の最適化手法である．この手法では現在の地点における目的関数の勾配を計算し，勾配の逆方向を向いたベクトルだけ移動する．この手続きを繰り返して極小解の探索を行う．勾配は関数が最も増加する方向を向いており（5.1 節），目的関数の等高線（$f(\boldsymbol{x}) = c,\ c \in \mathbb{R}$）と直交するベクトルとなっている．

多変数関数の場合での勾配降下法をイメージしてみよう．高さが $f(\boldsymbol{x})$ で与えられる曲面を考え，ある位置 $\boldsymbol{x}_0$ にボールを配置する．ボールから手を離すとボールは最も降下する方向に転がりだす．勾配降下法は最も降下する方向が勾配の逆方向 $-((\nabla f)(\boldsymbol{x}_0))^\top$ であるという事実を利用している．移動方向が決まれば

$$\boldsymbol{x}_1 = \boldsymbol{x}_0 - \gamma((\nabla f)(\boldsymbol{x}_0))^\top \tag{7.5}$$

記法として，勾配は行ベクトルで表すこととする．

と十分小さなステップサイズ $\gamma \geq 0$ で移動すると，$f(\boldsymbol{x}_1) \leq f(\boldsymbol{x}_0)$ となる．ここで次元が正しくなるように勾配の転置をとっている．なお本書では，勾配を利用するために目的関数は微分可能であると仮定したが，より一般の関数に関しては7.4節を参照してほしい．

以上の結果から単純な勾配降下法のアルゴリズムが得られる：目的関数 $f : \mathbb{R}^n \to \mathbb{R}$, $\boldsymbol{x} \mapsto f(\boldsymbol{x})$ の極小解 $f(\boldsymbol{x}_*)$ を一つ得たいなら，初期ベクトル $\boldsymbol{x}_0$ を定めて，

$$\boldsymbol{x}_{i+1} = \boldsymbol{x}_i - \gamma_i((\nabla f)(\boldsymbol{x}_i))^\top \tag{7.6}$$

という操作を反復する．適切なステップサイズ γ_i の設定のもと，列 $f(\boldsymbol{x}_0) \geq f(\boldsymbol{x}_1) \geq \cdots$ は極小解に収束する．

例 7.1　二次元上の二次関数

$$f\left(\begin{bmatrix} x_1 \\ x_2 \end{bmatrix}\right) = \frac{1}{2}\begin{bmatrix} x_1 \\ x_2 \end{bmatrix}^\top \begin{bmatrix} 2 & 1 \\ 1 & 20 \end{bmatrix} \begin{bmatrix} x_1 \\ x_2 \end{bmatrix} - \begin{bmatrix} 5 \\ 3 \end{bmatrix}^\top \begin{bmatrix} x_1 \\ x_2 \end{bmatrix} \tag{7.7}$$

について，勾配は

$$\nabla f\left(\begin{bmatrix} x_1 \\ x_2 \end{bmatrix}\right) = \begin{bmatrix} x_1 \\ x_2 \end{bmatrix}^\top \begin{bmatrix} 2 & 1 \\ 1 & 20 \end{bmatrix} - \begin{bmatrix} 5 \\ 3 \end{bmatrix}^\top \tag{7.8}$$

となる．初期位置を $\boldsymbol{x}_0 = [-3, -1]^\top$ として (7.6) を繰り返し適用すると（図7.3のような）最小解に収束する列が得られる．$\boldsymbol{x}_0$ での降下方向は北東方向であり（$\gamma = 0.085$ とすれば）$\boldsymbol{x}_1 = [-1.98, 1.21]^\top$ が得られる．同様の手続きをもう一度行うと $\boldsymbol{x}_2 = [-1.32, -0.42]^\top$ が得られ，以降も同様となる．

注　勾配降下法は最小解に近づくにつれて更新が相対的に小さくなり，その漸近収束率は他の多くの手法と比べて劣っている．ボールの運動から類推されるように，曲面が細長い谷をもつような問題は悪条件となり，図7.3のようにステップが進むにつれて各ステップでの降下方向が真の最小解への方向とほぼ直交して「ジグザグ」する回数が増えてしまう [TBI97].

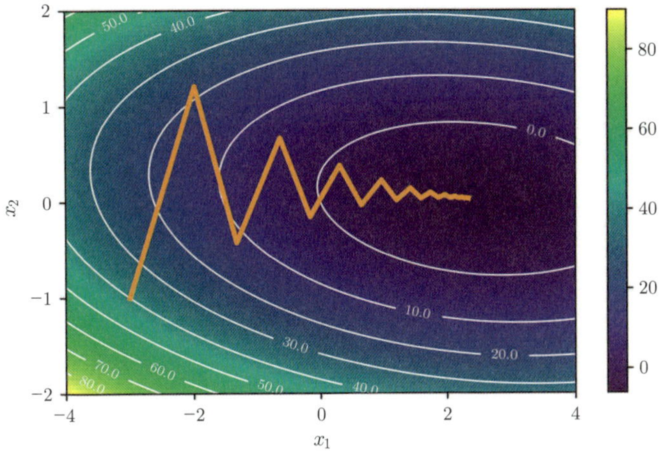

図 7.3 二次元上の二次関数の勾配降下．（関数の値をヒートマップで示した．）折れ線については例 7.1 参照.

7.1.1 ステップサイズ

先に述べたように，勾配降下法ではよいステップサイズを選ぶことが重要となる．ステップサイズが小さすぎると降下速度はとても遅くなってしまう．逆に大きすぎると目的地を通り過ぎてしまったり，収束に失敗して発散したりすることもある．モーメントを利用すると勾配更新の不規則な挙動を滑らかにして振動を減衰させることができる．この方法については次の項で取り上げる．

ステップサイズは学習率とも呼ばれる.

関数の局所的な性質を利用して，各反復のステップサイズを調整する適応的な勾配降下の手法も知られている．また，二つの単純なヒューリスティックがある [Tou12].

- ある反復で目的関数が増加したのならステップサイズが大きすぎるということである．このときは更新をいったんキャンセルしてステップサイズを小さくしてやり直す.
- 目的関数が減少しているときは，ステップサイズを大きくしても問題がないかもしれない．そこで，ステップサイズを増加させる.

上記の「キャンセル」は計算資源の浪費に思えるが，これらのヒューリスティックによって単調に収束させることが可能となる.

例 7.2（連立一次方程式の求解） 連立一次方程式 $\boldsymbol{Ax} = \boldsymbol{b}$ に関して，ユークリッドノルムの二乗誤差

$$\|\boldsymbol{Ax} - \boldsymbol{b}\|^2 = (\boldsymbol{Ax} - \boldsymbol{b})^\top (\boldsymbol{Ax} - \boldsymbol{b}) \tag{7.9}$$

を最小化することで数値的に $\boldsymbol{Ax}-\boldsymbol{b}=\boldsymbol{0}$ となるベクトル $\boldsymbol{x}_*$ を求められる．勾配は

$$\nabla_{\boldsymbol{x}} = 2(\boldsymbol{Ax}-\boldsymbol{b})^\top \boldsymbol{A} \tag{7.10}$$

と求まり，連立一次方程式の求解に勾配降下法が利用できる．ただし，この問題の場合は解析的な解を直接求めることも可能である．解は勾配がゼロとなる点で与えられる．この二乗誤差の最小化問題については第9章でより詳しく調べる．

注　連立一次方程式 $\boldsymbol{Ax}=\boldsymbol{b}$ に勾配降下法を適用する場合，問題によっては収束が遅くなることがある．その収束速度は，$\boldsymbol{A}$ の特異値（4.5節）の最大値と最小値の比である**条件数** $\kappa = \dfrac{\sigma(\boldsymbol{A})_{\max}}{\sigma(\boldsymbol{A})_{\min}}$ によって決まる．条件数は本質的には，曲面の最も曲がっている方向と最も平坦な方向の曲率の比を表しており，悪条件を引き起こす細長い谷がないかを表す指標である．連立一次方程式 $\boldsymbol{Ax}=\boldsymbol{b}$ を直接解く代わりに，**前処理行列** $\boldsymbol{P}$ を掛けた方程式 $\boldsymbol{P}^{-1}(\boldsymbol{Ax}-\boldsymbol{b})=\boldsymbol{0}$ を解くことも考えられる．前処理行列の役割は，$\boldsymbol{P}^{-1}\boldsymbol{A}$ の条件数を1に近づけつつ，また同時に $\boldsymbol{P}^{-1}$ の計算を容易することである．勾配降下法と前処理行列，収束性については [BV04] が参考となる．

条件数 (condition number)

前処理行列 (preconditioner)

7.1.2　モーメント付き勾配降下法

図7.3で見たように，目的関数の曲率が悪条件となる領域で勾配降下法の収束速度は悪化してしまう．谷の両側を行き来することに時間が割かれ，最小解の方向への更新が小さくなってしまうのである．この収束性を改善する方法の一つとして，前回の降下方向を記憶するメモリを用意する方法がある．

モーメント付き勾配降下法 [RHW86] は，過去の反復結果を記憶する項をもつ勾配降下法の一種である．この記憶領域により振動は抑制され，勾配更新は平滑化される．ボールの運動のアナロジーでいうと，モーメント項は重いボールが向きを維持しようとする慣性を表しており，勾配更新は移動平均によって行われる．モーメントに基づく手法では直前の i 回目の更新 $\Delta\boldsymbol{x}_i$ を記憶しておき，次回の更新に利用する：

[Goh17] にモーメント付き勾配降下法に関する直感的な説明がある．

$$\boldsymbol{x}_{i+1} = \boldsymbol{x}_i - \gamma_i((\nabla f)(\boldsymbol{x}_i))^\top + \alpha\Delta\boldsymbol{x}_i\ , \tag{7.11}$$

$$\Delta\boldsymbol{x}_i = \boldsymbol{x}_i - \boldsymbol{x}_{i-1} = \alpha\Delta\boldsymbol{x}_{i-1} - \gamma_{i-1}((\nabla f)(\boldsymbol{x}_{i-1}))^\top\ . \tag{7.12}$$

ここで $\alpha\in[0,1]$ である．更新量が現在と過去の勾配の線形結合で与えられていることが見て取れる．勾配にノイズが混じることあるため，モーメント項はノイズ混じりの勾配推定値の平均をとる役割を果たしている．近似的な勾配を扱う状況で特に有用となるアルゴリズムとして，次項で議論する確率的勾配降下法がある．

7.1.3 確率的勾配降下法

勾配の計算は非常に重い処理になることがある．しかし多くの場合，より「安価な」近似で勾配を求められる．近似した勾配が真の勾配と概ね同じ方向を向くのであれば，最適化に有用となるのである．

確率的勾配降下法†は，勾配降下法の確率的な近似手法であり，最小化したい目的関数が微分可能な関数の和となる場合に用いられる．ここで確率的とは，真の勾配はわからないが，ノイズが乗った近似値は取得できる状況を意味している．ある程度の確率分布に対しては，この確率的勾配降下法の収束性も理論的に保証されている．

確率的勾配降下法 (stochastic gradient descent)

† 訳注：よく SGD と略記される．

機械学習では，$n = 1, \ldots, N$ の N 個のデータからなるデータセットが与えられ，目的関数としては各データ点の損失 L_n の合計を考えることが多い．数式で書くと

$$L(\boldsymbol{\theta}) = \sum_{n=1}^{N} L_n(\boldsymbol{\theta}) \tag{7.13}$$

であり，$\boldsymbol{\theta}$ が関心のある最適化対象である．（つまり，$\boldsymbol{\theta}$ に関して L を最小化したい．）回帰問題（第 9 章）でいうと負の対数尤度であり，各データ点の対数尤度の合計が目的関数となる：

$$L(\boldsymbol{\theta}) = -\sum_{n=1}^{N} \log p(y_n | \boldsymbol{x}_n, \boldsymbol{\theta}) \ . \tag{7.14}$$

ここで $\boldsymbol{x}_n \in \mathbb{R}^D$ は訓練データの説明変数，y_n はそのデータの目的変数，$\boldsymbol{\theta}$ は回帰モデルのパラメータである．

先に述べた標準的な勾配降下法は「バッチ」的な最適化手法である．つまり，パラメータの一回の更新に訓練データ全体を利用する：

$$\boldsymbol{\theta}_{i+1} = \boldsymbol{\theta}_i - \gamma_i (\nabla L(\boldsymbol{\theta}_i))^\top = \boldsymbol{\theta}_i - \gamma_i \sum_{n=1}^{N} (\nabla L_n(\boldsymbol{\theta}_i))^\top \ . \tag{7.15}$$

ここで，γ_i は適当なステップサイズである．データ全体の勾配の合計を求めることは高コストな処理となることがある．例えば訓練データが膨大だったり表式が複雑だったりする場合に，勾配を得ることは重い処理となってしまう．

式 (7.15) の $\sum_{n=1}^{N} \nabla L_n(\boldsymbol{\theta}_i)$ の計算を，データ全体ではなく一部のデータのみで行うと，一回の更新あたりの計算量が減ることになる．つまり，バッチ型の勾配降下法と対照的に，ランダムなミニバッチ内のデータに関する L_n の勾配を利用して更新を行う．極端な例としては，一個のデータの L_n だけで更新方向を決める．勾配降下法の収束のためには利用する勾配が真の勾配の不偏推

定量であればよく，そのためデータのサブセットを用いることが有用となる．実際，(7.15) の $\sum_{n=1}^{N}(\nabla L_n(\boldsymbol{\theta}_i))$ 自体も真の勾配の期待値（6.4.1 項）の経験的な推定量である．収束のためには他の不偏推定量を用いてもよく，データのサブサンプリングがその一例となる．

注　比較的緩い仮定のもと，学習率を適切に減衰させることで，確率的勾配降下法はほとんど確実に極小解に収束することが知られている [Bot98].

勾配の近似を考える必要がある主な理由として計算資源の制約があり，例えば CPU や GPU のメモリや計算時間の上限が挙げられる．勾配を推定する際に用いるデータサイズは，6.4.1 項での平均値の推定に利用する標本の大きさとみなせて，大きいミニバッチであるほど勾配の推定精度が高く，パラメータ更新における分散が小さくなる．また，目的関数と勾配計算をベクトル的に実装すると行列操作の最適化の恩恵が受けられ，ミニバッチサイズが大きいほどその効果は大きくなる．分散が小さい方が収束は安定するが，各勾配を計算する操作がより高コストとなる．

対照的に，小さなミニバッチでの推定は高速である．勾配にノイズが混じるが，逆に誤った極小解に導かれることの防止にもつながる．最適化手法は訓練データ上での目的関数の最小化に利用されるが，機械学習の最終的な目的は汎化能力の獲得である（第8章）．目的関数の厳密な最小解は必ずしも必要ではないことから，ミニバッチによる近似勾配の手法が広く利用される．確率的勾配降下法は，大規模な機械学習のタスクで非常に有効であり [BCN18]，数百万件の画像データを用いた深層ニューラルネットワークの訓練 [DCMC12]，トピックモデル [HBWP13]，強化学習 [MKS15]，大規模なガウス過程モデル [HFL13, GvdWR14] の訓練などに幅広く利用される．

7.2　制約条件付き最適化とラグランジュの未定乗数

前節では，関数 $f : \mathbb{R}^D \to \mathbb{R}$ に関する

$$\min_{\boldsymbol{x}} f(\boldsymbol{x}) \tag{7.16}$$

という無制約な最適化問題について考えた．

この節では制約条件を追加し，実関数 $g_i : \mathbb{R}^D \to \mathbb{R}$, $i = 1, \ldots, m$ に関する不等式制約条件付きの最適化問題

$$\begin{aligned} &\min_{\boldsymbol{x}} f(\boldsymbol{x}) \\ &\text{条件}\quad g_i(\boldsymbol{x}) \leq 0 \quad (i = 1, \ldots, m) \end{aligned} \tag{7.17}$$

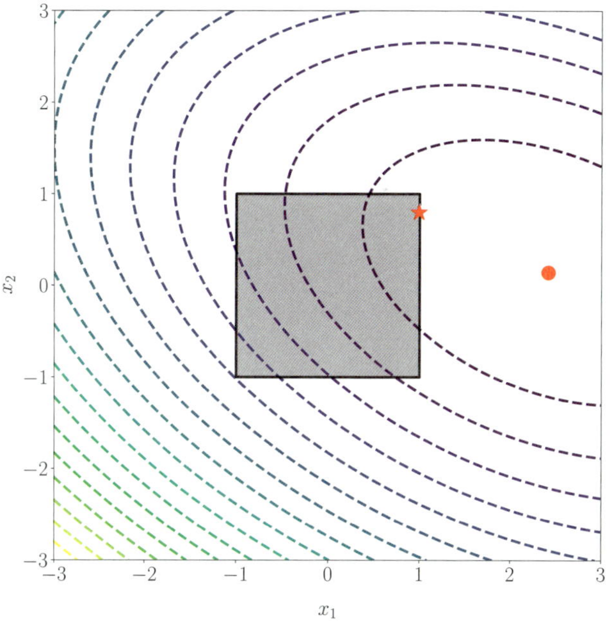

図 7.4　制約条件付き最適化問題．（等高線の示唆する）無制約の最適化問題は図の右側に最小解をもつ（丸印）．箱状の制約 ($-1 \le x \le 1$，$-1 \le y \le 1$) がある場合は，箱内での最適解を求めることになる（星印）．

を考える（図 7.4）．一般に f, g_i は凸でない．凸関数の場合は次節で扱う．

制約条件付き最適化問題 (7.17) を制約なし最適化問題に置き換えるわかりやすい（があまり実用的でない）方法として，目的関数に特性関数を加えた関数

$$J(\boldsymbol{x}) = f(\boldsymbol{x}) + \sum_{i=1}^{m} \mathbf{1}(g_i(\boldsymbol{x})) \tag{7.18}$$

の利用が挙げられる．ここで，$\mathbf{1}(z)$ は無限大の値をとる階段関数で

$$\mathbf{1}(z) = \begin{cases} 0 & (z \le 0) \\ \infty & (\text{それ以外}) \end{cases} \tag{7.19}$$

と定義される．制約条件をみたさないと無限大のペナルティが発生するため，同じ最適解をもつことになる．しかし，無限大の階段関数を最適化することは難しいことから，代わりに**ラグランジュの未定乗数**を導入してこの困難を回避する．ラグランジュの未定乗数の方法では，特性関数が線形関数に置き換わることになる．

ラグランジュの未定乗数
(Lagrange multiplier)

最適化問題 (7.17) に対して，各不等式制約のラグランジュ未定乗数 $\lambda_i \ge 0$ を導入したラグランジアンを

ラグランジアン
(Lagrangian)

$$\mathfrak{L}(\boldsymbol{x}, \boldsymbol{\lambda}) = f(\boldsymbol{x}) + \sum_{i=1}^{m} \lambda_i g_i(\boldsymbol{x}) \tag{7.20a}$$

$$= f(\boldsymbol{x}) + \boldsymbol{\lambda}^\top \boldsymbol{g}(\boldsymbol{x}) \tag{7.20b}$$

と定める [BV04, 第4章]．ここで $\boldsymbol{g}(\boldsymbol{x})$ は各制約 $g_i(\boldsymbol{x})$ をまとめたベクトル値関数であり，ラグランジュの未定乗数もベクトル $\boldsymbol{\lambda} \in \mathbb{R}^m$ にまとめている．

ラグランジュ双対の概念を導入しよう．数理最適化において双対とは一般に，ある変数 $\boldsymbol{x}$（主変数）に関する最適化問題を別の変数 $\boldsymbol{\lambda}$（双対変数）の最適化問題に変換することを意味している．本書では2種類の双対について紹介するが，その一つがこの節で紹介するラグランジュ双対である．もう一つのルジャンドル・フェンシェル双対については 7.3.3 項で論じる．

定義 7.1　(7.17) の最適化問題

$$\begin{aligned} &\min_{\boldsymbol{x}} f(\boldsymbol{x}) \\ \text{条件}\quad & g_i(\boldsymbol{x}) \leq 0 \quad (i = 1, \ldots, m) \end{aligned} \tag{7.21}$$

主問題 (primal problem)
ラグランジュ双対問題 (Lagrangian dual problem)

を主変数 $\boldsymbol{x}$ に関する**主問題**という．対応する**ラグランジュ双対問題**を

$$\begin{aligned} &\max_{\boldsymbol{\lambda}} \ \mathfrak{D}(\boldsymbol{\lambda}) \\ \text{条件}\ \ & \boldsymbol{\lambda} \geq 0 \end{aligned} \tag{7.22}$$

と定める．ここで $\boldsymbol{\lambda}$ は双対変数であり，$\mathfrak{D}(\lambda) = \min_{\boldsymbol{x}\in\mathbb{R}^d} \mathfrak{L}(\boldsymbol{x}, \boldsymbol{\lambda})$ である．■

注　定義 7.1 に登場する以下の二つの概念はそれ自体興味を引くものである [BV04].

最大最小不等式 (minimax inequality)

一つ目は**最大最小不等式**である．これは，二つの引数をもつ関数 $\varphi(\boldsymbol{x}, \boldsymbol{y})$ に関して成立する以下の不等式である：

$$\max_{\boldsymbol{y}} \min_{\boldsymbol{x}} \varphi(\boldsymbol{x}, \boldsymbol{y}) \leq \min_{\boldsymbol{x}} \max_{\boldsymbol{y}} \varphi(\boldsymbol{x}, \boldsymbol{y}) \ . \tag{7.23}$$

これは，最大値と最小値に関して，

$$\min_{\boldsymbol{x}} \varphi(\boldsymbol{x}, \boldsymbol{y}) \leq \max_{\boldsymbol{y}} \varphi(\boldsymbol{x}, \boldsymbol{y}) \tag{7.24}$$

が任意の $\boldsymbol{x}, \boldsymbol{y}$ について成立するため，左辺は $\boldsymbol{y}$ に関して最大値をとり，同様に右辺は $\boldsymbol{x}$ に関して最小値をとることで不等式が得られる．

弱双対性 (weak duality)

二つ目は**弱双対性**である．(7.23) を用いると，主問題の最小値は双対問題の最大値以上であることを示すことができる．その詳細は (7.27) として表される．

(7.18) の $J(\boldsymbol{x})$ と (7.20b) のラグランジアンの違いは，特性関数を線形関数に緩和している点である．そのため，$\boldsymbol{\lambda} \geq 0$ であれば，ラグランジアン $\mathfrak{L}(\boldsymbol{x}, \boldsymbol{\lambda})$ は $J(\boldsymbol{x})$ 以下となる．特に，$\boldsymbol{\lambda}$ に関する最大値について

$$J(\boldsymbol{x}) = \max_{\boldsymbol{\lambda}\geq 0} \mathfrak{L}(\boldsymbol{x}, \boldsymbol{\lambda}) \tag{7.25}$$

が成立する．

主問題は $J(\boldsymbol{x})$ を最小化する問題であったから，

$$\min_{\boldsymbol{x}\in\mathbb{R}^d}\max_{\boldsymbol{\lambda}\geq 0}\mathfrak{L}(\boldsymbol{x},\boldsymbol{\lambda}) \tag{7.26}$$

を考えることになる．最大最小不等式 (7.23) から，最大と最小を入れ替えると不等式

$$\min_{\boldsymbol{x}\in\mathbb{R}^d}\max_{\boldsymbol{\lambda}\geq 0}\mathfrak{L}(\boldsymbol{x},\boldsymbol{\lambda}) \geq \max_{\boldsymbol{\lambda}\geq 0}\min_{\boldsymbol{x}\in\mathbb{R}^d}\mathfrak{L}(\boldsymbol{x},\boldsymbol{\lambda}) \tag{7.27}$$

が成立する．これは弱双対性として知られる．右辺は双対問題の $\mathfrak{D}(\boldsymbol{\lambda})$ の最大解における値となっている．

主問題に対し，与えられた $\boldsymbol{\lambda}$ のもとでラグランジアンを最小化する問題 $\min_{\boldsymbol{x}\in\mathbb{R}^d}\mathfrak{L}(\boldsymbol{x},\boldsymbol{\lambda})$ は無制約の最適化問題となる．もしこの問題を解くことが容易であれば，全体の双対問題を解くことも容易であることが多い†．

もし $f(\cdot), g_i(\cdot)$ が微分可能であれば，ラグランジアンの $\boldsymbol{x}$ に関する微分が 0 という条件から $\boldsymbol{x}$ を求め，その値を代入することでラグランジュ双対問題を得ることができる．$f(\cdot), g_i(\cdot)$ が凸の場合の具体例が 7.3.1 項と 7.3.2 項で登場する．

† 訳注：原著ではこのあと，$\boldsymbol{\lambda}$ に関する最大化に関して目的関数はアフィン関数となり凸関数となる，と述べているが，$\boldsymbol{x}$ が $\boldsymbol{\lambda}$ に依存する点を考慮しておらず誤りと思われる．（読者の混乱を避けるため訳文を本訳注内に移した．）ただ，双対問題を扱う場面で目的関数が $\boldsymbol{\lambda}$ に関して凸となることは多い．

注（等式制約） (7.17) に等式制約を追加した最適化問題

$$\begin{aligned} &\min_{\boldsymbol{x}} f(\boldsymbol{x}) \\ \text{条件}\quad &g_i(\boldsymbol{x}) \leq 0 \quad (i=1,\ldots,m) \\ &h_j(\boldsymbol{x}) = 0 \quad (j=1,\ldots,n) \end{aligned} \tag{7.28}$$

を考える．等式制約は二つの不等式制約の重ね合わせと考えることができる．すなわち，等式制約 $h_j(\boldsymbol{x})=0$ を二つの不等式 $h_j(\boldsymbol{x})\leq 0$ と $h_j(\boldsymbol{x})\geq 0$ で置き換えればよい．対応するラグランジュの未定乗数は正負に関して無制約となる．

まとめると，(7.28) の不等式制約に対する未定乗数は非負に制約され，等式制約に対する未定乗数は無制約となる．

7.3 凸最適化

この節では，特定の有用な最適化問題に焦点を絞ることにする．凸関数の目的関数 $f(\cdot)$ をもち，$g(\cdot), h(\cdot)$ による制約条件をみたす領域が凸集合となるような問題は**凸最適化問題**と呼ばれ，大域的な最適解へ到達できることが保証されている．この問題設定では**強双対性**が成立することも知られており，双対問題の最適解での目的関数の値は，主問題の最適解での値と一致するのである．なお，機械学習の文献では，凸といったときに凸関数と凸集合のどちらを指すかは厳密に明示されることはあまりないが，文脈から判断できることが多い．

凸最適化問題 (convex optimization problem)

強双対性 (strong duality)

定義 7.2　任意の二点 $x, y \in \mathcal{C}$ とスカラー θ, $0 \leq \theta \leq 1$ について，

$$\theta x + (1-\theta)y \in \mathcal{C} \tag{7.29}$$

凸集合 (convex set)

となるとき，集合 $\mathcal{C}$ は**凸集合**であるという． ■

図 7.5　凸集合の例.

図 7.6　凸でない集合の例.

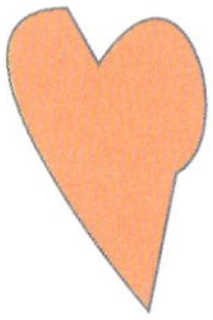

集合の任意の二点を線分で結んだときに，線分上の各点もまたその集合に含まれるような集合が凸集合である．図 7.5，図 7.6 はそれぞれ凸集合，凸でない集合の例である．

凸関数は，グラフの二点を線分で結んだとき，線分が常にグラフの上側となる関数である．図 7.2 の関数は凸関数ではなく，図 7.3 の関数は凸関数である．凸関数の他の例を図 7.7 に示す．

定義 7.3　$f : \mathcal{C} \to \mathbb{R}$ を凸集合 $\mathcal{C} \subset \mathbb{R}^D$ を定義域にもつ関数とする．任意の二点 $\boldsymbol{x}, \boldsymbol{y} \in \mathcal{C}$ とスカラー $0 \leq \theta \leq 1$ について

$$f(\theta\boldsymbol{x} + (1-\theta)\boldsymbol{y}) \leq \theta f(\boldsymbol{x}) + (1-\theta)f(\boldsymbol{y}) \tag{7.30}$$

凸関数 (convex function)

となるとき，f は**凸関数**であるという． ■

凹関数 (concave function)

注　凸関数の符号を反転した関数を**凹関数**という．

(7.28) の $g(\cdot)$ と $h(\cdot)$ による制約条件は $\mathbb{R}^D$ の部分集合を定める．もし関数が凸であれば，凸関数を「水で満たす」ことで得られるその領域は凸集合となる．凸関数のグラフはお椀状になっており，水を上から注ぐと低い所から水で満たされていく．水の満ちた領域は凸関数の**エピグラフ**と呼ばれる凸集合となる．

エピグラフ (epigraph)

関数 $f : \mathbb{R}^n \to \mathbb{R}$ が微分可能であれば，凸関数であることを勾配 $\nabla_{\boldsymbol{x}} f(\boldsymbol{x})$（5.2 節）を用いて表すことができる．すなわち関数 $f(\boldsymbol{x})$ が凸であることと任

図 7.7　凸関数の例.

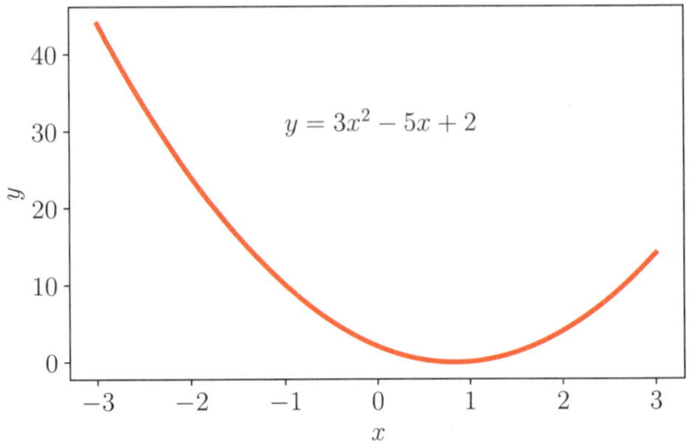

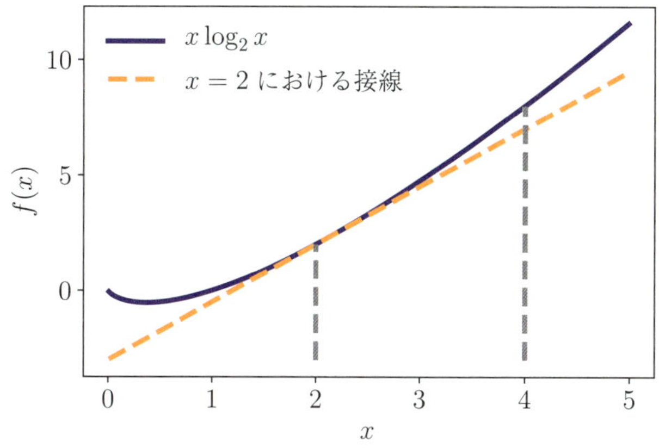

図 7.8　負のエントロピー（凸）関数と $x=2$ における接線.

意の二点 $\boldsymbol{x}, \boldsymbol{y}$ で

$$f(\boldsymbol{y}) \geq f(\boldsymbol{x}) + \nabla_{\boldsymbol{x}} f(\boldsymbol{x})^\top (\boldsymbol{y} - \boldsymbol{x}) \tag{7.31}$$

となることは同値である．もし $f(\boldsymbol{x})$ が二階微分可能であるなら，ヘッセ行列 (5.147) が定義でき，$f(\boldsymbol{x})$ が凸であることはヘッセ行列 $\nabla^2_{\boldsymbol{x}} f(\boldsymbol{x})$ が任意の $\boldsymbol{x}$ について半正定値であることと同値となる [BV04].

例 7.3　$f(x) = x\log_2(x)$ はエントロピーの符号を反転した関数であるが，$x > 0$ で凸となる．この関数を可視化すると図 7.8 のようになり，凸であることが見て取れる．$x=2$ と $x=4$ の二点で凸性の定義を確認してみることにしよう．なお関数が凸であることはすべての点での確認が必要である．

定義 7.3 の不等式を中間の点（$\theta = 0.5$）で確認してみよう．左辺は $f(0.5 \cdot 2 + 0.5 \cdot 4) = 3\log_2 3 \approx 4.75$，右辺は $0.5(2\log_2 2) + 0.5(4\log_2 4) = 1 + 4 = 5$ となって確かに不等式がみたされている．

$f(x)$ は微分可能であるから，凸性の確認に (7.31) も利用できる．$f(x)$ を微分してみると

$$\nabla_x (x\log_2 x) = 1 \cdot \log_2 x + x \cdot \frac{1}{x\log_e 2} = \log_2 x + \frac{1}{\log_e 2} \tag{7.32}$$

となり，2 点 $x = 2, 4$ で条件を確かめてみると，(7.31) の左辺は $f(4) = 8$ であり，右辺は

$$f(\boldsymbol{x}) + (\nabla_{\boldsymbol{x}} f)^\top (\boldsymbol{y} - \boldsymbol{x}) = f(2) + \nabla f(2) \cdot (4 - 2) \tag{7.33a}$$

$$= 2 + \left(1 + \frac{1}{\log_e 2}\right) \cdot 2 \approx 6.9 \tag{7.33b}$$

となって不等式がみたされることがわかる．

与えられた関数や集合の凸性を定義から直接確認することも可能だが，実際には凸性を保つ操作を利用して確認することが多い．細かい違いはあるが，これは第2章で述べた閉包性の一例である．

例 7.4　凸関数の非負係数による重み付き和はまた凸関数となる．まず凸関数 f と非負定数 $\alpha \geq 0$ について，αf は凸関数となる．これは定義 7.3 の不等式の両辺に α を掛けても不等式が成立することから従う．

凸関数 f_1, f_2 について，定義から

$$f_1(\theta \boldsymbol{x} + (1-\theta)\boldsymbol{y}) \leq \theta f_1(\boldsymbol{x}) + (1-\theta) f_1(\boldsymbol{y}), \tag{7.34}$$

$$f_2(\theta \boldsymbol{x} + (1-\theta)\boldsymbol{y}) \leq \theta f_2(\boldsymbol{x}) + (1-\theta) f_2(\boldsymbol{y}) \tag{7.35}$$

が成り立つ．これらを足し上げると，不等式

$$\begin{aligned} & f_1(\theta \boldsymbol{x} + (1-\theta)\boldsymbol{y}) + f_2(\theta \boldsymbol{x} + (1-\theta)\boldsymbol{y}) \\ & \leq \theta f_1(\boldsymbol{x}) + (1-\theta) f_1(\boldsymbol{y}) + \theta f_2(\boldsymbol{x}) + (1-\theta) f_2(\boldsymbol{y}) \end{aligned} \tag{7.36}$$

が得られ，右辺を整理すると

$$\theta(f_1(\boldsymbol{x}) + f_2(\boldsymbol{x})) + (1-\theta)(f_1(\boldsymbol{y}) + f_2(\boldsymbol{y})) \tag{7.37}$$

となり，和 $f_1 + f_2$ もまた凸であることがわかる．

したがって，重み付き和 $\alpha f_1(\boldsymbol{x}) + \beta f_2(\boldsymbol{x})$，$\alpha, \beta \geq 0$ は凸関数である．この閉包性は，二つ以上の凸関数の非負係数による重み付き和の場合に一般化できる．

イェンセンの不等式 (Jensen's inequality)

注　(7.30) の不等式はイェンセンの不等式と呼ばれることもある．実際のところ，凸関数の非負係数による重み付き和に関する不等式はすべてイェンセンの不等式と呼ばれる．

まとめると，制約条件付き最適化問題

$$\begin{aligned} \min_{\boldsymbol{x}} \ & f(\boldsymbol{x}) \\ \text{条件} \ & g_i(\boldsymbol{x}) \leq 0 \quad (i = 1, \ldots, m) \\ & h_j(\boldsymbol{x}) = 0 \quad (j = 1, \ldots, n) \end{aligned} \tag{7.38}$$

は，$f(\boldsymbol{x}), g_i(\boldsymbol{x})$ が凸関数であり，$h_j(\boldsymbol{x}) = 0$ の定める集合が凸集合であるとき，**凸最適化問題**であるという．以下では，広く利用されよく研究されている二つの凸最適化問題について紹介する．

凸最適化問題 (convex optimization problem)

7.3.1 線形計画問題

すべての関数が線形であるとき，最適化問題は

$$\begin{aligned} &\min_{\boldsymbol{x}\in\mathbb{R}^d} \boldsymbol{c}^\top \boldsymbol{x} \\ &\text{条件} \quad \boldsymbol{A}\boldsymbol{x} \leq \boldsymbol{b} \end{aligned} \tag{7.39}$$

線形計画問題は最も広く実用されている手法の一つである．

と表される．ここで，$\boldsymbol{A} \in \mathbb{R}^{m\times d}, \boldsymbol{b} \in \mathbb{R}^m$ である．このような問題を**線形計画問題**という．これは d 個の変数と m 個の制約条件からなり，ラグランジアンは

線形計画問題 (linear program)

$$\mathfrak{L}(\boldsymbol{x}, \boldsymbol{\lambda}) = \boldsymbol{c}^\top \boldsymbol{x} + \boldsymbol{\lambda}^\top (\boldsymbol{A}\boldsymbol{x} - \boldsymbol{b}) \tag{7.40}$$

で与えられる．$\boldsymbol{\lambda} \in \mathbb{R}^m$ は非負のラグランジュの未定乗数である．ラグランジアンの式を整理すると

$$\mathfrak{L}(\boldsymbol{x}, \boldsymbol{\lambda}) = (\boldsymbol{c} + \boldsymbol{A}^\top \boldsymbol{\lambda})^\top \boldsymbol{x} - \boldsymbol{\lambda}^\top \boldsymbol{b} \tag{7.41}$$

となり，$\mathfrak{L}(\boldsymbol{x}, \boldsymbol{\lambda})$ の $\boldsymbol{x}$ での微分がゼロであるとすると，条件

$$\boldsymbol{c} + \boldsymbol{A}^\top \boldsymbol{\lambda} = \boldsymbol{0} \tag{7.42}$$

が得られる．こうして，双対ラグランジアンは $\mathfrak{D}(\boldsymbol{\lambda}) = -\boldsymbol{\lambda}^\top \boldsymbol{b}$ となる．双対問題では $\mathfrak{D}(\boldsymbol{\lambda})$ の最大化を行うことになるが，条件 (7.42) に加えて条件 $\boldsymbol{\lambda} \geq 0$ もみたす必要がある．したがって双対問題は

$$\begin{aligned} &\max_{\boldsymbol{\lambda}\in\mathbb{R}^m} -\boldsymbol{b}^\top \boldsymbol{\lambda} \\ &\text{条件} \quad \boldsymbol{c} + \boldsymbol{A}\boldsymbol{\lambda} = \boldsymbol{0} \\ &\qquad\quad \boldsymbol{\lambda} \geq \boldsymbol{0} \end{aligned} \tag{7.43}$$

と表され，m 個の変数からなる線形計画問題であることがわかる．主問題 (7.39) と双対問題 (7.43) のどちらを解くかは，m と d のどちらが大きいかによる．主問題において，d は変数の個数であり，m は制約条件の個数である．

主問題を最小化問題，双対問題を最大化問題で表す記法を用いる．

例 7.5（線形計画問題） 以下の線形計画問題

$$\begin{aligned} &\min_{\boldsymbol{x}\in\mathbb{R}^2} -\begin{bmatrix} 5 \\ 3 \end{bmatrix}^\top \begin{bmatrix} x_1 \\ x_2 \end{bmatrix} \\ &\text{条件} \begin{bmatrix} 2 & 2 \\ 2 & -4 \\ -2 & 1 \\ 0 & -1 \\ 0 & 1 \end{bmatrix} \begin{bmatrix} x_1 \\ x_2 \end{bmatrix} \leq \begin{bmatrix} 33 \\ 8 \\ 5 \\ -1 \\ 8 \end{bmatrix} \end{aligned} \tag{7.44}$$

は，図 7.9 のように図示される．目的関数は線形であるため，等高線も線形に描

かれる．制約条件は凡例に載せた通りとなる．最適解は影を付けた（実行可能）領域になくてはならず，星印の位置となる．

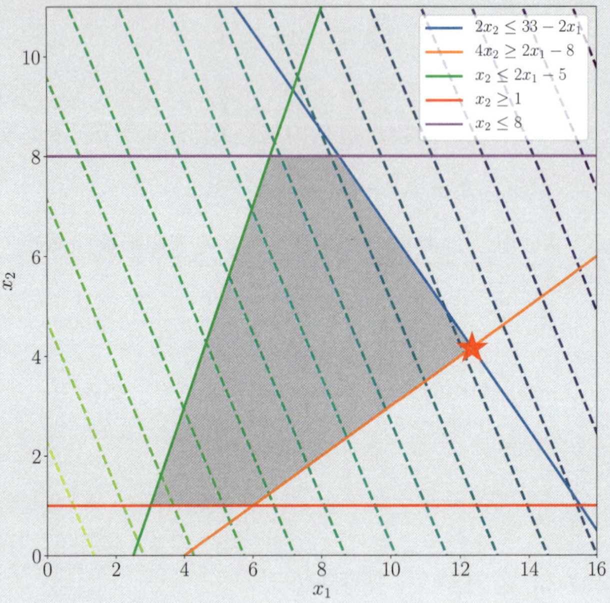

図 7.9　線形計画問題．（等高線で表された）無制約の最適化問題は右側にいくほど目的関数が小さくなる．最小解は星印の位置となる．

7.3.2　二次計画問題

目的関数が凸な二次関数で，制約条件がアフィン関数で与えられる最適化問題は

$$\begin{aligned} \min_{\boldsymbol{x} \in \mathbb{R}^d} \quad & \frac{1}{2}\boldsymbol{x}^\top \boldsymbol{Q}\boldsymbol{x} + \boldsymbol{c}^\top \boldsymbol{x} \\ \text{条件} \quad & \boldsymbol{A}\boldsymbol{x} \leq \boldsymbol{b} \end{aligned} \tag{7.45}$$

と表される．ここで $\boldsymbol{A} \in \mathbb{R}^{m \times d}, \boldsymbol{b} \in \mathbb{R}^m, \boldsymbol{c} \in \mathbb{R}^d$ である．$\boldsymbol{Q} \in \mathbb{R}^{d \times d}$ が半正定値対称行列ならば目的関数は凸関数となる．このような最適化問題は二次計画問題として知られており，d 個の変数と m 個の線形な制約条件からなる．

二次計画問題 (quadratic program)

例 7.6（二次計画問題）

$$\min_{\boldsymbol{x} \in \mathbb{R}^2} \frac{1}{2} \begin{bmatrix} x_1 \\ x_2 \end{bmatrix}^\top \begin{bmatrix} 2 & 1 \\ 1 & 4 \end{bmatrix} \begin{bmatrix} x_1 \\ x_2 \end{bmatrix} + \begin{bmatrix} 5 \\ 3 \end{bmatrix}^\top \begin{bmatrix} x_1 \\ x_2 \end{bmatrix} \tag{7.46}$$

$$\text{条件}\quad \begin{bmatrix} 1 & 0 \\ -1 & 0 \\ 0 & 1 \\ 0 & -1 \end{bmatrix} \begin{bmatrix} x_1 \\ x_2 \end{bmatrix} \leq \begin{bmatrix} 1 \\ 1 \\ 1 \\ 1 \end{bmatrix} \tag{7.47}$$

は図 7.4 で表される二次計画問題である．目的関数は二次で行列 $\boldsymbol{Q}$ は正定値対称行列であるから，等高線は楕円状となる．最適解は影を付けた（実行可能）領域になくてはならず，星印の位置となる．

ラグランジアンは

$$\mathfrak{L}(\boldsymbol{x}, \boldsymbol{\lambda}) = \frac{1}{2}\boldsymbol{x}^\top \boldsymbol{Q}\boldsymbol{x} + \boldsymbol{c}^\top \boldsymbol{x} + \boldsymbol{\lambda}^\top (\boldsymbol{A}\boldsymbol{x} - \boldsymbol{b}) \tag{7.48a}$$

$$= \frac{1}{2}\boldsymbol{x}^\top \boldsymbol{Q}\boldsymbol{x} + (\boldsymbol{c} + \boldsymbol{A}^\top \boldsymbol{\lambda})^\top \boldsymbol{x} - \boldsymbol{\lambda}^\top - \boldsymbol{b} \tag{7.48b}$$

となる．ここで先ほどと同様な式の整理を行っている．$\mathfrak{L}(\boldsymbol{x}, \boldsymbol{\lambda})$ の $\boldsymbol{x}$ に関する微分が 0 となる条件から

$$\boldsymbol{Q}\boldsymbol{x} + (\boldsymbol{c} + \boldsymbol{A}^\top \boldsymbol{\lambda}) = \boldsymbol{0} \tag{7.49}$$

が得られ，$\boldsymbol{Q}$ が正定値と仮定すると，この行列は可逆で

$$\boldsymbol{x} = -\boldsymbol{Q}^{-1}(\boldsymbol{c} + \boldsymbol{A}^\top \boldsymbol{\lambda}) \tag{7.50}$$

という条件が得られる．この式を主ラグランジアン $\mathfrak{L}(\boldsymbol{x}, \boldsymbol{\lambda})$ に代入すれば双対ラグランジアンとして

$$\mathfrak{D}(\boldsymbol{\lambda}) = -\frac{1}{2}(\boldsymbol{c} + \boldsymbol{A}^\top \boldsymbol{\lambda})^\top \boldsymbol{A}\boldsymbol{Q}^{-1}(\boldsymbol{c} + \boldsymbol{A}^\top \boldsymbol{\lambda}) - \boldsymbol{\lambda}^\top \boldsymbol{b} \tag{7.51}$$

が得られる．したがって双対問題は

$$\begin{aligned} &\max_{\boldsymbol{\lambda} \in \mathbb{R}^m} \quad -\frac{1}{2}(\boldsymbol{c} + \boldsymbol{A}^\top \boldsymbol{\lambda})^\top \boldsymbol{A}\boldsymbol{Q}^{-1}(\boldsymbol{c} + \boldsymbol{A}^\top \boldsymbol{\lambda}) - \boldsymbol{\lambda}^\top \boldsymbol{b} \\ &\text{条件} \quad \boldsymbol{\lambda} \geq \boldsymbol{0} \end{aligned} \tag{7.52}$$

で与えられる．二次計画問題の機械学習への応用として，第 12 章のサポートベクターマシンが挙げられる．

7.3.3　ルジャンドル・フェンシェル変換と凸共役性

無制約の状況で 7.2 節の双対性を改めて考えてみよう．凸集合は，その支持超平面（の集合）によって凸集合自身を表すことができるという重要な性質をもつ．ここで超平面が凸集合の**支持超平面**であるとは，超平面が凸集合と接しており，超平面が隔てる領域の一方のみに凸集合が含まれることを指す．凸関

支持超平面 (supporting hyperplane)

数のエピグラフは凸集合であることから，凸関数を支持超平面で表すことが可能となる．この支持超平面は凸関数の接平面であり，接平面の傾きは関数 $f(\boldsymbol{x})$ の点 $\boldsymbol{x}_0$ における勾配 $\frac{\mathrm{d}f(\boldsymbol{x})}{\mathrm{d}\boldsymbol{x}}\Big|_{\boldsymbol{x}=\boldsymbol{x}_0}$ に他ならない．凸集合を支持超平面で表せることから，凸関数も勾配によって表すことができる．凸関数のこのような考えを整理するとルジャンドル変換の概念に到達することになる．

ルジャンドル変換 (Legendre transform)

物理学専攻の学生の多くは，古典力学のラグランジアンとハミルトニアンの変換としてルジャンドル変換を学ぶ．

ルジャンドル・フェンシェル変換 (Legendre-Fenchel transform)

凸共役 (convex conjugate)

はじめに，その一般的な定義を述べるが，内容が非直感的であるため，のちの具体例で直感とどう結びつくかを確認する．ルジャンドル・フェンシェル変換は，（フーリエ変換で見るような）関数から関数への変換であり，微分可能な凸関数 $f(\boldsymbol{x})$ を勾配 $s(\boldsymbol{x}) = \nabla_{\boldsymbol{x}} f(\boldsymbol{x})$ に依存する関数に変換する．繰り返すが，この変換は関数 $f(\cdot)$ の変換であり，点 $\boldsymbol{x}$ やその値 $f(\boldsymbol{x})$ に関する変換ではない．ルジャンドル・フェンシェル変換は**凸共役**としても知られ（理由はあとでわかる），双対性と深い関連がある [HUL01, 第5章]．

凸共役 (convex conjugate)

定義 7.4　凸関数 $f : \mathbb{R}^D \to \mathbb{R}$ に対し，以下で定義される関数 f^* を f の**凸共役**という：

$$f^*(\boldsymbol{s}) = \sup_{\boldsymbol{x}\in\mathbb{R}^D} \left(\langle \boldsymbol{s}, \boldsymbol{x}\rangle - f(\boldsymbol{x})\right) . \tag{7.53}$$

■

凸共役の定義において，関数 f は凸でなくても微分可能でなくてもよい．定義 7.4 では内積を一般的な形（3.2 節）で書いているが，ここでは簡単のためドット積であるとする $(\langle \boldsymbol{s}, \boldsymbol{x}\rangle = \boldsymbol{s}^\top \boldsymbol{x})$.

定義 7.4 を幾何学的に理解するために，まず $f(x) = x^2$ といった一変数の微分可能な凸関数で考えてみよう．この場合，超平面は直線であり，数式で書くと $y = sx + c$ となる．そこで凸関数 $f(x)$ を支持直線で表すことを考えてみよう．傾き $s \in \mathbb{R}$ を固定し，直線が凸関数のグラフと交わるような c の最小値を考える．この最小値において，直線は凸関数 $f(x) = x^2$ と「ちょうど接する」ことになる．点 $(x_0, f(x_0))$ を通る傾き s の直線の方程式は

$$y - f(x_0) = s(x - x_0) \tag{7.54}$$

で与えられ，切片は $-sx_0 + f(x_0)$ となる．そのため直線 $y = sx + c$ が f のグラフと交わる c の最小値は

$$\inf_{x_0}(-sx_0 + f(x_0)) \tag{7.55}$$

で与えられる．その符号を反転したものが先で述べた凸共役に他ならない．この推論は一変数関数以外にも適用可能で，非凸で微分可能とは限らない関数 $f : \mathbb{R}^D \to \mathbb{R}$ に一般化できる．

古典的なルジャンドル変換は $\mathbb{R}^D$ 上の微分可能な凸関数に対して定義される．

注 $f(x) = x^2$ のような微分可能な凸関数の場合は，上限をとる操作が不要となり，関数とそのルジャンドル変換の間に一対一の対応がある．このことを第一原理から導出してみよう．点 x_0 における接線について

$$f(x_0) = sx_0 + c \tag{7.56}$$

が成立する．いま行いたいことは，凸関数 $f(x)$ を勾配 $\nabla_x f(x)$ を用いて表すことであり，$s = \nabla_x f(x_0)$ なのであった．式を変形すると

$$-c = sx_0 - f(x_0) \tag{7.57}$$

となる．s が変われば x_0 も変わり，$-c$ は s の関数となる．こうして

$$f^*(s) := sx_0 - f(x_0) \tag{7.58}$$

という関数が定まる．定義 7.4 と比べると，(7.58) は（上限記号のない）特例となっている．

共役な関数は面白い性質をもつ．例えば，凸関数のルジャンドル変換に対し，もう一度ルジャンドル変換を行うともとの凸関数と一致する．$f(x)$ の傾きが s であれば，$f^*(s)$ の傾きは x となる．以下の二つの例は，機械学習における凸共役の一般的な利用方法となる．

例 7.7（凸共役） 凸共役の一例として，二次関数

$$f(\boldsymbol{y}) = \frac{\lambda}{2}\boldsymbol{y}^\top \boldsymbol{K}^{-1}\boldsymbol{y} \tag{7.59}$$

を考える．ここで $\boldsymbol{K} \in \mathbb{R}^{n\times n}$ は正定値対称行列であるとする．主変数を $\boldsymbol{y} \in \mathbb{R}^n$ で表し，双対変数は $\boldsymbol{\alpha} \in \mathbb{R}^n$ で表す．

定義 7.4 から，凸共役は

$$f^*(\boldsymbol{\alpha}) = \sup_{\boldsymbol{y}\in\mathbb{R}^n} \langle \boldsymbol{\alpha}, \boldsymbol{y}\rangle - \frac{\lambda}{2}\boldsymbol{y}^\top \boldsymbol{K}^{-1}\boldsymbol{y} \tag{7.60}$$

となる．右辺の関数は微分可能であるため，最大値を求めるには $\boldsymbol{y}$ に関する勾配が消える点を求めればよい．勾配は

$$\frac{\partial[\langle \boldsymbol{\alpha}, \boldsymbol{y}\rangle - \frac{\lambda}{2}\boldsymbol{y}^\top \boldsymbol{K}^{-1}\boldsymbol{y}]}{\partial \boldsymbol{y}} = (\boldsymbol{\alpha} - \lambda \boldsymbol{K}^{-1}\boldsymbol{y})^\top \tag{7.61}$$

であり，$\boldsymbol{y} = \frac{1}{\lambda}\boldsymbol{K}\boldsymbol{\alpha}$ で勾配が消える．こうして凸共役は

$$f^*(\boldsymbol{\alpha}) = \frac{1}{\lambda}\boldsymbol{\alpha}^\top \boldsymbol{K}\boldsymbol{\alpha} - \frac{\lambda}{2}\left(\frac{1}{\lambda}\boldsymbol{K}\boldsymbol{\alpha}\right)^\top \boldsymbol{K}^{-1}\left(\frac{1}{\lambda}\boldsymbol{K}\boldsymbol{\alpha}\right) = \frac{1}{2\lambda}\boldsymbol{\alpha}^\top \boldsymbol{K}\boldsymbol{\alpha} \tag{7.62}$$

となる．

例 7.8　機械学習では関数の和を扱うことが多い．例えば，目的関数には各訓練データの損失の和が含まれる．そこで損失関数 $l:\mathbb{R}\to\mathbb{R}$ の和の凸共役について考えてみよう．これはまたベクトルに関する凸共役の一例となっている．$\mathcal{L}(\boldsymbol{t})=\sum_{i=1}^{n}l(t_i)$ として，

$$\mathcal{L}^*(\boldsymbol{z})=\sup_{\boldsymbol{t}\in\mathbb{R}^n}\langle\boldsymbol{z},\boldsymbol{t}\rangle-\sum_{i=1}^{n}l(t_i) \tag{7.63a}$$

$$=\sup_{\boldsymbol{t}\in\mathbb{R}^n}\sum_{i=1}^{n}z_it_i-l(t_i) \qquad \text{ドット積の定義} \tag{7.63b}$$

$$=\sum_{i=1}^{n}\sup_{t_i\in\mathbb{R}}z_it_i-l(t_i) \tag{7.63c}$$

$$=\sum_{i=1}^{n}l_i^*(z_i) \qquad \text{共役の定義} \tag{7.63d}$$

となり，和の共役は共役の和であるとがわかる．

7.2 節では，ラグランジュの未定乗数を用いて双対問題を導出したのであった．また，凸最適化問題では強双対性が成り立ち，主問題と双対問題の目的関数の最適値が一致するのであった．いま述べたルジャンドル・フェンシェル変換も双対問題の導出に利用でき，目的関数が凸で微分可能であれば登場する上限はただ一つである．ラグランジュの未定乗数とルジャンドル・フェンシェル変換の関係を知るため，線形な制約条件をもつ凸最適化問題を考えることにしよう．

例 7.9　$f(\boldsymbol{y}),g(\boldsymbol{x})$ を凸関数，$\boldsymbol{A}$ を適当な次元をもつ実行列として，$\boldsymbol{Ax}=\boldsymbol{y}$ の関係にあるとする．すると最小化問題

$$\min_{\boldsymbol{x}}f(\boldsymbol{Ax})+g(\boldsymbol{x})=\min_{\boldsymbol{Ax}=\boldsymbol{y}}f(\boldsymbol{y})+g(\boldsymbol{x}) \tag{7.64}$$

について，制約条件 $\boldsymbol{Ax}=\boldsymbol{y}$ のラグランジュの未定乗数を $\boldsymbol{u}$ とすれば，

$$\min_{\boldsymbol{Ax}=\boldsymbol{y}}f(\boldsymbol{y})+g(\boldsymbol{x})=\min_{\boldsymbol{x},\boldsymbol{y}}\max_{\boldsymbol{u}}f(\boldsymbol{y})+g(\boldsymbol{x})+(\boldsymbol{Ax}-\boldsymbol{y})^\top\boldsymbol{u} \tag{7.65a}$$

$$=\max_{\boldsymbol{u}}\min_{\boldsymbol{x},\boldsymbol{y}}f(\boldsymbol{y})+g(\boldsymbol{x})+(\boldsymbol{Ax}-\boldsymbol{y})^\top\boldsymbol{u} \tag{7.65b}$$

となる．ここで最後に min と max を交換したが，これは $f(\boldsymbol{y})$ と $g(\boldsymbol{x})$ が凸であるためである．ドット積を分解すると

$$\max_{\boldsymbol{u}} \min_{\boldsymbol{x},\boldsymbol{y}} f(\boldsymbol{y}) + g(\boldsymbol{x}) + (\boldsymbol{A}\boldsymbol{x} - \boldsymbol{y})^\top \boldsymbol{u} \tag{7.66a}$$

$$= \max_{\boldsymbol{u}} \left[\min_{\boldsymbol{y}} -\boldsymbol{y}^\top \boldsymbol{u} + f(\boldsymbol{y})\right] + \left[\min_{\boldsymbol{x}} (\boldsymbol{A}\boldsymbol{x})^\top \boldsymbol{u} + g(\boldsymbol{x})\right] \tag{7.66b}$$

$$= \max_{\boldsymbol{u}} \left[\min_{\boldsymbol{y}} -\boldsymbol{y}^\top \boldsymbol{u} + f(\boldsymbol{y})\right] + \left[\min_{\boldsymbol{x}} \boldsymbol{x}^\top \boldsymbol{A}^\top \boldsymbol{u} + g(\boldsymbol{x})\right] \tag{7.66c}$$

となる．

凸共役（定義 7.4）の定義とドット積が対称であることから

一般の内積では $\boldsymbol{A}^\top$ は随伴 $\boldsymbol{A}^*$ で置き換えられる．

$$\max_{\boldsymbol{u}} \left[\min_{\boldsymbol{y}} -\boldsymbol{y}^\top \boldsymbol{u} + f(\boldsymbol{y})\right] + \left[\min_{\boldsymbol{x}} \boldsymbol{x}^\top \boldsymbol{A}^\top \boldsymbol{u} + g(\boldsymbol{x})\right] \tag{7.67a}$$

$$= \max_{\boldsymbol{u}} -f^*(\boldsymbol{u}) - g^*(-\boldsymbol{A}^\top \boldsymbol{u}) \tag{7.67b}$$

となる．こうして双対問題は凸共役の最適化問題として表すことができ，強双対性から

$$\min_{\boldsymbol{x}} f(\boldsymbol{A}\boldsymbol{x}) + g(\boldsymbol{x}) = \max_{\boldsymbol{u}} -f^*(\boldsymbol{u}) - g^*(-\boldsymbol{A}^\top \boldsymbol{u}) \tag{7.68}$$

となる．

ルジャンドル・フェンシェル変換による共役は，凸最適化問題として定式化される機械学習のタスクにおいてとても有用である．特に，各サンプルに独立に適用される凸な損失関数の共役をとることで，より簡便な双対問題が導出されることがある．

7.4 関連図書

連続最適化は活発に研究されているため，近年の進展に関して本書では深く言及することはしない．

勾配降下法は二つの大きな弱点をもつ．一つ目は，勾配降下法は一次の勾配を用いた一次手法であり，曲面の曲率の情報は利用しないことがある．そのためもし細長い谷があると，更新方向は真に更新したい方向と直交してしまう．モーメントを利用する方法は一般化され，現在では様々な手法がある [Nes18]．共役勾配法では過去の更新方向を考慮に入れることで勾配降下法の問題を回避する [She94]．ニュートン法といった二次手法では，曲率に関する情報としてヘッセ行列を利用する．ステップサイズの選択方法とモーメントを利用する方法のアイデアの多くは，この曲率の考慮する中で生まれたものである [Goh17, BCN18]．L-BFGS といった準ニュートン法ではヘッセ行列を近

似して計算量を抑えている [NW06]．最近では，降下方向の決定に別の指標を考慮することも増えてきており，鏡像降下 [BT03] や自然勾配 [Tou12] などがある．

劣勾配法 (subgradient method)

二つ目の弱点は，微分不可能な場合の扱いである．勾配降下法は目的関数に折れ曲がり（キンク）があるときちんと定義できない．このような場合，**劣勾配法**が利用できる [Sho85]．微分不可能な関数の最適化手法とそのアルゴリズムについては [Ber99] を参考にするとよい．制約条件付きの場合も含め，連続最適化問題を数値的に解く様々な手法と数多くの文献が存在している．入門書としては [Lue69] や [BGLS06] がおすすめである．連続最適化の近年のサーベイとして [Bub15] も挙げられる．

現代の機械学習では，データセットのサイズが大きくバッチによる勾配降下は実質的に不可能であることが多い．そのため，現代の大規模な機械学習では確率的勾配降下法がよく利用される．この点に関する最近のサーベイとしては [Haz15] や [BCN18] が挙げられる．

Hugo Gonçalves のブログ記事でルジャンドル・フェンシェル変換がわかりやすく説明されている．https://tinyurl.com/ydaal7hj

双対性と凸最適化問題に関しては [BV04] が参考になり，講義内容とスライドがオンライン上にある．より数学的な扱いに興味があるなら [Ber09] や，この最適化分野の主要な研究者が最近書いた [Nes18] がある．凸最適化は凸解析に基づいており，凸関数に関するより基本的な結果に興味がある場合は [Roc70, HUL01, BL06] を薦める．これらの凸解析に関する文献では，ルジャンドル・フェンシェル変換も扱っているが，より初心者向けな文献として [ZRM09] がある．凸最適化問題におけるルジャンドル・フェンシェル変換の役割に関しては [Pol16] のサーベイがある．

演習問題

7.1　単変量関数 $f(x) = x^3 + 6x^2 - 3x - 5$ の停留点を求めよ．それぞれ極大解・極小解・鞍点のどれになるか？

7.2　勾配降下の更新式 (7.15) に関して，ミニバッチのサイズが 1 のときの更新式を書き下せ．

7.3　以下の主張は正しいか？

a. 二つの凸集合の共通部分は凸集合である．
b. 二つの凸集合の和集合は凸集合である．
c. 二つの凸集合 A, B の差集合 $A \setminus B$ は凸集合である．

7.4　以下の主張は正しいか？

a. 二つの凸関数の和は凸関数である．
b. 二つの凸関数の差は凸関数である．

c. 二つの凸関数の積は凸関数である．

d. 二つの凸関数 f, g の最大値を得る関数 $x \mapsto \max\{f(x), g(x)\}$ は凸関数である．

7.5　以下の最適化問題を，線形計画問題 (7.39) として行列を用いて表せ．

$$\max_{\boldsymbol{x}\in\mathbb{R}^2, \xi\in\mathbb{R}} \boldsymbol{p}^\top \boldsymbol{x} + \xi.$$

ただし，$\xi \geq 0$，$x_0 \leq 0$，$x_1 \leq 3$ を制約条件とする．

7.6　図 7.9 の線形計画問題

$$\min_{\boldsymbol{x}\in\mathbb{R}^2} \left(- \begin{bmatrix} 5 \\ 3 \end{bmatrix}^\top \begin{bmatrix} x_1 \\ x_2 \end{bmatrix} \right)$$

$$\text{条件} \begin{bmatrix} 2 & 2 \\ 2 & -4 \\ -2 & 1 \\ 0 & -1 \\ 0 & 1 \end{bmatrix} \begin{bmatrix} x_1 \\ x_2 \end{bmatrix} \leq \begin{bmatrix} 33 \\ 8 \\ 5 \\ -1 \\ 8 \end{bmatrix}$$

の双対問題をラグランジュ双対を利用して導出せよ．

7.7　図 7.4 の二次計画問題

$$\min_{\boldsymbol{x}\in\mathbb{R}^2} \frac{1}{2} \begin{bmatrix} x_1 \\ x_2 \end{bmatrix}^\top \begin{bmatrix} 2 & 1 \\ 1 & 4 \end{bmatrix} \begin{bmatrix} x_1 \\ x_2 \end{bmatrix} + \begin{bmatrix} 5 \\ 3 \end{bmatrix}^\top \begin{bmatrix} x_1 \\ x_2 \end{bmatrix}$$

$$\text{条件} \begin{bmatrix} 1 & 0 \\ -1 & 0 \\ 0 & 1 \\ 0 & -1 \end{bmatrix} \begin{bmatrix} x_1 \\ x_2 \end{bmatrix} \leq \begin{bmatrix} 1 \\ 1 \\ 1 \\ 1 \end{bmatrix}$$

の双対問題をラグランジュ双対を利用して導出せよ．

7.8　以下の凸最適化問題

$$\min_{\boldsymbol{w}\in\mathbb{R}^D} \frac{1}{2} \boldsymbol{w}^\top \boldsymbol{w}$$

$$\text{条件 } \boldsymbol{w}^\top \boldsymbol{x} \geq 1$$

について，ラグランジュの未定乗数 λ を利用してラグランジュ双対問題を導出せよ．

7.9　$\boldsymbol{x} \in \mathbb{R}^D$ の負のエントロピー

$$f(\boldsymbol{x}) = \sum_{d=1}^{D} x_d \log x_d$$

について，凸共役 $f^*(s)$ を求めよ．ただし，$\mathbb{R}^D$ の内積はドット積で与えられるとする．（ヒント：適当な関数を設定し，その勾配が 0 となる点を求めよ．）

7.10　$\boldsymbol{A}$ を正定値対称行列とする．関数

$$f(\boldsymbol{x}) = \frac{1}{2} \boldsymbol{x}^\top \boldsymbol{A} \boldsymbol{x} + \boldsymbol{b}^\top \boldsymbol{x} + c$$

の凸双対を求めよ．（ヒント：適当な関数を設定し，その勾配が0となる点を求めよ．）

7.11 ヒンジ損失は

$$L(\alpha) = \max\{0, 1-\alpha\}$$

で与えられる．（この損失関数はサポートベクターマシンで利用される．）もしL-BFGSといった勾配手法を用いて，劣勾配法を利用しない場合，ヒンジ損失のキンクを滑らかにする必要がある．ヒンジ損失の凸共役 $L^*(\beta)$ を求めよ．（β は双対変数．）次に，ℓ_2 正則化項を加えた関数

$$L^*(\beta) + \frac{\gamma}{2}\beta^2$$

の凸双対を求めよ．（γ はハイパーパラメータ．）

第 II 部

機械学習の中核をなす諸問題

第8章

モデルとデータが出会うとき

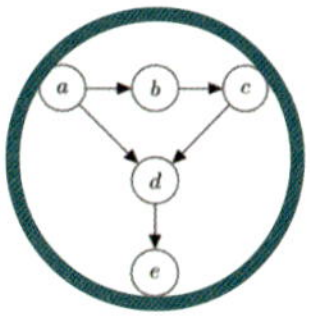

本書の第I部で，機械学習の基礎を形づくる数学について紹介した．これから機械学習を説明，議論するために用いる数学について，その初歩的な基礎を第I部から学んでいただければと思っている．本書の第II部では，機械学習の四つの柱を紹介する．

- 回帰（第9章）
- 次元削減（第10章）
- 密度推定（第11章）
- 分類（第12章）

第II部の主な目的は，第I部で紹介した数学的概念を用いて，四つの柱に関する機械学習アルゴリズムの設計をどのように行うか説明することである．高度な機械学習の概念を紹介するのではなく，代わりに本書の第I部で得られた知識を応用できるような実践的な方法を提供しようと思う．また，すでに機械学習の数学に精通している読者に対しては，機械学習のより広大な領域に入門するための文献を紹介する．

8.1 データ，モデル，学習

ここで一度，機械学習アルゴリズムの扱う問題について考えてみる価値がある．第1章で説明したように，機械学習システムにはデータ，モデル，学習という三つの主要な要素がある．機械学習の主題は，「よいモデルとは何か？」である．このモデルという言葉の指す意味は深遠で，この章で何度も再確認することになるだろう．また，「よい」という言葉の客観的な定義も完全には明らかではない．機械学習の指導原理の一つは，よいモデルは未知データに対しても正しく動作するべきだというものである．精度や正解データからの距離な

モデル (model)

どの性能を測る指標を定義し，その指標のもとでうまくいく方法を考えなければならない．この章では，機械学習モデルの話題でよく登場する数学や統計の用語の中から必須となるものをいくつか取り上げ，よいモデルを得るための現在のベストプラクティスを簡単に紹介する．

第1章で述べたように，「機械学習アルゴリズム」という言葉には「訓練」と「予測」という二つの異なる意味がある．この章では，これらの意味と，よいモデルを選択するアイデアについて説明する．8.2節では経験損失を最小化する枠組みを，8.3節では最尤法の原理を，8.4節では確率モデルのアイデアを紹介する．8.5節では，確率モデルを指定するためのグラフィカル言語について簡単に説明し，最後に8.6節でモデル選択について説明する．この節の残りの部分では，機械学習の三つの主要な構成要素であるデータ，モデル，学習について説明する．

8.1.1　ベクトルとしてのデータ

我々が取り扱うデータはコンピュータで読み取ることができ，数値形式で適切に表現されているとする．さらに，データは表形式（表8.1）であり，表の各行は特定の実体や標本を，各列は特定の特徴を表現しているとする．なお，最近はゲノム配列，ウェブページのテキストや画像コンテンツ，ソーシャルメディアのグラフなど，表形式の数値データ以外のデータに対しても機械学習が適用されている．また，よい特徴を識別するための重要かつ困難な側面については議論しない．これらの側面の多くはドメイン知識に依存し，注意深いエンジニアリングが必要とされ，近年ではデータサイエンスの傘下に置かれている [Str16, AD18].

データは整然とした形式であることを前提とする [Wic14, Cod90].

表形式のデータであっても，数値表現を得るまでにはまだ選択肢が残っている．例えば，表8.1では，性別カラム（カテゴリカル変数）は「男性」(M)を表す0と「女性」(F)を表す1の数値に変換できる．あるいは，（表8.2にあるように）性別をそれぞれ $-1, +1$ の数値として表現することもできる．さらに，表現を構成する際にドメイン知識を活用することがしばしば重要である．例えば，大学の学位は学士号から修士号，博士号と進んでいくこと，与えられた郵便番号が単なる文字列ではなく実はロンドンの地域がエンコードされている，などである．表8.2は，表8.1のデータを数値化したもので，各郵便番号を経度と緯度の二つの数値で表している．機械学習アルゴリズムが直接読み取れる数値データであっても，単位や尺度，制約条件に関して慎重に検討する必要がある．特に追加の情報がなければ，データセットのすべての列に平均が0，分散が1となるようシフトとスケーリングを行うべきである．本書では，ドメイ

名前	性別	学位	郵便番号	年齢	年俸
Aditye	M	MSc	W21BG	36	89563
Bob	M	PhD	EC1A1BA	47	123543
Chloé	F	BEcon	SW1A1BH	26	23989
Daisuke	M	BSc	SE207AT	68	138769
Elisabeth	F	MBA	SE10AA	33	113888

表 8.1 架空の人材データベースのデータで，数値形式でない例.

性別 ID	学位	緯度（度単位）	経度（度単位）	年齢	年俸（千単位）
−1	2	51.5073	0.1290	36	89.563
−1	3	51.5074	0.1275	47	123.543
+1	1	51.5071	0.1278	26	23.989
−1	1	51.5075	0.1281	68	138.769
+1	2	51.5074	0.1278	33	113.888

表 8.2 架空の人材データベース（表 8.1 参照）のデータを数値形式に変換した例.

ンの専門家がすでにデータを適切に変換していると仮定する．つまり，各入力 $\boldsymbol{x}_n$ は**特徴量**や**属性**，**共変量**と呼ばれる D 次元の実数値ベクトルであり，表 8.2 のような形式のデータセットを考えることにする．新しい数値表現では，表 8.2 の名前列を削除していることに着目してほしい．これが望ましい理由は主に二つある．(1) 機械学習のタスクでは，識別子（名前）が有益であるとは考えていないこと，(2) 従業員のプライバシー保護のためにデータを匿名化したいと考えていること，である．

特徴量 (feature)
属性 (attribute)
共変量 (covariate)

本書の第 II 部では，データセットの標本のサイズを N で表し，標本点を小文字 $n = 1, \ldots, N$ でインデックスする．ベクトルの配列で表現された数値データが与えられたと仮定する（表 8.2）．各行はある特定の個人 $\boldsymbol{x}_n$ であり，機械学習では**標本点**や**データ点**と呼ばれることが多い．添字 n は，データセットの合計 N 個の標本点のうち，n 番目の標本点であることを意味している．各列は標本点に関する特定の特徴を表しており，その特徴に $d = 1, \ldots, D$ というインデックスをつけている．データがベクトルとして表されるというのは，このように各標本点（データ点）が D 次元ベクトルとなることを意味している．テーブルの向きはデータベースのコミュニティに由来するが，いくつかの機械学習アルゴリズム（例えば，第 10 章）では，標本点を列ベクトルとして表現するほうが便利である．

標本点 (example point)
データ点 (data point)

表 8.2 のデータをもとに，年齢から年俸を予測する問題を考えよう．これは教師あり学習の問題と呼ばれ，各標本点 $\boldsymbol{x}_n$（年齢）に**ラベル** y_n（給料）が関連付けられている．ラベル y_n には，ターゲットや応答変数，アノテーションなど様々な名前がある．データセットは，標本点とラベルのペアの集合 $\{(\boldsymbol{x}_1, y_1), \ldots, (\boldsymbol{x}_n, y_n), \ldots, (\boldsymbol{x}_N, y_N)\}$ と表される．標本 $\boldsymbol{x}_1, \ldots, \boldsymbol{x}_N$ のテー

ラベル (label)

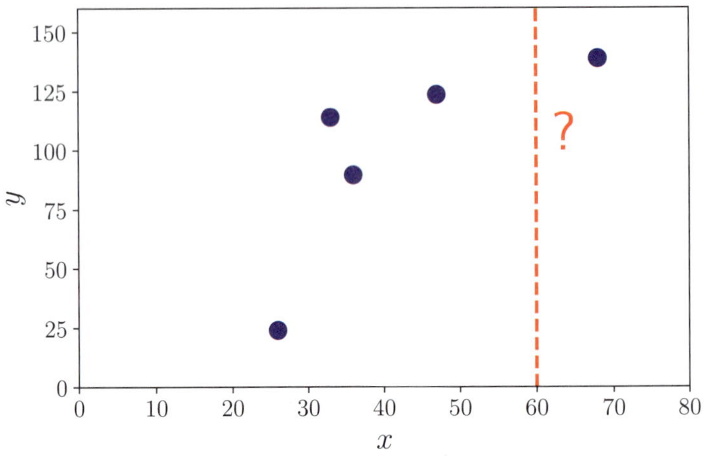

図 8.1　線形回帰のためのトイ・データ．訓練データ (x_n, y_n) のペアは，表 8.1 の右端の二列から得られる．訓練データに含まれていない，赤色の縦の破線で示されている 60 歳の人の給料 ($x = 60$) に関心がある．

ブルを連結して，$\boldsymbol{X} \in \mathbb{R}^{N \times D}$ と表すことが多い．図 8.1 は，表 8.2 の右端の二列 ($x =$ 年齢, $y =$ 給料) からなるデータセットを表している．

前の段落で述べたような機械学習の問題を定式化するために，本書の第 I 部で紹介した概念を用いる．データをベクトル $\boldsymbol{x}_n$ として表現することで，（第 2 章で導入された）線形代数の概念が使えるようになる．多くの機械学習アルゴリズムでは，二つのベクトルの比較がさらに必要となる．第 9 章と第 12 章で説明するように，二つの標本点の類似度や距離を用いて，類似した特徴をもつ標本点には類似したラベルをつけるべき，という直感を定式化することができる．二つのベクトルの比較のためには（第 3 章で説明した）幾何学が必要であり，定式化された学習問題を第 7 章のテクニックによって最適化することができる．

ベクトルで表現されたデータを操作して潜在的なよりよい表現を見つけることができる．よい表現を見つける方法として，元の特徴量ベクトルの低次元近似を見つける方法と，元の特徴量ベクトルを高次元空間へ非線形に表現する方法の二つを以降で紹介することになる．第 10 章では，主成分を求めることで，元のデータ空間の低次元近似を見つける例を見る．主成分を求めることは，第 4 章で紹介した固有ベクトルや特異値分解の概念と密接に関連している．また，高次元表現に関しては，入力 $\boldsymbol{x}_n$ を高次元表現 $\phi(\boldsymbol{x}_n)$ を用いて表現する陽な**特徴量マップ** $\phi(\cdot)$ を見ることになるだろう．高次元表現の主要な動機は，元の表現の非線形な組み合わせから新しい表現を構築することで，学習問題がより簡単になる可能性があるためである．9.2 節で特徴量マップについて説明し，12.4 節でこの特徴量マップがどのように**カーネル**とつながるのかを示す．近

特徴量マップ (feature map)

カーネル (kernel)

年，深層学習 [GBC16] がデータ自身から新たなよい特徴量を学習する方法として有力視されており，コンピュータビジョンや音声認識，自然言語処理などの分野で大きな成果を上げている．本書のこの部ではニューラルネットワークには触れないが，ニューラルネットワークの訓練で重要となる誤差逆伝播法の数学的な説明については，5.6 節を参照すること．

8.1.2 関数としてのモデル

データの適切なベクトル表現がいったん得られたなら，予測関数（**予測器**と呼ばれる）を構築する作業に取り掛かることができる．第 1 章では，モデルを正確に表現するための言葉がまだなかったが，すでに準備は整っており，本書の第 I 部の概念を用いて「モデル」の意味を紹介することができる．本書では，関数としての予測器と確率モデルとしての予測器という二つの主要なアプローチを紹介する．ここでは前者を説明し，次の項で後者を説明する．

予測器 (predictor)

予測器とは，入力データ（ここでは特徴量ベクトル）に対して出力を生成する関数である．ここでは出力を一つの数値，つまり実数値のスカラー出力とする．これは

$$f : \mathbb{R}^D \to \mathbb{R} \tag{8.1}$$

と書くことができる．ここで，入力 $\boldsymbol{x}$ は（D 個の特徴量をもつ）D 次元ベクトルであり，関数 f を適用すると（$f(\boldsymbol{x})$ と書かれる）実数値が返される．図 8.2 は，入力値 $\boldsymbol{x}$ に対して予測値を計算する関数の例を示している．

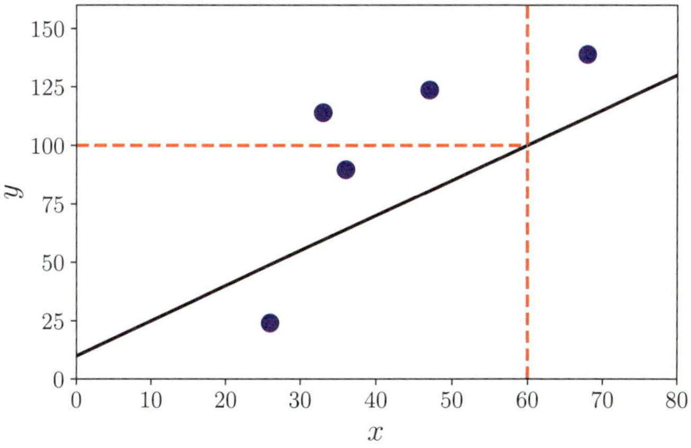

図 8.2 関数の例（黒色の対角線）と，$x = 60$ での予測値．すなわち，$f(60) = 100$.

本書では，関数解析が必要となるような関数全体の一般的な考察は行わな

い．その代わり，未知の $\boldsymbol{\theta}$ や θ_0 に対する線形関数

$$f(x) = \boldsymbol{\theta}^\top \boldsymbol{x} + \theta_0 \tag{8.2}$$

という特殊な場合を考える．この制約によって，（後述する確率モデルと対照的な）非確率的な予測器については第2章と第3章の内容で十分正確に記述できる．線形関数は，解決できる問題が一般的で幅広い一方，必要とする数学が少ないためバランスのよい題材となる．

8.1.3　確率分布としてのモデル

我々はしばしば，観測データには真の効果だけでなくノイズも混じっていると考え，ノイズを除いた効果を機械学習によって判別できると期待している．そのためには，ノイズの影響を定量的に記述できることが前提となる．また，テストデータ点に対する予測の信頼度を定量化するなど，ある種の不確実性を考慮した予測器が欲しい場合もしばしばある．第6章で見たように，確率論は不確実性を定量化する言語を提供する．図8.3は，関数の予測の不確実性をガウス分布で表したものである．

図8.3　関数の例（黒色の対角線）と $x = 60$ での予測の不確実性（ガウス分布として描かれている）．

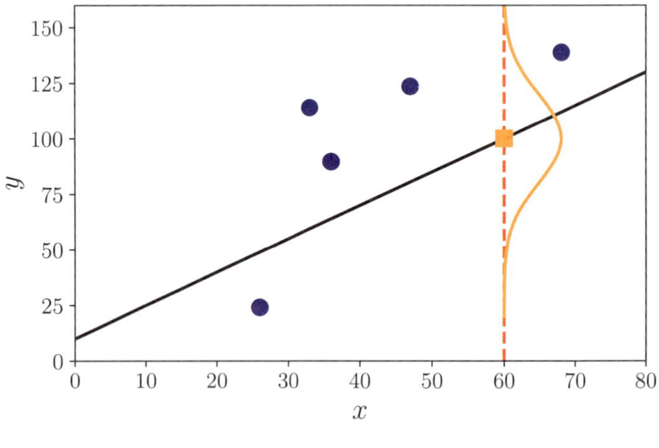

予測器を単なる関数と考えるのではなく，確率モデル，すなわち確率分布を表すモデルとみなすこともできる．本書では，有限次元のパラメータをもつ分布による確率モデルに焦点を当てる．この場合，確率過程やランダム測度といった複雑な道具はモデルの記述に不要となる．このように焦点を絞ったとしても，確率モデルを多変数の確率分布とみなすことで，十分豊富なモデルを記述できる．

8.4 節では，確率（第 6 章）の概念を使って機械学習モデルを定義する方法を紹介し，8.5 節では確率モデルをコンパクトに記述するためのグラフィカルな言語を紹介する．

8.1.4 学習とはパラメータを求めることである

学習の目的は，未知データに対してよい性能をもつモデルとパラメータを求めることである．機械学習アルゴリズムは，概念的には三つのフェーズに分かれる．

1. 予測・推論
2. 訓練・パラメータ推定
3. ハイパーパラメータ調整・モデル選択

予測フェーズでは，訓練した予測器を未知のテストデータに対して使用する．言い換えると，パラメータとモデルの選択はすでに完了しており，予測器は新しい入力データ点を表すベクトルに適用される．第 1 章と 8.1.3 項で説明したように，本書では関数と確率モデルという予測器の違いに応じた機械学習の二つの流派を考える．（8.4 節で詳しく扱う）確率モデルの場合，予測フェーズは推論と呼ばれる．

注 残念ながら，このアルゴリズムのフェーズを表す名前は定まっていない．「推論」という言葉は，確率モデルのパラメータ推定の意味で使われることもあれば，非確率モデルに対する予測の意味で使われることもある．

訓練またはパラメータ推定のフェーズでは，訓練データに基づいて予測モデルを調整する．与えられた訓練データからよい予測器を求める際の主要な戦略は二つあり，品質を表す何らかの尺度に基づいて最良の予測器を求める方法（点推定と呼ばれることもある），またはベイズ推論を使用する方法である．点推定の方法は先述の 2 種類の予測器のどちらでも適用できるが，ベイズ推論の場合は確率モデルが前提となる．

非確率モデルに関しては，8.2 節で説明する**経験損失最小化**の原理を利用する．経験損失最小化では，よいパラメータを見つける最適化問題が直接与えられる．統計モデルでは，**最尤**原理を用いて，よいパラメータのセットを見つける（8.3 節）．確率モデルによってパラメータの不確実性もモデル化できるが，この点については 8.4 節で詳しく説明する．

経験損失最小化 (empirical risk minimization)

最尤 (maximum likelihood)

我々は，データに「適合する」よいパラメータを探索する際に数値的方法を使用しており，ほとんどの訓練手法は（尤度などの）目的関数の最大値への山

最適化では，目的関数の最小化が慣習である．したがって，機械学習の目的関数に余分はマイナス符号がしばしば付与される．

登りアプローチとみなすことができる．このアプローチでは，勾配（第5章）に基づく連続最適化（第7章）を実装することになる．

クロスバリデーション (cross-validation)

第1章で述べたように，我々はデータに基づいてモデルを学習し，未来のデータでよい結果を出すことに興味がある．モデルが訓練データにうまく適合するだけでは不十分で，未知データに対してうまく機能することが目標となる．**クロスバリデーション**（8.2.4項）によって，未来のデータに対する予測器の振る舞いをシミュレーションでき，後述するように，目標の達成のためには訓練データにフィットすることと現象を「単純に」説明することとの間でバランスをとる必要がある．このトレードオフは，正則化（8.2.3項）や事前確率の導入（8.3.2項）によって達成される．哲学においては，これは帰納法でも演繹法のどちらでもないとされ，**アブダクション**と呼ばれている．*Stanford Encyclopedia of Philosophy*によると，アブダクションは最良の説明への推論のプロセスであるとされている [Dou17].

アブダクション (abduction)

予測器の構造に関して，使用する構成要素の数や考慮する確率分布の族など，高レベルでのモデルの選択が必要になることがたびたびある．構成要素の数は，**ハイパーパラメータ**の一例であり，その選択はモデルの性能に大きな影響を与える．複数の異なるモデルから選択する問題は**モデル選択**と呼ばれ，これについては8.6節で説明する．非確率モデルに対するモデル選択はしばしば**入れ子構造のクロスバリデーション**を用いて実行されるが，これについては8.6.1項で説明する．また，モデルのハイパーパラメータを選択する際もモデル選択を使用する．

ハイパーパラメータ (hyperparameter)

モデル選択 (model selection)

入れ子構造のクロスバリデーション (nested cross-validation)

注　パラメータとハイパーパラメータの区別はある意味では恣意的で，概ね数値的に最適化できるか別の探索技術が必要かで決まる．確率モデルの明示的なパラメータのみをパラメータとし，ハイパーパラメータ（高次のパラメータ）はそのパラメータの分布を制御するものであるとみなす考え方もある．

以下の節では，経験損失最小化（8.2節），最尤原理（8.3節），そして確率的モデリング（8.4節）という，三つの種類の機械学習を見ていく．

8.2　経験損失最小化

数学の準備が一通り終わったので，学習の意味を説明することにしよう．機械学習における「学習」とは，訓練データに基づいてパラメータを推定することに尽きる．

本節では予測器が関数である場合を考え，確率モデルの場合は8.3節で考える．本節では特に，経験損失最小化のアイデアを説明することになる．このアイデアが広く普及したのはサポートベクターマシン（第12章）がきっかけであるが，その一般原理は広く適用可能であり，陽に確率モデルを構築することなく，学習とは何かを問うことができる．設計には四つの主要な選択肢があり，それらは以下の項で詳しく説明する．

8.2.1 項　どの範囲の関数から予測器を選ぶことにするか
8.2.2 項　訓練データに対する予測器の性能をどのように測定するか
8.2.3 項　訓練データのみから，未知データでも性能のよい予測器をどのように構築するか
8.2.4 項　モデルの空間を探索するための手順は何か

8.2.1 仮説に用いる関数の族

サイズ N の標本 $\boldsymbol{x}_n \in \mathbb{R}^D$ と対応するスカラーラベル $y_n \in \mathbb{R}$ が与えられたとして，ペア $(\boldsymbol{x}_1, y_1), \ldots, (\boldsymbol{x}_N, y_N)$ に関する教師あり学習を考える．与えられたデータをもとに，$\boldsymbol{\theta}$ でパラメトライズされた予測器 $f(\cdot, \boldsymbol{\theta}) : \mathbb{R}^D \to \mathbb{R}$ の中からデータに適合する適切な仮説，すなわち，すべての $n = 1, \ldots, N$ に対して

$$f(\boldsymbol{x}_n, \boldsymbol{\theta}^*) \simeq y_n \tag{8.3}$$

となるようなパラメータ $\boldsymbol{\theta}^*$ を見つけたい．この節では，予測器の出力を $\hat{y}_n = f(\boldsymbol{x}_n, \boldsymbol{\theta}^*)$ という表記で表すことにする．

注　説明を簡単にするために，経験損失最小化を（ラベルをもつ）教師あり学習の観点から説明する．これにより，仮説に用いる関数の族と損失関数の定義が単純化される．なお，機械学習ではアフィン関数などのパラメトライズされた関数族を選択することが一般的である．

例 8.1　経験損失最小化の説明として，通常の最小二乗法の問題を紹介する．回帰についてのより包括的な説明は第9章で行う．ラベル y_n が実数値の場合，予測器を与える関数の族としてよくある選択はアフィン関数である．ここでは，アフィン関数をより端的に表現するために，単位特徴量 $x^{(0)} = 1$ を $\boldsymbol{x}_n$ に付加してベクトルを改めて $\boldsymbol{x}_n = [1, x_n^{(1)}, x_n^{(2)}, \ldots, x_n^{(D)}]^\top$ と書く．対応するパラメータのベクトルは $\boldsymbol{\theta} = [\theta_0, \theta_1, \theta_2, \ldots, \theta_D]^\top$ で，予測器は線形関数

$$f(\boldsymbol{x}_n, \boldsymbol{\theta}) = \boldsymbol{\theta}^\top \boldsymbol{x}_n \tag{8.4}$$

で与えられる．この線形予測器は，アフィンモデル

アフィン関数は，機械学習では線形関数と呼ばれることが多い．

$$f(\boldsymbol{x}_n, \boldsymbol{\theta}) = \theta_0 + \sum_{d=1}^{D} \theta_d x_n^{(d)} \tag{8.5}$$

と等価である．

この予測器は，標本点 $\boldsymbol{x}_n$ の特徴量ベクトルを入力とし，実数値の出力を生成する．つまり，$f : \mathbb{R}^{D+1} \to \mathbb{R}$ である．図8.3の直線は，予測器としてアフィン関数を仮定していたことを意味する．

非線形関数による予測器を考えたい場合もある．近年のニューラルネットワークの発展により，より複雑な非線形関数の族に対する効率的な計算が可能になっている．

関数の族を決めたのちに行いたいことは，よい予測器の探索である．そこで，経験損失最小化の二つ目の要素である，予測器が訓練データにどれだけ適合しているかを測定する方法に話を移す．

8.2.2 訓練のための損失関数

損失関数 (loss function)

「誤差」という表現は，損失という意味で使われることが多い．

ある標本点のラベル y_n と，入力 $\boldsymbol{x}_n$ に基づく予測 $\hat{y}_n$ を考えよう．予測器のデータへの適合度を定めるには**損失関数** $\ell(y_n, \hat{y}_n)$ を指定する必要がある．この関数は，正解ラベルと予測値を入力とし，（損失と呼ばれる）予測にどのくらい誤差があったのかを表す非負の数を生成する．よいパラメータベクトル $\boldsymbol{\theta}^*$ を見つけるという目標は，サイズ N の訓練標本に対する平均損失の最小化に置き換えられる．

独立同分布 (independent and identically distributed)

機械学習において，標本 $(\boldsymbol{x}_1, y_1), \ldots, (\boldsymbol{x}_N, y_N)$ が**独立同分布**によって生成されたとする仮定が一般に用いられる．独立 (mutually independent)（6.4.5項）とはどのデータ点の組 $(\boldsymbol{x}_i, y_i), (\boldsymbol{x}_j, y_j)$ も互いに統計的に独立である（したがって任意の部分集合が独立である）ことを意味しており，経験的平均が母平均（6.4.1項）のよい推定値となる．この仮定により，訓練データの平均的な損失について議論できるようになる．与えられた訓練集合 $(\boldsymbol{x}_1, y_1), \ldots, (\boldsymbol{x}_N, y_N)$ に対して，標本行列 $\boldsymbol{X} := [\boldsymbol{x}_1, \ldots, \boldsymbol{x}_N]^\top \in \mathbb{R}^{N \times D}$ とラベルベクトル $\boldsymbol{y} := [y_1, \ldots, y_N]^\top \in \mathbb{R}^N$ という記法のもと，平均損失は

$$\mathbf{R}_{\text{emp}}(f, \boldsymbol{X}, \boldsymbol{y}) = \frac{1}{N} \sum_{n=1}^{N} \ell(y_n, \hat{y}_n) \tag{8.6}$$

経験損失 (empirical risk)

経験損失最小化 (empirical risk minimization)

で与えられる．(8.6) は**経験損失**と呼ばれ，予測器 f とデータ $\boldsymbol{X}$, $\boldsymbol{y}$ の三つの引数に依存している．このような一般的な学習戦略を**経験損失最小化**と呼ぶ．

例 8.2（最小二乗損失） 最小二乗法の例を続ける．最小二乗法では，訓練中に生じた誤差によるコストを二乗損失 $\ell(y_n, \hat{y}_n) = (y_n - \hat{y}_n)^2$ として計上する．最小化したい経験損失 (8.6) はデータの損失の平均であり，二乗損失に $\hat{y}_n = f(\boldsymbol{x}_n, \boldsymbol{\theta})$ を代入すると

$$\min_{\boldsymbol{\theta} \in \mathbb{R}^D} \frac{1}{N} \sum_{i=1}^{N} (y_n - f(\boldsymbol{x}_n, \boldsymbol{\theta}))^2 \tag{8.7}$$

となる．線形予測器 $f(\boldsymbol{x}_n, \boldsymbol{\theta}) = \boldsymbol{\theta}^\top \boldsymbol{x}_n$ を選択すると，最適化問題

$$\min_{\boldsymbol{\theta} \in \mathbb{R}^D} \frac{1}{N} \sum_{i=1}^{N} (y_n - \boldsymbol{\theta}^\top \boldsymbol{x}_n)^2 \tag{8.8}$$

が得られる．この式は，等価な行列形式

$$\min_{\boldsymbol{\theta} \in \mathbb{R}^D} \frac{1}{N} \|\boldsymbol{y} - \boldsymbol{X}\boldsymbol{\theta}\|^2 \tag{8.9}$$

をもち，**最小二乗問題**として知られている．正規方程式を解くことで解析的な解が得られるが，その内容については 9.2 節で説明する．

最小二乗問題
(least-squares problem)

我々は，訓練データのみで性能がよくなる予測器に興味はない．むしろ，未知のテストデータで（損失が小さく）性能がよくなる予測器が欲しいものである．より正確に書くと，**期待損失**

期待損失 (expected risk)

$$\mathbf{R}_{\mathrm{true}}(f) = \mathbb{E}_{\boldsymbol{x},y}[\ell(y, f(\boldsymbol{x}))] \tag{8.10}$$

を最小化する（固定されたパラメータでの）予測器 f に興味がある．式中の y はラベル，$f(\boldsymbol{x})$ は標本点 $\boldsymbol{x}$ に基づく予測である．$\mathbf{R}_{\mathrm{true}}(f)$ は，無限個のデータにアクセスできた場合の真の損失を意味しており，すべての可能なデータとラベルの（無限）集合上で期待値を求めている．期待損失を最小化したい場合，以下の二つの実用上の疑問が生じる．

期待損失の別名として「母集団損失」もよく使われる．

- うまく汎化するためにどのような訓練手順とすればよいか．
- （有限の）データから期待損失をどのように推定すればよいか．

この疑問については以降の二つの項で取り扱う．

注　機械学習の多くのタスクでは，予測精度や二乗平均平方根誤差など，タスクと関連する性能指標がある．性能指標はより複雑で，コストに敏感で，特定のアプリケーションの詳細をよりよく把握できる可能性がある．原理的には，この性能指標と直接対応するように経験損失最小化の損失関数を設計するべきである．実際には，損失関数の設計と性能指標の間にしばしばミスマッチが生じる．これは，実装の容易さや最

適化の効率性といった問題から生じることが多い．

8.2.3　正則化による過学習の抑制

この節では，経験損失最小化がうまく汎化する（つまり，期待損失を近似的に最小化する）ための付加項について説明する．機械学習の予測器を訓練する目的は，未知データでよい性能が得られるようにすること，つまり，予測器のよい汎化であったことを思い出そう．全体のデータの一部を保持することによって，未知データに対する性能をシミュレーションできる．この取り分けておいたホールドアウト集合を**テスト集合**と呼ぶ．十分に表現力のある関数族から予測器 f を選ぶ場合，訓練データを記憶して経験損失を 0 にすることが可能となる．訓練データに対する損失（したがってリスク）を最小化するためにはよく振る舞う一方，予測器が未知データに対してうまく汎化することは期待できない．実際には，我々は有限のデータセットしかもっていないため，データを訓練集合とテスト集合に分割する．訓練集合はモデルの適合に使用され，テスト集合（訓練中は機械学習アルゴリズムからは見えないもの）は汎化性能の評価に使われる．テスト集合を観測したのちに，改めて新しい訓練を行わないことが重要である．訓練集合とテスト集合を表すために，$_{\mathrm{train}}$ と $_{\mathrm{test}}$ という添字を以後使用する．8.2.4 項で，有限のデータセットを使用して経験損失を評価するというアイデアを再検討する．

テスト集合 (test set)

テストセットに対する予測器の性能だけを知っていても，情報の漏洩 (leak) が起きる [BH15].

経験損失最小化は，**過学習**，すなわち予測器が訓練データに適合しすぎており，新しいデータにうまく汎化しないという問題を引き起こすことがわかった [Mit97]．訓練集合での平均損失が非常に小さく，テスト集合では平均損失が大きいというこの一般的な現象は，データが少なく仮説に用いる関数の族が複雑なときに発生する傾向がある．ある（パラメータを固定した）予測器 f に対して，訓練データから評価される経験損失 $R_{\mathrm{emp}}(f, \boldsymbol{X}_{\mathrm{train}}, \boldsymbol{y}_{\mathrm{train}})$ が期待損失 $\mathbf{R}_{\mathrm{true}}(f)$ を過小評価している場合に過学習の現象が起こる．テスト集合での経験損失 $\mathbf{R}_{\mathrm{emp}}(f, \boldsymbol{X}_{\mathrm{test}}, \boldsymbol{y}_{\mathrm{test}})$ が期待損失 $\mathbf{R}_{\mathrm{true}}(f)$ の推定値となるため，テスト集合での経験損失が訓練集合での経験損失より遥かに大きいことは過学習の兆候である．8.3.3 項で過学習のアイデアを再検討する．

過学習 (overfitting)

したがって，経験損失最小化の探索を補正する必要がある．罰則項による補正を導入すると，柔軟すぎる予測器には最適化されづらくなる．機械学習では罰則項は**正則化**と呼ばれる．正則化は，経験損失最小化の解の正確さと，そのサイズおよび複雑度の間のよいトレードオフを与える方法となる．

正則化 (regularization)

例 8.3（正則化された最小二乗法） 正則化は，最適化問題で複雑な解や極端な解を避けるためのアプローチである．最も単純な正則化は，前の例で扱った最小二乗問題

$$\min_{\boldsymbol{\theta}} \frac{1}{N}\|\boldsymbol{y}-\boldsymbol{X}\boldsymbol{\theta}\|^2 \tag{8.11}$$

に $\boldsymbol{\theta}$ のみからなる罰則項を追加して「正則化した」問題

$$\min_{\boldsymbol{\theta}} \frac{1}{N}\|\boldsymbol{y}-\boldsymbol{X}\boldsymbol{\theta}\|^2 + \lambda\|\boldsymbol{\theta}\|^2 \tag{8.12}$$

に置き換えることである．追加した項 $\|\boldsymbol{\theta}\|^2$ は**正則化器**，パラメータ λ は**正則化パラメータ**と呼ばれる．正則化パラメータは，訓練損失の最小化とパラメータ $\boldsymbol{\theta}$ の大きさの間のトレードオフを調整する．過学習に陥ると，$\boldsymbol{\theta}$ が相対的に大きくなることがしばしば起こる [Bis06].

正則化器 (regularizer)
正則化パラメータ (regularization parameter)

正則化項はしばしば**罰則項**とも呼ばれ．ベクトル $\boldsymbol{\theta}$ が原点に近づくようにバイアスをかける．正則化のアイデアは，パラメータに関する事前確率として確率モデルにも登場する．その際，事後分布を事前分布と同じ形式とするために事後分布と尤度を共役とする必要がある（6.6 節）．8.3.2 項でこの正則化のアイデアについて再検討を行う．第 12 章では，正則化のアイデアはマージン最大化のアイデアと等価であることを見る．

罰則項 (penalty term)

8.2.4 クロスバリデーションによる汎化性能の評価

前の節では，テストデータに予測器を適用して汎化誤差を推定すると述べた．このデータはしばしば**検証集合**とも呼ばれる．検証集合は利用可能な学習データの部分集合で，訓練データから分けて取っておく．実際のデータ量が限られていると，このアプローチに問題が生じる．理想的には利用可能なデータの多くをモデルの訓練に使用したいが，そうすると検証集合 $\mathcal{V}$ を小さくしなければならず，予測性能の推定ノイズ（推定値の分散）が大きくなる．これらの相反する目的（大きな訓練集合，大きな検証集合）に対する一つの解決策は，**クロスバリデーション**を利用することである．K-fold クロスバリデーションでは，訓練データを K 個の塊（チャンク）に分割し，$K-1$ 個を訓練集合 $\mathcal{R}$ に，残りのチャンクを（前述の通り）検証集合 $\mathcal{V}$ に割り当てる．この割り当てを（理想的には）すべての組み合わせで繰り返し（図 8.4 参照），K 個の訓練結果から推定した汎化誤差の平均をモデルの性能とする．

検証集合 (validation set)
クロスバリデーション (cross-validation)

より詳細に述べると次のようになる．データセットを重なりがない二つの集合 $\mathcal{D}=\mathcal{R}\cup\mathcal{V}$ ($\mathcal{R}\cap\mathcal{V}=\emptyset$) に分割する．$\mathcal{V}$ は検証集合であり，モデルの訓練は $\mathcal{R}$ によって行う．訓練後，（検証集合に対する二乗平均平方根誤差 (RMSE)

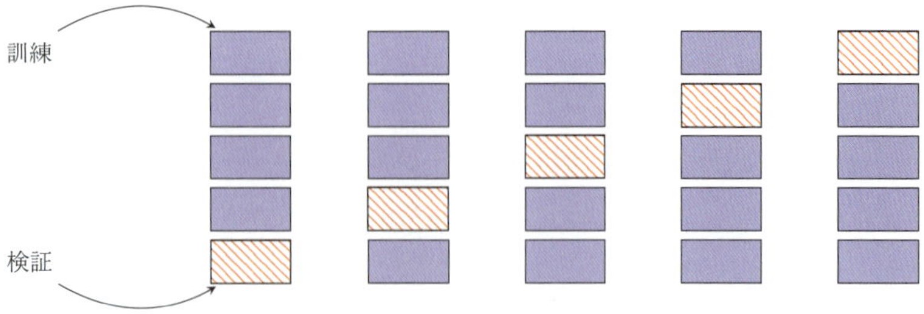

図 8.4　K-fold クロスバリデーション．データセットを $K=5$ 個のチャンクに分割し，$K-1$ 個を訓練集合（青色），1 個を検証集合（オレンジ色の網かけ）に割り当てる．

などによって）検証集合を用いて予測器 f の性能を評価する．より正確には，各分割 k に対して，訓練データ $\mathcal{R}^{(k)}$ から予測器 $f^{(k)}$ を生成して，検証集合 $\mathcal{V}^{(k)}$ に適用することで経験損失 $R(f^{(k)}, \mathcal{V}^{(k)})$ を評価する．検証集合と訓練集合のすべての可能な分割でこの操作を繰り返し，予測器の平均汎化誤差を計算する．クロスバリデーションは，期待汎化誤差を

$$\mathbb{E}_{\mathcal{V}}[R(f, \mathcal{V})] \approx \frac{1}{K}\sum_{k=1}^{K} R(f^{(k)}, \mathcal{V}^{(k)}) \tag{8.13}$$

と近似する．ここで，$R(f^{(k)}, \mathcal{V}^{(k)})$ は予測器 $f^{(k)}$ に対する検証集合 $\mathcal{V}^{(k)}$ での損失（例えば，RMSE）である．この近似では二つの誤差要因がある．一つ目は，訓練集合が有限であることで最良の $f^{(k)}$ が得られないことによるもの，二つ目は，検証集合が有限であることで損失 $R(f^{(k)}, \mathcal{V}^{(k)})$ の推定が不正確になることによるものである．K-fold クロスバリデーションの潜在的な欠点として，モデルを K 回訓練するための計算コストがあり，もし訓練コストが計算量的に高くつくと負担になる．実際にはパラメータを学習するだけでは不十分なことが多い．例えば，モデルの直接のパラメータでない（複数の正則化パラメータなどの）モデルの複雑さをコントロールするパラメータに関する探索が必要となる場合がある．これらのハイパーパラメータを含めてモデルの品質を評価する場合，そのパラメータの個数のべき乗で訓練回数が増大する恐れがある．よいハイパーパラメータを探索する一つの方法としては，入れ子になったクロスバリデーション（8.6.1 項）がある．

並行に処理可能
(embarrassingly parallel)

しかし，クロスバリデーションは**並行に処理可能**な問題である．つまり，問題を並列タスクに分離するための努力はほとんど必要ない．（クラウドコンピューティング，サーバファームなどの）十分な計算リソースがあれば，クロスバリデーションは単一の性能評価よりもそれほど長い時間がかからない．

この節では，経験損失最小化が仮説に用いる関数の族，損失関数，正則化という概念に基づいていることを見た．8.3 節では，損失関数と正則化のアイデ

アがどのように確率分布に置き換えられるのかを見ていく.

8.2.5 関連図書

経験損失最小化に関する元々の研究が理論的な内容であったため [Vap98], その後の発展の多くも理論的な内容となっている. この研究分野は**統計的学習理論**と呼ばれている [Vap99, HTF01, vLS11]. 理論をベースに効率的な学習アルゴリズムを展開している最近の機械学習の教科書として, [SSBD14] がある.

統計的学習理論 (statistical learning theory)

正則化の概念は, 不良設定な逆問題の解法に端を発する [Neu98]. ここで紹介したアプローチは**ティホノフ正則化**と呼ばれており, 密接に関連した制約条件付きのバージョンとしてイワノフ正則化というものもある. ティホノフ正則化は, バイアス–バリアンスのトレードオフや特徴量選択と深い関係がある [BVDG11]. クロスバリデーションの代替として, ブートストラップ法とジャックナイフ法がある [ET93, DH97].

ティホノフ正則化 (Tikhonov regularization)

経験損失最小化 (8.2 節) を「確率的でない」とみなすことは間違いで, データ生成を制御する基礎となる未知の確率分布 $p(\boldsymbol{x}, y)$ が存在している. ただし, 経験損失最小化のアプローチ自体は確率分布の選び方に依存しない. これは, 陽に $p(\boldsymbol{x}, y)$ の知識を必要とする統計学の標準的なアプローチとは対照的である. さらに, 分布は標本 $\boldsymbol{x}$ とラベル y の同時分布であるため, 特にラベルは非決定的である. 標準的な統計学とは対照的に経験損失最小化を行う際にラベル y のノイズ分布を指定する必要はない.

8.3 パラメータ推定

8.2 節では, 確率分布を用いたモデリングを陽には行わなかった. この節では, 確率分布を用いて, 観測プロセスに起因する不確実性や予測器のパラメータの不確実性をモデル化する方法を見ていく. 8.3.1 項では, 経験損失最小化の損失関数 (8.2.2 項) と似た概念である尤度を紹介する. このアナロジーのもとでは, 事前確率が正則化 (8.2.3 項) に対応する (8.3.2 項).

8.3.1 最尤推定

最尤推定 (MLE) のアイデアは, モデルのデータへの適合度を表すようなパラメータの関数を与えることである. このよいモデルを推定する問題に関して, **尤度**関数, より正確には尤度の対数をとって符号を反転させたものに焦点を当てる. データが確率変数 $\boldsymbol{x}$ によって表現されるとして, その確率分布を $\boldsymbol{\theta}$ でパラメトライズされた $p(\boldsymbol{x}|\boldsymbol{\theta})$ であるとすると, **負の対数尤度**は

最尤推定 (maximum likelihood estimation)

尤度 (likelihood)

負の対数尤度 (negative log-likelihood)

$$\mathcal{L}_{\boldsymbol{x}}(\boldsymbol{\theta}) = -\log p(\boldsymbol{x} \mid \boldsymbol{\theta}) \tag{8.14}$$

で与えられる．$\mathcal{L}_{\boldsymbol{x}}(\boldsymbol{\theta})$ の記法は，パラメータ $\boldsymbol{\theta}$ は変化するがデータ $\boldsymbol{x}$ は固定されていることを強調している．データを固定すると負の対数尤度は $\boldsymbol{\theta}$ の関数となるため，書き下す際に $\boldsymbol{x}$ を省略することが非常に多い．そこで，データを表す確率変数が文脈から明らかな場合には，$\mathcal{L}(\boldsymbol{\theta})$ と書くことにする．

$\boldsymbol{\theta}$ を固定したとき，確率密度 $p(\boldsymbol{x}|\boldsymbol{\theta})$ が何をモデル化しているか考えてみよう．この分布はデータの不確実性をモデル化している．言い換えると，尤度はその予測モデルのもとでデータ $\boldsymbol{x}$ を観測する確率を表している．

逆に，データは（観測結果であるため）固定してパラメータ $\boldsymbol{\theta}$ を変化させる場合，$\mathcal{L}(\boldsymbol{\theta})$ は何を意味するだろうか？ この量は，$\boldsymbol{\theta}$ のパラメータ設定が観測値 $\boldsymbol{x}$ に対してどれくらい尤もらしいかを教えてくれる．この観点に立つと，最尤推定はデータセットに対して最も尤もらしいパラメータ $\boldsymbol{\theta}$ を与えるものとなる．

教師あり学習を考えよう．データセットとして $\boldsymbol{x}_n \in \mathbb{R}^D$ とラベル $y_n \in \mathbb{R}$ のペア $(\boldsymbol{x}_1, y_1), \ldots, (\boldsymbol{x}_N, y_N)$ が得られているとして，特徴量 $\boldsymbol{x}_n$ を入力として予測 y_n（またはそれに近いもの）を生成する予測器を構築したい．与えられたベクトル $\boldsymbol{x}_n$ に対するラベル y_n の確率分布が求めたいものであり，つまりは，各パラメータ $\boldsymbol{\theta}$ の値に対して，データが与えられたときのラベルの条件付き分布を特定したい．

例 8.4　はじめに，よく使われる例として，条件付き分布をガウス分布とする場合を考えよう．つまり，観測の不確かさは独立な平均 0 のガウスノイズ $\epsilon \sim \mathcal{N}(0, \sigma^2)$（6.5 節参照）で説明できるとして，予測には線形モデル $\boldsymbol{x}_n^\top \boldsymbol{\theta}$ を用いるとする．これは，各標本点のペア $(\boldsymbol{x}_n, y_n)$ の尤度としてガウス尤度

$$p(y_n \mid \boldsymbol{x}_n, \boldsymbol{\theta}) = \mathcal{N}(y_n \mid \boldsymbol{x}_n^\top \boldsymbol{\theta}, \sigma^2) \tag{8.15}$$

を用いることを意味する．先の図 8.3 では，あるパラメータ $\boldsymbol{\theta}$ でのガウス尤度の様子を描いている．9.2 節では，ガウス分布の観点からこの式の明確な説明を与える．

独立同分布 (independent and identically distributed)

標本 $(\boldsymbol{x}_1, y_1), \ldots, (\boldsymbol{x}_N, y_N)$ は**独立同分布** (i.i.d.) であると仮定する．「独立」（6.4.5 項）とは今の場合，データセット全体（$\mathcal{Y} = \{y_1, \ldots, y_N\}, \mathcal{X} = \{\boldsymbol{x}_1, \ldots, \boldsymbol{x}_N\}$）の尤度が各標本点の尤度の積

$$p(\mathcal{Y} \mid \mathcal{X}, \boldsymbol{\theta}) = \prod_{n=1}^{N} p(y_n \mid \boldsymbol{x}_n, \boldsymbol{\theta}) \tag{8.16}$$

に分解できることを意味している．ここで，$p(y_n \mid \boldsymbol{x}_n, \boldsymbol{\theta})$ はある決まった分布

を表している（例えば，例8.4のようなガウス分布）.「同分布」という言葉は，積(8.16)の右辺の各項が同じ確率分布であり，同じパラメータをもつことを意味している．最適化では積よりも和の方が計算が簡単となることが多いため，機械学習では負の対数尤度

$$\mathcal{L}(\boldsymbol{\theta}) = -\log p(\mathcal{Y} \mid \mathcal{X}, \boldsymbol{\theta}) = -\sum_{n=1}^{N} \log p(y_n \mid x_n, \boldsymbol{\theta}) \tag{8.17}$$

を考えることが多い．$p(y_n \mid \boldsymbol{x}_n, \boldsymbol{\theta})$ と $\boldsymbol{\theta}$ を右側に書いているため，$\boldsymbol{\theta}$ は固定された観測値であると思ってしまうかもしれないが，実際には負の対数尤度 $\mathcal{L}(\boldsymbol{\theta})$ は $\boldsymbol{\theta}$ の関数である．このようにして，最尤推定では，データ $(\boldsymbol{x}_1, y_1), \ldots, (\boldsymbol{x}_N, y_N)$ をよく説明するパラメータ $\boldsymbol{\theta}$ を得るために，負の対数尤度 $\mathcal{L}(\boldsymbol{\theta})$ を最小化する $\boldsymbol{\theta}$ を求めることになる．

$\log(ab) = \log(a) + \log(b)$ であることを思い出そう．

注　(8.17)の負の符号は，尤度は最大化したいが数理最適化では関数の最小化を扱うことが多いという慣習の違いからきている．

例 8.5　先ほどのガウス尤度(8.15)の例について，負の対数尤度は

$$\mathcal{L}(\boldsymbol{\theta}) = -\sum_{n=1}^{N} \log p(y_n \mid \boldsymbol{x}_n, \boldsymbol{\theta}) = -\sum_{n=1}^{N} \log \mathcal{N}(y_n \mid \boldsymbol{x}_n^\top \boldsymbol{\theta}, \sigma^2) \tag{8.18a}$$

$$= -\sum_{n=1}^{N} \log \frac{1}{\sqrt{2\pi\sigma^2}} \exp\left(-\frac{(y_n - \boldsymbol{x}_n^\top \boldsymbol{\theta})^2}{2\sigma^2}\right) \tag{8.18b}$$

$$= -\sum_{n=1}^{N} \log \exp\left(-\frac{(y_n - \boldsymbol{x}_n^\top \boldsymbol{\theta})^2}{2\sigma^2}\right) - \sum_{n=1}^{N} \log \frac{1}{\sqrt{2\pi\sigma^2}} \tag{8.18c}$$

$$= \frac{1}{2\sigma^2} \sum_{n=1}^{N} (y_n - \boldsymbol{x}_n^\top \boldsymbol{\theta})^2 - \sum_{n=1}^{N} \log \frac{1}{\sqrt{2\pi\sigma^2}} \tag{8.18d}$$

と変形できる．σ を定数とすると(8.18d)の第二項は定数である．その場合，$\mathcal{L}(\boldsymbol{\theta})$ の最小化は，第一項で表される最小二乗問題(8.8)に対応する．

なお，ガウス尤度の場合，最尤推定に対応する最適化問題の解を実は書き下すことができる．この点は第9章で詳しく説明する．

図8.5は，回帰問題のデータセットと最尤パラメータによって誘導される関数を示している．最尤推定は，正則化していない経験損失最小化（8.2.3項）と同様，過学習（8.3.3項）の影響を受ける可能性がある．他の尤度関数，例えば非ガウス分布でノイズをモデル化した場合は，最尤推定は閉じた解析解をもたない可能性がある．この場合は，第7章の数理最適化の手法を利用することに

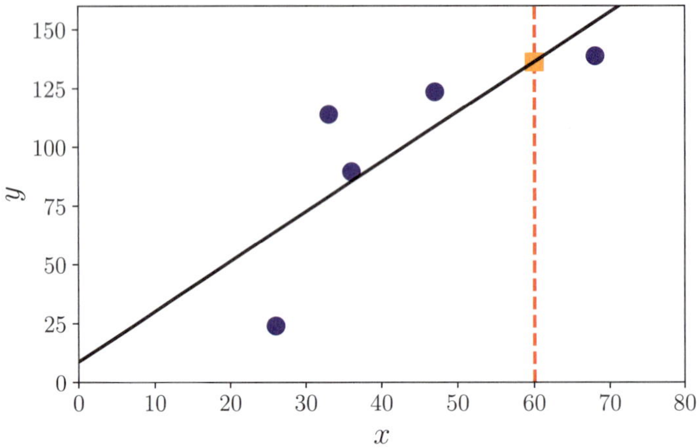

図 8.5　与えられたデータに対して最尤推定したパラメータは，黒の斜線で表される．オレンジ色の四角の点は，$x = 60$ のときの最尤推定による予測を示している．

なる．

8.3.2　最大事後確率推定

もしパラメータ $\boldsymbol{\theta}$ の分布に関して事前知識があるのなら，尤度に付加項を掛けて情報を追加することができる．この付加項はパラメータの事前確率分布 $p(\boldsymbol{\theta})$ である．事前分布が与えられ，あるデータ $\boldsymbol{x}$ が観測されたとき，どのように $\boldsymbol{\theta}$ の分布を更新すればよいだろうか？ すなわち，観測によって $\boldsymbol{\theta}$ に関する知識が増えた事実をどのように表現すればよいだろうか？ 6.3 節で議論したベイズの定理はその更新に関する基本的な道具を与えており，一般的な**事前知識**（事前分布）$p(\boldsymbol{\theta})$ と，パラメータ $\boldsymbol{\theta}$ と観測データ $\boldsymbol{x}$ を結びつける関数 $p(\boldsymbol{x}|\boldsymbol{\theta})$（**尤度**）から，パラメータ $\boldsymbol{\theta}$ の**事後分布** $p(\boldsymbol{\theta}|\boldsymbol{x})$（より明確化された知識）を得ることを可能とする．

事前知識 (prior statement)

尤度 (likelihood)

事後分布 (posterior)

$$p(\boldsymbol{\theta} \mid \boldsymbol{x}) = \frac{p(\boldsymbol{x} \mid \boldsymbol{\theta})p(\boldsymbol{\theta})}{p(\boldsymbol{x})}. \tag{8.19}$$

事後分布を最大化するパラメータ $\boldsymbol{\theta}$ が欲しいものであった．分布 $p(\boldsymbol{x})$ は $\boldsymbol{\theta}$ に依存しないため，最適化では分母は無視してよく，

$$p(\boldsymbol{\theta} \mid \boldsymbol{x}) \propto p(\boldsymbol{x} \mid \boldsymbol{\theta})p(\boldsymbol{\theta}) \tag{8.20}$$

となる．推定が難しい可能性のあるデータの密度 $p(\boldsymbol{x})$ が式から消えることになる．今回の場合，負の対数尤度ではなく負の対数事後分布の最小値を推定することになる．これは**最大事後確率推定**（*MAP* **推定**）と呼ばれる．図 8.6 では，平均が 0 のガウス事前分布を追加したときの効果を図示している．

最大事後確率推定 (maximum a posteriori estimation)

MAP 推定 (MAP estimation)

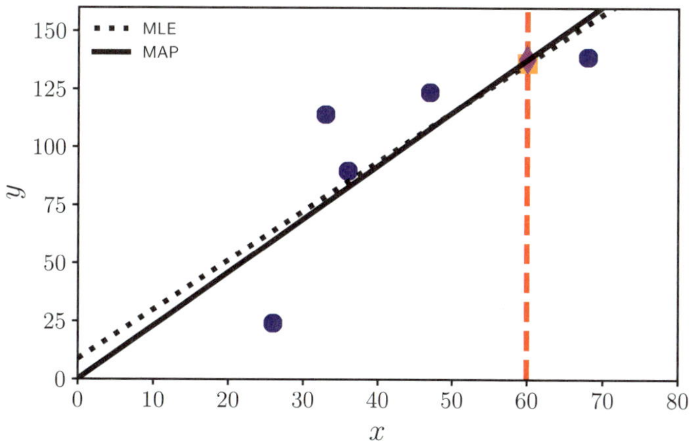

図 8.6 $x = 60$ における最尤推定による予測と MAP 推定による予測の比較．事前確率によって，傾きを小さく，切片を 0 に近くするようなバイアスがかかる．この例では，切片を 0 に近づけるバイアスによって，傾きは逆に大きくなる．

例 8.6 先ほどのガウス尤度の例に，平均 0 の多変量ガウス分布 $p(\boldsymbol{\theta}) = \mathcal{N}(\mathbf{0}, \boldsymbol{\Sigma})$ （$\boldsymbol{\Sigma}$ は共分散行列（6.5 節））をパラメータの事前分布とする仮定を追加する．ガウス分布の共役事前分布はガウス分布自身であるため，事後分布もガウス分布となる（6.6.1 項）．この最大事後確率推定の詳細は第 9 章で扱う．

パラメータに関する事前知識を与えるアイデアは機械学習では広く普及している．また，8.2.3 項で見た正則化のアイデアもあり，パラメータを原点に近づけるようなバイアスを与えることもできる．事前分布を陽に利用する一方で最終的には点推定したパラメータのみを利用するため，最大事後確率推定は非確率的な世界と確率的な世界の橋渡しであると考えることも可能である．

注 最尤推定量 $\boldsymbol{\theta}_{\mathrm{ML}}$ は以下の性質をもつ [LC98, EH16]:

- 一致性と漸近正規性：観測数が無限大の極限で最尤推定量は真の値に収束し，その誤差についても観測数を増やすと近似的に正規分布に従う．
- 上記の近似が成立するために必要となる標本のサイズが非常に大きくなる場合がある．
- 誤差に関する上記の正規分布の分散は $1/N$ で減衰する．（N はデータの個数．）
- 特にデータが「少数の」場合，最尤推定は**過学習**を引き起こすことがある．

過学習 (overfitting)

最尤推定（と最大事後確率推定）では，確率的モデリングを用いてデータとモデルパラメータに関する不確実性の推定を行っている．しかし，確率的モデリングを完全に活かすものではなく，訓練結果は予測器の点推定，すなわち，ベストな予測器を表す単一のパラメータ値である．8.4 節では，パラメータ値もまた確率変数として扱われるべきという立場から，「ベストな」値だけ推定して用いるのではなく，パラメータ分布全体を利用した予測を行う．

8.3.3　モデル適合

与えられたデータセットに対して，モデルのパラメータを適合させる問題を考えよう．ここで「適合」とは，負の対数尤度といった損失関数を最小化するようにモデルパラメータを最適化／学習することを典型的には意味しており，よく利用される二つのアルゴリズムとして最尤推定（8.3.1 項）と最大事後確率推定（8.3.2 項）をすでに紹介した．

モデルのパラメータは，モデルの調整範囲 $M_{\boldsymbol{\theta}}$ を定めている．例えば，線形回帰では入力 x と（ノイズがない）観測 y の関係を $y = ax + b$ と仮定するため，モデルパラメータは $\boldsymbol{\theta} := a, b$ である．つまり，モデルパラメータ $\boldsymbol{\theta}$ はアフィン関数の族，つまり 0 から b だけオフセットされた傾き a の直線を表す．一方，データを生成する真のモデルを M^* とすると，これは我々には未知のモデルである．最適化で行われることは，M^* に最も近い $M_{\boldsymbol{\theta}}$ をデータセットから求める作業であり，その「近さ」は，最適化の目的関数によって定義される（例えば，訓練データの二乗損失）．図 8.7 は，モデル族が小さく（円 $M_{\boldsymbol{\theta}}$ で示されている），真のモデル M^* がその範囲外にある状況を示している．最適化では $M_{\boldsymbol{\theta}_0}$ からパラメータ探索を開始して，最良のパラメータ $\boldsymbol{\theta}^*$ が得られたときに探索を終了する．得られた結果は三つの場合に分かれ，それぞれ (i) 過学習 (overfitting)†，(ii) 過少学習 (underfitting)，(iii) よく適合している，である．この三つの概念の直感的な意味を説明することにしよう．

† 訳注：過剰適合または過適合とも呼ばれる．

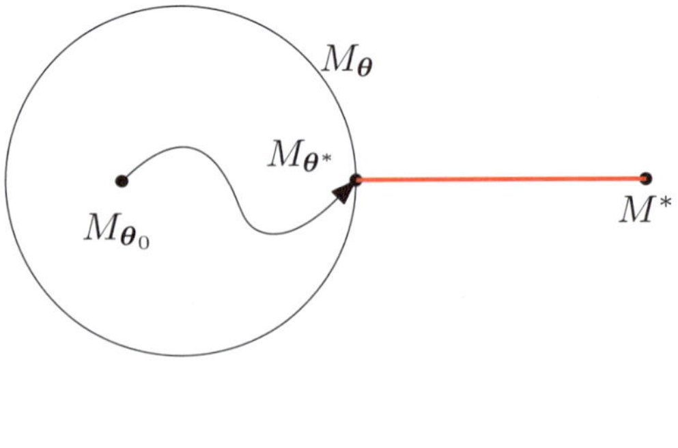

図 8.7　モデル適合．パラメータ化されたモデル族 $M_{\boldsymbol{\theta}}$ において，真の（未知の）モデル M^* への距離を最小化するように，モデルのパラメータ $\boldsymbol{\theta}$ を最適化する．

過学習 (overfitting)

大まかにいうと，**過学習**はモデルの族が豊富すぎて M^* で生成されたデータセットに辿りつけない状況，すなわち，$M_{\boldsymbol{\theta}}$ が余計に複雑なデータセットをモデル化している状況を意味している．例えば，データセットが線形関数によって生成されている一方で，$M_{\boldsymbol{\theta}}$ に 7 次多項式まで含めたとすると，線形関数以

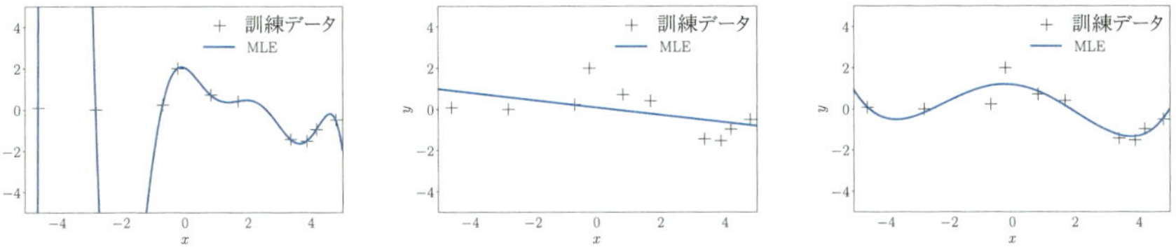

(a) 過学習　(b) 過少学習　(c) よくフィットしている

図 8.8 回帰データセットに対する異なるモデルクラスの（最尤法による）適合.

外の二次，三次といった高次の多項式も最適なモデルとして得られる恐れがある．過学習するモデルは一般にパラメータの数が多い．よくあるのは，過度に柔軟なモデル族 $M_{\boldsymbol{\theta}}$ がモデリング能力のすべてを訓練誤差の減少に費やしてしまうことである．すると，訓練データにノイズが多くなるためノイズそのものから有用な信号を発見してしまい，訓練データから離れた点での予測に深刻な影響を与える．図 8.8 (a) は，回帰問題において最尤法（8.3.1 項）による学習が過学習を引き起こす例を示している．回帰における過学習については，9.2.2 項でさらに議論する．

実際に過学習を検出する方法として，クロスバリデーション（8.2.4 項）によって訓練損失は小さいままテスト損失が大きくなることを観察する方法が挙げられる.

過少学習に陥ったときは，モデル族が十分に豊富ではないという逆の問題に遭遇している．例えば，データセットが正弦関数から生成されていて，$\boldsymbol{\theta}$ が直線のみをパラメータ化している場合，最良の最適化手順を踏んでも真のモデルに近づくことはできない．ただし，パラメータの最適化はデータセットをモデル化する最良の直線を与えることになる．図 8.8 (b) は，柔軟性が不十分なために過少学習するモデルの例を示している．過少学習するモデルは，一般的にパラメータの数が少ない．

過少学習 (underfitting)

三番目のケースでは，設定したパラメトリックなモデル族がほぼ適切な場合である．この場合にモデルはよく適合する，すなわち過学習も過少学習もしない．これは，モデル族が与えられたデータセットを説明するのにちょうどよい程度に豊富であることを意味している．図 8.8 (c) では，与えられたデータセットによくフィットするモデルを示している．理想的には，これが構築したいモデル族であり，よい汎化性能をもっている．

実際には，ディープニューラルネットワークのように，多くのパラメータをもつ非常にリッチなモデル族 $M_{\boldsymbol{\theta}}$ を設定することがしばしばある．過学習の問題を緩和するために，正則化（8.2.3 項）や事前確率（8.3.2 項）が使用される．モデル族の選択方法は，8.6 節で説明する．

8.3.4 関連図書

確率モデルにおける最尤推定の原理は，線形モデルの最小二乗回帰の考え方を一般化したものになっており，第9章で詳しく説明する．予測器として線形形式に非線形関数 φ を適用した形のものを考える場合，つまり

$$p(y_n \mid \boldsymbol{x}_n, \boldsymbol{\theta}) = \varphi(\boldsymbol{\theta}^\top \boldsymbol{x}_n) \tag{8.21}$$

では，二値分類や計数データのモデル化など，回帰以外の予測タスクを考慮することができる [MN89]．予測器の形について別の視点からのアイデアとして，指数型分布族の尤度（6.6節）のクラスを考えることもある．このクラスのモデルで，パラメータとデータの間に線形依存性があり，この線形形式と指数型分布族のパラメータをつなぐ潜在的な非線形関数（**リンク関数**と呼ばれる）をもつモデル族は，**一般化線形モデル**と呼ばれる [Agr02, 第4章]．

リンク関数 (link function)

一般化線形モデル (generalized linear model)

最尤推定の歴史は古く，1930年代にRonald Fisher卿によって提唱されたのが起源である．確率モデルの考え方については，8.4節で詳しく説明することになる．確率モデルを使用する研究者達が討論してきたことの一つに，ベイズ主義と頻度主義に関する議論がある．6.6.1項で述べたように，それは確率の考え方に帰着する．6.1節において，確率は論理的推論の（不確実性を許容することによる）一般化と捉えることができると述べた [Che85, Jay03]．最尤推定の方法は本質的には頻度主義である．ベイズ主義と頻度主義の統計学の両方のバランスのとれた見解に関して興味がある読者には，[EH16] をお勧めする．

最尤推定が不可能な確率モデルも存在する．その場合は [CB02] などのより高度な統計学の教科書を参照して，モーメント法，M-推定，推定方程式などのアプローチを採ってほしい．

8.4　確率的モデリングと推論

機械学習では，例えば将来の予測や意思決定のために，データの解釈や分析に関心を寄せることが多い．このタスクをより扱いやすくするために，観測データの**生成過程**を説明するモデルを構築することがしばしばある．

生成過程 (generative process)

例えば，コイントスの試行結果（「表」か「裏」か）を二つのステップに分けてモデリングすることができる．まず，「表」の確率を表すベルヌーイ分布（第6章）のパラメータを μ とする．次に，ベルヌーイ分布 $p(x \mid \mu) = \mathrm{Ber}(\mu)$ からのサンプリングが試行結果を与える，と考えるのである．パラメータ μ はデータセット $\mathcal{X}$ を生成するために使用したコインに依存する．μ は事前に知ることはできず，直接観測できないため，コイントス試行で得られた観測結果から μ についての何らかを学習するメカニズムが必要である．以下では，この

タスクのために確率的モデリングをどのように利用するかを議論する．

8.4.1 確率モデル

確率モデルは，試行の不確実な側面を確率分布として表現する．確率モデルを使用する利点は，モデリング，推論，予測，モデル選択において，確率論（第6章）的に統一された，一貫した道具立てが提供されることである．

確率モデルは，すべての確率変数の同時分布によって指定される．

確率モデルでは，観測変数 $\boldsymbol{x}$ と隠れたパラメータ $\boldsymbol{\theta}$ の同時分布 $p(\boldsymbol{x}, \boldsymbol{\theta})$ が重要な意味をもつ．同時分布には以下の情報が集約されている．

- 事前確率と尤度（積則，6.3 節）
- モデル選択（8.6 節）で重要な役割を果たす周辺尤度 $p(x)$ は，同時分布をパラメータで積分することによって計算できる（和則，6.3 節）
- 同時分布を周辺尤度で割ることで得られる事後確率

同時分布だけがこの性質をもち，確率モデルはすべての確率変数の同時分布によって指定される．

8.4.2 ベイズ推論

機械学習の重要なタスクは，観測された $\boldsymbol{x}$ をもとに隠れた変数 $\boldsymbol{\theta}$ に関する情報を得ることである．8.3.1 項では，最尤推定と最大事後確率推定によるモデルパラメータ $\boldsymbol{\theta}$ の推定方法を議論した．どちらの場合も，パラメータ推定を最適化問題として解くことで $\boldsymbol{\theta}$ に対する単一の最良値を得るのであった．点推定値 $\boldsymbol{\theta}^*$ がいったん得られると，それを使った予測が可能になる．より具体的には，予測分布は $p(\boldsymbol{x} \mid \boldsymbol{\theta}^*)$ となり，尤度関数で $\boldsymbol{\theta}^*$ を使う．

パラメータ推定は，最適化問題として表現することができる．

6.3 節で議論したように，事後分布の統計量（例えば，事後確率を最大化するパラメータ $\boldsymbol{\theta}^*$）のみに着目すると，情報の損失につながる．これは，予測 $p(\boldsymbol{x} \mid \boldsymbol{\theta}^*)$ を使用して意思決定をするシステムでは重大な問題となり得る．このような意思決定システムは，尤度，二乗誤差損失，誤分類誤差とは異なる目的関数をもっており，事後分布全体の情報がときに非常に有用となり，よりロバストな意思決定につながることがある．**ベイズ推論**ではこの事後分布を見つけようとする [GCSR04]．データ集合 $\mathcal{X}$，パラメータの事前分布 $p(\boldsymbol{\theta})$，尤度関数 $p(\mathcal{X} \mid \boldsymbol{\theta})$ に対して，事後分布は

ベイズ推論 (Bayesian inference)

ベイズ推論では，確率変数の分布を学習する．

$$p(\boldsymbol{\theta} \mid \mathcal{X}) = \frac{p(\mathcal{X} \mid \boldsymbol{\theta})p(\boldsymbol{\theta})}{p(\mathcal{X})}, \quad p(\mathcal{X}) = \int p(\mathcal{X} \mid \boldsymbol{\theta})p(\boldsymbol{\theta})d\boldsymbol{\theta} \tag{8.22}$$

とベイズの定理を適用することにより得られる．（尤度に関する）パラメータ $\boldsymbol{\theta}$ とデータ $\mathcal{X}$ の関係を，ベイズの定理を用いて逆転させて事後分布 $p(\boldsymbol{\theta} \mid \mathcal{X})$

ベイズ推論によって，パラメータとデータの関係が反転する．

を得るという点が鍵となる．

パラメータの事後分布が得られると，パラメータからデータへ不確実性を伝播させることができる．より具体的には，パラメータ上の分布 $p(\boldsymbol{\theta})$ も考慮した予測は

$$p(\boldsymbol{x}) = \int p(\boldsymbol{x} \mid \boldsymbol{\theta})p(\boldsymbol{\theta})d\boldsymbol{\theta} = \mathbb{E}_{\boldsymbol{\theta}}[p(\boldsymbol{x} \mid \boldsymbol{\theta})] \tag{8.23}$$

となり，周辺化／積分消去されることでモデルパラメータ $\boldsymbol{\theta}$ に依存しなくなる．予測はすべての尤もらしいパラメータ値 $\boldsymbol{\theta}$ にわたって平均をとったものになり，この尤もらしさはパラメータ分布 $p(\boldsymbol{\theta})$ に集約されている．

8.3 節ではパラメータ推定に関して，ここではベイズ推論に関して説明してきたが，この二つの学習方法を比較してみよう．最尤推定もしくは MAP 推定ではパラメータの一致推定量 $\boldsymbol{\theta}_*$ を点推定し，鍵となる問題は最適化問題として与えられる．対照的に，ベイズ推論では（事後）分布が得られ，鍵となる問題は積分の形で与えられる．点推定による予測は簡単である一方で，ベイズ推定での予測はさらに別の積分の問題を解く必要がある（(8.23) 参照）．しかしながらベイズ推論は，事前知識を取り入れ，副次的な情報を説明し，構造的な知識を取り入れるための原理的な方法を与える．これらはすべて，パラメータ推定の方法では考慮が容易ではないものである．さらに，予測におけるパラメータの不確実性の伝播は，データ効率のよい学習という文脈で意思決定システムのリスク評価と探索に関して価値があるだろう [DFR15, KD18]．

ベイズ推論は，パラメータに関する学習と予測を数学的な原理に基づいて行う枠組みであるが，積分に伴う実用上の課題がいくつかある（(8.22) と (8.23) 参照）．より具体的には，パラメータに関して共役事前分布を選択しない場合 (6.6.1 項)，(8.22) と (8.23) の積分は解析的に扱いづらく，事後分布，予測，周辺尤度を解析的に計算することができない．このような場合は近似計算が必要となり，マルコフ連鎖モンテカルロ (MCMC)[GRS96] のような確率的近似，またはラプラス近似 [Bis06, Bar12, Mur12] のような決定論的近似，変分推論 [JGJS99, BKM17]，期待値伝播 [Min01a] などを使用することができる．

そのような課題がある一方，大規模なトピックモデル [HBWP13]，CTR 予測 [GCBH10]，制御システムにおけるデータ効率のよい強化学習 [DFR15]，オンラインランキングシステム [HMG07]，大規模な推薦システムなど，様々な問題でベイズ推論はうまく活用されてきた．ベイズ最適化 [BCdF09, SLA12, SSW$^+$16] のような汎用的な手法も存在し，モデルやアルゴリズムのメタなパラメータを効率的に探索するための有用な手法の一つとなっている．

注　機械学習の文脈では，（確率）「変数」と「パラメータ」の間にはやや恣意的な分

離がある．パラメータは（最尤法などを用いて）推定される一方で，変数は推定の対象から除外されることが普通である．本書ではこのような厳密な分離は行っていない．というのも，原理的には任意のパラメータを事前分布に置き換えることで確率変数に変えることができ，適当な積分消去によって推定の対象から除外することもできるためである．

8.4.3 潜在変数モデル

潜在変数 (latent variable)

実用上，モデルの一部として（モデルパラメータ $\boldsymbol{\theta}$ とは別に）**潜在変数** z を追加でもたせることが有用な場合がある [MKB15]．これらの潜在変数は，モデルの陽なパラメータとならない点でモデルパラメータ $\boldsymbol{\theta}$ とは異なる．潜在変数を用いたデータ生成過程の表現はモデルの解釈性の向上に寄与する．また，潜在変数によってモデルの構造が単純化され，より単純かつ表現力のあるモデル構造を定義することが可能になる．モデルパラメータの数を減らすことに伴ってモデル構造が単純化される [Paq08, Mur12]．潜在変数モデルの（少なくとも最尤法による）学習は，期待値最大化 (EM) アルゴリズム [DLR77, Bis06] を用いて原理的に行うことができる．このような潜在変数が有用となる例として，主成分分析による次元削減（第 10 章），混合ガウスモデルによる密度推定（第 11 章），隠れマルコフモデル [May79] や動的システム [GR99, Lju99] による時系列モデリング，そしてメタ学習およびタスクの一般化 [HSW$^+$18, SHD18] などである．潜在変数を導入するとモデルの構造や生成過程はより単純化されるが，第 11 章で見るように潜在変数モデルの学習は一般には困難である．

パラメータからデータを生成する過程を潜在変数モデルを用いて定義することも可能である．この方式による生成過程を見ていこう．データを $\boldsymbol{x}$，モデルパラメータを $\boldsymbol{\theta}$，潜在変数を $\boldsymbol{z}$ として，あるパラメータと潜在変数のもとでデータを生成する条件付き分布は

$$p(\boldsymbol{x} \mid \boldsymbol{z}, \boldsymbol{\theta}) \tag{8.24}$$

と表される．$\boldsymbol{z}$ は潜在変数であり，事前分布 $p(\boldsymbol{z})$ をもつとする．

前に説明したモデルと同様に潜在変数をもつモデルについても，8.3 節と 8.4.2 項で説明した枠組みによって，パラメータの学習や推論が可能である．学習は（最尤推定やベイズ推論などを用いた）二段階の手順を踏む．まず最初に，モデルの尤度 $p(\boldsymbol{x}|\boldsymbol{\theta})$ を潜在変数に依存しない形で求める．次に，この尤度をパラメータ推定もしくはベイズ推論に対して使用する．この段階では，8.3 節や 8.4.2 項と全く同じ式を使うことになる．

尤度関数 $p(\boldsymbol{x} \mid \boldsymbol{\theta})$ は，モデルパラメータが所与のもとでのデータの予測分布であるため，

$$p(\boldsymbol{x} \mid \boldsymbol{\theta}) = \int p(\boldsymbol{x} \mid \boldsymbol{z}, \boldsymbol{\theta}) p(\boldsymbol{z}) d\boldsymbol{z} \tag{8.25}$$

のように潜在変数を積分消去する必要がある．ここで，$p(\boldsymbol{x} \mid \boldsymbol{z}, \boldsymbol{\theta})$ は (8.24) で与えられており，$p(\boldsymbol{z})$ は潜在変数の事前分布である．尤度は潜在変数 $\boldsymbol{z}$ には依存せず，データ $\boldsymbol{x}$ とモデルパラメータ $\boldsymbol{\theta}$ のみに依存する関数であることに注意しよう．

尤度はデータとモデルパラメータの関数だが，潜在変数には依存しない．

(8.25) の尤度は，最尤法によって直接パラメータ推定できる．8.3.2 項で説明したように，MAP 推定もまた，モデルパラメータ $\boldsymbol{\theta}$ の事前分布を付与することで簡単に行える．潜在変数モデルのベイズ推論（8.4.2 項）についても尤度 (8.25) を用いて同様に行える．つまり，モデルパラメータを事前分布 $p(\boldsymbol{\theta})$ に置き換え，データセット $\mathcal{X}$ が所与のもとでのモデルパラメータの事後分布を

$$p(\boldsymbol{\theta} \mid \mathcal{X}) = \frac{p(\mathcal{X} \mid \boldsymbol{\theta}) p(\boldsymbol{\theta})}{p(\mathcal{X})} \tag{8.26}$$

とベイズの定理を使用して求めればよい．予測についても，事後分布 (8.26) を用いて通常のベイズ推論の手順で行うことができる（(8.23) 参照）．

潜在変数モデルの課題の一つは，(8.25) のような周辺化が必要となることである．$p(\mathcal{X} \mid \boldsymbol{z})$ に対する共役事前分布 $p(\boldsymbol{z})$ を選ぶ場合を除き，(8.25) の周辺化は解析的に困難であり，近似に頼る必要がある [Bis06, Paq08, Mur12, MKB15].

パラメータ事後分布 (8.26) と同様，潜在変数の事後分布を以下のように計算できる．

$$p(\boldsymbol{z} \mid \mathcal{X}) = \frac{p(\mathcal{X} \mid \boldsymbol{z}) p(\boldsymbol{z})}{p(\mathcal{X})}, \quad p(\mathcal{X} \mid \boldsymbol{z}) = \int p(\mathcal{X} \mid \boldsymbol{z}, \boldsymbol{\theta}) p(\boldsymbol{\theta}) d\boldsymbol{\theta}. \tag{8.27}$$

ここで，$p(\boldsymbol{z})$ は潜在変数の事前分布であり，$p(\mathcal{X} \mid \boldsymbol{z})$ を得るためにはモデルパラメータを積分消去する必要がある．

解析的に積分を解くことが難しい場合，潜在変数とモデルパラメータを同時に周辺化することは一般には不可能である [Bis06, Mur12]. 比較的計算しやすい量は潜在変数の事後分布であるが，これはモデルパラメータによって条件付けられている．すなわち

$$p(\boldsymbol{z} \mid \mathcal{X}, \boldsymbol{\theta}) = \frac{p(\mathcal{X} \mid \boldsymbol{z}, \boldsymbol{\theta}) p(\boldsymbol{z})}{p(\mathcal{X} \mid \boldsymbol{\theta})} \tag{8.28}$$

である．ここで，$p(\boldsymbol{z})$ は潜在変数の事前分布であり，$p(\mathcal{X} \mid \boldsymbol{z}, \boldsymbol{\theta})$ は (8.24) で与えられている．

第 10 章と第 11 章では，主成分分析と混合ガウスモデルの尤度関数をそれぞれ導出する．さらに，双方の潜在変数について事後分布 (8.28) の計算を行う．

注 以降の章では，潜在変数 $\boldsymbol{z}$ と不確かなモデルパラメータ $\boldsymbol{\theta}$ を明確に区別せず，観測されないモデルパラメータを「潜在」もしくは「隠れ」と呼ぶ．潜在変数 $\boldsymbol{z}$ を利用する第 10 章と第 11 章では，隠れた変数には二つの異なる種類，すなわちモデルパラメータ $\boldsymbol{\theta}$ と潜在変数 $\boldsymbol{z}$ があることに注意が必要となる．

確率モデルのすべての要素は確率変数であることを利用し，確率モデルを表現するための統一言語を定義することができる．8.5 節では，確率モデルの構造を表現するグラフ言語について簡単に見ていく．以降の章では，このグラフ言語を用いて確率モデルを記述することになるだろう．

8.4.4 関連図書

機械学習において，確率モデル [Bis06, Bar12, Mur12] はデータや予測モデルの不確実性を扱う原理的な方法を提供してくれる．機械学習における確率モデルに関する短いレビューは，[Gha15] によって書かれている．確率モデルのパラメータについて，解を解析的に計算できる幸運な場合もあるが，一般的には解析解が得られることは稀であり，サンプリング [GRS96, BGJM11] や変分推論 [JGJS99, BKM17] のような計算手法が用いられる．潜在変数モデルにおけるベイズ推論の要点をつかむためのよい文献として，[MKB15, Paq08] が挙げられる．

近年，ソフトウェア上で定義された変数を確率分布に対応する確率変数として扱うプログラム言語がいくつか提唱されている．その目的は，確率分布の複雑な関数を書き下し，コンパイラ内部でベイズ推論のルールを自動的に処理することである．この急速に発展している分野は，**確率的プログラミング**と呼ばれている．

確率的プログラミング (probabilistic programming)

8.5 有向グラフィカルモデル

この節では，**有向グラフィカルモデル**と呼ばれる，確率モデルを記述するためのグラフ言語を紹介する．この言語により，確率モデルを簡潔に表し，確率変数間の依存関係を可視化することが可能となる．また，確率変数全体の同時分布を，その部分集合に依存する因子の積へ分解する方法を視覚的に捉えることができる．8.4 節では，確率モデルの同時分布を注目すべき重要な量とみなしていた．それは，同時分布が事前分布，尤度，事後分布に関する情報を含んでいるためである．しかしながら，同時分布自体がかなり複雑であり，確率モデルの構造的性質については何も教えてはくれない．例えば，同時分布 $p(a, b, c)$ は独立関係について何も教えてくれない．その構造を表すのがグラ

有向グラフィカルモデル (directed graphical model)

有向グラフィカルモデルは，ベイジアンネットワークとしても知られている．

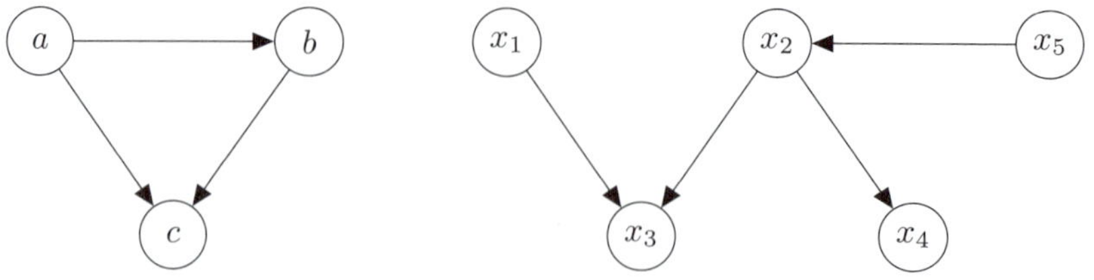

(a) 全結合　　(b) 全結合でない

図 8.9　有向グラフィカルモデルの例.

フィカルモデルであり，その内容は 6.4.5 項で説明した独立と条件付き独立の概念に基づいている.

グラフィカルモデル (graphical model)

グラフィカルモデルにおいてグラフのノードは確率変数を表す．例えば，図 8.9 (a) ではノードは確率変数 a, b, c を表している．そしてエッジは条件付き確率などの変数間の確率的な関係を表している.

注　すべての分布が特定のグラフィカルモデルで表現できるわけではない．[Bis06] を参照のこと.

確率的グラフィカルモデルは，いくつかの便利な性質をもっている.

- 確率モデルの構造を可視化する簡単な方法である.
- 新種の統計モデルの設計や動機づけに利用できる.
- グラフを見るだけで，条件付き独立などの特性を知ることができる.
- 統計モデルにおける推論や学習に関する複雑な計算をグラフ操作によって表現できる.

8.5.1　グラフセマンティクス

有向グラフィカルモデル (directed graphical models)
ベイジアンネットワーク (Bayesian network)

有向グラフィカルモデル／ベイジアンネットワークは，確率モデルの条件付き依存性を表現するための手法である．条件付き確率を視覚的に記述し，複雑な相互依存性をシンプルに記述する言語を提供している．記述内容の構造によって計算を単純化することもできる．二つのノード（確率変数）間の有効リンク（矢印）は，条件付き確率を意味している．例えば，図 8.9 (a) の a と b の間の矢印は，a が所与のもとでの b の条件付き確率 $p(b \mid a)$ を表している.

さらに前提条件を加えれば，矢印を使って因果関係を表現することができる [Pea09].

有向グラフィカルモデルは，因子構造をもとに同時分布から導出することができる.

例 8.7 三つの確率変数 a, b, c の同時分布

$$p(a,b,c) = p(c \mid a,b)p(b \mid a)p(a) \tag{8.29}$$

を考えよう．(8.29) の同時分布の分解から，確率変数間の関係について以下のことがわかる．

- c は a と b に直接依存する．
- b は a に直接依存する．
- a は b にも c にも依存しない．

(8.29) の因数分解に関する，有向グラフィカルモデルは図 8.9 (a) である．

一般に，因数分解された同時分布から対応する有向グラフィカルモデルを構築する方法は以下である．

1. すべての確率変数に対してノードを生成する．
2. 各条件付き分布に対して，対応するノード間の有向リンク（矢印）を追加する．

グラフのレイアウトは，同時分布をどう分解するかに依存する．

グラフのレイアウトは，同時分布の分解方法に依存する．

分解が既知の場合に，同時分布から対応する有向グラフィカルモデルを得る方法を説明した．次に，全く逆の操作によって，所与のグラフィカルモデルから確率変数の集合に関する同時分布を得る方法について述べよう．

例 8.8 図 8.9 (b) のグラフィカルモデルから，二つの性質を利用できることがわかる．

- 求めたい同時分布 $p(x_1, \dots, x_5)$ は各ノードに対する条件付き分布の積となり，この例では五つの項が必要となる．
- 各条件付き分布は，グラフ内の対応する親ノードで条件付けされる．例えば，x_4 は x_2 によって条件付けられる．

これら二つの性質から，同時分布の分解として

$$p(x_1,x_2,x_3,x_4,x_5) = p(x_1)p(x_5)p(x_2 \mid x_5)p(x_3 \mid x_1,x_2)p(x_4 \mid x_2) \tag{8.30}$$

が得られる．

一般に，同時分布 $p(\boldsymbol{x}) = p(x_1, \dots, x_K)$ は

$$p(\boldsymbol{x}) = \prod_{k=1}^{K} p(x_k \mid \mathrm{Pa}_k) \tag{8.31}$$

図 8.10　複数回のベルヌーイ試行に関するグラフィカルモデル．

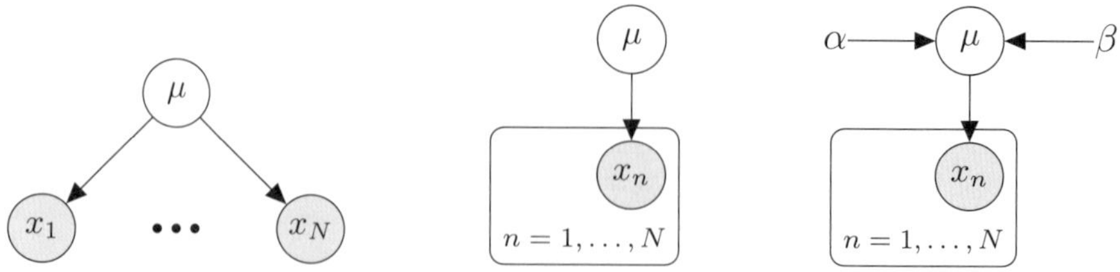

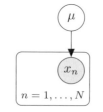

(a) x_n を明示的に含む表現　(b) プレート記法による表現　(c) 潜在的な μ のハイパーパラメータ α と β

のように与えられる．ここで，Pa_k は「x_k の親ノード」の集合を意味する．x_k の親ノードとは x_k へ矢印が向いているノードのことである．

最後に，コイントスの試行のグラフィカルモデルを確認しよう．ベルヌーイ試行（例 6.8）を考え，その確率変数 x の確率分布が

$$p(x \mid \mu) = \mathrm{Ber}(\mu) \tag{8.32}$$

であるとする．この試行を N 回繰り返し，試行結果 $x_1, \ldots, x_N$ を観測する．同時分布は

$$p(x_1, \ldots, x_N \mid \mu) = \prod_{n=1}^{N} p(x_n \mid \mu) \tag{8.33}$$

となる．試行は独立であるため，右辺の式は個々の結果に関するベルヌーイ分布の積である．（確率変数の独立性（6.4.5 項）は分布が分解できることに対応していたことを思い出そう．）観測された変数をグレーのノードとして表現し，観測されない／潜在的な変数と観測された変数を区別すると，この設定でのグラフィカルモデルは図 8.10 (a) のようになる．試行結果 x_n は同一の分布に従うため，すべての x_n, $n = 1, \ldots, N$ に対してパラメータ μ が同じであることがわかる．より端的にまとめた同値なグラフィカルモデルは図 8.10 (b) のようになる．ここで，プレート記法を使用しており，プレート（箱）では内部のすべてのもの（この場合は，観測 x_n）が N 回繰り返されることを意味している．両方のグラフィカルモデルは等価だが，プレート記法の方がよりコンパクトな記述となる．グラフィカルモデルにおいて，パラメータ μ の超事前分布は容易に設定できる．ここで**超事前分布**とは，（第一層目の）事前分布のパラメータに対する（第二層目の）事前分布を指している．図 8.10 (c) では，事前分布 $\mathrm{Beta}(\alpha, \beta)$ を設けて，パラメータ μ を潜在変数に置き換えている．α と β を決定論的パラメータ，すなわち確率変数でないとする場合，周りの円を省略する．

プレート (plate)

超事前分布 (hyperprior)

8.5.2 条件付き独立と d-分離

有向グラフィカルモデルでは，同時分布の条件付き独立の関係性はグラフを見るだけで容易に求められる．**d-分離**（有向分離とも呼ばれる）[Pea88] という概念がその鍵を握っている．

d-分離 (d-separation)

有向グラフを考え，そのノードの三つの部分集合 $\mathcal{A}, \mathcal{B}, \mathcal{C}$ が互いに交わらないとする．（和集合はノード全体とは限らない．）「$\mathcal{C}$ が所与のもとで $\mathcal{A}$ は $\mathcal{B}$ と条件付き独立である」という条件付き独立性の主張

$$\mathcal{A} \perp\!\!\!\perp \mathcal{B} \mid \mathcal{C} \tag{8.34}$$

を有向グラフの言葉で言い換えられるか確認しよう．そのために，$\mathcal{A}$ の任意のノードから $\mathcal{B}$ の任意のノードまでの（矢印の方向は無視した場合に）可能な経路全体を考える．そしてその各経路について，その途中に以下のいずれかのノード n を含む場合，その経路はブロックされていると呼ぶことにする．

- $\mathcal{C}$ に属しており，経路上の n とつながる二つの矢印について一方が n に先端を向け他方が n を末尾とする (head-to-tail)，もしくは双方 n を末尾とする (tail-to-tail)．
- 経路上の n とつながる二つの矢印がいずれも n を指しており (head-to-head)，n およびそのすべての子孫が $\mathcal{C}$ に含まれない．

各経路がブロックされているとき，$\mathcal{A}$ は $\mathcal{C}$ によって d-**分離**されているという．このときグラフのすべての変数に関する同時分布は $\mathcal{A} \perp\!\!\!\perp \mathcal{B} \mid \mathcal{C}$ をみたす．

例 8.9 図 8.11 のグラフィカルモデルを考えよう．目視によって，次のことがわかる．

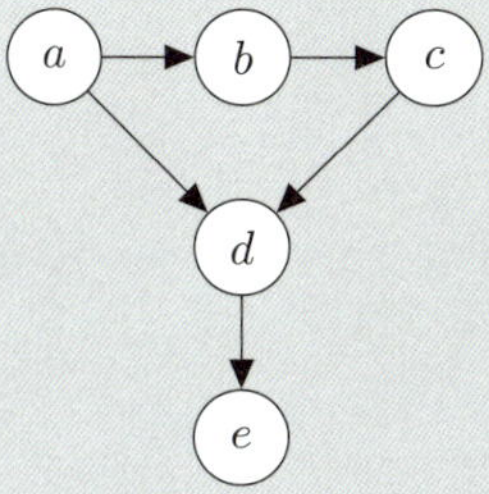

図 8.11 d-分離の例．

$$b \perp\!\!\!\perp d \mid a, c \tag{8.35}$$

$$a \perp\!\!\!\perp c \mid b \tag{8.36}$$

$$b \not\perp\!\!\!\perp d \mid c \tag{8.37}$$

$$a \not\perp\!\!\!\perp c \mid b, e \tag{8.38}$$

有向グラフィカルモデルによって確率モデルをコンパクトに表現することができる．第9章，第10章，第11章で有向グラフィカルモデルの例を見ていく．条件付き独立とともにこの表現を用いることで，確率モデルを最適化しやすい表現に分解することができる．

確率モデルをグラフィカル表現にすることで，設計の選択がモデルに与える影響を視覚的に確認できる．モデルの構造に関する高レベルの仮定が必要になる場合が多々あり，これらのモデリングの仮定（ハイパーパラメータ）は予測性能に影響を与える．しかし，これまで見てきたアプローチではそのハイパーパラメータを直接選ぶことができない．8.6節で，このモデル構造を選ぶ様々な方法について説明する．

8.5.3　関連図書

確率的グラフィカルモデルの入門は [Bis06, 第8章] に，様々な応用例とそれに対応するアルゴリズムの意味に関しての広範な説明は [KF09] に記載されている．

確率的グラフィカルモデルには，主に三つのタイプがある．

有向グラフィカルモデル (directed graphical model)

ベイジアンネットワーク (Bayesian network)

無向グラフィカルモデル (undirected graphical model)

マルコフ確率場 (Markov random field)

因子グラフ (factor graph)

- 有向グラフィカルモデル（ベイジアンネットワーク）：図8.12 (a) 参照．
- 無向グラフィカルモデル（マルコフ確率場）：図8.12 (b) 参照．
- 因子グラフ：図8.12 (c) 参照．

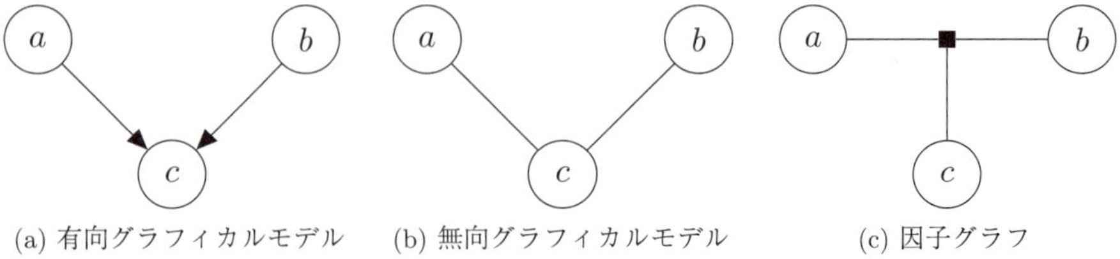

図8.12　3種類のグラフィカルモデル．(a) 有向グラフィカルモデル（ベイジアンネットワーク）．(b) 無向グラフィカルモデル（マルコフ確率場）．(c) 因子グラフ．

グラフィカルモデルでは（局所メッセージパッシングなどによって）推論や学習におけるグラフベースのアルゴリズムの構築が可能となる．その応用範囲は幅広く，オンラインゲームのランキング [HMG07]，コンピュータビジョン（画像のセグメンテーション，セマンティックラベリング，画像のノイズ除去，画像の復元など [KF84, SG94, SWRC06, SZS08]），暗号理論 [MMC98]，線形方程式系の解法 [SSW$^+$08]，信号処理における反復ベイズ推定 [BDS$^+$07, DM12] にまで及ぶ．

本書では取り上げないが，実際の応用で特に重要となるトピックの一つに構造化予測がある [BHS$^+$07, NGJL14]．この技術により，機械学習モデルを用いてシーケンス，木，グラフなどの構造化予測が可能となる．ニューラルネットワークモデルの普及でより柔軟な確率モデルが使用できるようになったため，構造化モデルで多くの有用な応用が生まれた [GBC16, 第 16 章]．近年では，因果推論への応用によりグラフィカルモデルへの関心がまた高まっている [Pea09, IR15, PJS17, Ros17]．

8.6 モデル選択

機械学習では，モデルの性能に大きな影響を与える高レベルなモデリングが必要となることがよくある．その選択（例えば，尤度の関数形）はモデルのパラメータ数や種類に影響を与え，モデルの柔軟性や表現力にも影響が出る．より複雑なモデルは，より多様なデータセットの説明に使用できるという意味で，より柔軟性がある．例えば，次数 1 の多項式（直線 $y = a_0 + a_1 x$）は，入力 x と観測 y の間の線形関係を説明するために用いられる．次数 2 の多項式はさらに，入力と観測の間の二次の関係を説明することができる．

多項式 $y = a_0 + a_1 x + a_2 x^2$ も，$a_2 = 0$ とすることで線形関数を記述できる．すなわち，一次多項式よりも表現力がある．

表現力があるため，柔軟なモデルの方が単純なモデルよりも一般的に好ましいと考えるかもしれない．しかし，訓練時の一般的な問題としてモデルの性能評価やパラメータの学習には訓練集合しか使用できないし，我々は訓練集合での性能自体に関心があるわけではない．8.3 節で述べたように，特に訓練データセットが小さい場合に最尤推定は過学習を引き起こし得るのであった．理想的には，モデルは（訓練時に利用できない）テスト集合でも（同様に）うまく動作してほしい．したがって，未知のテストデータに対してモデルがどのように汎化するかを評価するためのメカニズムが必要になる．モデル選択は，まさにこの問題と関係している．

8.6.1　入れ子構造のクロスバリデーション

入れ子構造のクロスバリデーション (nested cross-validation)

テスト集合 (test set)

検証集合 (validation set)

8.2.4 項で説明したクロスバリデーションは，モデル選択にも利用できる．クロスバリデーションでは，データセットを訓練集合と検証集合に繰り返し分割することで，汎化誤差の推定を行うのであった．このアイデアをもう一段適用することもできる．つまり，それぞれの分割に対してさらにクロスバリデーションを実行するのである．これは**入れ子構造のクロスバリデーション**と呼ばれることもある（図 8.13 参照）．内側のレベルは，内部の評価集合上で特定のモデル，もしくはハイパーパラメータを選択したときの性能を見積もるために用いる．外部のレベルは，内側のループで選択されたベストモデルに対して最終的な汎化性能を見積もるために用いる．内側のループでは，異なるモデルとハイパーパラメータをテストできる．2つのレベルを区別するために，汎化性能を見積もるために用いられるデータ集合を**テスト集合**，ベストモデルを選択するために用いられるデータ集合を**検証集合**と呼ぶことが多い．内側のループでは，検証集合での経験誤差によって汎化誤差の期待値を推定する．すなわち

$$\mathbb{E}_{\mathcal{V}}[\mathbf{R}(\mathcal{V} \mid M)] \approx \frac{1}{K}\sum_{k=1}^{K}\mathbf{R}(\mathcal{V}^{(k)} \mid M) \tag{8.39}$$

である．ここで，$\mathbf{R}(\mathcal{V} \mid M)$ はモデル M の検証集合における経験リスク（根平均二乗誤差など）である．すべてのモデルに対してこの手順を繰り返し，最も性能のよいモデルを選択する．クロスバリデーションを用いると，期待汎化誤差だけでなく，高次の統計量，例えば，標準誤差，平均値の推定の不確かさを得ることもできる．選ばれたモデルに対して，テスト集合で最終的な性能を評価することができる．

標準誤差は $\sigma/\sqrt{K}$ で定義される．ここで，K は実験数，σ は各実験のリスクの標準偏差である．

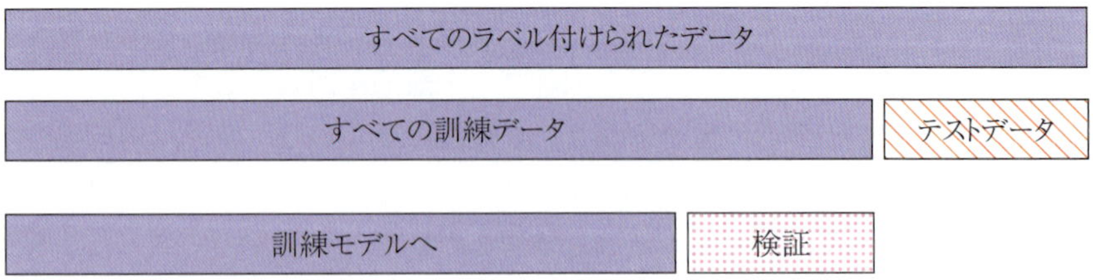

図 8.13　入れ子構造のクロスバリデーション．二段階の K-fold クロスバリデーションを実行する．

8.6.2　ベイズモデル選択

モデル選択には多くの手法があるが，いくつかをこの節で説明する．一般的に，この問題はモデルの複雑性とデータの適合性のトレードオフになる．より単純なモデルのほうが過学習しにくいことを仮定しており，そのためモデル選

択の目的は，データを合理的に説明する中で最も単純なモデルを見つけることとなる．この概念は，**オッカムの剃刀**としても知られている．

オッカムの剃刀 (Occam's razor)

注 モデル選択を仮説検定の問題として扱うならば，データと無矛盾な中で最も単純な仮説を探していることになる [Mur12].

より単純なモデルを選ぶために，モデルに関する事前分布を設定してもよい．しかしながら，これは必ずしも行う必要があるというわけではない．「自動的なオッカムの剃刀」はベイズ確率の応用として定量的に取り入れられている [SS80, JB92, Mac92]. 図 8.14 は [Mac03] からの引用であり，複雑かつ表現力の高いモデルが，なぜ与えられたデータセット $\mathcal{D}$ のモデリングでうまくいかないのか，に関する基本的な洞察を与える図である．横軸は可能なデータセット $\mathcal{D}$ 全体の空間を表している．モデル M_i の事後確率 $p(M_i \mid \mathcal{D})$ に関心がある場合にベイズの定理を利用できる．まず，すべてのモデルに対して一様な事前確率 $p(M)$ を仮定する．ベイズの定理は，どれだけ発生したデータを予測したかに比例してモデルに報酬を与える．この予測 $p(\mathcal{D} \mid M_i)$ はモデル M_i の**エビデンス**と呼ばれる．単純なモデル M_1 は狭い範囲のデータセットしか予測できない．これは，図の $p(\mathcal{D} \mid M_1)$ で示されている．より強力な，例えば M_1 よりも多くのパラメータをもっているようなモデル M_2 は，より多様なデータセットを予測することができる．しかしこれは，M_2 が領域 C のデータセットの予測を M_1 のようにはできないことも意味している．二つのモデルに等しい事前確率が割り当てられているとしよう．そうすると，データセットが領域 C にある場合は，表現力の弱いモデル M_1 の方が，よりあり得るモデルとなる．

エビデンス (evidence)

これらの予測は，$\mathcal{D}$ 上の正規化された確率分布によって定量化される．すなわち，積分／合計すると 1 になる必要がある．

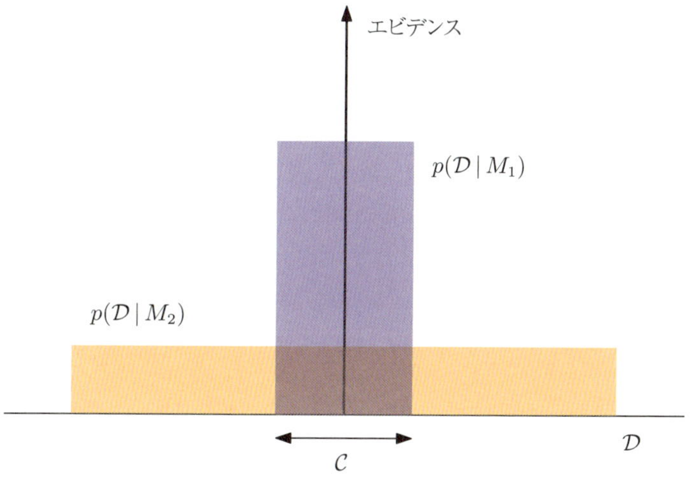

図 8.14 ベイズ推論は，オッカムの剃刀を体現している．横軸は，すべての可能なデータセット $\mathcal{D}$ の空間を表している．エビデンス（縦軸）は，モデルが利用可能なデータをどの程度予測しているかを評価するものである．$p(\mathcal{D} \mid M_i)$ が 1 に積分される必要があるため，最大のエビデンスをもつモデルを選択する必要がある．[Mac03] を引用した．

この章の最初の方で述べたように，モデルはデータを説明できる必要がある．すなわち，与えられたモデルからデータを生成する方法が存在するはずである．そして，モデルがデータから適切に学習されているならば，生成されたデータは経験データと似ているはずである．このようなことから，モデル選択を階層的な推論問題として表現しておくと有用で，これによりモデルに関する事後分布が計算できるようになる．

有限個のモデル $M = \{M_1, \ldots, M_K\}$ を考えよう．ここで，各モデル M_k はパラメータ $\boldsymbol{\theta}_k$ をもっている．**ベイズモデル選択**では，モデルの集合に対して事前分布 $p(M)$ を設ける．モデルからデータを生成するまでの**生成プロセス**は

ベイズモデル選択 (Bayesian model selection)

生成プロセス (generative process)

$$M_k \sim p(M), \tag{8.40}$$
$$\boldsymbol{\theta}_k \sim p(\boldsymbol{\theta} \mid M_k), \tag{8.41}$$
$$\mathcal{D} \sim p(\mathcal{D} \mid \boldsymbol{\theta}_k) \tag{8.42}$$

のようになり，図 8.15 のように図示される．

図 8.15　ベイズモデル選択における階層的生成プロセスの説明．モデル集合の事前分布を $p(M)$ とおく．各モデルには，対応するモデルパラメータに関する分布 $p(\boldsymbol{\theta} \mid M)$ があり，これを用いてデータ $\mathcal{D}$ を生成する．

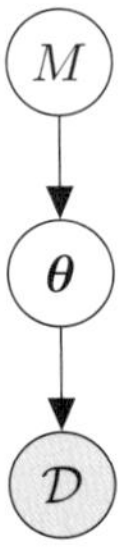

訓練データセット $\mathcal{D}$ が得られたのち，ベイズの定理を適用すればモデルの事後分布は

$$p(M_k \mid \mathcal{D}) \propto p(M_k)p(\mathcal{D} \mid M_k) \tag{8.43}$$

のように計算できる．事後分布はモデルパラメータ $\boldsymbol{\theta}_k$ に依存しないことに注意しよう．というのも，以下のように積分を実行済みであるからである．

$$p(\mathcal{D} \mid M_k) = \int p(\mathcal{D} \mid \boldsymbol{\theta}_k)p(\boldsymbol{\theta}_k \mid M_k)d\boldsymbol{\theta}_k. \tag{8.44}$$

ここで，$p(\boldsymbol{\theta}_k \mid M_k)$ はモデル M_k のモデルパラメータ $\boldsymbol{\theta}_k$ の事前分布である．(8.44) 項は，**モデルエビデンス**もしくは**周辺尤度**と呼ばれる．(8.43) の事後分布から，MAP 推定量

モデルエビデンス (model evidence)
周辺尤度 (marginal likelihood)

$$M^* = \underset{M_k}{\operatorname{argmax}}\, p(M_k \mid \mathcal{D}) \tag{8.45}$$

が求められる．すべてのモデルの（事前）確率が等しいとして，一様な事前分布 $p(M_k) = \frac{1}{K}$ を設定した場合，モデルに関する MAP 推定はモデルエビデンス (8.44) の最大化と等価となる．

注（尤度と周辺尤度）　尤度と周辺尤度（エビデンス）の間には，いくつかの重要な違いがある．尤度が過学習しやすいのに対し，周辺尤度は通常そうではない．これは，モデルパラメータが周辺化されているためである（すなわち，パラメータを適合させる必要がなくなっている）．さらに，周辺尤度はモデルの複雑さとデータの適合性の間のトレードオフを自動的に取り入れている（オッカムの剃刀）．

8.6.3 モデル比較のためのベイズ因子

データセット $\mathcal{D}$ が与えられたとき，二つの確率モデル M_1, M_2 を比較する問題を考えよう．事後分布 $p(M_1 \mid \mathcal{D})$ と $p(M_2 \mid \mathcal{D})$ を計算すると，事後分布の比を

$$\underbrace{\frac{p(M_1 \mid \mathcal{D})}{p(M_2 \mid \mathcal{D})}}_{\text{事後オッズ}} = \frac{\frac{p(\mathcal{D}|M_1)p(M_1)}{p(\mathcal{D})}}{\frac{p(\mathcal{D}|M_2)p(M_2)}{p(\mathcal{D})}} = \underbrace{\frac{p(M_1)}{p(M_2)}}_{\text{事前オッズ}} \underbrace{\frac{p(\mathcal{D} \mid M_1)}{p(\mathcal{D} \mid M_2)}}_{\text{ベイズ因子}}. \tag{8.46}$$

と計算できる．事後分布の比は，**事後オッズ**とも呼ばれる．(8.46) の右辺の一つ目の分数，**事前オッズ**は，（初期）信念として，M_2 に対して M_1 をどれだけ支持しているかを測る量である．周辺尤度の比（右辺の二つ目の分数）は**ベイズ因子**と呼ばれ，M_2 と比較して M_1 がどれだけデータ $\mathcal{D}$ を予測しているかを測る量である．

事後オッズ (posterior odds)
事前オッズ (prior odds)
ベイズ因子 (Bayes factor)

注 *Jeffreys-Lindley* のパラドックス [Mur12] では，「広範囲に広がった事前分布からくる複雑なモデルでは，手元のデータを生成する確率は非常に小さくなるため，ベイズ因子は常により単純なモデルを支持する」と主張している．ここで，広範囲に広がった事前分布とは特定のモデルを支持しない事前分布のことである．すなわち，この事前分布のもとでは多くのモデルが先験的にもっともらしいとなる．

Jeffreys-Lindley のパラドックス (Jeffreys-Lindley paradox)

モデルに対して一様な事前分布を選択した場合，(8.46) の事前オッズ項は 1 になる．すなわち，事後オッズは周辺尤度（ベイズ因子）の比となる．

$$\frac{p(\mathcal{D} \mid M_1)}{p(\mathcal{D} \mid M_2)}. \tag{8.47}$$

ベイズ因子が 1 より大きい場合，モデル M_1 を選択し，そうでない場合はモデル M_2 を選択する．頻度論的統計学と同様，結果を「有意」とする前に，比率の大きさについて考えるべきガイドラインがある [Jef61]．

注（周辺尤度の計算） モデル選択ではベイズ因子 (8.46) とモデルの事後分布 (8.43) の計算が必要となり，周辺尤度は重要な役割を果たす．

残念ながら，周辺尤度の計算には積分 (8.44) を解く必要がある．この積分を解くことは，一般には解析的に困難であり，近似手法に頼る必要がある．例えば，数値積分 [SB02]，モンテカルロ法を用いた確率近似 [Mur12]，ベイズモンテカルロ法 [OHgn91, RG03] などである．

しかしながら，この積分が解ける特殊ケースが存在する．6.6.1 項で説明したような共役なパラメータ事前分布 $p(\boldsymbol{\theta})$ を選択した場合，周辺尤度は解析的に計算できる．第 9 章では，この厳密な計算を線形回帰の文脈で行うことになる．

この章では，機械学習の基本的な概念に関して簡単に紹介した．本書の残りの部分では，8.2 節，8.3 節，8.4 節の異なる三つの学習方法が，機械学習の四

つの柱（回帰，次元削減，密度推定，分類）にどのように適用されているかを見ていく．

8.6.4　関連図書

本節の冒頭で，モデルの性能に影響を与えるような，高レベルなモデリングの選択肢が存在することを述べた．例えば以下のようなものである．

- 回帰設定における多項式の次数
- 混合モデルの成分数
- （深層）ニューラルネットワークのネットワークアーキテクチャ
- サポートベクターマシンのカーネルの種類
- 主成分分析における潜在次元の次元
- 最適化アルゴリズムにおける学習率（スケジュール）

[RG01] は，自動的なオッカムの剃刀は必ずしもモデルのパラメータ数にペナルティーを課すわけではなく，関数の複雑さの観点で効果的であることを示した．また彼らは，ガウス過程のようなノンパラメトリックなベイジアンモデルに対しても，この自動的なオッカムの剃刀が成立することを示した．

パラメトリックモデルでは，パラメータの数がモデル族の複雑さに関係することが多い．

最尤推定に焦点を当てた場合，過学習を防ぎながらモデル選択を行う多くの発見的方法が存在する．これらは情報量規準と呼ばれ，その値が最大となるモデルが推奨される．**赤池情報量規準** (AIC)[Aka74]

赤池情報量規準 (Akaike information criterion)

$$\log p(\boldsymbol{x} \mid \boldsymbol{\theta}) - M \tag{8.48}$$

は，パラメータが多い複雑なモデルの過学習と相殺するような罰則項を追加することで，最尤推定のバイアスを補正する．ここで，M はモデルパラメータの数である．AIC は，与えられたモデルによって失われた相互情報量を推定している．

ベイズ情報量規準 (BIC)[Sch78]

ベイズ情報量規準 (Bayesian information criterion)

$$\log p(\boldsymbol{x}) = \log \int p(\boldsymbol{x} \mid \boldsymbol{\theta}) p(\boldsymbol{\theta}) d\boldsymbol{\theta} \approx \log p(\boldsymbol{x} \mid \boldsymbol{\theta}) - \frac{1}{2} M \log N \tag{8.49}$$

は指数分布族に対して使用できる．ここで，N はデータ点の数で M はパラメータ数である．BIC は AIC よりもモデルの複雑さに対してより重いペナルティを課す．

第9章

線形回帰

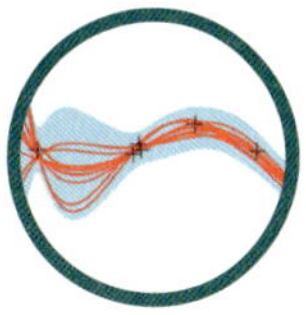

本章では，第2章，第5章，第6章，そして第7章の数学的概念を応用して線形回帰（曲線フィッティング）の問題を解いていく．回帰の目的は，入力 $\boldsymbol{x} \in \mathbb{R}^D$ から対応する値 $f(\boldsymbol{x}) \in \mathbb{R}$ に写像する関数 f を得ることである．前提として，入力 $\boldsymbol{x}_n$ と対応するノイズありの観測 $y_n = f(\boldsymbol{x}_n) + \epsilon_n$ からなる訓練データが与えられているとする．ここで ϵ_n は独立同分布の確率変数であり，測定／観測ノイズや（この章では追究しない）未知の過程による影響を表している．この章を通じて，このノイズは平均が0のガウスノイズであるとする．訓練データだけでなく，それ以外の入力値での予測に対する十分な汎化性をもつ関数を求めることが我々のタスクである（第8章参照）．このような回帰問題の例を図9.1に示す．図9.1 (a) が典型的な回帰の設定であり，いくつかの入力 x_n に対して，ノイズ入りの関数値 $y_n = f(x_n) + \epsilon_n$ が観測されている．これらのデータから，データを生成している関数 f を推論することが今回のタスクである．ただし，この関数はまた新しい入力に対する汎化能力がなければ

回帰 (regression)

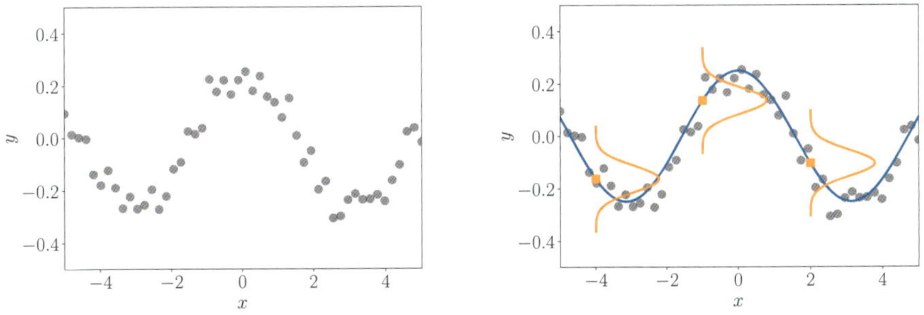

(a) 回帰問題：ノイズを含む観測値から，背後にあるデータを生成する関数を推定したい．

(b) 回帰問題の解：データを生成した可能性のある関数（青線）と，対応する入力の関数値の観測ノイズを示したもの（オレンジ色の分布）．

図 9.1 (a) データセット．(b) 回帰問題の考えられる解．

ならない．図9.1 (b) には，妥当な解とデータのノイズを表す（$f(x)$ を中心とした）三つの分布を描いている．

回帰は機械学習の基本的な問題である．加えて，時系列解析（システム同定など），制御とロボティクス（強化学習，順／逆モデル学習など），最適化（直線探索，大域的最適化など），深層学習での応用（コンピュータゲーム，音声–テキスト翻訳，画像認識，自動動画アノテーションなど）など，多様な研究分野と応用分野に登場する．また，回帰は分類アルゴリズムの重要な要素でもある．回帰関数を求めるためには，以下のような様々な問題を解く必要がある．

通常，ノイズの種類も「モデルの選択」になり得るが，本章ではノイズをガウスノイズに固定する．

- **回帰関数のモデル（種類）とパラメータ選択**．データセットが与えられたとき，どの関数族（多項式など）がデータをモデル化するのによい候補なのか，どういった特定のパラメータ表示（多項式の次数など）を選ぶべきか，という問題である．8.6節で説明したモデル選択を利用すると，様々なモデルを比較して，訓練データを適度によく説明する最も単純なモデルを得ることができる．
- **よいパラメータを求めること**．回帰関数のモデルを選択した後に，よいモデルパラメータをどのように求めるのかという問題である．ここでは，(「よい」適合とは何かを決める）様々な損失／目的関数と，この損失を最小化する最適化アルゴリズムを考える必要がある．
- **過学習とモデル選択**．過学習は，回帰関数が「過剰に」訓練データに適合してしまい，未知のテストデータへ汎化しないという問題である．過学習は，典型的には基礎となるモデル（もしくはパラメータ表示）が過度に柔軟で表現力がある場合に起こる（8.6節参照）．過学習の根本的な理由を探り，線形回帰における過学習の影響を緩和する方法を説明する．
- **損失関数とパラメータの事前確率の関係**．（最適化の目的関数である）損失関数には，確率モデルに起源をもつものも多い．損失関数とその背後の仮定との間の関係を見ていく．
- **不確実性のモデル化**．実際には，モデルとパラメータを選択するための（訓練）データは，大きいかもしれないがサイズは有限である．与えられた有限のデータが事象全体をカバーしているわけではないため，テスト時点の予測の信頼度を測るために，パラメータに残された不確実性を表現したいことがある．訓練集合が小さければ小さいほど，不確実性をモデリングしておくことがより重要になる．不確実性を一貫してモデル化することで，モデルの予測の信頼できる範囲を知ることができる．

以下では，第3章，第5章，第6章，第7章の数学的な道具を利用して線形回帰の問題を解く．最適化されたモデルパラメータを求める際には，最尤推定と最大事後確率 (MAP) 推定を利用する．これらのパラメータ推定法を使用して，汎化誤差と過学習について簡単に見ていくことになる．章の最後で，ベイズ線形回帰の説明を行う．ベイズ線形回帰では，より高いレベルでモデルのパラメータを扱うことが可能になり，最尤推定や MAP 推定で発生するいくつかの問題を解消することができる．

9.1 問題の定式化

観測ノイズが存在することから，確率論によるアプローチを採用して，尤度関数を用いたノイズのモデルを明確に与えることにしよう．より具体的にいうと，この章では尤度関数が

$$p(y \mid \boldsymbol{x}) = \mathcal{N}(y \mid f(\boldsymbol{x}), \sigma^2) \tag{9.1}$$

となる回帰問題を考察する．ここで，$\boldsymbol{x} \in \mathbb{R}^D$ は入力で，$y \in \mathbb{R}$ はノイズ入りの関数値（ターゲット）である．(9.1) から，$\boldsymbol{x}$ と y の間の関数関係は

$$y = f(\boldsymbol{x}) + \epsilon \tag{9.2}$$

のように与えられる．ここで，$\epsilon \sim \mathcal{N}(0, \sigma^2)$ は平均 0，分散 σ^2 のガウス分布に従うノイズである．また，各標本点の観測ノイズがその独立同分布 (i.i.d.) に従って得られるとしている．我々の目的は，データを生成した未知関数 f と似ている，汎化能力の高い関数を求めることである．

この章では，パラメトリックモデルに焦点を当てる．すなわち，パラメトライズされた関数を選択し，「うまく機能する」パラメータ $\boldsymbol{\theta}$ を求めてモデルを決める．当面の間，ノイズの分散 σ^2 は既知であると仮定し，モデルパラメータ $\boldsymbol{\theta}$ の学習に注力する．特に線形回帰の場合は，パラメータ $\boldsymbol{\theta}$ がモデル内で線形に出現し，例えば

$$p(y \mid \boldsymbol{x}, \boldsymbol{\theta}) = \mathcal{N}(y \mid \boldsymbol{x}^\top \boldsymbol{\theta}, \sigma^2) \tag{9.3}$$

$$\iff y = \boldsymbol{x}^\top \boldsymbol{\theta} + \epsilon, \quad \epsilon \sim \mathcal{N}(0, \sigma^2) \tag{9.4}$$

のようになる．この $\boldsymbol{\theta} \in \mathbb{R}^D$ が求めたいパラメータである．(9.4) で表される関数族は原点を通る直線を意味しており，回帰関数の形が $f(\boldsymbol{x}) = \boldsymbol{x}^\top \boldsymbol{\theta}$ に絞られている．

(9.3) の**尤度**は $\boldsymbol{x}^\top \boldsymbol{\theta}$ を中心とする y の確率密度関数である．不確実性の唯一の要因は，観測ノイズのみに由来することに注意しよう（$\boldsymbol{x}$ と $\boldsymbol{\theta}$ は (9.3) で条

尤度 (likelihood)

ディラック・デルタ（デルタ関数）は，一点を除いていたるところで0であり，積分値が1である．これはガウス分布の尤度関数の $\sigma^2 \to 0$ における極限とみなすこともできる．

件付けられている）．観測ノイズがなければ，$\boldsymbol{x}$ と y の間の関係は決定論的で，(9.3) はディラックのデルタ関数となる．

例 9.1　$x, \theta \in \mathbb{R}$ に対して，(9.4) の線形回帰モデルは直線（線形関数）を表し，パラメータ θ は直線の傾きである．図 9.2 (a) に異なる θ の値における関数の例を示している．

図 9.2　線形回帰の例．(a) 該当する関数の例．(b) 訓練集合．(c) 最尤推定値．

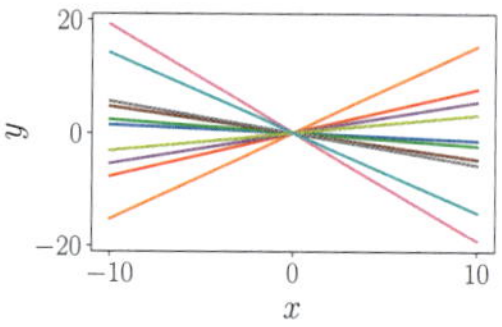

(a) (9.4) の線形モデルを用いて表される関数の例（直線）

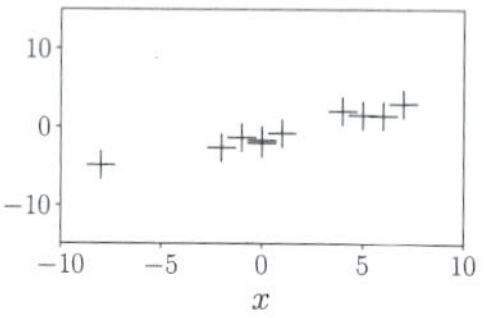

(b) 訓練集合

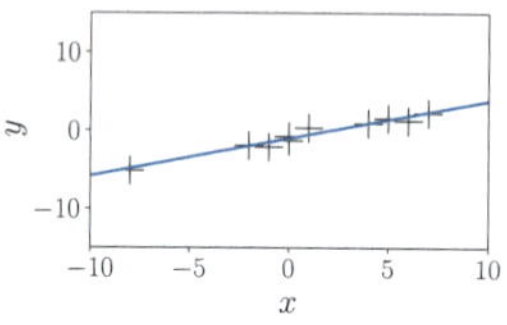

(c) 最尤推定

線形回帰とは，パラメータが線形であるモデルを指す．

(9.3), (9.4) の線形回帰モデルは，パラメータに関して線形なだけでなく，入力 $\boldsymbol{x}$ に関しても線形である．図 9.2 (a) にその例が示されている．「線形回帰」とは，「パラメータに関して線形」であるモデル，すなわち入力の特徴量の線形結合によって関数が表現されているようなモデルを指すため，非線形変換 $\boldsymbol{\phi}$ に対して $y = \boldsymbol{\phi}^\top(\boldsymbol{x})\boldsymbol{\theta}$ もまた線形回帰モデルであるという．このとき「特徴量」とは入力 $\boldsymbol{x}$ をもとにした表現 $\boldsymbol{\phi}(\boldsymbol{x})$ である．

以下では，よいパラメータ $\boldsymbol{\theta}$ を求める方法と，あるパラメータ集合が「うまく機能する」かどうかを評価する方法について詳細に説明する．当面の間，ノイズの分散 σ^2 は既知であると仮定する．

9.2　パラメータ推定

訓練集合 (training set)

線形回帰の設定 (9.4) を考え，N 個の入力 $\boldsymbol{x}_n \in \mathbb{R}^D$ と対応する観測値／ターゲット $y_n \in \mathbb{R}, n = 1, \ldots, N$ からなる**訓練集合** $\mathcal{D} := \{(\boldsymbol{x}_1, y_1), \ldots, (\boldsymbol{x}_N, y_N)\}$ が与えられていると仮定する．対応するグラフィカルモデルを図 9.3 に示している．

図 9.3　線形回帰に関する確率的グラフィカルモデル．観測された確率変数は影付き，決定論的／既知の値は丸なしで表す．

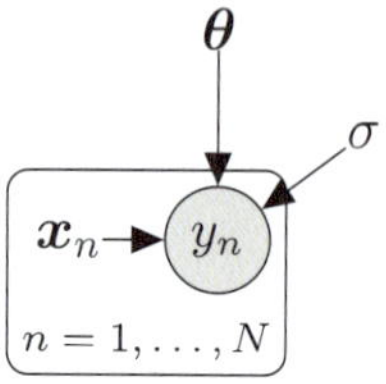

y_i と y_j は入力 $\boldsymbol{x}_i, \boldsymbol{x}_j$ が所与のもとで条件付き独立であることに注意しよう．そのため，尤度は

$$p(\mathcal{Y} \mid \mathcal{X}, \boldsymbol{\theta}) = p(y_1, \ldots, y_N \mid \boldsymbol{x}_1, \ldots, \boldsymbol{x}_N, \boldsymbol{\theta}) \tag{9.5a}$$

$$= \prod_{n=1}^{N} p(y_n \mid \boldsymbol{x}_n, \boldsymbol{\theta}) = \prod_{n=1}^{N} \mathcal{N}(y_n \mid \boldsymbol{x}_n^\top \boldsymbol{\theta}, \sigma^2) \tag{9.5b}$$

のように分解される．ここで，訓練入力と対応するターゲットの集合をそれぞれ $\mathcal{X} = \{\boldsymbol{x}_1, \ldots, \boldsymbol{x}_N\}$ と $\mathcal{Y} = \{y_1, \ldots, y_N\}$ とした．尤度と因子 $p(y_n|\boldsymbol{x}_n, \boldsymbol{\theta})$ はノイズの分布に対応し，ガウス分布で与えられる（(9.3) 参照）．

以下では，線形回帰モデル (9.4) に対する最適なパラメータ $\boldsymbol{\theta}^* \in \mathbb{R}^D$ の求め方について説明する．いったんパラメータ $\boldsymbol{\theta}^*$ がわかれば，(9.4) を用いて予測を行うことができる．任意のテスト入力 $\boldsymbol{x}_*$ において，対応するターゲット y_* の分布は

$$p(y_* \mid \boldsymbol{x}_*, \boldsymbol{\theta}^*) = \mathcal{N}(y_* \mid \boldsymbol{x}_*^\top \boldsymbol{\theta}^*, \sigma^2) \tag{9.6}$$

となる．まず，8.3 節ですでにある程度説明したトピックである，尤度の最大化によるパラメータ推定について見ていく．

9.2.1 最尤推定

最尤推定は，望ましいパラメータ $\boldsymbol{\theta}_{\mathrm{ML}}$ を求める方法として広く用いられているアプローチであり，尤度 (9.5b) を最大化するような $\boldsymbol{\theta}_{\mathrm{ML}}$ を求める．直感的には，尤度の最大化はモデルパラメータから得られた訓練データの出現確率を最大化することを意味している．最尤推定パラメータは

最尤推定 (maximum likelihood estimation)

尤度の最大化とは，パラメータから得られた（訓練）データの出現確率を最大化することを意味する．

$$\boldsymbol{\theta}_{\mathrm{ML}} = \underset{\boldsymbol{\theta}}{\mathrm{argmax}}\ p(\mathcal{Y} \mid \mathcal{X}, \boldsymbol{\theta}) \tag{9.7}$$

のように求められる．

注 尤度 $p(\boldsymbol{y} \mid \boldsymbol{x}, \boldsymbol{\theta})$ は $\boldsymbol{\theta}$ の確率分布ではない．単にパラメータ $\boldsymbol{\theta}$ の関数であり，積分して 1 にならない（すなわち，正規化されていない）どころか，$\boldsymbol{\theta}$ に関して積分可能ですらないかもしれない．なお，(9.7) の尤度は正規化された $\mathcal{Y}$ の確率分布である．

尤度関数はパラメータの確率分布ではない．

尤度を最大化するパラメータ $\boldsymbol{\theta}_{\mathrm{ML}}$ を見つけるためには，一般的には勾配上昇法（もしくは負の尤度に対する勾配降下法）を実行する．しかし線形回帰の場合は，解を構成できるため，反復的な勾配降下は必要ない．計算にあたっては，尤度を直接最大化する代わりに，尤度関数に対数変換を施した上で負の対数尤度を最小化することになる．

対数は，（狭義）単調増加する関数であるため，関数 f の最適値は $\log f$ の最適値と同じになる．

注（対数変換） 尤度 (9.5b) は N 個のガウス分布の積であるため，(a) 数値的なアンダーフローに悩まされず，(b) 微分のルールが単純化されるという理由で，対数変換が有用である．つまり，N 個のデータに関する確率の積を得る場合，10^{-256} のような非常に小さな数を表現することができないため数値的なアンダーフローが問題となるが，対数変換を用いることで微小な数値を回避することができる．そして，N 個の積の勾配を計算するために積の規則 (5.46) を繰り返し適用するのではなく，対数変換によって積を対数確率の和へ変換することで，対応する勾配が個々の勾配の和となる．

線形回帰の問題において，最適なパラメータ $\boldsymbol{\theta}_{\mathrm{ML}}$ を求めるために，負の対数尤度

$$-\log p(\mathcal{Y} \mid \mathcal{X}, \boldsymbol{\theta}) = -\log \prod_{n=1}^{N} p(y_n \mid \boldsymbol{x}_n, \boldsymbol{\theta}) = -\sum_{n=1}^{N} \log p(y_n \mid \boldsymbol{x}_n, \boldsymbol{\theta}) \quad (9.8)$$

を最小化する．ここで，訓練集合に関する独立性の仮定から，尤度 (9.5b) がデータ点ごとに分解される性質を利用している．

線形回帰モデル (9.4) では，（ガウス分布の付加ノイズ項のため）尤度はガウス分布である．そのため

$$\log p(y_n \mid \boldsymbol{x}_n, \boldsymbol{\theta}) = -\frac{1}{2\sigma^2}(y_n - \boldsymbol{x}_n^\top \boldsymbol{\theta})^2 + \mathrm{const} \quad (9.9)$$

のようになる．ここで，$\boldsymbol{\theta}$ に依存しない項を定数項に含めている．すると，負の対数尤度 (9.8) は（定数項を無視すれば）

$$\mathcal{L}(\boldsymbol{\theta}) := \frac{1}{2\sigma^2}(y_n - \boldsymbol{x}_n^\top \boldsymbol{\theta})^2 \quad (9.10a)$$

$$= \frac{1}{2\sigma^2}(\boldsymbol{y} - \boldsymbol{X}\boldsymbol{\theta})^\top (\boldsymbol{y} - \boldsymbol{X}\boldsymbol{\theta}) = \frac{1}{2\sigma^2}\|\boldsymbol{y} - \boldsymbol{X}\boldsymbol{\theta}\|^2 \quad (9.10b)$$

計画行列 (design matrix)

負の対数尤度は，誤差関数とも呼ばれる．

二乗誤差は距離を測るためにしばしば用いられる．内積としてドット積を選択した場合，$\|\boldsymbol{x}\|^2 = \boldsymbol{x}^\top \boldsymbol{x}$ である (3.1 節)．

となる．ここで，訓練入力を集約した計画行列を $\boldsymbol{X} := [\boldsymbol{x}_1, \ldots, \boldsymbol{x}_N]^\top \in \mathbb{R}^{N \times D}$ とし，訓練ターゲットを集約したベクトルを $\boldsymbol{y} := [y_1, \ldots, y_N]^\top \in \mathbb{R}^N$ とした．特に，計画行列 $\boldsymbol{X}$ の第 n 行は訓練入力 $\boldsymbol{x}_n$ と対応している．また，(9.10b) では，観測 y_n と対応するモデルの予測 $\boldsymbol{x}_n^\top \boldsymbol{\theta}$ の二乗誤差が，$\boldsymbol{y}$ と $\boldsymbol{X}\boldsymbol{\theta}$ の間の（ユークリッド）距離の二乗と等しいことを用いた．

(9.10b) によって，最適化する負の対数尤度の具体形が得られた．$\boldsymbol{\theta}$ に対して二次であるため，負の対数尤度 $\mathcal{L}$ を最小化する一意な大域解 $\boldsymbol{\theta}_{\mathrm{ML}}$ を求めることができる．具体的には，$\mathcal{L}$ の勾配を $\boldsymbol{0}$ とする方程式を $\boldsymbol{\theta}$ に対して解けば大域的な最適値となる．

第5章の結果から，パラメータに対する $\mathcal{L}$ の勾配は

$$\frac{\mathrm{d}\mathcal{L}}{d\boldsymbol{\theta}} = \frac{\mathrm{d}}{\mathrm{d}\boldsymbol{\theta}}\left(\frac{1}{2\sigma^2}(\boldsymbol{y} - \boldsymbol{X}\boldsymbol{\theta})^\top (\boldsymbol{y} - \boldsymbol{X}\boldsymbol{\theta})\right) \quad (9.11a)$$

$$= \frac{1}{2\sigma^2}\frac{\mathrm{d}}{\mathrm{d}\boldsymbol{\theta}}\left(\boldsymbol{y}^\top \boldsymbol{y} - 2\boldsymbol{y}^\top \boldsymbol{X}\boldsymbol{\theta} + \boldsymbol{\theta}^\top \boldsymbol{X}^\top \boldsymbol{X}\boldsymbol{\theta}\right) \quad (9.11b)$$

$$= \frac{1}{\sigma^2}(-\boldsymbol{y}^\top \boldsymbol{X} + \boldsymbol{\theta}^\top \boldsymbol{X}^\top \boldsymbol{X}) \in \mathbb{R}^{1 \times D} \quad (9.11c)$$

となる．最尤推定量 $\boldsymbol{\theta}_{\mathrm{ML}}$ は，（最適化の必要条件である）$\frac{d\mathcal{L}}{d\boldsymbol{\theta}} = \boldsymbol{0}^\top$ を解くことで

$$\frac{\mathrm{d}\mathcal{L}}{\mathrm{d}\boldsymbol{\theta}} = \mathbf{0}^\top \overset{(9.11c)}{\iff} \boldsymbol{\theta}_{\mathrm{ML}}^\top \boldsymbol{X}^\top \boldsymbol{X} = \boldsymbol{y}^\top \boldsymbol{X} \tag{9.12a}$$

$$\iff \boldsymbol{\theta}_{\mathrm{ML}}^\top = \boldsymbol{y}^\top \boldsymbol{X}(\boldsymbol{X}^\top \boldsymbol{X})^{-1} \tag{9.12b}$$

$$\iff \boldsymbol{\theta}_{\mathrm{ML}} = (\boldsymbol{X}^\top \boldsymbol{X})^{-1} \boldsymbol{X}^\top \boldsymbol{y} \tag{9.12c}$$

となる．

$\boldsymbol{X}$ のランク $\mathrm{rk}(\boldsymbol{X})$ について $\mathrm{rk}(\boldsymbol{X}) = D$ であるとき $\boldsymbol{X}^\top \boldsymbol{X}$ は正定値となるため，$(\boldsymbol{X}^\top \boldsymbol{X})^{-1}$ を掛けることが可能となる．

データが重複する可能性を無視すれば，パラメータ数よりデータ点が多いとき（$N \geq D$），$\mathrm{rk}(\boldsymbol{X}) = D$ である．

注 勾配が $\mathbf{0}^\top$ であることは最適性の必要十分条件となる．ヘッセ行列 $\nabla^2_{\boldsymbol{\theta}} \mathcal{L}(\boldsymbol{\theta}) = \boldsymbol{X}^\top \boldsymbol{X} \in \mathbb{R}^{D \times D}$ が正定値であるため，大域的な最小値を得ることができる．

注 (9.12c) の最尤解を得るには，$A = \boldsymbol{X}^\top \boldsymbol{X}$，$\boldsymbol{b} = \boldsymbol{X}^\top \boldsymbol{y}$ である連立一次方程式 $\boldsymbol{A\theta} = \boldsymbol{b}$ を解く必要がある．

例 9.2（直線のフィッティング） 図 9.2 では，最尤推定を用いて，傾き θ が未知の直線 $f(x) = \theta x$ をデータにフィッティングしている．図 9.2 (a) に，このモデル族に含まれる関数（直線）の例を示している．図 9.2 (b) のデータセットに対して，(9.12c) を用いて傾きパラメータ θ を推定すると，図 9.2 (c) にあるような最尤直線関数が得られる．

特徴量を用いた最尤推定

ここまでは，(9.4) で記載したような線形回帰の設定を考え，最尤推定を用いて直線をデータにフィッティングさせた．しかしながら，より複雑なデータに対しては，直線は十分な表現力をもっていない．幸いにも，線形回帰の枠内で非線形関数によるフィッティングを行うことも可能である．「線形回帰」は単に「パラメータに関して線形」という意味でしかなく，入力 $\boldsymbol{x}$ に非線形変換 $\boldsymbol{\phi}(\boldsymbol{x})$ を施し，その線形結合を考えればよい．対応する線形回帰モデルは

線形回帰は，「パラメータが線形」の回帰モデルを指すが，入力はあらゆる非線形変換を受けいれることができる．

$$p(y \mid \boldsymbol{x}, \boldsymbol{\theta}) = \mathcal{N}(y \mid \boldsymbol{\phi}^\top(\boldsymbol{x})\boldsymbol{\theta}, \sigma^2)$$

$$\iff y = \boldsymbol{\phi}^\top(\boldsymbol{x})\boldsymbol{\theta} + \epsilon = \sum_{k=0}^{K-1} \theta_k \phi_k(\boldsymbol{x}) + \epsilon \tag{9.13}$$

特徴量ベクトル (feature vector)

である．ここで，$\boldsymbol{\phi} : \mathbb{R}^D \to \mathbb{R}^K$ は入力 $\boldsymbol{x}$ の（非線形）変換，$\phi_k : \mathbb{R}^D \to \mathbb{R}$ は**特徴量ベクトル** $\boldsymbol{\phi}$ の k 番目の成分[†]である．モデルパラメータ $\boldsymbol{\theta}$ は線形にしか現れていないことに注意しよう．

[†] 訳注：ここではベクトルは第 0 成分から始まっているが，本書ではこのような添字の範囲の違いについて特に区別せずに，ベクトルや行列の添字による表記を使用する．

例 9.3（多項式回帰）　回帰問題 $y = \boldsymbol{\phi}^\top(x)\boldsymbol{\theta} + \epsilon$ ($x \in \mathbb{R}$, $\boldsymbol{\theta} \in \mathbb{R}^K$) について，多項式回帰の文脈でしばしば使われる変換は

$$\boldsymbol{\phi} = \begin{bmatrix} \phi_0(x) \\ \phi_1(x) \\ \vdots \\ \phi_{K-1}(x) \end{bmatrix} = \begin{bmatrix} 1 \\ x \\ x^2 \\ x^3 \\ \vdots \\ x^{K-1} \end{bmatrix} \in \mathbb{R}^K \tag{9.14}$$

である．これは，元の一次元入力空間を，$k = 0, \ldots, K-1$ に対するすべての単項式 x^k からなる K 次元特徴量空間へ「リフトする」ことを意味している．この特徴量によって次数が $K-1$ 以下の多項式を線形回帰の枠内でモデル化することができる．次数 $K-1$ の多項式は

$$f(x) = \sum_{k=0}^{K-1} \theta_k x^k = \boldsymbol{\phi}^\top(x)\boldsymbol{\theta} \tag{9.15}$$

である．ここで $\boldsymbol{\phi}$ は (9.14) であり，$\boldsymbol{\theta} = [\theta_0, \ldots, \theta_{K-1}]^\top \in \mathbb{R}^K$ は（線形）パラメータ θ_k のベクトルである．

特徴量行列 (feature matrix)
計画行列 (design matrix)

線形回帰モデル (9.13) のパラメータ $\boldsymbol{\theta}$ の最尤推定を見ていこう．訓練入力とターゲットを $\boldsymbol{x}_n \in \mathbb{R}^D$, $y_n \in \mathbb{R}$ $(n = 1, \ldots, N)$ として，**特徴量行列**（**計画行列**）を

$$\boldsymbol{\Phi} := \begin{bmatrix} \boldsymbol{\phi}^\top(\boldsymbol{x}_1) \\ \vdots \\ \boldsymbol{\phi}^\top(\boldsymbol{x}_N) \end{bmatrix} = \begin{bmatrix} \phi_0(\boldsymbol{x}_1) & \cdots & \phi_{K-1}(\boldsymbol{x}_1) \\ \phi_0(\boldsymbol{x}_2) & \cdots & \phi_{K-1}(\boldsymbol{x}_2) \\ \vdots & & \vdots \\ \phi_0(\boldsymbol{x}_N) & \cdots & \phi_{K-1}(\boldsymbol{x}_N) \end{bmatrix} \in \mathbb{R}^{N \times K} \tag{9.16}$$

と定める．ここで，$\boldsymbol{\Phi}_{ij} = \phi_j(\boldsymbol{x}_i)$, $\phi_j : \mathbb{R}^D \to \mathbb{R}$ である．

例 9.4（二次多項式に対する特徴量行列）　N 個の訓練データ点 $x_n \in \mathbb{R}$, $n = 1, \ldots, N$ について，二次多項式に対する特徴量行列は

$$\boldsymbol{\Phi} = \begin{bmatrix} 1 & x_1 & x_1^2 \\ 1 & x_2 & x_2^2 \\ \vdots & \vdots & \vdots \\ 1 & x_N & x_N^2 \end{bmatrix} \tag{9.17}$$

である．

(9.16) で定義した特徴量行列 $\boldsymbol{\Phi}$ を用いると，線形回帰モデル (9.13) に対する負の対数尤度は

$$-\log p(\mathcal{Y} \mid \mathcal{X}, \boldsymbol{\theta}) = \frac{1}{2\sigma^2}(\boldsymbol{y} - \boldsymbol{\Phi\theta})^\top(\boldsymbol{y} - \boldsymbol{\Phi\theta}) + \text{const} \tag{9.18}$$

のように書ける．(9.18) と「特徴量のない」負の対数尤度 (9.10b) を比較すると，$\boldsymbol{X}$ を $\boldsymbol{\Phi}$ に置き換えればよいことがすぐわかる．$\boldsymbol{X}$ と $\boldsymbol{\Phi}$ は両方とも最適化したいパラメータ $\boldsymbol{\theta}$ には依存しないため，非線形の特徴量を用いた線形回帰問題 (9.13) に対する**最尤推定量**は

最尤推定量 (maximum likelihood estimate)

$$\boldsymbol{\theta}_{\text{ML}} = (\boldsymbol{\Phi}^\top\boldsymbol{\Phi})^{-1}\boldsymbol{\Phi}^\top\boldsymbol{y} \tag{9.19}$$

となることが直ちにわかる．

注 特徴量なしで議論していたときは，$\boldsymbol{X}^\top\boldsymbol{X}$ が可逆であることを要求していた．これは，$\text{rk}(\boldsymbol{X}) = D$，すなわち，$\boldsymbol{X}$ の列が線形独立であることを意味する．同様に (9.19) では，$\boldsymbol{\Phi}^\top\boldsymbol{\Phi} \in \mathbb{R}^{K\times K}$ が可逆である必要がある．これは $\text{rk}(\boldsymbol{\Phi}) = K$ という条件に等しい．

例 9.5（最尤推定による多項式のフィッティング）

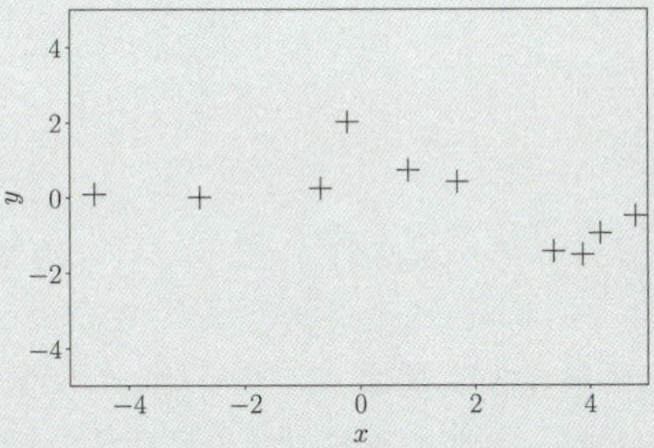

(a) 回帰データセット

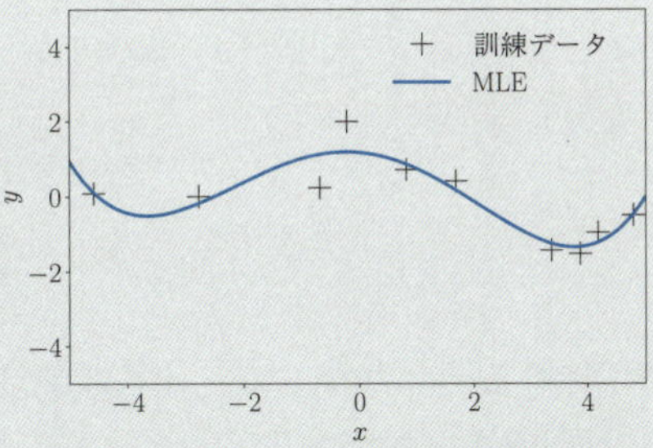

(b) 最尤推定によって決まる次数 4 の多項式

図 9.4 多項式回帰．(a) ペア (x_n, y_n)，$n = 1, \ldots, 10$ からなるデータセット．(b) 次数 4 の最尤多項式．

図 9.4 (a) の $N = 10$ 個のペア (x_n, y_n) からなるデータセットを考えよう．ここで，$x_n \sim \mathcal{U}[-5, 5]$, $y_n = -\sin(x_n/5) + \cos(x_n) + \epsilon$, $\epsilon \sim \mathcal{N}(0, 0.2^2)$ である．

最尤推定を用いて次数 4 の多項式に適合させる場合，パラメータ $\boldsymbol{\theta}_{\text{ML}}$ は (9.19) で与えられる．最尤推定を行うと，任意のテスト点 x_* に対する予測値 $\boldsymbol{\phi}^\top(x_*)\boldsymbol{\theta}_{\text{ML}}$ が得られ，図 9.4 (b) のようになる．

ノイズの分散の推定

ここまでノイズの分散 σ^2 を既知と仮定していた．しかし，最尤推定によってノイズの分散に対する最尤推定量 σ^2_{ML} を求めることもできる．求めるには通常の手順を踏襲すればよく，対数尤度を書き下し，$\sigma^2 > 0$ に関する微分を計算し，それを0とした方程式を解くことになる．対数尤度は

$$\log p(\mathcal{Y} \mid \mathcal{X}, \boldsymbol{\theta}, \sigma^2) = \sum_{n=1}^{N} \log \mathcal{N}(y_n \mid \boldsymbol{\phi}^\top(x_n)\boldsymbol{\theta}, \sigma^2) \tag{9.20a}$$

$$= \sum_{n=1}^{N} \left(-\frac{1}{2}\log(2\pi) - \frac{1}{2}\log\sigma^2 - \frac{1}{2\sigma^2}(y_n - \boldsymbol{\phi}^\top(\boldsymbol{x}_n)\boldsymbol{\theta})^2 \right) \tag{9.20b}$$

$$= -\frac{N}{2}\log\sigma^2 - \frac{1}{2\sigma^2}\underbrace{\sum_{n=1}^{N}(y_n - \boldsymbol{\phi}^\top(\boldsymbol{x}_n)\boldsymbol{\theta})^2}_{=:s} + \text{const} \tag{9.20c}$$

で与えられる．対数尤度の σ^2 に関する偏微分は

$$\frac{\partial \log p(\mathcal{Y} \mid \mathcal{X}, \boldsymbol{\theta}, \sigma^2)}{\partial \sigma^2} = -\frac{N}{2\sigma^2} + \frac{1}{2\sigma^4}s = 0 \tag{9.21a}$$

$$\iff \frac{N}{2\sigma^2} = \frac{1}{2\sigma^4}s \tag{9.21b}$$

となり，よって

$$\sigma^2_{\mathrm{ML}} = \frac{s}{N} = \frac{1}{N}\sum_{n=1}^{N}(y_n - \boldsymbol{\phi}^\top(\boldsymbol{x}_n)\boldsymbol{\theta})^2 \tag{9.22}$$

が示される．したがって，ノイズの分散の最尤推定量は，ノイズなしの関数値 $\boldsymbol{\phi}^\top(\boldsymbol{x}_n)\boldsymbol{\theta}$ と，対応するノイズ入りの観測値 y_n の間の距離の二乗に関する標本平均となる．

9.2.2　線形回帰での過学習

最尤推定を用いて（多項式などの）線形モデルをデータに適合させる方法を説明してきた．モデルの品質を評価する際には，発生した誤差／損失を用いることができる．例えば，最尤推定量を決めるために最小化した負の対数尤度 (9.10b) が考えられる．ノイズパラメータ σ^2 が固定されている場合は $1/\sigma^2$ のスケールは無視できるため，代わりに二乗損失関数 $\|\boldsymbol{y} - \boldsymbol{\Phi}\boldsymbol{\theta}\|^2$ が利用できる．また，**二乗平均平方根誤差** (RMSE)

二乗平均平方根誤差 (RMSE: root mean square error)

$$\sqrt{\frac{1}{N}\|\boldsymbol{y}-\boldsymbol{\Phi\theta}\|^2} = \sqrt{\frac{1}{N}\sum_{n=1}^{N}(y_n - \boldsymbol{\phi}^\top(\boldsymbol{x}_n)\boldsymbol{\theta})^2} \tag{9.23}$$

もしばしば用いられる．RMSEは，(a) 異なるサイズのデータセットの誤差を比較でき，(b) 観測された関数値 y_n と同じ尺度・単位をもつ．例えば，郵便番号（x は経度，緯度で与えられる）から住宅価格（y の単位はユーロである）を予測するモデルを適合させたとき，RMSEもユーロ単位で評価されるが二乗誤差はユーロ ^{2} の単位で与えられる．σ^2 について考慮したもとの負の対数尤度 (9.10b) を採用する場合は目的関数は無次元量となる．今の例において，負の対数尤度はもはやユーロやユーロ ^{2} ではないのである．

RMSEは正規化されている．

負の対数尤度は無次元である．

モデル選択（8.6節）では，RMSE（もしくは負の対数尤度）を使用して，目的関数を最小化する多項式の次数 M を見つけることによって，多項式の最適な次数を決定することが可能である．多項式の次数は自然数であることから，総当たりの探索をして M のすべての（妥当な）値を列挙することができる．訓練集合のサイズ N に対しては，$0 \leq M \leq N-1$ をテストすれば十分である．$M < N$ に対しては，最尤推定量は一意である．$M \geq N$ に対しては，データ点よりもより多くのパラメータをもっている．決定不可能な連立一次方程式を解く必要があり，最尤推定量は無限に多く存在するだろう（$\boldsymbol{\Phi}^\top\boldsymbol{\Phi}$ はもはや可逆ではない）．

$N = 10$ 個の観測点をもつ図9.4 (a) のデータセットに対して，最尤推定で求めた多項式を図9.5に示す．次数の低い多項式（定数 ($M = 0$) や直線 ($M = 1$)）はデータにうまく適合せず，表現能力が不足していることがわかる．

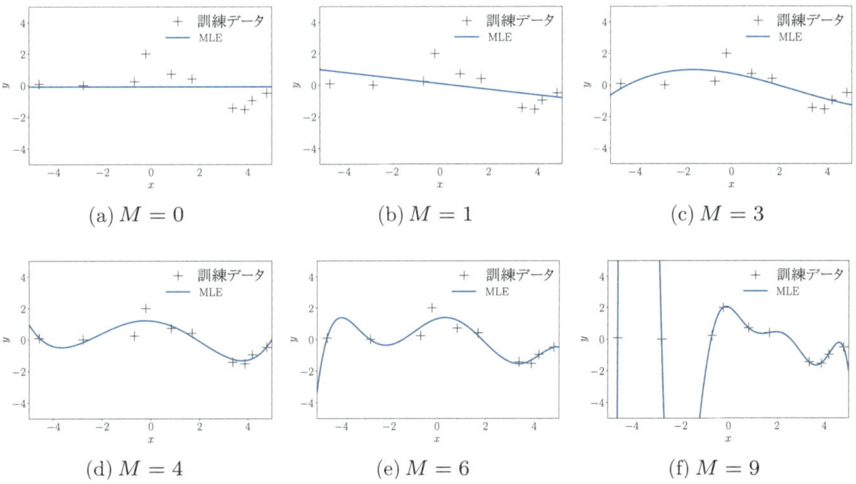

図9.5 異なる多項式の次数 M での最尤推定によるフィット．

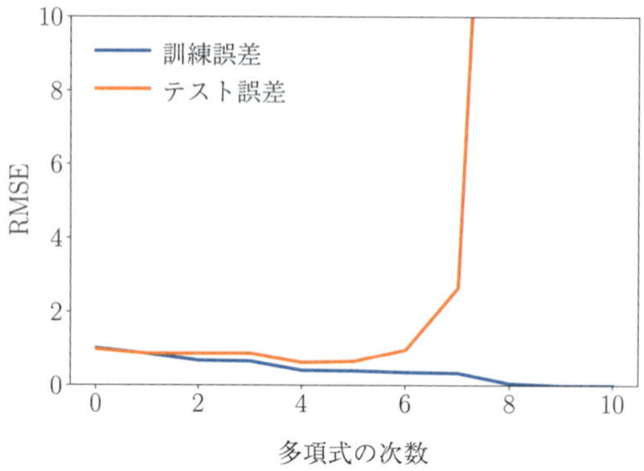

図 9.6　訓練誤差およびテスト誤差.

次数 $M = 3, 4, 5$ では，フィットは尤もらしく，データを滑らかに補間している．より高い次数の多項式になると，データへの適合がどんどんよくなっていくことに気がつくだろう．$M = N - 1 = 9$ の極端な場合では，関数はすべてのデータ点を通過する．しかしながら，高い次数の多項式は激しく振動して過学習が起きており，データを生成する背後の関数をうまく表せていない．

過学習 (overfitting)

$M = N - 1$ の場合は，対応する連立方程式の零空間が自明でなく，線形回帰問題の最適解が無限に増えてしまうという意味で極端な場合に該当する．

新しい（未知の）データに対して正確な予測を行う汎化性が目標なのであった．訓練データと同じ関数を用いてテスト集合を別途生成し，次数 M と汎化性能の関係を定量的に把握することができる．テスト入力を区間 $[-5, 5]$ の 200 点の線形グリッドとして，各 M での訓練データとテストデータの RMSE (9.23) を評価するのである．

ノイズ分散 $\sigma^2 > 0$ であったことに注意しよう．

多項式の汎化性能の指標であるテスト誤差は，最初は次数に関して減少している（図 9.6 のオレンジの線）．四次の多項式でテスト誤差は相対的に低く，五次までは比較的一定である．しかし，六次以降はテスト誤差が急激に増大し，高次の多項式の汎化性能は非常に悪い．この状況は図 9.5 の最尤推定によるフィットの状況からも見て取ることができる．なお，多項式の次数が増加した場合でも，**訓練誤差**（図 9.6 の青い曲線）は増加しないことに注意しよう．今回の場合，次数 $M = 4$ の多項式が最もよく汎化（最も小さいテスト誤差の点）している．

訓練誤差 (training error)

テスト誤差 (test error)

9.2.3　最大事後確率推定

最尤推定が過学習を起こしやすいことを先ほど見た．過学習に陥ると，パラメータ値の大きさが相対的に大きくなることがしばしば起こる [Bis06].

パラメータの値が巨大にならないよう，パラメータの事前分布 $p(\boldsymbol{\theta})$ をおくことができる．事前分布は，どのようなパラメータ値が（データの観測前の段階で）尤もらしいかを分布として表現している．例えば，単一パラメータ θ に対するガウス事前分布 $p(\theta) = \mathcal{N}(0, 1)$ は，真のパラメータ値が区間 $[-2, 2]$（2 標準偏差内）にあるという期待を表している．データセット $\mathcal{X}, \mathcal{Y}$ を得たら，尤度ではなく事後分布 $p(\boldsymbol{\theta} \mid \mathcal{X}, \mathcal{Y})$ を最大化するパラメータを求める．この手順は**最大事後推定**（*MAP* **推定**）と呼ばれる．

最大事後推定 (maximum a posteriori estimation)

MAP 推定 (MAP estimation)

訓練データ $\mathcal{X}, \mathcal{Y}$ が与えられると，パラメータ $\boldsymbol{\theta}$ の事後分布はベイズの定理（6.3 節）から

$$p(\boldsymbol{\theta} \mid \mathcal{X}, \mathcal{Y}) = \frac{p(\mathcal{Y} \mid \mathcal{X}, \boldsymbol{\theta}) p(\boldsymbol{\theta})}{p(\mathcal{Y} \mid \mathcal{X})} \tag{9.24}$$

となる．事後分布は事前分布 $p(\boldsymbol{\theta})$ に陽に依存しているため，MAP 推定で得られるパラメータは事前分布の影響を受ける．このことは後述の計算でより明確になるだろう．事後分布 (9.24) を最大化するパラメータベクトル $\boldsymbol{\theta}_{\mathrm{MAP}}$ が MAP 推定量である．

MAP 推定量を求めるために，最尤推定と同様の手順に従う．対数変換を行うことから始めよう．対数事後分布は

$$\log p(\boldsymbol{\theta} \mid \mathcal{X}, \mathcal{Y}) = \log p(\mathcal{Y} \mid \mathcal{X}, \boldsymbol{\theta}) + \log p(\boldsymbol{\theta}) + \mathrm{const} \tag{9.25}$$

のように計算され，$\boldsymbol{\theta}$ に依存しない項は定数項に含めている．(9.25) の対数事後分布は対数尤度 $\log p(\mathcal{Y} \mid \mathcal{X}, \boldsymbol{\theta})$ と対数事前分布 $\log p(\boldsymbol{\theta})$ の和となっている．そのため，MAP 推定量は事前分布（データを得る前の尤もらしいパラメータ値に対する期待）とデータに依存する尤度の間の「折衷物」になっている．

MAP 推定量 $\boldsymbol{\theta}_{\mathrm{MAP}}$ を求めるために，$\boldsymbol{\theta}$ に関して負の対数事後分布を最小化する．つまり

$$\boldsymbol{\theta}_{\mathrm{MAP}} \in \operatorname*{argmin}_{\boldsymbol{\theta}} \{-\log p(\mathcal{Y} \mid \mathcal{X}, \boldsymbol{\theta}) - \log p(\boldsymbol{\theta})\} \tag{9.26}$$

を解く．$\boldsymbol{\theta}$ に関する負の対数事後分布の勾配は

$$-\frac{\mathrm{d} \log p(\boldsymbol{\theta} \mid \mathcal{X}, \mathcal{Y})}{\mathrm{d}\boldsymbol{\theta}} = -\frac{\mathrm{d} \log p(\mathcal{Y} \mid \mathcal{X}, \boldsymbol{\theta})}{\mathrm{d}\boldsymbol{\theta}} - \frac{\mathrm{d} \log p(\boldsymbol{\theta})}{\mathrm{d}\boldsymbol{\theta}} \tag{9.27}$$

である．ここで，右辺第一項は (9.11c) の負の対数尤度の勾配と同一である．

パラメータ $\boldsymbol{\theta}$ の（共役な）ガウス事前分布 $p(\boldsymbol{\theta}) = \mathcal{N}(\boldsymbol{0}, b^2 \boldsymbol{I})$ と，線形回帰の設定 (9.13) に対する負の対数事後分布を用いると，負の対数事後分布は

$$-\log p(\boldsymbol{\theta} \mid \mathcal{X}, \mathcal{Y}) = \frac{1}{2\sigma^2} (\boldsymbol{y} - \boldsymbol{\Phi}\boldsymbol{\theta})^\top (\boldsymbol{y} - \boldsymbol{\Phi}\boldsymbol{\theta}) + \frac{1}{2b^2} \boldsymbol{\theta}^\top \boldsymbol{\theta} + \mathrm{const} \tag{9.28}$$

となる．ここで，第一項が対数尤度からの寄与で，第二項は対数事前分布に由来している．次に，$\boldsymbol{\theta}$ に関する負の対数事後分布の勾配は

$$-\frac{\mathrm{d} \log p(\boldsymbol{\theta} \mid \mathcal{X}, \mathcal{Y})}{\mathrm{d}\boldsymbol{\theta}} = \frac{1}{\sigma^2} (\boldsymbol{\theta}^\top \boldsymbol{\Phi}^\top \boldsymbol{\Phi} - \boldsymbol{y}^\top \boldsymbol{\Phi}) + \frac{1}{b^2} \boldsymbol{\theta}^\top \tag{9.29}$$

となる．この勾配を $\mathbf{0}^\top$ とおき，$\boldsymbol{\theta}$ に関して解けば，MAP 推定量 $\boldsymbol{\theta}_{\mathrm{MAP}}$ が求まる．式変形を行うと

$$\frac{1}{\sigma^2}(\boldsymbol{\theta}^\top\boldsymbol{\Phi}^\top\boldsymbol{\Phi} - \boldsymbol{y}^\top\boldsymbol{\Phi}) + \frac{1}{b^2}\boldsymbol{\theta}^\top = \mathbf{0}^\top \tag{9.30a}$$

$$\iff \boldsymbol{\theta}^\top\left(\frac{1}{\sigma^2}\boldsymbol{\Phi}^\top\boldsymbol{\Phi} + \frac{1}{b^2}\boldsymbol{I}\right) - \frac{1}{\sigma^2}\boldsymbol{y}^\top\boldsymbol{\Phi} = \mathbf{0}^\top \tag{9.30b}$$

$$\iff \boldsymbol{\theta}^\top\left(\boldsymbol{\Phi}^\top\boldsymbol{\Phi} + \frac{\sigma^2}{b^2}\boldsymbol{I}\right) = \boldsymbol{y}^\top\boldsymbol{\Phi} \tag{9.30c}$$

$$\iff \boldsymbol{\theta}^\top = \boldsymbol{y}^\top\boldsymbol{\Phi}\left(\boldsymbol{\Phi}^\top\boldsymbol{\Phi} + \frac{\sigma^2}{b^2}\boldsymbol{I}\right)^{-1} \tag{9.30d}$$

となり，MAP 推定量は（最後の等式の両辺を転置して）

$$\boldsymbol{\theta}_{\mathrm{MAP}} = \left(\boldsymbol{\Phi}^\top\boldsymbol{\Phi} + \frac{\sigma^2}{b^2}\boldsymbol{I}\right)^{-1}\boldsymbol{\Phi}^\top\boldsymbol{y} \tag{9.31}$$

$\boldsymbol{\Phi}^\top\boldsymbol{\Phi}$ は対称で半正定値である．(9.31) の付加された項は狭義正定値であるため，これらの和についても逆行列が存在する．

となる．(9.31) の MAP 推定量と (9.19) の最尤推定量を比較すると，両者の間の違いは逆行列内の追加項 $\frac{\sigma^2}{b^2}\boldsymbol{I}$ のみである．この項は，$\boldsymbol{\Phi}^\top\boldsymbol{\Phi} + \frac{\sigma^2}{b^2}\boldsymbol{I}$ が対称で狭義正定値であることを保証している．（すなわち，逆行列が存在して連立一次方程式の解として MAP 推定量がただ一つ得られる．）また，この項はパラメータの正則化を表している．

例 9.6（多項式回帰に対する MAP 推定） 9.2.1 項の多項式の例について，パラメータ $\boldsymbol{\theta}$ をガウス事前分布 $p(\boldsymbol{\theta}) = \mathcal{N}(\mathbf{0}, \boldsymbol{I})$ に置き換えて，(9.31) を用いて MAP 推定量を求める．図 9.7 に次数 6（左）と次数 8（右）の多項式に対する最尤推定量と MAP 推定量を示す．事前分布（正則化）は，低次の多項式では重要な役割を果たさないが，高次の多項式では関数を比較的滑らかにするように保つ働きをする．MAP 推定は過学習の影響を軽減させられるが，汎用的な解ではない．そのため，過学習の問題に取り組むためには，より原理的なアプローチが必要である．

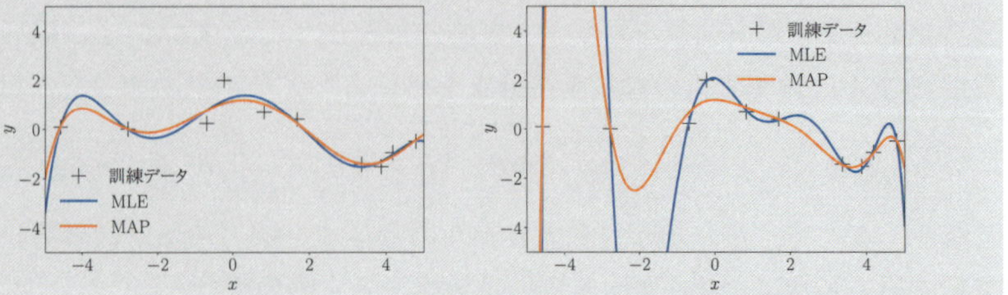

(a) 次数 6 の多項式　　(b) 次数 8 の多項式

図 9.7　多項式回帰．最尤推定と MAP 推定．(a) 次数 6 の多項式．(b) 次数 8 の多項式．

9.2.4 正則化としての MAP 推定

パラメータ $\boldsymbol{\theta}$ を事前分布に置き換える代わりに，**正則化**によりパラメータの大きさに罰則を与えることでも過学習の影響を緩和することができる．**正則化された最小二乗法**では，損失関数として

正則化 (regularization)

正則化された最小二乗法 (regularized least square)

$$\|\boldsymbol{y} - \boldsymbol{\Phi\theta}\|^2 + \lambda\|\boldsymbol{\theta}\|_2^2 \tag{9.32}$$

を考え，この損失関数を，$\boldsymbol{\theta}$ に関して最小化する（8.2.3 項参照）．ここで，第一項は**データ適合項**（**不適合項**とも呼ばれる）であり，負の対数尤度に比例している（(9.10b) 参照）．第二項は**正則化項**と呼ばれ，**正則化パラメータ** $\lambda \geq 0$ によって正則化の「厳しさ」を制御する．

データ適合項 (data-fit term)

不適合項 (misfit term)

正則化項 (regularizer)

正則化パラメータ (regularization parameter)

注 (9.32) では，ユークリッドノルム $\|\cdot\|_2$ の代わりに任意の p-ノルムを使うことができる．実際には，p の値が小さいほどよりスパースな解が得られる[†]．ここで，「スパース」とは，多くのパラメータが $\theta_d = 0$ となることを意味しており，この性質は変数選択にも有用である．$p = 1$ の場合，正則化項は *LASSO* と呼ばれ，[Tib96] によって提案された．

[†] 訳注：$0 \leq p \leq 1$ の場合にスパースな解を得る能力がある．

LASSO (Least Absolute Shrinkage and Selection Operator)

(9.32) の正則化項 $\lambda\|\boldsymbol{\theta}\|_2^2$ は MAP 推定 (9.26) で用いた負の対数ガウス事前分布と解釈できる．具体的には，ガウス事前分布 $p(\boldsymbol{\theta}) = \mathcal{N}(\boldsymbol{0}, b^2\boldsymbol{I})$ を用いると，負の対数ガウス事前分布は

$$-\log p(\boldsymbol{\theta}) = \frac{1}{2b^2}\|\boldsymbol{\theta}\|_2^2 + \text{const} \tag{9.33}$$

となり，$\lambda = \frac{1}{2b^2}$ の場合に，正則化項と負の対数ガウス事前分布の効果が一致する．

正則化された最小二乗損失関数 (9.32) が負の対数尤度と負の対数事前分布の和と密接に関係する項から構成されているため，この損失を最小化した場合に (9.31) の MAP 推定とよく似た解が得られることは驚くに値しない．実際，正則化された最小二乗損失関数を最小化すると

$$\boldsymbol{\theta}_{\mathrm{RLS}} = (\boldsymbol{\Phi}^\top\boldsymbol{\Phi} + \lambda\boldsymbol{I})^{-1}\boldsymbol{\Phi}^\top\boldsymbol{y} \tag{9.34}$$

となり，$\lambda = \frac{\sigma^2}{b^2}$ での MAP 推定と一致する．なお，σ^2 はノイズの分散で b^2 は（等方）ガウス事前分布 $p(\boldsymbol{\theta}) = \mathcal{N}(\boldsymbol{0}, b^2\boldsymbol{I})$ の分散である．

これまで，最尤推定と MAP 推定を用いたパラメータ推定を取り上げ，目的関数（尤度もしくは事後分布）を最適化する点推定値 $\boldsymbol{\theta}^*$ を求めた．そして，最尤推定と MAP 推定の両方で過学習が引き起こされることがわかった．次節では，ベイズ線形回帰を説明する．未知パラメータの事後分布を求めるためにベイズ推論（8.4 節）を用い，予測にも事後分布を利用する．予測の際には点

点推定値は，妥当なパラメータ設定の分布とは異なり，単一の特定のパラメータ値である．

推定値に焦点を当てるのではなく，すべての妥当なパラメータ集合で平均化を行う．

9.3 ベイズ線形回帰

これまで，線形回帰モデルで最尤法や MAP 推定などによってモデルのパラメータ $\boldsymbol{\theta}$ を推定する場合を見てきた．小さなデータ領域では特に，最尤推定が深刻な過学習を引き起こすことがわかった．MAP 推定では，パラメータを事前分布に置き換え，正則化の役割をさせることでこの問題に対処していた．

ベイズ線形回帰 (Bayesian linear regression)

ベイズ線形回帰は，パラメータの事前分布の考え方をさらに推し進める．予測をする際に，パラメータの点推定値を計算するのではなく，パラメータの完全な事後分布を考慮する．これは，パラメータを適合させせず，（事後分布に従って）すべての尤もらしいパラメータ設定の平均を計算することを意味している．

9.3.1 モデル

ベイズ線形回帰では，モデル

$$\begin{aligned} &\text{事前分布} \quad p(\boldsymbol{\theta}) = \mathcal{N}(\boldsymbol{m}_0, \boldsymbol{S}_0), \\ &\text{尤度} \quad p(y|\boldsymbol{x}, \boldsymbol{\theta}) = \mathcal{N}(y \mid \boldsymbol{\phi}^\top(\boldsymbol{x})\boldsymbol{\theta}, \sigma^2) \end{aligned} \tag{9.35}$$

を考える．$\boldsymbol{\theta}$ がガウス事前分布 $p(\boldsymbol{\theta}) = \mathcal{N}(\boldsymbol{m}_0, \boldsymbol{S}_0)$ に置き換わり，パラメータベクトルが確率変数になっている．

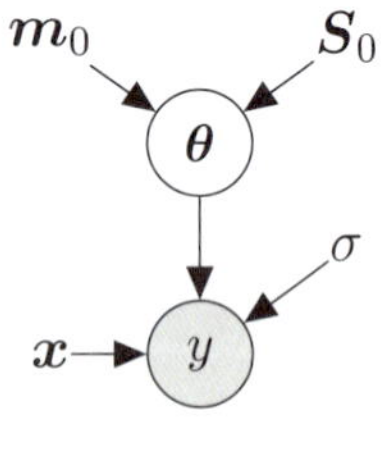

図 9.8　ベイズ線形回帰におけるグラフィカルモデル．

対応するグラフィカルモデルは図 9.8 となり，ガウス事前分布のパラメータを $\boldsymbol{\theta}$ で明示している．完全な確率モデル，すなわち，観測可能な確率変数 y と観測できない確率変数 $\boldsymbol{\theta}$ の同時分布は

$$p(\boldsymbol{y}, \boldsymbol{\theta} \mid \boldsymbol{x}) = p(\boldsymbol{y} \mid \boldsymbol{x}, \boldsymbol{\theta})p(\boldsymbol{\theta}) \tag{9.36}$$

となる．

9.3.2 事前予測

実用上，$\boldsymbol{\theta}$ のパラメータ値自体にはさほど興味はなく，むしろパラメータ値を介して行う予測に焦点を当てることが多い．ベイズ統計では，パラメータの事前分布に基づいて，可能なパラメータ全体で平均をとり，予測を行う．具体的には，入力 $\boldsymbol{x}_*$ に対するの予測を行う際は，$\boldsymbol{\theta}$ を積分消去した

$$p(y_* \mid \boldsymbol{x}_*) = \int p(y_* \mid \boldsymbol{x}_*, \boldsymbol{\theta})p(\boldsymbol{\theta})d\boldsymbol{\theta} = \mathbb{E}_{\boldsymbol{\theta}}[p(y_* \mid \boldsymbol{x}_*, \boldsymbol{\theta})] \tag{9.37}$$

を用いる．これは，事前分布 $p(\boldsymbol{\theta})$ の表すもっともらしさで $p(y_* \mid \boldsymbol{x}_*, \boldsymbol{\theta})$ を平均した予測と解釈できる．事前分布を用いた予測では，入力 $\boldsymbol{x}_*$ の指定は必要だが訓練データは必要ないことに注意しよう．

モデル (9.35) では，$\boldsymbol{\theta}$ の事前分布として共役（ガウス）事前分布を選んでいるため，予測分布も同様にガウス分布になる（かつ計算も解析的に行える）．事前分布を $p(\boldsymbol{\theta}) = \mathcal{N}(\boldsymbol{m}_0, \boldsymbol{S}_0)$ とすると，予測分布は

$$p(y_* \mid \boldsymbol{x}_*) = \mathcal{N}\left(\boldsymbol{\phi}^\top(\boldsymbol{x}_*)\boldsymbol{m}_0, \boldsymbol{\phi}^\top(\boldsymbol{x}_*)\boldsymbol{S}_0\boldsymbol{\phi}(\boldsymbol{x}_*) + \sigma^2\right) \tag{9.38}$$

となる．この計算では (i) 共役性（6.6 節）より予測分布もガウス分布となること，およびガウス分布の周辺化の性質（6.5 節），(ii) ガウスノイズが独立であること，すなわち，

$$\mathbb{V}[y_*] = \mathbb{V}_{\boldsymbol{\theta}}[\boldsymbol{\phi}^\top(\boldsymbol{x}_*)\boldsymbol{\theta}] + \mathbb{V}_\epsilon[\epsilon] \tag{9.39}$$

であること，(iii) y_* は $\boldsymbol{\theta}$ の線形結合であること，すなわち，予測の平均と共分散を (6.50), (6.51) を用いて解析的に計算できること，を利用した．(9.38) では，予測分散 $\boldsymbol{\phi}^\top(\boldsymbol{x}_*)\boldsymbol{S}_0\boldsymbol{\phi}(\boldsymbol{x}_*)$ の項は，パラメータ $\boldsymbol{\theta}$ に関する不確実性を陽に取り入れたものである．一方，σ^2 は観測ノイズによる不確実性の寄与である．

ノイズが混入しているターゲット y_* ではなくノイズがない関数値 $f(\boldsymbol{x}_*) = \boldsymbol{\phi}^\top(\boldsymbol{x}_*)\boldsymbol{\theta}$ の予測に興味がある場合は

$$p(f(\boldsymbol{x}_*)) = \mathcal{N}(\boldsymbol{\phi}^\top(\boldsymbol{x}_*)\boldsymbol{m}_0, \boldsymbol{\phi}^\top(\boldsymbol{x}_*)\boldsymbol{S}_0\boldsymbol{\phi}(\boldsymbol{x}_*)) \tag{9.40}$$

となる．(9.38) との違いは，予測分散におけるノイズ分散 σ^2 が含まれていない点だけである．

注（関数の分布） 分布 $p(\boldsymbol{\theta})$ は標本で表され，各標本点 $\boldsymbol{\theta}_i$ は関数 $f_i(\cdot) = \boldsymbol{\theta}_i^\top \boldsymbol{\phi}(\cdot)$ に対応するため，パラメータ分布 $p(\boldsymbol{\theta})$ は関数空間上の分布 $p(f(\cdot))$ を誘導する．ここでは，関数関係を陽に表すために記法 $(\cdot)$ を使用している．

パラメータ分布 $p(\boldsymbol{\theta})$ は，関数に対する分布を誘導する．

例 9.7（関数の事前分布） 五次の多項式を用いてベイズ線形回帰を行うことを考えよう．パラメータの事前分布として，$p(\boldsymbol{\theta}) = \mathcal{N}(\boldsymbol{0}, \frac{1}{4}\boldsymbol{I})$ を選ぶ．図 9.9 は，パラメータの事前分布から誘導される関数の事前分布を，その標本とともに可視化したものである（斜線領域　暗い灰色：67 % 信頼区間；薄い灰色：95 % 信頼区間）．

関数の標本は，まずパラメータベクトル $\boldsymbol{\theta}_i \sim p(\boldsymbol{\theta})$ をサンプリングして，次に $f_i(\cdot) = \boldsymbol{\theta}_i^\top \boldsymbol{\phi}(\cdot)$ を計算することで得られる．関数を図示する際は，200 個の入力点 $x_* \in [-5, 5]$ で求めた特徴量 $\boldsymbol{\phi}(\cdot)$ を利用している．図 9.9 の不確実性（斜

図 9.9　関数の事前分布．(a) 関数に対する分布を，平均関数（黒線）と，それぞれ 67％, 95％ 信頼区間を表す周辺の不確実性（影付き）によって表したもの．(b) パラメータ事前分布の標本が誘導する，関数の事前分布の標本．

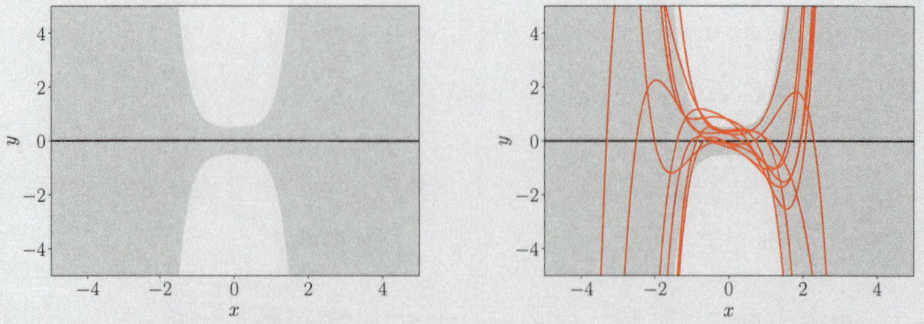

(a) 関数の事後分布　　　(b) 関数の事後分布の標本

線領域）はパラメータの不確実性のみに起因する．これはノイズのない予測分布 (9.40) を考えているためである．

ここまで，パラメータの事前分布 $p(\boldsymbol{\theta})$ による予測方法を見てきたが，（訓練データ $\mathcal{X}, \mathcal{Y}$ による）パラメータの事後分布の場合も，(9.37) の事前分布 $p(\boldsymbol{\theta})$ を事後分布 $p(\boldsymbol{\theta}|\mathcal{X}, \mathcal{Y})$ に置き換えることで予測と推論に関して同じ原理が適用できる．以下では，事後分布を導出して予測に使用する．

9.3.3　事後分布

入力 $\boldsymbol{x}_n \in \mathbb{R}^D$ と対応する観測 $y_n \in \mathbb{R}$, $n = 1, \ldots, N$ の訓練集合が与えられたとき，ベイズの定理を用いて

$$p(\boldsymbol{\theta} \mid \mathcal{X}, \mathcal{Y}) = \frac{p(\mathcal{Y} \mid \mathcal{X}, \boldsymbol{\theta})p(\boldsymbol{\theta})}{p(\mathcal{Y} \mid \mathcal{X})} \tag{9.41}$$

のように事後分布を計算できる．ここで，$\mathcal{X}$ は訓練入力，$\mathcal{Y}$ は対応する訓練ターゲットを集めたものである．また，$p(\mathcal{Y} \mid \mathcal{X}, \boldsymbol{\theta})$ は尤度，$p(\boldsymbol{\theta})$ はパラメータの事前分布，

$$p(\mathcal{Y} \mid \mathcal{X}) = \int p(\mathcal{Y} \mid \mathcal{X}, \boldsymbol{\theta})p(\boldsymbol{\theta})d\boldsymbol{\theta} = \mathbb{E}_{\boldsymbol{\theta}}[p(\mathcal{Y} \mid \mathcal{X}, \boldsymbol{\theta})] \tag{9.42}$$

周辺尤度 (marginal likelihood)
エビデンス (evidence)

は周辺尤度／エビデンスである．周辺尤度はパラメータ $\boldsymbol{\theta}$ には依存せず，事後分布の正規化，すなわち積分が1であることが保証されている．周辺尤度は，すべての可能な（事前分布 $p(\boldsymbol{\theta})$ に関する）パラメータ設定についての尤度の平均とみなすことができる．

周辺尤度は，パラメータ事前分布の下での期待尤度である．

定理 9.1　（パラメータ事後分布）　モデル (9.35) についてパラメータ事後分布 (9.41) は解析的に計算することができ，次のようになる．

$$p(\boldsymbol{\theta} \mid \mathcal{X}, \mathcal{Y}) = \mathcal{N}(\boldsymbol{\theta} \mid \boldsymbol{m}_N, \boldsymbol{S}_N), \tag{9.43a}$$

$$\boldsymbol{S}_N = (\boldsymbol{S}_0^{-1} + \sigma^{-2}\boldsymbol{\Phi}^\top\boldsymbol{\Phi})^{-1}, \tag{9.43b}$$

$$\boldsymbol{m}_N = \boldsymbol{S}_N(\boldsymbol{S}_0^{-1}\boldsymbol{m}_0 + \sigma^{-2}\boldsymbol{\Phi}^\top\boldsymbol{y}). \tag{9.43c}$$

ここで，添字 N は訓練集合の大きさを表す．　■

Proof.　ベイズの定理を用いると，事後分布 $p(\boldsymbol{\theta} \mid \mathcal{X}, \mathcal{Y})$ は尤度 $p(\mathcal{Y} \mid \mathcal{X}, \boldsymbol{\theta})$ と事前分布 $p(\boldsymbol{\theta})$ の積に比例することがわかる．

事後分布　$$p(\boldsymbol{\theta} \mid \mathcal{X}, \mathcal{Y}) = \frac{p(\mathcal{Y} \mid \mathcal{X}, \boldsymbol{\theta})p(\boldsymbol{\theta})}{p(\mathcal{Y}|\mathcal{X})}, \tag{9.44a}$$

尤度　$$p(\mathcal{Y} \mid \mathcal{X}, \boldsymbol{\theta}) = \mathcal{N}(\boldsymbol{y} \mid \boldsymbol{\Phi\theta}, \sigma^2\boldsymbol{I}), \tag{9.44b}$$

事前分布　$$p(\boldsymbol{\theta}) = \mathcal{N}(\boldsymbol{\theta} \mid \boldsymbol{m}_0, \boldsymbol{S}_0). \tag{9.44c}$$

事前分布と尤度の積を見る代わりに，対数をとり平方完成して事後分布の平均と共分散を求めることができる．対数事前分布と対数尤度の和は

$$\log\mathcal{N}(\boldsymbol{y} \mid \boldsymbol{\Phi\theta}, \sigma^2\boldsymbol{I}) + \log\mathcal{N}(\boldsymbol{\theta} \mid \boldsymbol{m}_0, \boldsymbol{S}_0) \tag{9.45a}$$

$$= -\frac{1}{2}\left(\sigma^{-2}(\boldsymbol{y} - \boldsymbol{\Phi\theta})^\top(\boldsymbol{y} - \boldsymbol{\Phi\theta}) + (\boldsymbol{\theta} - \boldsymbol{m}_0)^\top\boldsymbol{S}_0^{-1}(\boldsymbol{\theta} - \boldsymbol{m}_0)\right) + \text{const} \tag{9.45b}$$

となる．ここで，定数項は $\boldsymbol{\theta}$ に依存しない項を表しており，以降では無視する．(9.45b) を因子ごとにまとめると，

$$-\frac{1}{2}\left(\sigma^{-2}\boldsymbol{y}^\top\boldsymbol{y} - 2\sigma^{-2}\boldsymbol{y}^\top\boldsymbol{\Phi\theta} + \boldsymbol{\theta}^\top\sigma^{-2}\boldsymbol{\Phi}^\top\boldsymbol{\Phi\theta} + \boldsymbol{\theta}^\top\boldsymbol{S}_0^{-1}\boldsymbol{\theta} - 2\boldsymbol{m}_0^\top\boldsymbol{S}_0^{-1}\boldsymbol{\theta} + \boldsymbol{m}_0^\top\boldsymbol{S}_0^{-1}\boldsymbol{m}_0\right) \tag{9.46a}$$

$$= -\frac{1}{2}\left(\boldsymbol{\theta}^\top(\sigma^{-2}\boldsymbol{\Phi}^\top\boldsymbol{\Phi} + \boldsymbol{S}_0^{-1})\boldsymbol{\theta} - 2(\sigma^{-2}\boldsymbol{\Phi}^\top\boldsymbol{y} + \boldsymbol{S}_0^{-1}\boldsymbol{m}_0)^\top\boldsymbol{\theta}\right) + \text{const} \tag{9.46b}$$

となる．ここで，(9.46a) の黒字の項は $\boldsymbol{\theta}$ と独立な定数項であり，オレンジ色の項は $\boldsymbol{\theta}$ に関して線形で，青色の項は $\boldsymbol{\theta}$ に関して二次の項である．(9.46b) を見ると，この式は $\boldsymbol{\theta}$ に関して二次であることがわかる．正規化されていない対数事後分布が（負の）二次形式であるということは，事後分布がガウス分布であることを意味している．すなわち，

$$p(\boldsymbol{\theta} \mid \mathcal{X}, \mathcal{Y}) = \exp(\log p(\boldsymbol{\theta} \mid \mathcal{X}, \mathcal{Y})) \propto \exp\left(\log p(\mathcal{Y} \mid \mathcal{X}, \boldsymbol{\theta}) + \log p(\boldsymbol{\theta})\right) \tag{9.47a}$$

$$\propto \exp\left(-\frac{1}{2}\left(\boldsymbol{\theta}^\top(\sigma^{-2}\boldsymbol{\Phi}^\top\boldsymbol{\Phi} + \boldsymbol{S}_0^{-1})\boldsymbol{\theta} - 2(\sigma^{-2}\boldsymbol{\Phi}^\top\boldsymbol{y} + \boldsymbol{S}_0^{-1}\boldsymbol{m}_0)^\top\boldsymbol{\theta}\right)\right) \tag{9.47b}$$

であり，最後の表式で (9.46b) を用いている．

残るタスクは，この（正規化されていない）ガウス分布を $\mathcal{N}(\boldsymbol{\theta} \mid \boldsymbol{m}_N, \boldsymbol{S}_N)$ に比例する形へ変形することである．すなわち，平均 $\boldsymbol{m}_N$ と共分散行列 $\boldsymbol{S}_N$ を求めることである．そのために平方完成を用いる．欲しい対数尤度は

平方完成 (completing the squares)

$$\log\mathcal{N}(\boldsymbol{\theta} \mid \boldsymbol{m}_N, \boldsymbol{S}_N) = -\frac{1}{2}(\boldsymbol{\theta} - \boldsymbol{m}_N)^\top\boldsymbol{S}_N^{-1}(\boldsymbol{\theta} - \boldsymbol{m}_N) + \text{const} \tag{9.48a}$$

$$= -\frac{1}{2}\left(\boldsymbol{\theta}^\top\boldsymbol{S}_N^{-1}\boldsymbol{\theta} - 2\boldsymbol{m}_N^\top\boldsymbol{S}_N^{-1}\boldsymbol{\theta} + \boldsymbol{m}_N^\top\boldsymbol{S}_N^{-1}\boldsymbol{m}_N\right) \tag{9.48b}$$

$p(\boldsymbol{\theta} \mid \mathcal{X}, \mathcal{Y}) = \mathcal{N}(\boldsymbol{\theta} \mid \boldsymbol{m}_N, \boldsymbol{S}_N)$ であるため，$\boldsymbol{\theta}_{\mathrm{MAP}} = \boldsymbol{m}_N$ が成り立つ．

である．ここでは，二次形式 $(\boldsymbol{\theta} - \boldsymbol{m}_N)^\top \boldsymbol{S}_N^{-1}(\boldsymbol{\theta} - \boldsymbol{m}_N)$ を $\boldsymbol{\theta}$ の二次（青色），$\boldsymbol{\theta}$ の線形（オレンジ色），定数項（黒色）へ分解した．(9.46b) と (9.48b) の色のついた表式をマッチングさせると $\boldsymbol{S}_N$ と $\boldsymbol{m}_N$ を求めることができる．その結果

$$\boldsymbol{S}_N^{-1} = \boldsymbol{\Phi}^\top \sigma^{-2} \boldsymbol{I} \boldsymbol{\Phi} + \boldsymbol{S}_0^{-1} \tag{9.49a}$$

$$\iff \boldsymbol{S}_N = (\sigma^{-2} \boldsymbol{\Phi}^\top \boldsymbol{\Phi} + \boldsymbol{S}_0^{-1})^{-1} \tag{9.49b}$$

と

$$\boldsymbol{m}_N^\top \boldsymbol{S}_N^{-1} = (\sigma^{-2} \boldsymbol{\Phi}^\top \boldsymbol{y} + \boldsymbol{S}_0^{-1} \boldsymbol{m}_0)^\top \tag{9.50a}$$

$$\iff \boldsymbol{m}_N = \boldsymbol{S}_N (\sigma^{-2} \boldsymbol{\Phi}^\top \boldsymbol{y} + \boldsymbol{S}_0^{-1} \boldsymbol{m}_0) \tag{9.50b}$$

が得られる．□

注（平方完成の一般的な考え方）　等式

$$\boldsymbol{x}^\top \boldsymbol{A} \boldsymbol{x} - 2\boldsymbol{a}^\top \boldsymbol{x} + \mathrm{const}_1 \tag{9.51}$$

が与えられたとする．ここで，$\boldsymbol{A}$ は対称かつ正定値である．これを

$$(\boldsymbol{x} - \boldsymbol{\mu})^\top \boldsymbol{\Sigma} (\boldsymbol{x} - \boldsymbol{\mu}) + \mathrm{const}_2 \tag{9.52}$$

の形へと変形したい．これは，

$$\boldsymbol{\Sigma} := \boldsymbol{A} \tag{9.53}$$

$$\boldsymbol{\mu} := \boldsymbol{\Sigma}^{-1} \boldsymbol{a} \tag{9.54}$$

および $\mathrm{const}_2 = \mathrm{const}_1 - \boldsymbol{\mu}^\top \boldsymbol{\Sigma} \boldsymbol{\mu}$ とおくことで実現できる．

(9.47b) の指数の中身は，(9.51) の形式では

$$\boldsymbol{A} := \sigma^{-2} \boldsymbol{\Phi}^\top \boldsymbol{\Phi} + \boldsymbol{S}_0^{-1} \tag{9.55}$$

$$\boldsymbol{a} := \sigma^{-2} \boldsymbol{\Phi}^\top \boldsymbol{y} + \boldsymbol{S}_0^{-1} \boldsymbol{m}_0 \tag{9.56}$$

となる．(9.46a) のような等式では $\boldsymbol{A}$, $\boldsymbol{a}$ を特定するのが難しいため，等式を (9.51) のような，二次，線形，定数項へと分離した形へ変形することが役立つことが多い．これにより，欲しい解を単純化して求めることができる．

9.3.4　事後予測

(9.37) では，パラメータ事前分布 $p(\boldsymbol{\theta})$ を用いて，テスト入力 $\boldsymbol{x}_*$ における y_* の予測分布を計算した．共役モデルでは事前分布と事後分布が両方とも（異なるパラメータをもつ）ガウス分布であるため，パラメータ事後分布 $p(\boldsymbol{\theta} \mid \mathcal{X}, \mathcal{Y})$ を用いた予測についても基本的に違いはない．よって，9.3.2 項と同様にして（事後）予測分布は

$$p(y_* \mid \mathcal{X}, \mathcal{Y}, \boldsymbol{x}_*) = \int p(y_* \mid \boldsymbol{x}_*, \boldsymbol{\theta}) p(\boldsymbol{\theta} \mid \mathcal{X}, \mathcal{Y}) d\boldsymbol{\theta} \tag{9.57a}$$

$$= \int \mathcal{N}(y_* \mid \boldsymbol{\phi}^\top(\boldsymbol{x}_*)\boldsymbol{\theta}, \sigma^2)\mathcal{N}(\boldsymbol{\theta} \mid \boldsymbol{m}_N, \boldsymbol{S}_N)d\boldsymbol{\theta} \tag{9.57b}$$

$$= \mathcal{N}(y_* \mid \boldsymbol{\phi}^\top(\boldsymbol{x}_*)\boldsymbol{m}_N, \boldsymbol{\phi}^\top(\boldsymbol{x}_*)\boldsymbol{S}_N\boldsymbol{\phi}(\boldsymbol{x}_*) + \sigma^2) \tag{9.57c}$$

のようになる．項 $\boldsymbol{\phi}^\top(\boldsymbol{x}_*)\boldsymbol{S}_N\boldsymbol{\phi}(\boldsymbol{x}_*)$ は，パラメータ $\boldsymbol{\theta}$ に関する事後分布の不確実性を反映している．$\boldsymbol{S}_N$ は $\boldsymbol{\Phi}$ を介して訓練入力に依存することに注意しよう（(9.43b) 参照)．予測分布の平均 $\boldsymbol{\phi}^\top(\boldsymbol{x}_*)\boldsymbol{m}_N$ は，MAP 推定量と一致する．

$\mathbb{E}[\boldsymbol{y}_* \mid \mathcal{X}, \mathcal{Y}, \boldsymbol{x}_*]$
$= \boldsymbol{\phi}^\top(\boldsymbol{x}_*)\boldsymbol{m}_N$
$= \boldsymbol{\phi}^\top(\boldsymbol{x}_*)\boldsymbol{\theta}_{\mathrm{MAP}}$.

注（周辺尤度と事後予測分布） (9.57a) の積分を置き換えれば，予測分布も期待値 $\mathbb{E}_{\boldsymbol{\theta} \mid \mathcal{X},\mathcal{Y}}[p(y_* \mid \boldsymbol{x}_*, \boldsymbol{\theta})]$ の形で書くことができる．ここで，期待値はパラメータ事後分布 $p(\boldsymbol{\theta} \mid \mathcal{X}, \mathcal{Y})$ に対してとられている．

このように事後予測分布を書くと，周辺尤度 (9.42) によく似ていることがわかる．周辺尤度と事後予測分布の主な違いは，(i) 周辺尤度は，テストターゲット y_* ではなく訓練ターゲット $\boldsymbol{y}$ を予測しているとみなせること，(ii) 周辺尤度は，パラメータ事後分布ではなく，パラメータ事前分布に関して平均化されていることである．

注（ノイズがない関数値の平均と分散） 多くの場合，（ノイズ入りの）観測 y_* の予測分布 $p(y_* \mid \mathcal{X}, \mathcal{Y}, \boldsymbol{x}_*)$ にはあまり関心がなく，（ノイズがない）関数値 $f(\boldsymbol{x}_*) = \boldsymbol{\phi}^\top(\boldsymbol{x}_*)\boldsymbol{\theta}$ の分布を求めたいと考えている．平均と分散の性質を利用して対応するモーメントを求めると，

$$\begin{aligned}\mathbb{E}[f(\boldsymbol{x}_*) \mid \mathcal{X}, \mathcal{Y}] &= \mathbb{E}_{\boldsymbol{\theta}}[\boldsymbol{\phi}^\top(\boldsymbol{x}_*)\boldsymbol{\theta} \mid \mathcal{X}, \mathcal{Y}] = \boldsymbol{\phi}^\top(\boldsymbol{x}_*)\mathbb{E}_{\boldsymbol{\theta}}[\boldsymbol{\theta} \mid \mathcal{X}, \mathcal{Y}] \\ &= \boldsymbol{\phi}^\top(\boldsymbol{x}_*)\boldsymbol{m}_N = \boldsymbol{m}_N^\top\boldsymbol{\phi}(\boldsymbol{x}_*),\end{aligned} \tag{9.58}$$

$$\begin{aligned}\mathbb{V}[f(\boldsymbol{x}_*) \mid \mathcal{X}, \mathcal{Y}] &= \mathbb{V}_{\boldsymbol{\theta}}[\boldsymbol{\phi}^\top(\boldsymbol{x}_*)\boldsymbol{\theta} \mid \mathcal{X}, \mathcal{Y}] \\ &= \boldsymbol{\phi}^\top(\boldsymbol{x}_*)\mathbb{V}_{\boldsymbol{\theta}}[\boldsymbol{\theta} \mid \mathcal{X}, \mathcal{Y}]\boldsymbol{\phi}(\boldsymbol{x}_*) \\ &= \boldsymbol{\phi}^\top(\boldsymbol{x}_*)\boldsymbol{S}_N\boldsymbol{\phi}(\boldsymbol{x}_*)\end{aligned} \tag{9.59}$$

のようになる．ノイズの平均は 0 であるため，予測平均はノイズがある観測の予測平均と同じであり，予測分散は測定ノイズの分散である σ^2 だけ異なることがわかる．ノイズがある関数値を予測する場合，不確実性を表現するために σ^2 を含める必要がある．しかし，この項はノイズがない予測では必要ない．残った不確実性はパラメータ事後分布に由来するものとなる．

注（関数の分布） パラメータ $\boldsymbol{\theta}$ を積分消去すると，関数上の分布が得られる．パラメータ事後分布から $\boldsymbol{\theta}_i \sim p(\boldsymbol{\theta} \mid \mathcal{X}, \mathcal{Y})$ をサンプリングすると，関数実現値 $\boldsymbol{\theta}_i^\top\boldsymbol{\phi}(\cdot)$ が一つ得られる．平均関数，すなわち，関数上のこの分布のすべての期待関数値 $\mathbb{E}_{\boldsymbol{\theta}}[f(\cdot) \mid \boldsymbol{\theta}, \mathcal{X}, \mathcal{Y}]$ の集合は $\boldsymbol{m}_N^\top\boldsymbol{\phi}(\cdot)$ である．（周辺）分散，すなわち関数 $f(\cdot)$ の分散は $\boldsymbol{\phi}^\top(\cdot)\boldsymbol{S}_N\boldsymbol{\phi}(\cdot)$ で与えられる．

パラメータを積分消去することで，関数上の分布が誘導される．

平均関数 (mean function)

例 9.8（関数の事後分布） 次数 5 の多項式を用いたベイズ線形回帰問題を再考しよう．パラメータ事前分布として，$p(\boldsymbol{\theta}) = \mathcal{N}(\boldsymbol{0}, \frac{1}{4}\boldsymbol{I})$ を選ぶ．図 9.9 では，パラメータ事前分布から誘導される関数上の事前分布とその事前分布からサンプ

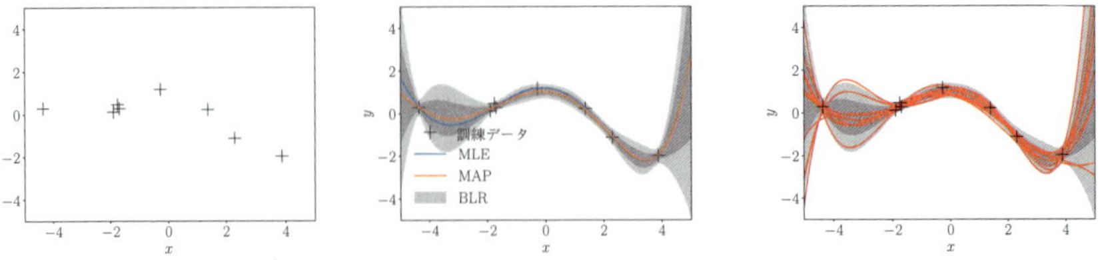

図 9.10　ベイズ線形回帰と関数の事後分布．(a) 訓練データ．(b) 関数の事後分布．(c) 関数の事後分布の標本．

(a) 訓練データ

(b) 67%, 95%信頼区間によって示される周辺の不確実性（影付き）によって表された関数の事後分布，最尤推定 (MLE)，MAP 推定(MAP) で，後者は事後平均関数と同じである．

(c) パラメータ事前分布のサンプリングから誘導される関数の事後分布の標本．

リングした関数の可視化を行った．

図 9.10 は，ベイズ線形回帰によって得られた関数の事後分布を示している．パネル (a) は訓練データセット，パネル (b) は関数の事後分布と共に最尤推定と MAP 推定で求めた関数を示している．MAP 推定した関数はベイズ線形回帰の設定から得られる事後平均関数と対応している．パネル (c) では関数の事後分布の中から尤もらしい関数をいくつか図示している．

図 9.11 は，パラメータの事後分布によって誘導される関数の事後分布をいくつか示している．左のパネルでは，最尤関数 $\boldsymbol{\theta}_{\mathrm{ML}}\boldsymbol{\phi}(\cdot)$，MAP 関数 $\boldsymbol{\theta}_{\mathrm{MAP}}\boldsymbol{\phi}(\cdot)$（これは事後平均関数と同じ），ベイズ線形回帰によって得られた 67％と 95％予測信頼区間を影付き領域で示している．

右側のパネルでは，関数の事後分布からの標本を示しており，パラメータ事後分布からパラメータ $\boldsymbol{\theta}_i$ をサンプルして関数の実現値 $\boldsymbol{\phi}^{\top}(\boldsymbol{x}_*)\boldsymbol{\theta}$ を計算している．低次の多項式に対しては，パラメータ事後分布のパラメータがあまり変化せず，サンプリングされた関数はほぼ同じである．さらに多くのパラメータを追加してモデルをより柔軟にした場合（すなわち，高次の多項式になった場合），パラメータは事後分布によって十分に束縛されず，サンプリングされた関数がバラバラになることが容易に見て取れる．また左側の対応するパネルから，特に境界付近で不確実性が増大していることがわかる．

七次多項式の場合，MAP 推定値は尤もらしく適合するが，ベイズ線形回帰モデルはこの予測値の不確実性が非常に大きいことを教えてくれる．この情報は，誤った決定による影響が大きい意思決定システム（例えば，強化学習やロボット工学）での予測において重要になる．

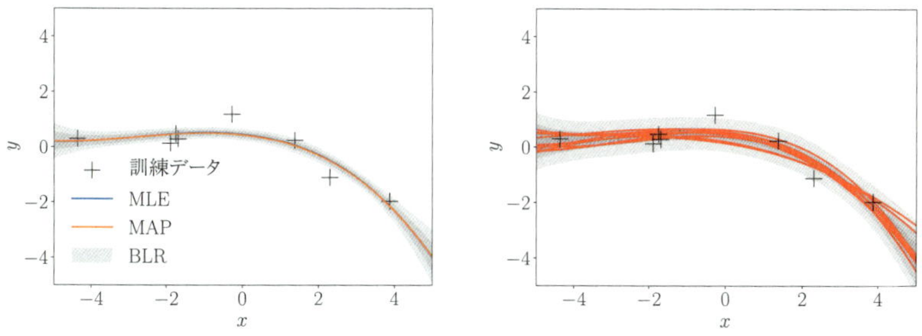

(a) 次数 $M = 3$ の多項式に対する事後分布（左図）と関数の事後分布からの標本（右図）.

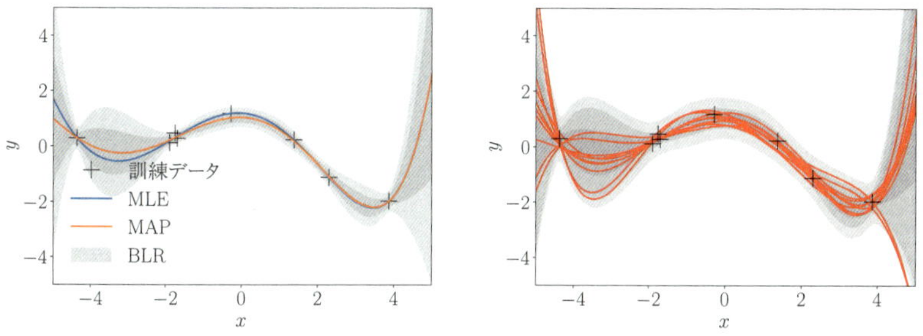

(b) 次数 $M = 5$ の多項式に対する事後分布（左図）と関数の事後分布からの標本（右図）.

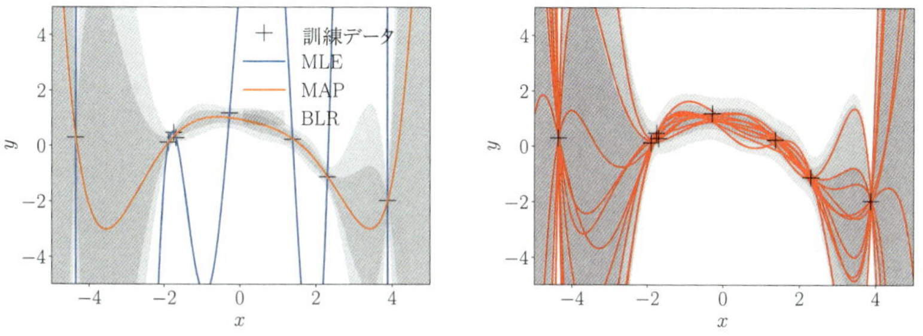

(c) 次数 $M = 7$ の多項式に対する事後分布（左図）と関数の事後分布からの標本（右図）.

図 9.11　ベイズ線形回帰．左側のパネル：影付きの領域は 67%（濃い灰色）と 95%（薄い灰色）の予測信頼区間を示している．ベイズ線形回帰モデルの平均値は，MAP 推定値と一致する．予測の不確実性は，ノイズ項と事後パラメータの不確かさの合計であり，テスト入力値に依存する．右側のパネル：関数の事後分布からの標本関数.

9.3.5　周辺尤度の計算

8.6.2 項ではベイズモデル選択で周辺尤度が重要であることを強調した．以下では，共役ガウス事前分布をもつベイズ線形回帰，つまり本章で説明してきた全く同一の設定での周辺尤度を計算する．

まず，以下のような生成過程を考えているのであった：

$$\boldsymbol{\theta} \sim \mathcal{N}(\boldsymbol{m}_0, \boldsymbol{S}_0), \tag{9.60a}$$

$$y_n \mid \boldsymbol{x}_n, \boldsymbol{\theta} \sim \mathcal{N}(\boldsymbol{x}_n^\top \boldsymbol{\theta}, \sigma^2). \tag{9.60b}$$

周辺尤度は事前分布のもとでの期待尤度，すなわち $\mathbb{E}_{\boldsymbol{\theta}}[p(\mathcal{Y} \mid \mathcal{X}, \boldsymbol{\theta})]$ と解釈できる．

ここで，$n = 1, \ldots, N$ である．すると周辺尤度は

$$p(\mathcal{Y} \mid \mathcal{X}) = \int p(\mathcal{Y} \mid \mathcal{X}, \boldsymbol{\theta}) p(\boldsymbol{\theta}) d\boldsymbol{\theta} \tag{9.61a}$$

$$= \int \mathcal{N}(\boldsymbol{y} \mid \boldsymbol{X\theta}, \sigma^2 \boldsymbol{I}) \mathcal{N}(\boldsymbol{\theta} \mid \boldsymbol{m}_0, \boldsymbol{S}_0) d\boldsymbol{\theta} \tag{9.61b}$$

のようになる．モデルパラメータ $\boldsymbol{\theta}$ は積分消去されることになる．周辺尤度に関して，二つの手順を踏んで計算を行う．最初に，周辺尤度が（$\boldsymbol{y}$ の分布として）ガウス分布であることを示す．次に，このガウス分布の平均と共分散を計算する．

1. 周辺尤度はガウス分布である：6.5.2 項より (i) 二つのガウス分布の確率密度関数の積は（正規化されていない）ガウス分布であり，(ii) ガウス分布に従うランダム変数の線形変換はガウス分布であることがわかっている．(9.61b) について，$\mathcal{N}(\boldsymbol{y} \mid \boldsymbol{X\theta}, \sigma^2 \boldsymbol{I})$ を書き換えて，ある $\boldsymbol{\mu}$, $\boldsymbol{\Sigma}$ による $\mathcal{N}(\boldsymbol{\theta} \mid \boldsymbol{\mu}, \boldsymbol{\Sigma})$ の形に直すことができる．いったんこの変換が行われれば，積分は解析的に解くことができて，積分結果は二つのガウス分布の積の正規化定数 (6.76) となる．正規化定数自体もガウス分布の形状をもっている†．

† 訳注：$\boldsymbol{\mu}$ は $\boldsymbol{y}$ の線形変換で表され，$\boldsymbol{\Sigma}$ は $\boldsymbol{y}$ には依存しない．(6.77) より正規化定数は $\boldsymbol{\mu}$ に関するガウス分布となり，結局 $\boldsymbol{y}$ に関するガウス分布となる．あとはその平均と共分散を求めれば周辺尤度の関数形が求まる．

2. 平均と共分散：ランダム変数のアフィン変換に関する平均と共分散の標準的な結果から，周辺尤度の平均と共分散行列を計算できる（6.4.4 項参照）．周辺尤度の平均は

$$\mathbb{E}_{\boldsymbol{\theta}}[\mathcal{Y} \mid \mathcal{X}] = \mathbb{E}_{\boldsymbol{\theta}, \boldsymbol{\epsilon}}[\boldsymbol{X\theta} + \boldsymbol{\epsilon}] = \boldsymbol{X} \mathbb{E}_{\boldsymbol{\theta}}[\boldsymbol{\theta}] = \boldsymbol{X m}_0 \tag{9.62}$$

となる．$\boldsymbol{\epsilon} \sim \mathcal{N}(\boldsymbol{0}, \sigma^2 \boldsymbol{I})$ は i.i.d. のランダム変数のベクトルであることに注意しよう．共分散行列は

$$\mathrm{Cov}_{\boldsymbol{\theta}}[\mathcal{Y} \mid \mathcal{X}] = \mathrm{Cov}_{\boldsymbol{\theta}, \boldsymbol{\epsilon}}[\boldsymbol{X\theta} + \boldsymbol{\epsilon}] = \mathrm{Cov}_{\boldsymbol{\theta}}[\boldsymbol{X\theta}] + \sigma^2 \boldsymbol{I} \tag{9.63a}$$

$$= \boldsymbol{X} \mathrm{Cov}_{\boldsymbol{\theta}}[\boldsymbol{\theta}] \boldsymbol{X}^\top + \sigma^2 \boldsymbol{I} = \boldsymbol{X S}_0 \boldsymbol{X}^\top + \sigma^2 \boldsymbol{I} \tag{9.63b}$$

となる．

こうして周辺尤度は

$$p(\mathcal{Y} \mid \mathcal{X}) = (2\pi)^{-\frac{N}{2}} \det(\boldsymbol{X S}_0 \boldsymbol{X}^\top + \sigma^2 \boldsymbol{I})^{-\frac{1}{2}} \cdot \exp\left(-\frac{1}{2}(\boldsymbol{y} - \boldsymbol{X m}_0)^\top (\boldsymbol{X S}_0 \boldsymbol{X}^\top + \sigma^2 \boldsymbol{I})^{-1} (\boldsymbol{y} - \boldsymbol{X m}_0)\right) \tag{9.64a}$$

$$= \mathcal{N}(\boldsymbol{y} \mid \boldsymbol{X}\boldsymbol{m}_0, \boldsymbol{X}\boldsymbol{S}_0\boldsymbol{X}^\top + \sigma^2\boldsymbol{I}) \tag{9.64b}$$

となる．事後予測分布との密接な関係を考慮すると（「周辺尤度と事後予測分布」の注を参照），周辺尤度のこの関数形はそれほど驚くべきものではない．

9.4 直交射影としての最尤法

代数的な観点から最尤推定量と MAP 推定量を導出したので，今度は最尤推定の幾何学的な解釈をしてみよう．単回帰の設定

$$y = x\theta + \epsilon, \quad \epsilon \sim \mathcal{N}(0, \sigma^2) \tag{9.65}$$

で考えよう．ここでは原点を通る線形関数 $f : \mathbb{R} \to \mathbb{R}$ を考え，θ が直線の傾きを定める（簡単のため特徴量は省略している）．図 9.12 (a) は，一次元のデータセットを示している．

訓練データ集合を $\{(x_1, y_1), \ldots, (x_N, y_N)\}$ として，9.2.1 項の結果を思い出すと，傾きパラメータに対する最尤推定量は

$$\theta_{\mathrm{ML}} = (\boldsymbol{X}^\top\boldsymbol{X})^{-1}\boldsymbol{X}^\top\boldsymbol{y} = \frac{\boldsymbol{X}^\top\boldsymbol{y}}{\boldsymbol{X}^\top\boldsymbol{X}} \in \mathbb{R} \tag{9.66}$$

で与えられる．ここで，$\boldsymbol{X} = [x_1, \ldots, x_N]^\top \in \mathbb{R}^N$, $\boldsymbol{y} = [y_1, \ldots, y_N]^\top \in \mathbb{R}^N$ である．

すると，訓練入力 $\boldsymbol{X}$ に対して訓練ターゲットを最適（最尤）に再構成すると

$$\boldsymbol{X}\theta_{\mathrm{ML}} = \boldsymbol{X}\frac{\boldsymbol{X}^\top\boldsymbol{y}}{\boldsymbol{X}^\top\boldsymbol{X}} = \frac{\boldsymbol{X}\boldsymbol{X}^\top}{\boldsymbol{X}^\top\boldsymbol{X}}\boldsymbol{y} \tag{9.67}$$

となる．この再構成されたターゲットは，$\boldsymbol{y}$ と $\boldsymbol{X}\theta$ の最小二乗誤差を最小とする近似値である．

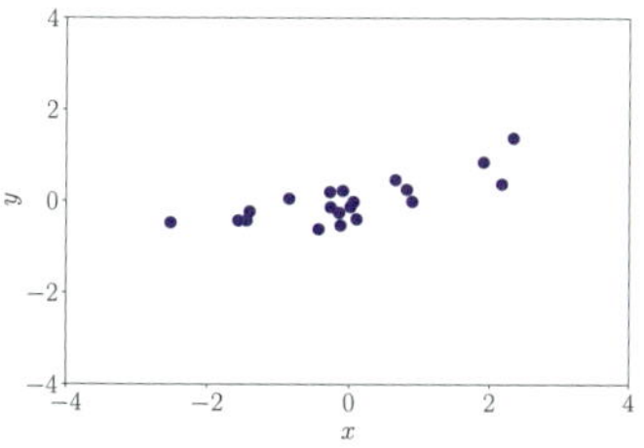

(a) 入力地点 x_n の関数値 $f(x_n)$ のノイズ入りの観測 y_n（青）からなる回帰データセット．

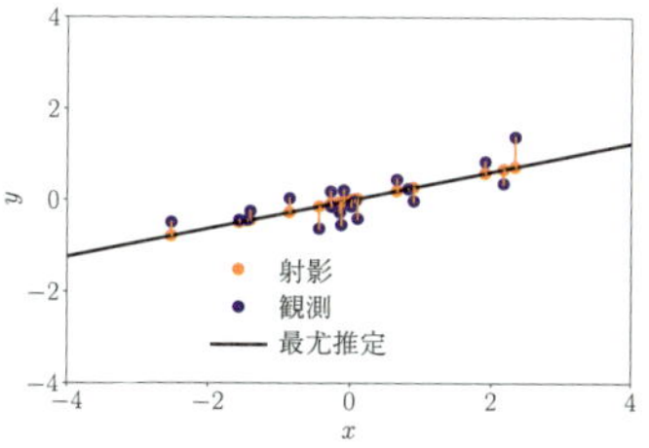

(b) オレンジ色の点はノイズ入りの観測（青色の点）の直線 $\theta_{\mathrm{ML}}x$ への射影である．線形回帰問題の最尤解では，観測の全体的な射影誤差（オレンジ色の線）を最小化するような部分空間が求まる．

図 9.12 最小二乗法の幾何学的解釈．(a) データセット．(b) 射影としての最尤解．

線形回帰は，線形方程式系を解くための手法と考えることができる．

最尤線形回帰では，直交投影を行う．

$\boldsymbol{y}=\boldsymbol{X}\theta$ の解を求めるため，線形回帰は線形方程式系を解く問題とみなすことができる．したがって，第2章と第3章で説明した線形代数や解析幾何の概念と関連づけることができる．特に，(9.67) をよく見ると，(9.65) の最尤推定量 θ_{ML} は，$\boldsymbol{X}$ で張られる一次元部分空間へ $\boldsymbol{y}$ を直交射影している．3.8節の直交射影の結果を思い出すと，$\frac{\boldsymbol{X}\boldsymbol{X}^\top}{\boldsymbol{X}^\top\boldsymbol{X}}$ を射影行列，θ_{ML} を $\mathbb{R}^N$ 中で X が張る一次元部分空間の座標，$\boldsymbol{X}\theta_{\mathrm{ML}}$ をこの部分空間への $\boldsymbol{y}$ の直交射影とみなすことができる．

したがって，最尤解は，$\boldsymbol{X}$ の張る部分空間中の，観測 $\boldsymbol{y}$ に「最も近い」ベクトルであるという意味で幾何学的な最適解である．ここで，「最も近い」とは関数値 y_n と $x_n\theta$ の（二乗）距離が最も小さいということを指す．そして直交射影がその最適化を与えている．図9.12 (b) ではノイズ入りの観測を最尤解に対応する部分空間に射影しており，射影前後の二乗距離（x 座標は固定されていることに注意）を最小化するように部分空間を定めている．

一般的な線形回帰はベクトル値の特徴量 $\boldsymbol{\phi}(\boldsymbol{x})\in\mathbb{R}^K$ を用いて

$$y=\boldsymbol{\phi}^\top(\boldsymbol{x})\boldsymbol{\theta}+\epsilon,\quad \epsilon\sim\mathcal{N}(0,\sigma^2) \tag{9.68}$$

と表されるが，その最尤解

$$\boldsymbol{y}\approx\boldsymbol{\Phi}\boldsymbol{\theta}_{\mathrm{ML}}, \tag{9.69}$$

$$\boldsymbol{\theta}_{\mathrm{ML}}=(\boldsymbol{\Phi}^\top\boldsymbol{\Phi})^{-1}\boldsymbol{\Phi}^\top\boldsymbol{y} \tag{9.70}$$

もまた $\mathbb{R}^N$ の K 次元部分空間への射影と解釈できる．この部分空間は特徴量行列 $\boldsymbol{\Phi}$ の列ベクトルによって張られる（3.8.2項参照）．

特徴量行列 $\boldsymbol{\Phi}$ の構成に用いる特徴量関数 ϕ_k が正規直交するなら（3.7節），$\boldsymbol{\Phi}$ の列が正規直交基底をなす特殊ケースになる．そのような場合，$\boldsymbol{\Phi}^\top\boldsymbol{\Phi}=\boldsymbol{I}$ となるため，射影について

$$\boldsymbol{\Phi}(\boldsymbol{\Phi}^\top\boldsymbol{\Phi})^{-1}\boldsymbol{\Phi}^\top\boldsymbol{y}=\boldsymbol{\Phi}\boldsymbol{\Phi}^\top\boldsymbol{y}=\left(\sum_{k=1}^{K}\boldsymbol{\phi}_k\boldsymbol{\phi}_k^\top\right)\boldsymbol{y} \tag{9.71}$$

となる．これは，最尤な射影が，個々の基底ベクトル $\boldsymbol{\phi}_k$，つまり $\boldsymbol{\Phi}$ の列に $\boldsymbol{y}$ を射影した合計になっている．さらに，基底の直交性により，異なる特徴量間の結合が消えている．ウェーブレット変換やフーリエ基底など，信号処理でよく用いられる基底関数の多くは直交基底関数である．基底が直交していない場合は，グラム・シュミット法を用いて線形独立な基底関数の集合を直交基底へ変換することができる（3.8.3項と [Str03] 参照）．

9.5 関連図書

この章では，ガウス尤度とモデルのパラメータに関する共役ガウス事前分布について説明した．この仮定によって，解析的なベイズ推定が可能となった．しかしながら，応用によっては異なる尤度関数を選びたい場合がある．例えば，二値分類の設定では，二つの可能な（カテゴリカルな）結果しか観測できず，ガウス尤度はこの設定では不適切である．代わりに，ラベルが 1（または 0）と予測する確率を返すベルヌーイ尤度を選ぶことができる．分類問題の詳細な導入に関しては，[Bar12, Bis06, Mur12] を参照せよ．非ガウス尤度が重要となる別の例として，計数データがある．計数データは非負の整数であり，この場合はガウス尤度よりも二項尤度，もしくはポアソン尤度のほうがよい選択である．これらすべての例は，**一般化線形モデル** (GLM) のカテゴリに属する．このモデルは，ガウス分布以外の誤差分布をもつ応答変数に柔軟に対応できるような，線形回帰の拡張である．GLM では線形回帰を一般化して，滑らかで可逆な（非線形）関数 $\sigma(\cdot)$ を用いて．$y=\sigma(f(\boldsymbol{x}))$ のように観測値を関連付ける．ここで，$f(\boldsymbol{x})=\boldsymbol{\theta}^\top\boldsymbol{\phi}(\boldsymbol{x})$ は (9.13) で挙げた線形回帰モデルである．そのため，線形回帰モデル f と活性化関数 σ の合成 $y=\sigma\circ f$ として一般化線形モデルを捉えることもできる．「一般化線形モデル」と呼んではいるが，出力 y はもはやパラメータ θ に対して線形ではない．**ロジスティック回帰**では，**ロジスティックシグモイド** $\sigma(f)=\frac{1}{1+\exp(-f)}\in[0,1]$ を選ぶ．その出力はベルヌーイ変数 $y\in\{0,1\}$ の $y=1$ を観測する確率と解釈できる．関数 $\sigma(\cdot)$ は**伝達関数**もしくは**活性化関数**と呼ばれ，逆関数は**正準リンク関数**と呼ばれている．この観点で捉えると，一般化線形モデルが（深層）フィードフォワードニューラルネットワークの構成要素であることも明らかである．重み行列 $\boldsymbol{A}$ とバイアスベクトル $\boldsymbol{b}$ をもつ一般化線形モデル $y=\sigma(\boldsymbol{A}\boldsymbol{x}+\boldsymbol{b})$ は，活性化関数 $\sigma(\cdot)$ をもつ単層ニューラルネットワークと同一視される．$k=0,\ldots,K-1$ に対し，

$$\begin{aligned}\boldsymbol{x}_{k+1}&=\boldsymbol{f}_k(\boldsymbol{x}_k),\\ \boldsymbol{f}_k(\boldsymbol{x}_k)&=\sigma_k(\boldsymbol{A}_k\boldsymbol{x}_k+\boldsymbol{b}_k)\end{aligned}\tag{9.72}$$

と反復的に関数をつなげることができ，$\boldsymbol{x}_0$ は入力特徴量，$\boldsymbol{x}_K=\boldsymbol{y}$ は観測された出力，$\boldsymbol{f}_{K-1}\circ\cdots\circ\boldsymbol{f}_0$ は K-層の深層ニューラルネットワークとなる．したがって，深層ニューラルネットワークの構成要素は，(9.72) の一般化線形モデルによって生成される．ニューラルネットワーク [Bis95, GBC16] は線形回帰モデルよりも表現力がとても高く，柔軟である．しかし，最尤パラメータ推定は非凸最適化問題であり，完全なベイジアンの設定でのパラメータの周辺化は

分類 (classification)

一般化線形モデル (generalized linear model)

一般化線形モデルは，ディープニューラルネットワークの構成要素である．

ロジスティック回帰 (logistic regression)

ロジスティックシグモイド (logistic sigmoid)

伝達関数 (transfer function)

活性化関数 (activation function)

正準リンク関数 (canonical link function)

通常の線形回帰の場合，活性化関数は単に恒等式になる．

GLM とディープネットワークの関係については，`https://tinyurlcom/glm-dnn` に素晴らしい解説がある．

解析的に困難である．

本章では，パラメータの分布が回帰関数の分布を誘導するという示唆が得られた．**ガウス過程**[RW06]は，関数上の分布の概念が中心となる回帰モデルである．パラメータの分布を考える代わりに，ガウス過程では直接関数空間上の分布を扱う．その際，**カーネルトリック**[SS02]が利用され，二つの関数値 $f(\boldsymbol{x}_i)$, $f(\boldsymbol{x}_j)$ の内積を入力 $\boldsymbol{x}_i$, $\boldsymbol{x}_j$ だけから計算することができる．ガウス過程は，ベイズ線形回帰とサポートベクター回帰の両方と密接に関係しているだけでなく，単一の隠れ層をもつベイズニューラルネットワークのユニット数を無限大にしたときの極限としても解釈できる[Nea96, Wil97]．ガウス過程に関する優れた入門書として，[Mac98, RW06]がある．

ガウス過程 (Gaussian process)

カーネルトリック (kernel trick)

線形回帰モデルによる推論を解析的に行うことができるため，この章では，ガウス分布に従うパラメータ事前分布に焦点を当てた．しかしながら，ガウス尤度をもつような回帰の設定であっても，非ガウス事前分布を選んでもよい．入力が $\boldsymbol{x} \in \mathbb{R}^D$，訓練集合が小さく，そのサイズが $N \ll D$ である設定を考えよう．これは，回帰問題が劣決定であることを意味している．この場合は，スパース性を強めるようなパラメータの事前分布，すなわち，できるだけ多くのパラメータを0とするような事前分布を選ぶことができる（**変数選択**）．この事前分布によって，より強い正則化器を選択することができ，モデルの予測精度と解釈性の向上につながることが多い．この目的のためにしばしば用いられる例の一つとして，ラプラス事前分布がある．パラメータに対してラプラス事前分布をもった線形回帰モデルは，L1正則化 (LASSO) と等価である[Tib96]．ラプラス分布は0に鋭いピークがあり（一階微分が不連続である），ガウス分布よりも0付近に確率質量が集中している．この性質はパラメータを0にすることを促す．逆に，0でないパラメータが回帰問題に本質的な変数に対応する．その性質から「変数選択」と呼ばれることもある．

変数選択 (variable selection)

LASSO

第10章

主成分分析による次元削減

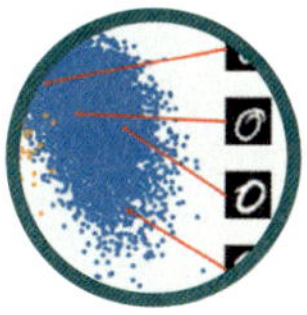

画像のような高次元データを直接取り扱うことにはいくつか難点がある．分析が難しい，解釈が困難である，可視化がほとんどできない，（実用面では）データのベクトルの保存にコストがかかる，などである．しかし，高次元データが有用な特性をもつことも多い．例えば，高次元データはしばしば過完備であり，多くの次元が余分で他の次元の組み合わせで説明できる．さらに，高次元データの各次元が相関しており，本質的な構造が低次元であることも多い．次元削減はデータの本質的な構造と相関関係を利用し，理想的には情報を損失することなくコンパクトにデータを扱うことを可能とする．画像や音楽に関する圧縮アルゴリズムである jpeg や mp3 と同様に，次元削減は圧縮技術とみなすことができる．

640 × 480 ピクセルのカラー画像は，100 万次元空間のデータ点である．ここで，すべてのピクセルは三つの次元をもっており，それは色チャネル（赤，緑，青）と対応している．

この章では，線形**次元削減**のアルゴリズムである，**主成分分析** (PCA) について説明する．主成分分析は [Pea01] と [Hot33] によって提唱されてから 100 年以上の歴史があるが，現在でもデータ圧縮やデータ可視化に最も一般的に用いられる手法の一つである．また，高次元データの単純なパターン，潜在因子，構造の識別にも使われている．信号処理の分野では，主成分分析は *Karhunen-Loève* **変換**としても知られている．この章では，基底と基底変換（2.6.1 項と 2.7.2 項），射影（3.8 節），固有値（4.2 節），ガウス分布（6.5 節），制約条件付き最適化（7.2 節）の理解に基づいて，第一原理から主成分分析を導出する．

次元削減 (dimensio nality reduction)

主成分分析 (PCA: principal component analysis)

次元削減では一般に，（画像などの）高次元データの性質が低次元部分空間上に現れることが多い，という特性を利用している．二次元の例を図 10.1 に挙げる．図 10.1 (a) のデータは完全に直線上にあるわけではないが，x_2 方向にあまり変化がないため，データが直線上にあるとみなしてもほとんど情報を損失しない（図 10.1 (b) 参照）．図 10.1 (b) のデータを説明するためには x_1 座標のみが必要であり，データは本質的には $\mathbb{R}^2$ の一次元部分空間内に存在する．

図 10.1　次元削減の説明．(a) 元のデータセットは，x_2 方向にあまり変化していない．(b) (a) のデータは，x_1 座標だけでほぼ損失なく表現できる．

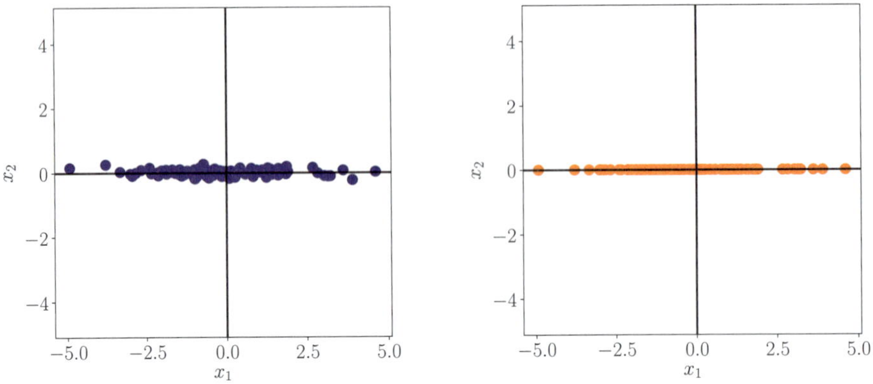

(a) x_1 座標と x_2 座標を含むデータセット．　(b) x_1 座標のみが関連する圧縮データセット．

10.1　問題設定

主成分分析では，元のデータ点 $\boldsymbol{x}_n$ とできるだけ類似しているが，内部的な次元が著しく低い射影 $\tilde{\boldsymbol{x}}_n$ を求めることに関心がある．図 10.1 にその様子を図示している．

データ共分散行列 (data covariance matrix)

より具体的な問題設定としては，平均値が $\mathbf{0}$ で次のデータ共分散行列 (6.42)

$$\boldsymbol{S} = \frac{1}{N}\sum_{n=1}^{N} \boldsymbol{x}_n \boldsymbol{x}_n^\top \tag{10.1}$$

をもつ i.i.d. データセット $\mathcal{X} = \{\boldsymbol{x}_1, \ldots, \boldsymbol{x}_N\}$, $\boldsymbol{x}_n \in \mathbb{R}^D$ を考えており，$\boldsymbol{x}_n$ には低次元に圧縮した（未知の）表現（符号）

$$\boldsymbol{z}_n = \boldsymbol{B}^\top \boldsymbol{x}_n \in \mathbb{R}^M \tag{10.2}$$

が存在するとする．この射影行列

$$\boldsymbol{B} := [\boldsymbol{b}_1, \ldots, \boldsymbol{b}_M] \in \mathbb{R}^{D\times M} \tag{10.3}$$

の列ベクトルは正規直交であると仮定する（定義 3.7）．すなわち，$i \neq j$ なら $\boldsymbol{b}_i^\top \boldsymbol{b}_j = 0$ であり，$\boldsymbol{b}_i^\top \boldsymbol{b}_i = 1$ である．表記として，射影されたデータを $\tilde{\boldsymbol{x}}_n \in U$,（$U$ の基底 $\boldsymbol{b}_1, \ldots, \boldsymbol{b}_M$ に関する）座標を $\boldsymbol{z}_n$ で表す．

$\boldsymbol{B}$ の列 $\boldsymbol{b}_1, \ldots, \boldsymbol{b}_M$ は，射影データ $\tilde{\boldsymbol{x}} = \boldsymbol{B}\boldsymbol{B}^\top \boldsymbol{x} \in \mathbb{R}^D$ が住んでいる M 次元部分空間の基底を構成する．

この適切な圧縮先である M 次元部分空間 $U \subseteq \mathbb{R}^D$, $\dim(U) = M < D$ をデータから求めたい．つまり，元のデータ $\boldsymbol{x}_n$ とできるだけ似ており，圧縮による損失を最小化するような射影 $\tilde{\boldsymbol{x}}_n \in U$（もしくは等価な符号と基底ベクトル $\boldsymbol{b}_1, \ldots, \boldsymbol{b}_M$）を発見したい．

例 10.1（座標表現／符号） 標準基底 $\boldsymbol{e}_1 = [1,0]^\top$, $\boldsymbol{e}_2 = [0,1]^\top$ をもつ $\mathbb{R}^2$ を考える．第 2 章から，$\boldsymbol{x} \in \mathbb{R}^2$ は

$$\begin{bmatrix} 5 \\ 3 \end{bmatrix} = 5\boldsymbol{e}_1 + 3\boldsymbol{e}_2 \tag{10.4}$$

のように基底ベクトルの線形結合で表現できることがわかる．しかし，

$$\tilde{\boldsymbol{x}} = \begin{bmatrix} 0 \\ z \end{bmatrix} \in \mathbb{R}^2, \quad z \in \mathbb{R} \tag{10.5}$$

のような形のベクトルは常に $0\boldsymbol{e}_1 + z\boldsymbol{e}_2$ と書ける．このベクトルを表現するためには，$\boldsymbol{e}_2$ ベクトルに関する $\tilde{\boldsymbol{x}}$ の座標／符号 z を記録／保存すれば十分である．

つまり，$\tilde{\boldsymbol{x}}$ の形のベクトル全体は（標準的な加法とスカラー倍によって）部分ベクトル空間 $U = \mathrm{span}[\boldsymbol{e}_2]$ をなす（2.4 節）．その次元は $\dim(U) = 1$ となる．

ベクトル空間の次元は，その空間の基底ベクトルの数と対応している（2.6.1 項参照）．

できるだけ多くの情報を保持し，圧縮損失を最小化する低次元表現を 10.2 節で求める．10.3 節では別の方法で主成分分析の導出を行う．元のデータ $\boldsymbol{x}_n$ とその射影 $\tilde{\boldsymbol{x}}_n$ の間の二乗再構成誤差 $\|\boldsymbol{x}_n - \tilde{\boldsymbol{x}}_n\|^2$ の最小化に着目することになる．

主成分分析の問題設定は図 10.2 のように図示される．$\boldsymbol{z}$ は圧縮されたデータ $\tilde{\boldsymbol{x}}$ の低次元表現を表し，$\boldsymbol{x}$ から $\tilde{\boldsymbol{x}}$ へ伝わる情報量のボトルネックとなる．主成分分析では，元のデータ $\boldsymbol{x}$ と低次元符号 $\boldsymbol{z}$ の間に線形関係があるとする．つまり，適切な行列 $\boldsymbol{B}$ に対して $\boldsymbol{z} = \boldsymbol{B}^\top\boldsymbol{x}$ と $\tilde{\boldsymbol{x}} = \boldsymbol{B}\boldsymbol{z}$ という関係があるとする．主成分分析をデータ圧縮技術とみなすと，図 10.2 の矢印はエンコーダとデコーダを表す演算のペアとして解釈できる．$\boldsymbol{B}$ の表す線形写像は，低次元符号 $\boldsymbol{z} \in \mathbb{R}^M$ から元のデータ空間 $\mathbb{R}^D$ へのデコーダとみなすことができる．同様に，$\boldsymbol{B}^\top$ は，元のデータ $\boldsymbol{x}$ を低次元（圧縮）符号 $\boldsymbol{z}$ へ符号化するエンコーダとみなすことができる．

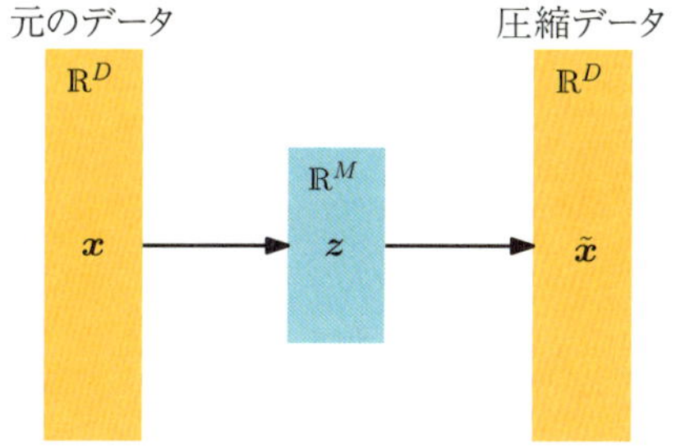

図 10.2 主成分分析の説明．主成分分析によって，元のデータの圧縮版 $\boldsymbol{z}$ が求まる．圧縮されたデータを元のデータ空間に復元すると，$\boldsymbol{x}$ よりも本質的に低次元の表現をもつ $\tilde{\boldsymbol{x}}$ が再構成される．

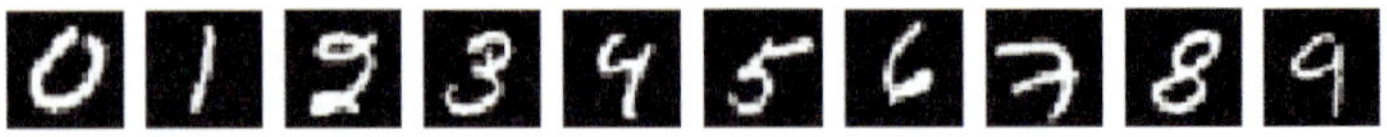

図 10.3　MNIST データセットの手書き数字の例 http://yann.lecun.com/exdb/mnist/.

この章では，手書きの 0 から 9 までの数字の表現を 60,000 個保持する，MNIST の手書き数字データセットが頻繁に登場する．各数字は大きさ 28×28 のグレースケール画像，すなわち，784 ピクセルであるため，各画像はベクトル $\boldsymbol{x} \in \mathbb{R}^{784}$ とみなすことができる．これらの数字の例を図 10.3 に示す．

10.2　最大分散の視点

二次元のデータセットを一つの座標で表現する例を図 10.1 で見た．図 10.1 (b) では，データの x_2 座標を無視した．これは，x_2 座標には付加情報がほとんどなく，圧縮しても図 10.1 (a) の元のデータと似ているためである．x_1 座標を無視することも可能だが，そうすると圧縮されたデータは元のデータと非常に異なってしまい，データに含まれる多くの情報が失われてしまう．

データセットがどのように「散らばっているか」がデータの内容を表していると解釈すると，データのもつ情報をその広がり方から捉えることができる．6.4.1 項で見たように，データの広がり具合を表す指標は分散であった．データを低次元表現した際にできるだけ多くの情報を保持するよう，分散を最大化する次元削減アルゴリズムとして主成分分析が導出できる．図 10.4 にその様子を表している．

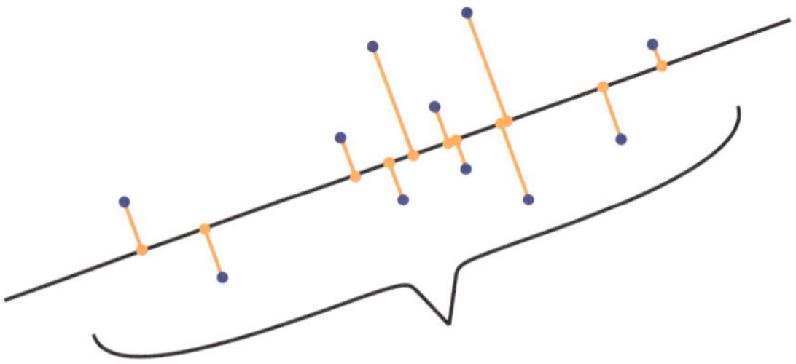

図 10.4　主成分分析では，データ（青）を部分空間（オレンジ）に射影したときに，分散（データの広がり）をできるだけ維持するような低次元部分空間（線）を求める．

10.1 節で説明した設定を踏まえると，目的は情報をできるだけ保持する行列 $\boldsymbol{B}$（(10.3) 参照）を求めることである．データ圧縮でほとんどの情報を維持することと，低次元への符号化が分散をできるだけ保つことは等価となる [Hot33].

注（中心化されたデータ） (10.1) のデータ共分散行列では，中心化されたデータを仮定していた．この仮定は一般性を失わずにおくことができる．$\boldsymbol{\mu}$ をデータの平均と仮定しよう．6.4.4 項で述べた分散の性質を利用すると，

$$\mathbb{V}_{\boldsymbol{z}}[\boldsymbol{z}] = \mathbb{V}_{\boldsymbol{x}}[\boldsymbol{B}^\top(\boldsymbol{x}-\boldsymbol{\mu})] = \mathbb{V}_{\boldsymbol{x}}[\boldsymbol{B}^\top\boldsymbol{x} - \boldsymbol{B}^\top\boldsymbol{\mu}] = \mathbb{V}_{\boldsymbol{x}}[\boldsymbol{B}^\top\boldsymbol{x}] \tag{10.6}$$

が得られる．つまり，低次元符号の分散はデータの平均に依存しない．したがって，この節の残りの部分では，一般性を失わずにデータの平均は $\mathbf{0}$ であると仮定する．この仮定のもとでは，$\mathbb{E}_{\boldsymbol{z}}[\boldsymbol{z}] = \mathbb{E}_{\boldsymbol{x}}[\boldsymbol{B}^\top\boldsymbol{x}] = \boldsymbol{B}^\top\mathbb{E}_{\boldsymbol{x}}[\boldsymbol{x}] = \mathbf{0}$ となるため，低次元符号の平均もまた $\mathbf{0}$ となる．

10.2.1 最大分散をもつ方向

帰納的な手順で低次元符号の分散を最大化しよう．まず，$\boldsymbol{b}_1 \in \mathbb{R}^D$ をどのように選べば，そのベクトルへの射影でデータの分散が最大となるかを考えよう．つまり，$\boldsymbol{z} \in \mathbb{R}^M$ の第一座標 z_1 の分散

$$V_1 := \mathbb{V}[z_1] = \frac{1}{N}\sum_{n=1}^{N} z_{1n}^2 \tag{10.7}$$

を最大化したい．ここでは，データが i.i.d. であるという仮定を利用しており，$\boldsymbol{x}_n \in \mathbb{R}^D$ の低次元表現 $\boldsymbol{z}_n \in \mathbb{R}^M$ の第一座標を z_{1n} としている．$\boldsymbol{z}_n$ の第一成分は

$$z_{1n} = \boldsymbol{b}_1^\top \boldsymbol{x}_n \tag{10.8}$$

で与えられることに注意しよう[†]．これは $\boldsymbol{x}_n$ を $\boldsymbol{b}_1$ で張られる一次元部分空間へ直交射影したときの座標である（3.8 節）．(10.8) を (10.7) に代入すると，

$$V_1 = \frac{1}{N}\sum_{n=1}^{N}(\boldsymbol{b}_1^\top\boldsymbol{x}_n)^2 = \frac{1}{N}\sum_{n=1}^{N}\boldsymbol{b}_1^\top\boldsymbol{x}_n\boldsymbol{x}_n^\top\boldsymbol{b}_1 \tag{10.9a}$$

$$= \boldsymbol{b}_1^\top\left(\frac{1}{N}\sum_{n=1}^{N}\boldsymbol{x}_n\boldsymbol{x}_n^\top\right)\boldsymbol{b}_1 = \boldsymbol{b}_1^\top\boldsymbol{S}\boldsymbol{b}_1 \tag{10.9b}$$

が得られる．ここで，$\boldsymbol{S}$ は (10.1) で定義されたデータ共分散行列である．また (10.9a) でベクトルの内積は各引数に対して対称であること，つまり $\boldsymbol{b}_1^\top\boldsymbol{x}_n = \boldsymbol{x}_n^\top\boldsymbol{b}_1$ を用いている．

ベクトル $\boldsymbol{b}_1$ の大きさを任意に大きくすると V_1 も大きくなる．つまり，ベクトル $\boldsymbol{b}_1$ を 2 倍にすると V_1 は 4 倍になることに注意しよう．そこで，すべての解を $\|\boldsymbol{b}_1\|^2 = 1$ に制限する．これにより，データが最も変化する方向を求める制約条件付き最適化問題になる．

解空間を単位ベクトルに制限した制約条件付き最適化問題

ベクトル $\boldsymbol{b}_1$ は行列 B の最初の列であり，低次元空間を張る M 個の正規直交基底の最初のベクトルとなる．

† 訳注：正確にはあとで見るように $\|\boldsymbol{b}_1\|^2 = 1$ とする必要がある．

$\|\boldsymbol{b}_1\|^2 = 1 \Leftrightarrow \|\boldsymbol{b}_1\| = 1$

$$\max_{\boldsymbol{b}_1} \ \boldsymbol{b}_1^\top \boldsymbol{S}\boldsymbol{b}_1 \\ \text{条件}\ \|\boldsymbol{b}_1\|^2 = 1 \tag{10.10}$$

を解くと分散が最大になる方向を指すベクトル $\boldsymbol{b}_1$ が定まる．7.2 節よりこの制約条件付き最適化を解くためのラグランジアンは

$$\mathcal{L}(\boldsymbol{b}_1, \lambda_1) = \boldsymbol{b}_1^\top \boldsymbol{S}\boldsymbol{b}_1 + \lambda_1(1 - \boldsymbol{b}_1^\top \boldsymbol{b}_1) \tag{10.11}$$

となる．$\mathcal{L}$ の $\boldsymbol{b}_1^\top$, λ_1 に関する偏微分はそれぞれ

$$\frac{\partial \mathcal{L}}{\partial \boldsymbol{b}_1} = 2\boldsymbol{b}_1^\top \boldsymbol{S} - 2\lambda_1 \boldsymbol{b}_1^\top, \quad \frac{\partial \mathcal{L}}{\partial \lambda_1} = 1 - \boldsymbol{b}_1^\top \boldsymbol{b}_1 \tag{10.12}$$

となる．これらの偏微分を $\boldsymbol{0}$ とおくと，関係式

$$\boldsymbol{S}\boldsymbol{b}_1 = \lambda_1 \boldsymbol{b}_1, \tag{10.13}$$

$$\boldsymbol{b}_1^\top \boldsymbol{b}_1 = 1 \tag{10.14}$$

が得られる．固有値分解の定義（4.4 節参照）と比較すると，$\boldsymbol{b}_1$ はデータ共分散行列 $\boldsymbol{S}$ の固有ベクトルで，ラグランジュの未定乗数 λ_1 は対応する固有値の役割を果たしていることがわかる．この固有ベクトルの性質 (10.13) により，目的関数の分散 (10.10) を次のように書き換えることができる．

$\sqrt{\lambda_1}$ は，単位ベクトル $\boldsymbol{b}_1$ の**負荷量** (loading) とも呼ばれ，主部分空間 span$[\boldsymbol{b}_1]$ で張られるデータの標準偏差を表す．

$$V_1 = \boldsymbol{b}_1^\top \boldsymbol{S}\boldsymbol{b}_1 = \lambda_1 \boldsymbol{b}_1^\top \boldsymbol{b}_1 = \lambda_1. \tag{10.15}$$

すなわち，一次元部分空間に射影したデータの分散は，その基底ベクトル $\boldsymbol{b}_1$ の固有値に等しい．したがって，低次元符号の分散を最大化するには，データ共分散行列の固有ベクトルで固有値が最大となるものを基底ベクトルに選べばよい．この固有ベクトルを第一**主成分**と呼ぶ．座標 z_{1n} を元のデータ空間に復元すると，元のデータ空間での主成分 $\boldsymbol{b}_1$ の効果／寄与が求まり，射影されたデータ点は

主成分 (principal component)

$$\tilde{\boldsymbol{x}}_n = \boldsymbol{b}_1 z_{1n} = \boldsymbol{b}_1^\top \boldsymbol{b}_1 \boldsymbol{x}_n \in \mathbb{R}^D \tag{10.16}$$

となる．

注　$\tilde{\boldsymbol{x}}_n$ は D 次元ベクトルであるが，必要な情報は基底ベクトル $\boldsymbol{b}_1 \in \mathbb{R}^D$ に関する単一の座標 z_{1n} のみである．

10.2.2　最大分散をもつ M 次元部分空間 †

† 訳注：この節では，データ共分散行列が正定値であり D 個の固有値が相異なることを暗に仮定している．ただし，この仮定は本質的ではない．

行列 $\boldsymbol{S}$ の固有ベクトルのうち，固有値の大きい上位 $m-1$ 個の固有ベクトルを，主成分として得られているとする．$\boldsymbol{S}$ は対称なので，スペクトル定理（定理 4.15）より，これらの固有ベクトルから $\mathbb{R}^D$ の $m-1$ 次元部分空間の正規直

交基底を構成できる．m 番目の主成分は，データから最初の $m-1$ 個の主成分 $\boldsymbol{b}_1, \dots, \boldsymbol{b}_{m-1}$ の効果を差し引き，残りの情報を圧縮する主成分を見つけることで得られる．$m-1$ 個の主成分の効果を差し引いた新たなデータ行列を

$$\hat{\boldsymbol{X}} := \boldsymbol{X} - \sum_{i=1}^{m-1} \boldsymbol{b}_i \boldsymbol{b}_i^\top \boldsymbol{X} = \boldsymbol{X} - \boldsymbol{B}_{m-1}\boldsymbol{X} \tag{10.17}$$

とする．ここで，$\boldsymbol{X} = [\boldsymbol{x}_1, \dots, \boldsymbol{x}_N] \in \mathbb{R}^{D\times N}$ はデータ点を列ベクトルとして並べたもの，$\boldsymbol{B}_{m-1} := \sum_{i=1}^{m-1} \boldsymbol{b}_i \boldsymbol{b}_i^\top$ は $\boldsymbol{b}_1, \dots, \boldsymbol{b}_{m-1}$ の張る部分空間への射影行列である．

(10.17) の行列 $\hat{\boldsymbol{X}} := [\hat{\boldsymbol{x}}_1, \dots, \hat{\boldsymbol{x}}_N] \in \mathbb{R}^{D\times N}$ には，まだ圧縮されていないデータの情報が含まれている．

注（記法） この章では，データ $\boldsymbol{x}_1, \dots, \boldsymbol{x}_N$ をデータ行列の行としてまとめる記法でなく，X の列とするよう定義する．つまり，データ行列 X が従来の $N \times D$ 行列ではなく，$D \times N$ 行列となる．このようにした理由は，行列を転置したり，行ベクトルとしてベクトルを再定義したりすることなく代数演算がスムーズに行えるためである．

m 番目の主成分を求めるために，$\|\boldsymbol{b}_m\|^2 = 1$ の条件のもと，分散

$$V_m = \mathbb{V}[z_m] = \frac{1}{N}\sum_{n=1}^{N} z_{mn}^2 = \frac{1}{N}\sum_{n=1}^{N}(\boldsymbol{b}_m^\top \hat{\boldsymbol{x}}_n)^2 = \boldsymbol{b}_m^\top \hat{\boldsymbol{S}} \boldsymbol{b}_m \tag{10.18}$$

を最大化する．(10.9b) と同じ手順に従い，$\hat{\boldsymbol{S}}$ を変換されたデータセット $\hat{\mathcal{X}} = \{\hat{\boldsymbol{x}}_1, \dots, \hat{\boldsymbol{x}}_N\}$ のデータ共分散行列とした．前回同様，この制約条件付き最適化問題の最適解 $\boldsymbol{b}_m$ は $\hat{\boldsymbol{S}}$ の最大固有値に付随する $\hat{\boldsymbol{S}}$ の固有ベクトルである．

$\boldsymbol{b}_m$ は $\boldsymbol{S}$ の固有ベクトルでもあることがわかる．より一般的には，$\boldsymbol{S}$ の固有ベクトルの集合と $\hat{\boldsymbol{S}}$ の固有ベクトルの集合は同一である†．$\boldsymbol{S}$ と $\hat{\boldsymbol{S}}$ は両方とも対称であるため，固有ベクトルの正規直交基底 (ONB) を求めることができる（スペクトル定理，定理 4.15）．すなわち，$\boldsymbol{S}$ と $\hat{\boldsymbol{S}}$ の両方に D 個の異なる固有ベクトルが存在する．次に，$\boldsymbol{S}$ のすべての固有ベクトルが $\hat{\boldsymbol{S}}$ の固有ベクトルであることを示す．以下では，$\boldsymbol{S}$ の固有ベクトルを対応する固有値が大きいものから順に並べて $\boldsymbol{b}_1, \dots, \boldsymbol{b}_D$ と書き，対応する固有値をそれぞれ $\lambda_1, \dots, \lambda_D$ と書く．$\boldsymbol{b}_1, \dots, \boldsymbol{b}_{m-1}$ は最初の $m-1$ 個の主成分と一致すると仮定する．（すなわち，これらは (10.17) に登場する $\boldsymbol{b}_i$ と一致する．）一般に，

† 訳注：正確には固有ベクトルの選び方には任意性があるが，うまく選べば一致させることができる．

$$\hat{\boldsymbol{S}}\boldsymbol{b}_i = \frac{1}{N}\hat{\boldsymbol{X}}\hat{\boldsymbol{X}}^\top \boldsymbol{b}_i = \frac{1}{N}(\boldsymbol{X} - \boldsymbol{B}_{m-1}\boldsymbol{X})(\boldsymbol{X} - \boldsymbol{B}_{m-1}\boldsymbol{X})^\top \boldsymbol{b}_i \tag{10.19a}$$
$$= (\boldsymbol{S} - \boldsymbol{S}\boldsymbol{B}_{m-1} - \boldsymbol{B}_{m-1}\boldsymbol{S} + \boldsymbol{B}_{m-1}\boldsymbol{S}\boldsymbol{B}_{m-1})\boldsymbol{b}_i \tag{10.19b}$$

が成り立つ．

二つの場合に分けて考える．$i \geq m$，すなわち，$\boldsymbol{b}_i$ が最初の $m-1$ 個の主成分の中にない固有ベクトルである場合，$\boldsymbol{b}_i$ は最初の $m-1$ 個の主成分に直交し，$\boldsymbol{B}_{m-1}\boldsymbol{b}_i = 0$ である．$i < m$，すなわち，$\boldsymbol{b}_i$ が最初の $m-1$ 個の主成分の中にある場合，$\boldsymbol{b}_i$ は $\boldsymbol{B}_{m-1}$ が射影する部分空間の正規直交基底であるため，$\boldsymbol{B}_{m-1}\boldsymbol{b}_i = \boldsymbol{b}_i$ が得られる．二つの場合をまとめると，以下のようになる．

$$\boldsymbol{B}_{m-1}\boldsymbol{b}_i = \boldsymbol{b}_i \quad (i < m), \qquad \boldsymbol{B}_{m-1}\boldsymbol{b}_i = 0 \quad (i \geq m). \tag{10.20}$$

$i \geq m$ の場合，(10.19b) に (10.20) を用いると，$\hat{\boldsymbol{S}}\boldsymbol{b}_i = (\boldsymbol{S} - \boldsymbol{B}_{m-1}\boldsymbol{S})\boldsymbol{b}_i = \boldsymbol{S}\boldsymbol{b}_i$，すなわち，$\boldsymbol{b}_i$ もまた固有値 λ_i をもつ $\hat{\boldsymbol{S}}$ の固有ベクトルであることがわかる．具体的には，

$$\hat{\boldsymbol{S}}\boldsymbol{b}_m = \boldsymbol{S}\boldsymbol{b}_m = \lambda_m \boldsymbol{b}_m \tag{10.21}$$

である．式 (10.21) は，$\boldsymbol{b}_m$ が $\boldsymbol{S}$ の固有ベクトルであるだけでなく，$\hat{\boldsymbol{S}}$ の固有ベクトルでもあることを示している．λ_m は $\boldsymbol{S}$ の m 番目の固有値であると同時に $\hat{\boldsymbol{S}}$ の最大固有値でもあり，どちらも固有ベクトル $\boldsymbol{b}_m$ に付随している†．

† 訳注：$i < m$ の $\boldsymbol{b}_i$ に関して $\hat{\boldsymbol{S}}$ の固有値 λ_i が 0 より大きいことはのちに確認する．

$i < m$ の場合，(10.19b) に (10.20) を用いると，

$$\hat{\boldsymbol{S}}\boldsymbol{b}_i = (\boldsymbol{S} - \boldsymbol{S}\boldsymbol{B}_{m-1} - \boldsymbol{B}_{m-1}\boldsymbol{S} + \boldsymbol{B}_{m-1}\boldsymbol{S}\boldsymbol{B}_{m-1})\boldsymbol{b}_i = \boldsymbol{0} = 0\boldsymbol{b}_i \tag{10.22}$$

が得られる．これは，$\boldsymbol{b}_1, \ldots, \boldsymbol{b}_{m-1}$ も $\hat{\boldsymbol{S}}$ の固有ベクトルであるが，固有値 0 に付随しており，$\boldsymbol{b}_1, \ldots, \boldsymbol{b}_{m-1}$ が $\hat{\boldsymbol{S}}$ の零空間を張っていることを意味している．

概して，$\boldsymbol{S}$ の各固有ベクトルは $\hat{\boldsymbol{S}}$ の固有ベクトルでもある．しかしながら，$\boldsymbol{S}$ の固有ベクトルが最初の $m-1$ 個の主成分によって張られる $m-1$ 次元主部分空間の一部の場合は，$\hat{\boldsymbol{S}}$ の付随する固有値は 0 である．

この導出から，最大分散をもつ M 次元部分空間と固有値分解の間には密接な関係があることがわかる．この関連性については，10.4 節で再考する．

式 (10.21) と $\boldsymbol{b}_m^\top \boldsymbol{b}_m = 1$ を用いると，m 番目の主成分に射影されたデータの分散は

$$V_m = \boldsymbol{b}_m \boldsymbol{S} \boldsymbol{b}_m^\top \overset{(10.21)}{=} \boldsymbol{b}_m \boldsymbol{b}_m^\top = \lambda_m \tag{10.23}$$

となる．つまり，データを最初の M 個の主成分からなる M 次元部分空間へ射影したときの分散は，データ共分散行列の対応する固有ベクトルに付随した固有値の総和に等しくなる．

例 10.2（MNIST「8」の固有ベクトル）　数字「8」に関する MNIST 訓練データ全体のデータ共分散行列の固有値を計算してみると，上位 200 位までの固有値は図 10.5 (a) のようになる．0 と大きく異なる固有値はごくわずかしかない．したがって，図 10.5 (b) に示されているように，分散のほとんどは（データを射影する）上位の主成分に由来する．

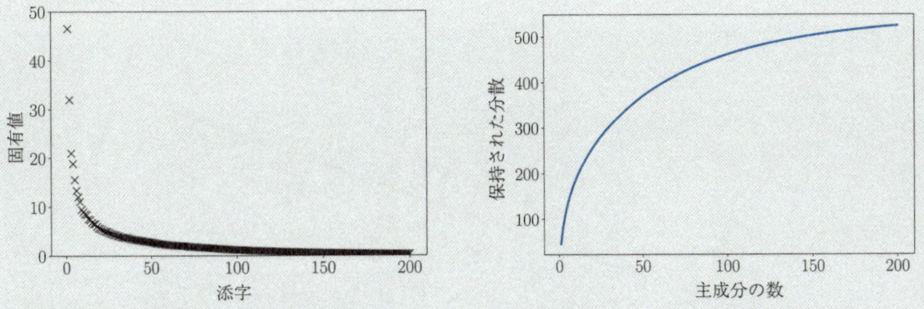

(a) MNIST 訓練集合内のすべての数字「8」のデータ共分散行列の（降順にソートされた）固有値

(b) 主成分によって保持された分散

図 10.5　MNIST「8」の訓練データの特性．(a) 降順に並べられた固有値，(b) 上位の主成分の分散の合計．

結局，固有値の大きい順にデータ共分散行列 $\boldsymbol{S}$ の固有ベクトルを M 個選んで (10.3) の行列 $\boldsymbol{B}$ の列ベクトルとしたとき，できるだけ多くの情報を保持する M 次元部分空間が得られる，というのが主成分分析の教えである．保持できる最大の分散が最初の M 個の主成分より与えられ，その値は

$$V_M = \sum_{m=1}^{M} \lambda_m \tag{10.24}$$

となる．ここで $\lambda_1, \ldots, \lambda_M$ はデータ共分散行列 $\boldsymbol{S}$ の固有値の大きい上位 M 個である．主成分分析によるデータ圧縮で失われる分散は

$$J_M := \sum_{j=M+1}^{D} \lambda_j = V_D - V_M \tag{10.25}$$

である．これらの絶対量の代わりに，主成分分析の保持する相対分散を $\frac{V_M}{V_D}$，圧縮によって失われた相対分散を $1 - \frac{V_M}{V_D}$ と定義することもできる．

10.3　射影の視点

以下では，平均再構成誤差を直接最小化するアルゴリズムとして主成分分析を導出する．この観点に立つと，主成分分析は最適な線形オートエンコーダを実装していると解釈することができる．なお，その導出にあたって第 2 章と第 3 章の内容を頻繁に引用することになる．

前節では，射影空間の分散を最大化し，できるだけ多くの情報を保持する手法として主成分分析を導出した．以下では，元のデータ $\boldsymbol{x}_n$ とその再構成 $\tilde{\boldsymbol{x}}_n$ の間の差分ベクトルに着目し，$\boldsymbol{x}_n$ と $\tilde{\boldsymbol{x}}_n$ ができるだけ近づくように，この距離を最小化する．図 10.6 はこの設定を示したものである．

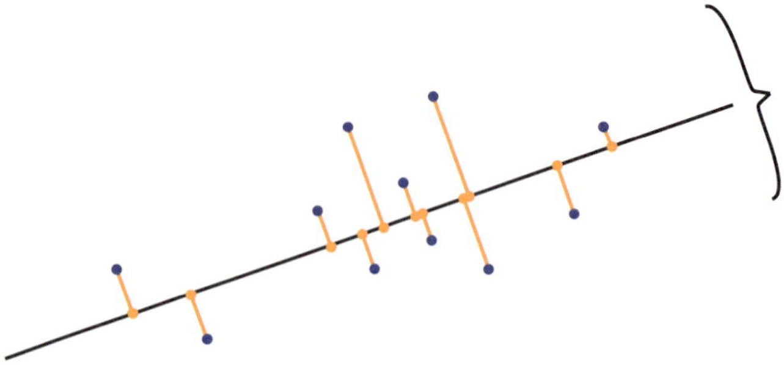

図 10.6　射影のアプローチの説明．射影データ（オレンジ）と元のデータ（青）の差分ベクトルの長さを最小化する部分空間（線）を求める．

10.3.1　設定と目的

$B = (\boldsymbol{b}_1, \ldots, \boldsymbol{b}_D)$ を $\mathbb{R}^D$ の（順序づけられた）正規直交基底とする．すなわち，$i = j$ の場合のみ $\boldsymbol{b}_i^\top \boldsymbol{b}_j = 1$ で，それ以外は 0 である．

B は $\mathbb{R}^D$ の基底（2.5 節）なので，任意のベクトル $\boldsymbol{x} \in \mathbb{R}^D$ は基底ベクトルの線形結合として表すことができる．すなわち，

$$\boldsymbol{x} = \sum_{d=1}^{D} \zeta_d \boldsymbol{b}_d = \sum_{m=1}^{M} \zeta_m \boldsymbol{b}_m + \sum_{j=M+1}^{D} \zeta_j \boldsymbol{b}_j \tag{10.26}$$

となる座標 $\zeta_d \in \mathbb{R}$ が存在する．

ベクトル $\tilde{\boldsymbol{x}} \in U$ は $\mathbb{R}^3$ のある平面上のベクトルである可能性がある．平面の次元は 2 だが，ベクトルは $\mathbb{R}^3$ の標準基底に関して三つの座標をもつ．

低次元部分空間 $U \subseteq \mathbb{R}^D$, $\dim(U) = M$ に存在するベクトル

$$\tilde{\boldsymbol{x}} = \sum_{m=1}^{M} z_m \boldsymbol{b}_m \in U \subseteq \mathbb{R}^D \tag{10.27}$$

として，できるだけ $\boldsymbol{x}$ に似ているものを選びたい．この $\tilde{\boldsymbol{x}}$ の座標 z_m と $\boldsymbol{x}$ の座標 ζ_m は同一とは限らない．

座標 $\boldsymbol{z}$ と基底ベクトル $\boldsymbol{b}_1, \ldots, \boldsymbol{b}_M$ をうまく選んで $\tilde{\boldsymbol{x}}$ と元のデータ点 $\boldsymbol{x}$ の（ユークリッド）距離 $\|\boldsymbol{x} - \tilde{\boldsymbol{x}}\|$ を最小化したい．この問題設定を図示すると図 10.7 のようになる．

データセット $\mathcal{X} = \{\boldsymbol{x}_1, \ldots, \boldsymbol{x}_N\}$, $\boldsymbol{x}_n \in \mathbb{R}^D$ について，$\boldsymbol{0}$ に中心化されている，すなわち，$\mathbb{E}[\mathcal{X}] = \boldsymbol{0}$ と仮定しても一般性を失わない．平均を $\boldsymbol{0}$ としなくても得られる結果は同一だが，式が煩雑となる．

主部分空間 (principal subspace)

$\mathcal{X}$ の最適な線形射影を与える低次元部分空間 $U(\dim(U) = M)$ を**主部分空間**と呼ぶ．この部分空間の正規直交基底ベクトルを $\boldsymbol{b}_1, \ldots, \boldsymbol{b}_M$ とすると，データ点の射影は，基底 $(\boldsymbol{b}_1, \ldots, \boldsymbol{b}_M)$ に関する $\tilde{\boldsymbol{x}}_n$ の何らかの座標ベクトル $\boldsymbol{z}_n := [z_{1n}, \ldots, z_{Mn}]^\top \in \mathbb{R}^M$ を用いて

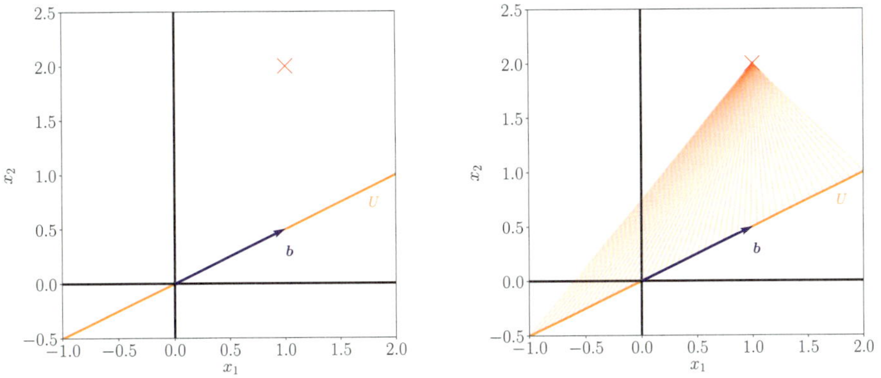

(a) 設定

(b) 50 個の異なる $\tilde{\boldsymbol{x}}_i$ に対する差分 $\boldsymbol{x}-\tilde{\boldsymbol{x}}$ が赤線で示されている．

図 10.7　射影の問題設定の模式図．(a) ベクトル $\boldsymbol{x} \in \mathbb{R}^2$（赤十字）を，$\boldsymbol{b}$ の張る一次元部分空間 $U \subseteq \mathbb{R}^2$ に射影する．(b) $\boldsymbol{x}$ と射影の候補 $\tilde{\boldsymbol{x}}$ の差分ベクトル．

$$\tilde{\boldsymbol{x}}_n := \sum_{m=1}^{M} z_{mn}\boldsymbol{b}_m = \boldsymbol{B}\boldsymbol{z}_n \in \mathbb{R}^D \tag{10.28}$$

と表される．この $\tilde{\boldsymbol{x}}_n$ をできるだけ $\boldsymbol{x}_n$ に近づけることに関心がある．

以下で用いる類似度の尺度は，$\boldsymbol{x}$ と $\tilde{\boldsymbol{x}}$ の間の二乗距離（ユークリッドノルム）$\|\boldsymbol{x}-\tilde{\boldsymbol{x}}\|^2$ である．そこで，目的を平均二乗ユークリッド距離（**再構成誤差**）

再構成誤差 (reconstruction error)

$$J_M := \frac{1}{N}\sum_{n=1}^{N}\|\boldsymbol{x}_n - \tilde{\boldsymbol{x}}_n\|^2 \tag{10.29}$$

の最小化 [Pea01] と定義する．ここで，データを射影する部分空間の次元が M であることを明示した．この最適な線形射影を求めるためには，主部分空間の正規直交基底とこの基底に関する射影の座標 $\boldsymbol{z}_n \in \mathbb{R}^M$ を求める必要がある．

主部分空間の座標 $\boldsymbol{z}_n$ と正規直交基底を求めるために，二段階のアプローチをとる．最初に，与えられた正規直交基底 $(\boldsymbol{b}_1, \ldots, \boldsymbol{b}_M)$ に対して座標 $\boldsymbol{z}_n$ を最適化し，次に最適な正規直交基底を求める．

10.3.2　最適な座標を求める

まず，$n = 1, \ldots, N$ に対する射影 $\tilde{\boldsymbol{x}}_n$ の最適座標 $z_{1n}, \ldots, z_{Mn}$ を求めよう．10.3.2 項 (b) では，主部分空間が単一のベクトル $\boldsymbol{b}$ で表されている．幾何学的にいえば，最適座標 z を求めることは $\tilde{\boldsymbol{x}}-\boldsymbol{x}$ 間の距離を最小化する $\boldsymbol{b}$ に関する線形射影 $\tilde{\boldsymbol{x}}$ の表現を求めることに対応している．10.3.2 項 (b) から，$\tilde{\boldsymbol{x}}_n$ は直交射影になることは明確だが，以下で正確に示していく．

$U \subseteq \mathbb{R}^D$ の正規直交基底 $(\boldsymbol{b}_1, \ldots, \boldsymbol{b}_M)$ を仮定する．この基底に対する最適座標 $\boldsymbol{z}_n$ を求めるためには，偏微分

$$\frac{\partial J_M}{\partial z_{in}} = \frac{\partial J_M}{\partial \tilde{\boldsymbol{x}}_n}\frac{\partial \tilde{\boldsymbol{x}}_n}{\partial z_{in}}, \tag{10.30a}$$

$$\frac{\partial J_M}{\partial \tilde{\boldsymbol{x}}_n} = -\frac{2}{N}(\boldsymbol{x}_n - \tilde{\boldsymbol{x}}_n)^\top \in \mathbb{R}^{1\times D}, \tag{10.30b}$$

$$\frac{\partial \tilde{\boldsymbol{x}}_n}{\partial z_{in}} \overset{(10.28)}{=} \frac{\partial}{\partial z_{in}}\left(\sum_{m=1}^{M} z_{mn}\boldsymbol{b}_m\right) = \boldsymbol{b}_i \tag{10.30c}$$

が必要である $(i = 1, \ldots, M)$．$\boldsymbol{b}_i^\top \boldsymbol{b}_i = 1$ であるため，

$$\frac{\partial J_M}{\partial z_{in}} \overset{(10.30b)\,(10.30c)}{=} -\frac{2}{N}(\boldsymbol{x}_n - \tilde{\boldsymbol{x}}_n)^\top \boldsymbol{b}_i \overset{(10.28)}{=} -\frac{2}{N}\left(\boldsymbol{x}_n - \sum_{m=1}^{M} z_{mn}\boldsymbol{b}_m\right)^\top \boldsymbol{b}_i \tag{10.31a}$$

$$\overset{\text{ONB}}{=} -\frac{2}{N}(\boldsymbol{x}_n^\top \boldsymbol{b}_i - z_{in}\boldsymbol{b}_i^\top \boldsymbol{b}_i) = -\frac{2}{N}(\boldsymbol{x}_n^\top \boldsymbol{b}_i - z_{in}) \tag{10.31b}$$

が得られる．この偏微分を0とおくと，$i = 1, \ldots, M$, $n = 1, \ldots, N$ に対して，最適座標

$$z_{in} = \boldsymbol{x}_n^\top \boldsymbol{b}_i = \boldsymbol{b}_i^\top \boldsymbol{x}_n \tag{10.32}$$

が直ちに得られる．つまり，射影 $\tilde{\boldsymbol{x}}_n$ の最適な座標 z_{in} は，元のデータ点 $\boldsymbol{x}$ を $\boldsymbol{b}_i$ で張られる一次元部分空間へ直交射影（3.8節参照）したときの座標である．その結果として次が得られる：

基底ベクトル $\boldsymbol{b}_1, \ldots, \boldsymbol{b}_M$ に対する $\boldsymbol{x}_n$ の最適射影の座標は，主部分空間への $\boldsymbol{x}_n$ の直交射影の座標となる．

- $\boldsymbol{x}_n$ の最適な線形射影 $\tilde{\boldsymbol{x}}_n$ は直交射影である．
- 基底 $(\boldsymbol{b}_1, \ldots, \boldsymbol{b}_M)$ に関する $\tilde{\boldsymbol{x}}_n$ の座標は，$\boldsymbol{x}_n$ の主部分空間への直交射影の座標である．
- 直交射影は，目的関数 (10.29) が与えられたときの最良の線形写像である．
- (10.26) の $\boldsymbol{x}$ の座標 ζ_m と (10.27) の $\tilde{\boldsymbol{x}}_n$ の座標 z_m は，$m = 1, \ldots, M$ に対して同一にならなければならない．なぜならば，$U^\perp = \mathrm{span}[\boldsymbol{b}_{M+1}, \ldots, \boldsymbol{b}_D]$ は $U = \mathrm{span}\,[\boldsymbol{b}_1, \ldots, \boldsymbol{b}_M]$ の直交補空間（3.6節参照）であるためである．

注（正規直交基底ベクトルを用いた直交射影）　3.8節の直交射影を簡単に復習しよう．$(\boldsymbol{b}_1, \ldots, \boldsymbol{b}_D)$ が $\mathbb{R}^D$ の正規直交基底であるならば，

$$\tilde{\boldsymbol{x}} = \boldsymbol{b}_j(\boldsymbol{b}_j^\top \boldsymbol{b}_j)^{-1}\boldsymbol{b}_j^\top \boldsymbol{x} = \boldsymbol{b}_j\boldsymbol{b}_j^\top \boldsymbol{x} \in \mathbb{R}^D \tag{10.33}$$

は $\boldsymbol{x}$ の j 番目の基底ベクトルで張られる部分空間への直交射影であり，$z_j\boldsymbol{b}_j = \tilde{\boldsymbol{x}}$ であるため，$z_j = \boldsymbol{b}_j^\top \boldsymbol{x}$ はその部分空間を張る基底ベクトル $\boldsymbol{b}_j$ に関するこの射影の座標である．10.3.2項 (b) はこの設定を表したものである．

$\boldsymbol{b}_j^\top \boldsymbol{x}$ は，$\boldsymbol{x}$ を $\boldsymbol{b}_j$ で表される部分空間に直交射影したときの座標である．

より一般には，$\mathbb{R}^D$ の M 次元部分空間への射影を目的とした場合，$\boldsymbol{x}$ を正規直交基底 $(\boldsymbol{x}_1, \ldots, \boldsymbol{x}_M)$ をもつ M 次元部分空間に直交射影すると，

$$\tilde{\boldsymbol{x}} = \boldsymbol{B}(\underbrace{\boldsymbol{B}^\top \boldsymbol{B}}_{=\boldsymbol{I}})^{-1}\boldsymbol{B}^\top \boldsymbol{x} = \boldsymbol{B}\boldsymbol{B}^\top \boldsymbol{x} \tag{10.34}$$

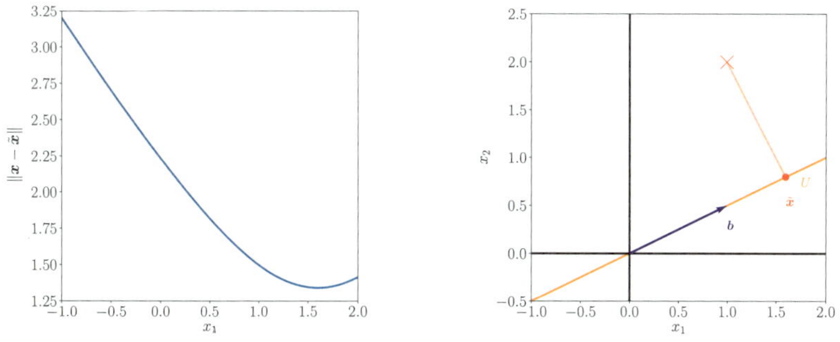

(a) ある $\tilde{\boldsymbol{x}} = z_1 \boldsymbol{b} \in U = \mathrm{span}[\boldsymbol{b}]$ に関する距離 $\|\boldsymbol{x} - \tilde{\boldsymbol{x}}\|$．設定のパネル (b) 参照．

(b) パネル (a) の距離を最小化するベクトル $\tilde{\boldsymbol{x}}$ は U への直交射影である．U を張るベクトル $\boldsymbol{b}$ に対する射影 $\tilde{x}$ の座標は，$\tilde{\boldsymbol{x}}$ に「到達する」ためにスケーリングする必要がある係数である．

図 10.8 ベクトル $\boldsymbol{x} \in \mathbb{R}^2$ の一次元部分空間への最適射影（図 10.7 の続き）．(a) ある $\tilde{\boldsymbol{x}} \in U$ に関する距離 $\|\boldsymbol{x} - \tilde{\boldsymbol{x}}\|$．(b) 直交射影と最適座標．

のようになる．ここで，$\boldsymbol{B} := [\boldsymbol{b}_1, \ldots, \boldsymbol{b}_M] \in \mathbb{R}^{D \times M}$ と定義した．3.8 節で説明したように，順序付けられた基底 $(\boldsymbol{b}_1, \ldots, \boldsymbol{b}_M)$ に関するこの射影の座標は $\boldsymbol{z} := \boldsymbol{B}^\top \boldsymbol{x}$ である．

この座標は，$(\boldsymbol{b}_1, \ldots, \boldsymbol{b}_M)$ で定義された新しい座標系に射影されたベクトルの表現とみなすことができる．このベクトルを表現するためには M 個の座標 $z_1, \ldots, z_M$ だけが必要であることに注意しよう．基底ベクトル $(\boldsymbol{b}_{M+1}, \ldots, \boldsymbol{b}_D)$ に関する別の $D - M$ 個の成分は常に 0 である．

ここまで，ある正規直交基底に対して，主部分空間に直交射影することで，$\tilde{\boldsymbol{x}}$ の最適座標を求められることを示した．以下では，最適な基底とは何かを決める．

10.3.3 主部分空間の基底を求める

主部分空間の基底ベクトル $\boldsymbol{b}_1, \ldots, \boldsymbol{b}_M$ を決めるために，これまでの結果を用いて損失関数 (10.29) を言い換える．これによって，基底ベクトルを求めることがより簡単になる．損失関数を再定義するために，これまでの結果を利用すると，

$$\tilde{\boldsymbol{x}}_n = \sum_{m=1}^{M} z_{mn} \boldsymbol{b}_m \overset{(10.32)}{=} \sum_{m=1}^{M} (\boldsymbol{x}_n^\top \boldsymbol{b}_m) \boldsymbol{b}_m \tag{10.35}$$

を得る．ドット積の対称性を利用すると，

$$\tilde{\boldsymbol{x}}_n = \left(\sum_{m=1}^{M} \boldsymbol{b}_m \boldsymbol{b}_m^\top \right) \boldsymbol{x}_n \tag{10.36}$$

となる．元のデータ点 $\boldsymbol{x}_n$ は，一般的にすべての基底ベクトルの線形結合とし

て書くことができるため，

$$\boldsymbol{x}_n = \sum_{d=1}^{D} z_{dn}\boldsymbol{b}_d \overset{(10.32)}{=} \sum_{d=1}^{D}(\boldsymbol{x}_n^\top \boldsymbol{b}_d)\boldsymbol{b}_d = \left(\sum_{d=1}^{D}\boldsymbol{b}_d\boldsymbol{b}_d^\top\right)\boldsymbol{x}_n \tag{10.37a}$$

$$= \left(\sum_{m=1}^{M}\boldsymbol{b}_m\boldsymbol{b}_m^\top\right)\boldsymbol{x}_n + \left(\sum_{j=M+1}^{D}\boldsymbol{b}_j\boldsymbol{b}_j^\top\right)\boldsymbol{x}_n \tag{10.37b}$$

が成立する．ここで，D 項の和を M 項の和と $D-M$ 項の和に分離した．この結果を用いると，変位ベクトル $\boldsymbol{x}_n - \tilde{\boldsymbol{x}}_n$，すなわち元のデータ点と射影の間の差のベクトルは

$$\boldsymbol{x}_n - \tilde{\boldsymbol{x}}_n = \left(\sum_{j=M+1}^{D}\boldsymbol{b}_j\boldsymbol{b}_j^\top\right)\boldsymbol{x}_n \tag{10.38a}$$

$$= \sum_{j=M+1}^{D}(\boldsymbol{x}_n^\top\boldsymbol{b}_j)\boldsymbol{b}_j \tag{10.38b}$$

となる．これは，差分がまさに主部分空間の直交補空間へのデータ点の射影であることを意味している．(10.38a) の行列 $\sum_{j=M+1}^{D}\boldsymbol{b}_j\boldsymbol{b}_j^\top$ は，この射影を行う射影行列である．したがって，図 10.9 に示すように，変位ベクトル $\boldsymbol{x}_n - \tilde{\boldsymbol{x}}_n$ は主部分空間と直交する部分空間に存在することになる．

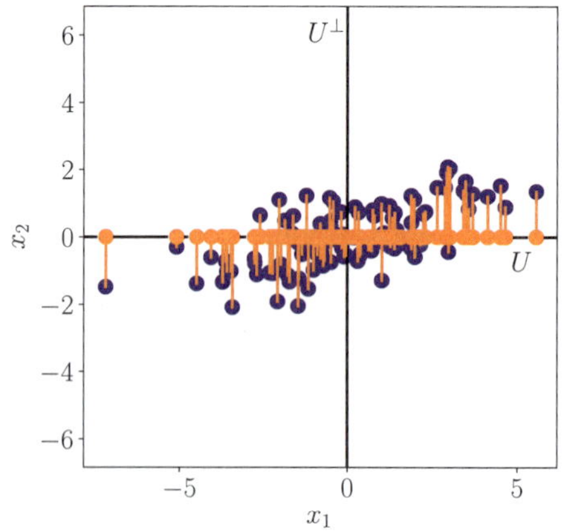

図 10.9　直交射影と変位ベクトル．データ点 $\boldsymbol{x}_n$（青）を部分空間 U_1 に射影すると，$\tilde{\boldsymbol{x}}_n$（オレンジ）が得られる．変位ベクトル $\tilde{\boldsymbol{x}}_n - \boldsymbol{x}_n$ は，U の直交補空間 $U^\perp$ に存在する．

注（低ランク近似）　(10.38a) では，$\boldsymbol{x}$ を $\tilde{\boldsymbol{x}}$ に射影する射影行列は，

$$\sum_{m=1}^{M}\boldsymbol{b}_m\boldsymbol{b}_m^\top = \boldsymbol{B}\boldsymbol{B}^\top \tag{10.39}$$

で得られることを見た．ランク 1 の行列 $\boldsymbol{b}_m \boldsymbol{b}_m^\top$ の和として構築することで，$\boldsymbol{B}\boldsymbol{B}^\top$ は対称でランク M をもつことがわかる．したがって，平均二乗再構成誤差は

$$\frac{1}{N}\sum_{n=1}^{N}\|\boldsymbol{x}_n - \tilde{\boldsymbol{x}}_n\|^2 = \frac{1}{N}\sum_{n=1}^{N}\left\|\boldsymbol{x}_n - \boldsymbol{B}\boldsymbol{B}^\top\boldsymbol{x}_n\right\|^2 \tag{10.40a}$$

$$= \frac{1}{N}\sum_{n=1}^{N}\left\|(\boldsymbol{I} - \boldsymbol{B}\boldsymbol{B}^\top)\boldsymbol{x}_n\right\|^2 \tag{10.40b}$$

のように書くことができる．元のデータ $\boldsymbol{x}_n$ と射影 $\tilde{\boldsymbol{x}}_n$ の差を最小化する直交基底ベクトル $\boldsymbol{b}_1, \ldots, \boldsymbol{b}_M$ を求めることは，単位行列 $\boldsymbol{I}$ の最良のランク M 近似 $\boldsymbol{B}\boldsymbol{B}^\top$ を求めることと等価である（4.6 節参照）．

主成分分析は，単位行列の最適なランク M 近似を求める．

これで，損失関数 (10.29) を再定式化するための道具が揃った．

$$J_M = \frac{1}{N}\sum_{n=1}^{N}\|\boldsymbol{x}_n - \tilde{\boldsymbol{x}}_n\|^2 \overset{(10.38b)}{=} \frac{1}{N}\sum_{n=1}^{N}\left\|\sum_{j=M+1}^{D}(\boldsymbol{b}_j^\top\boldsymbol{x}_n)\boldsymbol{b}_j\right\|^2. \tag{10.41}$$

ここで，陽に二乗ノルムを計算し，$\boldsymbol{b}_j$ が正規直交基底を作ることを利用すると，

$$J_M = \frac{1}{N}\sum_{n=1}^{N}\sum_{j=M+1}^{D}(\boldsymbol{b}_j^\top\boldsymbol{x}_n)^2 = \frac{1}{N}\sum_{n=1}^{N}\sum_{j=M+1}^{D}\boldsymbol{b}_j^\top\boldsymbol{x}_n\boldsymbol{b}_j^\top\boldsymbol{x}_n \tag{10.42a}$$

$$= \frac{1}{N}\sum_{n=1}^{N}\sum_{j=M+1}^{D}\boldsymbol{b}_j^\top\boldsymbol{x}_n\boldsymbol{x}_n^\top\boldsymbol{b}_j \tag{10.42b}$$

が得られる．ここで，最後のステップでドット積の対称性 $\boldsymbol{b}_j^\top\boldsymbol{x}_n = \boldsymbol{x}_n^\top\boldsymbol{b}_j$ を利用した．和を入れ替えると，

$$J_M = \sum_{j=M+1}^{D}\boldsymbol{b}_j^\top\underbrace{\left(\frac{1}{N}\sum_{n=1}^{N}\boldsymbol{x}_n\boldsymbol{x}_n^\top\right)}_{=:\boldsymbol{S}}\boldsymbol{b}_j = \sum_{j=M+1}^{D}\boldsymbol{b}_j^\top\boldsymbol{S}\boldsymbol{b}_j \tag{10.43a}$$

$$= \sum_{j=M+1}^{D}\operatorname{tr}(\boldsymbol{b}_j^\top\boldsymbol{S}\boldsymbol{b}_j) = \sum_{j=M+1}^{D}\operatorname{tr}(\boldsymbol{S}\boldsymbol{b}_j\boldsymbol{b}_j^\top) = \operatorname{tr}\left(\underbrace{\left(\sum_{j=M+1}^{D}\boldsymbol{b}_j\boldsymbol{b}_j^\top\right)}_{\text{射影行列}}\boldsymbol{S}\right) \tag{10.43b}$$

を得る．ここで，トレース演算子 $\operatorname{tr}(\cdot)$（(4.18) 参照）は線形であり，引数の循環順列で不変であるという性質を利用した．データセットは中心化されている，すなわち $\mathbb{E}[\mathcal{X}] = \boldsymbol{0}$ であると仮定していたため，$\boldsymbol{S}$ はデータ共分散行列と

なる．(10.43b) の射影行列は，ランク 1 行列 $\boldsymbol{b}_j \boldsymbol{b}_j^\top$ の和で構成されるため，射影行列自身のランクは $D - M$ である．

平均二乗再構成誤差を最小化することは，主部分空間の直交補空間へのデータ共分散行列の射影を最小化することと等価である．また，平均二乗再構成誤差を最小化することは，射影されたデータの分散を最大化することと等価である．

式 (10.43a) は，平均二乗再構成誤差を，データの共分散行列を主部分空間の直交補空間へ射影したものと等価に定式化できることを意味している．したがって，平均二乗再構成誤差を最小化することは，無視する部分空間，すなわち主部分空間の直交補空間へ射影したときのデータの分散を最小化することと等価である．同様に，主部分空間に保持する射影分散を最大化する．これにより，射影損失は，10.2 節で説明した主成分分析の最大分散の定式化とただちに結びつく．しかし，これは最大分散の考え方で得られたものと同じ解が得られることも意味している．したがって，10.2 節で紹介したものと同様の導出は省略し，先ほどの結果を射影の観点からまとめる．

M 次元主部分空間へ射影したときの平均二乗再構成誤差は

$$J_M = \sum_{j=M+1}^{D} \lambda_j \tag{10.44}$$

である．ここで，λ_j はデータ共分散行列の固有値である．したがって，(10.44) を最小化するためには，小さい方から $D - M$ 個の固有値を集めればよい．この固有値は，対応する固有ベクトルが主部分空間の直交補空間の基底となっている．つまり，主部分空間の基底は，データ共分散行列の大きい方から M 個の固有値に付随する固有ベクトル $\boldsymbol{b}_1, \ldots, \boldsymbol{b}_M$ から構成されることを意味している．

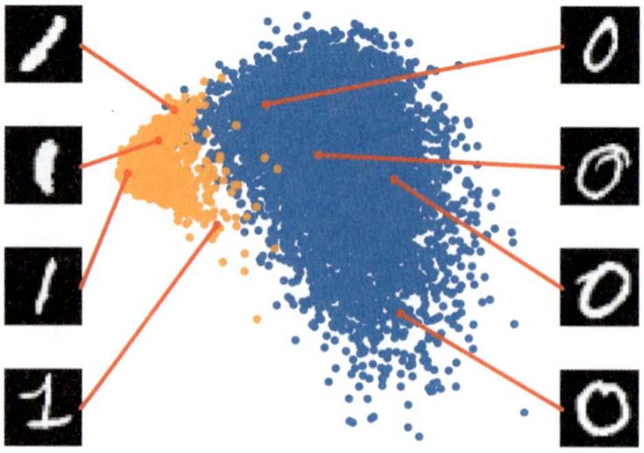

図 10.10　主成分分析を用いて，MNIST の数字 0（青）と 1（オレンジ）を二次元の主部分空間に埋め込んだもの．主部分空間における数字「0」と「1」の四つのサンプルが，対応する元の数字とともに赤で強調されている．

例 10.3（MNIST の数字の埋め込み） 図 10.10 は，MNIST の数字「0」と「1」の訓練データを，最初の二つの主成分で張られるベクトル部分空間へ埋め込んで可視化したものである．「0」（青い点）と「1」（オレンジの点）は比較的明らかに分離しており，個々のクラスター内ではばらついている．主部分空間における数値「0」と「1」の四つの標本は，対応する元の数字とともに赤色で強調している．図から，「0」の集合内でのばらつきの方が「1」の集合内でのばらつきよりも有意に大きいことがわかる．

10.4　固有ベクトルの計算と低ランク近似

前節では，主部分空間の基底を，データ共分散行列

$$\boldsymbol{S} = \frac{1}{N}\sum_{n=1}^{N} \boldsymbol{x}_n \boldsymbol{x}_n^\top = \frac{1}{N}\boldsymbol{X}\boldsymbol{X}^\top, \tag{10.45}$$

$$\boldsymbol{X} = [\boldsymbol{x}_1, \ldots, \boldsymbol{x}_N] \in \mathbb{R}^{D\times N} \tag{10.46}$$

の最大固有値に付随する固有ベクトルとして求めた．$\boldsymbol{X}$ は $D \times N$ の行列であることに注意しよう．すなわち，これは「典型的な」データ行列を転置したものである [Bis06, Mur12]．$\boldsymbol{S}$ の固有値（と対応する固有ベクトル）を得るために，二つのアプローチをとることができる．

固有ベクトルの計算には，固有値分解または特異値分解 (SVD) を使用する．

- 固有値分解（4.2 節参照）を行い，$\boldsymbol{S}$ の固有値と固有ベクトルを直接求める．
- 特異値分解を使用する（4.5 節参照）．$\boldsymbol{S}$ は対称かつ（$\frac{1}{N}$ を無視すると）$\boldsymbol{X}\boldsymbol{X}^\top$ に因数分解できるため，$\boldsymbol{S}$ の固有値は $\boldsymbol{X}$ の特異値の二乗である．

より具体的には，$\boldsymbol{X}$ の特異値分解は

$$\underbrace{\boldsymbol{X}}_{D\times N} = \underbrace{\boldsymbol{U}}_{D\times D}\underbrace{\boldsymbol{\Sigma}}_{D\times N}\underbrace{\boldsymbol{V}^\top}_{N\times N} \tag{10.47}$$

で与えられる．ここで，$\boldsymbol{U} \in \mathbb{R}^{D\times D}$ と $\boldsymbol{V}^\top \in \mathbb{R}^{N\times N}$ は直交行列で，$\boldsymbol{\Sigma} \in \mathbb{R}^{D\times N}$ はその非ゼロの要素が特異値 $\sigma_{ii} \geq 0$ のみである行列である．よって，

$$\boldsymbol{S} = \frac{1}{N}\boldsymbol{X}\boldsymbol{X}^\top = \frac{1}{N}\boldsymbol{U}\boldsymbol{\Sigma}\underbrace{\boldsymbol{V}^\top\boldsymbol{V}}_{=\boldsymbol{I}_N}\boldsymbol{\Sigma}^\top\boldsymbol{U}^\top = \frac{1}{N}\boldsymbol{U}\boldsymbol{\Sigma}\boldsymbol{\Sigma}^\top\boldsymbol{U}^\top \tag{10.48}$$

が成立する．4.5 節の結果から，$\boldsymbol{U}$ の列は $\boldsymbol{X}\boldsymbol{X}^\top$（したがって，$\boldsymbol{S}$）の固有ベクトルであることがわかる．さらに，$\boldsymbol{S}$ の固有値 λ_d は

$\boldsymbol{U}$ の列は $\boldsymbol{S}$ の固有ベクトルである．

$$\lambda_d = \frac{\sigma_d^2}{N} \tag{10.49}$$

を介して $\boldsymbol{X}$ の特異値と関連している．この $\boldsymbol{S}$ の固有値と $\boldsymbol{X}$ の特異値の間の関係により，最大分散表示（10.2 節）と特異値分解を関係づけることができる．

10.4.1 低ランク行列近似を用いた主成分分析

射影された分散を最大化する（もしくは平均二乗再構成誤差を最小にする）ために，主成分分析は (10.48) の $\boldsymbol{U}$ の列を，データ共分散行列 $\boldsymbol{S}$ の大きい方から M 個の固有値に付随する固有ベクトルとして選択し，$\boldsymbol{U}$ を (10.3) の元のデータを M 次元の低次元部分空間へ射影する射影行列 $\boldsymbol{B}$ と同定する．エッカート・ヤングの定理（4.6 節の定理 4.25）は，低次元表現を推定する直接的な方法を提供する．$\boldsymbol{X}$ の最良のランク M 近似

エッカート・ヤングの定理 (Eckart-Young theorem)

$$\tilde{\boldsymbol{X}}_M := \underset{\mathrm{rk}(\boldsymbol{A}) \leq M}{\operatorname{argmin}} \|\boldsymbol{X} - \boldsymbol{A}\|_2 \in \mathbb{R}^{D \times N} \tag{10.50}$$

を考える．ここで $\|\cdot\|_2$ は (4.93) で定義されたスペクトルノルムである．エッカート・ヤングの定理によると，$\tilde{\boldsymbol{X}}_M$ は特異値分解を上位 M 個の特異値で切り捨てることで得られる．言い換えると，直交行列 $\boldsymbol{U}_M := [\boldsymbol{u}_1, \ldots, \boldsymbol{u}_M] \in \mathbb{R}^{D \times M}$ と $\boldsymbol{V}_M := [\boldsymbol{v}_1, \ldots, \boldsymbol{v}_M] \in \mathbb{R}^{N \times M}$，対角要素が $\boldsymbol{X}$ の大きい方から M 個の特異値である対角行列 $\boldsymbol{\Sigma}_M \in \mathbb{R}^{M \times M}$ を用いて

$$\tilde{\boldsymbol{X}}_M = \underbrace{\boldsymbol{U}_M}_{D \times M} \underbrace{\boldsymbol{\Sigma}_M}_{M \times M} \underbrace{\boldsymbol{V}_M^\top}_{M \times N} \in \mathbb{R}^{D \times N} \tag{10.51}$$

が得られる．

10.4.2 実用的な側面

固有値や固有ベクトルを求めることは，行列分解が必要な他の基本的な機械学習の手法においても重要である．理論的には，4.2 節で説明したように，特性多項式の根として固有値を解くことができる．しかし，4×4 よりも大きな行列の場合は，次数 5 以上の多項式の根を求める必要があるため，不可能である．アーベル・ルフィニの定理 [Ruf99, Abe26] によると，次数 5 以上の多項式については代数的に解を得る一般的な方法は存在しない．したがって，実用上は，線形代数の現代的なパッケージに実装されている反復法を用いて固有値や特異値を解くことになる．

アーベル・ルフィニの定理 (Abel-Ruffini theorem)

（この章で紹介している主成分分析のような）多くの応用では，少数の固有ベクトルだけが必要である．完全な分解を計算し，最初の数個以降の固有値に付随するすべての固有ベクトルを捨てるのは無駄である．（最大の固有値をもつ）最初の数個の固有ベクトルだけに興味がある場合，これらの固有ベクトルを直接最適化する反復処理の方が，完全な固有分解（もしくは特異値分解）よりも計算効率がよいことがわかる．最初の固有ベクトルだけが必要な極端な場合には，べき乗法と呼ばれる単純な方法が非常に効率的である．べき乗法で

べき乗法 (power iteration)

は，$\boldsymbol{S}$ の零空間にないベクトル $\boldsymbol{x}_0$ † を適当に選び，

$$\boldsymbol{x}_{k+1} = \frac{\boldsymbol{S}\boldsymbol{x}_k}{\|\boldsymbol{S}\boldsymbol{x}_k\|}, \quad k = 0, 1, \ldots \tag{10.52}$$

のような反復操作をする．これは，各ステップでベクトル $\boldsymbol{x}_k$ に $\boldsymbol{S}$ が掛けられ，その後正規化される．すなわち，常に $\|\boldsymbol{x}_k\| = 1$ となる．このベクトルの数列は $\boldsymbol{S}$ の最大固有値に付随する固有ベクトルに収束する．初期の Google PageRank アルゴリズム [PBMW99] は，ハイパーリンクに基づいたウェブページのランキングのために，そのようなアルゴリズムを使用している．

† 訳注：$S\boldsymbol{x}_0 \neq \boldsymbol{0}$ を満たすようなベクトル $\boldsymbol{x}_0$ である．

S が可逆であれば，$\boldsymbol{x}_0 \neq \boldsymbol{0}$ を保証すれば十分である．

10.5 高次元主成分分析

主成分分析を行うためには，データ共分散行列を計算する必要がある．D 次元では，データ共分散行列は $D \times D$ 行列である．この行列の固有値と固有ベクトルの計算は，D の三乗で増大するため，計算コストが高い．したがって，先ほどから説明してきた主成分分析は非常に高い次元では実行できない．例えば，$\boldsymbol{x}_n$ が 10,000 ピクセル（例えば，100×100 ピクセルの画像）の画像である場合，$10{,}000 \times 10{,}000$ の共分散行列の固有値分解を計算する必要がある．以下では，次元よりもデータ点が実質的に小さい場合，すなわち，$N \ll D$ の場合に対する問題の解を提供する．

中心化されたデータセット $\boldsymbol{x}_1, \ldots, \boldsymbol{x}_N$，$\boldsymbol{x}_n \in \mathbb{R}^D$ を仮定する．データ共分散行列は，次で与えられる．

$$\boldsymbol{S} = \frac{1}{N}\boldsymbol{X}\boldsymbol{X}^\top \in \mathbb{R}^{D \times D}. \tag{10.53}$$

ここで，$\boldsymbol{X} = [\boldsymbol{x}_1, \ldots, \boldsymbol{x}_N]$ は列がデータ点であるような $D \times N$ 行列である．

いま，$N \ll D$，すなわち，データ点の数がデータの次元と比較して小さいと仮定する．データ点が重複していなければ，共分散行列 S のランクは N である．そのため，$D - N + 1$ 個の多くの固有値が 0 となる．直感的には，これはいくらか冗長性があることを意味している．以下では，このことを利用して，$D \times D$ 共分散行列を固有値がすべて正である $N \times N$ 共分散行列に変換する．

主成分分析では，結局固有ベクトルの方程式が得られた．

$$\boldsymbol{S}\boldsymbol{b}_m = \lambda_m \boldsymbol{b}_m, \quad m = 1, \ldots, M. \tag{10.54}$$

ここで，$\boldsymbol{b}_m$ は主部分空間の基底ベクトルである．この式を少し書き換えよう．(10.53) で定義された $\boldsymbol{S}$ を用いると

$$\boldsymbol{S}\boldsymbol{b}_m = \frac{1}{N}\boldsymbol{X}\boldsymbol{X}^\top \boldsymbol{b}_m = \lambda_m \boldsymbol{b}_m \tag{10.55}$$

が得られる．左側から $\boldsymbol{X}^\top \in \mathbb{R}^{N\times D}$ を掛けると

$$\frac{1}{N}\underbrace{\boldsymbol{X}^\top\boldsymbol{X}}_{N\times N}\underbrace{\boldsymbol{X}^\top\boldsymbol{b}_m}_{=:\boldsymbol{c}_m} = \lambda_m\boldsymbol{X}^\top\boldsymbol{b}_m \iff \frac{1}{N}\boldsymbol{X}^\top\boldsymbol{X}\boldsymbol{c}_m = \lambda_m\boldsymbol{c}_m \tag{10.56}$$

となり，新しい固有ベクトル／固有値方程式が得られる．λ_m は固有値のままであり，$\boldsymbol{X}\boldsymbol{X}^\top$ の非ゼロの固有値は $\boldsymbol{X}^\top\boldsymbol{X}$ の非ゼロの固有値と等しいという 4.5.3 項の結果を裏付けている．λ_m に付随する行列 $\frac{1}{N}\boldsymbol{X}^\top\boldsymbol{X} \in \mathbb{R}^{N\times N}$ の固有ベクトルを $\boldsymbol{c}_m := \boldsymbol{X}^\top\boldsymbol{b}_m$ のように求める．重複したデータ点がないと仮定すると，この行列のランクは N であり，可逆である．これも，$\boldsymbol{X}^\top\boldsymbol{X}$ がデータ共分散行列 $\boldsymbol{S}$ と同じ（非ゼロ）固有値をもつことを意味している．しかし，これは $N\times N$ 行列であり，そのため元の $D\times D$ データ共分散行列よりも遥かに効率的に固有値と固有ベクトルを計算できる．

これにより，$\frac{1}{N}\boldsymbol{X}^\top\boldsymbol{X}$ の固有ベクトルが得られたので，主成分分析で必要である元の固有ベクトルを復元する．いま，$\frac{1}{N}\boldsymbol{X}^\top\boldsymbol{X}$ がわかっている．固有値／固有ベクトル方程式に左から $\boldsymbol{X}$ を掛けると

$$\underbrace{\frac{1}{N}\boldsymbol{X}\boldsymbol{X}^\top}_{\boldsymbol{S}}\boldsymbol{X}\boldsymbol{c}_m = \lambda_m\boldsymbol{X}\boldsymbol{c}_m \tag{10.57}$$

が得られ，再びデータ共分散行列を復元できる．これはまた，$\boldsymbol{X}\boldsymbol{c}_m$ を $\boldsymbol{S}$ の固有ベクトルとして復元していることを意味する．

注　10.6 節で説明する主成分分析のアルゴリズムを適用したい場合は，$\boldsymbol{S}$ の固有ベクトル $\boldsymbol{X}\boldsymbol{c}_m$ がノルム 1 になるように正規化する必要がある．

10.6　主成分分析の実用上重要な手順

以下では，図 10.11 にまとめられている実行例を用いて，主成分分析の個々のステップを順番に説明する．二次元のデータセット（図 10.11 (a)）が与えられ，主成分分析を用いて一次元部分空間へ射影したい．

1. **平均減算**．はじめに，データセットの平均 $\boldsymbol{\mu}$ を計算し，一つ一つのデータ点から差し引くことによって，データの中心化を行う．これによって，データセットの平均が $\boldsymbol{0}$ であることが保証される（図 10.11 (b)）．平均減算は厳密には必要ではないが，数値的な問題のリスクを減らす．

2. **標準化**．各次元 $d = 1, \ldots, D$ に対して，データ点をデータセットの標準偏差 σ_d で割る．いま，データは単位がなくなり，図 10.11 (c) の二つの矢印

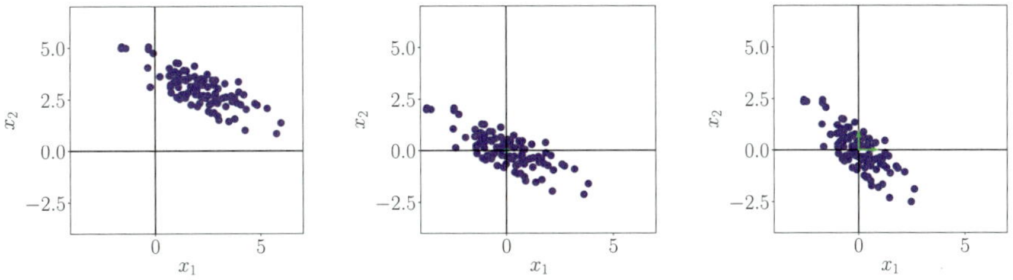

(a) 元のデータセット

(b) ステップ 1：それぞれのデータセットから平均を差し引くことによる中心化.

(c) ステップ 2：データの単位をなくすために標準偏差で割る.

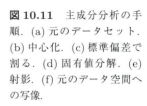

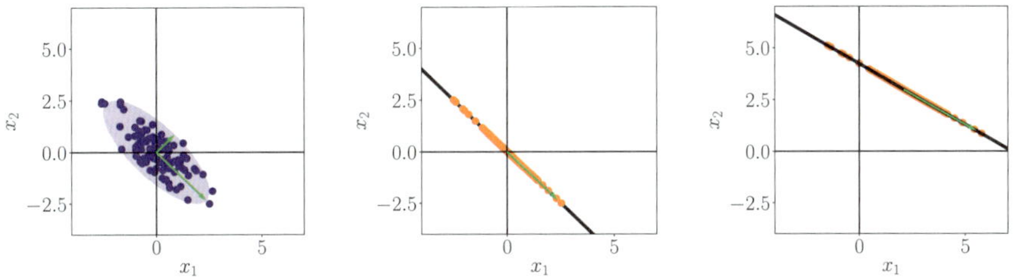

(d) ステップ 3：データ共分散行列（楕円）の固有値と固有ベクトル（矢印）を計算する.

(e) ステップ 4：データを主部分空間へ射影する.

(f) 標準化を元に戻し，射影されたデータを(a)から元のデータ空間に戻す.

図 10.11 主成分分析の手順. (a) 元のデータセット. (b) 中心化. (c) 標準偏差で割る. (d) 固有値分解. (e) 射影. (f) 元のデータ空間への写像.

で示される各軸に沿って分散 1 をもつ. このステップによってデータの標準化が完了する.

標準化 (standardization)

3. **共分散行列の固有値分解**. データ共分散行列とその固有値，対応する固有ベクトルを計算する. 共分散行列は対称であるため，スペクトル定理（定理 4.15）によって固有ベクトルの正規直交基底が求まる. 図 10.11 (d) では，各固有ベクトルの長さは対応する固有値の大きさを反映している. 長い方のベクトルは主部分空間を張り，$\boldsymbol{U}$ と表記する. データ共分散行列は楕円で表現されている.

4. **射影**. 任意のデータ点 $\boldsymbol{x}_* \in \mathbb{R}^D$ を主部分空間へ射影することができる. これを正しく実行するためには

$$x_*^{(d)} \leftarrow \frac{x_*^{(d)} - \mu_d}{\sigma_d}, \quad d = 1, \ldots, D \tag{10.58}$$

となるように，d 番目の次元の訓練データの平均 μ_d と標準偏差 σ_d それぞれを用いて $\boldsymbol{x}_*$ を標準化する必要がある. ここで，$x_*^{(d)}$ は $\boldsymbol{x}_*$ の d 番目の成

分である．この標準化のもとで，$\boldsymbol{x}_*$ の主部分空間への射影は

$$\tilde{\boldsymbol{x}}_* = \boldsymbol{B}\boldsymbol{B}^\top \boldsymbol{x}_* \tag{10.59}$$

で得られ，主部分空間の基底に関する座標は

$$\boldsymbol{z}_* = \boldsymbol{B}^\top \boldsymbol{x}_* \tag{10.60}$$

で得られる．ここで，$\boldsymbol{B}$ はデータ共分散行列の最大固有値に付随する固有ベクトルを列として含む行列である．主成分分析は射影 $\tilde{\boldsymbol{x}}_*$ ではなく，座標 (10.60) を返す．

データセットを標準化したため，(10.59) は標準化されたデータセットの状況下での射影でのみ実行できる．元のデータ空間（すなわち，標準化前）での射影を得るためには，標準化 (10.58) を元に戻す必要がある．これは，平均を加える前に標準偏差を掛けることで

$$\tilde{x}_*^{(d)} \leftarrow \tilde{x}_*^{(d)}\sigma_d + \mu_d, \quad d = 1, \ldots, D \tag{10.61}$$

のように得られる．図 10.11 (f) は元のデータ空間での射影を図示している．

例 10.4（MNIST の数字：再構成） 以下では，0 から 9 の手書き数字の 6 万件の標本を含む MNIST の数字データセットに主成分分析を適用する．各数字は大きさ 28×28 の画像である．すなわち，784 ピクセルを含むため，このデータセットの各画像はベクトル $\boldsymbol{x} \in \mathbb{R}^{784}$ と解釈できる．これらの数字の例は図 10.3 に示した．

説明のために，MNIST の数字の部分集合に主成分分析を適用し，数字「8」に注目する．数字「8」で 5389 枚の訓練画像を使用し，この章で詳細に説明したように，主部分空間を決定した．次に，図 10.12 に示されているように，学

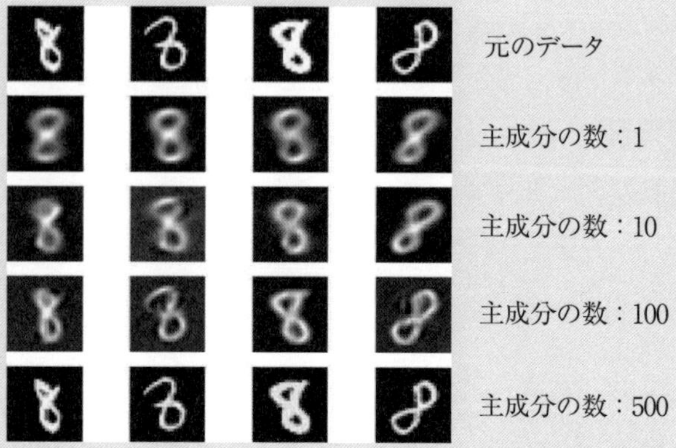

図 10.12　主成分数の増加による再構成への影響．

習した射影行列を用いてテスト画像の集合を再構成した．図 10.12 の最初の行は，テスト集合の四つの元の数字の集合を示している．以降の行は，それぞれ 1, 10, 100, 500 次元の主部分空間を用いて数字を再構成したものを示している．一次元主部分空間を用いても元の数字のそれなりの再構成が得られるが，ぼやけていて具体的ではない．主成分の数が増えると，再構成はより鮮明かつより詳細を説明するようになる．500 個の主成分を用いると，ほぼ完全な再構成を効果的に得られる．仮に 784 個の主成分を選んだとしたら，圧縮損失なしに正確な数字を復元できるだろう．

図 10.13 は，平均二乗再構成誤差を示している．これは，主成分の数 M の関数として

$$\frac{1}{N}\sum_{n=1}^{N}\|\boldsymbol{x}_n-\tilde{\boldsymbol{x}}_n\|^2=\sum_{i=M+1}^{D}\lambda_i \tag{10.62}$$

である．主成分の重要度が急速に減少し，主成分の数を増やしてもわずかな利益しか得られないことがわかる．この傾向は，図 10.5 でみたような，射影されたデータの分散の大部分がわずか数個の主成分よって捉えられていたこととまさに一致する．550 個の主成分を用いると，数字「8」を含む訓練データを本質的に完全に再構成することができる．（境界の周りのいくつかのピクセルは常に黒であるため，データセット全体では変化が見られない．）

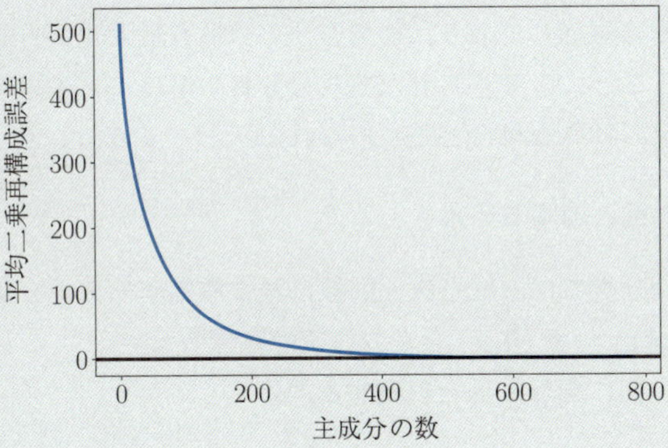

図 10.13 主成分数の関数としての平均二乗再構成誤差．平均二乗再構成誤差は，主部分空間の直交補集合における固有値の和である．

10.7 潜在変数の視点

前節では，最大分散と射影の視点を用いることで，確率モデルの言葉を使うことなく主成分分析の導出を行った．このアプローチは，確率論に起因する数学的な難しさをすべて回避できるという点で魅力的かもしれない．一方で，確率モデルを用いることでより柔軟で有用な知見が得られるかもしれない．より具体的には，確率モデルでは以下のようなことが可能になる．

- 尤度関数があれば，（前に触れなかったが）ノイズがある観測を陽に扱うことができる．
- 8.6 節で説明したように，周辺尤度を用いてベイズモデル比較を行うことができる．
- 主成分分析を新しいデータのシミュレーションを可能にするような生成モデルとみなすことができる．
- 関連するアルゴリズムを簡単に関連づけられる．
- ベイズの定理を適用することで，ランダムに欠損しているデータを扱うことができる．
- 新しいデータ点に関する新規性の概念を与える．
- 主成分分析モデルの混合など，モデルを拡張するための原理的な方法を与える．
- 以前の節で導出した主成分分析を特殊なケースとして含んでいる．
- モデルパラメータを周辺化することで，完全なベイズ的取り扱いができる．

確率的主成分分析 (PPCA: probabilistic PCA)

連続値をもつ潜在変数 $\boldsymbol{z} \in \mathbb{R}^M$ を導入することで，主成分分析を確率的潜在変数モデルとして表現することが可能になる．[TB99] は，この潜在変数モデルを**確率的主成分分析** (PPCA) として提唱した．確率的主成分分析は前述の問題点のほとんどに対応しており，射影空間の分散を最大化，もしくは再構成誤差を最小化することにより得られた主成分分析の解は，ノイズなしの設定においての最尤推定の特殊な場合として得られる．

10.7.1　生成過程と確率モデル

確率的主成分分析では，線形次元削減に対する確率モデルを陽に書く．標準正規事前分布 $p(z) = \mathcal{N}(\mathbf{0}, \boldsymbol{I})$ をもつ連続潜在変数 $\boldsymbol{z} \in \mathbb{R}^M$ とし，潜在変数と観測データ $\boldsymbol{x}$ の間に線形関係を仮定する．

$$\boldsymbol{x} = \boldsymbol{B}\boldsymbol{z} + \boldsymbol{\mu} + \boldsymbol{\epsilon} \in \mathbb{R}^D. \tag{10.63}$$

ここで，$\boldsymbol{\epsilon} \sim \mathcal{N}(\mathbf{0}, \sigma^2 \boldsymbol{I})$ はガウス観測ノイズであり，$\boldsymbol{B} \in \mathbb{R}^{D \times M}$ と $\boldsymbol{\mu} \in \mathbb{R}^D$ は潜在変数から観測変数の間の線形／アフィン写像を記述する．したがって，確率的主成分分析は

$$p(\boldsymbol{x} \mid \boldsymbol{z}, \boldsymbol{B}, \boldsymbol{\mu}, \sigma^2) = \mathcal{N}(\boldsymbol{x} \mid \boldsymbol{B}\boldsymbol{z} + \boldsymbol{\mu}, \sigma^2 \boldsymbol{I}). \tag{10.64}$$

を介して潜在変数と観測変数を結びつける．

全体として，確率的主成分分析は以下のような生成仮定を誘導する．

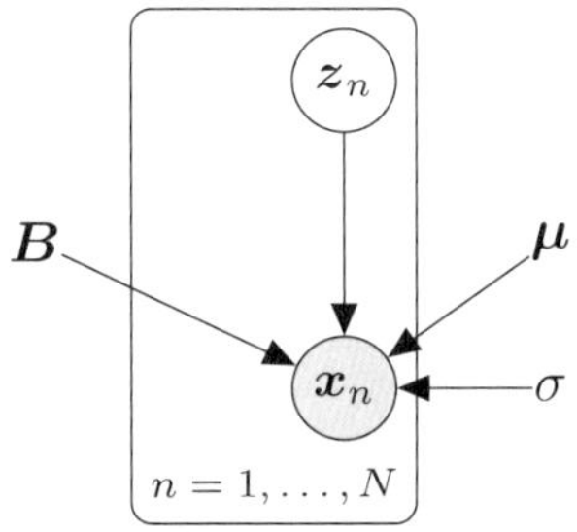

図 10.14 確率的主成分分析に関するグラフィカルモデル．観測値 $\boldsymbol{x}_n$ は陽に潜在変数 $\boldsymbol{z}_n \sim \mathcal{N}(\mathbf{0}, \boldsymbol{I})$ に依存する．モデルパラメータ $\boldsymbol{B}$，$\boldsymbol{\mu}$ と尤度パラメータ σ はデータセット間で共有される．

$$\boldsymbol{z}_n \sim \mathcal{N}(\boldsymbol{z} \mid \mathbf{0}, \boldsymbol{I}), \tag{10.65}$$

$$\boldsymbol{x}_n \mid \boldsymbol{z}_n \sim \mathcal{N}(\boldsymbol{x} \mid \boldsymbol{B}\boldsymbol{z}_n + \boldsymbol{\mu}, \sigma^2 \boldsymbol{I}) \tag{10.66}$$

伝承サンプリング (ancestral sampling)

典型的なモデルパラメータを与えられたデータ点を生成するために，**伝承サンプリング**のスキームに従う．まず，潜在変数 $\boldsymbol{z}_n$ を $p(\boldsymbol{z})$ からサンプリングする．次に，(10.64) の中で $\boldsymbol{z}_n$ を用いることで $\boldsymbol{z}_n$ によって条件付けられたデータ点，すなわち $\boldsymbol{x}_n \sim p(\boldsymbol{x} \mid \boldsymbol{z}_n, \boldsymbol{B}, \boldsymbol{\mu}, \sigma^2)$ をサンプリングする．

この生成過程により，確率モデル（すなわち，すべての確率変数の同時分布；8.4 節参照）を

$$p(\boldsymbol{x}, \boldsymbol{z} \mid \boldsymbol{B}, \boldsymbol{\mu}, \sigma^2) = p(\boldsymbol{x} \mid \boldsymbol{z}, \boldsymbol{B}, \boldsymbol{\mu}, \sigma^2) p(\boldsymbol{z}) \tag{10.67}$$

として書くことができる．8.5 節の結果を用いると，図 10.14 のグラフィカルモデルがすぐに得られる．

注 潜在変数 $\boldsymbol{z}$ と観測データ $\boldsymbol{x}$ を結ぶ矢印の向きに注意しよう．矢印は，$\boldsymbol{z}$ から $\boldsymbol{x}$ を指している．これは，確率的主成分分析モデルが，低次元での潜在変数 $\boldsymbol{z}$ が高次元の観測 $\boldsymbol{x}$ を生み出すと仮定していることを意味している．最終的には，与えられたいくつかの観測から $\boldsymbol{z}$ に関する何かを発見することに関心がある．そこにたどり着くために，ベイズ推論を適用することで矢印を暗に「反転」させ，観測から潜在変数へと向かう．

例 10.5（潜在変数を用いた新規データ生成） 図 10.15 は，二次元主部分空間（青い点）を用いた場合に主成分分析によって求めることができる MNIST の数字「8」の潜在座標を示している．この潜在空間の任意のベクトル $\boldsymbol{z}_*$ を呼び出し，数字「8」に似ている画像 $\tilde{\boldsymbol{x}}_* = \boldsymbol{B}\boldsymbol{z}_*$ を生成することができる．このような方法で生成された八つの画像と対応する潜在空間表現を示す．潜在空間のどの場所を呼び出すかによって，生成される画像の見え方（形状，回転，大きさなど）が異なる．学習データから離れた場所を呼び出すと，例えば左上や右上の数字のように，より人工的に見えるようになる．これら生成された画像の本質的な次元は 2 しかないことに注意しよう．

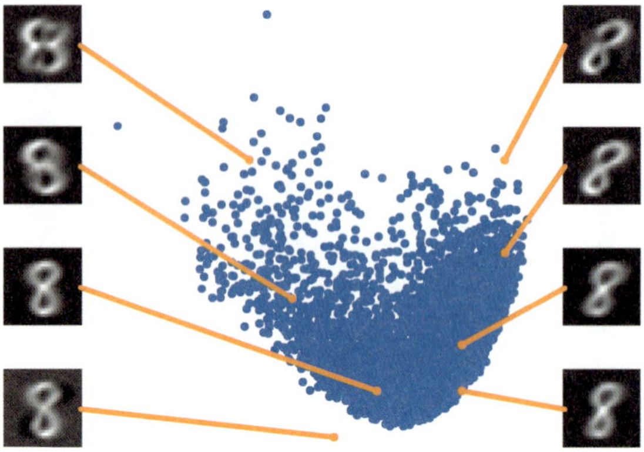

図 10.15　新しい MNIST 数字の生成．潜在変数 $\boldsymbol{z}$ は，新しいデータ $\tilde{\boldsymbol{x}} = \boldsymbol{B}\boldsymbol{z}$ を生成するために利用される．訓練データに近づけば近づくほど，生成されるデータはより現実的なものになる．

10.7.2　尤度と同時分布

尤度は潜在変数 $\boldsymbol{z}$ に依存しない．

第 6 章の結果を用いて，

$$p(\boldsymbol{x} \mid \boldsymbol{B}, \boldsymbol{\mu}, \sigma^2) = \int p(\boldsymbol{x} \mid \boldsymbol{z}, \boldsymbol{B}, \boldsymbol{\mu}, \sigma^2) p(\boldsymbol{z}) d\boldsymbol{z} \tag{10.68a}$$

$$= \int \mathcal{N}(\boldsymbol{x} \mid \boldsymbol{B}\boldsymbol{z} + \boldsymbol{\mu}, \sigma^2 \boldsymbol{I}) \mathcal{N}(\boldsymbol{z} \mid \boldsymbol{0}, \boldsymbol{I}) d\boldsymbol{z} \tag{10.68b}$$

となるように潜在変数 $\boldsymbol{z}$ を積分消去することで，この確率モデルの尤度が得られる（8.4.3 項参照）．6.5 節から，この積分の解は平均

$$\mathbb{E}_{\boldsymbol{x}}[\boldsymbol{x}] = \mathbb{E}_{\boldsymbol{z}}[\boldsymbol{B}\boldsymbol{z} + \boldsymbol{\mu}] + \mathbb{E}_{\boldsymbol{\epsilon}}[\boldsymbol{\epsilon}] = \boldsymbol{\mu} \tag{10.69}$$

と共分散行列

$$\mathbb{V} = \mathbb{V}_{\boldsymbol{z}}[\boldsymbol{B}\boldsymbol{z} + \boldsymbol{\mu}] + \mathbb{V}_{\boldsymbol{\epsilon}}[\boldsymbol{\epsilon}] = \mathbb{V}_{\boldsymbol{z}}[\boldsymbol{B}\boldsymbol{z}] + \sigma^2 \boldsymbol{I} \tag{10.70a}$$

$$= \boldsymbol{B}\mathbb{V}_{\boldsymbol{z}}[\boldsymbol{z}]\boldsymbol{B}^\top + \sigma^2 \boldsymbol{I} = \boldsymbol{B}\boldsymbol{B}^\top + \sigma^2 \boldsymbol{I} \tag{10.70b}$$

をもつガウス分布であることがわかる．(10.68b) の尤度はモデルパラメータの最尤推定もしくは MAP 推定に使うことができる．

注　(10.64) の条件付き分布は，まだ潜在変数に依存しているため，最尤推定に対して使うことはできない．最尤推定（もしくは MAP 推定）で必要とされる尤度関数はデータ $\boldsymbol{x}$ とモデルパラメータのみの関数でなければならず，潜在変数に依存してはならない．

6.5 節から，ガウス確率変数 $\boldsymbol{z}$ とその線形／アフィン変換 $\boldsymbol{x} = \boldsymbol{B}\boldsymbol{z}$ の同時分布はガウス分布に従うことがわかる．周辺化した分布 $p(\boldsymbol{z}) = \mathcal{N}(\boldsymbol{z}, \boldsymbol{0}, \boldsymbol{I})$ と $p(\boldsymbol{x}) = \mathcal{N}(\boldsymbol{x} \mid \boldsymbol{\mu}, \boldsymbol{B}\boldsymbol{B}^\top + \sigma^2 \boldsymbol{I})$ は既知である．未知の交差共分散は

$$\mathrm{Cov}[\boldsymbol{x}, \boldsymbol{z}] = \mathrm{Cov}_{\boldsymbol{z}}[\boldsymbol{B}\boldsymbol{z} + \boldsymbol{\mu}, \boldsymbol{z}] = \boldsymbol{B}\mathrm{Cov}_{\boldsymbol{z}}[\boldsymbol{z}, \boldsymbol{z}] = \boldsymbol{B} \tag{10.71}$$

のように得られる．したがって，確率的主成分分析の確率モデル，すなわち，潜在変数と観測された確率変数の同時分布は，平均ベクトルの長さが $D+M$，共分散行列の大きさは $(D+M)\times(D+M)$ であるような

$$p(\boldsymbol{x},\boldsymbol{z} \mid \boldsymbol{B},\boldsymbol{\mu},\sigma^2) = \mathcal{N}\left(\begin{bmatrix}\boldsymbol{x}\\ \boldsymbol{z}\end{bmatrix} \middle| \begin{bmatrix}\boldsymbol{\mu}\\ \boldsymbol{0}\end{bmatrix}, \begin{bmatrix}\boldsymbol{B}\boldsymbol{B}^\top + \sigma^2\boldsymbol{I} & \boldsymbol{B}\\ \boldsymbol{B}^\top & \boldsymbol{I}\end{bmatrix}\right) \tag{10.72}$$

で与えられる．

10.7.3 事後分布

(10.72) の同時ガウス分布 $p(\boldsymbol{x},\boldsymbol{z} \mid \boldsymbol{B},\boldsymbol{\mu},\sigma^2)$ は，6.5.1 項のガウス分布の条件付けのルールを適用することで，事後分布 $p(\boldsymbol{z} \mid \boldsymbol{x})$ をすぐに求めることができる．観測 $\boldsymbol{x}$ が所与のときの潜在変数の事後分布は

$$p(\boldsymbol{z} \mid \boldsymbol{x}) = \mathcal{N}(\boldsymbol{z} \mid \boldsymbol{m},\boldsymbol{C}), \tag{10.73}$$

$$\boldsymbol{m} = \boldsymbol{B}^\top(\boldsymbol{B}\boldsymbol{B}^\top + \sigma^2\boldsymbol{I})^{-1}(\boldsymbol{x}-\boldsymbol{\mu}), \tag{10.74}$$

$$\boldsymbol{C} = \boldsymbol{I} - \boldsymbol{B}^\top(\boldsymbol{B}\boldsymbol{B}^\top + \sigma^2\boldsymbol{I})^{-1}\boldsymbol{B} \tag{10.75}$$

になる．事後共分散は観測データ $\boldsymbol{x}$ に依存しないことに注意しよう．データ空間の新しい観測 $\boldsymbol{x}_*$ に対して，(10.73) を用いて対応する潜在変数 $\boldsymbol{z}_*$ の事後分布を決定する．共分散行列 C は，潜在変数がどれだけ信頼できるかを評価することができる．小さな行列式（体積に相当する）をもつ共分散行列 C の場合は，潜在変数 $\boldsymbol{z}_*$ の確信度が高いことがわかる．分散が大きな事後分布 $p(\boldsymbol{z}_* \mid \boldsymbol{x}_*)$ が得られた場合，外れ値が発生するかもしれない．しかしながら，この事後分布を利用して，事後分布のもとでどのようなデータ点が尤もらしいかを理解することができる．そのために，確率的主成分分析の基礎となる生成過程を利用している．これによって，事後分布のもとで尤もらしい新しいデータを生成することによって，潜在変数の事後分布を探索することが可能である．

1. 潜在変数 (10.73) 上の事後分布から潜在変数 $\boldsymbol{z}_* \sim p(\boldsymbol{z} \mid \boldsymbol{x}_*)$ をサンプリングする．
2. (10.64) から再構成ベクトル $\tilde{\boldsymbol{x}}_* \sim p(\boldsymbol{x} \mid \boldsymbol{z}_*,\boldsymbol{B},\boldsymbol{\mu},\sigma^2)$ をサンプリングする．

この処理を何度も繰り返すと，潜在変数 $\boldsymbol{z}_*$ 上の事後分布 (10.73) とその観測データへの影響を調べることができる．サンプリングによって，事後分布のもとでの尤もらしい仮説を効果的に立てることができる．

10.8　関連図書

(a) 射影空間の分散を最大化する，(b) 平均再構成誤差を最小化するという二つの視点から主成分分析を導出した．しかしながら，主成分分析はさらに異なる視点から解釈することもできる．これまでのことを振り返ろう．高次元データ $\boldsymbol{x} \in \mathbb{R}^D$ をとり，行列 $\boldsymbol{B}$ を用いて低次元表現 $\boldsymbol{z} \in \mathbb{R}^M$ を求めた．$\boldsymbol{B}$ の列は，データ共分散行列 S の固有ベクトルを対応する固有値が大きい順に並べたものである．いったん低次元表現 $\boldsymbol{z}$ が得られると，それの高次元バージョンを（元のデータ空間で）$\boldsymbol{x} \approx \tilde{\boldsymbol{x}} = \boldsymbol{B}\boldsymbol{z} = \boldsymbol{B}\boldsymbol{B}^\top \boldsymbol{x} \in \mathbb{R}^D$ とすることで得られる．ここで，$\boldsymbol{B}\boldsymbol{B}^\top$ は射影行列である．

オートエンコーダ (auto-encoder)

符号 (code)

エンコーダ (encoder)

デコーダ (decoder)

図 10.16 で示されているように，主成分分析を線形オートエンコーダとみなすこともできる．オートエンコーダは，データ $\boldsymbol{x}_n \in \mathbb{R}^D$ を符号 $\boldsymbol{z}_n \in \mathbb{R}^M$ にエンコードし，$\boldsymbol{x}_n$ と似ている $\tilde{\boldsymbol{x}}_n$ にデコードする．データから符号への写像をエンコーダ，符号から元のデータ空間へ戻す写像をデコーダと呼ぶ．符号が $\boldsymbol{z}_n = \boldsymbol{B}^\top \boldsymbol{x}_n \in \mathbb{R}^M$ で与えられる線形写像を考え，$\boldsymbol{x}$ とその再構成 $\tilde{\boldsymbol{x}} = \boldsymbol{B}\boldsymbol{z}_n$, $n = 1, \ldots, N$ の間の平均二乗誤差を最小化することに関心がある場合を考えると，

$$\frac{1}{N}\sum_{n=1}^{N} \|\boldsymbol{x}_n - \tilde{\boldsymbol{x}}_n\|^2 = \frac{1}{N}\sum_{n=1}^{N} \left\|\boldsymbol{x}_n - \boldsymbol{B}^\top \boldsymbol{B}\boldsymbol{x}_n\right\|^2 \tag{10.76}$$

が得られる．これは，10.3 節で説明した (10.29) と同じ目的関数になり，したがって，二乗オートエンコード損失を最小化すると主成分分析の解が得られることを意味している．主成分分析の線形写像を非線形写像に置き換えると，非線形オートエンコーダが得られる．顕著な例として，線形関数を深層ニュー

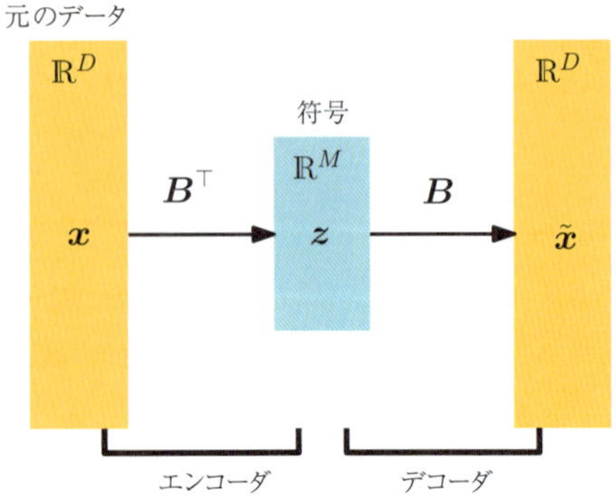

図 10.16　主成分分析は線形オートエンコーダとみなすことができる．高次元データ $\boldsymbol{x}$ を低次元表現（符号）$\boldsymbol{z}_n \in \mathbb{R}^M$ にエンコードし，デコーダを用いて $\boldsymbol{z}$ を復号する．復号されたベクトル $\tilde{\boldsymbol{x}}$ は，元のデータ $\boldsymbol{x}$ を M 次元主部分空間へ直交射影したものである．

ラルネットワークで置き換えた深層オートエンコーダがある．この文脈では，エンコーダは認識ネットワークもしくは推論ネットワーク，デコーダはジェネレータとも呼ばれる．

認識ネットワーク (recognition network)

推論ネットワーク (inference network)

主成分分析の別の解釈は，情報理論と関係している．符号を元のデータ点の縮小もしくは圧縮バージョンとみなす．この符号を用いて元のデータを再構築すると，正確なデータ点へ戻るのではなく，わずかに歪んだりノイズがあるバージョンに戻ったりする．これは，圧縮が「非可逆」であることを意味する．直感的には，元のデータと低次元符号との相関を最大化したい．より正式には，これは相互情報量と関連している．情報理論のコアの概念である相互情報量を最大化することで，10.3 節で説明した主成分分析と同じ解を得ることができる [Mac03]．

ジェネレータ (generator)

符号は，元のデータの圧縮バージョンである．

確率的主成分分析の説明の際，モデルパラメータ，すなわち，$\boldsymbol{B}$，$\boldsymbol{\mu}$，尤度パラメータ σ^2 は既知と仮定した．[TB99] では，確率的主成分分析の設定でこれらのパラメータの最尤推定値を導出する方法が記載されている（この章とは異なる記法を使用していることに注意）．D 次元データを M 次元部分空間へ射影する場合の最尤パラメータは

$$\boldsymbol{\mu}_{\mathrm{ML}} = \frac{1}{N}\sum_{n=1}^{N} \boldsymbol{x}_n, \tag{10.77}$$

$$\boldsymbol{B}_{\mathrm{ML}} = \boldsymbol{T}(\boldsymbol{\Lambda} - \sigma^2 \boldsymbol{I})^{\frac{1}{2}} \boldsymbol{R}, \tag{10.78}$$

$$\sigma^2_{\mathrm{ML}} = \frac{1}{D-M}\sum_{j=M+1}^{D} \lambda_j \tag{10.79}$$

である．ここで，$\boldsymbol{T} \in \mathbb{R}^{D\times M}$ はデータ共分散行列の M 個の固有ベクトルを含み，$\boldsymbol{\Lambda} = \mathrm{diag}(\lambda_1, \ldots, \lambda_M) \in \mathbb{R}^{M\times M}$ はこれらの固有ベクトルに対応する固有値を対角成分にもつ対角行列，$\boldsymbol{R} \in \mathbb{R}^{M\times M}$ は任意の直交行列である．最尤解 $\boldsymbol{B}_{\mathrm{ML}}$ は，任意の直交変換による違いを除いて一意である．すなわち，(10.78) が本質的に特異値分解になるように，$\boldsymbol{B}_{\mathrm{ML}}$ に右から任意の回転行列 $\boldsymbol{R}$ を掛けることができる（4.5 節参照）．証明の概要は，[TB99] から得られる．

(10.78) の行列 $\boldsymbol{\Lambda} - \sigma^2\boldsymbol{I}$ は，データ共分散行列の最小固有値がノイズ分散 σ で下から抑えられるため，半正定値であることが保証される．

(10.77) で得られた $\boldsymbol{\mu}$ の最尤推定量は，データの標本平均である．(10.79) で与えられる観測ノイズの分散 σ^2 に対する最尤推定量は，主部分空間の直交補空間における分散の平均である．すなわち，最初の M 個の主成分で捉えられない残りの分散の平均が観測ノイズとして扱われる．

$\sigma \to 0$ のノイズがない極限では，確率的主成分分析と主成分分析は同一の解となる．データ共分散行列 $\boldsymbol{S}$ は対称であるため，対角化できる（4.4 節参照），すなわち

$$S = T\Lambda T^{-1} \tag{10.80}$$

となるような $\boldsymbol{S}$ の固有ベクトルからなる行列 $\boldsymbol{T}$ が存在する．確率的主成分分析モデルでは，データ共分散行列はガウス尤度 $p(\boldsymbol{x} \mid \boldsymbol{B}, \boldsymbol{\mu}, \sigma^2)$ の共分散行列で，(10.70b) を参照すると，これは $\boldsymbol{B}\boldsymbol{B}^\top + \sigma^2\boldsymbol{I}$ である．$\sigma \to 0$ では $\boldsymbol{B}\boldsymbol{B}^\top$ となるが，これは主成分分析のデータ共分散行列（および (10.80) で得られるその因数分解）と一致する．したがって

$$\mathrm{Cov}[\mathcal{X}] = \boldsymbol{T}\boldsymbol{\Lambda}\boldsymbol{T}^{-1} = \boldsymbol{B}\boldsymbol{B}^\top \iff \boldsymbol{B} = \boldsymbol{T}\boldsymbol{\Lambda}^{\frac{1}{2}}\boldsymbol{R} \tag{10.81}$$

となる．すなわち，$\sigma = 0$ に対する (10.78) の最尤推定量が得られる．(10.78) と (10.80) から，（確率的）主成分分析はデータ共分散行列の分解を行うことが明らかになった．

データが順次届くストリーミングの設定では，最尤推定に反復的期待値最大化 (EM) アルゴリズムを使うことが推奨されている [Row98].

潜在変数の次元（符号の長さ，データを射影する低次元部分空間の次元）を決めるために，[GD14] は，データのノイズ分散 σ^2 を推定できるならば，$\frac{4\sigma\sqrt{D}}{\sqrt{3}}$ より小さいすべての特異値を無視するべき，というヒューリスティックな方法を提唱している．あるいは，（入れ子構造の）クロスバリデーション（8.6.1 項）もしくはベイズモデル選択規準（8.6.2 項）を用いて，データの内在的な次元のよい推定量を決めることもできる [Min01b].

第 9 章の線形回帰での説明と同様に，モデルパラメータを事前分布で置き換え，積分消去することができる．そうすることによって，(a) パラメータの点推定と点推定から生じる問題を回避すること（8.6 節参照），(b) 潜在空間の適切な次元数 M を自動的に選択することが可能になる．[Bis99] によって提唱されたベイズ主成分分析では，モデルパラメータを事前分布 $p(\boldsymbol{\mu}, \boldsymbol{B}, \sigma^2)$ で置き換える．生成過程では，条件付ける代わりにモデルパラメータを積分することで，過学習の問題に対応することができる．この積分は解析的に実行することが困難であるため，[Bis99] は MCMC や変分推論などの近似推論法を使うことを提唱している．これらの近似推論法の詳細に関しては，[GRS96, BKM17] の研究を参照されたい．

ベイズ主成分分析 (Bayesian PCA)

確率的主成分分析では，事前分布 $p(\boldsymbol{z}_n) = \mathcal{N}(\boldsymbol{0}, \boldsymbol{I})$ をもつ線形モデル $p(\boldsymbol{x}_n \mid \boldsymbol{z}_n) = \mathcal{N}(\boldsymbol{x}_n \mid \boldsymbol{B}\boldsymbol{z}_n + \boldsymbol{\mu}, \sigma^2\boldsymbol{I})$ を考えた．これは，すべての観測次元が同じ大きさのノイズの影響を受ける．各観測次元 d が異なる分散 σ_d^2 を許すと，**因子分析** (FA) が得られる [Spe04, BKM11]．因子分析は確率的主成分分析よりも尤度にある程度の柔軟性を与えるが，依然としてモデルパラメータ $\boldsymbol{B}, \boldsymbol{\mu}$ による説明が必須であることを意味している．しかしながら，因子分析はもはや閉

因子分析 (FA: factor analysis)

柔軟すぎる尤度は，ノイズ以外も説明できてしまうだろう．

形式の最尤解が得られなくなるため，モデルパラメータを推定するために期待値最大化アルゴリズムのような反復法を使用する必要がある．確率的主成分分析ではすべての停留点が大域的最適値であるが，因子分析ではこれはもはや当てはまらない．確率的主成分分析と比較すると，因子分析はデータの尺度を変えても変わらないが，データを回転させると別の解が返ってくる．

主成分分析と密接に関連するアルゴリズムとして，**独立成分分析** (ICA [HOK01]) がある．潜在変数の視点 $p(\boldsymbol{x}_n \mid \boldsymbol{z}_n) = \mathcal{N}(\boldsymbol{x}_n \mid \boldsymbol{B}\boldsymbol{z}_n + \boldsymbol{\mu}, \sigma^2 \boldsymbol{I})$ から再び始め，$\boldsymbol{z}_n$ の事前分布を非ガウス分布に変更する．独立成分分析は**ブラインド音源分離**に使うことができる．多くの人が話している賑やかな駅を想像しよう．あなたの耳はマイクの役割を果たしており，駅の中で様々な音声信号を線形的に混合させている．ブラインド音源分離の目的は，混合信号の構成要素を識別することである．確率的主成分分析の最尤推定の文脈で以前説明したように，元の主成分分析の解は任意の回転に対して不変である．したがって，主成分分析は信号が住んでいる最良の部分空間は特定できるが，信号自体は特定できない [Mur12]．独立成分分析は，潜在音源の事前分布として非ガウスの事前分布を必要とするように修正することで，この問題に対応する．独立成分分析の詳細に関しては，[HOK01, Mur12] を参照されたい．

独立成分分析 (ICA: independent component analysis)

ブラインド音源分離 (blind-source separation)

線形モデルを用いた次元削減に関する三つの例として，主成分分析，因子分析，独立成分分析がある．[CG15] では，線形次元削減のより広範なサーベイを行っている．

ここで説明した（確率的）主成分分析，いくつかの重要な拡張が可能である．10.5 節では，入力次元 D がデータ点の数 N よりも非常に大きい場合に主成分分析を行う方法を説明した主成分分析は（多くの）内積を計算することで実行できるという知見を利用して，この考えを無限次元での特徴量を考えるといった極端なものにまで適用することができる．**カーネルトリック**は，**カーネル主成分分析**の基礎であり，無限次元の特徴量間の内積を計算することを暗に可能にする [SSM98, SS02]．

カーネルトリック (kernel trick)

カーネル主成分分析 (kernel PCA)

主成分分析から派生した非線形次元削減技術がある（概要は [Bur10] がよい）．この節で先ほど説明した主成分分析のオートエンコーダの視点は，**深層オートエンコーダ**の特殊な場合として主成分分析を表現するために用いることができる．深層オートエンコーダでは，エンコーダとデコーダの両方が多層フィードフォワードニューラルネットワークで表現されており，それ自体が非線形写像である．これらのニューラルネットワークの活性化関数を恒等写像とすると，モデルは主成分分析と等価になる．非線形次元削減の異なるアプローチとして，[Law05] によって提唱された**ガウス過程潜在変数モデル** (GP-LVM)

深層オートエンコーダ (deep auto-encoder)

ガウス過程潜在変数モデル (GP-LVM: Gaussian process latent-variable model)

がある．ガウス過程潜在変数モデルの導出は，確率的主成分分析の導出で使用した潜在変数の視点から始まり，潜在変数 $\boldsymbol{z}$ と観測 $\boldsymbol{x}$ の線形関係をガウス過程に置き換える．（確率的主成分分析で行うような）写像のパラメータを推定する代わりに，ガウス過程潜在変数モデルはモデルパラメータを周辺化し，潜在変数 $\boldsymbol{z}$ の点推定を行う．ベイズ主成分分析と同様，[TL10] によって提唱された**ベイズガウス過程潜在変数モデル**は，潜在変数 $\boldsymbol{z}$ の分布を維持し，それらを積分消去するために近似推論を使用する．

ベイズガウス過程潜在変数モデル (Bayesian GP-LVM)

第11章

混合ガウスモデルを用いた密度推定

以前の章で，回帰（第9章）と次元削減（第10章）という二つの基本的な機械学習の問題を取り上げた．この章では，機械学習の第三の柱である密度推定を見ていく．この章を進めていくなかで，期待値最大化(EM)アルゴリズムや混合モデルを用いた密度推定における潜在変数など，重要な概念が登場する．

データのよい表現を獲得したい場面で機械学習を用いることも多い．図11.1のようなデータについて，その表現を得る最も単純な方法は，データ点自体をデータの表現とすることである．しかし，データセットが巨大であったりデータの特徴を表現することに関心があったりする場合，このアプローチは有用でないかもしれない．密度推定では，ガウス分布やベータ分布などのパラメータをもつ分布族の密度を用いてデータをコンパクトに表現する．例えば，ガウス分布によるデータの端的な表現を得たいとする．データセットの平均と分散は，8.3節の最尤法や最大事後確率推定を用いて求められる．この平均と分散をもつガウス分布を，データを生成する背後の分布とするのである．データ

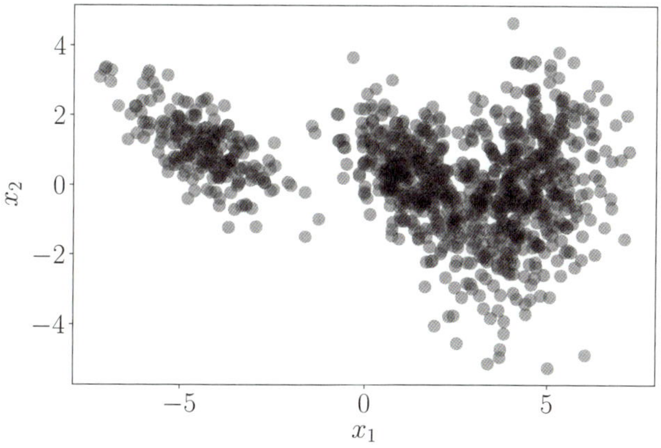

図11.1　ガウス分布によって表現することができない二次元データセット．

セットはこの分布からのサンプリングで得られた標本であるとみなされる．

実際には，ガウス分布（およびこれまで登場した分布）のモデリング能力は限られている．例えば，図11.1のデータを生成する確率分布をガウス分布で近似するのは悪い近似となってしまう．以下では，密度推定に利用できるより表現力のある分布族である混合モデルを見ていく．

混合モデル (mixture model)

混合モデルは，分布 $p(\boldsymbol{x})$ を

$$p(\boldsymbol{x}) = \sum_{k=1}^{K} \pi_k p_k(\boldsymbol{x}), \tag{11.1}$$

$$0 \leq \pi_k \leq 1, \quad \sum_{k=1}^{K} \pi_k = 1 \tag{11.2}$$

と K 個の単純な（基底）分布の凸結合で表す際に用いられる．ここで，p_k は例えばガウス分布，ベルヌーイ分布，ガンマ分布などの基本的な分布であり，π_k は**混合重み**である．多峰性のあるデータ表現が可能となるため，混合モデルの表現能力は基底分布よりも高い．例えば，図11.1のような複数の「クラスタ」をもつデータセットを記述することができる．

混合重み (mixture weight)

以降では，基底分布がガウス分布である混合ガウスモデルに着目していく．与えられたデータセットに対して，混合ガウスモデルを訓練してモデルパラメータの尤度を最大化することが目的である．その際，第5章，第6章，7.2節の結果を利用することになる．ただし，以前に説明した他の応用（線形回帰や主成分分析）とは異なり，最尤解は解析的には得られない．代わりに，互いに従属し，交互に解くことのみ可能な連立方程式に出会うことになる．

11.1　混合ガウスモデル

混合ガウスモデル (GMM: Gaussian mixture model)

混合ガウスモデル (GMM) は

$$p(\boldsymbol{x} \mid \boldsymbol{\theta}) = \sum_{k=1}^{K} \pi_k \mathcal{N}(\boldsymbol{x} \mid \boldsymbol{\mu}_k, \boldsymbol{\Sigma}_k), \tag{11.3}$$

$$0 \leq \pi_k \leq 1, \quad \sum_{k=1}^{K} \pi_k = 1 \tag{11.4}$$

のように，有限の K 個のガウス分布 $\mathcal{N}(\boldsymbol{x} \mid \boldsymbol{\mu}_k, \boldsymbol{\Sigma}_k)$ を結合した密度モデルである．なお，$\boldsymbol{\theta} := \{\boldsymbol{\mu}_k, \boldsymbol{\Sigma}_k, \pi_k : k = 1, \ldots, K\}$ はモデルの全パラメータの集合を表す．ガウス分布を凸結合することでモデリングの柔軟性が大幅に向上し，((11.3) で $K = 1$ とした）単純なガウス分布よりも複雑な密度を表せるよ

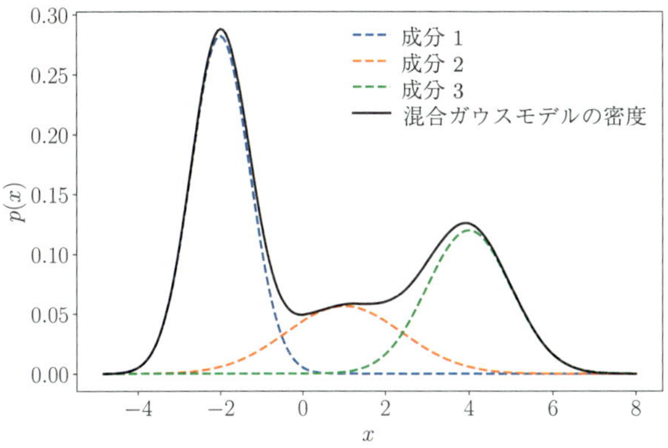

図 11.2　混合ガウスモデル．混合ガウス分布（黒）はガウス分布の凸結合で構成され，個々の成分よりも表現力がある．破線は，重み付けられたガウス成分を表す．

うになる．混合密度とその成分は，例えば図 11.2 のようになる．この分布は

$$p(x \mid \boldsymbol{\theta}) = 0.5\mathcal{N}(x \mid -2, \tfrac{1}{2}) + 0.2\mathcal{N}(x \mid 1, 2) + 0.3\mathcal{N}(x \mid 4, 1) \tag{11.5}$$

で与えられる．

11.2　最尤法によるパラメータ学習

未知の分布 $p(\boldsymbol{x})$ から i.i.d. にデータ点 $\boldsymbol{x}_n$, $n = 1, \ldots, N$ が得られたとして，そのデータセットを $\mathcal{X} = \{\boldsymbol{x}_1, \ldots, \boldsymbol{x}_N\}$ とする．この章の目的は，未知の分布 $p(\boldsymbol{x})$ のよい近似／表現となる，K 個の混合成分をもつ混合ガウスモデルを与えることである．混合ガウスモデルのパラメータは K 個の平均 $\boldsymbol{\mu}_k$，共分散 $\boldsymbol{\Sigma}_k$，重み π_k である．これらすべての自由パラメータを $\boldsymbol{\theta} := \{\pi_k, \boldsymbol{\mu}_k, \boldsymbol{\Sigma}_k : k = 1, \ldots, K\}$ とまとめる．

例 11.1（初期設定）　この章を通して登場する単純な例についてまず言及しておこう．この例は重要な概念の説明や可視化に利用されることになる．

一次元データセット $\mathcal{X} = \{-3, -2.5, -1, 0, 2, 4, 5\}$ は七つのデータ点から構成される．そしてデータの密度のモデルとして $K = 3$ 成分の混合ガウスモデルを仮定し，まずは混合成分を

$$p_1(x) = \mathcal{N}(x \mid -4, 1), \tag{11.6}$$
$$p_2(x) = \mathcal{N}(x \mid 0, 0.2), \tag{11.7}$$
$$p_3(x) = \mathcal{N}(x \mid 8, 3) \tag{11.8}$$

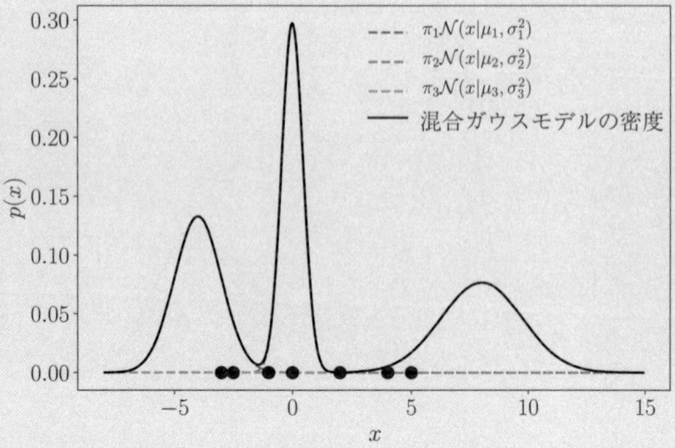

図 11.3　初期設定．三つの混合成分（破線）からなる混合ガウスモデル（黒線）と七つのデータ点（円）．

と初期化し，等しい重み $\pi_1 = \pi_2 = \pi_3 = \frac{1}{3}$ を割り当てておく．対応するモデル（およびデータ点）は図 11.3 のようになる．

以下では，モデルパラメータ $\boldsymbol{\theta}$ の最尤推定量 $\boldsymbol{\theta}_{\mathrm{ML}}$ を求める方法について詳細に述べることにしよう．まずはじめに，尤度，つまりパラメータが所与の場合の訓練データの予測分布を書き出そう．i.i.d. の仮定から尤度は分解できて

$$p(\mathcal{X} \mid \boldsymbol{\theta}) = \prod_{n=1}^{N} p(\boldsymbol{x}_n \mid \boldsymbol{\theta}), \quad p(\boldsymbol{x}_n \mid \boldsymbol{\theta}) = \sum_{k=1}^{K} \pi_k \mathcal{N}(\boldsymbol{x}_n \mid \boldsymbol{\mu}_k, \boldsymbol{\Sigma}_k) \tag{11.9}$$

となる．ここで，個々の尤度 $p(\boldsymbol{x}_n \mid \boldsymbol{\theta})$ は混合ガウス密度である．対数尤度は

$$\log p(\mathcal{X} \mid \boldsymbol{\theta}) = \sum_{n=1}^{N} \log p(\boldsymbol{x}_n \mid \boldsymbol{\theta}) = \underbrace{\sum_{n=1}^{N} \log \sum_{k=1}^{K} \pi_k \mathcal{N}(\boldsymbol{x}_n \mid \boldsymbol{\mu}_k, \boldsymbol{\Sigma}_k)}_{=:\mathcal{L}} \tag{11.10}$$

となる．(11.10) で定義された対数尤度 $\mathcal{L}$ を最大化するパラメータ $\boldsymbol{\theta}_{\mathrm{ML}}$ を求めたい．「通常の」手順は，モデルパラメータ $\boldsymbol{\theta}$ に関する対数尤度の勾配 $d\mathcal{L}/d\boldsymbol{\theta}$ を計算し，それを $\boldsymbol{0}$ とおいて $\boldsymbol{\theta}$ に関して解くことである．しかし，(9.2 節の線形回帰のような）これまでの最尤推定とは異なり，今回は解析的な解を得ることはできない．代わりに，よいモデルパラメータ $\boldsymbol{\theta}_{\mathrm{ML}}$ を反復的に求める方法が利用できる．後述するように，この方法こそが混合ガウスモデルに対する EM アルゴリズムである．このアルゴリズムでは，他のモデルパラメータを固定したまま，一度に一つのモデルパラメータを更新するという点が重要である．

注　もし単一のガウス分布であるなら，(11.10) の k に関する和は消え，対数の演算はガウス分布に直接適用されて

$$\log \mathcal{N}(\boldsymbol{x}_n \mid \boldsymbol{\mu}, \boldsymbol{\Sigma}) = -\frac{D}{2}\log(2\pi) - \frac{1}{2}\log\det(\boldsymbol{\Sigma}) - \frac{1}{2}(\boldsymbol{x}-\boldsymbol{\mu})^{\top}\boldsymbol{\Sigma}^{-1}(\boldsymbol{x}-\boldsymbol{\mu}) \tag{11.11}$$

が得られる．この単純な場合では $\boldsymbol{\mu}$ と $\boldsymbol{\Sigma}$ の最尤推定量を解析的に求めることができる（第8章）．一方 (11.10) では，log を k に関する和の中へ移動できないため，単純で解析的な最尤解を得ることができない．

関数の局所解ではパラメータに対する勾配が消失する必要がある（第7章）．今回の場合，(11.10) の対数尤度を混合ガウスモデルのパラメータ $\boldsymbol{\mu}_k$，$\boldsymbol{\Sigma}_k$，π_k に関して最適化しており，その必要条件は

$$\frac{\partial \mathcal{L}}{\partial \boldsymbol{\mu}_k} = \mathbf{0}^\top \iff \sum_{n=1}^{N} \frac{\partial \log p(\boldsymbol{x}_n \mid \boldsymbol{\theta})}{\partial \boldsymbol{\mu}_k} = \mathbf{0}^\top, \tag{11.12}$$

$$\frac{\partial \mathcal{L}}{\partial \boldsymbol{\Sigma}_k} = \mathbf{0}^\top \iff \sum_{n=1}^{N} \frac{\partial \log p(\boldsymbol{x}_n \mid \boldsymbol{\theta})}{\partial \boldsymbol{\Sigma}_k} = \mathbf{0}, \tag{11.13}$$

$$\frac{\partial \mathcal{L}}{\partial \pi_k} = 0 \iff \sum_{n=1}^{N} \frac{\partial \log p(\boldsymbol{x}_n \mid \boldsymbol{\theta})}{\partial \pi_k} = 0 \tag{11.14}$$

となる．チェインルール（5.2.2項参照）を適用すると，各条件の偏微分は

$$\frac{\partial \log p(\boldsymbol{x}_n \mid \boldsymbol{\theta})}{\partial \boldsymbol{\theta}} = \frac{1}{p(\boldsymbol{x}_n \mid \boldsymbol{\theta})} \frac{\partial p(\boldsymbol{x}_n \mid \boldsymbol{\theta})}{\partial \boldsymbol{\theta}} \tag{11.15}$$

という形に直すことができる．ここで，$\boldsymbol{\theta} = \{\boldsymbol{\mu}_k, \boldsymbol{\Sigma}_k, \pi_k, k = 1, \ldots, K\}$ はモデルパラメータであり，

$$\frac{1}{p(\boldsymbol{x}_n \mid \boldsymbol{\theta})} = \frac{1}{\sum_{j=1}^{K} \pi_j \mathcal{N}(\boldsymbol{x}_n \mid \boldsymbol{\mu}_j, \boldsymbol{\Sigma}_j)} \tag{11.16}$$

である．以下で偏微分 (11.12)∼(11.14) を計算するが，その前に今後重要となる量である負担率を紹介しておこう．

11.2.1 負担率

データ点 $\boldsymbol{x}_n$ に対する k 番目の混合成分の**負担率**を

負担率 (responsibility)

$$r_{nk} := \frac{\pi_k \mathcal{N}(\boldsymbol{x}_n \mid \boldsymbol{\mu}_k, \boldsymbol{\Sigma}_k)}{\sum_{j=1}^{K} \pi_j \mathcal{N}(\boldsymbol{x}_n \mid \boldsymbol{\mu}_j, \boldsymbol{\Sigma}_j)} \tag{11.17}$$

と定める．各負担率 r_{nk} は，データ点の混合成分に関する尤度

$$p(\boldsymbol{x}_n \mid \pi_k, \boldsymbol{\mu}_k, \boldsymbol{\Sigma}_k) = \pi_k \mathcal{N}(\boldsymbol{x}_n \mid \boldsymbol{\mu}_k, \boldsymbol{\Sigma}_k) \tag{11.18}$$

に比例している．そのため，その混合成分からの標本点とみなすのが尤もらしいほど負担率は高くなる．$\boldsymbol{r}_n := [r_{n1}, \ldots, r_{nK}]^\top \in \mathbb{R}^K$ は（正規化された）確率ベクトル，すなわち，$r_{nk} \geq 0$ かつ $\sum_k r_{nk} = 1$ であることに注意しよう．

$\boldsymbol{r}_n$ はボルツマン／ギブス分布に従う．

このK成分の確率ベクトルは，K個の混合成分の確率質量を割り当てており，$\boldsymbol{r}_n$は$\boldsymbol{x}_n$の各混合成分への「ソフトな割り当て」とみなすことができる．したがって，(11.17)の負担率r_{nk}は，$\boldsymbol{x}_n$がk番目の混合成分によって生成される確率を表している．

負担率r_{nk}は，k番目の混合成分がn番目のデータ点を生成する確率である．

例 11.2（負担率）　図11.3の例に対して，負担率r_{nk}を計算すると

$$\begin{bmatrix} 1.0 & 0.0 & 0.0 \\ 1.0 & 0.0 & 0.0 \\ 0.057 & 0.943 & 0.0 \\ 0.001 & 0.999 & 0.0 \\ 0.0 & 0.066 & 0.934 \\ 0.0 & 0.0 & 1.0 \\ 0.0 & 0.0 & 1.0 \end{bmatrix} \in \mathbb{R}^{N\times K} \tag{11.19}$$

となる．ここで，n番目の行は$\boldsymbol{x}_n$に対するすべての混合成分の負担率を示している．データ点に対するすべてのK個の負担率の合計（各行の合計）は1である．k番目の列は，k番目の混合成分の負担率の概観を示す．三番目の混合成分（三番目の列）は，最初の四つのデータ点に対する影響はないが，残りのデータ点には大きな負担率をもつことがわかる．列のすべての要素の合計N_kは，k番目の混合成分の総負担率を与える．この例では，$N_1 = 2.058$, $N_2 = 2.008$, $N_3 = 2.934$となる．

以下では，負担率をもとにモデルパラメータ$\boldsymbol{\mu}_k, \boldsymbol{\Sigma}_k, \pi_k$を更新することになる．更新式はすべて負担率に依存しており，このことは最尤推定問題で解析的な解を得ることを不可能としている．しかし，負担率を固定したままモデルパラメータを更新して，それから負担率を計算し直す，という二つのステップを反復すると，最終的には局所最適へと収束していくのである．これはEMアルゴリズムの具体例となっている．EMアルゴリズムについては，11.3節でもう少し詳しく説明する．

11.2.2　平均の更新

定理 11.1　（混合ガウスモデルの平均の更新）　混合ガウスモデルの平均パラメータ$\boldsymbol{\mu}_k$, $k = 1, \ldots, K$の更新則は[†]

$$\boldsymbol{\mu}_k^{\mathrm{new}} = \frac{\sum_{n=1}^{N} r_{nk}\boldsymbol{x}_n}{\sum_{n=1}^{N} r_{nk}} \tag{11.20}$$

で与えられる．ここで，負担率は(11.17)で定義される．■

[†] 訳注：負担率が固定された値と仮定して勾配がゼロとなるよう更新を行う．

注 (11.20) の各混合成分の平均 $\boldsymbol{\mu}_k$ の更新則は，(11.17) で与えられた r_{nk} を介して，平均，共分散行列 $\boldsymbol{\Sigma}_k$，重み π_k のすべてに依存している．したがって，すべての $\boldsymbol{\mu}_k$ の解析的な解が得られたわけではない．

Proof. (11.15) より，平均パラメータ $\boldsymbol{\mu}_k$, $k = 1, \ldots, K$ に関する対数尤度の勾配の計算に登場する偏微分は

$$\frac{\partial p(\boldsymbol{x}_n \mid \boldsymbol{\theta})}{\partial \boldsymbol{\mu}_k} = \sum_{j=1}^{K} \pi_j \frac{\partial \mathcal{N}(\boldsymbol{x}_n \mid \boldsymbol{\mu}_j, \boldsymbol{\Sigma}_j)}{\partial \boldsymbol{\mu}_k} = \pi_k \frac{\partial \mathcal{N}(\boldsymbol{x}_n \mid \boldsymbol{\mu}_k, \boldsymbol{\Sigma}_k)}{\partial \boldsymbol{\mu}_k} \tag{11.21a}$$

$$= \pi_k (\boldsymbol{x}_n - \boldsymbol{\mu}_k)^\top \boldsymbol{\Sigma}_k^{-1} \mathcal{N}(\boldsymbol{x}_n \mid \boldsymbol{\mu}_k, \boldsymbol{\Sigma}_k) \tag{11.21b}$$

となる．ここで，k 番目の混合成分のみが $\boldsymbol{\mu}_k$ に依存することを利用した．

(11.15) に (11.21b) の結果を代入すると，$\boldsymbol{\mu}_k$ に関する $\mathcal{L}$ の偏微分は

$$\frac{\partial \mathcal{L}}{\partial \boldsymbol{\mu}_k} = \sum_{n=1}^{N} \frac{\partial \log p(\boldsymbol{x}_n \mid \boldsymbol{\theta})}{\partial \boldsymbol{\mu}_k} = \sum_{n=1}^{N} \frac{1}{p(\boldsymbol{x}_n \mid \boldsymbol{\theta})} \frac{\partial p(\boldsymbol{x}_n \mid \boldsymbol{\theta})}{\partial \boldsymbol{\mu}_k} \tag{11.22a}$$

$$= \sum_{n=1}^{N} (\boldsymbol{x}_n - \boldsymbol{\mu}_k)^\top \boldsymbol{\Sigma}_k^{-1} \underbrace{\boxed{\frac{\pi_k \mathcal{N}(\boldsymbol{x}_n \mid \boldsymbol{\mu}_k, \boldsymbol{\Sigma}_k)}{\sum_{j=1}^{K} \pi_j \mathcal{N}(\boldsymbol{x}_n \mid \boldsymbol{\mu}_j, \boldsymbol{\Sigma}_j)}}}_{= r_{nk}} \tag{11.22b}$$

$$= \sum_{n=1}^{N} r_{nk} (\boldsymbol{x}_n - \boldsymbol{\mu}_k)^\top \boldsymbol{\Sigma}_k^{-1} \tag{11.22c}$$

となる．式変形では (11.16) を利用し，値 r_{nk} は (11.17) で定義した負担率である．

次に，$\frac{\partial \mathcal{L}(\boldsymbol{\mu}_k^{\text{new}})}{\partial \boldsymbol{\mu}_k} = \boldsymbol{0}^\top$ となるように $\boldsymbol{\mu}_k^{\text{new}}$ に関して (11.22c) を解き，

$$\sum_{n=1}^{N} r_{nk} \boldsymbol{x}_n = \sum_{n=1}^{N} r_{nk} \boldsymbol{\mu}_k^{\text{new}} \iff \boldsymbol{\mu}_k^{\text{new}} = \frac{\sum_{n=1}^{N} r_{nk} \boldsymbol{x}_n}{\boxed{\sum_{n=1}^{N} r_{nk}}} = \frac{1}{\boxed{N_k}} \sum_{n=1}^{N} r_{nk} \boldsymbol{x}_n \tag{11.23}$$

が得られる．ここで，データセット全体の k 番目の混合成分の総負担率を

$$N_k := \sum_{n=1}^{N} r_{nk} \tag{11.24}$$

と定義した．これで定理 11.1 の証明は完了である． □

直感的には，(11.20) は重み付きモンテカルロ推定量と解釈できる．ここで，データ点 $\boldsymbol{x}_n$ の重みは $\boldsymbol{x}_n$, $k = 1, \ldots, K$ に対する k 番目のクラスタの負担率

r_{nk} である．したがって，平均 $\boldsymbol{\mu}_k$ は，r_{nk} で与えられた強さでデータ点 $\boldsymbol{x}_n$ へ向かって引き寄せられる．平均値は，高い負担率をもつ，すなわち高い尤度をもつデータ点へ向かってより強く引き寄せられる．これを図 11.4 に示す．

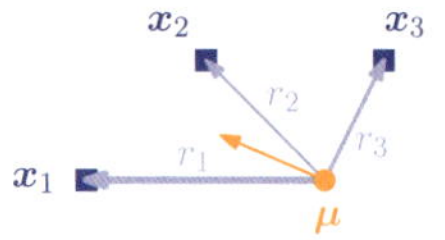

図 11.4　混合ガウスモデルにおける混合成分の平均パラメータの更新．平均値 μ は，対応する負担率によって与えられた重みによって，個々のデータ点へ引き寄せられる．

(11.20) の平均の更新は，正規化された確率ベクトル

$$\boldsymbol{r}_k := [r_{1k}, \dots, r_{Nk}]^\top / N_k \tag{11.25}$$

による分布のもとでのデータ点の期待値と解釈することもできる．すなわち

$$\boldsymbol{\mu}_k \leftarrow \mathbb{E}_{\boldsymbol{r}_k}[\mathcal{X}] \tag{11.26}$$

である．

例 11.3（平均の更新）　図 11.3 からの例では，平均値が以下のように更新される：

$$\mu_1 : -4 \rightarrow -2.7, \tag{11.27}$$
$$\mu_2 : 0 \rightarrow -0.4, \tag{11.28}$$
$$\mu_3 : 8 \rightarrow 3.7. \tag{11.29}$$

ここでは，一番目と三番目の混合成分がデータの領域に向かって移動しているが，一方で二番目の成分の平均はそれほど劇的に変化していないことがわかる．この変化を図 11.5 に示す．図 11.5 (a) は平均更新前の密度，図 11.5 (b) は平均値 μ_k を更新したあとの混合ガウスモデルの密度を表している．

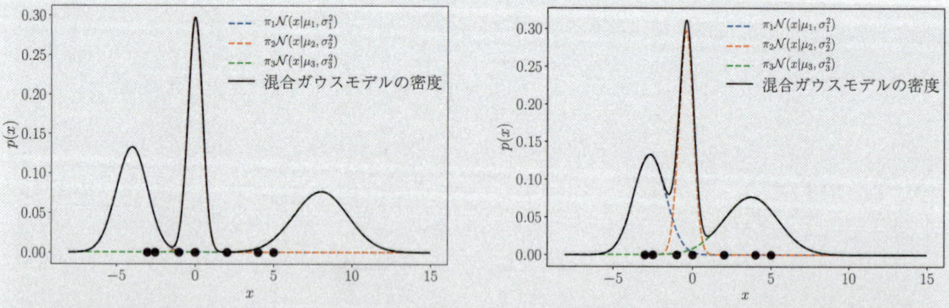

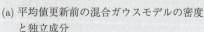

(a) 平均値更新前の混合ガウスモデルの密度と独立成分

(b) 平均値更新後の混合ガウスモデルの密度と独立成分

図 11.5　混合ガウスモデルにおける平均値更新の影響．(a) 平均値更新前の混合ガウスモデル．(b) 分散と重みを保持したまま平均値 μ_k を更新したあとの混合ガウスモデル．

(11.20) の平均パラメータの更新はかなり簡単に見える．しかしながら，すべての $j = 1, \dots, K$ に対して，負担率 r_{nk} は π_j, $\boldsymbol{\mu}_j$, $\boldsymbol{\Sigma}_j$ の関数であることに注意しよう．そのため，(11.20) の更新は混合ガウスモデルの全パラメータに依存し，9.2 節の線形回帰や第 10 章の主成分分析で求めたような解析的な解は得られない．

11.2.3　共分散の更新

定理 11.2（混合ガウスモデルの共分散の更新）　混合ガウスモデルの共分散パラメータ $\boldsymbol{\Sigma}_k,\ k=1,\dots,K$ の更新は

$$\boldsymbol{\Sigma}_k^{\text{new}} = \frac{1}{N_k}\sum_{n=1}^{N} r_{nk}(\boldsymbol{x}_n - \boldsymbol{\mu}_k)(\boldsymbol{x}_n - \boldsymbol{\mu}_k)^\top \tag{11.30}$$

で与えられる．ここで，r_{nk} と N_k はそれぞれ (11.17) と (11.24) である．　■

Proof.　定理 11.2 を証明するために，共分散 $\boldsymbol{\Sigma}_k$ に関して対数尤度 $\mathcal{L}$ の偏微分を計算し，それを $\mathbf{0}$ とおき，$\boldsymbol{\Sigma}_k$ に対して解く，というアプローチをとる．一般的なアプローチ

$$\frac{\partial \mathcal{L}}{\partial \boldsymbol{\Sigma}_k} = \sum_{n=1}^{N} \frac{\partial \log p(\boldsymbol{x}_n \mid \boldsymbol{\theta})}{\partial \boldsymbol{\Sigma}_k} = \sum_{n=1}^{N} \frac{1}{p(\boldsymbol{x}_n \mid \boldsymbol{\theta})} \frac{\partial p(\boldsymbol{x}_n \mid \boldsymbol{\theta})}{\partial \boldsymbol{\Sigma}_k} \tag{11.31}$$

から始める．(11.16) から $1/p(\boldsymbol{x}_n \mid \boldsymbol{\theta})$ は既知である．残りの偏微分 $\partial p(\boldsymbol{x}_n \mid \boldsymbol{\theta})/\partial \boldsymbol{\Sigma}_k$ を求めるために，ガウス分布 $p(\boldsymbol{x}_n \mid \boldsymbol{\theta})$ の定義を書き出し（(11.9) 参照），k 番目以外の項をすべて落とす．すると

$$\frac{\partial p(\boldsymbol{x}_n \mid \boldsymbol{\theta})}{\partial \boldsymbol{\Sigma}_k} \tag{11.32a}$$

$$= \frac{\partial}{\partial \boldsymbol{\Sigma}_k}\left(\pi_k (2\pi)^{-\frac{D}{2}} \det(\boldsymbol{\Sigma}_k)^{-\frac{1}{2}} \exp\left(-\tfrac{1}{2}(\boldsymbol{x}_n - \boldsymbol{\mu}_k)^\top \boldsymbol{\Sigma}_k^{-1}(\boldsymbol{x}_n - \boldsymbol{\mu}_k)\right)\right) \tag{11.32b}$$

$$\begin{aligned} &= \pi_k (2\pi)^{-\frac{D}{2}} \left[\frac{\partial}{\partial \boldsymbol{\Sigma}_k} \det(\boldsymbol{\Sigma}_k)^{-\frac{1}{2}} \exp\left(-\tfrac{1}{2}(\boldsymbol{x}_n - \boldsymbol{\mu}_k)^\top \boldsymbol{\Sigma}_k^{-1}(\boldsymbol{x}_n - \boldsymbol{\mu}_k)\right)\right. \\ &\quad \left. + \det(\boldsymbol{\Sigma}_k)^{-\frac{1}{2}} \frac{\partial}{\partial \boldsymbol{\Sigma}_k} \exp\left(-\tfrac{1}{2}(\boldsymbol{x}_n - \boldsymbol{\mu}_k)^\top \boldsymbol{\Sigma}_k^{-1}(\boldsymbol{x}_n - \boldsymbol{\mu}_k)\right)\right] \end{aligned} \tag{11.32c}$$

が得られる．ここで，恒等式

$$\frac{\partial}{\partial \boldsymbol{\Sigma}_k} \det(\boldsymbol{\Sigma}_k)^{-\frac{1}{2}} \overset{(5.101)}{=} -\frac{1}{2} \det(\boldsymbol{\Sigma}_k)^{-\frac{1}{2}} \boldsymbol{\Sigma}_k^{-1}, \tag{11.33}$$

$$\frac{\partial}{\partial \boldsymbol{\Sigma}_k}(\boldsymbol{x}_n - \boldsymbol{\mu}_k)^\top \boldsymbol{\Sigma}_k^{-1}(\boldsymbol{x}_n - \boldsymbol{\mu}_k) \overset{(5.106)}{=} -\boldsymbol{\Sigma}_k^{-1}(\boldsymbol{x}_n - \boldsymbol{\mu}_k)(\boldsymbol{x}_n - \boldsymbol{\mu}_k)^\top \boldsymbol{\Sigma}_k^{-1} \tag{11.34}$$

を用いると，(11.31) の偏微分は

$$\begin{aligned} \frac{\partial p(\boldsymbol{x}_n \mid \boldsymbol{\theta})}{\partial \boldsymbol{\Sigma}_k} &= \pi_k \mathcal{N}(\boldsymbol{x}_n \mid \boldsymbol{\mu}_k, \boldsymbol{\Sigma}_k) \\ &\quad \cdot \left[-\tfrac{1}{2}(\boldsymbol{\Sigma}_k^{-1} - \boldsymbol{\Sigma}_k^{-1}(\boldsymbol{x}_n - \boldsymbol{\mu}_k)(\boldsymbol{x}_n - \boldsymbol{\mu}_k)^\top \boldsymbol{\Sigma}_k^{-1})\right] \end{aligned} \tag{11.35}$$

となる．まとめると，$\boldsymbol{\Sigma}_k$ に対する対数尤度の偏微分は

$$\frac{\partial \mathcal{L}}{\partial \boldsymbol{\Sigma}_k} = \sum_{n=1}^{N} \frac{\partial \log p(\boldsymbol{x}_n \mid \boldsymbol{\theta})}{\partial \boldsymbol{\Sigma}_k} = \sum_{n=1}^{N} \frac{1}{p(\boldsymbol{x}_n \mid \boldsymbol{\theta})} \frac{\partial p(\boldsymbol{x}_n \mid \boldsymbol{\theta})}{\partial \boldsymbol{\Sigma}_k} \tag{11.36a}$$

$$= \sum_{n=1}^{N} \underbrace{\frac{\pi_k \mathcal{N}(\boldsymbol{x}_n \mid \boldsymbol{\mu}_k, \boldsymbol{\Sigma}_k)}{\sum_{j=1}^{K} \pi_j \mathcal{N}(\boldsymbol{x}_n \mid \boldsymbol{\mu}_j, \boldsymbol{\Sigma}_j)}}_{=r_{nk}} \cdot \left[-\tfrac{1}{2}(\boldsymbol{\Sigma}_k^{-1} - \boldsymbol{\Sigma}_k^{-1}(\boldsymbol{x}_n - \boldsymbol{\mu}_k)(\boldsymbol{x}_n - \boldsymbol{\mu}_k)^\top \boldsymbol{\Sigma}_k^{-1})\right] \tag{11.36b}$$

$$= -\frac{1}{2} \sum_{n=1}^{N} r_{nk}(\boldsymbol{\Sigma}_k^{-1} - \boldsymbol{\Sigma}_k^{-1}(\boldsymbol{x}_n - \boldsymbol{\mu}_k)(\boldsymbol{x}_n - \boldsymbol{\mu}_k)^\top \boldsymbol{\Sigma}_k^{-1}) \tag{11.36c}$$

$$= -\frac{1}{2}\boldsymbol{\Sigma}_k^{-1} \underbrace{\sum_{n=1}^{N} r_{nk}}_{=N_k} + \frac{1}{2}\boldsymbol{\Sigma}_k^{-1} \left(\sum_{n=1}^{N} r_{nk}(\boldsymbol{x}_n - \boldsymbol{\mu}_k)(\boldsymbol{x}_n - \boldsymbol{\mu}_k)^\top\right) \boldsymbol{\Sigma}_k^{-1} \tag{11.36d}$$

となる．この偏微分にも負担率 r_{nk} があることがわかる．この偏微分を $\boldsymbol{0}$ とおくことで，最適化の必要条件として

$$N_k \boldsymbol{\Sigma}_k^{-1} = \boldsymbol{\Sigma}_k^{-1} \left(\sum_{n=1}^{N} r_{nk}(\boldsymbol{x}_n - \boldsymbol{\mu}_k)(\boldsymbol{x}_n - \boldsymbol{\mu}_k)^\top\right) \boldsymbol{\Sigma}_k^{-1} \tag{11.37a}$$

$$\iff N_k \boldsymbol{I} = \left(\sum_{n=1}^{N} r_{nk}(\boldsymbol{x}_n - \boldsymbol{\mu}_k)(\boldsymbol{x}_n - \boldsymbol{\mu}_k)^\top\right) \boldsymbol{\Sigma}_k^{-1} \tag{11.37b}$$

が得られる．$\boldsymbol{\Sigma}_k$ に対して解くと

$$\boldsymbol{\Sigma}_k^{\text{new}} = \frac{1}{N_k} \sum_{n=1}^{N} r_{nk}(\boldsymbol{x}_n - \boldsymbol{\mu}_k)(\boldsymbol{x}_n - \boldsymbol{\mu}_k)^\top \tag{11.38}$$

となる．ここで，$\boldsymbol{r}_k$ は (11.25) で定義された確率ベクトルである．これによって，$k = 1, \ldots, K$ に対する $\boldsymbol{\Sigma}_k$ の単純な更新則が得られ，定理 11.2 が証明された．　□

(11.20) の $\boldsymbol{\mu}_k$ の更新と同じように，(11.30) の共分散の更新は，中心化されたデータ $\tilde{\mathcal{X}} := \{\boldsymbol{x}_1 - \boldsymbol{\mu}_k, \ldots, \boldsymbol{x}_N - \boldsymbol{\mu}_k\}$ の二乗に対する重点重み付き期待値と解釈できる．

例 11.4（分散の更新） 図 11.3 の例では，分散は以下のように更新される：

$$\sigma_1^2 : 1 \to 0.14, \tag{11.39}$$

$$\sigma_2^2 : 0.2 \to 0.44, \tag{11.40}$$

$$\sigma_3^2 : 3 \to 1.53. \tag{11.41}$$

ここでは，一番目と三番目の成分の分散が大幅に縮小する一方で，二番目の分散はわずかに増加することがわかる．

図 11.6 にこの設定を示す．図 11.6 (a) は図 11.5 (b) と同じで（ただし，拡大している），分散を更新する前の混合ガウスモデルの密度と個々の成分を示している．図 11.6 (b) は，分散を更新したあとの混合ガウスモデルの密度を示している．

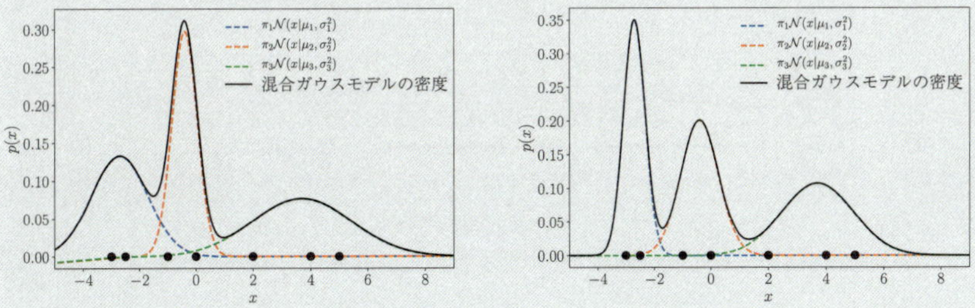

(a) 分散値更新前の混合ガウスモデルの密度と独立成分

(b) 分散値更新後の混合ガウスモデルの密度と独立成分

図 11.6　混合ガウスモデルにおける分散更新の影響．(a) 分散更新前の混合ガウスモデル．(b) 平均と重みを保持したまま分散を更新したあとの混合ガウスモデル．

平均パラメータの更新と同様，(11.30) を k 番目の混合成分に関する共分散の重み付きモンテカルロ推定量と解釈できる．ここで，重みは負担率 r_{nk} である．平均パラメータの更新と同様に，この更新は負担率 r_{nk} を介して π_j，$\boldsymbol{\mu}_j$，$\boldsymbol{\Sigma}_j$，$j = 1, \ldots, K$ のすべてに依存しており，解析的な解となることを妨げている．

11.2.4　重みの更新

定理 11.3（混合ガウスモデルの重みの更新）　混合ガウスモデルの重みは

$$\pi_k^{\text{new}} = \frac{N_k}{N}, \quad k = 1, \ldots, K \tag{11.42}$$

によって更新される．ここで，N はデータ点の数であり，N_k は (11.24) で定義される．■

Proof. $\sum_k \pi_K = 1$ の条件のもとで，重みパラメータ $\pi_k,\ k = 1, \ldots, K$ に関する対数尤度の停留点を求めるために，ラグランジュの未定乗数（7.2節参照）を用いて制約を表現する．ラグランジアンは

$$\mathfrak{L} = \mathcal{L} + \lambda \left(\sum_{k=1}^{K} \pi_k - 1 \right) \tag{11.43a}$$

$$= \sum_{n=1}^{N} \log \sum_{k=1}^{K} \pi_k \mathcal{N}(\boldsymbol{x}_k \mid \boldsymbol{\mu}_k, \boldsymbol{\Sigma}_k) + \lambda \left(\sum_{k=1}^{K} \pi_k - 1 \right) \tag{11.43b}$$

である．ここで，$\mathcal{L}$ は (11.10) の対数尤度で，二番目の項はすべての重みの和が1になるという等式制約を表している．π_k に関する偏微分は

$$\frac{\partial \mathfrak{L}}{\partial \pi_k} = \sum_{n=1}^{N} \frac{\mathcal{N}(\boldsymbol{x}_k \mid \boldsymbol{\mu}_k, \boldsymbol{\Sigma}_k)}{\sum_{j=1}^{K} \pi_j \mathcal{N}(\boldsymbol{x}_n \mid \boldsymbol{\mu}_j, \boldsymbol{\Sigma}_j)} + \lambda \tag{11.44a}$$

$$= \frac{1}{\pi_k} \underbrace{\sum_{n=1}^{N} \frac{\pi_k \mathcal{N}(\boldsymbol{x}_k \mid \boldsymbol{\mu}_k, \boldsymbol{\Sigma}_k)}{\sum_{j=1}^{K} \pi_j \mathcal{N}(\boldsymbol{x}_n \mid \boldsymbol{\mu}_j, \boldsymbol{\Sigma}_j)}}_{=N_k} + \lambda = \frac{N_k}{\pi_k} + \lambda \tag{11.44b}$$

と求められる．また，ラグランジュ未定乗数 λ に関する偏微分は

$$\frac{\partial \mathfrak{L}}{\partial \lambda} = \sum_{k=1}^{K} \pi_k - 1 \tag{11.45}$$

である．両方の偏微分を $\mathbf{0}$ とおくと（最適化のための必要条件），方程式系

$$\pi_k = -\frac{N_k}{\lambda}, \tag{11.46}$$

$$1 = \sum_{k=1}^{K} \pi_k \tag{11.47}$$

が得られる．(11.47) に (11.46) を代入すると

$$\sum_{k=1}^{K} \pi_k = 1 \iff -\sum_{k=1}^{K} \frac{N_k}{\lambda} = 1 \iff -\frac{N}{\lambda} = 1 \iff \lambda = -N \tag{11.48}$$

が得られる．(11.46) の λ に $-N$ を代入すると，重みパラメータ π_k に対する更新

$$\pi_k^{\text{new}} = \frac{N_k}{N} \tag{11.49}$$

が得られ，定理11.3が証明できた．□

(11.42) の重みは，k 番目のクラスタの総負担率とデータ点の数の比である．$N = \sum_k N_k$ であるため，データ点の数はすべての混合成分を合わせた総負担

率とも解釈できる．その結果，π_k はデータセットに対する k 番目の混合成分の相対的な重要度を表す．

注　$N_k = \sum_{i=1}^{N} r_{nk}$ であるため，重み π_k に対する更新式 (11.42) もまた負担率 r_{nk} を介して π_j, $\boldsymbol{\mu}_j$, $\boldsymbol{\Sigma}_j$, $j = 1, \ldots, K$ のすべてに依存する．

例 11.5（重みパラメータの更新）　図 11.3 からの実行例では，重みは以下のように更新される：

$$\pi_1 : \frac{1}{3} \to 0.29, \tag{11.50}$$

$$\pi_2 : \frac{1}{3} \to 0.29, \tag{11.51}$$

$$\pi_3 : \frac{1}{3} \to 0.42. \tag{11.52}$$

ここでは，三番目の成分が重み／重要度が増加している．一方で，他の成分はわずかに重要度が低下していることがわかる．重みを更新した場合の効果を図 11.7 に示す．図 11.7 (a) は図 11.6 (b) と同様，重みを更新する前の混合ガウスモデルの密度と個々の成分を表している．図 11.7 (b) は重みを更新したあとの混合ガウスモデルの密度を表している．

全体として，平均，分散，重みを一回更新すると，図 11.7 (b) に示されるような混合ガウスモデルが得られる．図 11.3 の初期化時点と比較すると，パラメータの更新によって混合ガウスモデルの密度の質量の一部がデータ点へ向かってシフトしていることがわかる．

初期化時点と比べて，図 11.7 (b) の混合ガウスモデルはデータにとてもよく適合している．これは対数尤度の値からも確認できて，更新により対数尤度が -28.3（初期化時点）から -14.4 に増加している．

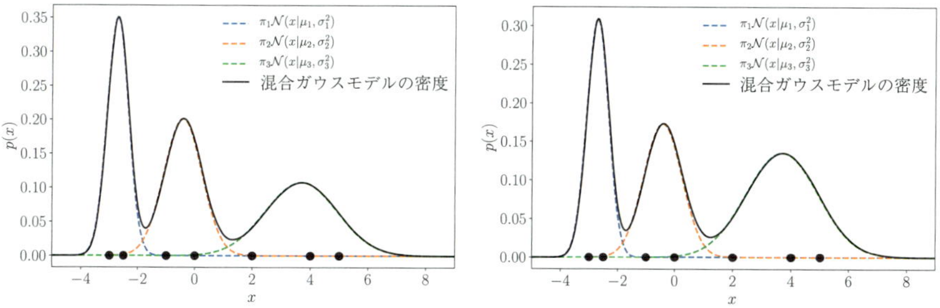

(a) 混合重み更新前の混合ガウスモデルの密度と独立成分

(b) 混合重み更新後の混合ガウスモデルの密度と独立成分

図 11.7　混合ガウスモデルにおける重みの影響．(a) 重み更新前の混合ガウスモデル．(b) 平均と分散を保持したまま重みを更新したあとの混合ガウスモデル．縦軸のスケールが違うことに注意．

11.3 EMアルゴリズム

残念ながら，(11.20), (11.30), (11.42) の更新は，混合モデルのパラメータ $\boldsymbol{\mu}_k, \boldsymbol{\Sigma}_k, \pi_k$ の解析的な解を与えているわけではない．これは，負担率 r_{nk} がこれらのパラメータに複雑に依存しているためである．しかしながら，結果は最尤法を介したパラメータ推定問題の解を求めるための単純な**反復法**を示唆している．期待値最大化アルゴリズム（*EM* アルゴリズム）は [DLR77] によって提唱されたもので，混合モデル，およびより一般的には潜在変数モデルのパラメータ（最尤もしくは MAP）を学習するための一般的な反復法である．

反復法 (iterative scheme)

EM アルゴリズム (EM algorithm)

混合ガウスモデルの例では，π_k, $\boldsymbol{\mu}_k$, $\boldsymbol{\Sigma}_k$ に対して初期値を設定し，収束するまで以下のステップを交互に繰り返す．

- *E* ステップ：負担率 r_{nk}（データ点 n が混合成分 k に属する場合の事後確率）を評価する．
- *M* ステップ：更新された負担率を用いて，パラメータ π_k, $\boldsymbol{\mu}_k$, $\boldsymbol{\Sigma}_k$ を再推定する．

EM アルゴリズムの各ステップは対数尤度関数を増加させる [NH99]．収束に関しては，対数尤度やパラメータを直接確認することができる．混合ガウスモデルのパラメータを推定するための EM アルゴリズムの具体的な手順は以下の通りである：

1. π_k, $\boldsymbol{\mu}_k$, $\boldsymbol{\Sigma}_k$ の初期化．
2. *E* ステップ：現在のパラメータ π_k, $\boldsymbol{\mu}_k$, $\boldsymbol{\Sigma}_k$ を用いて，各データ点 $\boldsymbol{x}_n$ に対する負担率 r_{nk} を評価する：

$$r_{nk} = \frac{\pi_k \mathcal{N}(\boldsymbol{x}_n \mid \boldsymbol{\mu}_k, \boldsymbol{\Sigma}_k)}{\sum_j \pi_j \mathcal{N}(\boldsymbol{x}_n \mid \boldsymbol{\mu}_j, \boldsymbol{\Sigma}_j)}. \tag{11.53}$$

3. *M* ステップ：（*E* ステップから）現在の負担率 r_{nk} を用いてパラメータ π_k, $\boldsymbol{\mu}_k$, $\boldsymbol{\Sigma}_k$ を再推定する：

(11.54) で平均値 $\boldsymbol{\mu}_k$ を更新し，続いて (11.55) でその平均値を使って対応する共分散を更新する．

$$\boldsymbol{\mu}_k = \frac{1}{N_k}\sum_{n=1}^{N} r_{nk}\boldsymbol{x}_n, \tag{11.54}$$

$$\boldsymbol{\Sigma}_k = \frac{1}{N_k}\sum_{n=1}^{N} r_{nk}(\boldsymbol{x}_n - \boldsymbol{\mu}_k)(\boldsymbol{x}_n - \boldsymbol{\mu}_k)^{\top}, \tag{11.55}$$

$$\pi_k = \frac{N_k}{N}. \tag{11.56}$$

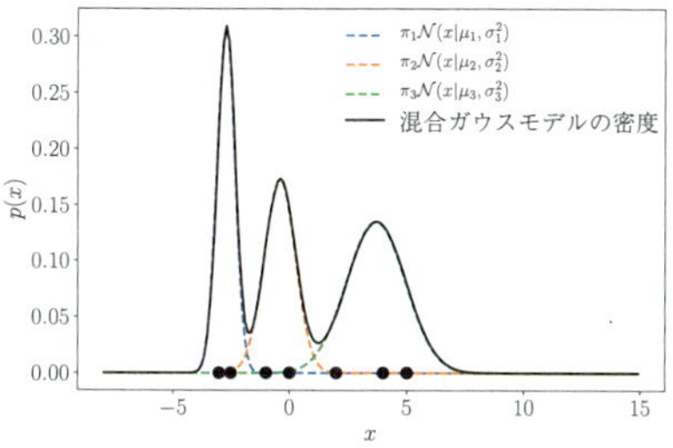

(a) 最終的な混合ガウスモデルの適合．5 回の反復後，EMアルゴリズムは収束し，この混合ガウスモデルの結果を得る．

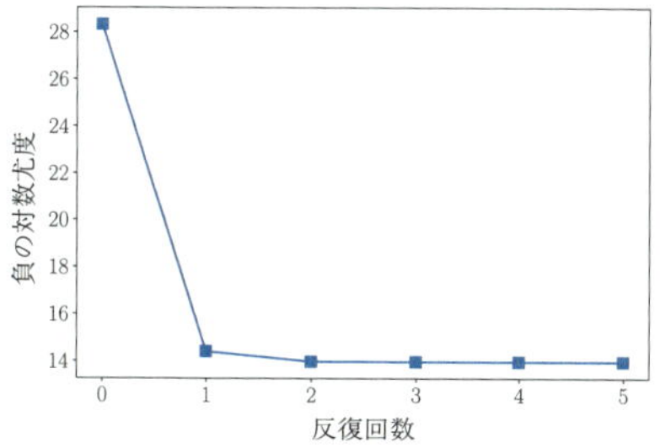

(b) EMアルゴリズムの反復回数に対する負の対数尤度の変化．

図 11.8　図 11.2 の混合ガウスモデルに EM アルゴリズムを適用したもの．(a) 最終的な混合ガウスモデルの適合．(b) EM アルゴリズムの反復回数に対する負の対数尤度の変化．

例 11.6（混合ガウスモデルの適合）　図 11.3 の例で EM アルゴリズムを実行すると，5 回の反復のあとに図 11.8 (a) に示す最終結果が得られる．図 11.8 (b) は負の対数尤度が EM 反復の関数としてどのように発展するかを示している．

最終的な混合ガウスモデルは

$$\begin{aligned} p(x) = {} & 0.29\,\mathcal{N}(x \mid -2.75, 0.06) + 0.28\,\mathcal{N}(x \mid -0.50, 0.25) \\ & + 0.43\,\mathcal{N}(x \mid 3.64, 1.63) \end{aligned} \tag{11.57}$$

のように与えられる．

図 11.9 では，図 11.1 の二次元データセットに対して，$K = 3$ の混合成分をもつモデルに EM アルゴリズムを適用しており，EM アルゴリズム内での各ステップでの様子や負の対数尤度と反復回数の関係（図 11.9 (b)）を示している．図 11.10 (a) では，最終的な混合ガウスモデルの学習結果を示している．図 11.10 (b) では，データ点に対する混合成分の最終的な負担率を可視化しており，収束時の混合成分の負担率に応じて色分けされている．左側のデータは一つの混合成分が負担していることは明らかである．右側の二つのデータクラスタの重なった部分では，二つの混合成分から生成された可能性がある．一つの成分（青か赤のどちらか）のみに割り当てられないデータ点があることは明らかであり，それらの点に対する二つのクラスタの負担率は 0.5 程度になる．

11.4　潜在変数の視点

混合ガウスモデルを離散的な潜在変数モデル，すなわち，潜在変数 $\boldsymbol{z}$ の状態が有限な潜在変数モデルと解釈することもできる．これは，潜在変数が $\mathbb{R}^M$ の連続値であった主成分分析とは対照的である．

図 11.9　EM アルゴリズムによって，三成分の混合ガウスモデルを二次元のデータセットに適合させる．(a) データセット．(b) 負の対数尤度を EM 反復回数の関数として表したもの（低いほうがよい）．赤い点に対応する混合ガウスモデルの適合の混合成分が (c) から (f) で示されている．黄色の円盤は，各混合ガウス成分の平均値を示している．図 11.10 (a) は最終的な混合ガウスモデルの適合を表している．

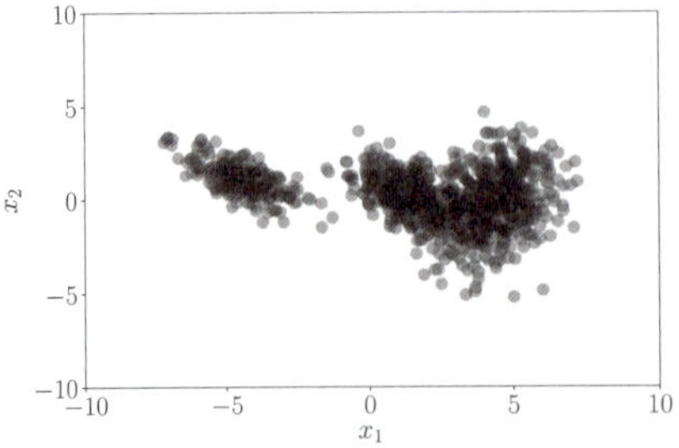

(a) データセット

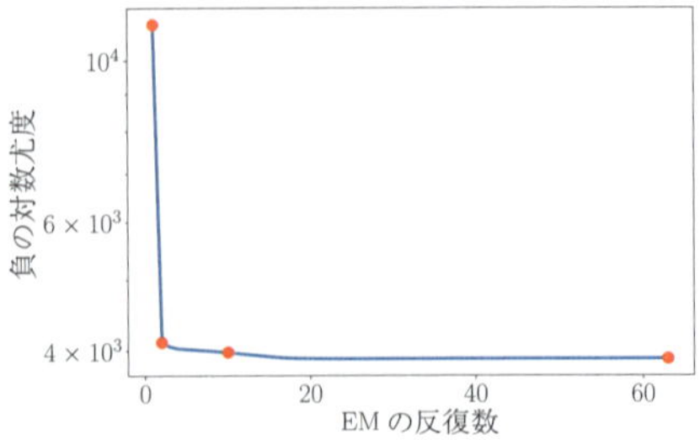

(b) 負の対数尤度

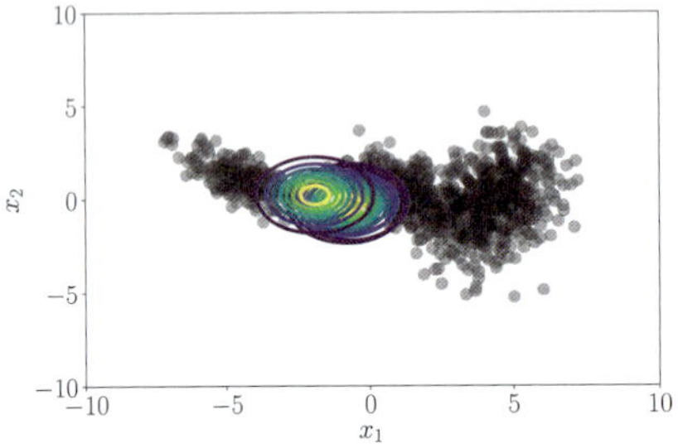

(c) EM の初期値

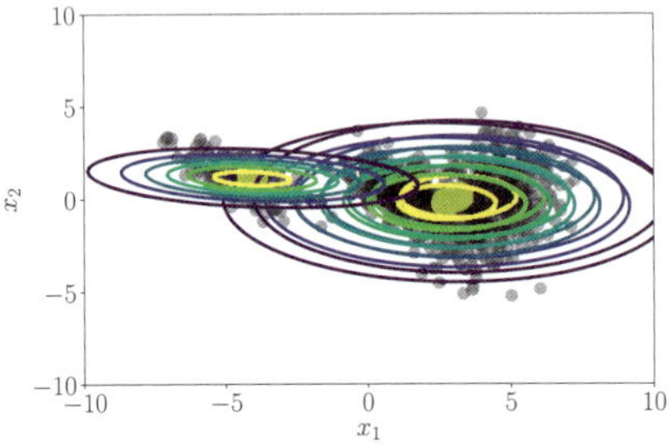

(d) 1 回の反復後の EM

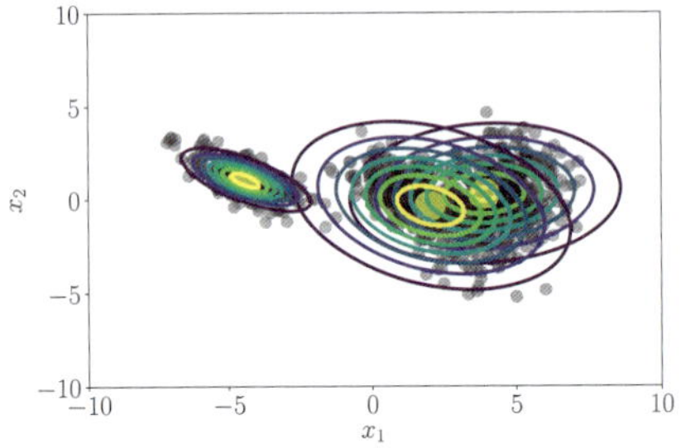

(e) 10 回の反復後の EM

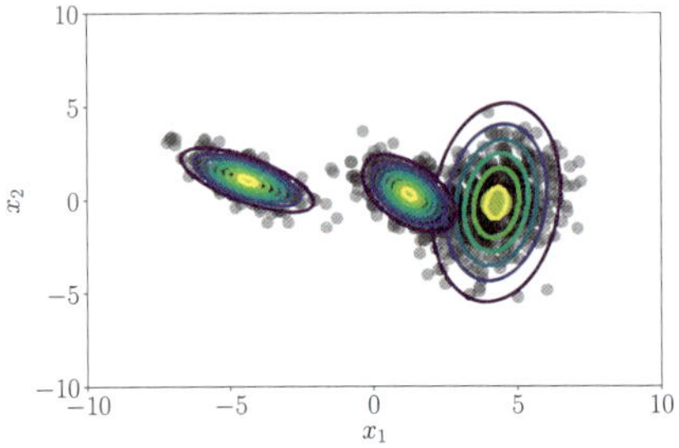

(f) 62 回の反復後の EM

図 11.10　混合ガウスモデルの適合と EM が収束したときの負担率．(a) EM が収束したときの混合ガウスモデルの適合．(b) 各データ点は，混合成分の負担率に応じて色付けされている．

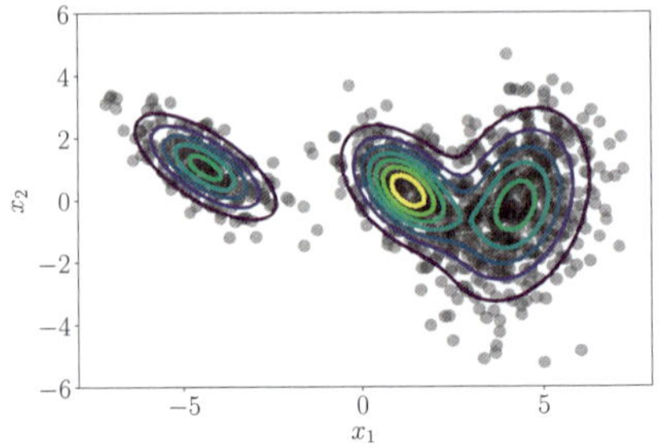

(a) 62 回の反復後の混合ガウスモデルの適合

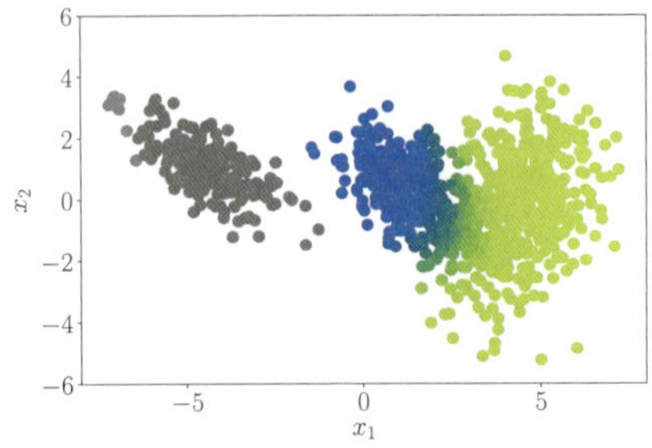

(b) 混合成分の負担率に応じて色分けされたデータセット

この確率的な視点をもつと，(i) 前節でのいくつかのアドホックな決定が正当化される，(ii) 負担率を事後確率として具体的に解釈できる，(iii) モデルパラメータを更新するための反復アルゴリズムを，潜在変数モデルの最尤パラメータ推定における EM アルゴリズムという原理的な方法として導出できる，という利点がある．

11.4.1　生成過程と確率モデル

混合ガウスモデルの確率モデルを導出するためには，生成過程，すなわち，確率モデルを用いてデータを生成する過程，を考えることが有効である．

K 個の成分をもつ混合モデルを仮定し，データ点はちょうど一つの混合成分から生成されると仮定する．二つの状態をもつ二値の指標変数 $z_k \in \{0,1\}$ を導入する（6.2 節参照）．これは，k 番目の混合成分がそのデータ点を生成したかを示しており，

$$p(\boldsymbol{x} \mid z_k = 1) = \mathcal{N}(\boldsymbol{x} \mid \boldsymbol{\mu}_k, \boldsymbol{\Sigma}_k) \tag{11.58}$$

のようになる．そして，$K-1$ 個の多数の 0 とちょうど一つの 1 から構成される確率ベクトルを $\boldsymbol{z} := [z_1, \ldots, z_K]^\top \in \mathbb{R}^K$ とする．例えば，$K=3$ の場合，有効な確率ベクトルは $\boldsymbol{z} = [z_1, z_2, z_3]^\top = [0,1,0]^\top$ などである．これは $z_2 = 1$ であるため，二番目の混合成分の選択を表す．

注　この種類の確率分布は，ベルヌーイ分布を二つ以上の値に一般化した「マルチヌーイ」と呼ばれることがある [Mur12].

$\boldsymbol{z}$ の性質から $\sum_{k=1}^{K} z_k = 1$ である．このことから $\boldsymbol{z}$ は *one-hot* **エンコーディング**（*1-of-K* **表現**ともいう）と呼ばれる．

one-hot エンコーディング (one-hot encoding)

1-of-K 表現 (1-of-K representation)

ここまでは，指標変数 z_k が既知であると仮定してきた．しかしながら，実際はそうではなく，潜在変数 $\boldsymbol{z}$ に

$$p(\boldsymbol{z}) = \boldsymbol{\pi} = [\pi_1, \ldots, \pi_K]^\top, \quad \sum_{k=1}^{K} \pi_k = 1 \tag{11.59}$$

という事前分布をおく．そして，この確率ベクトルの k 番目の成分

$$\pi_k = p(z_k = 1) \tag{11.60}$$

は k 番目の混合成分がデータ $\boldsymbol{x}$ を生成した確率を表す．

注（混合ガウスモデルからのサンプリング）　この潜在変数モデル（図 11.11 の対応するグラフィカルモデル参照）の構築は，データを生成するための非常に単純なサンプリング手順（生成過程）に適している：

図 11.11　一つのデータ点をもつ混合ガウスモデルのグラフィカルモデル．

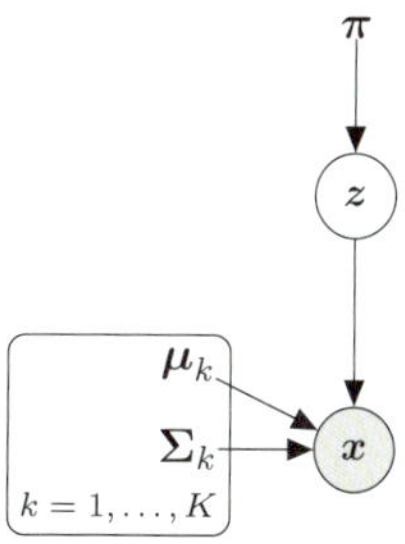

1. $z^{(i)} \sim p(\boldsymbol{z})$ をサンプリングする．
2. $\boldsymbol{x}^{(i)} \sim p(\boldsymbol{x} \mid z^{(i)} = 1)$ をサンプリングする．

最初のステップでは，$p(\boldsymbol{z}) = \boldsymbol{\pi}$ に従って混合成分を（one-hot エンコーディング $\boldsymbol{z}$ を介して）ランダムに選択する．二番目のステップでは，対応する混合分布から標本を抽出する．$x^{(i)}$ を残して潜在変数については破棄すると，混合ガウスモデルからの標本となる．この種類のサンプリングは，確率変数の標本がグラフィカルモデルの親の変数からの標本に依存するため，**伝承サンプリング**と呼ばれる．

伝承サンプリング
(ancestral sampling)

一般的に，確率モデルはデータと潜在変数の同時分布によって定義される（8.4 節参照）．(11.59) と (11.60) で定義される事前分布 $p(\boldsymbol{z})$ と (11.58) の条件付き分布 $p(\boldsymbol{x} \mid \boldsymbol{z})$ を用いると，$k = 1, \ldots, K$ に対して同時分布の K 個の成分

$$p(\boldsymbol{x}, z_k = 1) = p(\boldsymbol{x} \mid z_k = 1)p(z_k = 1) = \pi_k \mathcal{N}(\boldsymbol{x} \mid \boldsymbol{\mu}_k, \boldsymbol{\Sigma}_k) \tag{11.61}$$

が得られる．したがって

$$p(\boldsymbol{x}, \boldsymbol{z}) = \begin{bmatrix} p(\boldsymbol{x}, z_1 = 1) \\ \vdots \\ p(\boldsymbol{x}, z_K = 1) \end{bmatrix} = \begin{bmatrix} \pi_1 \mathcal{N}(\boldsymbol{x} \mid \boldsymbol{\mu}_1, \boldsymbol{\Sigma}_1) \\ \vdots \\ \pi_K \mathcal{N}(\boldsymbol{x} \mid \boldsymbol{\mu}_K, \boldsymbol{\Sigma}_K) \end{bmatrix} \tag{11.62}$$

によって確率モデルを完全に指定できる．

11.4.2　尤度

潜在変数モデルの尤度を得るためには，潜在変数を周辺化する必要がある（8.4.3 項参照）．今回の場合，これは

$$p(\boldsymbol{x} \mid \boldsymbol{\theta}) = \sum_{\boldsymbol{z}} p(\boldsymbol{x} \mid \boldsymbol{\theta}, \boldsymbol{z}) p(\boldsymbol{z} \mid \boldsymbol{\theta}), \quad \boldsymbol{\theta} := \{\boldsymbol{\mu}_k, \boldsymbol{\Sigma}_k, \pi_k : k = 1, \ldots, K\} \tag{11.63}$$

となるように，(11.62) の同時分布からすべての潜在変数の和をとることによって実行できる．ここでは，以前は省略していた確率モデルのパラメータ $\boldsymbol{\theta}$ の条件付けを陽に行うことにする．(11.63) では，$\boldsymbol{z}$ のすべての可能な one-hot エンコーディングの和をとっており，それを $\sum_{\boldsymbol{z}}$ と表記している．$\boldsymbol{z}$ として可能な配列／設定は，ただ一つの非ゼロ成分 1 をもつベクトルだけなので，合計で K 個である．例えば $K = 3$ の場合，$\boldsymbol{z}$ は配列

$$\begin{bmatrix} 1 \\ 0 \\ 0 \end{bmatrix}, \begin{bmatrix} 0 \\ 1 \\ 0 \end{bmatrix}, \begin{bmatrix} 0 \\ 0 \\ 1 \end{bmatrix} \tag{11.64}$$

をとることができる．(11.63) のすべての可能な $\boldsymbol{z}$ の配列を合計することは，$\boldsymbol{z}$-ベクトルの 0 でない要素を見て

$$p(\boldsymbol{x} \mid \boldsymbol{\theta}) = \sum_{\boldsymbol{z}} p(\boldsymbol{x} \mid \boldsymbol{\theta}, \boldsymbol{z}) p(\boldsymbol{z} \mid \boldsymbol{\theta}) \tag{11.65a}$$

$$= \sum_{k=1}^{K} p(\boldsymbol{x} \mid \boldsymbol{\theta}, z_k = 1) p(z_k = 1 \mid \boldsymbol{\theta}) \tag{11.65b}$$

と書くことと等価である．これによって，欲しい周辺分布は

$$p(\boldsymbol{x} \mid \boldsymbol{\theta}) \overset{(11.65\text{b})}{=} \sum_{k=1}^{K} p(\boldsymbol{x} \mid \boldsymbol{\theta}, z_k = 1) p(z_k = 1 \mid \boldsymbol{\theta}) \tag{11.66a}$$

$$= \sum_{k=1}^{K} \pi_k \mathcal{N}(\boldsymbol{x} \mid \boldsymbol{\mu}_k, \boldsymbol{\Sigma}_k) \tag{11.66b}$$

のように得られる．これは (11.3) の混合ガウスモデルと同じものである．データセット $\mathcal{X}$ が与えられると，直ちに尤度

$$p(\mathcal{X} \mid \boldsymbol{\theta}) = \prod_{n=1}^{N} p(\boldsymbol{x}_n \mid \boldsymbol{\theta}) \overset{((11.66\text{b}))}{=} \prod_{n=1}^{N} \sum_{k=1}^{K} \pi_k \mathcal{N}(\boldsymbol{x}_n \mid \boldsymbol{\mu}_k, \boldsymbol{\Sigma}_k) \tag{11.67}$$

が得られる．これは (11.9) の混合ガウスモデルの尤度と全く同じである．したがって，潜在指標 z_k をもつ潜在変数モデルは，混合ガウスモデルと同等の考え方となっている．

11.4.3 事後分布

潜在変数 $\boldsymbol{z}$ の事後分布を簡単に見ていく．ベイズの定理によると，k 番目の成分がデータ点 $\boldsymbol{x}$ を生成する事後分布は

$$p(z_k = 1 \mid \boldsymbol{x}) = \frac{p(z_k = 1) p(\boldsymbol{x} \mid z_k = 1)}{p(\boldsymbol{x})} \tag{11.68}$$

である．ここで，周辺分布 $p(\boldsymbol{x})$ は (11.66b) で与えられる．これにより，k 番目の指標変数 z_k に対する事後分布が得られる．

$$p(z_k = 1 \mid \boldsymbol{x}) = \frac{p(z_k = 1) p(\boldsymbol{x} \mid z_k = 1)}{\sum_{j=1}^{K} p(z_j = 1) p(\boldsymbol{x} \mid z_j = 1)} = \frac{\pi_k \mathcal{N}(\boldsymbol{x} \mid \boldsymbol{\mu}_k, \boldsymbol{\Sigma}_k)}{\sum_{j=1}^{K} \pi_j \mathcal{N}(\boldsymbol{x} \mid \boldsymbol{\mu}_j, \boldsymbol{\Sigma}_j)}. \tag{11.69}$$

これは，データ点 $\boldsymbol{x}$ に対する k 番目の混合成分の負担率と同一視される．混合ガウスモデルのパラメータ π_k, $\boldsymbol{\mu}_k$, $\boldsymbol{\Sigma}_k$, $k = 1, \ldots, K$ に対する陽な条件付けは省略している．

11.4.4 全データセットへの拡張

これまで，データセットが一つのデータ点 $\boldsymbol{x}$ のみで構成される場合のみについて説明してきた．しかし，事前と事後分布の概念は N 個のデータ点 $\mathcal{X} := \{\boldsymbol{x}_1, \ldots, \boldsymbol{x}_n\}$ の場合へすぐ拡張できる．

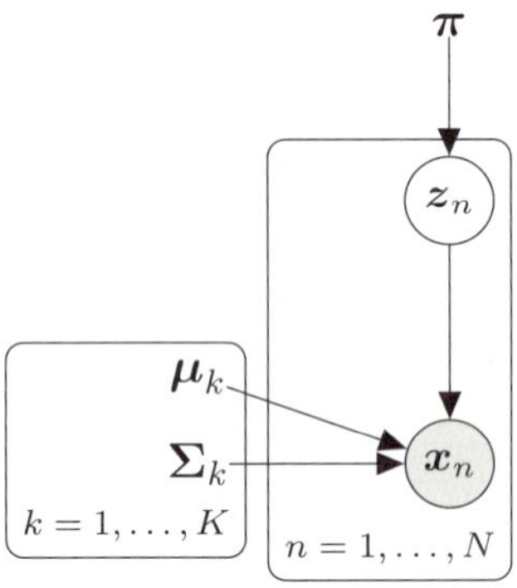

図 11.12　N データ点をもつ混合ガウスモデルのグラフィカルモデル．

混合ガウスモデルの確率的な解釈では，各データ点 $\boldsymbol{x}_n$ は自身の潜在変数をもっている．

$$\boldsymbol{z}_n = [z_{n1}, \ldots, z_{nK}]^\top \in \mathbb{R}^K. \tag{11.70}$$

以前は，（一つのデータ点 $\boldsymbol{x}$ のみを考える場合は）添字 n を省略していたが，今はこれが重要になる．

すべての潜在変数 $\boldsymbol{z}_n$ にまたがって同じ事前分布 $\boldsymbol{\pi}$ を共有する．対応するグラフィカルモデルを図 11.12 に示す．ここでは，プレート記法を使用している．

条件付き分布 $p(\boldsymbol{x}_1, \ldots, \boldsymbol{x}_N \mid \boldsymbol{z}_1, \ldots, \boldsymbol{z}_N)$ はデータ点について分解することで

$$p(\boldsymbol{x}_1, \ldots, \boldsymbol{x}_N \mid \boldsymbol{z}_1, \ldots, \boldsymbol{z}_N) = \prod_{n=1}^{N} p(\boldsymbol{x}_n \mid \boldsymbol{z}_n) \tag{11.71}$$

のように得られる．事後分布 $p(z_{nk} = 1 \mid \boldsymbol{x}_n)$ を求めるために，11.4.3 項と同じ論法に従う．ベイズの定理を適用すると

$$p(z_{nk} = 1 \mid \boldsymbol{x}_n) = \frac{p(\boldsymbol{x}_n \mid z_{nk} = 1)p(z_{nk} = 1)}{\sum_{j=1}^{K} p(\boldsymbol{x}_n \mid z_{nj} = 1)p(z_{nj} = 1)} \tag{11.72a}$$

$$= \frac{\pi_k \mathcal{N}(\boldsymbol{x}_n \mid \boldsymbol{\mu}_k, \boldsymbol{\Sigma}_k)}{\sum_{j=1}^{K} \pi_j \mathcal{N}(\boldsymbol{x}_n \mid \boldsymbol{\mu}_j, \boldsymbol{\Sigma}_j)} = r_{nk} \tag{11.72b}$$

が求められる．これは，$p(z_{nk} = 1 \mid \boldsymbol{x}_n)$ が，k 番目の混合成分がデータ点 $\boldsymbol{x}_n$ を生成した（事後）確率であることを意味しており，(11.17) で紹介した負担率 r_{nk} に対応する．こうして，負担率は直感だけでなく，事後確率として数学的に正当化された解釈ももつことがわかった．

11.4.5　EM アルゴリズム再考

最尤推定に対する反復法として紹介した EM アルゴリズムは，潜在変数の観点から原理的な方法で導出できる．モデルパラメータの現在の設定 $\boldsymbol{\theta}^{(t)}$ が与

えられると，E ステップでは期待対数尤度

$$Q(\boldsymbol{\theta} \mid \boldsymbol{\theta}^{(t)}) = \mathbb{E}_{\boldsymbol{z}|\boldsymbol{x},\boldsymbol{\theta}^{(t)}}[\log p(\boldsymbol{x}, \boldsymbol{z} \mid \boldsymbol{\theta})] \tag{11.73a}$$

$$= \int \log p(\boldsymbol{x}, \boldsymbol{z} \mid \boldsymbol{\theta}) p(\boldsymbol{z} \mid \boldsymbol{x}, \boldsymbol{\theta}^{(t)}) d\boldsymbol{z} \tag{11.73b}$$

を計算する．ここで，$\log p(\boldsymbol{x}, \boldsymbol{z} \mid \boldsymbol{\theta})$ の期待値は潜在変数の事後分布 $p(\boldsymbol{z} \mid \boldsymbol{x}, \boldsymbol{\theta}^{(t)})$ に関してとる．M ステップでは，(11.73b) を最大化することにより，更新されたモデルパラメータ $\boldsymbol{\theta}^{(t+1)}$ の集合を選ぶ．

EM 反復は対数尤度を増加させるが，EM が最尤解に収束する保証はない．EM アルゴリズムによって，対数尤度の局所的な最大値へ収束する可能性がある．パラメータ $\boldsymbol{\theta}$ の異なる初期化を複数回の EM 実行の際に用いることで，悪い局所最適値で終わるリスクを減らすことができる．ここではさらなる詳細には触れないが，[RG16, Bis06] の非常によい解説を参照されたい．

11.5　関連図書

混合ガウスモデルは，伝承サンプリングを用いて新しいデータを簡単に生成できるという意味で，生成モデルと考えることができる [Bis06]．与えられた混合ガウスモデルのパラメータ π_k，$\boldsymbol{\mu}_k$，$\boldsymbol{\Sigma}_k$，$k = 1, \ldots, K$ に対して，確率ベクトル $[\pi_1, \ldots, \pi_K]^\top$ から添字 k をサンプリングし，さらにデータ点 $\boldsymbol{x} \sim \mathcal{N}(\boldsymbol{\mu}_k, \boldsymbol{\Sigma}_k)$ をサンプリングする．これを N 回繰り返すと，混合ガウスモデルによって生成されたデータセットが得られる．この手順で図 11.1 のデータセットが生成された．

この章を通して，成分の数 K は既知と仮定してきたが，実際にはそうでないことも多い．しかし，8.6.1 項で説明したように，入れ子になったクロスバリデーションを用いることで，よいモデルを求めることができる．

混合ガウスモデルは，K-means クラスタリングアルゴリズムと密接に関連している．K-means もまた，データ点をクラスタに割り当てるために EM アルゴリズムを使用している．混合ガウスモデルの平均をクラスタ中心として扱い，共分散を無視する（もしくは $\boldsymbol{I}$ とする）と，K-means が得られる．[Mac03] でもよい説明がされているが，K-means はデータ点をクラスタ中心 $\boldsymbol{\mu}_k$ へ「ハードな」割り当てを行う一方で，混合ガウスモデルは負担率による「ソフトな」割り当てを行う．

本章では，混合ガウスモデルに関する潜在変数の視点と EM アルゴリズムとの関係について軽く触れた．EM アルゴリズムは一般的な潜在変数モデル，例えば非線形状態空間モデル [GR99, RG99] のパラメータ学習や [Bar12] で説明

されている強化学習の場面でも利用できる．そのため，混合ガウスモデルを潜在変数の観点から捉えることは，EM アルゴリズムを原理的な導出方法を与えるため有効である [Bis06, Bar12, Mur12].

混合ガウスモデルのパラメータを求めるための方法として（EM アルゴリズムによる）最尤推定についてのみ説明してきた．最尤推定の標準的な批判は，ここでも当てはまる：

- 線形回帰の場合と同様，最尤法は深刻な過学習の問題を被る可能性がある．混合ガウスモデルの場合，混合成分の平均がデータ点と同じで，共分散が $\mathbf{0}$ になる傾向がある場合に起こる．その際，尤度は無限大へと近づく．[Bis06, Bar12] ではこの問題に関して詳細に議論している．
- π_k, $\boldsymbol{\mu}_k$, $\boldsymbol{\Sigma}_k$, $k = 1, \ldots, K$ の点推定量を求めているだけで，パラメータ値の不確実性に関しては何も示していない．ベイズ的なアプローチでは，パラメータの事前分布を設定することで，パラメータの事後分布を求めることができる．この事後分布を用いると，モデル比較に使用できるモデルのエビデンス（周辺尤度）を計算することができ，混合成分の数を決めるための原理的な方法が得られる．残念ながら，このモデルでは共役事前分布が存在しないため，この設定では解析的な手法で閉じた推論は不可能である．そうではあるが，変分推論のような近似によって，近似的な事後分布を得ることは可能である [Bis06].

この章では，密度推定の方法の一つとして混合モデルを説明した．密度推定に利用できる方法は他にも豊富にある．実用上は，ヒストグラムやカーネル密度推定を使うことが多い．

ヒストグラム (histogram)

ヒストグラムによって，連続的な密度をノンパラメトリックな方法で表現することができる．この方法は [Pea95] によって提唱された．ヒストグラムは，データ空間を「ビン化」し，各ビンに入るデータ点の数を数えることで作成する．そして，高さがビン内のデータ点の数に比例するようにバーを各ビンの中心に描く．ビンのサイズは重要なハイパーパラメータであり，間違った選択をすると過学習や過少学習を引き起こす可能性がある．8.2.4 項で説明したクロスバリデーションを用いることで，よいビンのサイズを決めることができる．

カーネル密度推定 (kernel density estimation)

カーネル密度推定 (KDE) は，[Ros56] と [Par62] によって独立に提唱された，ノンパラメトリックな密度推定法である．N 個の i.i.d. な標本が所与のとき，カーネル密度推定器によって基礎となる分布は

$$p(\boldsymbol{x}) = \frac{1}{Nh}\sum_{n=1}^{N} k\left(\frac{\boldsymbol{x}-\boldsymbol{x}_n}{h}\right) \tag{11.74}$$

のように表現される．ここで，k はカーネル関数，すなわち，積分すると 1 になる非負の関数である．$h > 0$ は平滑化／帯域幅パラメータであり，ヒストグラムのビンの大きさと同様の役割を果たす．データセット内の各々のデータ点 $\boldsymbol{x}_n$ にカーネルを設定することに注意しよう．一般的に用いられるカーネル関数として，一様分布とガウス分布がある．カーネル密度推定はヒストグラムと密接な関係がある．適切なカーネルを選択することで，密度推定値の平滑性を保証することができる．図 11.13 は，与えられた 250 点のデータ点に対して，ヒストグラムと（ガウス型のカーネルを用いた）カーネル密度推定器の間の違いを示している．

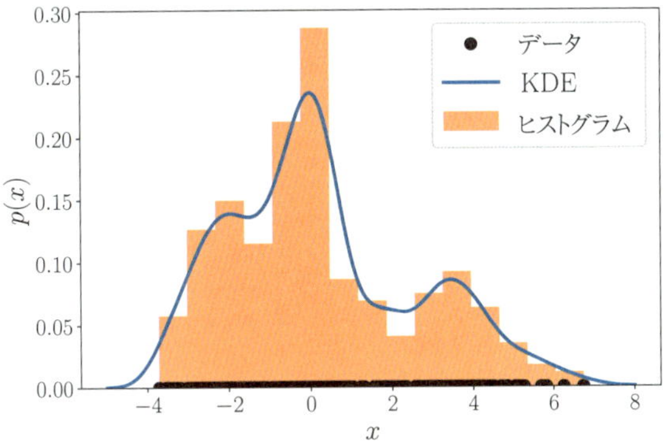

図 11.13　ヒストグラム（オレンジの棒）とカーネル密度推定（青線）．カーネル密度推定では，根本となる密度を滑らかに推定することができる．一方で，ヒストグラムは，一つのビンに何個のデータポイント（黒）が入るかといった，滑らかでない計数指標である．

第12章

サポートベクターマシンによる分類

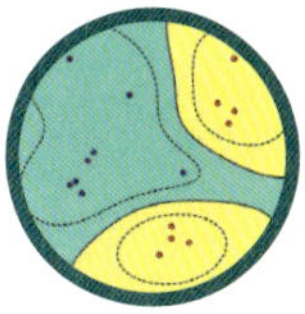

機械学習アルゴリズムを用いて，多くの（離散的な）カテゴリから一つを予測したいという状況は多々ある．例えば，メールクライアントでは，メールを個人メールとジャンクメールという二つの結果へ振り分けている．他の例として，望遠鏡がある．これは，夜空にある物体を銀河か星か惑星かを特定する．通常，カテゴリは少数であり，より重要なこととして，カテゴリ間に追加の構造はない．この章では，二値を出力する予測器，すなわち，可能な結果が二つしかない予測器を考える．この機械学習のタスクは**二値分類**と呼ばれる．これは，連続値の出力をもつ予測問題を考えた第9章とは対照的である．

構造の例としては，小，中，大のTシャツのように，結果が順番になっている場合である．

二値分類 (binary classification)

二値分類の場合，ラベル／出力として利用可能な値の集合は二値であり，この章ではそれらのラベルを $\{+1, -1\}$ と表記する．言い換えると

$$f : \mathbb{R}^D \to \{+1, -1\} \tag{12.1}$$

の形の予測器を考える．第8章で，各標本（データ点）$\boldsymbol{x}_n$ を D 個の実数値をもつ特徴量ベクトルとして表現したことを思い出そう．ラベルは，それぞれ正，負クラスと呼ばれることが多い．+1 クラスが常にポジティブな属性に対応しているわけではないことに注意すべきである．例えば，癌検出のタスクでは，癌患者に +1 のラベルをつけることが多い．原理的には，$\{\text{True}, \text{False}\}$, $\{0, 1\}$, $\{\text{red}, \text{blue}\}$ のような二つの異なる値を使うことができる．二値分類の問題はかなり研究されている．本書で取り扱うサポートベクターマシン以外のアプローチについては12.6節で簡単に紹介する．

入力の標本 $\boldsymbol{x}_n$ は，入力，データ点，特徴量，またはインスタンスとも呼ばれる．

クラス (class)

確率モデルの場合，数学的には $\{0, 1\}$ を二値表現として使用するのが便利である（例6.12の後の注を参照）．

サポートベクターマシン (SVM: support vector machine)

本章では，サポートベクターマシン (SVM) として知られているアプローチを紹介し，二値分類タスクを解く．回帰と同様に教師あり学習を考え，標本 $\boldsymbol{x}_n \in \mathbb{R}^D$ と対応する（二値）ラベル $y_n \in \{+1, -1\}$ の集合をもつとする．標本–ラベルのペア $\{(\boldsymbol{x}_1, y_1), \ldots, (\boldsymbol{x}_N, y_N)\}$ からなる訓練データセットが与えられたとき，分類誤差が最も小さくなるモデルのパラメータを推定したい．第

9章と同様に線形モデルを考え，標本に対する変換 ϕ (9.13) で分類の非線形性を隠す．ϕ については，12.4節で再検討する．

サポートベクターマシンは，ちゃんとした理論保証とともに，多くの応用先で最先端の結果を出している [Ste07]．サポートベクターマシンによる二値分類を取り上げた主な理由は二つある．まず，サポートベクターマシンでは教師あり学習を幾何学的に考えることができる．第9章では，機械学習の問題を確率モデルの観点で考え，最尤推定やベイズ推論を用いてこの問題に取り組んだ．ここでは，機械学習のタスクを幾何学的に推論するような別のアプローチを検討するだろう．このアプローチは，第3章で説明した内積や射影のような概念に大きく依存している．二番目の理由は，第9章とは対照的に，サポートベクターマシンの最適化問題は解析的には解けないため，第7章で紹介した様々な最適化ツールに頼る必要があることである．

機械学習におけるサポートベクターマシンの見方は，第9章の最尤法の見方とは微妙に異なる．最尤法の見方ではデータ分布の確率的な見方に基づいたモデルを提案し，最適化問題を導出する．これに対して，サポートベクターマシンの見方では幾何学的な直感に基づき，訓練中に最適化されるべき特定の関数を設計することから始める．幾何学的な原理から主成分分析を導出した第10章では，すでに似たようなことを見てきた．サポートベクターマシンの場合は，経験リスク最小化（8.1節）に従い，訓練データに基づいて最小化されることになる目的関数を設計することから始める．これは，特定の損失関数を設計することと理解することもできる．

標本–ラベルのペアに対するサポートベクターマシンの訓練に対応した最適化問題を導出する．直感的には，図12.1に示すように，超平面で分けることができる二値分類データを想定する．ここで，各標本 $\boldsymbol{x}_n$（次元2のベクトル）は

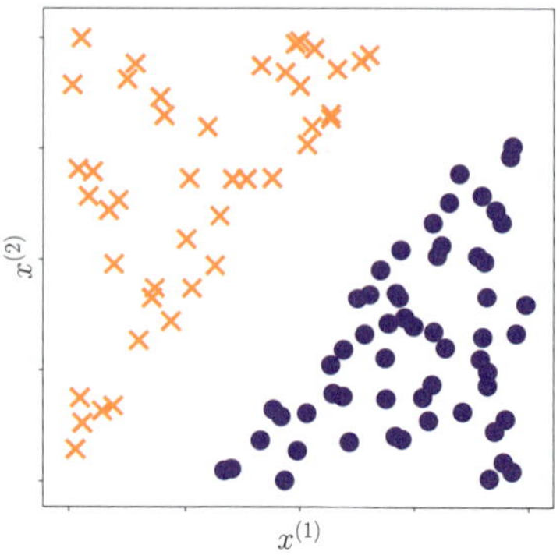

図 12.1　二次元データの例．オレンジ色の十字と青色の円を分離する線形分類器を見つけることができそうなデータを示している．

二次元の位置 ($x_n^{(1)}$ と $x_n^{(2)}$) であり，対応する二値ラベル y_n は二つの異なる記号（オレンジ色の十字もしくは青色の円）のうちの一つである．「超平面」は機械学習でよく使われる言葉で，2.8.2 項ですでに遭遇している．超平面は，（対応するベクトル空間が次元 D をもっている場合）次元 $D-1$ のアフィン部分空間である．標本は，直線を描くことで分離／分類できるよう特徴量（標本を表現するベクトルの成分）が配置された二つのクラスから構成されている．

以下では，二つのクラスの線形分離器を求めるという考え方を定式化する．マージンの概念を導入したあとに，標本が「間違った」側に落ちる分類ミスに対応できるように線形分離器を拡張する．その後，サポートベクターマシンを二つの等価な方法，幾何学的な見方（12.2.4 項）と損失関数の見方（12.2.5 項）によって定式化する．また，ラグランジュの未定定数（7.2 節）を用いてサポートベクターマシンの双対問題の導出を行う．双対サポートベクターマシンによって，各クラスの標本の凸包という観点からサポートベクターマシンを定式化する三番目の方法が得られる（12.3.2 項）．最後に，カーネルと非線形カーネルサポートベクターマシンの最適化問題を数値的に解く方法を簡単に説明して終わる．

12.1 分離超平面

ベクトルで表現される二つの標本 $\boldsymbol{x}_i$ と $\boldsymbol{x}_j$ が与えられているとき，これらの間の類似度を計算する方法の一つは，内積 $\langle \boldsymbol{x}_i, \boldsymbol{x}_j \rangle$ を用いることである．3.2 節から，内積は二つのベクトルの間のなす角度と密接に関係していることを思い出そう．二つのベクトルの間の内積の値は，各ベクトルの長さ（ノルム）に依存する．さらに，内積によって直交性や射影のような幾何学的概念を厳密に定義することができる．

多くの分類アルゴリズムの背後にある主な考え方は，$\mathbb{R}^D$ でデータを表現し，理想的には，同じラベルをもった標本は同じ分割の中に含まれる（および他の標本は含まれない）ように，この空間を分割することである．二値分類の場合，空間はそれぞれ正と負のクラスに対応する二つの部分に分割される．超平面を用いて空間を（線形に）二つに分割するような，特に便利な分割について考える．標本 $\boldsymbol{x} \in \mathbb{R}^D$ をデータ空間の要素としよう．$\boldsymbol{w} \in \mathbb{R}^D$ と $b \in \mathbb{R}$ でパラメトライズされた関数

$$f : \mathbb{R}^D \to \mathbb{R} \tag{12.2a}$$

$$\boldsymbol{x} \mapsto \langle \boldsymbol{w}, \boldsymbol{x} \rangle + b \tag{12.2b}$$

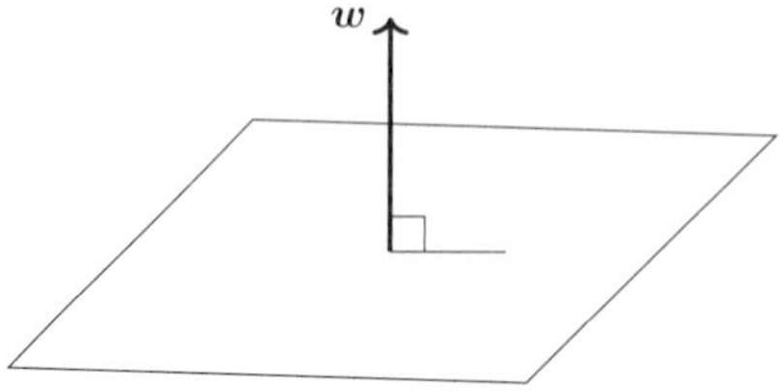

(a) 3 次元の分離超平面

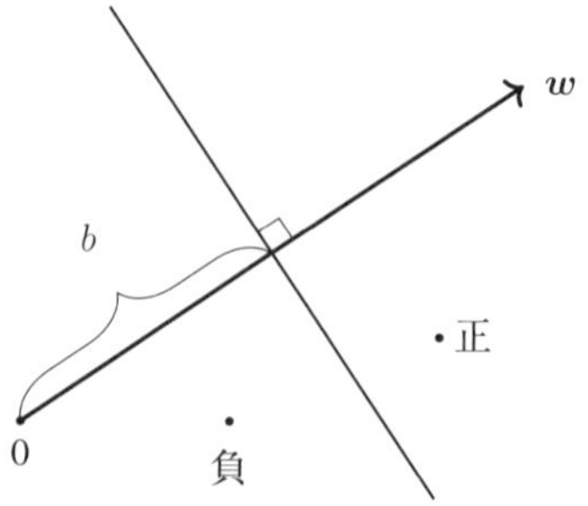

(b) (a) の設定から平面への射影

図 12.2　分離超平面の方程式 (12.3)．(a) 方程式を三次元で表現する標準的な方法．(b) 描きやすさのため，超平面を横から見たもの．

を考える．2.8.2 項より超平面はアフィン部分空間であった．そこで，二値分類問題では二つのクラスを分ける超平面を

$$\{\boldsymbol{x} \in \mathbb{R}^D : f(\boldsymbol{x}) = 0\} \tag{12.3}$$

とする．

図 12.2 に超平面の図を示している．ここで，ベクトル $\boldsymbol{w}$ は超平面の法線ベクトルで，b は切片である．超平面上の任意の二つの標本 $\boldsymbol{x}_a$ と $\boldsymbol{x}_b$ を選び，それらの間のベクトルが $\boldsymbol{w}$ と直交することを示すことで，$\boldsymbol{w}$ が (12.3) の超平面の法線ベクトルであることを導出できる．式の形では

$$f(\boldsymbol{x}_a) - f(\boldsymbol{x}_b) = \langle \boldsymbol{w}, \boldsymbol{x}_a \rangle + b - (\langle \boldsymbol{w}, \boldsymbol{x}_b \rangle + b) \tag{12.4a}$$

$$= \langle \boldsymbol{w}, \boldsymbol{x}_a - \boldsymbol{x}_b \rangle \tag{12.4b}$$

のように，内積の線形性（3.2 節）によって二行目が得られる．超平面上にある $\boldsymbol{x}_a$ と $\boldsymbol{x}_b$ を選んだため，$f(\boldsymbol{x}_a) = 0$ と $f(\boldsymbol{x}_b) = 0$ となり，したがって $\langle \boldsymbol{w}, \boldsymbol{x}_a - \boldsymbol{x}_b \rangle = 0$ となる．二つのベクトルの内積が 0 のとき，二つのベクトルは直交することを思い出そう．したがって，$\boldsymbol{w}$ は超平面上の任意のベクトルに対して直交することがわかる．

$\boldsymbol{w}$ は超平面上の任意のベクトルと直交する．

注　第 2 章で見たように，ベクトルは様々な方法で捉えられるのであった．この章では，パラメータベクトルを方向を示す矢印，すなわち $\boldsymbol{w}$ を幾何学的ベクトルと考える．それに対して，標本ベクトルを（その座標で示される）データ点，すなわち，$\boldsymbol{x}$ を標準基底に関するベクトルの成分と考える．

テスト標本点が与えられたとき，そのデータが出現する超平面の側に応じて，その標本を正または負に分類する．(12.3) は超平面を定義しているだけではなく，さらに向きも定義していることに注意しよう．つまり，超平面の正と負の側を定義している．したがって，テスト標本点 $\boldsymbol{x}_{\text{test}}$ を分類するために，

関数 $f(\boldsymbol{x}_{\mathrm{text}})$ の値を計算する．$f(\boldsymbol{x}_{\mathrm{test}}) \geq 0$ なら $+1$，そうでなければ -1 と標本を分類する．幾何学的に考えると，正例が超平面の「上側」にあり，負例が超平面の「下側」にある．

分類器を訓練するときは，正のラベルをもつ標本が超平面の正側，すなわち

$$y_n = +1 \text{ のとき，} \quad \langle \boldsymbol{w}, \boldsymbol{x}_n \rangle + b \geq 0 \tag{12.5}$$

にあり，負のラベルをもつ標本が超平面の負側，すなわち

$$y_n = -1 \text{ のとき，} \quad \langle \boldsymbol{w}, \boldsymbol{x}_n \rangle + b < 0 \tag{12.6}$$

にあることを保証したい．その幾何学的な直感は図 12.2 のようになる．これら二つの条件は一つの式

$$y_n(\langle \boldsymbol{w}, \boldsymbol{x}_n \rangle + b) \geq 0 \tag{12.7}$$

で表現されることが多い．(12.7) は，(12.5) と (12.6) の両辺にそれぞれ $y_n = 1$ と $y_n = -1$ を掛けると，(12.5) と (12.6) と等価になる[†]．

[†] 訳注：厳密には，-1 の場合ゼロを含むかどうかの違いがあるが，サポートベクターマシンにおいては超平面上に標本点がくるような状況は基本的に避けるので，本質的には気にする必要はない．

12.2 主サポートベクターマシン

この節ではサポートベクターマシンの説明を，点から超平面までの距離の概念に基づいて行うことにする．線形分離可能なデータセット $\{(\boldsymbol{x}_1, y_1), \ldots, (\boldsymbol{x}_N, y_N)\}$ に対して，（訓練）誤差なしで分類問題を解く超平面（分類器）の候補は無数にある（図 12.3 参照）．一意な解を得る方法の一つとして，正例と負例の間のマージンを最大化する分離超平面を選ぶという考え方がある．つまり，正例と負例を大きなマージンをもつように分離させる（12.1 節）．以下では，標本と超平面の間の距離を計算してマージンを導出する．与えられた点

大きなマージンをもつ分類器は，よく汎化することがわかる [Ste07]．

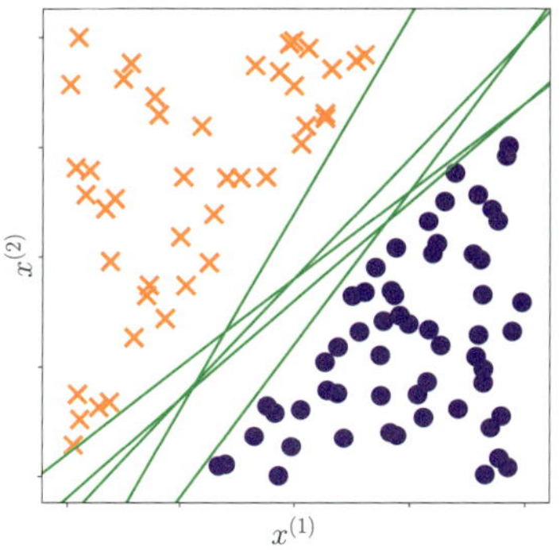

図 12.3 分離可能な超平面．オレンジ色の十字と青色の円盤を分離する線形分類器（緑の線）が多数存在する．

(標本 $\boldsymbol{x}_n$) と最も近い超平面上の点は，直交射影 (3.8 節) によって得られることを思い出そう．

12.2.1　マージンの概念

マージン (margin)
超平面に最も近い標本が二つ以上ある可能性もある．

マージンの概念は直感的には単純である．データセットが線形分離可能と仮定した場合，分離超平面から最も近いデータまでの距離がマージンである．しかしながら，この距離を定式化しようとするとき，混乱を招く可能性がある技術的な落とし穴がある．それは，距離を測るためにはスケールを決める必要があるということである．まず思いつくのはデータのもともとのスケール，すなわち $\boldsymbol{x}_n$ の元の値を考慮することである．これには問題がある．$\boldsymbol{x}_n$ の測定単位と $\boldsymbol{x}_n$ の値を変えれば，結果的に超平面までの距離を変えられてしまう．通常は事前に適当な正規化を行うことでこの問題に対処する．以下ではデータは適切に正規化されているという前提のもと，超平面の方程式 (12.3) に基づいてマージンを定義する．

図 12.4 に示すような，超平面 $\langle \boldsymbol{w}, \boldsymbol{x} \rangle + b = 0$ と標本 $\boldsymbol{x}_a$ を考えよう．一般性を失うことなく，標本 $\boldsymbol{x}_a$ は超平面の正の側にある，すなわち $\langle \boldsymbol{w}, \boldsymbol{x}_a \rangle + b > 0$ と考えることができる．超平面から $\boldsymbol{x}_a$ の距離 $r > 0$ を計算するためには，$\boldsymbol{x}_a$ の超平面への直交射影 (3.8 節) を考える必要がある．この射影を $\boldsymbol{x}'_a$ と表記する．$\boldsymbol{w}$ は超平面に直交しているため，$\boldsymbol{x}_a$ と $\boldsymbol{x}'_a$ の差分はこのベクトル $\boldsymbol{w}$ のスカラー倍であるとわかる．この倍率を r とおく．$\boldsymbol{w}$ の長さが既知であれば，この r を，$\boldsymbol{x}_a$ と $\boldsymbol{x}'_a$ の間の絶対距離を計算するのに利用できる．そこで便宜上，単位長さのベクトル (ノルムが 1) を長さの基準に選択する．これは $\boldsymbol{w}$ を自身のノルムで割ることで得られ，$\frac{\boldsymbol{w}}{\|\boldsymbol{w}\|}$ である．ベクトルの加法 (2.4 節) を用いると

$$\boldsymbol{x}_a = \boldsymbol{x}'_a + r\frac{\boldsymbol{w}}{\|\boldsymbol{w}\|} \tag{12.8}$$

が得られる．r は $\boldsymbol{w}/\|\boldsymbol{w}\|$ で張られる部分空間の $\boldsymbol{x}_a$ の座標と考えることもで

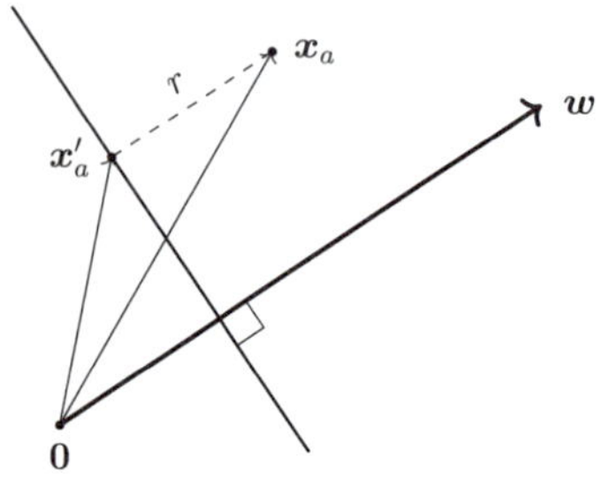

図 12.4　超平面までの距離を表現しているベクトル加算．$\boldsymbol{x}_a = \boldsymbol{x}'_a + r\frac{\boldsymbol{w}}{\|\boldsymbol{w}\|}$．

きる．ここまでで，超平面からの $\boldsymbol{x}_a$ の距離を r によって表現した．$\boldsymbol{x}_a$ として超平面に最も近い点を選ぶと，この距離 r がマージンとなる．

超平面から正例を距離 r 以上離し，負例を（負方向に）距離 r 以上離したいのであった．(12.5) と (12.6) を組み合わせて (12.7) にしたのと同様に，今回の目的を

$$y_n(\langle \boldsymbol{w}, \boldsymbol{x}_n \rangle + b) \geq r \tag{12.9}$$

と定式化する．言い換えると，標本が超平面から（正と負の方向に）少なくとも r だけ離れている，という要件を一つの不等式にまとめている．

方向にのみ関心があるため，パラメータベクトル $\boldsymbol{w}$ が単位長さ，すなわち $\|\boldsymbol{w}\| = 1$ という仮定をモデルに加える．ここで，ユークリッドノルム $\|\boldsymbol{w}\| = \sqrt{\boldsymbol{w}^\top \boldsymbol{w}}$ (3.1 節) を使用している．距離 r (12.8) は長さ 1 のベクトルに対して定義したため，この仮定によってより直感的な r の解釈が可能になる．

内積 (3.2 節) の他の選択については，12.4 節で説明する．

注 マージンの他の表現に精通している読者は，例えば，サポートベクターマシンが [SS02] で規定されたものであるならば，$\|\boldsymbol{w}\| = 1$ の定義が標準的な表現とは異なっていることに気がつくだろう．12.2.3 項で，両方のアプローチが等価であることを示す．

三つの要件を一つの制約条件付き最適化問題にまとめると

$$\begin{aligned} &\max_{\boldsymbol{w},b,r} \underbrace{r}_{\text{マージン}} \\ &\text{条件}\ \underbrace{y_n(\langle \boldsymbol{w}, \boldsymbol{x}_n \rangle + b) \geq r}_{\text{データ適合}}, \underbrace{\|\boldsymbol{w}\| = 1}_{\text{規格化}}, r > 0 \end{aligned} \tag{12.10}$$

のようになる．これは，データが超平面の正しい側にいることを確認しながら，マージン r を最大化したいということを意味している．

注 マージンは，機械学習において広く普及している概念である．Vladimir Vapnik と Alexey Chervonenkis は，マージンが大きい場合，関数族の「複雑さ」が低くなり，その結果，学習が可能になることを示した [Vap00]．マージンの概念は，汎化誤差の理論解析のための様々なアプローチに対して有用である [Ste07, SSBD14]．

12.2.2 マージンの歴史に沿った導出

前項では，$\boldsymbol{w}$ の方向のみに関心があり，その長さには関心がないという見方，すなわち $\|\boldsymbol{w}\| = 1$ という仮定を用いることで (12.10) を導出した．この項では，異なる仮定を立てることでマージン最大化問題を導出する．パラメータベクトルを正規化させる代わりに，データのスケールを変換するのである．つまり，予測器の変数 $\langle \boldsymbol{w}, \boldsymbol{x} \rangle + b$ が最も近い標本で 1 になるようにスケールを調

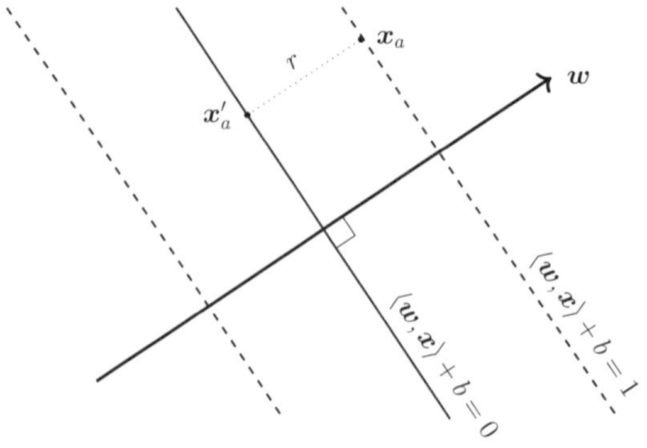

図12.5　マージン $r = \frac{1}{\|\boldsymbol{w}\|}$ の導出．

整する．以下，超平面に最も近いデータセットの標本を $\boldsymbol{x}_a$ と表記することにする．

今は，線形分離可能なデータを考えていることを思い出そう．

図12.5は，標本 $\boldsymbol{x}_a$ がぴったりマージン上にある，すなわち，$\langle \boldsymbol{w}, \boldsymbol{x}_a \rangle + b = 1$ であるように軸をリスケールしたことを除くと，図12.4と同じである．$\boldsymbol{x}'_a$ は $\boldsymbol{x}_a$ の超平面への直交射影であるため，定義により超平面上になければならない．すなわち，

$$\langle \boldsymbol{w}, \boldsymbol{x}'_a \rangle + b = 0 \tag{12.11}$$

である．(12.8) を (12.11) に代入すると，

$$\left\langle \boldsymbol{w}, \boldsymbol{x}_a - r\frac{\boldsymbol{w}}{\|\boldsymbol{w}\|} \right\rangle + b = 0 \tag{12.12}$$

を得る．内積の双線形性（3.2節）を利用すると，

$$\langle \boldsymbol{w}, \boldsymbol{x}_a \rangle + b - r\frac{\langle \boldsymbol{w}, \boldsymbol{w} \rangle}{\|\boldsymbol{w}\|} = 0 \tag{12.13}$$

が得られる．最初の項は，スケールの仮定，すなわち $\langle \boldsymbol{w}, \boldsymbol{x}_a \rangle + b = 1$ によって1であることに注目しよう．3.1節の (3.16) から，$\langle \boldsymbol{w}, \boldsymbol{w} \rangle = \|\boldsymbol{w}\|^2$ とわかる．したがって，第2項は $r\|\boldsymbol{w}\|$ へと簡略化される．これらの単純化を行うと，

$$r = \frac{1}{\|\boldsymbol{w}\|} \tag{12.14}$$

が得られる．これは，距離 r を超平面の法線ベクトル $\boldsymbol{w}$ によって導出したことを意味している．一見，超平面からの距離をベクトル $\boldsymbol{w}$ の長さで導出しているように見えるため，この方程式は直感に反しているように思える．しかし，このベクトルはまだ確定しているわけではない．この導出においては距離 r は一時的に登場する変数にすぎない．そこで，この節の残りの部分では，超平面までの距離を $\frac{1}{\|\boldsymbol{w}\|}$ と表記する．12.2.3項で，マージンが1に等しいという選択

この距離は，超平面に $\boldsymbol{x}_a$ を射影する際に発生する射影誤差とみなすこともできる．

は，12.2.1 項の $\|\boldsymbol{w}\| = 1$ という仮定と等価であることがわかるだろう．(12.9) を得たときの議論と同様，正例と負例は超平面から少なくとも 1 離れていることが必要であり，それにより条件

$$y_n(\langle \boldsymbol{w}, \boldsymbol{x}_n \rangle + b) \geq 1 \tag{12.15}$$

が得られる．標本が，（それらのラベルに基づいて）超平面の正しい側にいる必要があるという事実とマージン最大化を組み合わせると，

$$\max_{\boldsymbol{w},b} \frac{1}{\|\boldsymbol{w}\|} \tag{12.16}$$

$$\text{条件} \quad y_n(\langle \boldsymbol{w}, \boldsymbol{x}_n \rangle + b) \geq 1 \quad (n = 1, \ldots, N) \tag{12.17}$$

が得られる．(12.16) のようにノルムの逆数を最大化するのではなく，二乗ノルムを最小化することが多い．この際，定数 $\frac{1}{2}$ を含めることも多い．最適な $\boldsymbol{w}, b$ は変わらないが，勾配の計算が整然となる．すると最適化問題は

二乗ノルムを用いるとサポートベクターマシンの凸型二次計画問題となる（12.5 節）．

$$\min_{\boldsymbol{w},b} \frac{1}{2}\|\boldsymbol{w}\|^2 \tag{12.18}$$

$$\text{条件} \quad y_n(\langle \boldsymbol{w}, \boldsymbol{x}_n \rangle + b) \geq 1 \quad (n = 1, \ldots, N) \tag{12.19}$$

となる．(12.18) は，ハードマージン *SVM* として知られている．「ハード」という表現になっている理由は，この先の正式化にてマージンの条件からの違反が全く許容されないためである．データが線形分離不可能である場合に，違反に対応するためにこの「ハードな」条件を緩和できることを 12.2.4 項で見ていく．

ハードマージン SVM (hard margin SVM)

12.2.3 マージンを 1 に設定できる理由

12.2.1 項では，超平面に最も近い標本点までの距離を表す r の最大化について議論した．12.2.2 項では，最も近い標本が $f(\boldsymbol{x}) = 1$ となるようにデータをスケーリングした．この項では，二つの導出を関連づけ，これらが等価であることを示す．

定理 12.1 (12.10) のように正規化された重みを考慮してマージン r を最大化すること

$$\max_{\boldsymbol{w},b,r} \underbrace{r}_{\text{マージン}}$$

$$\text{条件} \quad \underbrace{y_n(\langle \boldsymbol{w}, \boldsymbol{x}_n \rangle + b) \geq r}_{\text{データ適合}}, \underbrace{\|\boldsymbol{w}\| = 1}_{\text{規格化}}, r > 0 \tag{12.20}$$

は，マージンが1になるようにデータをスケーリングしたうえで以下の最適化問題を解くことと等価である:

$$\min_{\boldsymbol{w},b} \underbrace{\frac{1}{2}\|\boldsymbol{w}\|^2}_{\text{マージン}} \qquad \text{条件} \quad \underbrace{y_n(\langle \boldsymbol{w}, \boldsymbol{x}_n \rangle + b) \geq 1}_{\text{データ適合}}. \tag{12.21}$$

■

Proof.　(12.20) を考えよう．非負の引数に対して，二乗は狭義単調な変換であるため，r^2 の最大値を考えても最適解は変わらない．正規化されていない一般の重み $\boldsymbol{w}'$ に対して，$\frac{\boldsymbol{w}'}{\|\boldsymbol{w}'\|}$ を用いて再パラメータ化することで，$\|\boldsymbol{w}\| = 1$ の制約を取り払うことができる．これにより，

$$\max_{\boldsymbol{w}',b,r} r^2 \qquad \text{条件} \quad y_n\left(\left\langle \frac{\boldsymbol{w}'}{\|\boldsymbol{w}'\|}, \boldsymbol{x}_n \right\rangle + b\right) \geq r,\ r > 0 \tag{12.22}$$

線形分離可能と仮定しているため，$r > 0$ であり，r で割ることに何の問題もないことに注意しよう．

が得られる．(12.22) は，距離 r が正であることを陽に述べている．したがって，一番目の制約を r で割ることができ，

$$\max_{\boldsymbol{w}',b,r} r^2 \qquad \text{条件} \quad y_n\left(\left\langle \underbrace{\frac{\boldsymbol{w}'}{\|\boldsymbol{w}'\|r}}_{\boldsymbol{w}''}, \boldsymbol{x}_n \right\rangle + \underbrace{\frac{b}{r}}_{b''}\right) \geq 1,\ r > 0 \tag{12.23}$$

のように，パラメータを $\boldsymbol{w}''$ と b'' に変更することができる．$\boldsymbol{w}'' = \frac{\boldsymbol{w}'}{\|\boldsymbol{w}'\|r}$ であるため，r の再整理によって

$$\|\boldsymbol{w}''\| = \left\|\frac{\boldsymbol{w}'}{\|\boldsymbol{w}'\|r}\right\| = \frac{1}{r} \cdot \left\|\frac{\boldsymbol{w}'}{\|\boldsymbol{w}'\|}\right\| = \frac{1}{r} \tag{12.24}$$

を得る．この結果を (12.23) に代入すると，

$$\max_{\boldsymbol{w}'',b'',r} \frac{1}{\|\boldsymbol{w}''\|^2} \qquad \text{条件} \quad y_n(\langle \boldsymbol{w}'', \boldsymbol{x}_n \rangle + b'') \geq 1 \tag{12.25}$$

が得られる．最後のステップとして，$\frac{1}{\|\boldsymbol{w}''\|^2}$ を最大化することが，$\frac{1}{2}\|\boldsymbol{w}''\|^2$ を最小化することと同じであることに気がつけば，定理12.1の証明が完了する． □

12.2.4 ソフトマージン SVM：幾何学的な見方

データが線形分離可能でない場合，図 12.6 のように，いくつかの標本がマージン領域内や超平面の逆側に入ることを許容したい．

多少の分類誤差を許容するモデルをソフトマージン *SVM* と呼ぶ．この項では，幾何学的議論を用いて，その結果得られる最適化問題を導出する．12.2.5 項では，損失関数の考え方を用いて等価な最適化問題を導出する．12.3 節では，ラグランジュ未定乗数（7.2 節）を用いてサポートベクターマシンの双対最適化問題を導出する．この双対最適化問題によって，正例と負例に対応する凸包の間の線を二等分する超平面といったような，サポートベクターマシンの三番目の解釈を得ることができる（12.3.2 項）．

ソフトマージン SVM (soft margin SVM)

鍵となる幾何学的なアイデアは，各標本–ラベルのペア $(\boldsymbol{x}_n, y_n)$ に対応するスラック変数 ξ_n を導入することである（図 12.7 参照）．これは，特定の標本は

スラック変数 (slack variable)

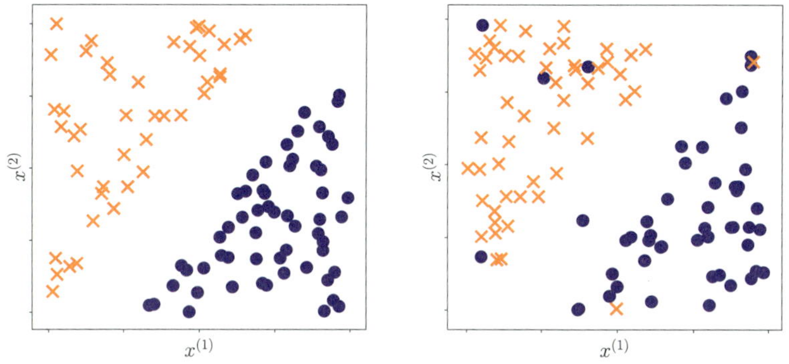

(a) 大きなマージンをもつ線形分離可能なデータ　(b) 非線形分離可能なデータ

図 12.6 (a) 線形，(b) 非線形分離可能なデータ．

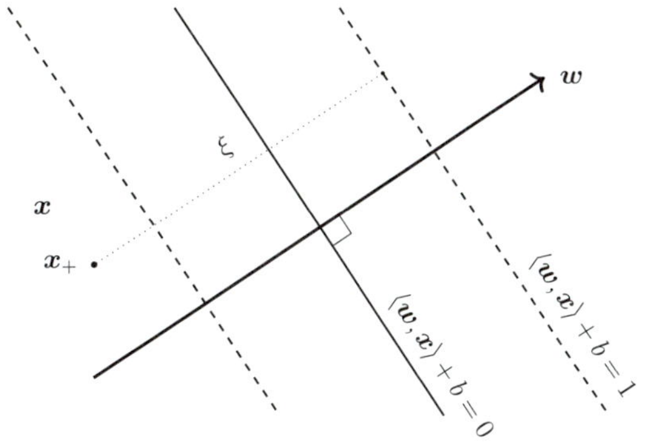

図 12.7 ソフトマージン SVM は，標本をマージン内または超平面の反対側に配置できる．スラック変数 ξ は，$\boldsymbol{x}_+$ が間違った側にある場合に，正例 $\boldsymbol{x}_+$ から正のマージン超平面 $\langle \boldsymbol{w}, \boldsymbol{x} \rangle + b$ までの距離を測るものである．

マージン内に，またあるいは超平面の間違った側にあることを許容するようなものである．マージンから ξ_n の値を引き，ξ_n が非負であると制約する．標本の正しい分類を促進するために，$n = 1, \ldots, N$ にして対して ξ_n を目的関数に追加して

$$\min_{\boldsymbol{w}, b, \boldsymbol{\xi}} \frac{1}{2}\|\boldsymbol{w}\|^2 + C\sum_{n=1}^{N}\xi_n \tag{12.26a}$$

$$\text{条件}\ \ y_n(\langle \boldsymbol{w}, \boldsymbol{x}_n\rangle + b) \geq 1 - \xi_n \tag{12.26b}$$

$$\xi_n \geq 0 \tag{12.26c}$$

ソフトマージン SVM (soft margin SVM)

正則化パラメータ (regularization parameter)

正則化器 (regularizer)

を得る．ハードマージン SVM に関する最適化問題 (12.18) とは対照的に，これは**ソフトマージン *SVM***と呼ばれている．パラメータ $C > 0$ は，マージンの大きさとスラック変数の総量のトレードオフである．次の項で見るように，目的関数 (12.26a) のマージン項は正則化項であるため，このパラメータは**正則化パラメータ**とよばれる．マージン項 $\|\boldsymbol{w}\|^2$ は**正則化器**と呼ばれる（8.2.3 項）．数理最適化に関する多くの書籍では，この項に正則化パラメータを掛けていて，ここでの定式化とは対照的である．ここでは，C が大きな値をもつと，スラック変数に大きな重みが与えられ，したがってマージンの正しい側にいない標本の優先度がより高くなるため，正則化が低くなることを意味する．

この正則化には別のパラメーター化があり，そのため，(12.26a) は C-SVM とも呼ばれる．

注　ソフトマージン SVM (12.26a) の定式化では，$\boldsymbol{w}$ は正則化されているが，b は正則化されていない．このことは，正則化項に b が含まれていないことを見ればわかる．非正則化項 b は理論解析を複雑化し [Ste07, 第 1 章]，計算効率を低下させる [FCH+08].

12.2.5　ソフトマージン SVM：損失関数の見方

異なるサポートベクターマシンの導出のアプローチとして，経験リスク最小化（8.2 節）の原理に従って導出してみよう．このサポートベクターマシンでは，仮説族として超平面を選択する．すなわち

$$f(\boldsymbol{x}) = \langle \boldsymbol{w}, \boldsymbol{x}\rangle + b \tag{12.27}$$

損失関数 (loss function)

である．のちに見るように，マージンが正則化項に対応する．残った疑問は，**損失関数**とは何か，ということである．第 9 章では，回帰問題（予測器の出力が実数である）を考えたのに対し，この章では，二値分類問題（予測器の出力が二つのラベル $\{+1, -1\}$ のうちの一つ）を考えている．したがって，各標本–ラベルのペアに対する誤差／損失関数は，二値分類に適したものである必要がある．例えば，回帰で用いられた二乗損失 (9.10b) は，二値分類にはふさわしくない．

注 二値ラベルの間の理想的な損失関数は，予測とラベルの間の不一致の数を数えることである．これは，ある標本 $\boldsymbol{x}_n$ に適用された予測器 f に対して，出力 $f(\boldsymbol{x}_n)$ とラベル y_n を比較することを意味している．それらが一致した場合は 0，一致しなかった場合は 1 であるように損失を定義する．これは $\mathbf{1}(f(\boldsymbol{x}_n) \neq y_n)$ で表され，**ゼロワン損失**と呼ばれる．残念ながら，ゼロワン損失で最良のパラメータ $\boldsymbol{w}, b$ を求める問題は，組合せ最適化問題となる．組合せ最適化は，（第 7 章で説明した連続最適化問題と対照的に）一般的に解く難易度がより高くなる．

ゼロワン損失 (zero-one loss)

サポートベクターマシンに対応する損失関数は何かを考えるため，予測器の出力 $f(\boldsymbol{x}_n)$ とラベル y_n の間の誤差を考えよう．損失は，訓練データから発生した誤差を表す．(12.26a) と等価な方法で導出するために，**ヒンジ損失**

ヒンジ損失 (hinge loss)

$$\ell(t) = \max\{0, 1-t\},\ t = yf(\boldsymbol{x}) = y(\langle \boldsymbol{w}, \boldsymbol{x} \rangle + b) \tag{12.28}$$

で誤差を表すことにする．$f(\boldsymbol{x})$ が超平面の（対応するラベル y に基づいて）正しい側にあり，距離が 1 よりも遠い場合，$t \geq 1$ を意味しており，ヒンジ損失の値は 0 を返す．$f(\boldsymbol{x})$ が正しい側にあるが，超平面に近すぎる場合 $(0 < t < 1)$，標本はマージン内にあり，ヒンジ損失は正の値を返す．標本が超平面の間違った側にある場合 $(t < 0)$，ヒンジ損失はさらに大きな値を返し，その値は線形で増加する．言い換えると，予測が正しかったとしても，マージンよりも超平面へ近づいた時点でペナルティを払うことになり，ペナルティは線形で増加する．図 12.8 に示すように，ヒンジ損失を二つの線形部分

$$\ell(t) = \begin{cases} 0, & t \geq 1 \\ 1-t, & t < 1 \end{cases} \tag{12.29}$$

として考えることによって，ヒンジ損失の別の表現が得られる．ハードマージン SVM (12.18) に対応する損失は

$$\ell(t) = \begin{cases} 0, & t \geq 1 \\ \infty, & t < 1 \end{cases} \tag{12.30}$$

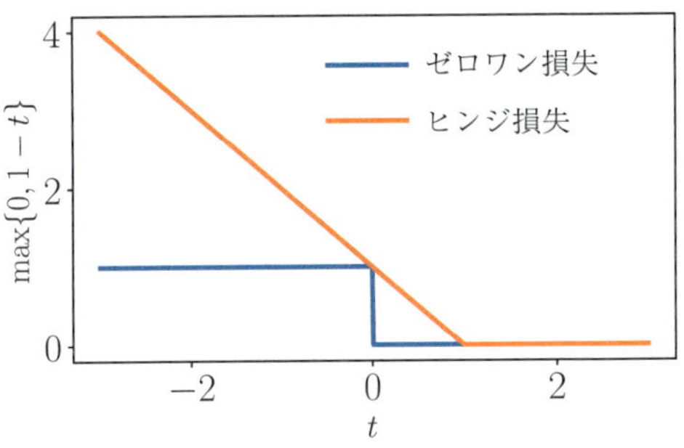

図 12.8 ヒンジ損失は，ゼロワン損失の凸状の上界である．

のように定義される．この損失は，マージン内に標本が侵入することを絶対に許容しないと解釈できる．

与えられた訓練集合 $\{(\boldsymbol{x}_1, y_1), \ldots, (\boldsymbol{x}_N, y_N)\}$ に対して，目的関数を ℓ_2 正則化（8.2.3 項参照）で正則化しつつ，全損失を最小化することを考えよう．ヒンジ損失 (12.28) を用いると，制約のない最適化問題

$$\min_{\boldsymbol{w},b} \underbrace{\frac{1}{2}\|\boldsymbol{w}\|^2}_{\text{正則化項}} + \underbrace{C\sum_{n=1}^{N} \max\{0, 1 - y_n(\langle \boldsymbol{w}, \boldsymbol{x}_n \rangle + b)\}}_{\text{誤差項}} \tag{12.31}$$

正則化器 (regularizer)

損失項 (loss term)

正則化 (regularization)

誤差項 (error term)

が得られる．(12.31) の第一項は，正則化項もしくは**正則化器**（9.2.3 項参照）と呼ばれ，第二項は**損失項**もしくは**誤差項**と呼ばれる．12.2.4 項から，$\frac{1}{2}\|\boldsymbol{w}\|^2$ の項はマージンから発生していることを思い出そう．言い換えると，マージン最大化は**正則化**と解釈できる．

原理的には，(12.31) の制約なし最適化問題は，7.1 節で説明した（劣）勾配降下法によって直接解くことができる．(12.31) と (12.26a) の等価性を確認するために，(12.29) で表されるように，ヒンジ損失 (12.28) が本質的には二つの線形部分からなることに注目する．一つの標本–ラベルのペアのヒンジ損失 (12.28) を考えよう．t 上のヒンジ損失の最小化は，二つの制約をもつスラック変数 ξ の最小化へ等価に置き換えることができる．つまり式の形式では，

$$\min_{t} \max\{0, 1 - t\} \tag{12.32}$$

は

$$\begin{aligned} &\min_{\xi, t} \ \xi \\ &\text{条件} \ \ \xi \geq 0, \ \xi \geq 1 - t \end{aligned} \tag{12.33}$$

と等価である．この式を (12.31) に代入し，制約の一つを再整理すると，まさにソフトマージン SVM (12.26a) が得られる．

注　この項での損失関数を，第 9 章の線形回帰の損失と対比しておこう．9.2.1 項で述べたように，最尤推定量を求めるためには，通常，負の対数尤度を最小化する．さらに，ガウスノイズをもつ線形回帰において尤度項はガウス分布であるため，各標本に対する負の対数尤度は二乗誤差関数となる．つまり，二乗誤差関数が，線形回帰の最尤解を求めるときに最小化する損失関数である．

12.3　双対サポートベクターマシン

先ほど説明したサポートベクターマシンで，変数 $\boldsymbol{w}$ と b によって記述したものは，サポートベクターマシンの主問題として知られている．D 個の特徴量を

もつ入力 $\boldsymbol{x} \in \mathbb{R}^D$ を考えていたことを思い出そう．$\boldsymbol{w}$ は $\boldsymbol{x}$ と同じ次元であるため，最適化問題のパラメータの数（$\boldsymbol{w}$ の次元）は，特徴量の数に対して線形に成長することを意味している．

以下では，等価な最適化問題（いわゆる双対の見方）で，特徴量の数と独立であるような問題を考える．双対問題では，パラメータの数は訓練集合の標本の数に対して増加することになる．第 10 章で似たようなアイデアが出ており，学習問題を，特徴量の数でスケールしない方法で表現したのであった．これは，訓練データセットの標本数よりも多くの特徴量がある問題で有用である．この章の最後で見ることになるが，双対サポートベクターマシンはカーネルを簡単に適用できるという副次的な利点もある．「双対」という言葉が数学の文献でよく出現するが，ここでは特に凸双対性の場合を表している．以下の項は，基本的には 7.2 節で説明した凸双対性の応用となる．

12.3.1 ラグランジュ未定乗数による凸双対性

主ソフトマージン SVM (12.26a) を思い出そう．主サポートベクターマシンに対応する変数 $\boldsymbol{w}, b, \xi$ を主変数と呼ぶ．標本が正しく分類されているという制約 (12.26b) に対応するラグランジュ未定乗数として $\alpha_n \geq 0$ を，スラック変数の非負制約に対応するラグランジュ未定乗数として $\gamma_n \geq 0$ を用いる((12.26c) 参照)．そして，ラグランジアンは

第 7 章では，ラグランジュ未定乗数として λ を使用した．この節では，サポートベクターマシンの文献で一般的に選択されている表記法に従い，α と γ を使用する．

$$
\begin{aligned}
\mathfrak{L}(\boldsymbol{w}, b, \xi, \alpha, \gamma) = &\frac{1}{2}\|\boldsymbol{w}\|^2 + C\sum_{n=1}^{N}\xi_n \\
&\underbrace{-\sum_{n=1}^{N}\alpha_n(y_n(\langle\boldsymbol{w}, \boldsymbol{x}_n\rangle + b) - 1 + \xi_n)}_{\text{制約, (12.26b)}}\underbrace{-\sum_{n=1}^{N}\gamma_n\xi_n}_{\text{制約, (12.26c)}}
\end{aligned}
\tag{12.34}
$$

によって与えられる．ラグランジアン (12.34) を三つの主変数 $\boldsymbol{w}, b, \xi$ それぞれに対して微分することで

$$
\frac{\partial\mathfrak{L}}{\partial\boldsymbol{w}} = \boldsymbol{w}^\top - \sum_{n=1}^{N}\alpha_n y_n \boldsymbol{x}_m^\top, \tag{12.35}
$$

$$
\frac{\partial\mathfrak{L}}{\partial b} = -\sum_{n=1}^{N}\alpha_n y_n, \tag{12.36}
$$

$$
\frac{\partial\mathfrak{L}}{\partial\xi_n} = C - \alpha_n - \gamma_n \tag{12.37}
$$

が得られる．これらの偏微分のそれぞれを 0 とおくことで，ラグランジアンの最大値を求めることができる．(12.35) を 0 とおくと

$$\boldsymbol{w} = \sum_{n=1} \alpha_n y_n \boldsymbol{x}_n \tag{12.38}$$

リプレゼンター定理 (representer theorem)

実際，リプレゼンター定理とは，経験的リスクを最小化する解が標本で定義された部分空間（2.4.3 項）にあるという定理の集まりである．

† 訳注：原文では (12.36) であったが，最適な重みベクトルの話なので (12.35) に修正した．

を得る．これは，**リプレゼンター定理** [KW70] の特別な場合である．(12.38) では，主変数の最適な重みベクトルは，$\boldsymbol{x}_n$ の線形結合であると述べている．そのため 2.6.1 項より，最適化問題の解が，訓練データで張る空間にあることを意味する．さらに，(12.35)† を 0 とおくことで得られる制約は，最適な重みベクトルが標本のアフィン結合であることを意味している．リプレゼンター定理は，正則化された経験リスク最小化のような非常に一般的な設定においても成立することが判明している [HSS08, AD14]．この定理にはより一般的なバージョン [SHS01] があり，その存在に関する必要十分条件は [YCSS13] で証明されている．

サポートベクトル (support vector)

注　リプレゼンター定理 (12.38) から，「サポートベクターマシン」という名前も説明することができる．$\alpha_n = 0$ をみたすパラメータに対応する標本 $\boldsymbol{x}_n$ は，解 $\boldsymbol{w}$ に全く寄与しない．$\alpha_n > 0$ であるような他の標本は超平面を「支持」するため，**サポートベクトル**と呼ばれる．

$\boldsymbol{w}$ の表式をラグランジアン (12.34) に代入すると，双対

$$\begin{aligned}\mathfrak{D}(\xi, \alpha, \gamma) = \frac{1}{2}\sum_{i=1}^{N}\sum_{j=1}^{N} y_i y_j \alpha_i \alpha_j \langle \boldsymbol{x}_i, \boldsymbol{x}_j \rangle - \sum_{i=1}^{N} y_i \alpha_i \left\langle \sum_{j=1}^{N} y_j \alpha_j \boldsymbol{x}_j, \boldsymbol{x}_i \right\rangle \\ + C\sum_{i=1}^{N}\xi_i - b\sum_{i=1}^{N} y_i \alpha_i + \sum_{i=1}^{N}\alpha_i - \sum_{i=1}^{N}\alpha_i \xi_i - \sum_{i=1}^{N}\gamma_i \xi_i\end{aligned} \tag{12.39}$$

が得られる．主変数 $\boldsymbol{w}$ を含む項がないことに注意しよう．(12.36) を 0 とおくと，$\sum_{n=1} \alpha_n y_n = 0$ が得られる．したがって，b を含む項も消える．内積は，対称かつ双線形であることを思い出そう（3.2 節参照）．すると，(12.39) の最初の二項は同じものである．これらの項（青色）は単純化でき，ラグランジアン

$$\mathfrak{D}(\xi, \alpha, \gamma) = -\frac{1}{2}\sum_{i=1}^{N}\sum_{j=1}^{N} y_i y_j \alpha_i \alpha_j \langle \boldsymbol{x}_i, \boldsymbol{x}_j \rangle + \sum_{i=1}^{N}\alpha_i + \sum_{i=1}^{N}(C - \alpha_i - \gamma_i)\xi_i \tag{12.40}$$

が得られる．この式の最後の項は，スラック変数 ξ_i を含むすべての項をまとめたものである．(12.37) を 0 とおくと，(12.40) の最後の項も 0 になることがわかる．さらに，同じ式を用いてラグランジュ未定乗数 γ_i が非負であることを思い出すと，$\alpha_i \leq C$ となる．こうして，サポートベクターマシンの双対最適化問題はラグランジュ未定乗数 α_i のみで表現される．ラグランジアン双対

性（定義 7.1）から，双対問題は最大化問題となる．これは，負の双対問題の最小化であるため，**双対サポートベクターマシン**は

双対サポートベクターマシン (dual SVM)

$$\begin{aligned}&\min_{\boldsymbol{\alpha}} \frac{1}{2}\sum_{i=1}^{N}\sum_{j=1}^{N} y_i y_j \alpha_i \alpha_j \langle \boldsymbol{x}_i, \boldsymbol{x}_j \rangle - \sum_{i=1}^{N}\alpha_i \\ &\text{条件} \sum_{i=1}^{N} y_i \alpha_i = 0 \\ &0 \leq \alpha_i \leq C \quad (i = 1, \ldots, N)\end{aligned} \tag{12.41}$$

となる．(12.41) の等式制約は，(12.36) を 0 とおくことで得られる．不等式制約 $\alpha_i \geq 0$ は，ラグランジュ未定乗数の不等式制約として課されている条件である（7.2 節）．不等式制約 $\alpha \leq C$ は，前段ですでに説明したものである．

サポートベクターマシンにおける不等式制約の集合は，ラグランジュ未定乗数のベクトル $\boldsymbol{\alpha} = [\alpha_1, \ldots, \alpha_N]^\top \in \mathbb{R}^N$ を，各軸上の 0 と C で定義された箱のなかに制限するため，「箱制約」と呼ばれている．これらの軸整列箱は，数値ソルバーで特に効率的に実装することができる [Dos09, 第 5 章].

完全にマージン上にある標本は，その双対パラメータが箱制約 $0 < \alpha_i < C$ の内側に厳密に存在することがわかる．これは，例えば [SS02] にある Karush Kuhn Tucker 条件を用いて導くことができる．

いったん双対パラメータ $\boldsymbol{\alpha}$ が得られると，リプレゼンター定理 (12.38) を用いて主パラメータ $\boldsymbol{w}$ を復元できる．この最適な主パラメータを $\boldsymbol{w}^*$ としよう．まだ b^* を求める方法に関する問題が残っている．ちょうどマージンの境界上にある標本 $\boldsymbol{x}_n$，すなわち $\langle \boldsymbol{w}^*, \boldsymbol{x}_n \rangle + b = y_n$ を考えよう．y_n は $+1$ か -1 のどちらかであることを思い出そう．すると，ただ一つの未知数は b であり，

$$b^* = y_n - \langle \boldsymbol{w}^*, \boldsymbol{x}_n \rangle \tag{12.42}$$

によって計算できる．

注 原理上，完全にマージン上にある標本はないかもしれない．この場合，すべてのサポートベクトルに対して $|y_n - \langle \boldsymbol{w}^*, \boldsymbol{x}_n \rangle|$ を計算し，この差の絶対値の中央値を b の値とする．この導出は，`https://fouryears.eu/2012/06/07/the-svm-bias-term-conspiracy/` にある．

12.3.2 双対サポートベクターマシン：凸包の見方

双対サポートベクターマシンを幾何学的に与える別のアプローチもある．同じラベルをもつ標本 $\boldsymbol{x}_n$ の集合を考えよう．すべての標本を含む凸集合のうち，最小となるような集合を構築したい．これは凸包と呼ばれており，図 12.9 で説明している．

まず，点の凸結合についての直感をいくらか構築しよう．二点 $\boldsymbol{x}_1$ と $\boldsymbol{x}_2$，および非負の重み α_1, $\alpha_2 \geq 0$ で $\alpha_1 + \alpha_2 = 1$ となるものを考えよう．式

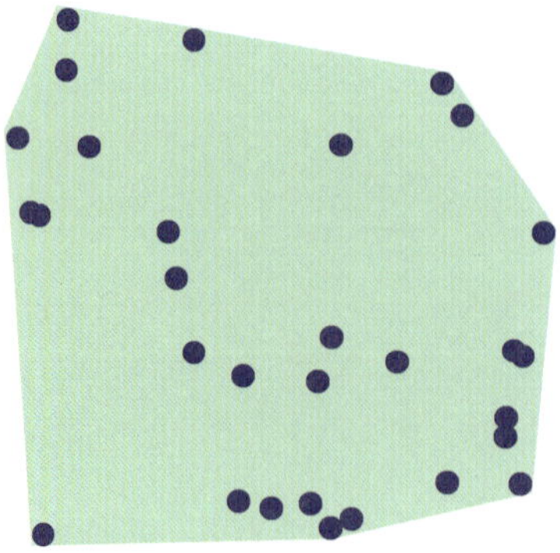
(a) 凸包

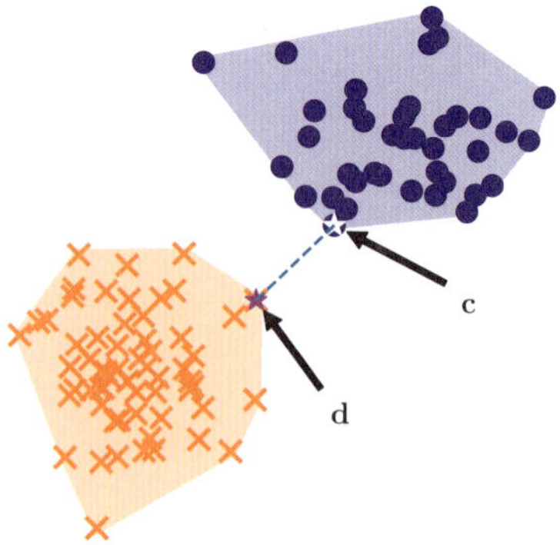

(b) 正例を中心とした凸包（青）と負例を中心とした凸包（赤）．二つの凸集合の間の距離は，ベクトル $\boldsymbol{c}-\boldsymbol{d}$ の距離の長さである．

図 12.9　凸包．(a) 点の凸包，点は境界の内側に位置する．(b) 正例，および負例を中心とした凸包．

$\alpha_1\boldsymbol{x}_1+\alpha_2\boldsymbol{x}_2$ は，$\boldsymbol{x}_1$ と $\boldsymbol{x}_2$ の間の直線上の各点を表す．次に，$\sum_{n=1}^{3}\alpha_n=1$ となるような重み $\alpha_3\geq 0$ と三番目の点 $\boldsymbol{x}_3$ を加えたときに何が起こるかを考えよう．これら三つの点の凸結合は，二次元領域を張る．この領域の**凸包**は，各点のペアに対応する辺によって形成される三角形である．さらに点を増やし，点の数が頂点の数よりも大きくなると，図 12.9 (a) に示すように，いくつかの点は凸包の内側に入る．

凸包 (convex hull)

一般に，各標本 $\boldsymbol{x}_n$ に対応する非負の重み $\alpha_n\geq 0$ を導入することで，凸包を構築することができる．

$\boldsymbol{X}=\{\boldsymbol{x}_1,\ldots,\boldsymbol{x}_N\}$ に対して，凸包は

$$\mathrm{conv}(\boldsymbol{X})=\left\{\sum_{n=1}^{N}\alpha_n\boldsymbol{x}_n\right\},\ \sum_{n=1}^{N}\alpha_n=1,\ \alpha_n\geq 0 \tag{12.43}$$

によって記述することができる．正のクラスと負のクラスに対応する二つのデータ点の集団が分離している場合は，凸包は重ならない．訓練データ $(\boldsymbol{x}_1,y_1),\ldots,(\boldsymbol{x}_N,y_N)$ が与えられると，正と負のクラスそれぞれに対応する二つの凸包が形成される．正例の集合の凸包内にあり，負のクラスの分布に最も近い点 $\boldsymbol{c}$ を選ぶ．同様に，負例の集合の凸包内にあり，正のクラスの分布に最も近い点 $\boldsymbol{d}$ を選ぶ（図 12.9 (b) 参照）．$\boldsymbol{d}$ と $\boldsymbol{c}$ の間の差分ベクトルを

$$\boldsymbol{w}:=\boldsymbol{c}-\boldsymbol{d} \tag{12.44}$$

と定義する．前述の場合のように，点 $\boldsymbol{c}$ と $\boldsymbol{d}$ を選び，それらの点がお互いに最も近いことを要求することは，$\boldsymbol{w}$ の長さ／ノルムを最小化することと等価であ

る．これは，最終的には対応する最適化問題

$$\arg\min_{\boldsymbol{w}} \|\boldsymbol{w}\| = \arg\min_{\boldsymbol{w}} \frac{1}{2}\|\boldsymbol{w}\|^2 \tag{12.45}$$

に帰着する．$\boldsymbol{c}$ は正の凸包内になければならないため，これは正例の凸結合で表現できる．すなわち，非負の係数 α_n^+ に対して

$$\boldsymbol{c} = \sum_{n:y_n=+1} \alpha_n^+ \boldsymbol{x}_n \tag{12.46}$$

と表現できる．(12.46) では，$y_n = +1$ である n の集合を表すために，$n : y_n = +1$ という記法を用いた．同様に，負のラベルをもつ標本に対して，

$$\boldsymbol{d} = \sum_{n:y_n=-1} \alpha_n^- \boldsymbol{x}_n \tag{12.47}$$

が得られる．(12.45) に (12.44), (12.46), (12.47) を代入すると，最小化

$$\min_{\boldsymbol{\alpha}} \frac{1}{2} \left\| \sum_{n:y_n=+1} \alpha_n^+ \boldsymbol{x}_n - \sum_{n:y_n=-1} \alpha_n^- \boldsymbol{x}_n \right\|^2 \tag{12.48}$$

が得られる．

$\boldsymbol{\alpha}$ をすべての係数の集合，すなわち，$\boldsymbol{\alpha}^+$ と $\boldsymbol{\alpha}^-$ の結合としよう．各凸包に対して，それらの係数の和が1になることを要求していたことを思い出そう．

$$\sum_{n:y_n=+1} \alpha_n^+ = 1, \quad \sum_{n:y_n=-1} \alpha_n^- = 1. \tag{12.49}$$

これは，制約が

$$\sum_{n=1}^{N} y_n \alpha_n = 0 \tag{12.50}$$

であることを意味しており，個々のクラスを掛け合わせてみるとわかる．

$$\sum_{n=1}^{N} y_n \alpha_n = \sum_{n:y_n=+1} (+1)\alpha_n^+ + \sum_{n:y_n=-1} (-1)\alpha_n^- \tag{12.51a}$$

$$= \sum_{n:y_n=+1} \alpha_n^+ - \sum_{n:y_n=-1} \alpha_n^- = 1 - 1 = 0. \tag{12.51b}$$

目的関数 (12.48) と制約 (12.50) と $\boldsymbol{\alpha} \geq \boldsymbol{0}$ という仮定を合わせると，制約条件付き（凸）最適化問題が得られる．この最適化問題は，双対ハードマージン SVM と同じであることが示されている [BB00a].

注 ソフトマージン双対を得る場合は，縮小凸包を考える．縮小包は凸包と似ているが，係数 $\boldsymbol{\alpha}$ の大きさに上限がある．$\boldsymbol{\alpha}$ の要素の最大値は，凸包がとれる大きさを制限する．言い換えると，$\boldsymbol{\alpha}$ の制限は凸包の体積をより小さく縮小させる [BB00b]. 縮小凸包 (reduced hull)

12.4　カーネル

双対サポートベクターマシンの定式化 (12.41) を考えよう．目的関数の内積は，標本 $\boldsymbol{x}_i$ と $\boldsymbol{x}_j$ のみで発生することに注意しよう．標本とパラメータの間の内積はとられていない．したがって，$\boldsymbol{x}_i$ を表現する特徴量 $\phi(\boldsymbol{x}_i)$ の集合を考えれば，双対サポートベクターマシンの変更点は内積を置き換えるだけになる．このモジュール性により，分類手法の選択 (SVM) と特徴量表現 $\phi(\boldsymbol{x})$ の選択を別々に考えることができるため，二つの問題を独立して柔軟に探索することができる．この節では，表現 $\phi(\boldsymbol{x})$ について説明し，カーネルの考え方の紹介を簡単に行うが，技術的な紹介には立ち入らない．

$\phi(\boldsymbol{x})$ は非線形関数であってもよいので，（線形分離器を仮定する）サポートベクターマシンを用いて，標本 $\boldsymbol{x}_n$ に対する非線形分類器を構築することができで

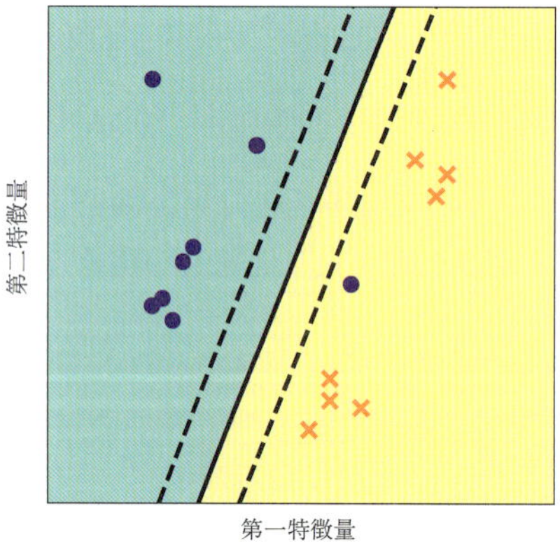

(a) 線形カーネルをもつ SVM.

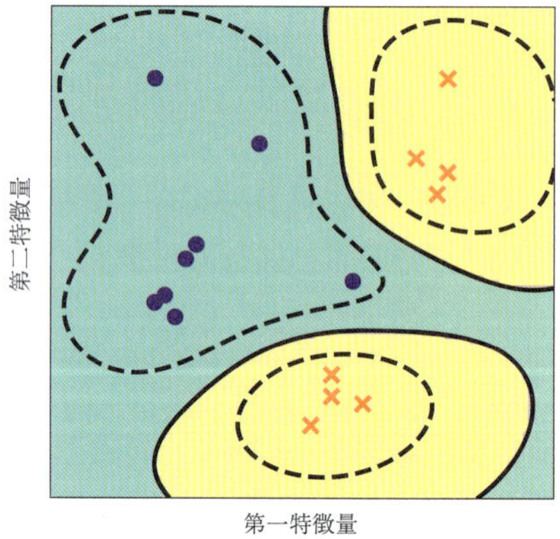

(b) RBF カーネルをもつ SVM.

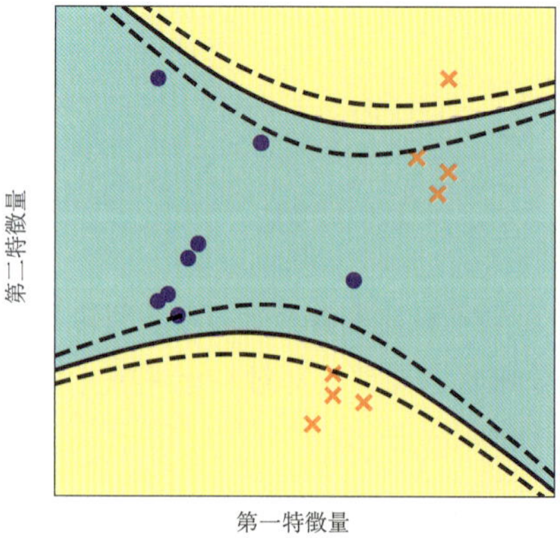

(c) 多項式カーネル（次数 2）をもつ SVM.

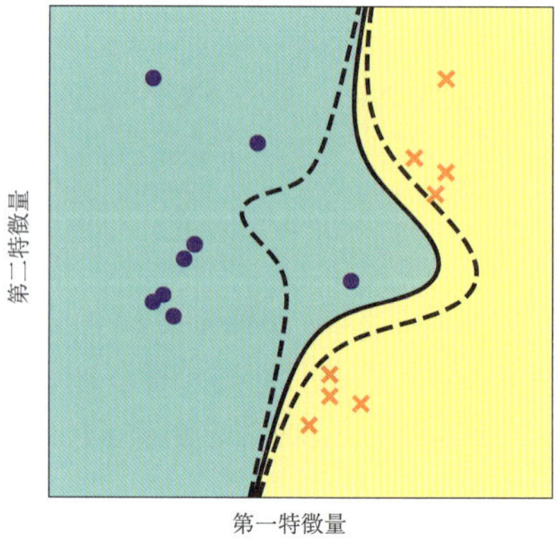

(d) 多項式カーネル（次数 3）をもつ SVM.

図 12.10　異なるカーネルをもつサポートベクターマシン．判定境界は非線形だが，本質的な問題は（非線形カーネルではあるが）線形分離超平面であることに注意しよう．

きる．これは，線形分離できないデータセットを扱うための，ソフトマージンとは異なる第二の方法を提供する．双対サポートベクターマシンの，唯一の内積が標本の間で発生するという性質を利用したアルゴリズムや統計的手法は多く存在している．非線形特徴量写像 $\boldsymbol{\phi}(\cdot)$ を陽に定義して $\boldsymbol{x}_i$ と $\boldsymbol{x}_j$ の間の内積を計算する代わりに，$\boldsymbol{x}_i$ と $\boldsymbol{x}_j$ の間の類似度を表す関数 $k(\boldsymbol{x}_i, \boldsymbol{x}_j)$ を定義してもよい．この類似度を測るために使われる関数のうち，特定のクラスに属するものを**カーネル**と呼ぶが，これらは暗に非線形特徴量写像 $\boldsymbol{\phi}(\cdot)$ を定義している．カーネル関数は，ヒルベルト空間 $\mathcal{H}$ と

カーネル (kernel)

$$k(\boldsymbol{x}_i, \boldsymbol{x}_j) = \langle \boldsymbol{\phi}(\boldsymbol{x}_i), \boldsymbol{\phi}(\boldsymbol{x}_j) \rangle_{\mathcal{H}} \tag{12.52}$$

となる特徴量写像 $\phi : \mathcal{X} \to \mathcal{H}$ が存在するような関数 $k : \mathcal{X} \times \mathcal{X} \to \mathbb{R}$ である．すべてのカーネル k には付随する再生核ヒルベルト空間がただ一つ存在しており [Aro50, BTA04]，この一意な関係に関して，$\boldsymbol{\phi}(\boldsymbol{x}) = k(\cdot, \boldsymbol{x})$ は**正準特徴量写像**と呼ばれる．内積からカーネル関数 (12.52) への一般化は，陽な非線形特徴量写像を隠すため，**カーネルトリック**として知られている [SS02, STC04].

カーネル関数の入力 $\mathcal{X}$ は非常に一般的で，必ずしも $\mathbb{R}^D$ に限定されるものではない．

正準特徴量写像 (canonical feature map)

カーネルトリック (kernel trick)

内積もしくは $k(\cdot, \cdot)$ のデータセットへの適用の結果生じる行列 $\boldsymbol{K} \in \mathbb{R}^{N \times N}$ は，**グラム行列**と呼ばれる．この行列は**カーネル行列**と呼ばれることもある．カーネルは対称かつ半正定値関数であるため，すべてのカーネル行列 $\boldsymbol{K}$ は対称かつ半正定値である（3.2.3 項）．

グラム行列 (Gram matrix)

カーネル行列 (kernel matrix)

$$\forall \boldsymbol{z} \in \mathbb{R}^N : \boldsymbol{z}^\top \boldsymbol{K} \boldsymbol{z} \geq 0. \tag{12.53}$$

多変量実数値データ $\boldsymbol{x}_i \in \mathbb{R}^D$ に対するカーネルのよく知られたいくつかの例として，多項式カーネル，ガウス RBF 関数カーネル，RQ (rational quadratic) カーネルなどがある [SS02, RW06]．図 12.10 は標本データセット上の分離超平面における，異なるカーネルの効果を説明している．超平面に関する解であること，つまり，関数の仮説クラスはまだ線形であることに注意しよう．非線形な面はカーネル関数によって生じたものである．

注 機械学習の駆け出しの学習者にとって残念なことに，「カーネル」という言葉には複数の意味がある．この章では，「カーネル」という言葉は再生核ヒルベルト空間 (RKHS) の考え方に由来する [Aro50, Sai88]．線形代数の章で説明したカーネル（2.7.3 項）は零空間に対するものであり，この節のカーネルとは別の用語である．他にも機械学習において，「カーネル」という言葉で一般的に使われているものとして，カーネル密度推定における平滑化カーネルがある（11.5 節）．

陽な表現 $\boldsymbol{\phi}(\boldsymbol{x})$ は，数学的にはカーネル表現 $k(\boldsymbol{x}_i, \boldsymbol{x}_j)$ と等価であるため，実務では陽な特徴量写像の間の内積よりも，より効率的に計算ができるような

カーネル関数の設計を行うことが多い．例えば，多項式カーネル [SS02] を考えよう．このカーネルは，入力次元が大きくなると，陽な展開項の数が（低次の多項式であっても）非常に速く増加する．カーネル関数は入力次元ごとに一つの掛け算が要求されるだけであるため，計算量を大幅に削減できる．別の例として，ガウス RBF (radial basis function) カーネル [SS02, RW06] がある．これは，対応する特徴量空間が無限次元である．この場合は，特徴量空間を陽に表現することはできないが，カーネルを用いて標本のペアの間の類似度の計算はできる．

カーネル，およびカーネルのパラメータは，入れ子になったクロスバリデーション（8.6.1 項）によって選ぶことが多い．

カーネルトリックの別の有用な側面は，元のデータがもはや多変量実数値データで表現されている必要がないことである．内積は関数 $\phi(\cdot)$ の出力で定義されているが，入力は実数値に限定されていないことに注意しよう．したがって，関数 $\phi(\cdot)$ とカーネル関数 $k(\cdot,\cdot)$ は，例えば，集合，配列，文字列，グラフ，分布など，任意のオブジェクト上で定義できる [BHOS$^+$08, Gär08, SPD$^+$09, SGF$^+$10, VSKB10].

12.5　数値解

この章で導出した問題を，第 7 章で紹介した概念の言葉でどのように表現するかを見ることで，サポートベクターマシンについての説明を締めくくる．サポートベクターマシンに対する最適解を求めるための二つの異なるアプローチを考える．一つ目はサポートベクターマシンの損失の見方（8.2.2 項）を考え，これを制約のない最適化問題として表す方法である．二つ目として，主サポートベクターマシンと双対サポートベクターマシンの制約付きバージョンを標準形式の二次計画法（7.3.2 項）として表す方法を考える．

サポートベクターマシン (12.31) の損失関数の見方を考えよう．これは凸制約のない最適化問題であるが，ヒンジ損失 (12.28) は微分不可能である．したがって，これを解くために劣微分法を適用する．ヒンジ損失はヒンジ $t=1$ の一つの点を除いて，すべての点で微分可能である．この点では，勾配は 0 と -1 の間にある可能な値の集合となる．したがって，ヒンジ損失の劣微分 g は

$$g(t) = \begin{cases} -1, & t < 1 \\ [-1, 0], & t = 1 \\ 0, & t > 1 \end{cases} \tag{12.54}$$

で与えられる．この劣微分を用いて，7.1 節で紹介した最適化手法を適用することができる．

主サポートベクターマシンと双対サポートベクターマシンの両方が，凸二次計画問題（制約条件付き最適化）となる．(12.26a) の主サポートベクターマシンは，入力標本の次元 D の大きさをもつ最適化変数をもっていることに注意しよう．(12.41) の双対サポートベクターマシンは，標本の数 N の大きさをもつ最適化変数をもつ．

主サポートベクターマシンを二次計画法の標準形 (7.45) で表現するために，内積としてドット積 (3.5) を使うことを仮定しよう．最適化変数がすべて右辺にあり，不等式制約が標準形と一致するように，主サポートベクターマシンに対する方程式 (12.26a), (12.26c) を再配置する．これにより，$n = 1, \ldots, N$ に対して最適化

3.2 節で，ユークリッドベクトル空間上の内積を表すのにドット積という言葉を使ったことを思い出そう．

$$\begin{aligned} &\min_{\boldsymbol{w}, b, \boldsymbol{\xi}} \quad \frac{1}{2}\|\boldsymbol{w}\|^2 + C\sum_{n=1}^{N} \xi_n \\ &\text{条件} \quad \begin{aligned} &-y_n \boldsymbol{x}_n^\top \boldsymbol{w} - y_n b - \xi_n \leq -1, \\ &-\xi_n \leq 0 \end{aligned} \end{aligned} \tag{12.55}$$

が得られる．変数 $\boldsymbol{w}, b, \boldsymbol{\xi}$ を一つのベクトルに連結し，項を丁寧に集めることで，ソフトマージン SVM のような行列形式が得られる．

$$\begin{aligned} &\min_{\boldsymbol{w}, b, \boldsymbol{\xi}} \frac{1}{2} \begin{bmatrix} \boldsymbol{w} \\ b \\ \boldsymbol{\xi} \end{bmatrix}^\top \begin{bmatrix} \boldsymbol{I}_D & \boldsymbol{0}_{D,N+1} \\ \boldsymbol{0}_{N+1,D} & \boldsymbol{0}_{N+1,N+1} \end{bmatrix} \begin{bmatrix} \boldsymbol{w} \\ b \\ \boldsymbol{\xi} \end{bmatrix} + \begin{bmatrix} \boldsymbol{0}_{D+1,1} & C\boldsymbol{1}_{N,1} \end{bmatrix}^\top \begin{bmatrix} \boldsymbol{w} \\ b \\ \boldsymbol{\xi} \end{bmatrix} \\ &\text{条件} \begin{bmatrix} -\boldsymbol{Y}\boldsymbol{X} & -\boldsymbol{y} & -\boldsymbol{I}_N \\ \boldsymbol{0}_{N,D+1} & & -\boldsymbol{I}_N \end{bmatrix} \begin{bmatrix} \boldsymbol{w} \\ b \\ \boldsymbol{\xi} \end{bmatrix} \leq \begin{bmatrix} -\boldsymbol{1}_{N,1} \\ \boldsymbol{0}_{N,1} \end{bmatrix}. \end{aligned} \tag{12.56}$$

先ほどの最適化問題では，最小化は $[\boldsymbol{w}^\top, b, \boldsymbol{\xi}^\top]^\top \in \mathbb{R}^{D+1+N}$ の上で実行される．なお，$\boldsymbol{I}_m$ は大きさ $m \times m$ の単位行列，$\boldsymbol{0}_{m,n}$ は大きさ $m \times n$ のゼロ行列，$\boldsymbol{1}_{m,n}$ は大きさ $m \times n$ の 1 の行列である．また，$\boldsymbol{y}$ はラベルのベクトル $[y_1, \ldots, y_N]^\top$，$\boldsymbol{Y} = \mathrm{diag}(\boldsymbol{y})$ は対角要素が $\boldsymbol{y}$ からなる $N \times N$ 対角行列，$\boldsymbol{X} \in \mathbb{R}^{N \times D}$ は全標本を連結することによって得られる行列である．

同様に，サポートベクターマシンの双対バージョン (12.41) に対しても項の集約を行うことができる．双対サポートベクターマシンを標準形式で表現するためには，各要素が $K_{ij} = k(\boldsymbol{x}_i, \boldsymbol{x}_j)$ となるようなカーネル行列 $\boldsymbol{K}$ を用意する必要がある．陽な特徴量表現 $\boldsymbol{x}_i$ がある場合，$K_{ij} = \langle \boldsymbol{x}_i, \boldsymbol{x}_j \rangle$ と定義する．また表記の便宜上，対角成分を除くいたるところでゼロをもつ行列を導入する．これはラベルと保持するようなもの，つまり $\boldsymbol{Y} = \mathrm{diag}(\boldsymbol{y})$ である．この準備の下，双対サポートベクターマシンは

$$\begin{aligned} &\min_{\boldsymbol{\alpha}} \frac{1}{2}\boldsymbol{\alpha}^\top \boldsymbol{YKY\alpha} - \mathbf{1}_{N,1}^\top \boldsymbol{\alpha} \\ &\text{条件} \begin{bmatrix} \boldsymbol{y}^\top \\ -\boldsymbol{y}^\top \\ -\boldsymbol{I}_N \\ \boldsymbol{I}_N \end{bmatrix} \boldsymbol{\alpha} \leq \begin{bmatrix} \mathbf{0}_{N+2,1} \\ C\mathbf{1}_{N,1} \end{bmatrix} \end{aligned} \tag{12.57}$$

のように書くことができる．

注　7.3.1 項と 7.3.2 項では，不等式制約となる制約の標準形を紹介した．ここでは，双対サポートベクターマシンの等式制約を二つの不等式制約，すなわち

$$\boldsymbol{Ax} = \boldsymbol{b} \Leftrightarrow \boldsymbol{Ax} \leq \boldsymbol{b} \text{ かつ } \boldsymbol{Ax} \geq \boldsymbol{b} \tag{12.58}$$

として表現する．凸最適化手法の特定のソフトウェア実装は，等式制約を表現する機能を提供しているかもしれない．

サポートベクターマシンには多くの異なる見方があるため，結果として得られる最適化問題を解くためのアプローチも多くある．ここで紹介した，サポートベクターマシンの問題を標準的な凸最適化形式で表現するアプローチは，実際にはあまり使われていない．サポートベクターマシンのソルバーの主な二つの実装として，[CL11]（オープンソース）と [Joa99] がある．サポートベクターマシンは明確でよく定義された最適化問題であるため，数理最適化 [NW06] に基づく多くのアプローチが適用されている [STS11].

12.6　関連図書

サポートベクターマシンは，二値分類を研究するために多くのアプローチのうちの一つである．他のアプローチとしては，パーセプトロン，ロジスティック回帰，フィッシャーの線形判別，最近傍法，単純ベイズ，ランダムフォレストなどがある [Bis06, Mur12]．離散列上のサポートベクターマシンやカーネルに関する短いチュートリアルは，[BHOS+08] によって調べられている．サポートベクターマシンの発展は，8.2 節で説明した経験リスク最小化と密接に関連している．したがって，サポートベクターマシンは強い理論的特性をもっている [Vap00, Ste07]．カーネル法に関する書籍 [SS02] には，サポートベクターマシンの詳細や最適化する方法が多く書かれている．カーネル法に関するより広範な書籍 [STC04] にも，機械学習の様々な問題に対する多くの線形代数のアプローチが書かれている．

双対サポートベクターマシンの他の導出は，ルジャンドル・フェンシェル変換（7.3.3 項）の考え方を用いて得ることができる．この導出では，サポートベ

クターマシンの制約なしの定式化 (12.31) の各項を個別に考え，それらの凸共役を計算する [RL07]．サポートベクターマシンの関数解析の見方（正則化法の見方についても）に興味のある読者は，[Wah90] を参照されたい．カーネルの理論的な説明 [Aro50, Sch64, Sai88, MA15] には，線形作用素 [AG93] の基礎的な下地が必要である．カーネルの考え方は，バナッハ空間 [ZXZ09] やクライン空間 [OMCS04, LCO16] へ一般化されている．

(12.28) と (12.29) で示したように，ヒンジ損失は，三つの等価な表現をもつことに注意しよう．これは，(12.33) の制約条件付き最適化問題と同様である．(12.28) の定式化は，サポートベクターマシンの損失関数と他の損失関数を比較する際に用いられることが多い [Ste07]．二つの要素からなる定式化 (12.29) は，各部分が線形であるため，劣微分を計算するのに便利である．三番目の定式化 (12.33) は，12.5 節で見たように，凸二次計画法（7.3.2 項）のツールを使用することが可能である．

二値分類は機械学習でよく研究されているタスクであるため，他にも識別，分離，決定などの別の言葉が時折使用される．さらに，二値分類器の出力となり得る量は三つある．一つ目は，線形関数の出力そのもの（しばしばスコアと呼ばれる）で，これは任意の実数をとることができる．この出力は標本のランク付けに用いることができ，二値分類はランク付けされた標本のしきい値を選ぶこととみなせる [STC04]．しばしば二値分類の出力とみなされる第二の量は，その値が例えば $[0,1]$ のような，制限された範囲に制約されるような非線形関数を通過したあと決定される出力である．一般的な非線形関数として，シグモイド関数がある [Bis06]．非線形性によってよく較正（calibrate）された確率が結果として得られる場合 [GR07, RW11]，これはクラス確率推定と呼ばれる．二値分類器の第三の出力は，最終的な二値決定 $\{+1,-1\}$ であり，分類器の出力として最も一般的に仮定されるものである．

サポートベクターマシンは二値分類器であり，当然これ自身は確率的解釈に適していない．追加の較正ステップが関与するような，線形関数の生の出力を較正されたクラス確率推定量 $P(Y=1 \mid X=\boldsymbol{x})$ へ変換するためのいくつかのアプローチがある [Pla00, ZE01, LLW07]．訓練の観点からは，多くの関連した確率的アプローチがある．12.2.5 項の最後で，損失関数と尤度の間には関係があることを述べた（8.2 節と 8.3 節も比較されたい）．訓練中に確率的な出力を計算するための最尤法的なアプローチはロジスティック回帰と呼ばれ，これは一般化線形モデルと呼ばれる手法クラスに基づいている．この観点からのロジスティック回帰の詳細は，[Agr02, 第 5 章] や [MN89, 第 4 章] に記載されている．当然，ベイズロジスティック回帰を用いて事後分布を推定することで，分類器の出力に対してよりベイズ的な見方をとることができる．ベイズ的な見方は，尤度との共役性（6.6.1項）のような設計上の選択を含む，事前分布の特定も含んでいる．さらに，潜在関数を事前分布として考えることができる．その結果の一つは，ガウス過程での分類である [RW06, 第3章].

訳者あとがき

こんにちは．本書を手に取っていただき，誠にありがとうございます．本書は，Marc Peter Deisenroth氏，Aldo Faisal氏，Cheng Soon Ong氏が2020年4月に出版した著作 *Mathematics for Machine Learning* の全訳となります．

本書では，機械学習に必要な数学的知識とその応用に関する理論的な側面を解説しています．本書は入門書であり，他の専門書を読み進めていく上で必要となる数学的なスキルを習得することを目的としています．前半では数学の基礎を広範にカバーし，後半では機械学習の古典的な四つの手法に焦点を当てています．大規模言語モデルなどの最新トピックについては他のリソースに譲り，本書ではそれらの背景となる数学的な理解を深めることを重視しています．

また，本書の特徴として，豊富な例と図を用いることで，機械学習に関連する数学的概念を直感的に理解できるよう工夫されています．数式による説明が多い機械学習のアルゴリズムについて，本書の図がその数学的意図を把握する手助けとなるでしょう．「まえがき」にも記載されている通り，機械学習を学ぶ上で数学は一つのハードルとなることがあります．本書がそのハードルを少しでも下げる助けとなれば幸いです．

なお，第1章で述べられているように，原著は `https://mml-book.com` で無料でダウンロードできます．興味のある方はぜひご覧ください．

本書を翻訳するにあたり，多くの方々にご助力いただきました．心より感謝いたします．

監訳者である木下慶紀さんには，翻訳作業の各段階で丁寧なコメントと専門的な助言をいただきました．彼のご助力のおかげで，翻訳の質を高めることができました．深く感謝いたします．

共立出版の皆様にも感謝の意を表します．編集者の大谷早紀さん，菅沼正裕さんをはじめ，翻訳の提案段階から長期間にわたって，出版のプロセス全般にわたりご尽力いただき，本書の完成を支えてくださいました．皆様のご協力がなければ，本書はここまでの形にはならなかったことでしょう．

最後に，日常生活や仕事において支えてくださった家族や友人，同僚に心から感謝申し上げます．

2024 年 8 月

訳者

参考文献

[3Bl16] 3Blue1Brown, Linear Algebra, 2016.
https://www.youtube.com/playlist?list=PLZHQObOWTQDPD3MizzM2xVFitgF8hE_ab（最終アクセス 2024/7/17）
〔邦訳〕3Blue1BrownJapan，線形代数学のエッセンス，https://www.youtube.com/playlist?list=PL5WufEA7WHQGX7Su06JzbPDXUQGOdOwlq（最終アクセス 2024/7/17）

[Abe26] Niels H. Abel. *Démonstration de l'Impossibilité de la Résolution Algébrique des Équations Générales qui Passent le Quatriéme Degré*. Grøndahl & Søn, 1826.

[AD14] Andreas Argyriou and Francesco Dinuzzo. A unifying view of representer theorems. In *Proceedings of the International Conference on Machine Learning*, 2014.

[AD18] Ani Adhikari and John DeNero. *Computational and Inferential Thinking: The Foundations of Data Science*. Gitbooks, 2018.

[ADI10] Arvind Agarwal and Hal Daumé III. A geometric view of conjugate priors. *Machine Learning*, Vol. 81, No. 1, pp. 99–113, 2010.

[AG93] Naum I. Akhiezer and Izrail M. Glazman. *Theory of Linear Operators in Hilbert Space*. Dover Publications, 1993.

[Agr02] Alan Agresti. *Categorical Data Analysis*. Wiley, 2002.

[Aka74] Hirotugu Akaike. A new look at the statistical model identification. *IEEE Transactions on Automatic Control*, Vol. 19, No. 6, pp. 716–723, 1974.

[Alp10] Ethem Alpaydin. *Introduction to Machine Learning*. MIT Press, 2010.

[Ama16] Shun-ichi Amari. *Information Geometry and Its Applications*. Springer, 2016.

[Aro50] Nachman Aronszajn. Theory of reproducing kernels. *Transactions of the American Mathematical Society*, Vol. 68, pp. 337–404, 1950.

[Axl15] Sheldon Axler. *Linear Algebra Done Right*. Springer, 2015.

[Bar12] David Barber. *Bayesian Reasoning and Machine Learning*. Cambridge University Press, 2012.

[BB00a] Kristin P. Bennett and Erin J. Bredensteiner. Duality and geometry in SVM classifiers. In *Proceedings of the International Conference on Machine Learning*, 2000.

[BB00b] Kristin P. Bennett and Erin J. Bredensteiner. Geometry in learning. In *Geometry at Work*, pp. 132–145. Mathematical Association of

America, 2000.

[BCdF09] Eric Brochu, Vlad M. Cora, and Nando de Freitas. A tutorial on Bayesian optimization of expensive cost functions, with application to active user modeling and hierarchical reinforcement learning. Technical Report TR-2009-023, Department of Computer Science, University of British Columbia, 2009.

[BCN18] Léon Bottou, Frank E. Curtis, and Jorge Nocedal. Optimization methods for large-scale machine learning. *SIAM Review*, Vol. 60, No. 2, pp. 223–311, 2018.

[BD06] Peter J. Bickel and Kjell A. Doksum. *Mathematical Statistics: Basic Ideas and Selected Topics*, Vol. 1. Prentice Hall, 2006.

[BDS+07] Danny Bickson, Danny Dolev, Ori Shental, Paul H. Siegel, and Jack K. Wolf. Linear detection via belief propagation. In *Proceedings of the Annual Allerton Conference on Communication, Control, and Computing*, 2007.

[Ber99] Dimitri P. Bertsekas. *Nonlinear Programming*. Athena Scientific, 1999.

[Ber09] Dimitri P. Bertsekas. *Convex Optimization Theory*. Athena Scientific, 2009.

[BGJM11] Steve Brooks, Andrew Gelman, Galin L. Jones, and Xiao-Li Meng (eds.). *Handbook of Markov Chain Monte Carlo*. Chapman and Hall/CRC, 2011.

[BGLS06] J. Frédéric Bonnans, J. Charles Gilbert, Claude Lemaréchal, and Claudia A Sagastizábal. *Numerical Optimization: Theoretical and Practical Aspects*. Springer, 2006.

[BH15] Arvim Blum and Moritz Hardt. The ladder: A reliable leaderboard for machine learning competitions. In *International Conference on Machine Learning*, 2015.

[BHOS+08] Asa Ben-Hur, Cheng Soon Ong, Sören Sonnenburg, Bernhard Schölkopf, and Gunnar Rätsch. Support vector machines and kernels for computational biology. *PLoS Computational Biology*, Vol. 4, No. 10, 2008. e1000173.

[BHS+07] Gökhan Bakir, Thomas Hofmann, Bernhard Schölkopf, Alexander J. Smola, Ben Taskar, and S. V. N. Vishwanathan (eds.). *Predicting Structured Data*. MIT Press, 2007.

[Bil95] Patrick Billingsley. *Probability and Measure*. Wiley, 1995.

[Bis95] Christopher M. Bishop. *Neural Networks for Pattern Recognition*. Clarendon Press, 1995.

[Bis99] Christopher M. Bishop. Bayesian PCA. In *Advances in Neural Information Processing Systems*, 1999.

[Bis06] Christopher M. Bishop. *Pattern Recognition and Machine Learning*. Springer, 2006.
〔邦訳〕『パターン認識と機械学習（上・下）』, C. M. ビショップ 著, 元田浩・栗田多喜夫・樋口知之・松本裕治・村田昇 監訳 (2012) 丸善出版.

[BKM11] David Bartholomew, Martin Knott, and Irini Moustaki. *Latent Variable Models and Factor Analysis: A Unified Approach*. Wiley, 2011.

[BKM17] David M. Blei, Alp Kucukelbir, and Jon D. McAuliffe. Variational inference: A review for statisticians. *Journal of the American Statistical Association*, Vol. 112, No. 518, pp. 859–877, 2017.

[BL06] Jonathan M. Borwein and Adrian S. Lewis. *Convex Analysis and Nonlinear Optimization.* Canadian Mathematical Society, 2nd edition, 2006.

[BLM13] Stephane Boucheron, Gabor Lugosi, and Pascal Massart. *Concentration Inequalities: A Nonasymptotic Theory of Independence.* Oxford University Press, 2013.

[BN03] Mikhail Belkin and Partha Niyogi. Laplacian eigenmaps for dimensionality reduction and data representation. *Neural Computation*, Vol. 15, No. 6, pp. 1373–1396, 2003.

[BN14] Ole Barndorff-Nielsen. *Information and Exponential Families: In Statistical Theory.* Wiley, 2014.

[Bot98] Léon Bottou. *Online Learning and Stochastic Approximations*, pp. 9–42. Cambridge University Press, 1998.

[BPRS18] Atilim G. Baydin, Barak A. Pearlmutter, Alexey A. Radul, and Jeffrey M. Siskind. Automatic differentiation in machine learning: A survey. *Journal of Machine Learning Research*, Vol. 18, pp. 1–43, 2018.

[Bro86] Lawrence D. Brown. *Fundamentals of Statistical Exponential Families: With Applications in Statistical Decision Theory.* Institute of Mathematical Statistics, 1986.

[Bry61] Arthur E. Bryson. A gradient method for optimizing multi-stage allocation processes. In *Proceedings of the Harvard University Symposium on Digital Computers and Their Applications*, 1961.

[BT03] Amir Beck and Marc Teboulle. Mirror descent and nonlinear projected subgradient methods for convex optimization. *Operations Research Letters*, Vol. 31, No. 3, pp. 167–175, 2003.

[BTA04] Alain Berlinet and Christine Thomas-Agnan. *Reproducing Kernel Hilbert Spaces in Probability and Statistics.* Springer, 2004.

[Bub15] Sébastien Bubeck. Convex optimization: Algorithms and complexity. *Foundations and Trends in Machine Learning*, Vol. 8, No. 3-4, pp. 231–357, 2015.

[Bur10] Christopher Burges. Dimension reduction: A guided tour. *Foundations and Trends in Machine Learning*, Vol. 2, No. 4, pp. 275–365, 2010.

[BV04] Stephen Boyd and Lieven Vandenberghe. *Convex Optimization.* Cambridge University Press, 2004.

[BVDG11] Peter Bühlmann and Sara Van De Geer. *Statistics for High-Dimensional Data.* Springer, 2011.

[BW09] Mohamed-Ali Belabbas and Patrick J. Wolfe. Spectral methods in machine learning and new strategies for very large datasets. In *Proceedings of the National Academy of Sciences*, 0810600105. 2009.

[CA18] Francois Chollet and J. J. Allaire. *Deep Learning with R.* Manning Publications, 2018.

[CB02] George Casella and Roger L. Berger. *Statistical Inference.* Duxbury, 2002.

[CC70] J. Douglas Carroll and Jih-Jie Chang. Analysis of individual differences in multidimensional scaling via an n-way generalization of “Eckart-Young” decomposition. *Psychometrika*, Vol. 35, No. 3, pp. 283–319, 1970.

[Ç11] Erhan Çinlar. *Probability and Stochastics.* Springer, 2011.

[CG15] John P. Cunningham and Zoubin Ghahramani. Linear dimensionality reduction: Survey, insights, and generalizations. *Journal of Machine Learning Research*, Vol. 16, pp. 2859–2900, 2015.

[Che85] Peter Cheeseman. In defense of probability. In *Proceedings of the International Joint Conference on Artificial Intelligence*, 1985.

[CL11] Chih-Chung Chang and Chih-Jen Lin. LIBSVM: A library for support vector machines. *ACM Transactions on Intelligent Systems and Technology*, Vol. 2, pp. 27:1–27:27, 2011.

[Cod90] Edgar F. Codd. *The Relational Model for Database Management.* Addison-Wesley Longman Publishing, 1990.

[Dat10] Biswa N. Datta. *Numerical Linear Algebra and Applications.* SIAM, 2010.

[DCMC12] Jeffrey Dean, Greg S. Corrado, Rajat Monga, et al. Large scale distributed deep networks. In *Advances in Neural Information Processing Systems*, 2012.

[Dev86] Luc Devroye. *Non-Uniform Random Variate Generation.* Springer, 1986.

[DFR15] Marc P. Deisenroth, Dieter Fox, and Carl E. Rasmussen. Gaussian processes for data-efficient learning in robotics and control. *IEEE Transactions on Pattern Analysis and Machine Intelligence*, Vol. 37, No. 2, pp. 408–423, 2015.

[DG03] David L. Donoho and Carrie Grimes. Hessian eigenmaps: Locally linear embedding techniques for high-dimensional data. In *Proceedings of the National Academy of Sciences*, Vol. 100, pp. 5591–5596, 2003.

[DH97] Anthony C. Davidson and David V. Hinkley. *Bootstrap Methods and Their Application.* Cambridge University Press, 1997.

[DLR77] Arthur P. Dempster, Nan M. Laird, and Donald B. Rubin. Maximum likelihood from incomplete data via the EM algorithm. *Journal of the Royal Statistical Society*, Vol. 39, No. 1, pp. 1–38, 1977.

[DM12] Marc P. Deisenroth and Shakir Mohamed. Expectation propagation in Gaussian process dynamical systems. In *Advances in Neural Information Processing Systems*, pp. 2618–2626, 2012.

[DO11] Marc P. Deisenroth and Henrik Ohlsson. A general perspective on Gaussian filtering and smoothing: Explaining current and deriving new algorithms. In *Proceedings of the American Control Conference*, 2011.

[Dos09] Zdeněk Dostál. *Optimal Quadratic Programming Algorithms: With Applications to Variational Inequalities.* Springer, 2009.

[Dou17] Igor Douven. Abduction. In *Stanford Encyclopedia of Philosophy.* 2017. `https://plato.stanford.edu/archives/sum2021/entries/abduction/`（最終アクセス 2024/7/17）

[Dow14] Allen B. Downey. *Think Stats: Exploratory Data Analysis.* 2nd edition, O'Reilly Media, 2014.

[Dre62] Stuart Dreyfus. The numerical solution of variational problems. *Journal of Mathematical Analysis and Applications*, Vol. 5, No. 1, pp. 30–45, 1962.

[DSY+10] Li Deng, Michael L. Seltzer, Dong Yu, Alex Acero, Abdel-rahman Mohamed, and Geoffrey E. Hinton. Binary coding of speech spectrograms using a deep auto-encoder. In *Proceedings of Interspeech*,

2010.

[Dud02] Richard M. Dudley. *Real Analysis and Probability*. Cambridge University Press, 2002.

[DW01] Volker Drumm and Wolfgang Weil. Lineare algebra und analytische geometrie, Lecture Notes, Universität Karlsruhe, 2001.

[Eat07] Morris L. Eaton. *Multivariate Statistics: A Vector Space Approach*. Institute of Mathematical Statistics Lecture Notes, 2007.

[EH16] Bradley Efron and Trevor Hastie. *Computer Age Statistical Inference: Algorithms, Evidence and Data Science*. Cambridge University Press, 2016.

[Ell09] Conal Elliott. Beautiful differentiation. In *International Conference on Functional Programming*, 2009.

[ET93] Bradley Efron and Robert J. Tibshirani. *An Introduction to the Bootstrap*. Chapman and Hall/CRC, 1993.

[EY36] Carl Eckart and Gale Young. The approximation of one matrix by another of lower rank. *Psychometrika*, Vol. 1, No. 3, pp. 211–218, 1936.

[FCH+08] Rong-En Fan, Kai-Wei Chang, Cho-Jui Hsieh, Xiang-Rui Wang, and Chih-Jen Lin. Liblinear: A library for large linear classification. *Journal of Machine Learning Research*, Vol. 9, pp. 1871–1874, 2008.

[Gär08] Thomas Gärtner. *Kernels for Structured Data*. World Scientific, 2008.

[GBC16] Ian Goodfellow, Yoshua Bengio, and Aaron Courville. *Deep Learning*. MIT Press, 2016.
〔邦訳〕『深層学習』, 岩澤有祐・鈴木雅大・中山浩太郎・松尾豊 監訳 (2018) KADOKAWA.

[GCBH10] Thore Graepel, Joaquin Quiñonero-Candela Candela, Thomas Borchert, and Ralf Herbrich. Web-scale Bayesian click-through rate prediction for sponsored search advertising in Microsoft's bing search engine. In *Proceedings of the International Conference on Machine Learning*, 2010.

[GCSR04] Andrew Gelman, John B. Carlin, Hal S. Stern, and Donald B. Rubin. *Bayesian Data Analysis*. Chapman and Hall/CRC, 2004.

[GD14] Matan Gavish and David L. Donoho. The optimal hard threshold for singular values is $4/\sqrt{3}$. *IEEE Transactions on Information Theory*, Vol. 60, No. 8, pp. 5040–5053, 2014.

[Gen04] James E. Gentle. *Random Number Generation and Monte Carlo Methods*. Springer, 2004.

[GGK12] Israel Gohberg, Seymour Goldberg, and Nahum Krupnik. *Traces and Determinants of Linear Operators*. Birkhäuser, 2012.

[Gha15] Zoubin Ghahramani. Probabilistic machine learning and artificial intelligence. *Nature*, Vol. 521, pp. 452–459, 2015.

[Goh17] Gabriel Goh. *Why Momentum Really Works*. Distill, 2017.

[Gol07] Jonathan S. Golan. *The Linear Algebra a Beginning Graduate Student Ought to Know*. Springer, 2007.

[GR99] Zoubin Ghahramani and Sam T. Roweis. *Learning Nonlinear Dynamical Systems Using an EM Algorithm*. In *Advances in Neural Information Processing Systems*. MIT Press, 1999.

[GR07] Tilmann Gneiting and Adrian E. Raftery. Strictly proper scoring rules, prediction, and estimation. *Journal of the American Statistical Association*, Vol. 102, No. 477, pp. 359–378, 2007.

[Gri15] Pavel Grinfeld. Part 1 linear algebra: An in-depth introduction with a focus on applications, 2015. `https://www.youtube.com/playlist?list=PLlXfTHzgMRUKXD88IdzS14F4NxAZudSmv` (最終アクセス 2024/7/17)

[GRS96] Walter R. Gilks, Sylvia Richardson, and David J. Spiegelhalter. *Markov Chain Monte Carlo in Practice*. Chapman and Hall/CRC, 1996.

[GS97] Charles M. Grinstead and J. Laurie Snell. *Introduction to Probability*. American Mathematical Society, 1997.

[GvdWR14] Yarin Gal, Mark van der Wilk, and Carl E. Rasmussen. Distributed variational inference in sparse Gaussian process regression and latent variable models. In *Advances in Neural Information Processing Systems*, 2014.

[GVL12] Gene H. Golub and Charles F. Van Loan. *Matrix Computations*. JHU Press, 2012.

[GW03] Andreas Griewank and Andrea Walther. Introduction to automatic differentiation. In *Proceedings in Applied Mathematics and Mechanics*, 2003.

[GW08] Andreas Griewank and Andrea Walther. *Evaluating Derivatives, Principles and Techniques of Algorithmic Differentiation*. SIAM, 2008.

[GW14] Geoffrey R. Grimmett and Dominic Welsh. *Probability: An Introduction*. Oxford University Press, 2014.

[Hac01] Ian Hacking. *Probability and Inductive Logic*. Cambridge University Press, 2001.

[Haz15] Elad Hazan. Introduction to online convex optimization. *Foundations and Trends in Optimization*, Vol. 2, No. 3-4, pp. 157–325, 2015.

[HBB10] Matthew D. Hoffman, David M. Blei, and Francis Bach. Online learning for latent dirichlet allocation. In *Advances in Neural Information Processing Systems*, 2010.

[HBWP13] Matthew D. Hoffman, David M. Blei, Chong Wang, and John Paisley. Stochastic variational inference. *Journal of Machine Learning Research*, Vol. 14, No. 1, pp. 1303–1347, 2013.

[HFL13] James Hensman, Nicolò Fusi, and Neil D. Lawrence. Gaussian processes for big data. In *Proceedings of the Conference on Uncertainty in Artificial Intelligence*, 2013.

[HJ13] Roger A. Horn and Charles R. Johnson. *Matrix Analysis*. Cambridge University Press, 2013.

[HK03] Boris Hasselblatt and Anatole Katok. *A First Course in Dynamics with a Panorama of Recent Developments*. Cambridge University Press, 2003.

[HMG07] Ralf Herbrich, Tom Minka, and Thore Graepel. TrueSkill(TM): A Bayesian skill rating system. In *Advances in Neural Information Processing Systems*, 2007.

[Hog13] Leslie Hogben. *Handbook of Linear Algebra*. Chapman and Hall/CRC, 2013.

[HOK01] Aapo Hyvärinen, Erkki Oja, and Juha Karhunen. *Independent Component Analysis*. Wiley, 2001.

[Hot33] Harold Hotelling. Analysis of a complex of statistical variables into principal components. *Journal of Educational Psychology*, Vol. 24, pp. 417–441, 1933.

[HPŠ10] Marc Hallin, Davy Paindaveine, and Miroslav Šiman. Multivariate quantiles and multiple-output regression quantiles: From ℓ_1 optimization to halfspace depth. *Annals of Statistics*, Vol. 38, pp. 635–669, 2010.

[HSS08] Thomas Hofmann, Bernhard Schölkopf, and Alexander J. Smola. Kernel methods in machine learning. *Annals of Statistics*, Vol. 36, No. 3, pp. 1171–1220, 2008.

[HSW+18] Karol Hausman, Jost T. Springenberg, Ziyu Wang, Nicolas Heess, and Martin Riedmiller. Learning an embedding space for transferable robot skills. In *Proceedings of the International Conference on Learning Representations*, 2018.

[HTF01] Trevor Hastie, Robert Tibshirani, and Jerome Friedman. *The Elements of Statistical Learning – Data Mining, Inference, and Prediction.* Springer, 2001.

[HUL01] Jean-Baptiste Hiriart-Urruty and Claude Lemaréchal. *Fundamentals of Convex Analysis.* Springer, 2001.

[IR15] Guido W. Imbens and Donald B. Rubin. *Causal Inference for Statistics, Social and Biomedical Sciences.* Cambridge University Press, 2015.

[Jay03] Edwin T. Jaynes. *Probability Theory: The Logic of Science.* Cambridge University Press, 2003.

[JB92] William H. Jefferys and James O. Berger. Ockham's razor and Bayesian analysis. *American Scientist*, Vol. 80, pp. 64–72, 1992.

[Jef61] Harold Jeffreys. *Theory of Probability.* Oxford University Press, 1961.

[JGJS99] Michael I. Jordan, Zoubin Ghahramani, Tommi S. Jaakkola, and Lawrence K. Saul. An introduction to variational methods for graphical models. *Machine Learning*, Vol. 37, pp. 183–233, 1999.

[Joa99] Thorsten Joachims. Making large-scale SVM learning practical. In *Advances in Kernel Methods – Support Vector Learning*, pp. 169–184. MIT Press, 1999.

[JP04] Jean Jacod and Philip Protter. *Probability Essentials.* Springer, 2004.

[JRM15] Danilo Jimenez Rezende and Shakir Mohamed. Variational inference with normalizing flows. In *Proceedings of the International Conference on Machine Learning*, 2015.

[JU97] Simon J. Julier and Jeffrey K. Uhlmann. A new extension of the Kalman filter to nonlinear systems. In *Proceedings of AeroSense Symposium on Aerospace/Defense Sensing, Simulation and Controls*, 1997.

[Kál60] Rudolf E. Kálmán. A new approach to linear filtering and prediction problems. *Transactions of the ASME – Journal of Basic Engineering*, Vol. 82, No. Series D, pp. 35–45, 1960.

[Kal96] Dan Kalman. A singularly valuable decomposition: The SVD of a matrix. *College Mathematics Journal*, Vol. 27, No. 1, pp. 2–23, 1996.

[Kat04] Victor J. Katz. *A History of Mathematics.* Pearson/Addison-

Wesley, 2004.

[KB09] Tamara G. Kolda and Brett W. Bader. Tensor decompositions and applications. *SIAM Review*, Vol. 51, No. 3, pp. 455–500, 2009.

[KB14] Diederik P. Kingma and Jimmy Ba. Adam: A method for stochastic optimization. In *Proceedings of the International Conference on Learning Representations*, 2014.

[KD18] Sanket Kamthe and Marc P. Deisenroth. Data-efficient reinforcement learning with probabilistic model predictive control. In *Proceedings of the International Conference on Artificial Intelligence and Statistics*, 2018.

[Kel60] Henry J. Kelley. Gradient theory of optimal flight paths. *Ars Journal*, Vol. 30, No. 10, pp. 947–954, 1960.

[KF84] Josef Kittler and Janos Föglein. Contextual classification of multispectral pixel data. *Image and Vision Computing*, Vol. 2, No. 1, pp. 13–29, 1984.

[KF09] Daphne Koller and Nir Friedman. *Probabilistic Graphical Models*. MIT Press, 2009.

[KH06] Marcus Kaiser and Claus C. Hilgetag. Nonoptimal component placement, but short processing paths, due to long-distance projections in neural systems. *PLoS Computational Biology*, Vol. 2, No. 7, e95, 2006.

[KM12] Linglong Kong and Ivan Mizera. Quantile tomography: Using quantiles with multivariate data. *Statistica Sinica*, Vol. 22, pp. 1598–1610, 2012.

[KW70] George S. Kimeldorf and Grace Wahba. A correspondence between Bayesian estimation on stochastic processes and smoothing by splines. *Annals of Mathematical Statistics*, Vol. 41, No. 2, pp. 495–502, 1970.

[Lan87] Serge Lang. *Linear Algebra*. Springer, 1987.
〔邦訳〕『ラング線形代数学（上・下）』，サージ・ラング 著，芹沢正三 訳（2010）ちくま学芸文庫．

[Law05] Neil D. Lawrence. Probabilistic non-linear principal component analysis with Gaussian process latent variable models. *Journal of Machine Learning Research*, Vol. 6, No. Nov., pp. 1783–1816, 2005.

[LC98] Erich Leo Lehmann and George Casella. *Theory of Point Estimation*. Springer, 1998.

[LCO16] Gaëlle Loosli, Stéphane Canu, and Cheng Soon Ong. Learning SVM in Kreĭn spaces. *IEEE Transactions of Pattern Analysis and Machine Intelligence*, Vol. 38, No. 6, pp. 1204–1216, 2016.

[Lju99] Lennart Ljung. *System Identification: Theory for the User*. Prentice Hall, 1999.

[LLW07] Hsuan-Tien Lin, Ch ih-Jen Lin, and Ruby C. Weng. A note on Platt's probabilistic outputs for support vector machines. *Machine Learning*, Vol. 68, pp. 267–276, 2007.

[LM08] Lawrence M. Leemis and Jacquelyn T. McQueston. Univariate distribution relationships. *American Statistician*, Vol. 62, No. 1, pp. 45–53, 2008.

[LM15] Jörg Liesen and Volker Mehrmann. *Linear Algebra*. Springer, 2015.

[LR05] Erich L. Lehmann and Joseph P. Romano. *Testing Statistical Hypotheses*. Springer, 2005.

[Lue69] David G. Luenberger. *Optimization by Vector Space Methods*. Wiley, 1969.

[MA15] Jonathan H. Manton and Pierre-Olivier Amblard. A primer on reproducing kernel Hilbert spaces. *Foundations and Trends in Signal Processing*, Vol. 8, No. 1-2, pp. 1–126, 2015.

[Mac92] David J. C. MacKay. Bayesian interpolation. *Neural Computation*, Vol. 4, pp. 415–447, 1992.

[Mac98] David J. C. Mackay, Introduction to Gaussian Processes. In *Neural Networks and Machine Learning*, pp. 133–165, Springer, 1998.

[Mac03] David J. C. MacKay. *Information Theory, Inference, and Learning Algorithms*. Cambridge University Press, 2003.

[May79] Peter S. Maybeck. *Stochastic Models, Estimation, and Control*. Academic Press, 1979.

[MDM95] Marc Moonen and Bart De Moor. *SVD and Signal Processing, III: Algorithms, Architectures and Applications*. Elsevier, 1995.

[MG16] Andreas C. Müller and Sarah Guido. *Introduction to Machine Learning with Python: A Guide for Data Scientists*. O'Reilly Publishing, 2016.

[Min01a] Thomas P. Minka. *A Family of Algorithms for Approximate Bayesian Inference*. Ph.D. thesis, Massachusetts Institute of Technology, 2001.

[Min01b] Thomas P. Minka. Automatic choice of dimensionality of PCA. In *Advances in Neural Information Processing Systems*, 2001.

[Mit97] Tom Mitchell. *Machine Learning*. McGraw-Hill, 1997.

[MKB15] Irini Moustaki, Martin Knott, and David J. Bartholomew. *Latent-Variable Modeling*. American Cancer Society, 2015.

[MKS15] Volodymyr Mnih, Koray Kavukcuoglu, David Silver, et al. Human-level control through deep reinforcement learning. *Nature*, Vol. 518, pp. 529–533, 2015.

[MMC98] Robert J. McEliece, David J. C. MacKay, and Jung-Fu Cheng. Turbo decoding as an instance of Pearl's "belief propagation" algorithm. *IEEE Journal on Selected Areas in Communications*, Vol. 16, No. 2, pp. 140–152, 1998.

[MN89] Peter McCullagh and John A. Nelder. *Generalized Linear Models*. CRC Press, 1989.

[MN07] Jan R. Magnus and Heinz Neudecker. *Matrix Differential Calculus with Applications in Statistics and Econometrics*. Wiley, 2007.

[MRW+99] Sebastian Mika, Gunnar Rätsch, Jason Weston, Bernhard Schölkopf, and Klaus-Robert Müller. Fisher discriminant analysis with kernels. In *Proceedings of the Workshop on Neural Networks for Signal Processing*, pp. 41–48, 1999.

[Mur12] Kevin P. Murphy. *Machine Learning: A Probabilistic Perspective*. MIT Press, 2012.

[Nea96] Radford M. Neal. *Bayesian Learning for Neural Networks*. Ph.D. thesis, Department of Computer Science, University of Toronto, 1996.

[Nel06] Roger Nelsen. *An Introduction to Copulas*. Springer, 2006.

[Nes18] Yuri Nesterov. *Lectures on Convex Optimization*. Springer, 2018.

[Neu98] Arnold Neumaier. Solving ill-conditioned and singular linear systems: A tutorial on regularization. *SIAM Review*, Vol. 40, pp. 636–

666, 1998.

[NGJL14] Sebastian Nowozin, Peter V. Gehler, Jeremy Jancsary, and Christoph H. Lampert (eds.). *Advanced Structured Prediction*. MIT Press, 2014.

[NH99] Radford M. Neal and Geoffrey E. Hinton. A view of the EM algorithm that justifies incremental, sparse, and other variants. In *Learning in Graphical Models*, pp. 355–368. MIT Press, 1999.

[NW06] Jorge Nocedal and Stephen J. Wright. *Numerical Optimization*. Springer, 2006.

[OHgn91] Anthony O'Hagan. Bayes-Hermite quadrature. *Journal of Statistical Planning and Inference*, Vol. 29, pp. 245–260, 1991.

[OMCS04] Cheng Soon Ong, Xavier Mary, Stéphane Canu, and Alexander J. Smola. Learning with non-positive kernels. In *Proceedings of the International Conference on Machine Learning*, 2004.

[Paq08] Ulrich Paquet. *Bayesian Inference for Latent Variable Models*. Ph.D. thesis, University of Cambridge, 2008.

[Par62] Emanuel Parzen. On estimation of a probability density function and mode. *Annals of Mathematical Statistics*, Vol. 33, No. 3, pp. 1065–1076, 1962.

[PBMW99] Lawrence Page, Sergey Brin, Rajeev Motwani, and Terry Winograd. The PageRank citation ranking: Bringing order to the Web. Technical report, Stanford InfoLab, 1999.

[Pea95] Karl Pearson. Contributions to the mathematical theory of evolution. II. Skew variation in homogeneous material. *Philosophical Transactions of the Royal Society A: Mathematical, Physical and Engineering Sciences*, Vol. 186, pp. 343–414, 1895.

[Pea01] Karl Pearson. On lines and planes of closest fit to systems of points in space. *Philosophical Magazine*, Vol. 2, No. 11, pp. 559–572, 1901.

[Pea88] Judea Pearl. *Probabilistic Reasoning in Intelligent Systems: Networks of Plausible Inference*. Morgan Kaufmann, 1988.

[Pea09] Judea Pearl. *Causality: Models, Reasoning and Inference*. Cambridge University Press, 2nd edition, 2009.

[PJS17] Jonas Peters, Dominik Janzing, and Bernhard Schölkopf. *Elements of Causal Inference: Foundations and Learning Algorithms*. MIT Press, 2017.

[Pla00] John C. Platt. Probabilistic outputs for support vector machines and comparisons to regularized likelihood methods. *Advances in Large Margin Classifiers*, 2000.

[Pol02] David Pollard. *A User's Guide to Measure Theoretic Probability*. Cambridge University Press, 2002.

[Pol16] Roman A. Polyak. The Legendre transformation in modern optimization. In B. Goldengorin (ed.), *Optimization and Its Applications in Control and Data Sciences*, pp. 437–507. Springer, 2016.

[PP98] Michael A. Proschan and Brett Presnell. Expect the unexpected from conditional expectation. *American Statistician*, Vol. 52, No. 3, pp. 248–252, 1998.

[PP12] Kaare B. Petersen and Michael S. Pedersen. The matrix cookbook. Technical report, Technical University of Denmark, 2012.

[PT91] Lyle Pussell and Selden Y. Trimble. Gram-Schmidt orthogonalization by Gauss elimination. *American Mathematical Monthly*, Vol. 98, pp. 544–549, 1991.

[PTVF07] William H. Press, Saul A. Teukolsky, William T. Vetterling, and Brian P. Flannery. *Numerical Recipes: The Art of Scientific Computing*. Cambridge University Press, 2007.

[RB14] Anindya Roy and Sudipto Banerjee. *Linear Algebra and Matrix Analysis for Statistics*. Chapman and Hall/CRC, 2014.

[RG99] Sam T. Roweis and Zoubin Ghahramani. A unifying review of linear Gaussian models. *Neural Computation*, Vol. 11, No. 2, pp. 305–345, 1999.

[RG01] Carl E. Rasmussen and Zoubin Ghahramani. Occam's razor. In *Advances in Neural Information Processing Systems*, 2001.

[RG03] Carl E. Rasmussen and Zoubin Ghahramani. Bayesian monte carlo. In *Advances in Neural Information Processing Systems*, 2003.

[RG16] Simon Rogers and Mark Girolami. *A First Course in Machine Learning*. Chapman and Hall/CRC, 2016.

[RHW86] David E. Rumelhart, Geoffrey E. Hinton, and Ronald J. Williams. Learning representations by back-propagating errors. *Nature*, Vol. 323, No. 6088, pp. 533–536, 1986.

[RK16] Reuven Y. Rubinstein and Dirk P. Kroese. *Simulation and the Monte Carlo Method*. Wiley, 2016.

[RL07] Ryan M. Rifkin and Ross A. Lippert. Value regularization and fenchel duality. *Journal of Machine Learning Research*, Vol. 8, pp. 441–479, 2007.

[RM17] Sebastian Raschka and Vahid Mirjalili. *Python Machine Learning: Machine Learning and Deep Learning with Python, scikit-learn, and TensorFlow*. Packt Publishing, 2017.

[Roc70] Ralph T. Rockafellar. *Convex Analysis*. Princeton University Press, 1970.

[Ros56] Murray Rosenblatt. Remarks on some nonparametric estimates of a density function. *Annals of Mathematical Statistics*, Vol. 27, No. 3, pp. 832–837, 1956.

[Ros17] Paul R. Rosenbaum. *Observation and Experiment: An Introduction to Causal Inference*. Harvard University Press, 2017.

[Row98] Sam T. Roweis. EM algorithms for PCA and SPCA. In *Advances in Neural Information Processing Systems*, pp. 626–632, 1998.

[Ruf99] Paolo Ruffini. *Teoria Generale delle Equazioni, in cui si Dimostra Impossibile la Soluzione Algebraica delle Equazioni Generali di Grado Superiore al Quarto*. Stamperia di S. Tommaso d'Aquino, 1799.

[RW06] Carl E. Rasmussen and Christopher K. I. Williams. *Gaussian Processes for Machine Learning*. MIT Press, 2006.

[RW11] Mark Reid and Robert C. Williamson. Information, divergence and risk for binary experiments. *Journal of Machine Learning Research*, Vol. 12, pp. 731–817, 2011.

[Sai88] Saburou Saitoh. *Theory of Reproducing Kernels and its Applications*. Longman Scientific and Technical, 1988.

[Sär13] Simo Särkkä. *Bayesian Filtering and Smoothing*. Cambridge University Press, 2013.

[SB02] Josef Stoer and Roland Burlirsch. *Introduction to Numerical Anal-*

ysis. Springer, 2002.

[Sch64] Laurent Schwartz. Sous espaces hilbertiens d'espaces vectoriels topologiques et noyaux associés. Journal d'Analyse Mathématique, Vol. 13, pp. 115–256, 1964.

[Sch78] Gideon E. Schwarz. Estimating the dimension of a model. *Annals of Statistics*, Vol. 6, No. 2, pp. 461–464, 1978.

[SG94] Luis E. Sucar and Duncan F. Gillies. Probabilistic reasoning in high-level vision. *Image and Vision Computing*, Vol. 12, No. 1, pp. 42–60, 1994.

[SGF$^+$10] Bharath K. Sriperumbudur, Arthur Gretton, Kenji Fukumizu, Bernhard Schölkopf, and Gert R. G. Lanckriet. Hilbert space embeddings and metrics on probability measures. *Journal of Machine Learning Research*, Vol. 11, pp. 1517–1561, 2010.

[SHD18] Steindór Sæmundsson, Katja Hofmann, and Marc P. Deisenroth. Meta reinforcement learning with latent variable Gaussian processes. In *Proceedings of the Conference on Uncertainty in Artificial Intelligence*, 2018.

[She94] Jonathan R. Shewchuk. *An Introduction to the Conjugate Gradient Method without the Agonizing Pain*. 1994.

[Shi84] Albert N. Shiryayev. *Probability*. Springer, 1984.

[Sho85] Naum Z. Shor. *Minimization Methods for Non-Differentiable Functions*. Springer, 1985.

[SHS01] Bernhard Schölkopf, Ralf Herbrich, and Alexander J. Smola. A generalized representer theorem. In *Proceedings of the International Conference on Computational Learning Theory*, 2001.

[SLA12] Jasper Snoek, Hugo Larochelle, and Ryan P. Adams. Practical Bayesian optimization of machine learning algorithms. In *Advances in Neural Information Processing Systems*, 2012.

[SM00] Jianbo Shi and Jitendra Malik. Normalized cuts and image segmentation. *IEEE Transactions on Pattern Analysis and Machine Intelligence*, Vol. 22, No. 8, pp. 888–905, 2000.

[SPD$^+$09] Qinfeng Shi, James Petterson, Gideon Dror, John Langford, Alexander J. Smola, and S. V. N. Vishwanathan. Hash kernels for structured data. *Journal of Machine Learning Research*, pp. 2615–2637, 2009.

[Spe04] Charles Spearman. "general intelligence," objectively determined and measured. *American Journal of Psychology*, Vol. 15, No. 2, pp. 201–292, 1904.

[SS80] Adrian F. M. Smith and David Spiegelhalter. Bayes factors and choice criteria for linear models. *Journal of the Royal Statistical Society B*, Vol. 42, No. 2, pp. 213–220, 1980.

[SS02] Bernhard Schölkopf and Alexander J. Smola. *Learning with Kernels – Support Vector Machines, Regularization, Optimization, and Beyond*. MIT Press, 2002.

[SSBD14] Shai Shalev-Shwartz and Shai Ben-David. *Understanding Machine Learning: From Theory to Algorithms*. Cambridge University Press, 2014.

[SSM97] Bernhard Schölkopf, Alexander J. Smola, and Klaus-Robert Müller. Kernel principal component analysis. In *Proceedings of the International Conference on Artificial Neural Networks*, 1997.

[SSM98] Bernhard Schölkopf, Alexander J. Smola, and Klaus-Robert Müller. Nonlinear component analysis as a kernel eigenvalue problem. *Neural Computation*, Vol. 10, No. 5, pp. 1299–1319, 1998.

[SSW+08] Ori Shental, Paul H. Siegel, Jack K. Wolf, Danny Bickson, and Danny Dolev. Gaussian belief propagation solver for systems of linear equations. In *Proceedings of the International Symposium on Information Theory*, pp. 1863–1867, 2008.

[SSW+16] Bobak Shahriari, Kevin Swersky, Ziyu Wang, Ryan P. Adams, and Nando De Freitas. Taking the human out of the loop: A review of Bayesian optimization. In *Proceedings of the IEEE*, Vol. 104, pp. 148–175, 2016.

[STC04] John Shawe-Taylor and Nello Cristianini. *Kernel Methods for Pattern Analysis*. Cambridge University Press, 2004.

[Ste07] Ingo Steinwart. How to compare different loss functions and their risks. *Constructive Approximation*, Vol. 26, pp. 225–287, 2007.

[Str03] Gilbert Strang. *Introduction to Linear Algebra*. Wellesley-Cambridge Press, 2003.

[Str10] Gilbert Strang. 18.06 Linear Algebra, 2010. `https://ocw.mit.edu/courses/18-06-linear-algebra-spring-2010/`（最終アクセス 2024/10/2）

[Str14] Steven Strogatz. Writing about math for the perplexed and the traumatized. *Notices of the American Mathematical Society*, Vol. 61, No. 3, pp. 286–291, 2014.

[Str16] Jonathan Stray. *The Curious Journalist's Guide to Data*. Tow Center for Digital Journalism at Columbia's Graduate School of Journalism, 2016.

[STS11] John Shawe-Taylor and Shiliang Sun. A review of optimization methodologies in support vector machines. *Neurocomputing*, Vol. 74, No. 17, pp. 3609–3618, 2011.

[SWRC06] Jamie Shotton, John Winn, Carsten Rother, and Antonio Criminisi. Textonboost: Joint appearance, shape and context modeling for multi-class object recognition and segmentation. In *Proceedings of the European Conference on Computer Vision*, 2006.

[SZS08] Richard Szeliski, Ramin Zabih, Daniel Scharstein, et al. A comparative study of energy minimization methods for Markov random fields with smoothness-based priors. *IEEE Transactions on Pattern Analysis and Machine Intelligence*, Vol. 30, No. 6, pp. 1068–1080, 2008.

[Tan14] Haryono Tandra. The relationship between the change of variable theorem and the fundamental theorem of calculus for the Lebesgue integral. *Teaching of Mathematics*, Vol. 17, No. 2, pp. 76–83, 2014.

[TB99] Michael E. Tipping and Christopher M. Bishop. Probabilistic principal component analysis. *Journal of the Royal Statistical Society: Series B*, Vol. 61, No. 3, pp. 611–622, 1999.

[TBI97] Lloyd N. Trefethen and David Bau III. *Numerical Linear Algebra*. SIAM, 1997.

[TDSL00] Joshua B. Tenenbaum, Vin De Silva, and John C. Langford. A global geometric framework for nonlinear dimensionality reduction. *Science*, Vol. 290, No. 5500, pp. 2319–2323, 2000.

[Tib96] Robert Tibshirani. Regression selection and shrinkage via the lasso.

Journal of the Royal Statistical Society B, Vol. 58, No. 1, pp. 267–288, 1996.

[TL10] Michalis K. Titsias and Neil D. Lawrence. Bayesian Gaussian process latent variable model. In *Proceedings of the International Conference on Artificial Intelligence and Statistics*, 2010.

[Tou12] Marc Toussaint. Some notes on gradient descent, 2012.

[Vap98] Vladimir N. Vapnik. *Statistical Learning Theory*. Wiley, 1998.

[Vap99] Vladimir N. Vapnik. An overview of statistical learning theory. *IEEE Transactions on Neural Networks*, Vol. 10, No. 5, pp. 988–999, 1999.

[Vap00] Vladimir N. Vapnik. *The Nature of Statistical Learning Theory*. Springer, 2000.

[vLS11] Ulrike von Luxburg and Bernhard Schölkopf. Statistical learning theory: Models, concepts, and results. In D. M. Gabbay and J. Woods S. Hartmann (eds.), *Handbook of the History of Logic*, Vol. 10, pp. 651–706. Elsevier, 2011.

[VSKB10] S. V. N. Vishwanathan, Nicol N. Schraudolph, Risi Kondor, and Karsten M. Borgwardt. Graph kernels. *Journal of Machine Learning Research*, Vol. 11, pp. 1201–1242, 2010.

[Wah90] Grace Wahba. *Spline Models for Observational Data*. Society for Industrial and Applied Mathematics, 1990.

[Was04] Larry Wasserman. *All of Statistics*. Springer, 2004.

[Was07] Larry Wasserman. *All of Nonparametric Statistics*. Springer, 2007.

[Whi00] Peter Whittle. *Probability via Expectation*. Springer, 2000.

[Wic14] Hadley Wickham. Tidy data. *Journal of Statistical Software*, Vol. 59, pp. 1–23, 2014.

[Wil97] Christopher K. I. Williams. Computing with infinite networks. In *Advances in Neural Information Processing Systems*, 1997.

[WMMY11] Ronald E. Walpole, Raymond H. Myers, Sharon L. Myers, and Keying Ye. *Probability and Statistics for Engineers and Scientists*. Prentice Hall, 2011.

[YCSS13] Yaoliang Yu, Hao Cheng, Dale Schuurmans, and Csaba Szepesvári. Characterizing the representer theorem. In *Proceedings of the International Conference on Machine Learning*, 2013.

[ZE01] Bianca Zadrozny and Charles Elkan. Obtaining calibrated probability estimates from decision trees and naive Bayesian classifiers. In *Proceedings of the International Conference on Machine Learning*, 2001.

[ZRM09] Royce K. P. Zia, Edward F. Redish, and Susan R. McKay. Making sense of the Legendre transform. *American Journal of Physics*, Vol. 77, No. 614, pp. 614–622, 2009.

[ZXZ09] Haizhang Zhang, Yuesheng Xu, and Jun Zhang. Reproducing kernel Banach spaces for machine learning. *Journal of Machine Learning Research*, Vol. 10, pp. 2741–2775, 2009.

索　引

キ

ク

ケ

コ

【著者紹介】

Marc Peter Deisenroth

ユニバーシティ・カレッジ・ロンドンの DeepMind Chair で，以前はインペリアル・カレッジ・ロンドンで教員を務めていた．研究分野は，データ効率のよい機械学習・確率的モデリング・自律的意思決定などで，ICRA 2014，ICCAS 2016 では Best Paper Award を受賞している．また，インペリアル・カレッジ・ロンドンの President's Award for Outstanding Early Career Researcher および Google Faculty Research Award や Microsoft PhD grant を獲得した経歴をもつ．

A. Aldo Faisal

インペリアル・カレッジ・ロンドンにて Brain & Behaviour Lab を率い，バイオエンジニアリング学部およびコンピューティング学部の教授とデータサイエンス研究所のフェローを務めている．また，£20Mio. United Kingdom Research and Innovation (UKRI) Center for Doctoral Training in AI for Healthcare のセンター長も務める．ケンブリッジ大学で計算神経科学の博士号を取得後，Computational and Biological Learning Lab のジュニアリサーチフェローとなる．研究分野は神経科学と機械学習の交差する領域で，脳と行動の理解とリバースエンジニアリングに関心がある．

Cheng Soon Ong

オーストラリア連邦科学産業研究機構 (CSIRO) の Data61 における，機械学習研究グループ主任研究員．オーストラリア国立大学非常勤准教授も務める．科学の発見に統計的機械学習を利用することを目指す研究に従事する．オーストラリア国立大学にてコンピュータサイエンスの博士号を 2005 年に取得．チューリッヒ工科大学コンピュータサイエンス学部講師や，メルボルンにある NICTA のゲノム診断チームでの勤務経験をもつ．

【監訳者紹介】

木下慶紀（きのした よしき）
2020 年　東京大学大学院数理科学研究科数理科学専攻博士課程 修了
現　在　中央大学研究開発機構 機構助教
　　　　博士（数理科学）
専　門　数学，統計学，データサイエンス

【訳者紹介】

仲村 智（なかむら さとし）
2016 年　東京大学大学院理学系研究科物理学専攻博士課程 修了
現　在　LINE ヤフー株式会社
　　　　博士（理学）
専　門　データ分析

吉永尊洸（よしなが たかひろ）
2015 年　東京大学大学院理学系研究科物理学専攻博士課程 修了
現　在　LINE ヤフー株式会社データグループデータサイエンス統括本部 5 本部分析 2 部 部長
　　　　博士（理学）
専　門　物理学，データサイエンスおよび機械学習とその応用

機械学習のための数学

原題：*Mathematics for Machine Learning*

2024 年 11 月 15 日　初版 1 刷発行
2025 年 2 月 10 日　初版 2 刷発行

原著者　Marc Peter Deisenroth
　　　　（マーク・ピーター・ダイゼンロート）
　　　　A. Aldo Faisal（A・アルド・ファイサル）
　　　　Cheng Soon Ong（チェン・スーン・オン）
監訳者　木下慶紀
訳　者　仲村　智・吉永尊洸　© 2024
発行者　南條光章
発行所　**共立出版株式会社**
　　　　東京都文京区小日向 4-6-19
　　　　電話　03-3947-2511（代表）
　　　　〒 112-0006／振替口座 00110-2-57035
　　　　www.kyoritsu-pub.co.jp
印　刷　啓文堂
製　本　協栄製本

一般社団法人
自然科学書協会
会員

検印廃止
NDC 410
ISBN 978-4-320-12581-0

Printed in Japan